江苏省高等学校精品教材
新世纪电子信息与电气类系列规划教

模拟电子技术基础

（第 2 版）

主　编　成　立　王振宇
参　编　孟翔飞　陈　勇
　　　　汪　洋　秦　云

东 南 大 学 出 版 社
南　京

内 容 简 介

本书第2版的编者们参考了国家教育部高等学校电子信息科学与电气信息类基础课程教学指导分委员会2004年制定的“模拟电子技术基础课程教学基本要求(修订稿)”,结合长期执教电子技术课程的教学经验,根据第1版教材的使用情况,对全书进行了认真的修改和补充。书中内容仍以模拟集成电路为主,但保留了作为分立元件电路和集成电路共同基础的重要内容。本书在编写过程中,采取了突出重点、分散难点、适宜制作PPT课件的做法。全书共分为9章,第1～8章配备有适量的例题和习题,另外还配套编写了学习指导及习题解答书。

本书适用于理工科高校相关专业(包括自动化、电气工程及其自动化、电子信息工程、电子信息科学与技术、生物医学工程、通信工程、计算机科学与技术、物联网工程、测控技术与仪器、机械电子工程、光信息技术等)“模拟电子技术基础”课程的教学,也可供有关工程技术人员自学及参考。

图书在版编目(CIP)数据

模拟电子技术基础/成立,王振宇主编. —2版. —南京:东南大学出版社,2015.1

新世纪电子信息与电气类系列规划教材

ISBN 978-7-5641-5433-2

Ⅰ.模… Ⅱ.①成… ②王… Ⅲ.模拟电路—电子技术—高等学校—教材 Ⅳ.①TN710

中国版本图书馆CIP数据核字(2014)第302486号

模拟电子技术基础(第2版)

出版发行 东南大学出版社
出 版 人 江建中
社　　址 南京市四牌楼2号
邮　　编 210096
网　　址 http://www.press.seu.edu.cn

经　　销 全国各地新华书店
印　　刷 常州市武进第三印刷有限公司
开　　本 787 mm×1092 mm 1/16
印　　张 22
字　　数 565千字
版　　次 2006年2月第1版 2015年1月第2版
印　　次 2015年1月第1次印刷
印　　数 1—3000册
书　　号 ISBN 978-7-5641-5433-2
定　　价 48.00元

(本社图书若有印装质量问题,请直接与营销部联系。电话:025-83791830)

第 2 版前言

“模拟电子技术”第 1 版教材自 2006 年 2 月出版以来，至今已有近 9 年的时间。在此 9 年的时间内，第 1 版教材曾先后 5 次印刷，印数超过 20 000 册，并于 2009 年被评为江苏省高等学校精品教材。此外，作为江苏省精品课程“模拟和数字电子技术”的主要支撑材料，第 1 版教材 2013 年曾相继获得江苏大学教学成果奖、江苏省教学成果奖。凡此种种，编者深受激励和鼓舞，并感受到修订新版教材所肩负的责任。

首先，此次修订工作基于“模拟电子技术”在电气信息大类技术基础课程中的地位和作用，在新版教材书名上增加了“基础”两个字。其次，编者根据技术基础课程应予完成的教学任务和第 1 版教材出版以来的用书情况，本着教材内容应符合 21 世纪电子技术飞速发展的形势，经过参编教师多次讨论，逐渐形成了以下的修订原则：

(1) 进一步加强基础，突出“模拟电子技术基础”教材内容的主线——讲清楚各种基本放大电路的组成原则、分析方法和性能特点。为此，调整了各章的顺序，把原来处于相对滞后且略显孤独的“放大电路的频率响应”一章提前一个章节，编入第 2.7 节，并进行了此部分内容的精心写作。

(2) 从实际应用出发，增加了一些特殊半导体器件和实用的电子电路的内容，如发光二极管、光电二极管、光电三极管、FET 电流源电路、源极耦合差动放大电路和开关电容滤波电路等。

(3) 考虑到电类专业本科生参加全国、省、校共 3 级电子设计制作竞赛、参与科研活动(例如大学生科研立项)以及开展课程设计的需要，增加了用 Multisim10.0 软件工具进行电子电路设计、仿真和分析的有关内容，以适当介绍新技术、新工具、新方法的实际应用知识。因此，第 2 版教材增编了第 9 章：“Multisim10.0 软件工具及其仿真应用”的内容。

(4) 调整了各章的习题，适当去掉了一些较难的题目，增加了一些有助于牢固掌握基本概念和基本方法的练习题，同时配套编写了第 2 版教材的学习指导与习题解答书籍。编者认为这样做比较切合当前“模拟电子技术基础”课程的教学实际。

(5) 根据最近修订的 12 版专业培养计划和“模拟电子技术基础”课程教学大纲，编者参考了兄弟院校的一些通常做法，精心编写了第 2 版教材及其“学习指导与习题解答”书的全部内容。第2版新教材的适用学时数范围为:45～60,实验学时数扣除在外。

第2版教材由江苏大学成立和王振宇担任主编,负责提出修订原则、组织修订等工作。各章的具体编写工作由江苏大学和常熟理工学院的教师合作完成,其中江苏大学成立教授负责拟定编写大纲、校稿、定稿及前言、目录、文字符号说明、附录等的编写工作、常熟理工学院孟翔飞讲师编写第1、2章,江苏大学陈勇讲师编写第4、9章和第7.1节、第7.2节,江苏大学王振宇副教授编写第3、5、6章,江苏大学汪洋副教授编写第7.3节、第7.4节,江苏大学秦云副教授编写第8章。

希望新教材能够为从事“电子技术基础课程”教学工作的师生以及有关专业技术人员自学和参考提供有效的帮助。我们热诚欢迎用书者和同行们对第2版教材中的错误、缺点和如何作出深度改进,提出宝贵的意见和建议。

编　者

2014年10月

第1版前言

自从20世纪70年代末以来，在国内电气类、电子信息类和自动化类专业“模拟电子技术”课程已经出版了一些教材，这些教材使用范围广，有的已经数次修订，深受高校工科电类专业广大师生的欢迎，有的已荣获国家级奖励或部、省级奖励。在这种情况下，还有没有必要在同一门课程上再编写新教材？如有必要，新教材又应该具有怎样的特色？这是两个首先涉及的问题。

对于同一门课程，我们认为，应该允许和鼓励教师编写不同风格的教材。由于不同风格的教材有的内容详尽且完备，有的处理得体而精练，所以适合于高校工科电类专业使用。从推陈出新、相得益彰的角度出发，编写不同风格的教材也是加强教材建设和提高教材质量的有效措施。多年来，教育部正是这样做的。许多教师在长期教学实践中的共同感受是：“模拟电子技术”这门课程，不仅内容与学时的矛盾很尖锐，而且内容繁杂，难教难学。某些现有的教材虽编写水平较高，但篇幅过长，教与学都感到不便；有的教材内容陈旧，甚至已经落伍；有的教材差错较多，学生意见较大。因此，编写一本既内容精练、时代气息较强，又能较好地满足教学需要的“模拟电子技术”教材，是我们多年来的愿望。

经过长达半年紧张而有序的工作，编写出了这本教材。它与国内同类教材相比，具有如下几个特点：

(1) 紧扣大纲，培养学生电子信息素质和处理信息知识的能力。我们紧紧扣住2004年教育部高等学校电子信息科学与电气信息类基础课程教学指导分委员会整理出的“模拟电子技术基础”课程教学基本要求（讨论稿），注重在培养学生分析问题和解决问题的能力、实验动手和设计技能、实际应用能力，以及实行启发式教学，归纳小结、互动性教学和精讲多练等方面下了工夫。

(2) 处理得当，精工细作，打造精品。所编教材易教易学，具有一定的可教性、可读性和可操作性。例如：对于例题和习题的选配，加大了互动性教学和精讲多练的力度；对于学生能够看懂的内容，提供给学生课外阅读，这样既可培养学生的自学能力，又可节省课内学时数；因为新编教材可供制作多媒体课件之用，所以编写时在教材的条理性、图文并茂以及基本概念和分析方法的提炼与归纳上下了工夫。

(3) 精选例题和习题。所编教材的主要知识点都配备有例题，为学生课后阅读和练习提供了分析和解题的思路。另外，精选了一定数量的习题供学生练习，书后给出了各章部分习题答案。

全书共分为9章。书中带“*”的章节和习题为任选内容。讲授本书所需的总学时数为75,其中各章的学时数建议分配如下:

章号	1	2	3	4	5	6	7	8	9	实验
学时	9	9	8	6	9	9	6	5	3	11

教材编写的具体分工如下:江苏大学成立教授和王振宇副教授担任主编;成立教授编写第1、2、5章和前言、目录、主要符号表并负责统稿、修改和定稿等,杨建宁副教授编写第3、4、6章,王振宇副教授编写第7章7.1节、7.2节、7.3节,第8章和附录,秦云副教授编写第7章7.4节、7.5节和第9章。在本教材的修订印刷过程中,成立教授负责第1～5章的修订工作,王振宇副教授负责第6～9章的修订工作,两人同时完成了大量的计算机图文处理和习题充实、完善工作。

本书由东南大学无线电系顾宝良教授担任主审。顾宝良教授认真、仔细地审阅了全书的文稿和图稿,提出了许多宝贵的意见和建议,给编者修改书稿以启示。主编教师随即重新修改,仔细斟酌,这对于提高教材质量起到了重要作用。值此教材修订印刷之际,编者衷心感谢顾宝良教授、东南大学出版社领导和编辑给予本教材的热情支持和帮助。

限于编者的水平,所编教材还存在着许多不完善之处,恳请各位老师和广大读者给予批评指正。

编　者

2005年10月于江苏大学

目　录

主要符号表…………(1)

1　半导体器件…………(1)

1.1　半导体的基础知识…………(1)

1.1.1　本征半导体…………(1)

1.1.2　杂质半导体…………(4)

1.1.3　PN 结及其特性…………(6)

1.2　半导体二极管…………(12)

1.2.1　二极管的结构和类型…………(12)

1.2.2　二极管的伏安特性…………(13)

1.2.3　二极管的参数…………(14)

1.2.4　二极管的型号及其选择…………(15)

1.2.5　二极管应用电路及其分析方法…………(15)

1.2.6　硅稳压管…………(17)

1.2.7　其他类型的二极管…………(19)

1.3　双极型晶体三极管(BJT)…………(21)

1.3.1　BJT 的结构…………(21)

1.3.2　BJT 的电流分配与放大作用…………(22)

1.3.3　共射接法 BJT 的特性曲线…………(26)

1.3.4　BJT 的主要参数及其安全工作区…………(29)

1.3.5　BJT 的类型、型号和选用原则…………(32)

1.4　光电晶体管…………(34)

1.5　场效应晶体管(FET)…………(34)

1.5.1　结型场效应管…………(35)

1.5.2　绝缘栅场效应管…………(38)

1.5.3　FET 的主要参数…………(42)

1.5.4　FET 与 BJT 的比较…………(44)

1.6　集成电路(IC)…………(44)

*1.6.1　IC 制造工艺…………(45)

1.6.2　IC 的特点…………(47)

习题 1…………(48)

2 **基本放大电路**……(52)
2.1 晶体管放大电路的组成及其工作原理……(52)
2.1.1 放大的概念与放大电路的组成……(52)
2.1.2 共射基本放大电路组成及其工作原理……(53)
2.2 图解分析法……(54)
2.2.1 静态工作情况分析……(54)
2.2.2 动态工作情况分析……(56)
2.2.3 静态工作点的选择……(59)
2.3 微变等效电路分析法……(60)
2.3.1 BJT 的低频小信号模型及其参数……(61)
2.3.2 用 BJT 的微变等效电路法分析共射基本放大电路……(64)
2.3.3 两种分析方法的比较……(67)
2.4 其他基本放大电路……(68)
2.4.1 分压式偏置稳定的共射放大电路……(68)
2.4.2 BJT 共集放大电路(射极输出器)……(73)
2.4.3 BJT 共基放大电路……(77)
2.4.4 3 种组态 BJT 基本放大电路的比较……(78)
2.5 场效应管放大电路……(78)
2.5.1 FET 放大电路的直流偏置及静态分析……(78)
2.5.2 用微变等效电路法分析 FET 放大电路……(81)
2.6 组合放大单元电路……(83)
2.6.1 共集-共射放大电路……(84)
2.6.2 共集-共集放大电路……(84)
2.6.3 共射-共基放大电路……(85)
2.7 放大电路的频率响应……(86)
2.7.1 频率响应的基本概念……(86)
2.7.2 单时间常数 *RC* 电路的频率响应……(87)
2.7.3 *RC* 高通电路的频率响应……(89)
2.7.4 BJT 的高频小信号模型及频率参数……(90)
2.7.5 基本共射放大电路的频率响应……(96)
2.7.6 放大电路的增益-带宽积……(101)
2.7.7 多级放大电路的频率响应……(102)
习题 2……(103)

3 **多级放大电路和集成运算放大器**……(111)
3.1 多级放大电路……(111)
3.1.1 级间耦合方式……(111)

3.1.2　直接耦合多级放大电路的Q点配置和零点漂移问题 …… (113)
3.1.3　多级放大电路的分析 …… (116)
3.2　电流源电路 …… (119)
3.2.1　BJT电流源电路 …… (119)
3.2.2　FET电流源电路 …… (121)
3.3　差动放大电路 …… (122)
3.3.1　差动放大电路的一般结构 …… (122)
3.3.2　射极耦合差动放大电路 …… (124)
3.3.3　源极耦合差动放大电路 …… (130)
3.4　集成运算放大器 …… (133)
3.4.1　集成运放的组成 …… (133)
3.4.2　集成运放的主要性能指标 …… (134)
3.4.3　典型的集成运算放大器 …… (134)
习题3 …… (138)

4　反馈放大电路 …… (142)
4.1　反馈的基本概念和类型 …… (142)
4.1.1　反馈的基本概念 …… (142)
4.1.2　交流负反馈的组态及其判别方法 …… (143)
4.2　反馈放大电路的框图表示法 …… (148)
4.2.1　反馈放大电路的框图 …… (148)
4.2.2　框图中各信号量的含义及其量纲 …… (149)
4.2.3　闭环增益$\dot{A}_f$的一般表达式 …… (150)
4.2.4　反馈深度$|1+\dot{A}\dot{F}|$ …… (150)
4.3　负反馈对放大电路性能的影响 …… (151)
4.3.1　提高闭环增益A_f的稳定性 …… (151)
4.3.2　展宽通频带 …… (152)
4.3.3　减小非线性失真，抑制干扰和噪声 …… (153)
4.3.4　负反馈对输入电阻和输出电阻的影响 …… (155)
4.4　负反馈的正确引入 …… (157)
4.5　负反馈放大电路的分析计算 …… (160)
4.5.1　深度负反馈放大电路的本质特点 …… (160)
4.5.2　深度负反馈放大电路的分析估算举例 …… (161)
4.6　负反馈放大电路中的自激振荡及其消除 …… (166)
4.6.1　产生自激的原因及其条件 …… (166)
4.6.2　负反馈放大电路的稳定性及自激振荡的消除 …… (167)
习题4 …… (171)

5 集成运算放大器的线性应用电路 …… (176)
5.1 集成运放的应用分类与分析方法 …… (176)
5.1.1 集成运放的应用分类 …… (176)
5.1.2 集成运放的电压传输特性 …… (176)
5.1.3 集成运放应用电路的分析方法 …… (177)
5.1.4 运算电路中集成运放的输入方式 …… (178)
5.2 基本运算电路 …… (178)
5.2.1 比例运算电路 …… (178)
5.2.2 加法和减法运算电路 …… (181)
5.2.3 积分和微分运算电路 …… (184)
5.2.4 对数和指数运算电路 …… (187)
5.2.5 集成运放组合电路分析举例 …… (189)
5.3 乘法和除法运算电路 …… (194)
5.3.1 模拟乘法器 …… (194)
5.3.2 利用对数和指数电路的乘法电路 …… (194)
5.3.3 变跨导式模拟乘法电路 …… (195)
5.3.4 模拟乘法器的应用 …… (197)
5.3.5 除法运算电路 …… (199)
5.4 有源滤波电路 …… (200)
5.4.1 滤波电路的功能、分类和主要参数 …… (200)
5.4.2 有源滤波电路的分析方法 …… (201)
5.4.3 有源滤波电路举例 …… (202)
5.5 开关电容滤波电路 …… (208)
5.5.1 基本原理 …… (208)
5.5.2 开关电容滤波电路的非理想效应 …… (209)
习题5 …… (210)
6 信号产生电路 …… (214)
6.1 正弦波振荡器的自激条件及其一般问题 …… (214)
6.1.1 正弦波振荡器产生振荡的条件 …… (214)
6.1.2 正弦波振荡器的组成及分析方法 …… (215)
6.2 RC桥式正弦波振荡器 …… (216)
6.2.1 RC串并联网络的选频特性 …… (216)
6.2.2 RC桥式正弦波振荡器的分析 …… (217)
6.3 LC正弦波振荡器 …… (220)
6.3.1 LC谐振回路的选频特性 …… (220)
6.3.2 变压器耦合式LC正弦波振荡器 …… (221)

6.3.3　LC 三点式正弦波振荡器 ……………………………… (221)
6.3.4　石英晶体振荡器 ……………………………… (223)
6.4　电压比较器及非正弦波发生电路 ……………………………… (225)
6.4.1　电压比较器 ……………………………… (225)
6.4.2　非正弦波发生电路 ……………………………… (229)
*6.5　压控振荡器 ……………………………… (236)
习题 6 ……………………………… (237)

7　功率放大电路 ……………………………… (243)
7.1　概述 ……………………………… (243)
7.2　单管甲类功率放大电路 ……………………………… (245)
7.3　互补对称功率放大电路 ……………………………… (246)
7.3.1　乙类互补对称功放电路 ……………………………… (246)
7.3.2　甲乙类互补对称功放电路 ……………………………… (251)
7.3.3　功放电路中功率管的选择 ……………………………… (253)
7.4　实际的功率放大电路 ……………………………… (253)
7.4.1　OCL 准互补功放电路 ……………………………… (253)
7.4.2　采用集成运放的 OCL 准互补功放电路 ……………………………… (257)
7.4.3　单电源供电的 OTL 功放电路 ……………………………… (257)
7.4.4　集成功率放大器 ……………………………… (258)
*7.5　功率器件 ……………………………… (261)
7.5.1　功率 BJT ……………………………… (261)
7.5.2　功率 MOSFET ……………………………… (265)
7.5.3　功率模块 ……………………………… (266)
习题 7 ……………………………… (266)

8　直流稳压电源 ……………………………… (271)
8.1　概述 ……………………………… (271)
8.2　整流电路 ……………………………… (272)
8.2.1　整流电路的技术指标 ……………………………… (272)
8.2.2　单相半波整流电路 ……………………………… (272)
8.2.3　单相桥式整流电路 ……………………………… (274)
8.3　滤波电路 ……………………………… (277)
8.3.1　电容滤波电路 ……………………………… (277)
*8.3.2　电感电容滤波电路 ……………………………… (279)
*8.3.3　π 形滤波电路 ……………………………… (280)

8.4 稳压电路 …… (280)
8.4.1 稳压电路的功能和性能指标 …… (280)
8.4.2 硅稳压管稳压电路 …… (281)
8.4.3 线性串联型稳压电源 …… (284)
*8.4.4 稳压电路的保护措施 …… (287)
8.4.5 集成稳压器及其应用电路 …… (288)
8.4.6 串联开关式稳压电源 …… (293)
*8.5 直流变换型电源 …… (294)
习题8 …… (296)

9 Multisim10.0 **软件工具及其仿真应用** …… (300)
9.1 Multisim10.0 概述 …… (300)
9.2 Multisim10 主界面及其工具栏 …… (301)
9.2.1 主界面 …… (301)
9.2.2 工具栏简介 …… (301)
9.3 Multisim10.0 常用仪器仪表使用 …… (304)
9.4 Multisim10.0 基本操作 …… (307)
9.4.1 原理图建立步骤 …… (307)
9.4.2 元器件放置 …… (307)
9.4.3 连线操作 …… (308)
9.4.4 文件存盘 …… (308)
9.5 用 Multisim10.0 仿真模拟电路 …… (308)
9.5.1 分压式偏置稳定的共射放大电路 …… (308)
9.5.2 射极耦合差动放大电路 …… (312)
9.5.3 集成运放线性应用电路(乘法运算电路) …… (316)
9.5.4 用 Multisim10.0 模拟正弦波振荡器 …… (317)
附录 …… (319)
附录A 半导体器件型号命名方法 …… (319)
附录B 国产半导体集成电路型号命名方法 …… (320)
附录C 常用运算放大器国内外型号对照表 …… (322)
附录D 模拟集成乘法器电路及其主要参数 …… (323)
附录E 电源专用集成电路 …… (326)
附录F 密勒定理及其证明 …… (329)
附录G 常用 ADC 和 DAC 芯片简介 …… (331)
附录H 电阻器型号、名称和标称系列 …… (333)
参考文献 …… (334)

主要符号表

A	增益
A_f	反馈放大电路的闭环增益
A_i	电流增益
A_u	电压增益
A_{od}	开环电压增益
A_{uc}	共模电压增益
A_{ud}	差模电压增益
A_{uf}	闭环电压增益
B	势垒
b	BJT 的基极
C	隔直、耦合电容
C_B	势垒电容
$C_{b'c}$	基极-集电极电容
$C_{b'e}$	基极-发射极电容
C_D	扩散电容
C_E	发射极旁路电容
C_F	反馈电容
C_i	输入电容
C_j	结电容
C_o	输出电容
c	BJT 的集电极
D	扩散系数
VD	二极管
d	场效应管的漏极
d	宽度
E	能量
e	电子的电荷量
e	BJT 的发射极、自然对数的底
E_g	硅(锗)的激活能
F	反馈系数
F_u	电压反馈系数
f	频率
f_{BW}	通频带、频谱宽度、带宽
f_L	放大电路的下限频率
f_H	放大电路的上限频率
f_T	特征频率,开关频率
f_β	BJT 的共射截止频率
G	电导
g	微变电导
g_m	双口有源器件的跨导
g	场效应管的栅极
H	二端口网络的混合参数
$h_{11e}, h_{12e}, h_{21e}, h_{22e}$	BJT 共射接法的 4 个 H 参数
I, i	电流
I_s	信号源电流
I_i	输入电流
I_o	输出电流
I_L	空载电流
I_{IB}	输入偏置电流
I_{IO}	输入失调电流
I_S	反向饱和电流
I_{OM}	最大输出电流
I_{OS}	输出短路电流
I_R	参考电流(基准电流)
J	电流密度
K	热力学温度的单位(开尔文)
k	玻耳兹曼常数
K_{CMR}	共模抑制比
L	自感系数,电感
l	长度
M	互感系数
N	电子型半导体
N	绕组匝数
N_F	噪声系数
n_i	电子载流子浓度
P	功率
P	空穴型半导体
p_i	空穴载流子浓度
Q、q	电荷,品质因数
Q	静态工作点
R	电阻(直流电阻或静态电阻)
R_B、R_C、R_E	BJT 的基极、集电极、发射极电阻
R_G、R_D、R_S	FET 的栅极、漏极、源极电阻
R_s	信号源内阻
R_L	负载电阻

R_P　电位器(可变电阻)
r　动态电阻
r_{be}　BJT 的输入电阻
r_{ce}　BJT 的输出电阻
R_{ds}　漏-源极之间的沟道电阻
R_I　直流输入电阻
R_O　直流输出电阻
R_i　放大电路的交流输入电阻
R_o　放大电路的交流输出电阻
R_F　反馈电阻
S　面积
S　开关
s　复频率变量
s　场效应管的源极
S_R　转换速率
T　温度(热力学温度以 K 为单位,摄氏温度用℃表示)
T　变压器
t　时间
U,u　电压
U_{h0}　PN 结内电场产生的电位差
U_{IO}　输入失调电压
U_i　输入电压
U_o　输出电压
U_s　信号源电压
U_{th}　二极管、BJT 或电压比较器的阈值电压
U_{on}　二极管的正向导通电压降
U_{BR}　反向击穿电压
$U_{(BR)CBO}$　发射极开路,集电极-基极反向击穿电压
$U_{(BR)EBO}$　集电极开路,发射极-基极反向击穿电压
$U_{(BR)CEO}$　基极开路,集电极-发射极反向击穿电压
U_T　温度电压当量
U_R　参考电压(基准电压)
$U_{GS(off)}$　JFET、耗尽型 MOS 管的夹断电压
$U_{GS(th)}$　增强型 MOS 管的开启电压
V_{CC}　BJT 放大电路的正电源电压
V_{DD}　FET 放大电路的正电源电压
$-V_{CC}$, $-V_{EE}$　负电源电压
X,x　电抗,反馈电路中的信号量
Y,y　导纳
Z,z　阻抗
α　BJT 共基接法的电流放大系数、稳压管的温度系数
β　BJT 共射接法的电流放大系数
η　效率
ε　半导体材料的介电常数
$\varepsilon_{内}$　PN 结内电场
$\varepsilon_{外}$　外加电压产生的外电场
μ_r　BJT 的内部电压反馈系数
ρ　电阻率
σ　电导率
φ　相位角
Φ　磁通
τ　时间常数、PN 结中非平衡少子被复合前的平均存在时间
ω　角频率

在电子电路原理图中,以双极型晶体三极管(BJT)为例,各电压和电流的符号规定如下表所示。

电压/电流	电　源	静态值	交流或随时间变化的分量			总量(直流+交流)
			瞬时值	有效值	相　量	瞬时值
集电极电压	V_{CC}	U_C	u_c	U_c	$\dot{U}_c$	$u_C=U_C+u_c$
集电极电流	I_{CC}	I_C	i_c	I_c	$\dot{I}_c$	$i_C=I_C+i_c$
基极电压	V_{BB}	U_B	u_b	U_b	$\dot{U}_b$	$u_B=U_B+u_b$
基极电流	I_{BB}	I_B	i_b	I_b	$\dot{I}_b$	$i_B=I_B+i_b$
发射极电压	V_{EE}	U_E	u_e	U_e	$\dot{U}_e$	$u_E=U_E+u_e$
发射极电流	I_{EE}	I_E	i_e	I_e	$\dot{I}_e$	$i_E=I_E+i_e$

注:在电子电路的交流通路和微变等效电路中,各元器件的电流、电压均标交流分量;当输入为正弦波信号时,标注 $\dot{U}_i$、$\dot{I}_b$ 等;当输入为非正弦波信号,且电路当零输入零输出时,则标 u_i、u_o 等;对于输入为非正弦波信号,且当电路为零输入非零输出时,则标为 Δu_i、Δu_o 等。

本书所用的部分元器件的图形符号如下：

序号	元器件名称	图形符号
1	电压源 (1) 独立 (2) 受控	
2	电流源 (1) 独立 (2) 受控	
3	电池组	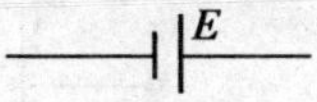
4	电位器	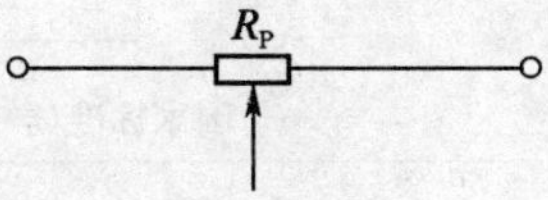
5	变压器	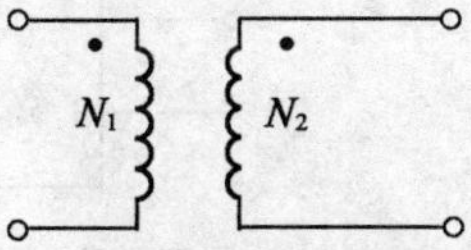 电压比 $n=N_1/N_2$ “•”为同名端
6	带极性的电容器 (一般为电解电容器)	
7	(1) 二极管 (2) 稳压管 (3) 双向稳压管	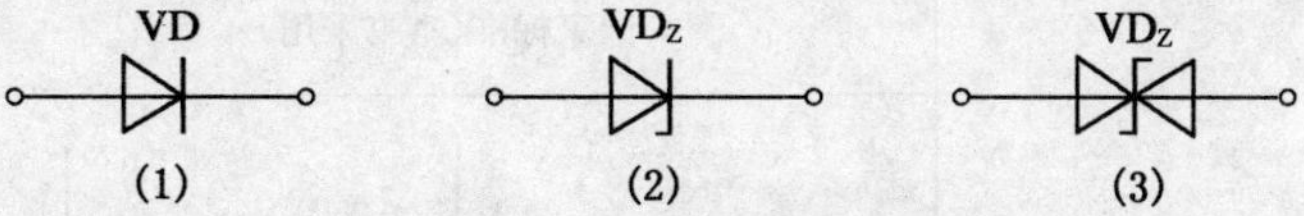
8	(1) 发光二极管 (2) 光电二极管	
9	晶体管	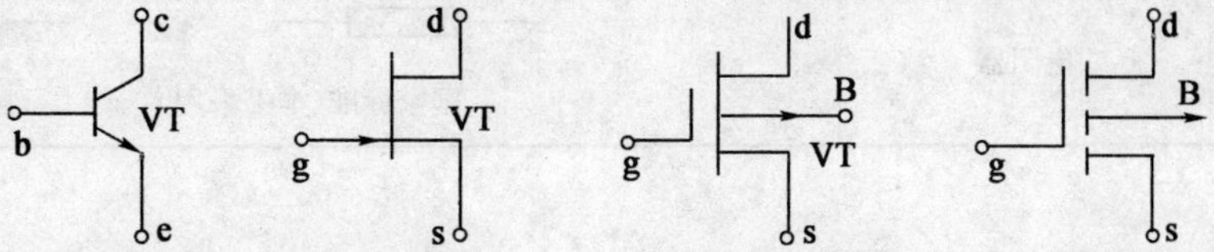 双极型晶体管　结型场效应管　耗尽型 MOS 管　增强型 MOS 管
10	光电晶体管	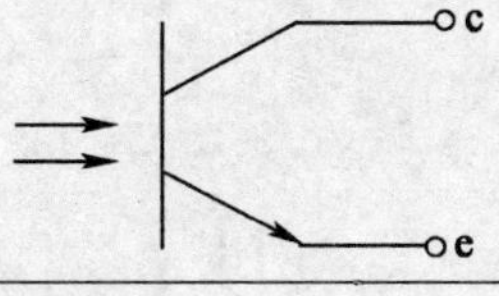

续表

序号	元器件名称	图形符号
11	单相桥式整流电路(简化画法)	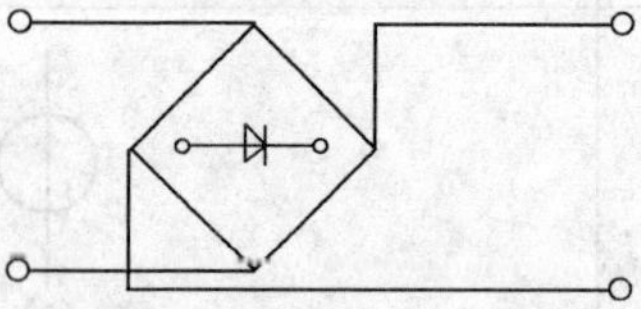
12	集成三端稳压器(以正稳压系列为例)	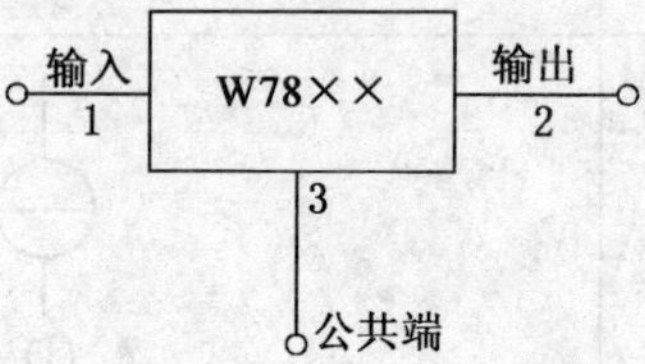
13	放大电路	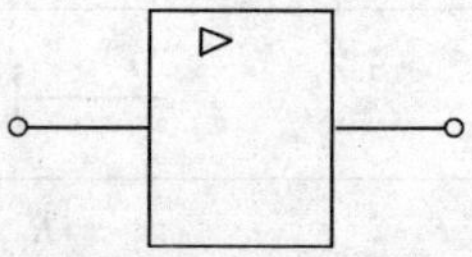 国家标准(教材采用) 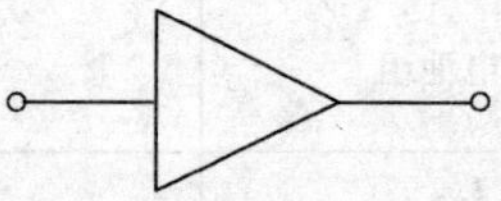 流行符号
14	集成运算放大电路	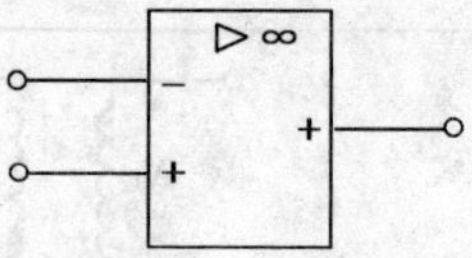 国家标准(本书采用) 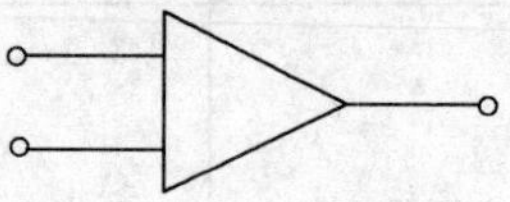 国内外流行符号
15	乘法电路	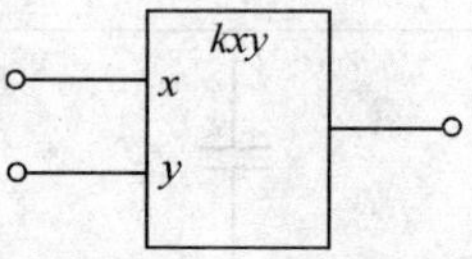 国家标准(本书采用) 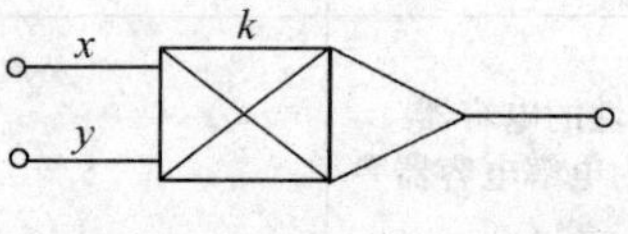 流行符号
16	连接线	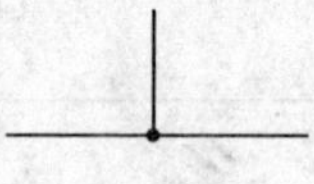 连接 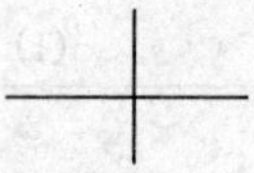 不连接  连接
17	电阻器	 国家标准(本书采用) 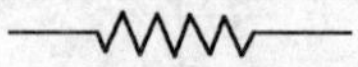 国外流行符号

1 半导体器件

引言　半导体器件是现代电子技术的重要组成部分，由于具有体积小、重量轻、使用寿命长、输入功率小和功率转换效率高等优点，所以得到了广泛的应用。集成电路特别是大规模和超大规模集成电路正在不断地更新换代，致使半导体器件的应用以及电子设备在微型化、可靠性和电子系统设计灵活性等方面都有了重大的进步，因此，电子技术基础（包括模拟电子技术和数字电子技术，这两门电气信息大类和机电测控类专业的核心课程）已经成为21世纪高新技术的龙头。

第1章首先简介半导体的基础知识，接着讨论半导体器件的核心环节——PN结，然后重点讨论半导体二极管和晶体三极管[包括双极型晶体三极管（BJT）和场效应晶体三极管（FET）]，最后简要介绍集成电路及其生产工艺。

1.1 半导体的基础知识

1.1.1 本征半导体

1）半导体

自然界中存在的各种各样不同性质的物质，按其导电能力的强弱分为导体、绝缘体和半导体。导电能力介于导体与绝缘体之间的一类物质称为半导体。在制备半导体器件时，目前最常用的材料是硅（Si）和锗（Ge）半导体①。然而，除了在导电能力方面与导体和绝缘体有所不同外，半导体还具有区别于其他物质的一些特点，例如，当它受到外界光或热的激发时，或在纯净的半导体中加入微量的杂质后，其导电能力将会显著增强。工程中利用半导体的这些特性，可以制备各种性能各异的半导体器件。

半导体的原子结构及其导电机理决定了它们的性质。为了从电路的观点理解半导体器件的性能，首先必须从物理的角度了解它们是如何工作的。因此，下面着重从半导体材料的物理性质，以及这些性质对于制成半导体器件的伏安特性来进行讨论。

2）本征半导体的原子结构

工程中将高度提纯、原子按晶体排列结构的半导体称为本征半导体。半导体Si和Ge在使用时都要经过工艺处理，制成本征半导体，称之为本征Si和本征Ge。

Si和Ge的原子序为14和32，它们的原子结构如图1.1(a)所示。图中外层电子受原子核的束缚力最小，称为价电子。由于Si和Ge的外层电子都是4个，所以Si和Ge均属4价元素。物质的化学性质是由价电子数所决定的，因而半导体的导电性质也与价电子有关。为了

---

① Si和Ge同属元素半导体。另有一类化合物半导体，例如砷化镓（GaAs）、磷化铟（InP）等，还有一类掺杂或制成其他化合物半导体的材料，如硼（B）、磷（P）、铟（In）和锑（Sb）等。化合物半导体器件在高频、高速、宽带及微波、毫米波集成电路中具有明显的技术优势，目前国际上此类材料和器件的研发已经成为持续升温的热点领域。

突出价电子的作用,原子结构可用简化模型表示,见图 1.1(b),图中最外层的圆圈上具有 4 个价电子,+4 是惯性核,其电荷量(+4)为原子核和除价电子以外的内层电子电荷量之总和。

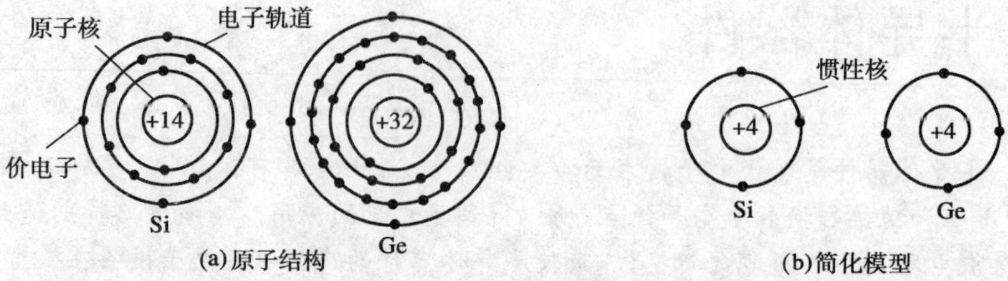

图 1.1 Si 和 Ge 的原子结构及其简化模型

在本征 Si(Ge)的晶体结构中,Si(Ge)原子按照一定的规律整齐排列,构成一定形式的空间点阵。由于原子之间的距离很近,价电子不仅受到所属原子核的作用,而且还受到相邻原子核的吸引,使原本属于某一个原子的一个价电子被相邻的两个原子所共有,形成晶体中的共价键结构。共价键结构中每个 Si(Ge)原子的 4 个价电子与相邻的 4 个 Si(Ge)原子的各 1 个价电子分别组成 4 对共价键,结果使每个 Si(Ge)原子的最外层为拥有 8 个共有电子的稳定结构,如图 1.2 所示。

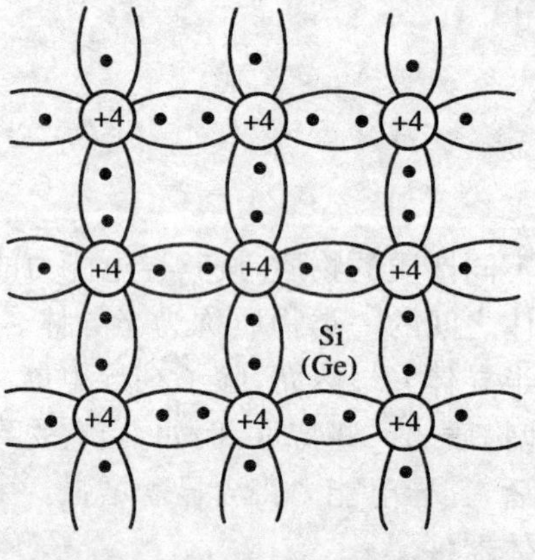

图 1.2 Si(Ge)晶体中的共价键结构

3) 本征半导体中的两种载流子——自由电子和空穴

从大学物理学课程中得知,金属导体的导电机理是导体中大量带有负电荷的自由电子,它们在电场作用下作定向移动而形成电流。因此,自由电子是金属导体中的载流子,且为唯一的一种载流子。

(1) 热力学温度 0 度(0 K)时本征半导体中无载流子

本征 Si(Ge)原子共价键上的两个电子受两个相邻原子核的共同束缚,故称为束缚电子。束缚电子与原子核之间有较强的结合力,在热力学温度 0 K 且无外部激发能量时,本征 Si(Ge)的价电子不能挣脱原子核的束缚而成为自由电子。此时在本征半导体中没有运载电荷的载流子,当外电场作用时不会产生电流。在这一条件下,本征 Si(Ge)是良好的绝缘体。

(2) 本征半导体受激发产生自由电子和空穴

价电子在外部能量作用下,脱离共价键而成为自由电子的过程称为激发,电子脱离共价键所需的最小能量称作激活能，用 E_g 表示，Si 的激活能 $E_g = 1.1$ eV（电子伏特），Ge 的激活能 $E_g = 0.68$ eV。光照和热辐射都是激活能的来源。

① 本征半导体中的自由电子载流子

当共价键上的电子获得激活能后，就可挣脱共价键的束缚成为自由电子，它们是带负电荷量的粒子，称为载流子，如图 1.3 所示。因此，自由电子是本征半导体中的一种载流子。在外电场的作用下，自由电子将逆着电场方向运动而形成电流。载流子的这种在电场作用下产生的运动称为漂移，所形成的电流称为漂移电流。

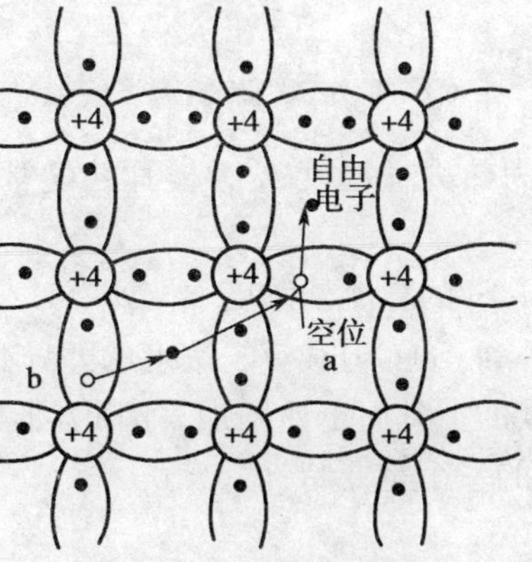

图 1.3 半导体中的两种载流子

② 本征半导体中的空穴载流子

价电子挣脱原子核的束缚成为自由电子后，在原来的共价键中便留下一个空位（如图 1.3 中的空位 a）。该空位会被相邻原子的价电子填补，而这一价电子原来的位置上又出现新的空位（见图 1.3 中的空位 b）。这样，在半导体中就出现了价电子填补空位的运动，如此空位产生了移动，移动的空位即为空穴。在外电场的作用下，填补空穴的价电子做定向移动也形成漂移电流。但这种价电子的填补运动是由空穴的产生而引起的，且始终在原子的共价键之间进行，故不同于自由电子在晶格中的运动。同时，价电子填补空穴的运动无论在形式上还是在效果上都表明，空穴运动的方向与自由电子运动的方向相反。为了区别带电粒子的这两种方向相反的运动，把后一种运动称为空穴运动。空穴被看做是正电荷带电粒子——空穴载流子。需要注意的是：出现空穴载流子是半导体导电机理的一个重要特点。

综上所述，本征半导体中存在着两种载流子：带负电荷的自由电子和带正电荷的空穴，它们是成对出现的，故亦称为电子—空穴对。由于两者电荷量相等，极性相反，所以本征半导体呈电中性。它们受外电场的作用时，电子形成电子电流，空穴形成空穴电流。虽然两种载流子的运动方向相反，但因它们所带的电荷极性也相反，所以两种电流的实际方向是相同的，其和就是半导体中的电流。

4）本征浓度——载流子的产生与复合

本征半导体受外界能量激发，产生电子—空穴对，这一物理现象称为载流子的产生；而电子和空穴在无规则的热运动中相继碰撞而互相填补，使电子和空穴成对消失，这一过程称为载流子的复合。电子—空穴对的产生和复合是半导体内不断进行着的一对矛盾运动。在一定的温度下，伴随电子—空穴对的大量产生，其复合数量也在逐渐增加，最终使产生与复合达到动态平衡(载流子的产生和复合仍在不断进行,但单位时间内产生量和复合量相等)。此时半导体中自由电子和空穴浓度(1 cm^3 中的载流子数目)将保持一定的数值。若温度升高,本征激发增强,使载流子产生量大于复合量,这就打破了原有的平衡,载流子数量的增加又使电子和空穴的复合机会增多。所以在新的升高的温度下,载流子的产生和复合最终达到新的动态平衡。此时,虽然电子和空穴的数量仍相等,但是载流子浓度将稳定在较高的数值上。

总之,在本征半导体中,当温度一定时,空穴浓度 p_i 和电子浓度 n_i①(均称为本征载流子浓度)一定,并且相等。理论分析表明,Si 和 Ge 的本征载流子浓度与温度有关,可用下式表示:

$$n_i(T)=p_i(T)=AT^{3/2}e^{-Eg/(2kT)} \tag{1.1}$$

式中,E_g 为半导体激活能;T 为热力学温度;k 为玻耳兹曼常数(1.38×10^{-23} J/K);A 是与半导体材料有关的系数。

在室温(约 27 ℃)时,本征 Si 的载流子浓度 $n_i=p_i=1.4\times10^{10}/cm^3$,本征 Ge 的载流子浓度 $n_i=p_i=2.5\times10^{13}/cm^3$。本征 Si(Ge)载流子浓度的差异是因激活能的不同而形成的。

本征载流子的浓度随温度的上升而迅速增加。因此,半导体的导电能力亦随温度的上升而显著增强,这是半导体导电的一个重要特性。

1.1.2　杂质半导体

本征半导体的导电能力很弱,不能直接用来制备半导体器件。但如果在本征半导体中掺入微量的其他的元素,其导电能力会显著增强。掺入的元素称为杂质,掺杂后的半导体就称为杂质半导体。杂质半导体是制备半导体器件的材料。

根据掺入杂质之不同,将杂质半导体分为电子型半导体(N 型半导体)和空穴型半导体(P 型半导体)两种②。由于 Si 和 Ge 具有相同的原子结构简化模型,掺杂机理也相同,所以下面均以 Si 半导体材料为例进行讨论。

1) N 型半导体

(1) N 型半导体的构成

按照制定的工艺流程,在本征 Si 中掺入微量的 5 价元素磷(或砷或锑)构成 N 型半导体。因为磷(P)是微量的,故掺入后基本不会改变本征硅晶体结构。但在晶体点阵的某些位置上,硅原子将被磷原子替代,如图 1.4(a)所示。磷原子的 5 个价电子中有 4 个与相邻的 4 个硅原子组成共价键,多余的 1 个价电子处于共价键之外,不受其束缚。同时,它受到磷原子核的吸引力又很弱,在室温下就能被激发,脱离磷原子成为自由电子(但应注意,产生电子的同时并不产生空穴)。这样,每个磷原子都能提供一个自由电子,从而使半导体中的自由电子的数量大增。因此,掺杂后半导体的导电能力大大增强③。

(2) N 型半导体中的多子电子及少子空穴

除杂质磷原子给出自由电子外,在半导体中还有少量的由本征激发产生的电子—空穴对。

① p_i 和 n_i 的下标是 Intrinsic(固有的、本征的)一词的字头。

② N 和 P 分别是 Negative(负)和 Positive(正)的字头。

③ 例如,已知本征硅的原子密度为 5×10^{22}(cm^3),当掺杂量为百万分之一($1/10^6$)时,杂质浓度为 5×10^{16}(cm^3)。在常温下,本征硅的 $n_i=1.4\times10^{10}$(cm^3),两者相差 10^6 数量级,即自由电子的数量比掺杂前净增 10^6 倍。

因杂质提供了大量额外的自由电子，从而使半导体中自由电子的数量远远大于空穴数量，故在N型半导体中，自由电子为多数载流子，简称多子；而空穴为少数载流子，简称少子。由于参与导电的载流子以自由电子为主，又因电子带负电荷，所以这种杂质半导体称为N型半导体，或称电子型半导体。

(3) 磷原子失去电子后成为正离子——施主离子

磷原子失去电子后便成为带正电荷的正离子，它由磷原子核和核外电子组成，不能自由移动。因此，正离子不是载流子。杂质原子施放电子而成为离子的过程称为杂质电离，施放电子的杂质称为施主杂质，亦称N型杂质。

N型半导体中的正电荷量(由正离子和本征激发的空穴所带)与负电荷量(由磷原子施放的电子和本征激发的电子所带)相等，故N型半导体呈电中性，其图形符号如图1.4(b)所示。

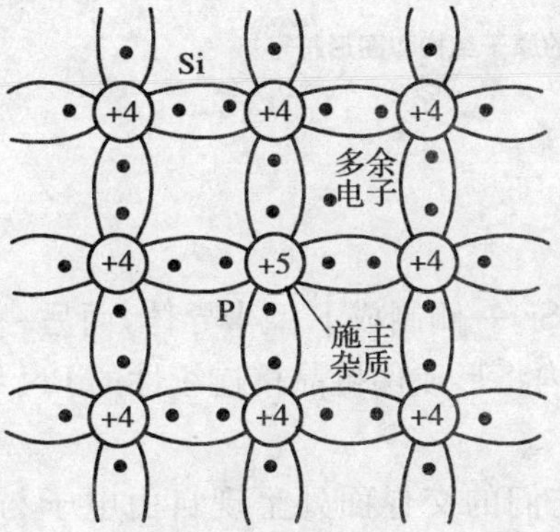

(a) 原子结构

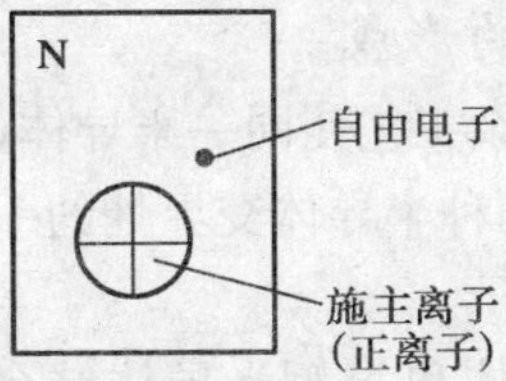

(b) 图形符号

图1.4 N型半导体的原子结构和图形符号

2) P型半导体

在本征Si中掺入微量的3价元素硼(或铝或镓或铟)，在晶体中的某些位置上，硼原子将替代硅原子，其晶体结构见图1.5(a)。硼有3个价电子，每个硼原子与相邻的4个硅原子组成共价键时，因缺少1个电子而出现1个空位(不是空穴，因为硼原子仍呈电中性)。在室温或其他能量的激发下，与硼原子相邻的硅原子共价键上的电子就可能填补这些空位，从而在电子原来所处的位置上造成带正电的空穴，而硼原子则因获得电子而变成带负电的离子。常温下每个硼原子都能引起一个空穴(与此同时并不产生电子)，从而使半导体中空穴数量大增。在半导体中虽还存在本征激发产生的少量电子—空穴对，但空穴数量远大于自由电子数量。所以这种半导体中空穴是多子，自由电子是少子。因为参与导电的载流子以空穴为主，又因空穴带正电荷，所以这种杂质半导体称为P型半导体，亦称空穴型半导体。

硼原子获得电子后变为负离子，亦称受主离子。它由硼原子核和核外电子组成，带负电荷，但不能自由移动。因此，负离子不是载流子。P型半导体的图形符号如图1.5(b)所示。

P型半导体中正电荷量(硅原子失去电子而形成的空穴和本征激发的空穴的电荷量)与负电荷量(负离子和本征激发的电子的电荷量)相等，故它也是呈电中性的。

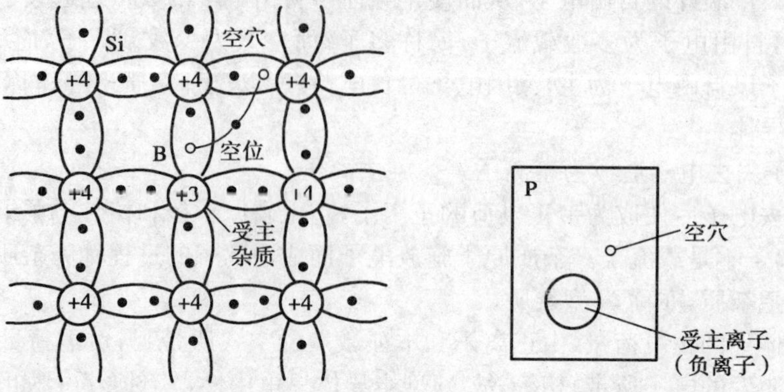

(a) 原子结构　　(b) 图形符号

图 1.5　P 型半导体的原子结构和图形符号

1.1.3　PN 结及其特性

1）PN 结的形成

用不同的掺杂工艺使同一半导体(如本征 Si)一侧制成 P 型半导体,而另一侧制成 N 型半导体。此时,在两种半导体交界处的一段区域内将形成保持晶格连续性的 PN 结,如图 1.6(a)所示。

当 P 型半导体和 N 型半导体结合后,在它们的交界面处呈现自由电子与空穴的浓度差别。P 区的多子空穴浓度远大于 N 区的少子空穴浓度,而 N 区的多子自由电子浓度远大于 P 区的少子自由电子浓度。由于存在着载流子的浓度差,载流子将从浓度较高的区域向浓度较低的区域运动,这种运动称为扩散运动,由载流子扩散运动形成的电流是扩散电流。因此,P 区的多子空穴向 N 区扩散,而 N 区的多子自由电子向 P 区扩散,如图 1.6(b)所示。当载流子通过两种半导体的交界面后,在交界面附近的区域内,P 区扩散到 N 区的空穴与 N 区的自由电子复合,N 区扩散到 P 区的自由电子与 P 区的空穴复合。扩散的结果破坏了 P 区和 N 区交界面附近的电中性条件,在 P 区一侧由于失去空穴,留下了不能移动的负离子(受主离子),而在 N 区一侧由于失去自由电子,留下了不能移动的正离子(施主离子)。这些不能移动的正负离子所在的区域称为空间电荷区,如图 1.6(c)所示。在这个区域内,多子已扩散到对方区域,并被复合掉了,或者说耗尽了,故空间电荷区又称为耗尽层,它的电阻率很高。显然,扩散作用越强,空间电荷区就越宽。

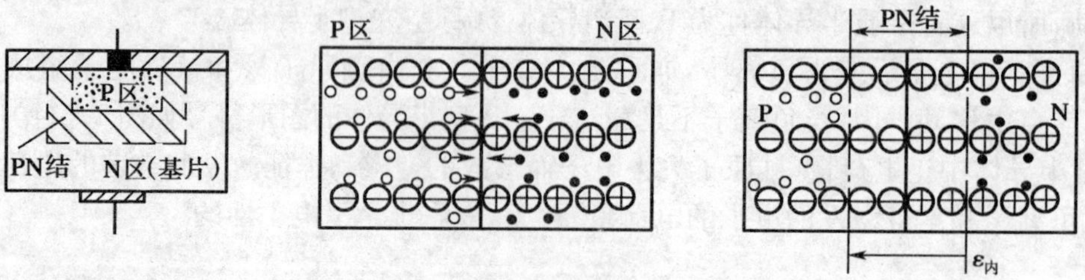

(a) 示意图　　(b) 载流子的扩散运动　　(c) 空间电荷区

图 1.6　PN 结的形成

当出现了空间电荷区后，正负离子的电荷在空间电荷区内形成了一个由N区指向P区的电场。由于这个电场是因内部载流子的扩散运动，而不是由外加电压形成的，所以称为内电场，用$\varepsilon_{内}$ 表示。空间电荷区越宽，内电场也越强。很明显，内电场的方向与多子的扩散方向相反，因此它阻碍了P区和N区的多子向对方区域扩散。

另一方面，在内电场的作用下，P区和N区的少子将作定向运动，这种运动称为漂移运动，由此引起的电流是漂移电流。这样，P区的少子自由电子向N区漂移，从而补充了N区交界面附近因扩散而丢失的自由电子，使正离子减少；而N区的少子空穴向P区漂移，从而补充了P区交界面附近因扩散而失去的空穴，使负离子减少。因此，漂移运动的结果使空间电荷区变窄，其作用正好与扩散运动相反。

由此可见，在有P区和N区的同一半导体内，多子的扩散运动和少子的漂移运动相互联系又相互对立。多子的扩散运动使空间电荷区加宽，内电场增强。内电场的建立和增强又阻止多子的扩散，增强少子的漂移，其结果又使空间电荷区变窄，内电场减弱，从而使多子的扩散增强。如此相互制约，相互促进，最后多子的扩散运动和少子的漂移运动达到动态平衡。此时，扩散电流和漂移电流大小相等，方向相反，通过空间电荷区的净电流等于0，空间电荷区的宽度和内电场的强度都是定值。至此，PN结（即空间电荷区）宣告形成。

PN结中建立的内电场和电位差也称作势垒，它阻碍多子扩散，因此PN结也称为势垒区或阻挡层。

PN结内电场$\varepsilon_{内}$ 所建立的电位差U_{h0}，是不同性质的半导体的接触电位差，它的大小与半导体材料、掺杂浓度及环境温度都有关。在室温下，硅PN结$U_{h0} \approx 0.6 \sim 0.8$ V，锗PN结$U_{h0} \approx 0.1 \sim 0.3$ V。

在PN结中分界面两边的正负离子的电荷量应相等。因此，PN结在P区和N区中的宽度与掺杂浓度有关。若P区和N区的掺杂浓度相同，则PN结在分界面两边的宽度相等，这称为对称结，否则为非对称结。例如，当P区掺杂浓度高于N区时，用P^+N结表示，在分界面两边的宽度如图1.7所示。实际使用的PN结均为非对称结。

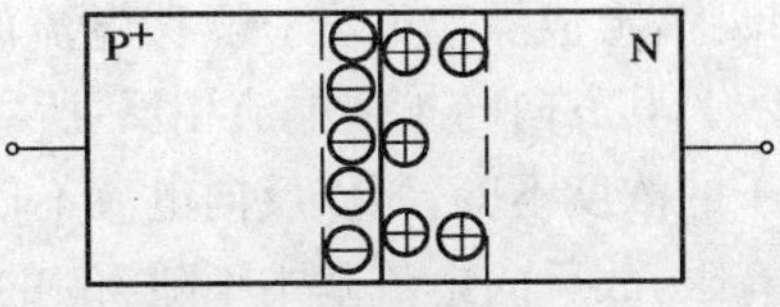

图1.7 非对称PN结

2）PN结的特性

（1）单向导电性

PN结的单向导电性是指PN结在不同极性的外加电压作用下，其导电能力有显著的差异这一特性。

① 在正向电压作用下PN结导电能力强。PN结的正向接法是：P区接外加电源电压的正极，N区接负极，这也称为PN结的正向偏置[①]，简称正偏，如图1.8(a)所示。

因为PN结的空间电荷区内几乎没有载流子，为高阻区，所以除了在限流电阻R上的电压降外，外加电源电压V_F 的其余部分（图示U）几乎都降在PN结上，U所产生的外电场$\varepsilon_{内}$ 方向与内电场$\varepsilon_{外}$ 相反，如图1.8(b)所示。这样，外加正向电压V_F 削弱了内电场强度，使PN结两端的接触电位差降为$U_{h0}-U$。这意味着空间电荷区变窄，从而破坏了原本扩散与漂移之间的动态平衡，使多子扩散运动增强，少子漂移运动减弱，扩散电流大于漂移电流。P区的多子空

① 偏置指偏离了PN结上外加电压为0 V的状态，偏置的英文是Bias。

穴向 N 区大量扩散,N 区的多子自由电子也向 P 区大量扩散。虽然它们的运动方向相反,但产生的电流(分别用 I_P 和 I_N 表示)方向相同,故通过 PN 结的电流 I 为空穴电流与电子电流之和。在正向接法下,通过 PN 结的电流是 P 区和 N 区的多子扩散电流,因此 PN 结的导电能力很强。

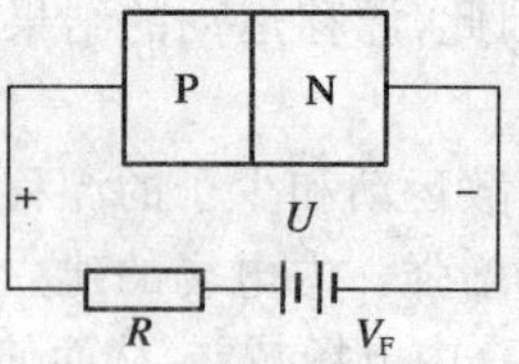

(a)电路接法

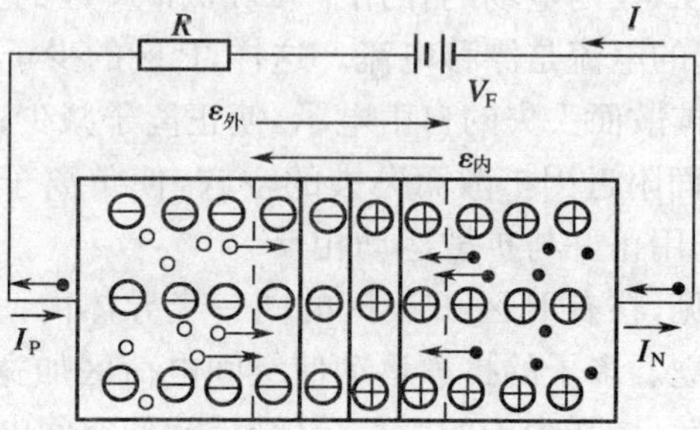

(b)多子扩散电流的流通

图 1.8　PN 结的正向接法

② 在反向电压作用下 PN 结导电能力很弱。PN 结的反向接法是:P 区接外加电源电压 V_R 的负极,N 区接正极,亦称反向偏置或反偏,如图 1.9(a)所示。此时,外加反向电压 V_R 产生的外电场 $\varepsilon_外$ 与内电场 $\varepsilon_内$ 方向相同,这将促使 P 区的多子空穴和 N 区的多子自由电子远离 PN 结。结果,正负离子更多地显露出来,使空间电荷增多,耗尽层变宽,势垒增强,从而阻止多子扩散。因此,扩散电流为 0。

但耗尽层变宽加强了内电场,从而使 P 区的少子自由电子和 N 区的少子空穴的漂移运动增强,形成漂移电流。漂移电流的方向从电源正极经 N 区、P 区到电源负极,如图 1.9(b)所示。其方向与扩散电流相反,所以称为反向电流。由于少子浓度很低,且当环境温度一定时少子的浓度不变,所以反向电流不仅很小,而且当外加反向电压 V_R 达到一定值后,因少子数量有限,故反向电流基本不随 V_R 的增大而增加。这一电流称为反向饱和电流,记作 I_S。应当注意的是,I_S 虽小,但它随着温度的变化而急剧变化。

总之,PN 结正偏时的正向电流是扩散电流,数值较大,此时 PN 结容易导电;而 PN 结反偏时的反向电流是漂移电流,其值很小,此时 PN 结几乎不导电。此即为 PN 结的单向导电性。PN 结具有单向导电性之关键在于:其中耗尽区的存在,且耗尽区的宽度随外加电压而变化。

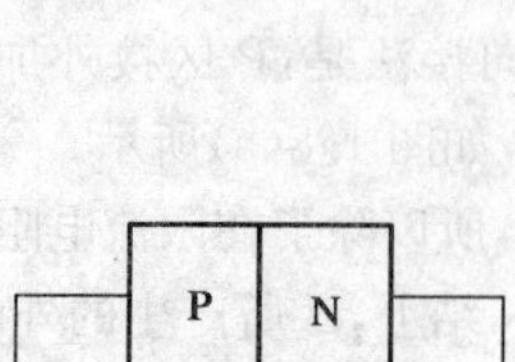

(a)电路接法

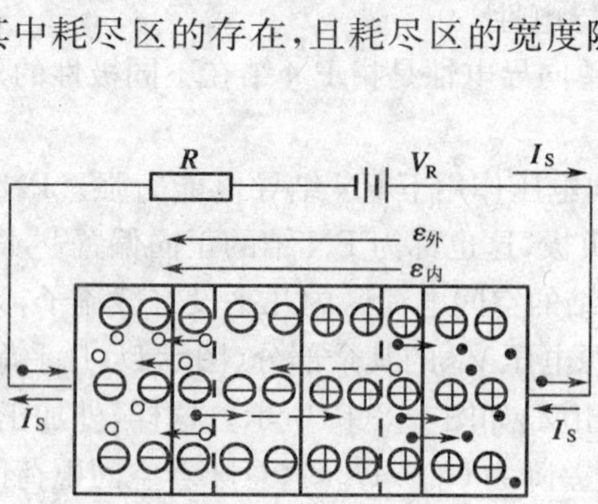

(b)少子漂移电流的流通

图 1.9　PN 结的反向接法

(2) PN 结的伏安特性表达式

PN 结的伏安特性是指 PN 结两端的外加电压与流过其中的电流之间的关系。根据理论分析，PN 结的伏安特性用下式表示：

$$i = I_S(e^{u/U_T} - 1) \tag{1.2}$$

式中，u 为 PN 结两端的外加电压，参考方向为 P 区（+），N 区（−）；i 为流过 PN 结的电流，参考方向从电源正极经 P 区和 N 区流至电源负极；I_S 为反向饱和电流；U_T 为温度电压当量（$U_T = kT/q$，式中：k 为玻耳兹曼常量；T 为热力学温度；q 为电子电荷量），在室温（$T = 300$ K）时$U_T \approx 26$ mV。

由式(1.2)绘出 PN 结的伏安特性曲线，如图 1.10 所示。

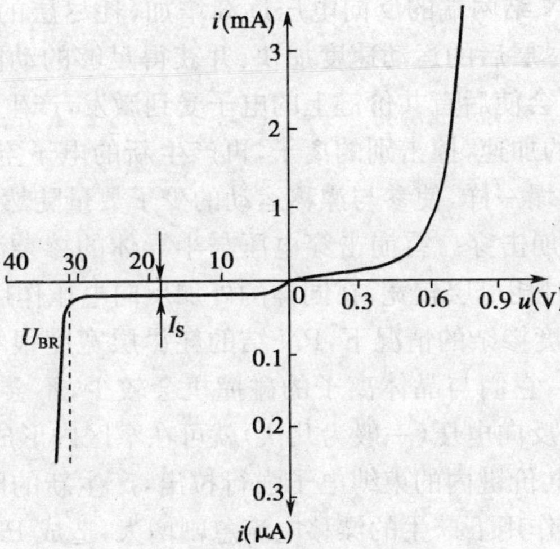

图 1.10 PN 结的伏安特性

当 PN 结正向偏置时，若外加电压 $u \gg U_T$，则 $e^{u/U_T} \gg 1$（例如 $u = 100$ mV，$e^{u/U_T} \approx e^4 \approx 55 \ll 1$），故式(1.2)简化为：

$$i \approx I_S e^{u/U_T} \tag{1.3}$$

式(1.3)说明了 u 大于一定的数值后，PN 结的正向电流 i 随正向电压 u 按指数规律变化。

当 PN 结反向偏置时，若$|u| \gg U_T$，则 $e^{u/U_T} \ll 1$，（例如 $u = -100$ mV，$e^{u/U_T} \approx e^{-4} \approx 1/55 \ll 1$），故式(1.2)简化为：

$$i \approx -I_S \tag{1.4}$$

即反向电压达到一定值后，反向电流 i 就是反向饱和电流（$-I_S$），与反向电压的大小基本无关。

由式(1.2)可知，PN 结的电流 i 与 $U_T(=kT/q)$ 以及 I_S 有关，而 U_T 和 I_S 均为温度的函数，因此，PN 结的伏安特性与温度有着密切的关系，如图 1.11 所示。

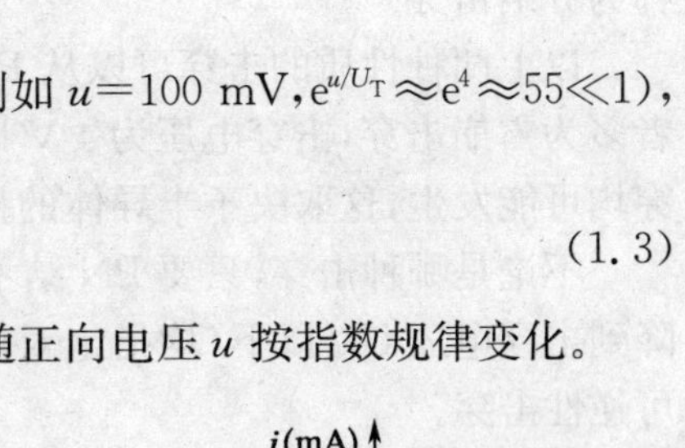

图 1.11 PN 结伏安特性与温度的关系

反向饱和电流 I_S 之值取决于平衡状态下少子的数目。当温度升高时，少子数量急剧增加，所以 I_S 大增。

PN 结的正向特性受温度的影响可用温度系数表示，其定义为：当 PN 结的电流 i 为常数时(例如，在图 1.11 上 $i=I_1$)，正向电压随温度的变化率约为：

$$\Delta U/\Delta T \approx -(2\sim 2.5)\ \text{mV/℃} \tag{1.5}$$

式(1.5)表明，当维持正向电流不变时，环境温度每升高 1 ℃，PN 结的端电压就减小 2.0～2.5 mV。

(3) PN 结的击穿特性

在测量 PN 结的伏安特性时，如果加到 PN 结两端的反向电压增大到一定的数值 U_{BR} 时，反向电流突然增加，如图 1.10 中虚线左边部分所示。这一现象称为 PN 结的反向击穿(电击穿)。发生击穿所需的反向电压 U_{BR} 称为反向击穿电压。产生电击穿的机理有：

① 雪崩击穿。随着 PN 结两端的反向电压逐渐增加，耗尽层的电场也逐渐增强，从而使少子在漂移过程中进入耗尽层后的运动速度加快，并获得足够的动能。当这些少子与耗尽层内的晶体离子相互碰撞时，会使后者共价键上的电子受到激发，产生新的电子空穴对。这些新电子空穴对又会受到电场的加速，撞击别的离子，再产生新的电子空穴对。这种连锁反应(载流子的倍增效应)像雪山崩塌一样，使参与漂移运动的少子数量陡然增多，反向电流急剧增大，造成 PN 结击穿，故称为雪崩击穿。雪崩击穿电压与半导体的掺杂浓度有关，掺杂浓度越低，U_{BR} 的数值就越大，因为此时耗尽层较宽，在同样的外加反向电压作用下，电场强度较小。

② 齐纳击穿。在高浓度掺杂的情况下，PN 结的耗尽层宽度很窄。当作漂移运动的少子通过耗尽层时，由于路径短，它们与晶体离子的碰撞机会较少，不会产生雪崩击穿。但因 PN 结的耗尽层很窄，不太大的反向电压(一般为几伏)就可在窄区内形成极强的电场(电场强度 $E=U/l$)。强电场的作用将共价键内的束缚电子强行拉出，产生新的电子空穴对。此电子空穴对的大量出现，使反向电压作用下产生的漂移电流急剧增大，造成 PN 结反向击穿。这种击穿称为齐纳击穿。

以上两种性质的击穿可以从 PN 结反向击穿电压的数值来区分。通常击穿电压 7 V 以上者多为雪崩击穿，击穿电压为 4 V 以下者大都是齐纳击穿，击穿电压在 4～7 V 之间者，两种击穿均可能发生，这取决于半导体的掺杂浓度。

不论是哪种击穿，只要 PN 结不因电流过大，产生过热而损坏(热击穿①)，当反向电压再降到击穿电压 U_{BR} 以下(均指绝对值)时，它的性能又恢复到击穿前的状况。所以电击穿属于可逆性击穿。

(4) PN 结的电容效应

PN 结除了单向导电性外，还存在着电容效应。它按产生原因的不同分为势垒电容和扩散电容两种。

① 势垒电容 C_B②。它是由 PN 结中储存的空间电荷量随外加电压的变化而引起的，这一点与电容器的性质($C=dQ/dU$)相似。当 PN 结外加的正向电压增大时，P 区的多子空穴和 N 区的多子自由电子更多地注入空间电荷区，并与区内的正、负离子中和，使空间电荷区的电荷量减少，PN 结变窄，如图 1.12(a)所示。反之，当 PN 结的外加反向电压(绝对值)增大时，P 区多子空穴和 N 区的多子自由电子远离 PN 结，使势垒区的电荷量增多，PN 结变宽，见图 1.12(b)。外

---

① 热击穿指 PN 结反向击穿时，消耗在结上的功率很大，因而使 PN 结发热，超过了它的耗散功率的一种物理现象。

② C_B 的下标 B 是 Barrier(势垒、阻挡层)的字头。

加电压的变化引起了势垒区电荷量的变化，这就是电容效应。因为它发生在势垒区内，所以称为势垒电容，记为 C_B。势垒电容 C_B 的结构与平板电容器相似。因为空间电荷区是高阻区，相当于绝缘介质，而 P 型和 N 型中性区的电阻率较低，相当于金属极板，如图 1.12(c)所示。因此，势垒电容的计算公式也与平板电容器的相同，即

$$C_B = \varepsilon S/4\pi d \tag{1.6}$$

式中：S 是 PN 结的面积；d 为 PN 结的宽度；ε 为半导体材料的介电常数。

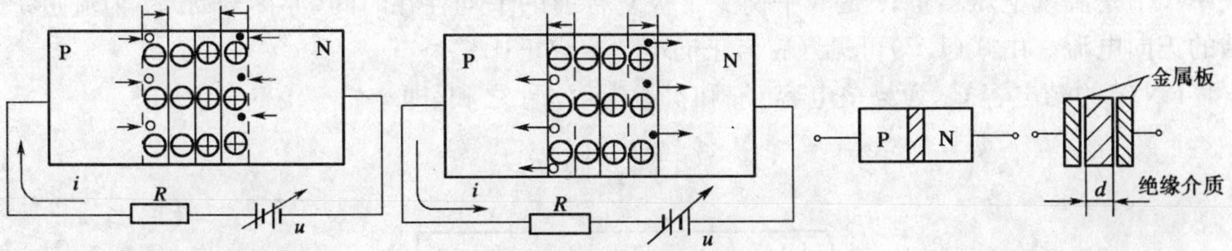

(a) 空间电荷区的电荷量随外加电压变化（PN结变窄） (b) 空间电荷区的电荷量随外加电压变化（PN结变宽） (c) 势垒电容的等效结构

图 1.12 势垒电容

当外加电压改变时，d 随之变化。因此，C_B 是非线性电容。显然，反向偏置电压越高，d 越大，C_B 越小，如图 1.13 所示。一般情况下 C_B 仅为几皮法(pF，1 pF$=10^{-12}$ F)至100 pF。在现代电子设备中，通常将反向偏置的 PN 结用作压控可变电容器。

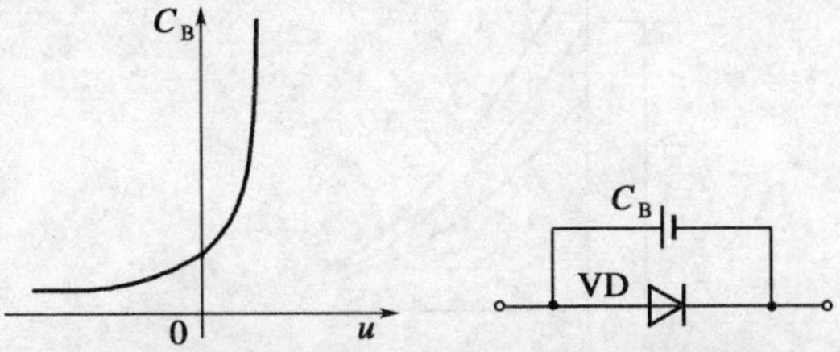

(a) 非线性关系曲线 (b) 图形符号

图 1.13 势垒电容与外加电压的关系

② 扩散电容 C_D①。当 PN 结处平衡状态(即外加电压 $u=0$ V 或零偏)时，可以认为在空间电荷区以外的电中性区内的少子浓度处处相同，如图 1.14 中平行于 x 轴的虚线所示。这种少子称为平衡少子。当 PN 结正向偏置时，N 区的多子自由电子不断经过空间电荷区向 P 区扩散。电子进入 P 区后，就成为 P 区的少子，这些新的少子(电子)破坏了 P 区少子原有的平衡状态。因此，新注入的电子称为 P 区的非平衡少子。注入 P 区的电子先积累在 PN 结的边缘处，使此处的自由电子浓度 $n_p(0)$ 远大于 P 区内其他地方自由电子的浓度，从而建立了浓度差。在此浓度差作用下，自由电子不断向 P 区的纵深(沿 x 轴正方向)扩散，而且边扩散边与 P 区的多子空穴复合，使自由电子浓度从左到右逐渐减小。经过一段距离(称为扩散区)后，注入 P 区的非平衡少子自由电子基本上都被复合掉，使 P 区的电子浓度恢复到平衡状态时的数值 n_{p0}，形成如图 1.14 所示的 P 区少子浓度 n_p 的分布曲线 1。这样，在扩散区内就积累了一定数量的非平衡少子，其电荷量用曲线 1 下方水平线所界定的面积表示。当正向电压增大时，扩散

① C_D 的下标 D 是 Diffusion(扩散)的字头。

到 P 区的自由电子数增加,电子的浓度分布曲线变为 2,扩散区内积累的非平衡少子电荷量增加,浓度分布梯度增大。反之,当正向电压减小时,扩散区内积累的电荷量减少,见图 1.14 中曲线 3。与此相似,N 区内的非平衡少子空穴也有同样的分布规律。外加电压改变时引起扩散区内积累的电荷量改变,这就形成了电容效应,其对应的电容称为扩散电容 C_D。根据理论分析可知,不对称 PN 结的扩散电容为:

$$C_D = \tau i / U_T \tag{1.7}$$

式中:U_T 是温度电压当量;τ 是非平衡少子被复合前的平均存在时间(亦称寿命);i 为流过 PN 结的正向电流。由式(1.7)可见,C_D 与正向电流 i 成正比。

PN 结的结电容 C_J 为势垒电容 C_B 和扩散电容 C_D 之和,即

$$C_J = C_B + C_D \tag{1.8}$$

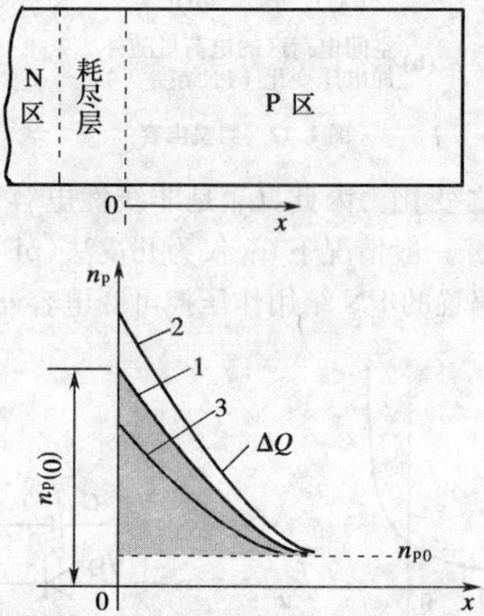

图 1.14 P 区少子浓度 n_p 的分布曲线

当 PN 结正向偏置时,结电容一般以扩散电容 C_D 为主;当反向偏置时,则基本上等于势垒电容 C_B。C_B 很小,结面积小者为 1 pF 左右,结面积大者几十皮法。C_D 较大,一般为 100 pF 以上。当半导体器件在高频状态下运用时,必须考虑结电容的影响。

1.2 半导体二极管

1.2.1 二极管的结构和类型

半导体二极管由 PN 结加上引线和管壳组成,按照其结构不同分为点接触型和面接触型两种,按照制备管子的材料不同分为硅和锗二极管①。

① 正在不断研究新型的半导体材料,如砷化镓、氮化镓和磷化铟等,目前特别致力于开发有机化合物、纳米材料和微结构材料。

1）点接触型二极管

点接触型二极管的结构见图 1.15(a)。它由一根金属丝与半导体表面相接触，先经过特殊工艺在接触点上形成 PN 结，然后做出引线，最后加上管壳封装而成。其突出优点是 PN 结面积很小，故结电容很小，一般在 1 pF 以下，适宜于高频(可达 100 MHz 以上)下工作。其缺点是既不能承受较高的正向电压，又不能通过较大的正向电流。因而点接触型二极管大多用作高频检波和数字电路中的开关元件。

2）面接触型二极管

面接触型二极管的 PN 结用合金法(面结型二极管)或扩散法(硅平面二极管)工艺制作而成，其结构如图 1.15(b)、(c)所示。其 PN 结面积大，结电容也大，因此工作频率较低。但是它能通过较大的正向电流，且反向击穿电压较高，工作温度也较高，所以大多用作低频整流元件。二极管的图形符号见图 1.15(d)，符号的左端俗称为阳极，右端称为阴极。

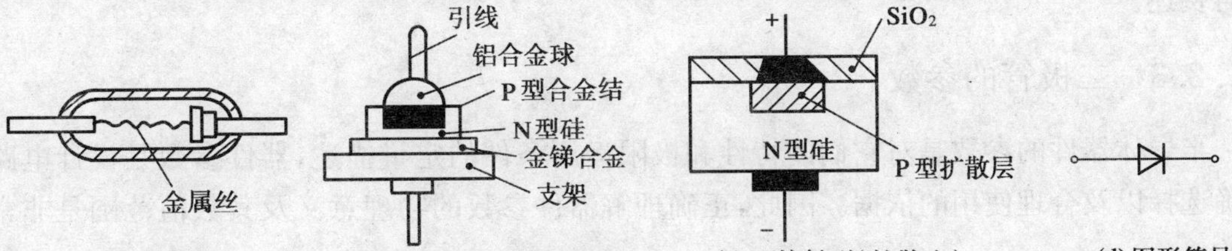

(a) 点接触型　(b) 面接触型（合金法）　(c) 面接触型（扩散法）　(d) 图形符号

图 1.15　二极管的结构和图形符号

1.2.2　二极管的伏安特性

二极管的伏安特性是指其端电压与流过其中的电流之间的关系。既然二极管是一个 PN 结，那么它必有单向导电性。图 1.16 是硅二极管的伏安特性，它与 PN 结的伏安特性有一些差别。

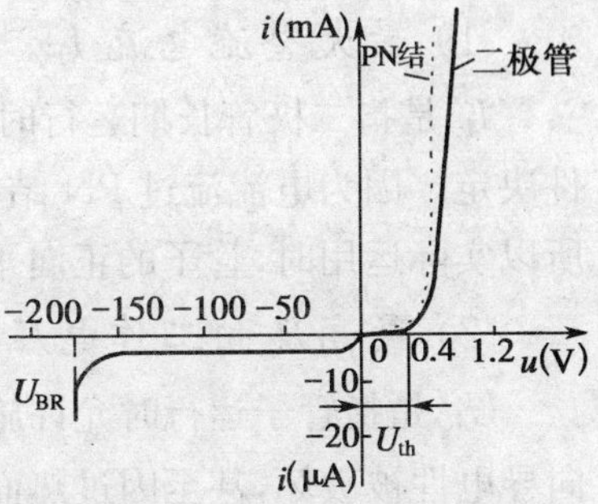

图 1.16　硅二极管的伏安特性

1）正向特性

当正向电压较小时，二极管的正向电流为 0 mA。只有当正向电压大于一定的数值后，才有正向电流出现。这是因为正向电压较小时，不足以影响内电场，载流子的扩散运动尚无明显的扩展，所以正向电流趋于 0 mA。使正向电流从 0 mA 开始明显增大的外加电压称为阈值电压，记作 U_{th}。在室温下，硅管的 $U_{th}\approx0.5$ V，锗管的 $U_{th}\approx0.1$ V。管子正向导通而电流不大时，硅管的压降为 0.6～0.8 V，锗管的压降为 0.1～0.3 V。计算时约定：硅管正向压降 $U_D=0.7$ V，锗管正向压降 $U_D=0.2$ V。硅和锗二极管的这一差别是由于硅 PN 结的 U_{th} 比锗 PN 结的大而引起的。

实际的二极管内存在着引线电阻、半导体电中性区的体电阻和电极接触电阻等，考虑到这些电阻上的压降，实际作用到二极管上的电压比管子外加的正向电压要小。所以，在相同的外加正向电压的作用下，二极管的正向电流要比 PN 结的正向电流小。特别在大电流运用时，二者的差别就更加明显。

2) 反向特性

当反向偏置时，由于表面漏电流的存在，实际二极管的反向电流比 PN 结的大。而且随着反向电压的增大，反向电流也略有增加。

当二极管承受的反向电压小于击穿电压 U_{BR} 时，二极管的反向电流很小。小功率硅管的反向电流一般小于 0.1 μA，锗管的反向电流通常为几十微安。

尽管有以上的一些差别，但是做定量分析计算时，仍采用 PN 结的伏安特性表达式［式(1.2)］，来近似描述二极管的伏安特性。

3) 击穿特性

当二极管承受的反向电压大于击穿电压 U_{BR} 时，二极管的反向电流急剧增大。管子的反向击穿电压值一般在几十伏以上(高反向电压二极管可达几千伏)。

环境温度的变化对二极管的伏安特性影响较大，其规律与 PN 结的温度特性相类似，此处不再赘述。

1.2.3　二极管的参数

半导体器件的参数是对它们的特性和极限运用条件的定量描述，器件参数是设计电路的正确选择以及合理使用的依据。因此，正确理解器件参数的物理意义及其数值范围是非常重要的。

每一种半导体器件都有一系列表征其性能特点的参数，并被汇集成半导体器件手册，供使用者查阅选取。二极管的主要参数有如下几种。

1) 最大整流电流 I_F

I_F 是指二极管长期运行时允许流过的最大正向平均电流，其值由 PN 结面积及其散热条件决定。因为电流流过 PN 结要引起管子发热，电流太大，发热量超过限度，就会烧坏管子。所以实际运用时，管子的正向平均电流不得超过此值。例如 2AP1 的 I_F 为 16 mA。

2) 最高反向工作电压 U_R

U_R 是指管子运行时允许施加的最大反向电压值。二极管反向击穿时，反向电流剧增，单向导电性被破坏，甚至因过热而烧坏。一般手册上给出的 U_R 约为击穿电压的一半，以确保管子能安全运行。例如 2AP1 的最高反向工作电压规定为 20 V，而反向击穿电压实际上大于 40 V。

3) 反向电流 I_R

I_R 是指管子未击穿时的反向电流，其值越小，管子的单向导电性就越好。由于环境温度增加，反向电流会急剧增大，故使用二极管时特别要注意温度的影响。

4) 最高工作频率 f_M

f_M 主要取决于二极管结电容的大小。使用二极管时，如果输入信号的频率超过 f_M，管子的单向导电性会变差，甚至单向导电性不复存在。

应当指出，由于制造工艺的限制，即使是同一型号的半导体器件，其参数的分散性也很大。另外，手册上给出的参数是在一定的测试条件下获得的。使用时要注意这些条件。若条件改变，则相应的参数值也会发生变化。

1.2.4 二极管的型号及其选择

1）型号

国产半导体器件的型号由一组数字和汉语拼音字母组成，用来表示器件的类型、材料和参数等。

例如，二极管型号 2CP10 由 4 部分组成（无第 5 部分），各部分含义见附录 A。国产半导体器件型号的命名方法及符号规定，也一并列入附录 A 中。

2）选用二极管的一般原则

选取二极管的一般原则如下：

(1) 要求导通后正向压降较小时选择锗管，要求反向电流较小时选用硅管；

(2) 要求工作电流大时选择面接触型，要求工作频率高时选取点接触型；

(3) 要求反向击穿电压较高时选用硅管；

(4) 要求耐高温时选用硅管。

读者可根据实际电路的性能要求，估算二极管应有的参数，并考虑适当的裕量，查阅手册以确定管子的型号和参数。

1.2.5 二极管应用电路及其分析方法

二极管是一种非线性器件，因而二极管电路一般要采用非线性电路的分析方法。但是为了便于近似估算，这里只介绍理想二极管和实际二极管的两种分析方法。

1）理想二极管的概念

理想二极管的概念是：当管子正向偏置时，其管压降为 0 V，而当管子处于反向偏置时，认为它的电阻为无穷大，电流为 0 μA。在实际电路中，当电源电压远大于二极管的管压降时，或设定二极管为理想时，用此概念来分析是可行的。

2）实际二极管的分析方法

对于实际二极管，只要联系图 1.16 二极管的伏安特性，运用单向导电性近似分析即可。分析方法如下：假设二极管正向导通压降为 U_{on}，约定硅管 $U_{on}=0.7$ V，锗管的 $U_{on}=0.2$ V。只有当二极管的正向压降大于等于 U_{on} 时，管子才导通，导通后管压降被钳制成 U_{on}，且具有恒压特性，而流过管子的电流则由电路参数来计算；否则，二极管截止，电流约为 0 μA。该方法提供了合理的近似，因而应用较广。

3）二极管应用电路例

在电子电路中，二极管有着广泛的应用，例如充当整流、检波、开关、钳位和限幅保护元件等。下面只介绍限幅电路和开关电路，其他应用电路将在后续有关章节和数字电路中讨论。

二极管限幅是指限制电路中的输入或输出电压幅度。当输入信号电压经过限幅电路后，只有其中的一部分加到输入端或输出端，其余部分被限制而消失了。在模拟电子电路中，常用限幅电路来减小或限制某些信号的幅值，以适应电路的不同要求，例如用在集成运算放大器的输入端和输出端。

(1) 串联限幅电路

实际二极管限幅电路如图 1.17(a)所示。因为二极管 VD 与负载电阻 R_L 串联，所以称为串联限幅电路。设图中 u_i 为正弦输入信号，由二极管的单向导电性可知，当 u_i 处于正半周，且其值大于 VD 的导通电压 U_{on} 时，VD 导通，输出电压 $u_o = u_i - U_{on}$；当 u_i 处于负半周或其值小于 U_{on} 时，VD 截止，$u_o = 0$ V。u_o 的波形见图 1.17(b)，可见该电路中正弦信号的负半波得到了限幅。

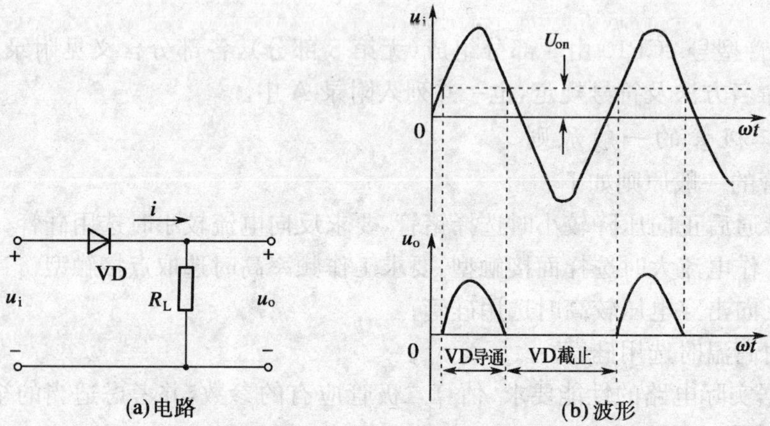

图 1.17　二极管串联限幅电路

(2) 并联限幅电路

实际二极管限幅电路见图 1.18(a)，因 VD 与输出端并联，故称为并联限幅电路。当输入正弦信号 u_i 处于正半周，且其值大于 VD 的导通电压 U_{on} 时，VD 导通，$u_o = U_{on}$。当 u_i 处于负半周或其值小于 U_{on} 时，VD 截止，此时 u_i 的波形全部传送到输出端，即 $u_o = u_i$。输出电压 u_o 的波形见图 1.18(b)。此并联限幅电路限制了输入正弦信号的正半波。

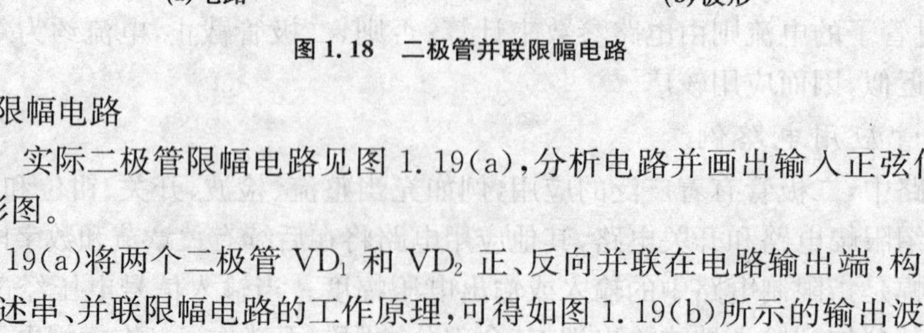

图 1.18　二极管并联限幅电路

(3) 双向限幅电路

【例 1.1】 实际二极管限幅电路见图 1.19(a)，分析电路并画出输入正弦信号 u_i 和输出电压 u_o 的波形图。

解　图 1.19(a) 将两个二极管 VD_1 和 VD_2 正、反向并联在电路输出端，构成了双向限幅电路。根据上述串、并联限幅电路的工作原理，可得如图 1.19(b) 所示的输出波形。由波形图可见，双向限幅电路限制了输出信号的正向和负向幅度，将输出电压 u_o 的幅值限制为 $\pm U_{on}$。

若要求提高输出幅度，则可以在二极管支路中串联固定电压，或在输出端接入双向稳压管，具体应用详见第 6.4 节。

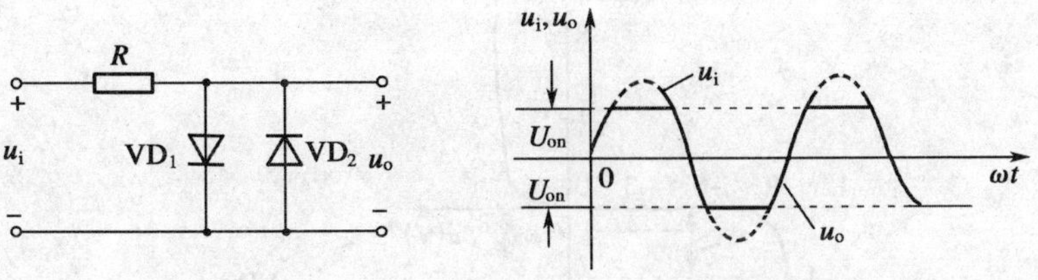

(a) 电路　　　　(b) 波形

图 1.19　例 1.1 的双向限幅电路

【例 1.2】　理想二极管开关电路见图 1.20，当 u_{i1} 和 u_{i2} 为 0 V 或 5 V 时，求输入电压 u_{I1} 和 u_{I2} 之值为不同组合情况时，输出电压 u_o 之值。

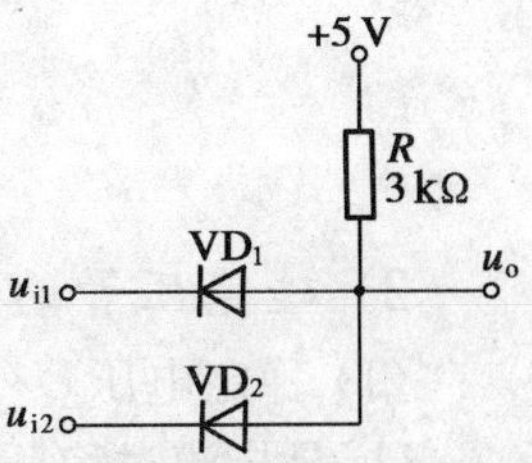

图 1.20　例 1.2 的理想二极管电路

解　(1) 当 $u_{i1}=0$ V，$u_{i2}=5$ V 时，VD_1 正偏，$u_o=0$ V（因二极管理想），此时 VD_2 的阳极电位为 0 V，阴极电位为 5 V，处于反偏状态，故 VD_2 截止。

(2) 依此类推，将 u_{i1} 和 u_{i2} 的其余 3 种组合和输出电压列于表 1.1 中。

表 1.1　例 1.2 的分析结果

输入电压(V)		二极管工作状态		输出电压 u_o(V)
u_{i1}	u_{i2}	VD_1	VD_2	
0	0	导通	导通	0
0	5	导通	截止	0
5	0	截止	导通	0
5	5	截止	截止	5

由表 1.1 可见，在输入电压 u_{i1} 和 u_{i2} 中，只要有 1 个为 0 V，则输出为 0 V，只有当 2 个输入电压均为 5 V 时，输出才为 5 V，这种关系在数字电路中称为“与”逻辑。

1.2.6　硅稳压管

稳压管实际上是一种硅二极管，因为它具有在一定的工作条件下端电压稳定的特性，故在稳压电路和一些电子电路中用到它，故称之为稳压管，以区别于整流、限幅、检波等用途的普通二极管。

1) 硅稳压管的伏安特性

硅稳压管利用 PN 结的反向击穿特性具有的稳压性能制成。图 1.21(a) 是稳压管的伏安特性，其正向特性与普通硅二极管的相同。由反向特性可见，当反向电压达到击穿电压（也是稳压管的稳定电压 U_Z）后，流过管子的反向电流会急剧增大。但只要采取适当的措施限制流过管子的电流，就能保证稳压管不会因过热而烧坏。此时，即使稳压管的电流在较大的范围内变化，但是稳压管两端电压的变化却很小，即稳住了电压。图 1.21(b) 示出了稳压管的图形符号。若在工艺上控制硅材料的掺杂浓度，则可制备具有不同稳定电压值的稳压管。

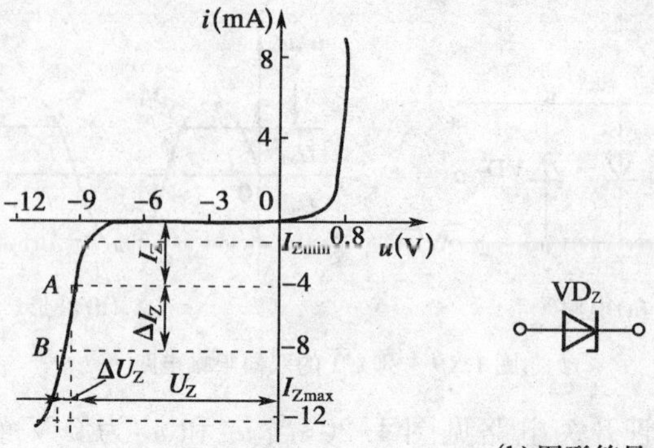

(a) 伏安特性　　(b) 图形符号

图 1.21　硅稳压管伏安特性及图形符号

2) 硅稳压管的主要参数

(1) 稳定电压 U_Z

U_Z 是指流过稳压管的反向电流为规定测试值 I_Z 时，稳压管两端的电压值。由于制备工艺方面的原因，即使同一型号的稳压管，其 U_Z 的分散性也很大。

(2) 最小稳定电流 I_{Zmin}(或称稳定电流 I_Z)

I_{Zmin}是指保证稳压管具有正常工作性能的最小电流。稳压管的工作电流小于此值时，稳压效果就差；高于此值，只要管子的耗散功率不超过额定功耗，管子仍可正常工作，且电流越大，稳压效果越好。

(3) 最大耗散功率 P_{ZM}和最大工作电流 I_{Zmax}

P_{ZM}是稳压管容许的最大耗散功率(或称为最大功耗)：

$$P_{ZM}=U_Z I_{Zmax} \tag{1.9}$$

稳压管的实际功耗大于 P_{ZM}时，管子将因温度过高而损坏。使用时因 U_Z 一定，故应限制管子的工作电流，使之不超过最大工作电流 I_{Zmax}。

已知稳压管的最大功耗 P_{ZM}和稳定电压 U_Z 时，由式(1.9)便可求出最大工作电流 I_{Zmax}。

(4) 动态电阻(或称为交流电阻)r_Z

r_Z 的定义为：在稳压范围内管子两端的电压变化量 ΔU_Z 与对应的电流变化量 ΔI_Z 之比，即

$$r_Z=\Delta U_Z/\Delta I_Z \tag{1.10}$$

由图 1.21 可见，r_Z 是稳压管反向特性斜率的倒数，它随工作电流的不同而变化，电流越大，曲线越陡峭，r_Z 越小，稳压性能就越好。因而 r_Z 是反映稳压性能的质量指标。

(5) 稳定电压的温度系数 α

α 定义为：当稳压管中流过的电流为稳定电流 I_Z 时，环境温度每变化 1 ℃，稳定电压 U_Z 的相对变化量(用百分数表示)，即

$$\alpha=\frac{\Delta U_Z}{U_Z \Delta T}\times 100\%(℃) \tag{1.11}$$

α 也是稳压管的质量指标，它表示温度变化对稳定电压 U_Z 的影响程度。

稳定电压 U_Z 高于 7 V 的稳压管具有正温度系数，U_Z 低于 4 V 的管子具有负温度系数，U_Z 在 4～7 V 内的管子，其温度系数较小。因此，若要求管子的温度稳定性较高时，可选用如 $U_Z \approx 6$ V 的管子，或选用具有温度补偿的管子，如 2DW7(见图 1.22)，它将两个 U_Z 相同的管子反向串联而成。使用时，处于反向工作状态的管子具有正温度系数，处于正向工作状态的管子(此时是普通二极管)具有负温度系数，二者互相补偿，使 α 值减小。

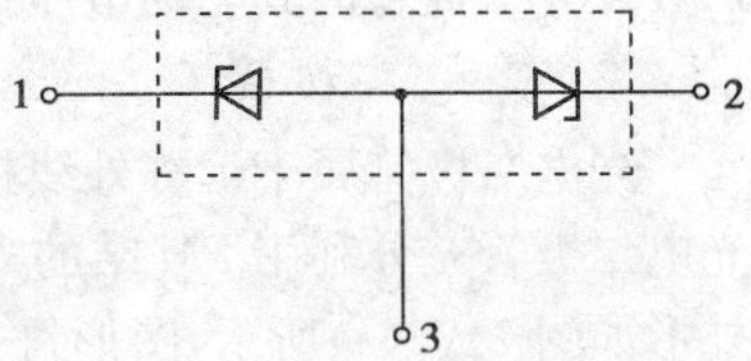

图 1.22　具有温度补偿的稳压管

3) 稳压管稳压电路举例

【例 1.3】 稳压管在直流稳压电源中获得广泛的应用。图 1.23 是最常用的稳压管稳压电路，设电路中 $U_I = 10$ V，$R = 5.1$ kΩ，稳压管的 $U_Z = 6.2$ V，试问电路的输出电压 U_O = ?

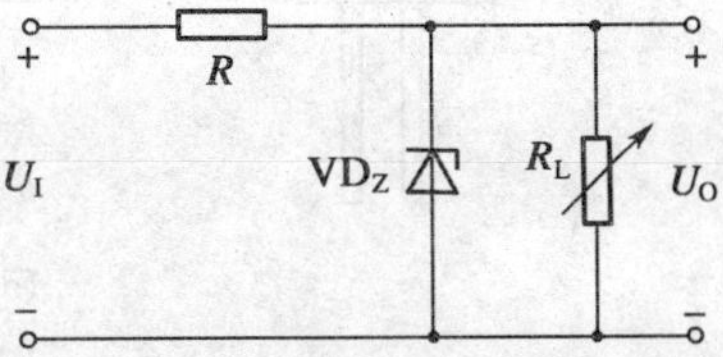

图 1.23　例 1.3 的稳压电路

解　图 1.23 中 U_I 为待稳定的直流电压，它由整流和滤波电路(见第 8 章第 8.2 节和第 8.3 节)提供，VD_Z 为稳压管，R 为限流电阻，它的作用是使电路工作到反向击穿区，并限定电路的电流，负载 R_L 与稳压管两端并联，因而称为并联式稳压电路。显然，VD_Z 工作在反向击穿区，输出电压 $U_O = U_Z = 6.2$ V。

1.2.7　其他类型的二极管

1) 发光二极管

发光二极管(LED①)包括可见光、不可见光、激光等不同类型，这里只对可见光 LED 作一简单的介绍。LED 的发光颜色取决于所用材料，目前有红、绿、黄、橙等颜色，可以制成各种形状，如长方形、圆形[见图 1.24(a)]等。图 1.24(b)是 LED 的图形符号。

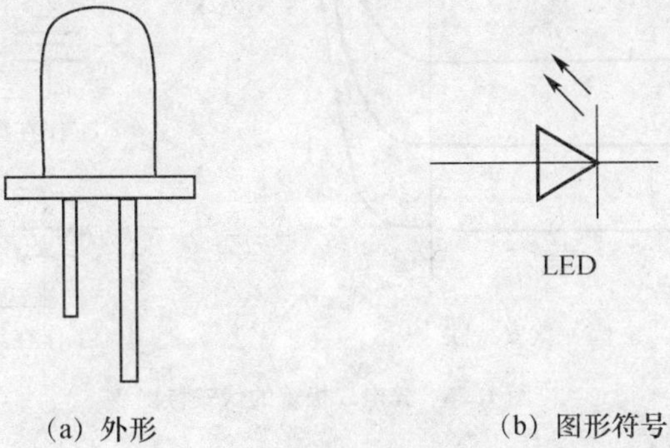

(a) 外形　　　(b) 图形符号

图 1.24　发光二极管

LED 亦具单向导电性，因为它也是由 PN 结制成的。只有当外加正向电压且正向电流足够大时它才导通发光。它的开启电压比普通二极管的高，红色的在 1.6～1.8 V 之间，绿色的约为 2 V。其正向电流越大，发光就越强。使用时要注意不要超出最大功耗、最大正向电流和反向击穿电压等极限参数。

① LED 是 Light-emitting Diode 的缩写。

发光二极管因其驱动电压低,功耗小、寿命长、可靠性高等优点而广泛用于显示电路中。

2) 光电二极管

光电二极管属于远红外线接收管,是一种光能与电能进行转换的半导体器件。PN 结型光电二极管充分利用 PN 结的光敏特性,将接收到的光的变化转换成电流的变化。它的几种外形如图 1.25(a)所示,图形符号见图 1.25(b)。

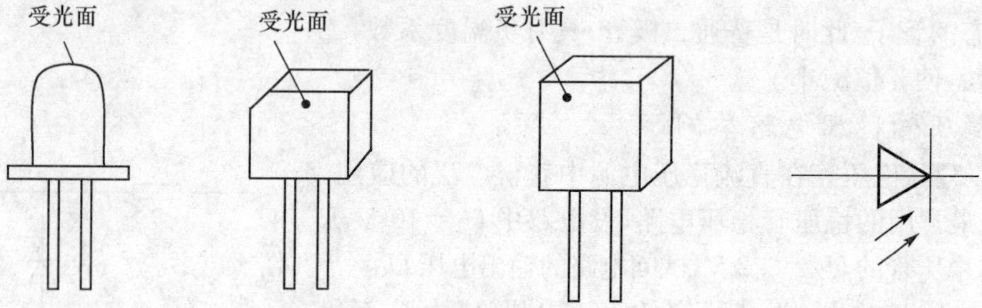

(a) 外形　　(b) 图形符号

图 1.25　光电二极管

图 1.26(a)为光电二极管的伏安特性。当无光照时,光电二极管与普通二极管一样,具有单向导电性,外加正向电压时,电流与端电压成指数关系,见特性曲线的第 1 象限;而外加反向电压时,反向电流称为暗电流,通常小于 0.2 μA。

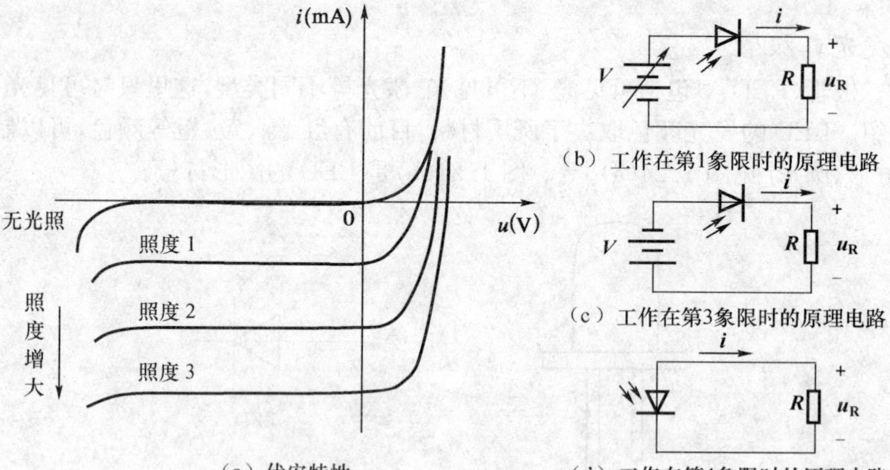

(a) 伏安特性　(b) 工作在第1象限时的原理电路　(c) 工作在第3象限时的原理电路　(d) 工作在第4象限时的原理电路

图 1.26　光电二极管的伏安特性

当有光照时,特性曲线下移,它们分布在第 3 象限、第 4 象限内。在反向电压的一定范围内,即在第 3 象限,特性曲线是一组横轴的平行线。光电二极管在反向电压作用下受到光照而产生的电流称为光电流,光电流受入射光照度的控制。当入射光照度一定时,光电二极管可等效为恒流源。入射光照度越大,光电流越大,在光电流大于几十微安时,与光照度成线性关系。这一特性使其可以用于遥控、报警及光电传感器之中。

图 1.26(b)、(c)、(d)分别是光电二极管工作在特性曲线的第 1 象限、第 3 象限和第 4 象限时的原理电路。图(b)所示电路与普通二极管加正向电压的情况相同。图(c)中的电流仅取

决于光电二极管受光面的入射光照度，电阻 R 将电流 i 的变化转换为 u_R 的变化，$u_R=iR$。图(d)中，当 R 一定时，入射光照度越大，光电流 i 越大，R 上获得的能量也越大，此时光电二极管呈现微型光电池的特性。

由于光电二极管的光电流较小，所以将其用于测量和控制等电路中时，需要先进行放大和处理。

除了上述两种特殊的二极管以外，还有：利用 PN 结势垒电容制成的变容二极管，它可以用于电子调谐、频率的自动控制、调频、调幅、调相和滤波等电路中；利用高掺杂材料形成 PN 结隧道效应制成的隧道二极管，可用于振荡、过载保护和脉冲数字电路中；利用金属与半导体之间的接触势垒制备的肖特基二极管，因其正向导通电压小、结电容小，故被用在微波混频、检测以及数字电路等场合。

【例 1.4】 电路如图 1.27 所示。已知发光二极管 LED 的导通电压 $U_{on}=1.6$ V，正向电流为 5～20 mA 时才能发光。试问：

(1) 开关 S 处于何种位置时，LED 能够发光？

(2) 为了驱使 LED 发光，电路中 R 的取值范围为多少？

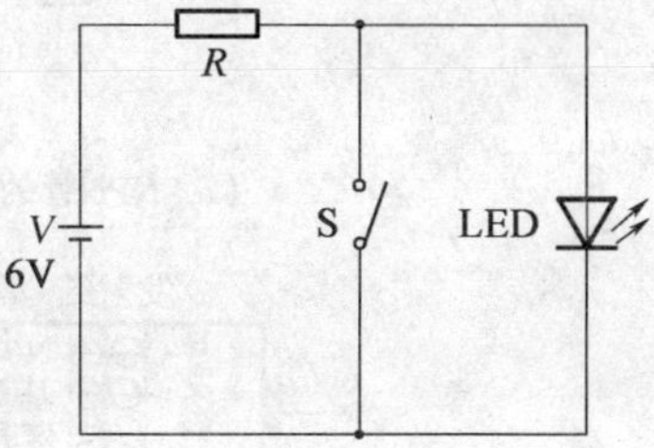

图 1.27 例 1.4 图

解 (1) 当开关 S 断开时，LED 有可能发光。而当 S 闭合时，LED 的端电压只有 0 V，因而不能发光。

(2) 因为流过 LED 的正向电流最小值 $I_{Dmin}=5$ mA，此正向电流最大值 $I_{Dmax}=20$ mA，所以：$R_{max}=(V-U_{on})/I_{Dmin}=0.88$ kΩ，而 $R_{min}=(V-U_{on})/I_{Dmax}=0.22$ kΩ，故 R 的取值范围为：220～880 Ω。

1.3 双极型晶体三极管(BJT)

三极管(又名晶体三极管，简称晶体管)包括双极型晶体三极管(BJT①)和场效应晶体三极管(FET②)等，其中的 BJT 在本节讨论，FET 将在下一节介绍。

1.3.1 BJT 的结构

第 1.2 节介绍的二极管具有单向导电性，但无放大作用，故不能用来组成放大电路。应当指出，放大电路是模拟电子技术的核心内容，而电子技术领域里所说的放大，实际上是用一个微小的变化量，去控制另一个变化的较大量，使变化量得到放大。但是，不管是微小的变化量还是受控的较大量，它们所需要的能量都是由电路的直流电源提供的，控制器件只不过在电路中起控制或转换能量的作用。

既然要起到控制作用，那么控制器件只有两个掺杂区和两个电极还不够，必须制作第 3 个掺杂区和第 3 个电极。由此引入了第 3 个起控制作用的电极，这就是制成有放大作用的 BJT(或 FET)的思路。

① BJT 是 Bipolar Junction Transistor 的缩写。

② FET 是 Field Effect Transistor 的缩写。

参见图 1.28(a)、(b)分别表示的 NPN 型 BJT 的结构和示意图。在结构上，BJT 采用一定的工艺，在同一块硅(或锗)半导体材料上，形成具有不同掺杂类型和浓度的 3 个区，这 3 个区分别称为发射区、基区和集电区，3 个区各引出一个电极，分别称为发射极 e、基极 b 和集电极 c，它们之间形成两个 PN 结，即发射区与基区交界处的发射结 J_e，集电区和基区交界处的集电结 J_c。

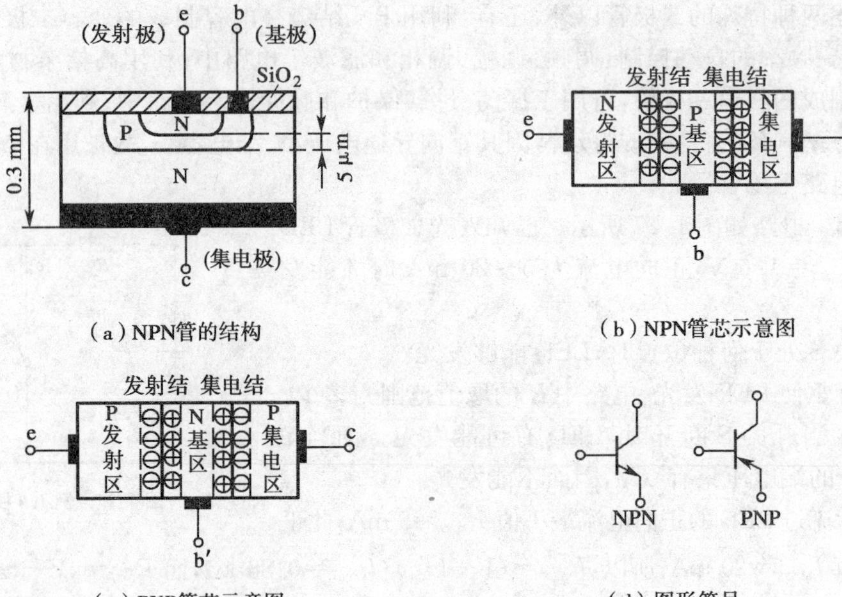

(a) NPN管的结构 (b) NPN管芯示意图

(c) PNP管芯示意图 (d) 图形符号

图 1.28 BJT 的结构、示意图和图形符号

按照掺杂材料的不同，可构成两种不同类型的晶体管：NPN 和 PNP 型①。图 1.28(c)是 PNP 管的示意图，图 1.28(d)是两种管子的图形符号。为了实现控制和放大作用，在制作 BJT 时 3 个区在结构尺寸和掺杂浓度上有很大的不同：位于中间的基区必须做得极薄，厚度一般只有几微米，且掺杂浓度在 3 个区中最低，而位于两侧的两个掺杂区，虽类型相同(同为 N 区或 P 区)，但发射区的掺杂浓度远大于集电区。然而，NPN 和 PNP 型 BJT 具有几乎相同的特性，只不过各电极的电压极性和电流流向有所不同。

1.3.2 BJT 的电流分配与放大作用

1) BJT 内部载流子的传输过程

现以 NPN 型 BJT 为例来说明其中的电流分配关系。为使发射区发射电子，集电区收集电子，BJT 在放大状态下必须具备的外部条件是：发射结 J_e 正偏，集电结 J_c 反偏，图 1.29 即通过电源电压 V_{EE} 和 V_{CC} 对两结进行如此的偏置。在此偏置条件下，管内载流子的传输将经历以下的过程。

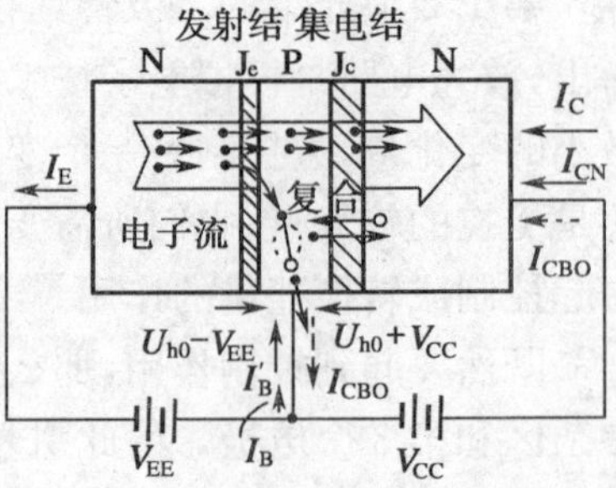

图 1.29 BJT 的内部载流子的传输过程

(1) 发射区向基区注入电子

由于发射结 J_e 正偏，所以 J_e 的接触电位差由 U_{h0} 减小到 $U_{h0}-V_{EE}$，如图 1.29 所示。此时

① 就中国目前的生产情况来说，硅管大多为 NPN 型，锗管大都是 PNP 型。第 1 章以介绍 NPN 管为主。

发射区的多子电子源源不断地通过 J_e 扩散到基区，形成发射极电流 I_E，其方向与电子流动的方向相反。与此同时，基区空穴也扩散到发射区，但因发射区掺杂浓度远比基区浓度高，故与电子流相比，这部分空穴流可以忽略不计（图中未画出）。

（2）电子在基区中的扩散与复合

由发射区扩散过来的电子注入基区后成为该区的非平衡少子。因为积累在边界上造成浓度差，所以这些电子还要继续向集电结 J_c 方向扩散。在此扩散过程中有部分电子与基区中空穴复合而消失，形成一个流入基极的电流 I'_B。应当注意：当发射区发射电子后，因为它带正电，所以电源 V_{EE} 会不断地向发射区补充电子；流出发射极的电流 I_E 的大小取决于发射区发射的总电子数，而流入基极的电流 I'_B 决定于发射的总电子数中与基区空穴复合的那一部分，因此二者是不同的；由于基区极薄，且掺杂浓度最低，所以扩散到基区的电子流只有极少数在基区复合，而绝大多数都能抵达集电结 J_c。

（3）集电极收集扩散过来的电子

一方面，因集电结 J_c 反偏，故 J_c 的接触电位差由 U_{h0} 增大到 $U_{h0}+V_{CC}$，见图 1.29。这样，集电结 J_c 的势垒很高，集电区的电子和基区的空穴很难通过 J_c，但这一势垒对基区扩散到集电区边缘的电子却有很强的吸引力，将使电子很快渡越集电结 J_c，被集电区所收集，从而形成集电极电流 I_{CN}。

另一方面，当集电结 J_c 反偏时，基区少子电子和集电区中少子空穴在结电场的作用下，形成反向漂移电流，见图 1.29 中虚线箭头所示。这部分电流取决于少子浓度，称为集-基反向漂移电流 I_{CBO}①（类似于二极管的反向饱和电流 I_S），其值虽小，但对放大无贡献，且受温度的影响很大，故在制备 BJT 时需要设法减小它。

总之，BJT 内有两种载流子参与导电，故称之为双极型晶体管。对于上述 NPN 管中电流的传输过程，3 个电极的总电流应该满足基尔霍夫定律，即有：

$$I_E=I_C+I_B \tag{1.12}$$

式中，根据图示各电流方向，有：$I_C=I_{CN}+I_{CBO}$，$I_B=I'_B-I_{CBO}$。式(1.12)就是 BJT 的电流分配关系。

请读者思考一下，若是 PNP 型 BJT，欲使它正常工作，它的发射结 J_e 和集电结 J_c 的偏置电压极性如何？其内部形成的扩散流是电子流还是空穴流？是否仍有像式(1.12)表达的电流分配关系？

2）直流电流传输方程式

（1）电流放大系数 α 和 β

在图 1.29 的电路中，发射极回路和集电极回路的公共端是基极，故称 BJT 为共基极接法（或共基组态）。在此，可通过改变 I_E 来控制 I_C。由上述分析可知，对于任一结构尺寸和掺杂浓度确定的 BJT，当满足发射结 J_e 正偏、集电结 J_c 反偏的外部条件时，被集电区收集的电子数目在发射的电子流中所占的比例是一定的。现用 $\bar{\alpha}$ 表示这一比例系数②，即

$$\bar{\alpha}=I_{CN}/I_E \tag{1.13}$$

① I_{CBO} 的下标 C、B 表示此电流流过 c 极和 b 极，下标“O”表示剩余的 e 极开路。

② 符号 $\bar{\alpha}$ 上方的“—”表示是直流状态。

或

$$I_{CN}=\bar{\alpha}I_E \tag{1.14}$$

则

$$I'_B=I_E-I_{CN}=(1-\bar{\alpha})I_E \tag{1.15}$$

式中:$\bar{\alpha}$ 称为直流共基电流放大系数。显然,$\bar{\alpha}$ 的值小于1。但因BJT内部结构上的保证,$\bar{\alpha}$ 非常接近于1,一般为0.950~0.995。由此导出集电极与基极电流的关系为:

$$\frac{I_{CN}}{I'_B}=\frac{\bar{\alpha}}{1-\bar{\alpha}}=\bar{\beta} \tag{1.16}$$

式中:

$$\bar{\beta}=\frac{\bar{\alpha}}{1-\bar{\alpha}} \tag{1.17}$$

$\bar{\beta}$ 是到达集电区的电子数与在基区复合的电子数之比,称为直流共射电流放大系数,其值为19~199,可见 I_{CN} 比 I'_B 大许多倍。

对于交流放大电路的电流控制器件BJT,有交流共射电流放大系数 $\beta=\Delta i_C/\Delta i_B$ 和交流共基电流放大系数 $\alpha=\Delta i_C/\Delta i_E$。工程中当BJT工作在较低频率时,交流、直流电流放大系数在数值上相差很小,即 $\beta\approx\bar{\beta}$,$\alpha\approx\bar{\alpha}$,因而可以通用。

综上所述,可以归纳以下3点:

① BJT的放大作用主要是靠它的发射极电流能通过基区传输,然后到达集电极而实现的。为了确保这一传输过程的实现,一方面要满足内部条件,即发射区掺杂浓度远远大于基区掺杂浓度,同时基区须极薄;另一方面需满足外部条件,即发射结正偏,集电结反偏。

② 由于BJT的各极电流之间存在着式(1.13)和式(1.16)的比例关系,所以可实现电流控制和放大作用,即改变 i_E 便可控制 i_C,或只要稍稍改变 i_B,就可使 i_C 有很大的变化。

③ 对于NPN型BJT,各极电流的流向是:i_C、i_B 分别流入c极、b极,而 i_E 流出e极[参照图1.28(d)中大箭头的方向]。请读者思考并回答:对于PNP型管,其各极电流的流向又该如何呢?

(2) 集-射反向穿透电流 I_{CEO}

为求出此电流,改写BJT中各极电流的关系式。先根据 $I_C=I_{CN}+I_{CBO}$ 和式(1.14),得

$$I_C=\bar{\alpha}I_E+I_{CBO} \tag{1.18}$$

再将式(1.15)代入 $I_B=I'_B-I_{CBO}$,得

$$I_B=(1-\bar{\alpha})I_E-I_{CBO} \tag{1.19}$$

因为 I_{CBO} 很小,故式(1.18)和式(1.19)简化为:

$$I_C\approx\bar{\alpha}I_E \tag{1.20}$$

$$I_B\approx(1-\bar{\alpha})I_E \tag{1.21}$$

式(1.20)、式(1.21)是 I_C、I_B 的近似计算式。将式(1.19)代入式(1.18),经过整理后得:

$$I_C=\bar{\alpha}I_E+I_{CBO}=\frac{\bar{\alpha}}{1-\bar{\alpha}}I_B+\frac{1}{1-\bar{\alpha}}I_{CBO}=\bar{\beta}I_B+(1+\bar{\beta})I_{CBO} \tag{1.22}$$

式(1.22)中$(1+\bar{\beta})I_{CBO}$具有特殊的意义，从式子上看，它是基极开路($I_B=0$)时，流经集-射极之间的电流(见图1.30)。因为它直接穿过正偏的发射结和反偏的集电结，故称穿透电流，用I_{CEO}表示，即

$$I_{CEO}=(1+\bar{\beta})I_{CBO} \tag{1.23}$$

如此，式(1.22)成为：

$$I_C=\bar{\beta}I_B+I_{CEO} \tag{1.24}$$

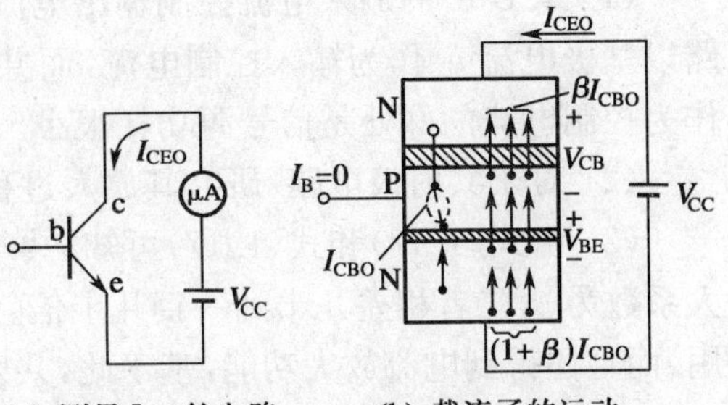

(a) 测量I_{CEO}的电路　　(b) 载流子的运动

图1.30　穿透电流I_{CEO}

此处I_{CEO}和I_{CBO}都是衡量BJT质量的重要参数，由于I_{CEO}比I_{CBO}大$(1+\beta)$倍，测量比较容易，所以判定BJT优劣时，常把测出的I_{CEO}值作为依据。一般小功率硅管的I_{CEO}在几微安以下，而小功率锗管的I_{CEO}则大得多，约为几十微安以上。另须注意，I_{CEO}与I_{CBO}一样，都随温度增加而增加。

3) BJT的放大作用

利用BJT组成的放大电路，其中两个电极分别作为信号输入端和输出端，另一个电极作为输入、输出回路的公共端。根据公共端的不同，BJT有3种连接方式(或称3种组态)：共基极、共集电极和共发射极。前已述及，图1.29中的BJT接成了共基组态，藉此获得了BJT各电极的电流分配关系式，第2.4.3节还要讨论共基放大电路。下面将介绍共射组态，而共集电极电路将于第2.4.2节讨论。

共发射极电路以发射极作为输入、输出回路的公共端，以基极作为输入端，集电极作为输出端，见图1.31。设在基极输入端加入一个待放大信号$\Delta u_I=20$ mV，这样J_e结电压u_{BE}就在原有V_{BB}的基础上叠加了一个Δu_I，于是发射极电流Δi_E将按Δu_I的规律变化，因为BJT内电流分配关系是确定的，所以相应的Δi_B、Δi_C也将按u_I的规律变化。设图中$R_L=1$ kΩ，BJT的$\alpha=0.98$，当Δu_I变化20 mV时，将引起基极电流变化$\Delta i_B=20$ μA，根据式(1.21)，则发射极电流的变化量Δi_E为：

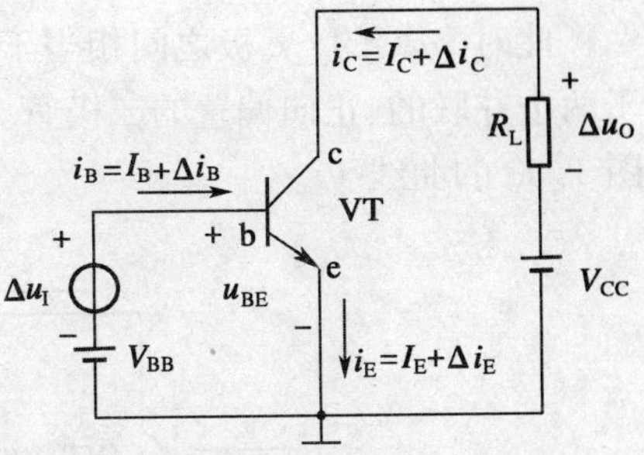

图1.31　共射组态电路的电压放大作用

$$\Delta i_E\approx\frac{\Delta i_B}{1-\alpha}=1\text{ mA} \tag{1.25}$$

相应的集电极电流变化量$\Delta i_C=\alpha\Delta i_E=0.98$ mA，则负载电阻R_L上所得的电压变化量为$\Delta u_O=-\Delta i_C R_L=-0.98$ V，可见Δu_O比Δu_I增大了许多倍，所增大的倍数称为电压放大倍数(或称电压增益)A_u，即

$$A_u=\frac{\Delta u_O}{\Delta u_I}=-49 \tag{1.26}$$

综上分析可知,共射极电路与共基极电路两者放大信号的物理本质是相同的,但共射极电路也有其自身的特点:

(1) 从 BJT 的输入电流控制输出电流来看,共射极电路与共基极电路的区别是:共射极电路以基极电流 i_B 作为输入控制电流,而共基电路则以射极电流 i_E 作为输入控制电流。用 i_B 作为控制电流的好处是信号源功耗很小。

(2) 对于共射极电路,研究其放大过程主要是分析集电极电流与基极电流之间的关系。

(3) 由式(1.13)和式(1.17)可知,共基电路的电流放大系数为 α,而共射极电路的电流放大系数为 β,二者相差几十到一百几十倍。由于这一缘故,共射极电路不但能获得电压放大作用,而且还得到电流放大功能,基于此,共射电路是目前应用最广泛的一种组态。

1.3.3 共射接法 BJT 的特性曲线

在交流共射接法放大电路中,BJT 的输入量是 i_B 和 u_{BE},输出量是 i_C 和 u_{CE},BJT 为共射组态(见图 1.31)。为了表示这些量之间的关系,必须分别绘出 BJT 的输入特性曲线(表示 i_B 与 u_{BE}之间的关系)和输出特性曲线(表示 i_C 与 u_{CE}之间的关系)。不仅如此,因为 i_C 受控于 i_B,所以输入特性还与输出回路中的变量 u_{CE}有关,输出特性又明显地与输入回路中的变量 i_B 有关。因此,需要研究 BJT 的特性曲线,包括输入特性和输出特性曲线。

1) 共射接法 BJT 的输入特性曲线

共射接法 BJT 的输入特性是以 u_{CE}为参变量时 i_B 与 u_{BE}之间的关系,即

$$i_B = f_1(u_{BE})\big|_{u_{CE}=\text{常数}} \tag{1.27}$$

对于不同的 u_{CE},有不同的输入特性。因此,输入特性曲线是一簇曲线。

(1) 当 $u_{CE}=0$ V 时

此时 BJT 的 c-e 极之间相当于短路,如图 1.32 中的虚线所示,可见它的两个 PN 结等同于两个并联的、正向偏置的二极管。因此,$u_{CE}=0$ V 时的输入特性形如二极管的伏安特性(见图 1.33 的曲线 1)。

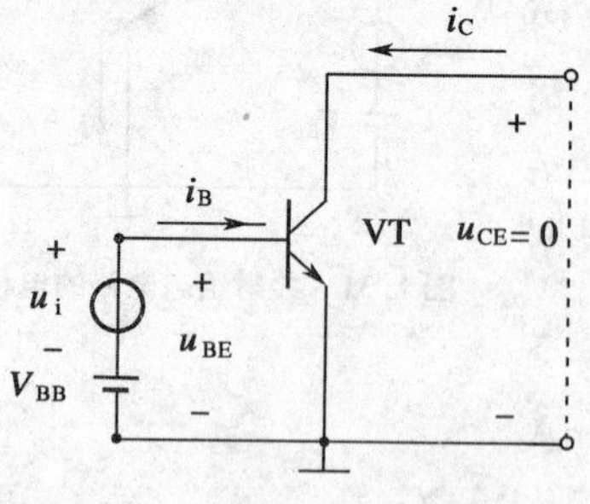

图 1.32 $u_{CE}=0$ V 时共射接法的 BJT

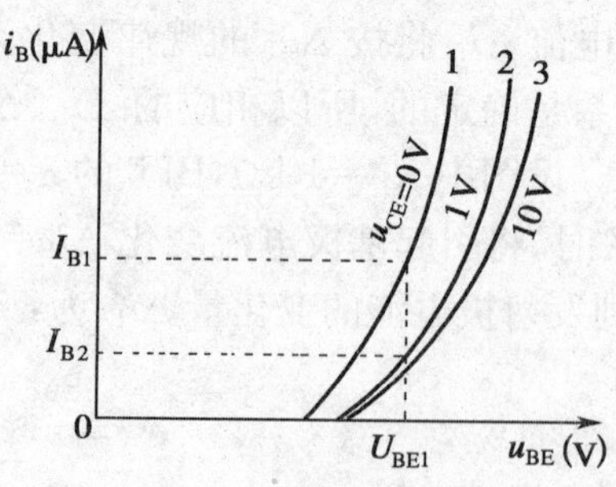

图 1.33 BJT 的输入特性曲线

(2) 当 $u_{CE}=1$ V 时

$u_{CE}=1$ V 的输入特性将右移至图 1.33 中曲线 2 的位置。比较曲线 2 和 1 可以看出:当 u_{CE}从 0 V 增加到 1 V 时,对应于同一 u_{BE}($=U_{BE1}$)的 i_B 减小了(图 1.33 中 $I_{B2}<I_{B1}$)。原因是 $u_{CE}=1$ V 时,由于 $u_{BE}\approx 0.7$ V,所以 $u_{CB}=u_{CE}-u_{BE}=1\text{ V}-0.7\text{ V}=0.3$ V。此时集电结 J_c 已由 $u_{CE}=0$ V 时的正向偏置转化为反向偏置,它对从发射区扩散过来的电子的吸引力增强,而

使电子在基区中的复合机会减少,因此 i_B 减小。实际上,当 u_{CE} 从 0 V 逐渐增大时,J_c 的反向偏置程度增大,空间电荷区的宽度加厚。而且由于基区掺杂浓度最低,J_c 的空间电荷区在基区中的宽度比在集电区中的大得多。因此,当 u_{CE} 增大时,原来就极薄的基区的实际宽度将随之减小,i_B 也随之减小。u_{CE} 变化引起基区实际宽度变化的现象称为基区宽度调制效应。

(3) 当 $u_{CE}>1$ V 时

当 u_{CE} 从 1 V 继续增大时,输入特性曲线将继续右移,但移动量不大。这是因为在 $u_{CE}=1$ V(即集电结 J_c 的反向偏置电压 $u_{CB}=0.3$ V)后,反向偏置的 J_c 已足以把发射区扩散过来的电子绝大多数吸引到集电区。这时即使 u_{CE} 再增大,基区的实际宽度和 i_B 的减小已不显著了。由于所有的 $u_{CE}>1$ V 的输入特性曲线都相当靠近,故工程中取用 $u_{CE}=1$ V 的一支输入特性代替 $u_{CE}>1$ V 以后的各条输入特性曲线。

2) 共射接法 BJT 的输出特性曲线

共射接法 BJT 的输出特性表示以 i_B 为参变量时 i_C 与 u_{CE} 之间的关系,即

$$i_C=f_2(u_{CE})\big|_{i_B=\text{常数}} \tag{1.28}$$

对应于不同的 i_B,有不同的输出特性,因而输出特性也是一簇曲线。

在实测时,每次把 i_B 固定为某一数值,然后改变 u_{CE} 值,测出相应的 i_C 值,就得到与这一 i_B 值对应的一条输出特性曲线。多次改变 i_B 值,就可以得出一簇输出特性曲线。应当注意,在改变 u_{CE} 时,根据上述原因,原来固定好的 i_B 值会自动变化,此时要把 i_B 调回来。不同的 i_B 值所对应的输出特性曲线簇如图 1.34 所示。由图可见,BJT 的工作状态分为 4 个区域。

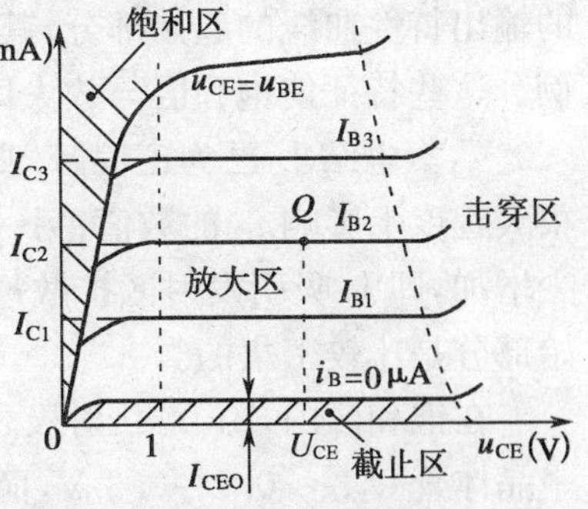

图 1.34 BJT 的输出特性曲线

(1) 截止区

图 1.34 中 $i_B=0$ 的这条曲线以下的区域称为截止区。但实际上此时 $i_C\leqslant I_{CEO}$,严格说来不能认为 BJT 是截止的(尤其是高温或锗管的情形)。应该把 $i_E=0$ 即 $i_C\leqslant I_{CBO}$ 的区域称为截止区。在截止区内,集电结 J_c 和发射结 J_e 均处于反向偏置状态。

(2) 放大区

① 放大区的位置

从图 1.34 中可见,每条输出特性曲线上都有一段几乎是水平的部分。这表明在 u_{CE} 的一定范围内,集电极电流 i_C 与 u_{CE} 无关,而只取决于 i_B 值。亦即对应于输出特性的这一区域,共射接法的 BJT 达到了以 i_B 的变化去控制 i_C 的变化,因而实现了电流控制和电压放大作用。故把这一区域称为放大区,它是放大电路中 BJT 所处的区域。

BJT 实现电流控制和放大作用的条件是:J_e 正偏(对 NPN 型硅管 $u_{BE}\approx0.7$ V,$i_B>0\ \mu$A),J_c 反偏($u_{CB}>0$ V)。当共射接法时,由于 $u_{CE}=u_{CB}+u_{BE}$,所以 $u_{BE}\approx0.7$ V 和 $u_{CB}>0$ V 的条件相当于 $u_{CE}>0.7$ V。实际上,大约在 $u_{CE}>1$ V 和 $i_B>0\ \mu$A 的区域是输出特性曲线簇的放大区。也有把 $u_{CE}=u_{BE}$(或 $u_{CB}=0$ V,J_c 零偏置)的曲线作为放大区左侧的边界。

② 在放大区求取 I_{CEO}、$\bar{\beta}$ 和 β

在图 1.34 中,$i_B=0\ \mu$A 的一支曲线相当于基极断开,即 $i_C=I_{CEO}$ 的情况。故从 $i_B=0$ 的

这条曲线上可截出 BJT 的穿透电流 I_{CEO}之大小,如图 1.34 中所示。

此外,在放大区内还可估算静态工作点 Q[①](简称 Q 点,即输出特性上的一个点,在此点有,$u_{CE}=U_{CE}$,$i_C=I_{C2}$,见图 1.34)附近,BJT 的直流和交流共射电流放大系数 $\bar{\beta}$ 和 β。例如直流共射电流放大系数为:

$$\bar{\beta}\approx\frac{I_{C2}}{I_{B2}}\bigg|_Q \tag{1.29}$$

根据两条曲线对应的 i_B 和 i_C 的差值,就可估算 Q 点附近 BJT 的交流电流放大系数 β,即

$$\beta\approx\Delta I_C/\Delta I_B\big|_Q \tag{1.30}$$

例如,当 i_B 从 I_{B1}变化到 I_{B2}时,i_C 从 I_{C1}变化到 I_{C2},则在放大区内 $\beta\approx(I_{C2}-I_{C1})/(I_{B2}-I_{B1})$。显然,在相同间隔的 i_B 下,各条曲线之间的距离越大(i_C 变化量越大),则 β 值就越大。

前已讲述,β 和 $\bar{\beta}$ 有不同的意义。$\bar{\beta}$ 是 i_C 和 i_B 在 Q 点附近对应的直流量之比,属于静态参数。β 是 i_C 和 i_B 在 Q 点附近的变化量之比,属于变化的、动态的参数。但在数值上 $\beta\approx\bar{\beta}$,故可混用。

(3) 饱和区

在图 1.34 中,$i_B>0$ 和 $u_{CE}<0.7$ V 的区域是 BJT 的饱和区。这一区域包括了所有 i_B 值的输出特性曲线的起始部分,其主要特征是:i_C 随 u_{CE}的增大而增大。另外,i_C 与 i_B 也不成比例。这些特征使饱和区与放大区有本质的区别,因为一方面当 $u_{CE}<0.7$ V 时,$u_{CB}=u_{CE}-u_{BE}<0$ V,集电结 J_c 已为正偏,J_c 吸引来自发射区的电子的能力大为降低,所以 u_{CE}的大小将会在很大程度上影响 i_C 的数值;另一方面,当 u_{CE}很小(例如 $u_{CE}\approx0.3$ V)时,即使 i_B 增大,i_C 也很少增加,即 J_c 吸引发射区扩散过来的电子的能力已经饱和了。因此,各条输出特性曲线的起始部分是比较密集的。

在饱和区内,BJT 集-射极之间的电位差称为饱和电压降,用符号 U_{CES}[②] 表示。对于小功率晶体管 $U_{CES}\approx0.1\sim0.3$ V,而对于大功率管 U_{CES}可达 1 V 以上。

(4) 击穿区

当 u_{CE}增大到一定值时,集电结 J_c 会出现反向击穿,集电极电流 i_C 会急剧增大,见图 1.34 中靠右侧的击穿区。BJT 不允许工作在这一区域。

以上介绍了 NPN 管在共射接法下的特性曲线。如果是 PNP 管,则因各电压极性和电流方向均相反,故 PNP 管的输入特性和输出特性曲线将位于第 3 象限内,如图 1.35 所示。

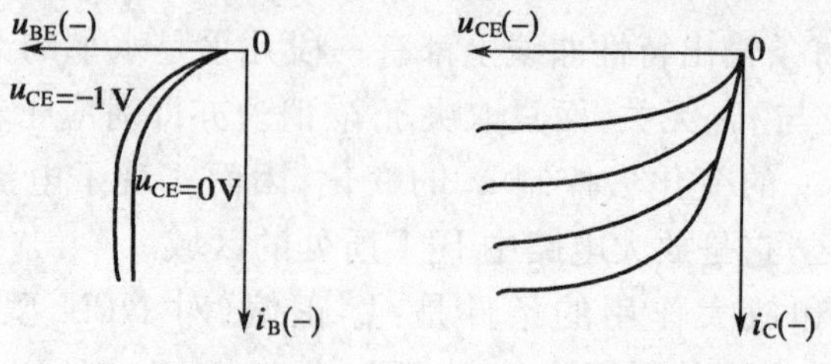

图 1.35 PNP 管共射接法时的特性

① 晶体管有关电极承受的直流电压和相应的直流电流,决定了伏安特性曲线上一点 Q 的坐标,这一点就称为静态工作点 Q。Q 是英文 Quiescent(静止)的缩写。

② 符号下标中的 S 是 Saturation(饱和)的缩写。

3）温度对 BJT 特性曲线的影响

与二极管一样，BJT 的特性曲线很受温度的影响。当温度变化较大时，BJT 工作起来将不稳定，故须采取措施加以解决。

(1) 温度对输入特性曲线的影响

当温度升高时，输入特性曲线将向左移动，如图 1.36(a)所示。亦即，在相同的 $i_B = I_{B1}$ 值下，当温度升高后，对应的发射结正向压降 u_{BE} 的数值将有所下降，其温度系数约为：−2～+2.5 mV/℃。

(2) 温度对输出特性曲线的影响

① 温度对 I_{CBO} 和 I_{CEO} 的影响

I_{CBO} 是集-基反向饱和电流，此参数由集电区和基区的少子漂移造成，随温度而变化。其变化规律与二极管的反向饱和电流相同，即温度每升高 10 ℃，I_{CBO} 约增加 1 倍，I_{CEO} 随温度变化的规律也大致相同。因为 $i_C \approx \beta i_B + I_{CEO}$，所以，当温度升高时，输出特性曲线将向上移动，如图 1.36(b)所示。

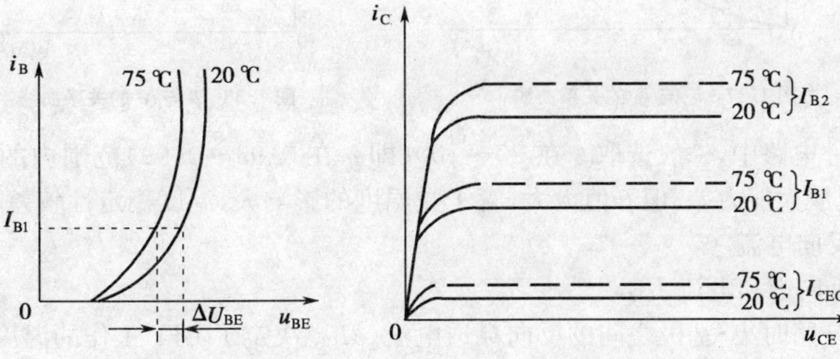

(a) 影响输入特性　　(b) 影响输出特性

图 1.36　温度对 BJT 特性曲线的影响

② 温度对 $\bar{\beta}$ 和 β 的影响

当温度升高时，$\bar{\beta}$ 和 β 都将增大。其变化规律是：温度每升高 1 ℃，$\bar{\beta}$ 和 β 增加 0.5%～1.0%。因此，当温度升高时输出特性曲线不仅要上移，而且间距也将拉大。

1.3.4 BJT 的主要参数及其安全工作区

BJT 的主要参数分为直流参数、交流参数和极限参数 3 类。

1）直流参数

(1) 在不同接法下的直流电流放大系数

① 直流共基电流放大系数 $\bar{\alpha}$

根据前面对 BJT 内部工作原理的分析可知，$\bar{\alpha}$ 与 J_e 结的反向偏置电压大小 $|U_{CB}|$ 有关，故由式(1.18)解得：

$$\bar{\alpha} = \left.\frac{I_C - I_{CBO}}{I_E}\right|_Q \approx \left.\frac{I_C}{I_E}\right|_Q$$

其实，$\bar{\alpha}$ 值也可从式(1.17)中推导出。

② 直流共射电流放大系数 $\bar{\beta}$

由式(1.24)得：

$$\bar{\beta}=\frac{I_C-I_{CEO}}{I_B}\bigg|Q\approx\frac{I_C}{I_B}\bigg|_Q$$

$\bar{\beta}$ 可以从共射接法 BJT 的输出特性曲线上求出。实际上，这些特性曲线分布不均匀，故 $\bar{\beta}$ 不是常数。如果将各输出特性所对应的 i_B 和 i_C 值画成曲线，则如图 1.37 所示，图中曲线上各点与原点连线的斜率就是 $\bar{\beta}$。由图可见，当 i_C 较小时，$\bar{\beta}$ 较小；当 i_C 增加到一定值后，$\bar{\beta}$ 要下降。$\bar{\beta}$ 与 i_C 的关系如图 1.38 所示。

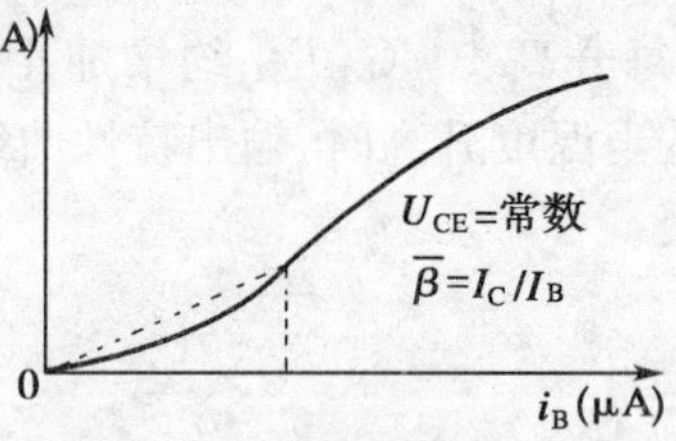

图 1.37　i_C 与 i_B 的关系曲线

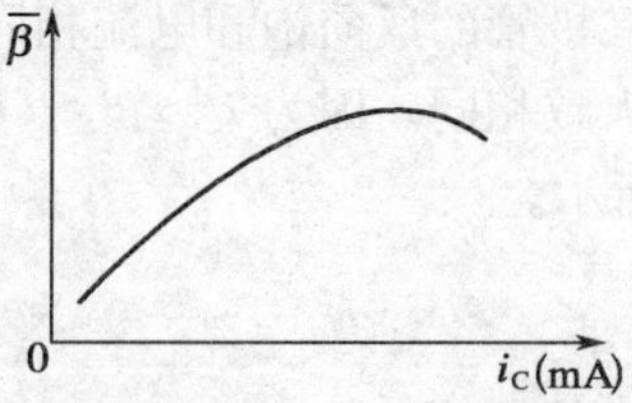

图 1.38　$\bar{\beta}$ 与 i_C 的关系曲线

在分立元件电路中，一般选取 $\bar{\beta}$ 在 20～100(即 $\bar{\alpha}$ 在 0.95～0.99)范围内的管子。$\bar{\beta}$ 值太小，管子的电流放大能力差；但 $\bar{\beta}$ 值太大，管子受温度的影响大，温度稳定性较差。

(2) 极间反向电流

① 集-基反向饱和电流 I_{CBO}

指发射极开路时集-基极之间的反向穿透电流。I_{CBO} 决定了 BJT 工作的温度稳定性，性能良好的小功率锗管，其 I_{CBO} 为微安(μA，1 μA$=10^{-6}$ A)数量级，而硅管的 I_{CBO} 更小[纳安(nA，1 nA$=10^{-9}$ A)数量级]。

② 集-射反向饱和电流 I_{CEO}

指基极开路时 c-e 极之间的反向穿透电流。它与 I_{CBO} 的关系由式(1.23)确定，即

$$I_{CEO}=(1+\bar{\beta})I_{CBO}$$

因此，I_{CEO} 受温度的影响更大。在选择 BJT 时，应选 I_{CEO} 较小的管子。硅管的极间反向穿透电流比锗管的小 2～3 个数量级，所以在要求管子的温度稳定性较好时，应选用硅管。另外，管子的 $\bar{\beta}$ 值也不要选得太大(选择 $\bar{\beta}<100$)。

2) 交流参数

(1) 在不同接法下的交流电流放大系数

交流共基集-射电流放大系数的估算式为：

$$\alpha\approx\frac{\Delta I_C}{\Delta I_E}\bigg|_Q\approx\bar{\alpha}$$

交流共射集-基电流放大系数的估算式：

$$\beta\approx\frac{\Delta I_C}{\Delta I_B}\bigg|_Q\approx\bar{\beta}$$

(2) 特征频率 f_T

f_T 是反映 BJT 中两个 PN 结电容的影响的参数。当信号频率增高到一定值后，结电容将起到明显的作用，它们使 β 值下降。f_T 是指当 β 下降到 1 时的信号频率，详细说明请阅读第 2.7.6 节。

3) 极限参数

极限参数是指为确保 BJT 在放大电路中正常且安全地工作而不可逾越的参数。

(1) 集电极最大允许耗散功率 P_{CM}

BJT 的集电极功耗为 $P_C = i_C u_{CE}$，这在 3 个电极中是最大的。这一功耗将使 J_c 结温度升高，管子发热。所以 P_C 有一个最大允许值 P_{CM}。如果 $P_C > P_{CM}$，将使管子性能变坏，最终导致烧毁。P_{CM} 值取决于 J_c 结容许的温度。若是硅管，则最高允许结温为 150 ℃；如为锗管，则最高允许结温为 75 ℃。另外，在同样的集电极功耗下，散热条件越好，则结温越低。所以，P_{CM} 又取决于 BJT 实际应用时的散热条件。当由晶体管手册选用 BJT 时，不仅要注意最大允许的 P_{CM} 值，而且还要注意相应的散热条件，并采取措施予以保证。例如，3AD6 型管子在不装散热片时，$P_{CM} = 1$ W；当安装上 120 mm×120 mm×4 mm 的散热片后，$P_{CM} = 10$ W。大功率晶体管的集电极通常与管壳合为一体，以利于散热。

由于 $P_C = i_C u_{CE}$，又要求 $P_C < P_{CM}$，因而在共射接法 BJT 的输出特性曲线簇上可以绘出一条 $i_C u_{CE} = P_{CM} =$ 常数的双曲线，作为 BJT 安全工作区的右上边界，管子的工作状态（即 i_C、u_{CE} 值）不能落在这条双曲线以上区域，如图 1.39 所示。

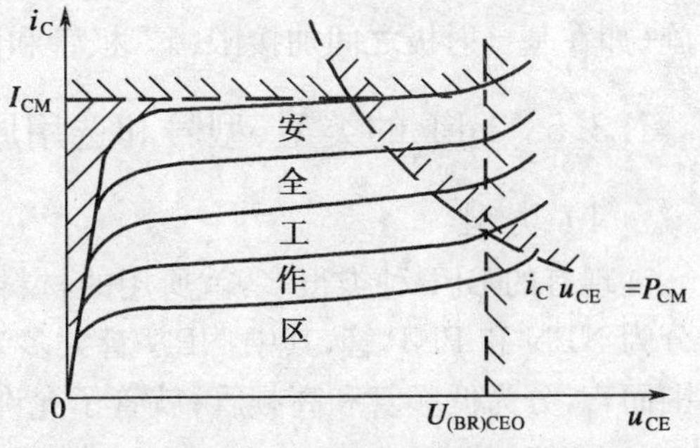

图 1.39 BJT 的安全工作区

(2) 集电极最大允许电流 I_{CM}

在 i_C 的一个相当大的范围内，$\bar{\beta}$ 和 β 的值基本不变。但是，当 i_C 超过一定数值（I_{CM}）后，β 将明显下降。原电子工业部标准 SJ 170—65 规定，合金型小功率管的 I_{CM} 为 $u_{CE} = 1$ V 时使器件损耗达到 P_{CM} 时的 i_C 值。当 $i_C > I_{CM}$ 时，仅 β 值下降，但管子并不一定损坏。

根据 I_{CM} 这一极限参数，在图 1.39 中可定出晶体管安全工作区的上边界。

(3) 反向击穿电压

BJT 包含两个 PN 结。如果加到此两 PN 结上的反向偏置电压过高，PN 结就会反向击穿。这些电压的极限值不仅取决于管子本身，而且还与外电路的接法有关。

晶体管手册上通常给出一系列的反向击穿电压值，其符号为 $U_{(BR)\times\times\times}$。符号中的下标 BR 表示反向击穿①，其余 3 个下标中的前两个，表明是哪两个电极之间的电压，而最后一个下标表示外电路的接法。

BJT 的反向击穿电压有：

① $U_{(BR)EBO}$：指集电极开路（最后 3 个下标中的“O”表示前 2 个下标所示的电极之外的第 3 个电极开路）时，发射极-基极之间的反向击穿电压。这是 J_e 容许加的最高反向电压，超过这一极限电压值，J_e 将会出现反向击穿。一般平面 BJT 的 $U_{(BR)EBO}$ 只有几伏，有的甚至不到 1 V。

① BR 是英文 Breakdown（击穿）的缩写。

② $U_{(BR)CBO}$：指发射极开路时集电极-基极间的反向击穿电压。这是 J_c 结所允许施加的最高反向电压，一般管子的 $U_{(BR)CBO}$ 为几十伏。高反压管可达几百伏甚至上千伏。

③ $U_{(BR)CEO}$：指基极开路时集电极-发射极间的反向击穿电压。

此外，集电极与发射极间的击穿电压还有：基极和发射极间接有电阻(最后一个下标为 R)时的 $U_{(BR)CER}$；基极和发射极间短接(最后一个下标为 S)时的 $U_{(BR)CES}$，等等。

这些反向击穿电压之间有如下关系：

$$U_{(BR)CBO} \approx U_{(BR)CES} > U_{(BR)CER} > U_{(BR)CEO}$$

这样，为了使晶体管安全工作，U_{CE} 不能超过 $U_{(BR)CEO}$，这是晶体管安全工作区的右边界(见图 1.39)。

4) BJT 的安全工作区

综上所述，为了使 BJT 在放大电路中能正常、安全工作，它的工作状态(例如，以 i_C 和 u_{CE} 表示)不能逾越一定的范围，这就是安全工作区。它的上边界是 $i_C = I_{CM}$ 的水平线，右边界是 $i_C u_{CE} = P_{CM}$ 的双曲线和 $u_{CE} = U_{(BR)CEO}$ 的垂直线，左边界为饱和区与放大区的分界线(见图 1.39)。

另外，在共射接法时，输入基极电流不能太太。若发射结有时要加反向电压，则须使 $|u_{BE}| < U_{(BR)EBO}$。所以，BJT 的输入信号电压和直流偏置电流都不能太大，并应加上适当的安全措施(如在基—射极之间加接限幅二极管和限流电阻)。

1.3.5 BJT 的类型、型号和选用原则

1) 类型

现有的 BJT 种类很多，就所用的材料而言，分为硅管和锗管；就 3 个区的掺杂方式而言，分为 NPN 和 PNP 管，其中 NPN 管大多为硅管，而 PNP 管大多为锗管；就管子适用的频率范围而言，分为低频管和高频管；就管子允许的功耗而言，有小功率、中功率和大功率管之别。

2) 型号

国家标准《半导体器件型号命名方法》(GB249.89)见附录 A。现举例说明 BJT 的型号识别问题。

例如：3DG6 是高频小功率 BJT，型号中 D 表示 NPN 型硅材料，G 表示高频小功率管，6 是生产序号。根据所用材料、极性和参数的不同，3DG6 可分为 A、B、C、D、E 型。例如，查阅附录 B 可知，3DG6C 的主要参数为：直流参数 $I_{CBO} \leqslant 0.1\ \mu A$，$\beta \geqslant 30$；极限参数 $U_{(BR)CBO} \geqslant 45$ V，$U_{(BR)CEO} \geqslant 20$ V，$U_{(BR)EBO} \geqslant 4$ V，$P_{CM} = 100$ mW，$I_{CM} = 20$ mA。

3) BJT 的选用原则

目前，在模拟电子电路中已经广泛应用了集成电路，这使自行选管和设计分立元件电路的机会有所减少。但是，当需要用分立元件 BJT 时，还应掌握以下的一些选管原则：

(1) 考虑 BJT 工作性能的稳定　在同型号的管子中，应选择反向电流较小者，这样的管子温度稳定性能较好；管子的 β 值一般选数十倍，β 太大的管子工作性能不稳定；如果既要管子的反向电流小，又要工作温度高，则应选取硅管，而要求 J_e 结导通电压 $|U_{BE}|$ 较低时，应选用锗管。

(2) 考虑选择 BJT 的类型　若工作频率较高，则用高频或超高频管；若用于数字电路，则选开关管。

(3) 考虑 BJT 的安全工作条件　管子用作放大器件时须工作在安全区，故选管时要注意：

① 工作电压较高时，选 $U_{(BR)CEO}$ 大的高反压管。因 BJT 的 $U_{(BR)EBO}$ 一般较小，故要注意工作时基一射极之间的反向电压不超过 $U_{(BR)EBO}$。

② 需要输出大电流时，应选用 I_{CM} 值较大的管子。

③ 需要输出大功率时，应选择 P_{CM} 值较大的功率管，同时必须注意采取对应的散热措施，如安装规定尺寸的散热片等。

【例 1.5】 电路如图 1.40 所示，BJT 导通时 $U_{BE}=0.7$ V，$\beta=50$，白色和管压降 $U_{CES}=0.3$ V，其余电路参数如图标注。试解答：

(1) BJT 为何种接法(组态)？

(2) u_I 分别为 0 V、1 V、2 V 时，BJT 处于何种工作状态，输出电压 u_O 分别等于多少？

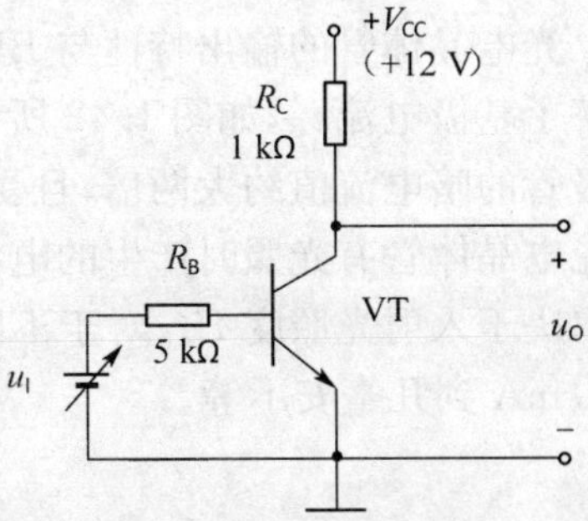

图 1.40　例 1.5 的电路图

解　(1) 因为输入电极为基极 b，输出电极为集电极 c，而发射极 e 作为输入、输出回路的公共端，所以该 BJT 连接成共发射极组态。

(2) ① 当 $u_I=0$ V 时，$u_I<U_{BE}=0.7$ V，BJT 截止，故 $u_O=12$ V；

② 当 $u_I=1$ V 时，假设 BJT 工作在放大区，则

$$I_B=(u_I-U_{BE})/R_B=60\ \mu A$$

$$I_C=\beta I_B=3\ mA$$

输出电压：

$$u_O=V_{CC}-I_C R_C=9\ V=u_{CE}$$

$u_{CE}>U_{BE}=0.7$ V，故 J_e 正偏、J_c 反偏，假设成立，BJT 工作在放大区。

③ 当 $u_I=2$ V 时，假设 BJT 工作在放大区，则

$$I_B=(u_I-U_{BE})/R_B=0.26\ mA$$

$$I_C=\beta I_B=13\ mA$$

输出电压：

$$u_O=V_{CC}-I_C R_C=-1\ V<U_{BE}=0.7\ V$$

现 $u_{CE}<U_{BE}$，故得 J_e 正偏、J_c 正偏，因而假设不成立，BJT 处于饱和区，$u_O=U_{CES}=0.3$ V。

此外，可以采用另法来判断 BJT 是处在放大区还是饱和区。具体方法为：首先计算 BJT 处于临界饱和状态时的基极电流 I_{BS}。对于图 1.40 所示电路，该电流为：

$$I_{BS}=I_{CS}/\beta=(V_{CC}-U_{CES})/(\beta R_C)=0.234\ mA$$

然后计算电路中实际的基极电流 I_B。对于图 1.40 所示电路，该电流为：

$$I_B=(u_I-U_{BE})/R_B=0.26\ mA$$

因为 $I_B > I_{BS}$,所以 BJT 工作在饱和区,$u_O = U_{CES} = 0.3$ V。

1.4 光电晶体管

由光照强度控制集电极电流大小的半导体器件称为光电晶体管,又称光敏晶体管。其功能等效为一只光电二极管与一只 BJT 相连,但光电晶体管只引集电极和发射极。它的等效电路及图形符号见图 1.41。

光电晶体管的输出特性与 BJT 的输出特性极为相似,区别仅仅是用参变量入射光照度 E 代替了基极电流 i_B,如图 1.42 所示。该图中 I_{CEO} 称为暗电流,它是无光照时的电流值,比光电二极管的暗电流值约大两倍,且受温度的影响很大,例如温度上升 25 ℃,暗电流增大约 10 倍。当光电晶体管有光照时产生的电流称为光电流。当它的管压降 u_{CE} 足够大时,集电极电流 i_C 仅取决于入射光照度 E。对于不同型号的光电晶体管,入射光照度为 1 000 lx 时,光电流从小于 1 mA 到几毫安不等。

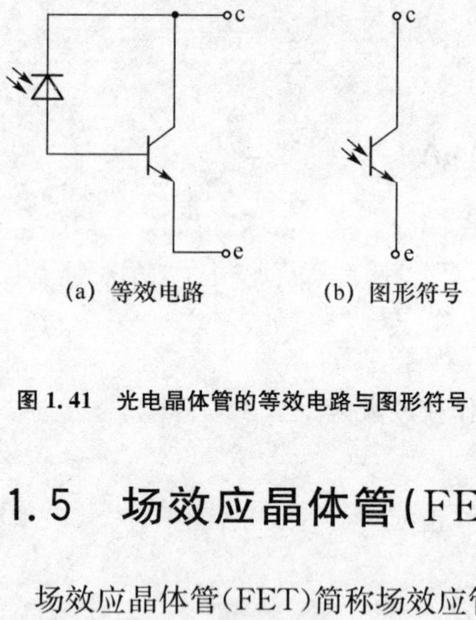

图 1.41　光电晶体管的等效电路与图形符号

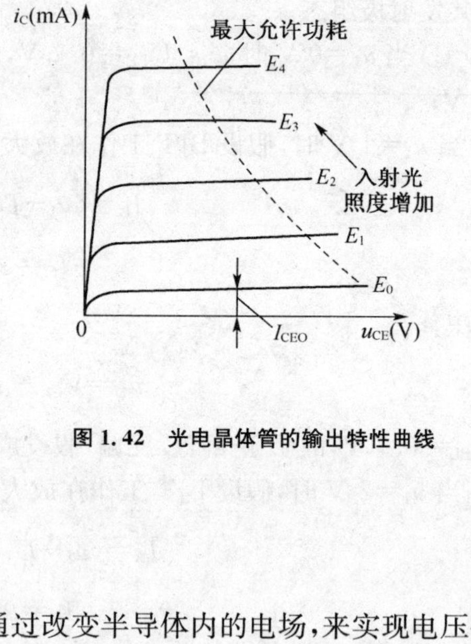

图 1.42　光电晶体管的输出特性曲线

1.5 场效应晶体管(FET)

场效应晶体管(FET)简称场效应管,是一种通过改变半导体内的电场,来实现电压控制电流作用的器件。它除了具有与 BJT 相同的体积小、寿命长的特点外,还具有输入阻抗高($10^7 \sim 10^{15}$ Ω)、噪声低、温度稳定性好、抗辐射能力强和工艺简单等优点,因而近 20 年来发展很快,它的应用也十分广泛。

FET 与 BJT 的区别是:BJT 通过基极(或发射极)电流对集电极电流加以控制,参与导电的有自由电子和空穴两种载流子,故称为电流控制器件或双极型器件。而 FET 靠栅-源极的电场效应控制漏极电流,故输入端只需电压,且参与导电的只有一种载流子,因此 FET 亦称电压控制器件或单极型器件。

按照结构的不同,场效应管可分为以下两大类:

(1) 结型场效应管(JFET),分为 N 沟道 JFET 和 P 沟道 JFET 两类。

(2) 绝缘栅型场效应管(IGFET),又分为增强型和耗尽型两类,每一类均有 N 沟道与 P

沟道之别。

1.5.1　结型场效应管

1) JFET 的结构

以 N 型沟道 JFET 为例，其结构如图 1.43(a)所示。制作时先在一块 N 型半导体的两侧扩散高浓度的 P^+ 区，其与 N 型半导体间形成两个 P^+N 结，然后从两个 P^+ 区引出电极，连在一起作成栅极 g，最后在 N 区的两端各引出一个电极，分别作为源极 s 和漏极 d，两个 P^+N 结之间的 N 区是导电沟道。将这种结构的管子称为 N 沟道 JFET，因为沟道中的多子电子是参与导电的载流子。图 1.43(b)是其图形符号，图中箭头方向是一对 P^+N 结的正偏方向，由此便知导电沟道为 N 型。图 1.43(c)是 N 沟道 JFET 的管芯结构。

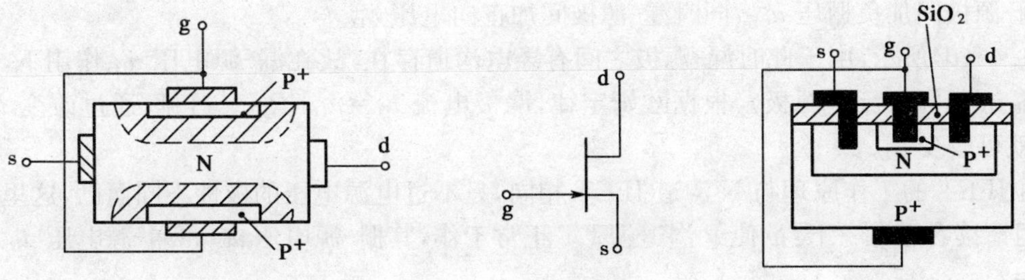

(a) 结构示意图　(b) 图形符号　(c) 实际结构

图 1.43　N 沟道结型场效应管

同理，如果在 P 型半导体的两侧分别制作高浓度的 N^+ 区，并引出相应的电极，便制成 P 沟道 JFET，它的结构和图形符号分别如图 1.44(a)和(b)所示。

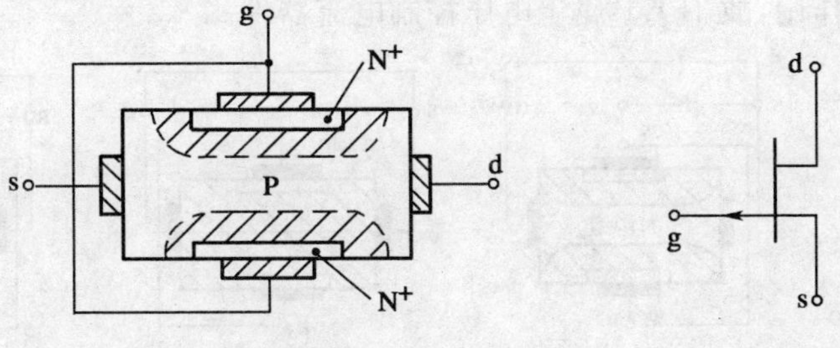

(a) 结构示意图　(b) 图形符号

图 1.44　P 沟道结型场效应管

2) 工作原理——电压控制电流作用

由于上述两种沟道的 JFET 结构相同，工作原理也相同，故仅以 N 沟道 JFET 为例进行讨论。

(1) 栅-源极间和漏-源极间均短路

此时，一对 P^+N 结均处于零偏置，结上有一定宽度的空间电荷区。由于 P^+ 区是高浓度掺杂区，所以 P^+ 区的空间电荷区宽度远小于 N 区。在这种情况下，N 型导电沟道有一定宽度，并且沿沟道横向处处等宽，见图 1.45(a)。

(2) 栅-源极间加负栅压 u_{GS}，漏-源极间仍短路

由于 $u_{GS}<0$，一对 P^+N 结均反偏。当 $|u_{GS}|$ 增大时，耗尽层加宽并主要向 N 区延伸，使导电沟道变窄，沟道电阻增大。因为整个沟道与栅极之间的电压相等，所以沟道仍为平行等宽，

见图 1.45(b)。

(3) u_{GS}增大,d-s 极间仍短路

若$|u_{GS}|$继续增大,沟道将继续变窄。当$|u_{GS}|$增大到一定的数值时,沟道两侧耗尽层相接。由于此时耗尽层中几乎没有参与导电的载流子,即使漏-源极之间加正向电压 u_{DS},也没有漏极电流 i_D。此时,沟道电阻趋于无穷大,导电沟道仿佛被夹断一样,见图 1.45(c)。遂定义此时沟道预夹断的栅源电压 u_{GS}为夹断电压 $U_{GS(off)}$,对于 N 沟道 JFET,$U_{GS(off)}$为负值。

通过分析可知,从某种意义上来说,JFET 实为一受电压(产生的电场)控制的可变电阻,只要改变栅-源极之间的一对 P^+N 结的反偏电压 u_{GS},就可控制漏-源极之间的沟道电阻 R_{DS}发生变化。

显然,当 u_{GS}达到 $U_{GS(off)}$后,再继续增大$|u_{GS}|$,耗尽层不会有明显变化,但$|u_{GS}|$过大将使这对 P^+N 结反向击穿。

(4) 栅-源极间加负栅压 u_{GS},同时漏-源极间加正向电压 u_{DS}

如图 1.45(d)所示,由于此时漏-源极之间有导电沟道存在,故在漏-源电压 u_{DS}作用下,将有漏极电流 i_D 从漏极流向源极。根据欧姆定律,漏极电流 $i_D=u_{DS}/R_{DS}$。可见,通过改变 u_{GS}控制 R_{DS},就可改变 i_D。

P 沟道 JFET 的工作原理与 N 沟道 JFET 相同,只不过电源电压的极性不同而已,这里不再赘述。但请读者思考一下:欲使 P 沟道 JFET 正常工作,其栅-源电压 u_{GS}和漏-源电压 u_{DS}的极性如何呢?

综上分析,可得如下结论:

(1) JFET 栅极与沟道之间的一对 PN 结始终为反偏,管子的 $i_G \approx 0$,即几乎无栅极电流(仅有很小的 PN 结反向饱和电流),故其输入电阻很大。

(2) 若栅-源电压$|u_{GS}|$越大,则导电沟道越窄,漏极电流 i_D 就越小。此结论说明了电压 u_{GS}对电流 i_D 的控制作用,故 JFET 属于电压控制电流器件。

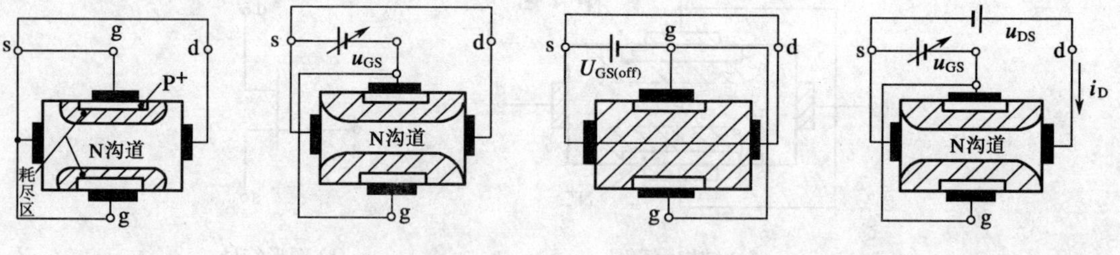

(a) u_{GS}=0 V　(b) U_{GS}(off)$<u_{GS}<$0 V　(c) $u_{GS} \leqslant U_{GS}$(off)　(d) U_{GS}(off)$<u_{GS}<$0,且$u_{DS}>$0

图 1.45　u_{GS}对沟道的控制作用

3) JFET 的电压放大作用

如果在图 1.45(d)的基础上再增加一个电阻 R_D,组成如图 1.46 所示的电路,那么 R_D 就将 i_D 的变化转换成 u_{DS}的变化。显然,栅-源电压 u_{GS}的微小变化将引起漏极电流 i_D 作同样的变化,进而引起输出电压 u_{DS}有较大的变化,此为 JFET 进行电压放大的简单原理。

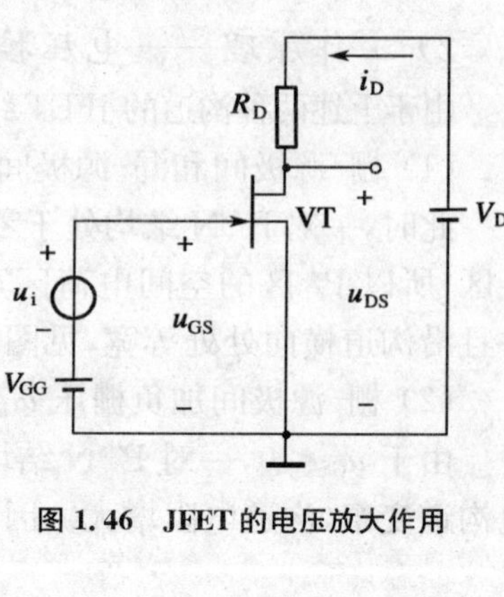

图 1.46　JFET 的电压放大作用

由分析 FET 和 BJT 的工作原理可见,FET 各电极与 BJT 各电极之间存在着一一对应关系,即栅极 g 相当于基

极 b,漏极 d 相当于集电极 c,源极 s 相当于发射极 e。

4) JFET 的特性

JFET 的特性有输出特性和转移特性两种①,下面逐一加以分析。

(1) 输出特性

输出特性指以栅-源电压 u_{GS} 为参变量时,漏极电流 i_D 与漏-源电压 u_{DS} 之间的关系:

$$i_D = f_1(u_{DS})\big|_{u_{GS}=常数} \tag{1.31}$$

图 1.47(a)是 N 沟道 JFET 的输出特性。由图可见,管子的工作状态可分为以下 4 个区域。

① 可变电阻区:当 u_{DS} 较小时,管子工作在非饱和区(可变电阻区),i_D 随 u_{DS} 而增加,见图 1.47(a)中的Ⅰ区;而当 u_{DS} 较大时,管子工作在饱和区(图中Ⅱ区)。可变电阻区与饱和区的分界线,即图中预夹断轨迹满足等式:$|u_{GD}| = |u_{GS} - u_{DS}| < |U_{GS(off)}|$。

在可变电阻区内,当栅-源电压不变时,i_D 随 u_{DS} 的增加近似呈线性上升的规律,且栅-源电压越负,这一段输出特性曲线的斜率越小。因此,工作在该区域的 JFET 可看做一个受栅-源电压 u_{GS} 控制的压控电阻②;u_{GS} 越负,压控电阻值越大,故称此区域为可变电阻区。

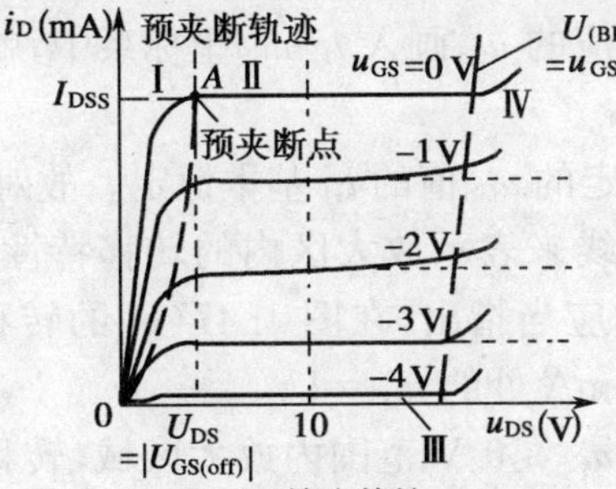

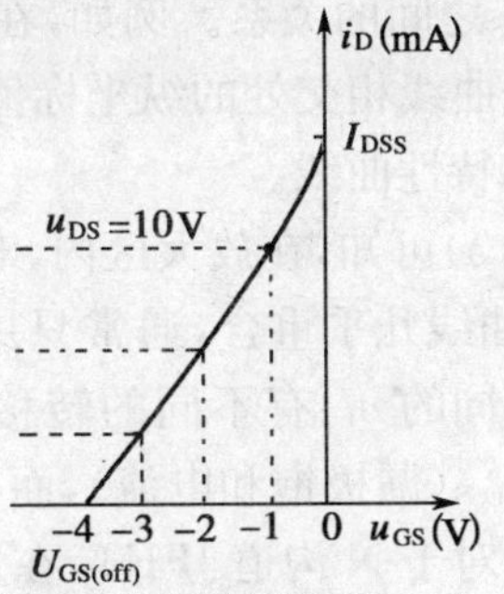

图 1.47 N 沟道 JFET 的特性曲线

② 饱和区(或称恒流区):指图 1.47(a)中 u_{DS} 较大、i_D 基本上不随 u_{DS} 增加的区域。因为该区域内特性曲线几乎水平,所以亦称恒流区。

在饱和区内,i_D 不随 u_{DS} 改变的原因在于:当 $u_{DG} = |U_{GS(off)}|$ 时,漏极附近的导电沟道已经合拢,这一情形称为预夹断,对应于图 1.46(a)中的预夹断点 A。预夹断后,u_{DS} 增加,导电沟道被夹断部分变长,沟道电阻增大,但因 u_{DS} 和沟道电阻的增大大体平衡,故 i_D 基本不变。

在 u_{GS}=0 V 的条件下,预夹断点 A 的漏极电流称为饱和漏极电流,用 I_{DSS} 表示。

由于饱和区内 i_D 的大小只受 u_{GS} 的控制,所以工作在该区内的 JFET 可以作为一个电压控制电流源。因管子作为放大器件使用时,都工作在此区域,故也称此区为放大区[图 1.47(a)中的区域Ⅱ]。

③ 截止区(或称夹断区):当 $|u_{GS}| \geq |U_{GS(off)}|$ 时,管子的导电沟道全部夹断,$i_D \approx 0$ mA,即输出特性靠近横轴的狭窄区域Ⅲ[见图 1.47(a)]。此时管子处于截止状态,与 BJT 在 $i_B \leq 0\ \mu$A 时的情况相同。

④ 击穿区:指图 1.47(a)中靠近右侧的区域Ⅳ。当 JFET 工作在击穿区时,由于沟道夹断

---

① 因为 FET 栅极几乎无电流输入,所以讨论输入特性没有意义。然而,转移特性仅为输出特性的另一种表现形式而已。

② 电阻值取决于该区域内输出特性曲线的斜率的倒数。

区中的电场强度很大,致使漏极附近的PN结产生雪崩击穿,i_D 急剧上升,甚至会烧坏管子。

若已知JFET的PN结击穿电压 $U_{(BR)}$,则由下式可求得在不同的 u_{GS} 下,漏极附近产生击穿时的漏-源电压 $U_{(BR)DS}$,即

$$u_{GS}-U_{(BR)DS}=U_{(BR)} \tag{1.32}$$

或

$$U_{(BR)DS}=u_{GS}-U_{(BR)} \tag{1.33}$$

将对应于不同的 u_{GS} 值的输出特性上 $u_{DS}=U_{(BR)DS}$ 的各点相连,即为放大区和击穿区的分界线。工程中不允许JFET工作在击穿区。

(2) 转移特性

转移特性指以 u_{DS} 为参变量时,漏极电流 i_D 与栅源电压 u_{GS} 之间的关系,即

$$i_D=f_2(u_{GS})\big|_{u_{DS}=常数} \tag{1.34}$$

转移特性反映了 u_{GS} 对 i_D 的控制作用,可以根据输出特性得到,因为这两者都反映JFET的 u_{DS}、i_D 和 u_{GS} 之间的关系。例如,在图1.47(a)所示的输出特性中 $u_{DS}=10$ V处作一垂直线,将它与各条曲线相交处的纵坐标值 i_D 和相应的 u_{GS} 画入 i_D-u_{GS} 坐标系中,就得到如图1.47(b)所示的转移特性曲线。

由图1.47(a)可知,在放大区内,对应于一定的 u_{GS} 值的 i_D 基本恒定。故对应于不同的 u_{DS} 值的转移特性曲线几乎重合,通常只用一支曲线来表示放大区内的转移特性(若在可变电阻区,则对应于不同的 u_{DS} 有不同的转移特性)。应当指出,在图1.47(b)的转移特性上,$u_{GS}=0$ V处的 $i_D=I_{DSS}$(漏极饱和电流),而在 $i_D=0$ mA处的 $u_{GS}=U_{GS(off)}$。

实验表明,对于N沟道JFET,在 $U_{GS(off)}\leqslant u_{GS}\leqslant 0$ V范围内放大区域,转移特性可近似用下式描述:

$$i_D=I_{DSS}\left(1-\frac{u_{GS}}{U_{GS(off)}}\right)^2 \tag{1.35}$$

若已知 I_{DSS} 和 $U_{GS(off)}$ 之值,将其代入式(1.35),就可求出与某一 u_{GS} 值对应的 i_D 值,从而获得转移特性曲线。

1.5.2 绝缘栅场效应管

JFET的直流输入电阻(栅-源电阻)是一对反偏的PN结的电阻,虽然它达到了 $10^7\ \Omega$ 以上,但在有些工作场合还嫌它不够高。而且在高温环境时,因PN结反向电流增大,输入电阻值会显著下降。

绝缘栅场效应管(IGFET)的全称是绝缘栅金属-氧化物-半导体场效应晶体管(IGMOSFET),简称MOSFET① 或MOS管,它的栅极与沟道之间处于绝缘状态。它利用半导体表面的电场效应实现对导电沟道的控制,故其直流输入电阻更高,一般可达 $10^{12}\ \Omega\sim10^{15}\ \Omega$。更重要的是MOS管便于高密度集成,这对于大规模和超大规模MOS集成电路工艺,具有十分重要的意义。

① MOSFET是Metal-oxide-semiconductor Field Effect Transistor的缩写。

MOS 管分为耗尽型和增强型两大类，每一类又有 N 沟道和 P 沟道两种。耗尽型指当 $u_{GS}=0$ V 时，管内已有沟道，加上漏-源电压后，便会产生漏极电流 i_D，再加上适当极性的 u_{GS}，i_D 就逐渐减小（耗尽），这与 JFET 的工作情况相类似，所以 JFET 亦属耗尽型。而增强型是指当 $u_{GS}=0$ V 时，管内尚无导电沟道，此时，即便有漏-源电压，也没有漏极电流，即 $i_D=0$ mA。只有当 u_{GS} 具有一定的极性、且达到一定的数值时，管子才产生导电沟道。下面以 N 沟道 MOS 管为例，分别讨论它们的工作原理和特性。

1）增强型 N 沟道 MOS 管

(1) 结构

N 沟道增强型 MOS 管的结构如图 1.48(a)所示。它以一块杂质浓度较低的 P 型硅片作为衬底 B（工作时通常与源极 s 连接在一起），利用扩散法在 P 型硅中形成两个高掺杂的 N^+ 区作为源极 s 和漏极 d。然后，在半导体表面覆盖一层 SiO_2 绝缘层，在源-漏极之间的绝缘层上制作一个铝电极——栅极 g。图 1.48(b)为其图形符号，其中箭头方向由 P 型衬底指向 N 型沟道，据此判断沟道为 N 型。符号中虚线“- - -”表示原来没有沟道，这是识别增强型 MOS 管的标志。根据对偶性，可以画出增强型 P 沟道 MOS 管的结构和图形符号，分别如图 1.48(c)、(d)所示。

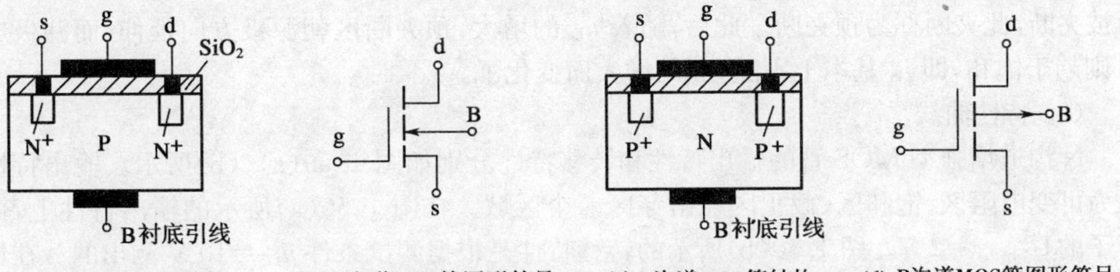

(a) N沟道MOS管结构 (b) N沟道MOS管图形符号 (c) P沟道MOS管结构 (d) P沟道MOS管图形符号

图 1.48 增强型 MOS 管的结构及其图形符号

(2) 工作原理

① 栅-源电压 $u_{GS}=0$ V（栅-源极之间短路）时，从图 1.48(a)中可见，由于漏-源极之间有两个背向的 PN 结，如果加上漏-源电压 U_{DS}，则不论其极性如何，两个 PN 结中总有一个反偏，故此时漏-源极之间无导电沟道，因而不会产生漏极电流，即 $i_D=0$ mA。

② 栅-源电压 $u_{GS}>0$ V，漏-源电压 $u_{DS}=0$ V 时，如图 1.49(a)所示，此时栅-源极之间加正向电压，但由于绝缘层的存在，故不会产生栅极电流。同时，由于衬底 B 与源极相接，从而在栅极经绝缘层到衬底之间，建立了一个垂直于半导体表面的电场。因为 SiO_2 绝缘层很薄，在几伏的栅-源电压作用下，便可产生 10^5 V/cm～10^6 V/cm 数量级的电场强度。该电场排斥 P 区（衬底 B）的多子空穴，同时吸引其中的少子电子，使之汇集到栅极一侧的表面层中来。当正栅-源电压增大到一定的数值后，在 P 型衬底靠近栅极的表面上便会形成一个由少子电子组成的 N 型薄层，称为 P 型衬底中的反型层，见图 1.49(a)。此反型层构成了漏-源极之间的导电沟道，此时对应的栅-源电压 u_{GS} 称为管子的开启电压 $U_{GS(th)}$。

当栅-源电压 u_{GS} 达到 $U_{GS(th)}$ 后，U_{GS} 越大，电场强度越强，反型层越厚，沟道电阻就越小。因此，在相同的漏-源电压 u_{DS} 作用下，产生的漏极电流 i_D 也就越大，这就实现了电压控制电流的作用。

③ u_{DS}和 u_{GS}共同作用,当 $u_{GS}>U_{GS(th)}$时,由于 u_{DS}的作用,沿沟道长度方向产生了电位梯度,靠近漏极附近的电压 $u_{GD}(=u_{GS}-u_{DS})$小于接近源极附近的电压 u_{GS}。这样,漏极附近的电场将被削弱,反型层变薄,沟道成为楔形,如图 1.49(b)所示。

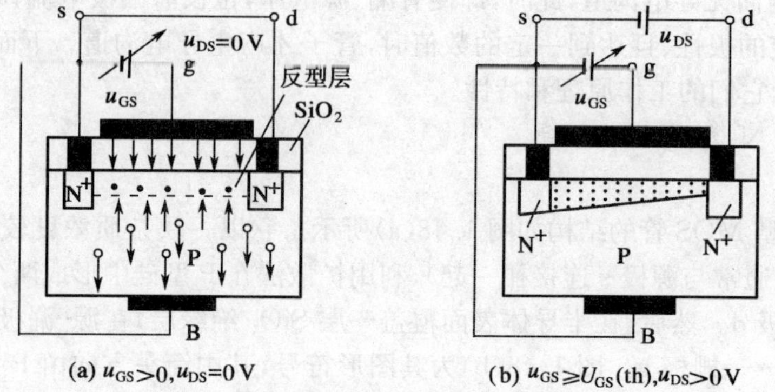

图 1.49　增强型 N 沟道 MOS 管的工作原理

若此时 u_{DS}较小,沟道形状变化不大(沟道电阻亦无显著变化),i_D 将随 u_{DS}的增大而线性增大。如果 u_{DS}继续增大,漏极附近的沟道将进一步变薄,直至 $u_{GD}\leqslant U_{GS(th)}$时,沟道在漏极附近被夹断,此夹断称为预夹断。此后,随着 u_{DS}的增大,预夹断区朝源极方向延伸,而漏极电流 i_D 则趋于饱和,即 i_D 基本上不随 u_{DS}的增大而变化了。

(3) 特性曲线

N 沟道增强型 MOS 管的输出特性和转移特性分别如图 1.50(a)、(b)所示。输出特性也分为可变电阻区、饱和区、截止区和击穿区 4 个区域。在图 1.50(a)所示的输出特性上,可见管子的$U_{GS(th)}=2$ V。图 1.50(b)所示的转移特性是根据测试条件 $u_{DS}=10$ V 测出的。在饱和区内,不同的 u_{DS}下测得的转移特性基本重合,所以通常用一支曲线表示。在转移特性 $i_D=0$ mA 处的 u_{GS}值即为开启电压 $U_{GS(th)}$。转移特性可以近似用下式表示:

$$i_D=I_{D0}\left(\frac{u_{GS}}{U_{GS(th)}}-1\right)^2 \quad (u_{GS}>U_{GS(th)}) \tag{1.36}$$

式中,I_{D0}是 $u_{GS}=2U_{GS(th)}$时的 i_D 值。

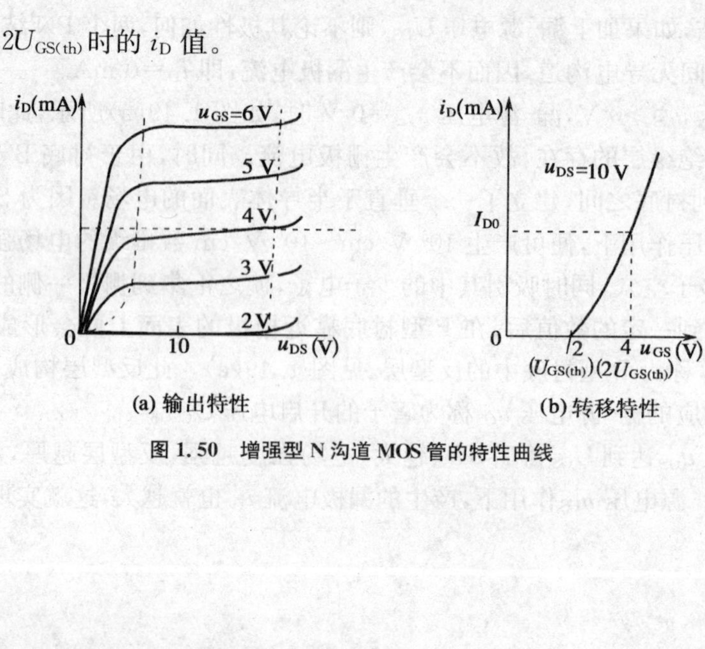

图 1.50　增强型 N 沟道 MOS 管的特性曲线

2）耗尽型 N 沟道 MOS 管

当制备耗尽型 N 沟道 MOS 管时，在 SiO_2 绝缘层中预先掺入大量的正离子。因而即使 $u_{GS}=0$ V，在这些正离子产生的电场作用下，也已在 P 型衬底表面感应出较多的自由电子，形成反型层，即漏-源极之间出厂前就有导电沟道。使用时接入正向电压 u_{DS}，即可产生漏极电流 i_D，这与 JFET 的原理类似。其结构和图形符号如图 1.51(a)、(b)所示。

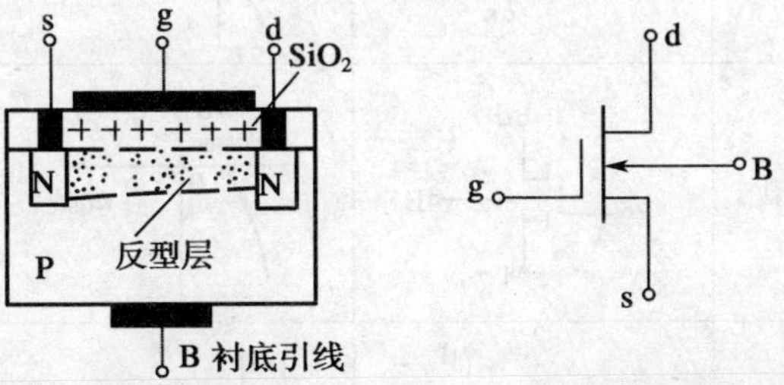

(a) 结构示意图　　(b) 图形符号

图 1.51　耗尽型 N 沟道 MOS 管

当 $u_{GS}>0$ V 时，作用到衬底表面的电场加强，沟道变厚，沟道电阻减小。在同样的 u_{DS} 作用下，漏极电流 i_D 增大。虽然 u_{GS} 为正，但有绝缘层的隔离，故不会产生栅极电流。此点与 JFET 不同。

当 $u_{GS}<0$ V 时，因栅-源电压削弱了正离子感应的电场强度，使沟道变薄，沟道电阻增大。在同样的 u_{DS} 作用下，漏极电流减小。当 $|u_{GS}|$ 达到一定值时，u_{GS} 产生的电场完全抵消正离子感应的电场，使反型层消失，漏极电流 i_D 为 0 mA。此时的栅-源电压 u_{GS} 称为夹断电压 $U_{GS(off)}$。对于耗尽型 N 沟道 MOS 管，$U_{GS(off)}$ 为负值。

由于耗尽型 MOS 管工作原理与 JFET 相似，故其特性也与 JFET 相似，转移特性也可用式(1.35)描述。在耗尽型 MOS 管的图形符号中没有虚线，表明不加 u_{GS} 时就已经有了导电沟道。因此，耗尽型 MOS 管在 u_{GS} 为正或为负时均能工作，且基本上无栅流，这是耗尽型 MOS 管的一个重要特点。

各种类型的场效应管的特性曲线及其图形符号，如表 1.2 所示。

表 1.2　各种类型场效应管的特性比较

结构种类	工作方式	图形符号	转移特性 $i_D=f(u_{GS})$	输出特性 $i_D=f(u_{DS})$
绝缘栅 (MOSFET) N 型沟道	耗尽型	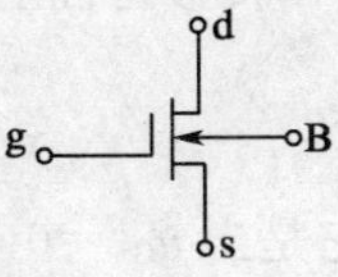	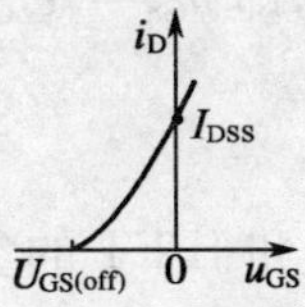	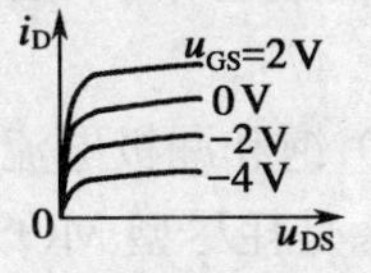
绝缘栅 (MOSFET) N 型沟道	增强型	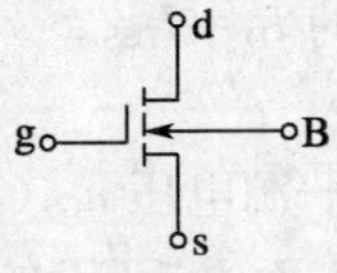	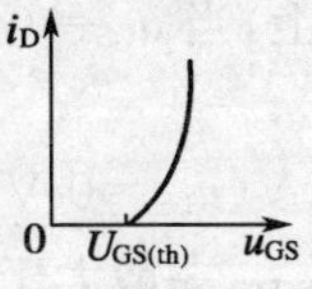	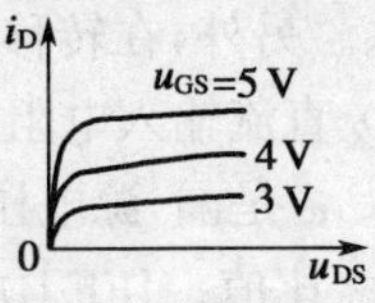

续表 1.2

结构种类	工作方式	图形符号	转移特性 $i_D=f(u_{GS})$	输出特性 $i_D=f(u_{DS})$
绝缘栅(MOSFET)P 型沟道	耗尽型	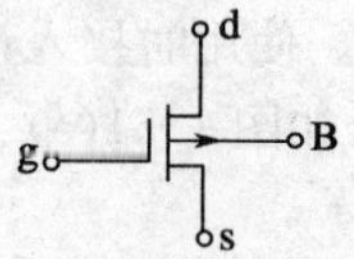	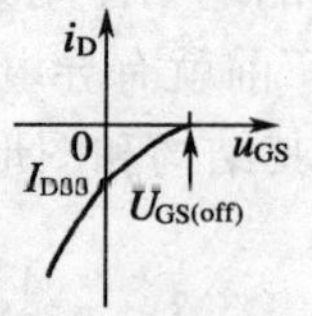	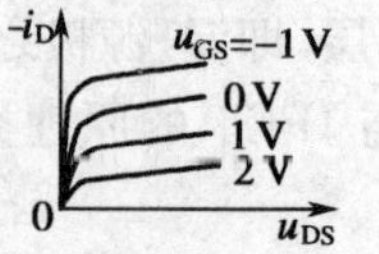
绝缘栅(MOSFET)P 型沟道	增强型	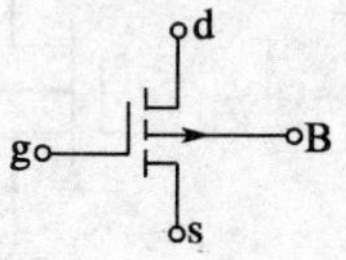	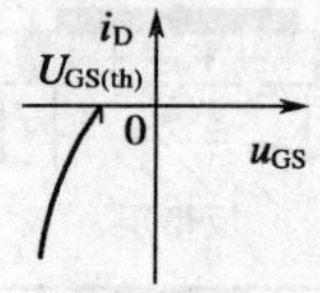	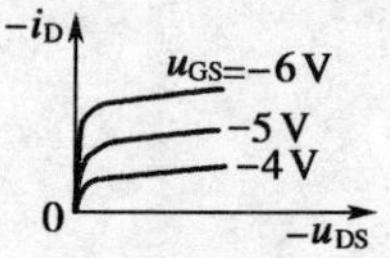
结型(JFET)P 型沟道	耗尽型	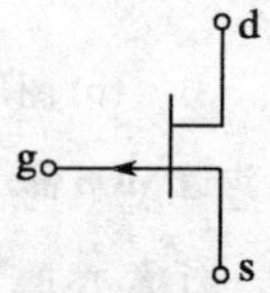	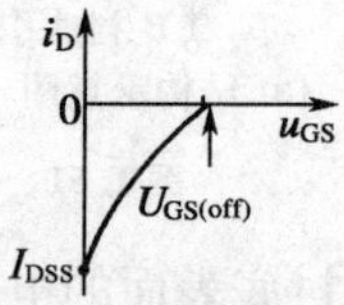	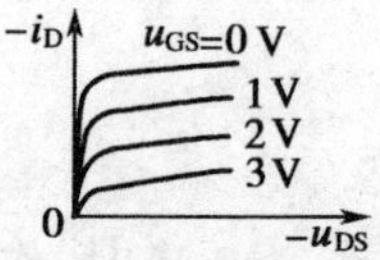
结型(JFET)N 型沟道	耗尽型	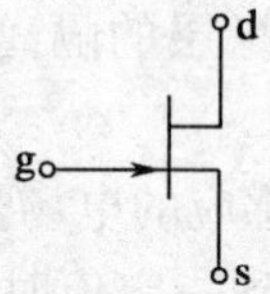	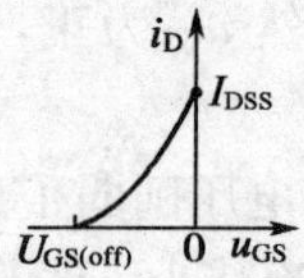	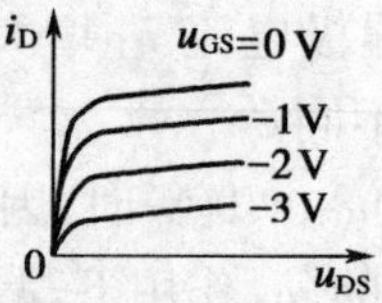

注：i_D 的假定正方向为流进漏极。

1.5.3　FET 的主要参数

1）直流参数

（1）开启电压 $U_{GS(th)}$

$U_{GS(th)}$ 指当 u_{DS} 为某一固定值时，能产生 i_D 所需的 $|u_{GS}|$ 的最小值（为了便于测量，通常取 i_D 为某一微小值，例如 10 μA），它是增强型 IGFET 特有的参数。

（2）夹断电压 $U_{GS(off)}$

$U_{GS(off)}$ 指 u_{DS} 为某一固定值（例如 u_{DS}＝10 V）时，使 i_D 减小到某一微小值（例如 50 μA）时的 u_{GS} 值，它是耗尽型 FET 的参数。在 u_{GS}＝0 V 的输出特性曲线上，达到预夹断时的漏-源电压在数值上也等于夹断电压，即 $u_{GS}=|U_{GS(off)}|$；在转移特性上，i_D＝0 mA 处的 $u_{GS}=|U_{GS(off)}|$（见图 1.47）。

（3）饱和漏极电流 I_{DSS}

I_{DSS} 是耗尽型 MOSFET 和 JFET 的参数，它是当 u_{GS}＝0 V 时，管子发生预夹断时的漏极电流。因为进入饱和区后，i_D 具有恒流性，所以测试条件规定：u_{GS}＝0 V，u_{DS}＝10 V 测得的 $i_D=I_{DSS}$。另外，在转移特性上，当 u_{GS}＝0 V 时的 $i_D=I_{DSS}$。

（4）直流输入电阻 $R_{GS(DC)}$

$R_{GS(DC)}$ 是漏-源电压为 0 V（u_{DS}＝0 V）时，栅-源电压 u_{GS}（测试条件规定 $|u_{GS}|$＝10 V）与栅极电流之比值。JFET 的 $R_{GS(DC)}$ 一般大于 10^7 Ω，而 IGFET 的 $R_{GS(DC)}$ 一般大于 10^9 Ω。

2）交流参数

(1) 低频跨导 g_m

g_m 是表征栅-源电压对漏极电流控制作用大小的一个参数，它的定义为：当 u_{DS} 为常数时，i_D 的微变量与相应的 u_{GS} 的微变量之比，即

$$g_m = \left.\frac{\partial i_D}{\partial u_{GS}}\right|_{u_{DS}=\text{常数}} \tag{1.37}$$

g_m 的单位为 mS 或 μS(S 是电导的单位：西[门子]，即 A/V)。在转移特性上，g_m 就是此特性曲线在各点处的切线的斜率。需要注意的是，在管子的 Q 点处的 $g_m = g_{m0}$，静态电流 I_{DQ} 越大，Q 点处的转移特性曲线越陡峭，g_m 也就越大。在放大电路中，管子工作在饱和区，此时 g_m 亦可通过对转移特性的表达式(1.35)或式(1.36)求导获得。例如，对于 N 沟道 JFET 有：

$$g_m = -2I_{DSS}\left(1-\frac{u_{GS}}{U_{GS(off)}}\right)/U_{GS(off)} \quad (U_{GS(off)} \leqslant u_{GS} \leqslant 0\ \text{V}) \tag{1.38}$$

(2) 交流输出电阻 r_{ds}

交流输出电阻 r_{ds} 实际上就是漏-源极之间的沟道电阻，它的定义为：

$$r_{ds} = \left.\frac{\partial u_{DS}}{\partial i_D}\right|_{u_{GS}=\text{常数}} \tag{1.39}$$

r_{ds} 的大小反映了 u_{DS} 对 i_D 的影响，它是输出特性上 Q 点处切线斜率的倒数。在恒流区内，漏极电流基本上不受漏-源电压的影响，因此 r_{ds} 很大，一般在几十千欧到几百千欧的范围内。

3）极限参数

(1) 最大漏极电流 I_{DM}

I_{DM} 是指管子在工作时允许流过的最大漏极电流。

(2) 最大漏-源电压 $U_{(BR)DS}$

FET 漏极附近发生雪崩击穿时的漏-源电压 u_{DS} 即为 $U_{(BR)DS}$[参见图 1.47(a)]。由式(1.33)可知，对于 N 沟道 FET，u_{GS} 越负，$U_{(BR)DS}$ 越小。

(3) 最大栅-源电压 $U_{(BR)GS}$

对于 JFET，栅极与沟道间 PN 结的反向击穿电压就是 $U_{(BR)GS}$；而对 IGFET，$U_{(BR)GS}$ 是使绝缘层击穿的电压。

(4) 最大耗散功率 P_{DM}

因为 FET 的耗散功率 $P_D = u_{DS} i_D$，故 FET 的 P_{DM} 与 BJT 的集电极最大耗散功率 P_{CM} 意义相同，它受管子的最高工作温度和散热条件所限制。

除上述参数外，FET 还有低频噪声系数、最高工作频率等参数，使用时可查手册，此处不逐一介绍。

【例 1.6】 电路如图 1.52 所示，图中结型场效应管 JFET 的夹断电压 $U_{GS(off)} = -4$ V，漏极饱和电流 $I_{DSS} = 4$ mA，试解答：为保证负载电阻 R_L 中的电流为恒流，R_L 的取值范围为多少？

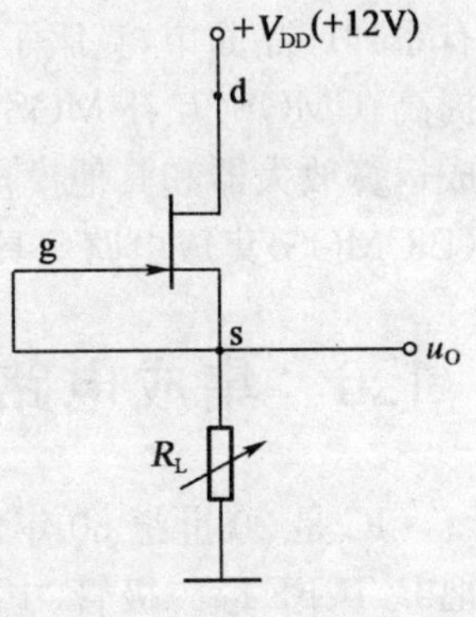

图 1.52 例 1.6 的电路图

解 由所给电路图可知，$u_{GS} = 0$ V，因而根据图 1.47(a)中

预夹断点 A 的坐标得:预夹断电压 $u_{DS}=|u_{GS}-U_{GS(off)}|=4$ V,且 A 点的 $i_D=I_{DSS}=4$ mA(恒流)。而

$$u_{DS}=V_{DD}-i_D R_L$$

所以保证流过 R_L 的电流为恒流 I_{DSS}的最大输出电压 $u_{Omax}=V_{DD}-4\ V=8$ V,输出电压 u_O 的范围为 0~8 V,所以负载电阻 R_L 的取值范围为:

$$R_L=u_O/I_{DSS}=0\ k\Omega\sim 2\ k\Omega。$$

1.5.4 FET 与 BJT 的比较

(1) FET 是电压控制器件,而 BJT 是电流控制器件。因为 FET 的电压控制作用小(跨导 g_m 小),所以 FET 放大电路的电压增益较低。

(2) FET 具有良好的温度稳定性、抗辐射性和低噪声性能。而在 BJT 中,参与导电的载流子既有多子,也有少子,少子数量受温度和辐射的激发较大,造成管子工作不稳定。因为 JFET 中只有多子参与导电,故其工作稳定性较高。MOS 管的导电沟道(反型层)虽由衬底的少子形成,但其数量受到较强的表面电场控制,外界环境温度和辐射的影响相对于表面电场的影响来说较小。

(3) FET 的源极和漏极结构对称,两个电极可以互换,这增加了使用的灵活性。而在 BJT 中,由于发射区和集电区不但掺杂浓度相差悬殊,而且 J_e 的结面积也远小于 J_c 的结面积,若将发射极和集电极对调使用,其特性将相差甚远(如电流放大系数 β 会下降很多)。

(4) FET 制造工艺简单,占用芯片的面积小。例如制备 MOS 管时所占芯片面积仅为 BJT 的 15%。

(5) MOS 管的栅极是绝缘的,被外界静电感应产生的电荷不易泄放,且 SiO_2 绝缘层极薄,故较小的感应电压将会带来很高的电场强度,易使绝缘层击穿而损坏管子。因此,在存放 MOS 管时,应将各电极短接在一起。焊接时电烙铁应有良好的接地,并要对交流电场进行屏蔽。

FET 具有上述许多优点,因而使用广泛,其发展非常迅速。其中的 JFET 和耗尽型 MOS 管主要用作放大器件,增强型 MOS 管主要用于制备数字集成电路。若 FET 与 BJT 结合使用,即可改善电子电路的某些性能,双极型场效应管(BiFET)模拟集成电路就是按这一优势发展起来的,因而扩展了 FET 的使用范围。目前大功率场效应管(VMOS 管)已经问世,国内已有系列产品面市,克服了 MOS 管工作电压低和电流小的缺点。由于微电子工艺水平的不断提高,CMOS(互补 MOS)器件在大规模和超大规模数字集成电路中应用极为广泛,同时在集成运算放大器和其他模拟集成电路中也得到了迅速的发展,其中双极互补金属氧化物半导体(BiCMOS)集成电路更具特色。因此,MOS 器件的广泛应用必然引起读者们的高度重视。

1.6 集成电路(IC)

IC 是 20 世纪 60 年代初期发展起来的一种半导体器件,它采用特殊设计的生产工艺,先把 BJT、FET、二极管、电阻、小电容以及连接导线所组成的整个电路,制作(集成)在一小块硅片上,然后再做出若干个引出端(管脚),最后封装在一个管壳内,构成一个完整的、具有一定功

能的器件，因此又称为固体组件或芯片。由于它的元件密度高、连线短、体积小、重量轻、功耗低，外部接线及焊点大为减少，所以提高了电子设备的可靠性和使用灵活性，不但降低了成本，而且实现了元件、电路和系统的紧密结合，为电子技术的发展开辟了一个崭新的时代。

*1.6.1 IC制造工艺

IC的制造从切片开始，即首先将单晶体硅棒用切片机切割成薄片，经磨片、腐蚀、清洗、测试等工艺，获得厚薄均匀的硅片，然后反复应用氧化、光刻、扩散和外延等工艺技术制造出管芯，再经划片、压焊引出线、测试和封装等工序，最后才制成了IC。

1）工艺名词简介

（1）氧化

将硅片放在先抽成真空再通入纯氧的氧化炉中，然后使炉温升高到800～1 200 ℃，在硅片表面上形成一层 SiO_2 薄膜，用以防止芯片受到外界杂质的污染。

（2）光刻

利用照相、粗缩、精缩等制版工艺技术，将制备IC所需的有关图形光刻在硅片上。

（3）扩散

将磷、砷、硼等杂质元素的气体按照制成P型或N型半导体的要求，引入放有硅片的扩散炉中，炉温控制在1 000 ℃左右。经过规定的时间（如2 h）后，硅片上即形成P区、N区和PN结。

（4）外延

在半导体基片（称为衬底）上获得与基片结晶轴同晶向的半导体薄层，该薄层称为外延层，它的作用是保证半导体表面性能均匀。

（5）蒸铝

在真空中将铝蒸发，使之沉积在硅片表面上，为封装时引出接线作准备①。

2）PN结隔离技术

由于IC中所有的元器件都制作在同一块硅片上，为了保证电路的性能，各元器件之间必须实行绝缘隔离。目前集成工艺中最常用的是PN结隔离，其次是介质隔离。PN结隔离是利用反向偏置的PN结具有很高的电阻这一特点，把各元器件所在的N区或P区4周用反向偏置的PN结包围起来，使各元器件之间形成绝缘隔离；介质隔离是利用 SiO_2 把各元器件所在的区域包围起来以实现隔离。

PN结隔离的工艺流程示意图如图1.53所示。第1步，将作为衬底的P型硅片通过第1次氧化和光刻，开出一个窗口，进行高浓度N型杂质扩散，在衬底上层形成高掺杂的 N^+ 型隐埋层，将来为集电极电流提供低阻通路，如图1.53(a)所示。第2步，除去整个硅片上的氧化层，通过外延生长工艺在衬底和隐埋层上生长一层N型外延层，然后再进行氧化处理，如图1.53(b)所示。第3步，通过第2次光刻、腐蚀，开出隔离槽扩散窗口，向窗口内进行高浓度的P型杂质（如硼）扩散，直至穿透处延层到达衬底，形成隔离槽，随后再进行氧化处理，如图1.53(c)所示。这样，就在隔离槽和衬底所包围的范围内形成一个隔离岛，它与4周在电性

---

① 据报道，从1998年2月起，美国IBM公司已开始供应铜基芯片，它是以铜代铝作为芯片内部的互连材料，国内外有期刊文章论述说“以铜代铝进行铜互连势在必行”。

能上将通过反偏的 PN 结绝缘,为此应使 P 型衬底和 P^+ 隔离槽接电路中最负的电位。隔离岛可以用来制作各种元器件。

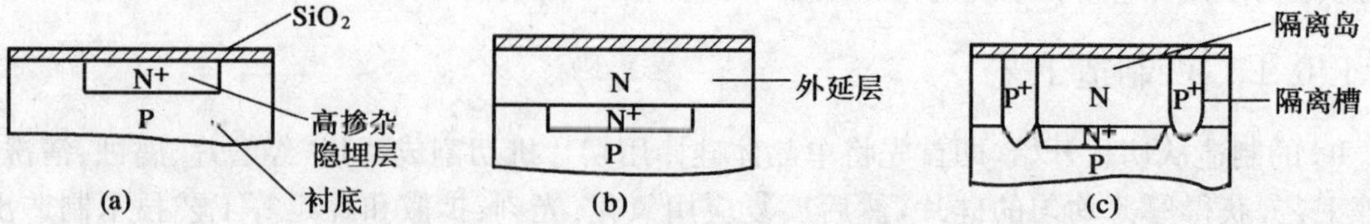

图 1.53 PN 结隔离的工艺流程示意图

3) NPN 管制造工艺

NPN 管的制造工艺最具典型性,如图 1.54 所示。第 1 步是基区扩散,见图 1.54(a)。第 2 步是发射区扩散,通过扩散得到两个 N^+ 区。P 区内的 N^+ 区就是发射区,N 区内的 N^+ 区作为集电极的引出端,如图 1.54(b)所示。第 3 步是蒸铝,形成 e、b、c 这 3 个电极的引出端,见图 1.54(c)。

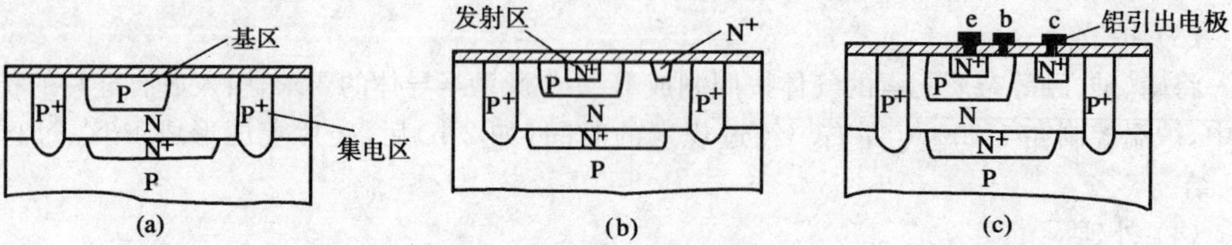

图 1.54 NPN 管的制造工艺

4) 横向 PNP 管制造工艺

上述隔离岛制成后,在制造 NPN 管的同时,可以制造出横向 PNP 管,如图 1.55 所示。第 1 步是进行集电区和发射区扩散,在隔离岛上获得两个 P 型区,一个作为发射区,一个作为集电区。第 2 步是制造基区引出端,就是在隔离岛上通过高浓度杂质扩散得到一个 N^+ 区,作为基区的引出端。第 3 步是光刻,刻出各电极的引出口,然后蒸铝,再进行光刻、腐蚀,得到 e、b、c 这 3 个电极的引出端。

在横向 PNP 管中,空穴沿水平(横)方向由发射区经基区流向集电区(见图 1.55)。由于制造工艺的限制,基区宽度不可能很小,而且其发射区和集电区是在制造 NPN 管的基区的同时制造的,掺杂浓度低,发射载流子的能力差,因此其 β 值很低(约为 1~5)。但正因为基区宽,各区掺杂浓度都很低,所以集电结和发射结的反向击穿电压都比较高。在 IC 的设计中,往往把纵向 NPN 管和横向 PNP 管巧妙地接成复合组态(如共集-共基组态),形成性能优良的各种放大电路。

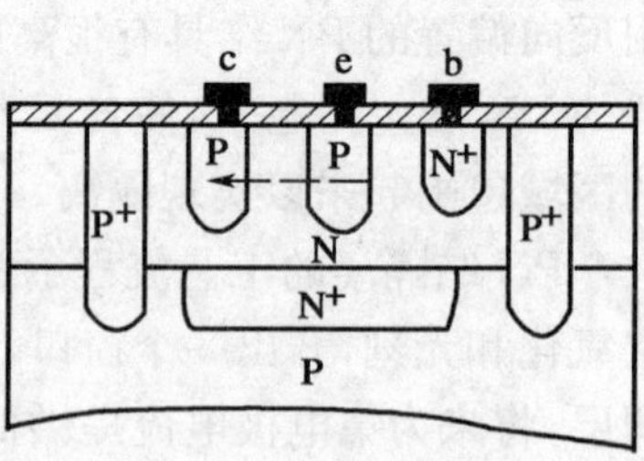

图 1.55 横向 PNP 管的制造工艺

5) 其他元件的制造工艺

若将 NPN 管的制造工艺稍加修改,就可以制成 PNP 管、多发射极(NPN)管和多集电极(横向 PNP)管,以及 FET 等。二极管和稳压管一般用 NPN 管的发射结代替。各种无源元件的制造也不需要特殊工艺。电阻用 NPN 管的基区(P 区)体电阻,电容用 PN 结的势垒电容或

MOS 管的栅极与沟道间的电容(称为 MOS 电容)。

6) IC 封装工艺与外观形式

在 IC 的制备流程中,一次要同时制造上千个芯片,一个芯片只是整个硅片上的一小部分,如图 1.56(a)所示。

大量芯片制成后,首先要经过测试,对不合格的芯片做出记号。然后划片,用金刚刀将管芯一个个分割开来。合格的管芯则送到下一道工序——压焊,即把每个管芯中的出线端利用超声波压焊技术和铝线焊接,作为引出线。最后一道工序是封装,把引出线(即管脚)留在外面,把其他部分用外壳密封起来。封装形式常见的有双列直插式、扁平式和圆壳式封装 3 种,分别如图 1.56(b)、(c)、(d)所示。每个管脚在电路中的位置、功能和用途可查阅器件手册或产品说明书。国产半导体 IC 型号的命名方法见附录 B。

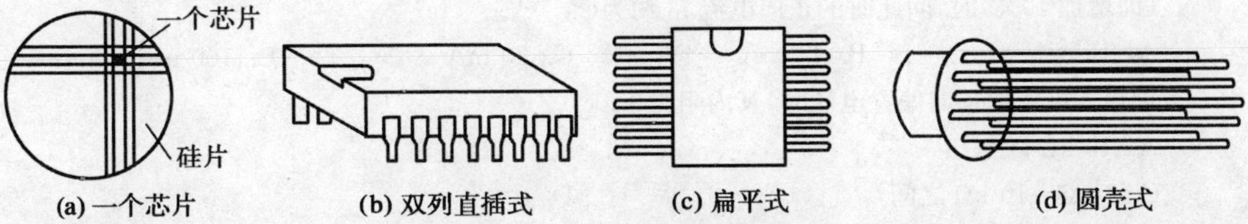

图 1.56　IC 的封装和外观形式

1.6.2　IC 的特点

采用标准工艺制造的 IC 中的元器件,与分立元件相比有一些特点,现归纳如下。

(1) IC 中的元器件都是成批制造的,因此单个元器件精度不高,受温度影响也大。但由于 IC 用相同的工艺在同一块硅片上制造,故元器件的性能参数比较一致,对称性好,特别适合于组成差动放大电路(详见第 3.3 节)。

(2) 由于电阻是用 P 区(相当于 NPN 管的基区)体电阻制成,一般在几十欧到几十千欧之间,阻值太高或太低的电阻都不易制造。故在 IC 中,大电阻用有源负载(恒流源)代替,因为制造管子比制造大电阻还节省硅片,工艺也不复杂,所以在集成电路中,管子用得多而电阻用得少。

(3) 电容值一般不能超过 100 pF,需要用大电容时可以外接。电感更不易制造,应尽量避免使用。

(4) 在分立元件电路中,可同时使用 NPN 型和 PNP 型 BJT、FET、硅稳压管、大电阻和大电容等。但在 IC 中,为了不使工艺太复杂,应尽量采用单一类型的管子,元件种类要少,偏置也改用电流源提供。这样,IC 与分立元件电路相比,在形式上就有相当大的特点和差别,分析时要加以注意。

(5) 在 IC 中,NPN 管都制成纵向管,β 值较大;而 PNP 管多制成横向管,β 值很小,但 PN 结耐压高。因此在 IC 中,NPN 管和 PNP 管无法配对使用。另外,在分析横向 PNP 管的工作情况时,β 和($\beta+1$)差别较大,不能认为近似相等;又由于 β 为 1～5,i_B 和 i_C 值相差不太大,且 i_B 往往不能忽略。

习 题 1

1.1 单项选择题(将下列各小题正确选项前的字母填于题中的括号内。此题可按照教师要求放到章末或复习时练习)

(1) 当一个 Si 材料 PN 结外加反向电压时,它的耗尽层变宽,势垒增强。因此,其扩散电流为(　　)。

A. 0 mA　　B. 无穷大　　C. 毫安数量级　　D. 微安数量级

(2) 把一个二极管直接与一个电动势为 1.5 V、内阻为 0 Ω 的干电池正向连接,该管(　　)。

A. 击穿　　B. 电流过大使管子烧坏

C. 电流为毫安数量级　　D. 电流为微安数量级

(3) 某一个硅二极管当正向电压 $u_D=0.7$ V 时,测得它的正向电流 $i_D=10$ mA,若 u_D 增大到 0.77 V(即增加 10%)时,问此时的正向电流 i_D 约为(　　)。

A. 10 mA　　B. 11 mA　　C. 20 mA　　D. 100 mA

(4) 理想二极管加正向偏置电压时,其内阻为(　　)。

A. 10 kΩ 以上　　B. 1 kΩ 左右

C. 1 kΩ~10 kΩ 之间　　D. 0 Ω

(5) 硅稳压管的稳定电压 U_Z 是指管子进入(　　)区域后的端电压。

A. 稳定电流 $I_Z>I_{Zmax}$　　B. 反向

C. 反向击穿　　D. 正向

(6) 当温度升高时,双极性晶体三极管(BJT)的集-射反向穿透电流 I_{CEO} 将(　　)。

A. 减小　　B. 大大减小　　C. 大大增加　　D. 维持不变

(7) 发射结 J_e 正偏、集电结 J_c 反偏是 BJT 工作在(　　)区的外部条件。

A. 饱和　　B. 截止　　C. 放大　　D. 可变电阻

(8) 界定晶体管安全工作区的 3 个极限参数是 I_{CM}、P_{CM} 和(　　)。

A. I_{CEO}　　B. β　　C. U_{CES}　　D. $U_{(BR)CEO}$

(9) 工作在放大区的某 NPN 型 BTT,如果当 I_B 从 12 μA 变为 22 μA 时,I_C 从 1 mA 变为 2 mA 时,那么它的 β 约为(　　)。

A. 60　　B. 80　　C. 100　　D. 50

(10) 场效应管(FET)的低频跨导 g_m 反映了管子的(　　)的作用。

A. i_G 控制 i_D　　B. u_{GS} 控制 i_D　　C. i_G 控制 u_{DS}　　D. u_{GS} 控制 u_{DS}

(11) 当某 FET 的漏极直流电流 I_D 从 2 mA 变为 4 mA 时,它的低频跨导 g_m 将(　　)。

A. 增大　　B. 不变　　C. 减小　　D. 大大减小

(12) 与 BJT 相比,FET 的温度稳定性(　　)。

A. 差一些　　B. 好得多　　C. 与 BJT 大致相同　　D. 差得很

(13) 工作中的结型场效应管(JFET)的漏极电流等于源极电流,这一电流(　　)。

A. 穿过一个 PN 结　　B. 穿过一对反偏的 PN 结

C. 穿过一对背向的 PN 结　　D. 不穿过任何的 PN 结,穿过导电沟道

(14) 设某增强型 N 沟道 MOS 管开启电压 $U_{GS(th)}=3.6$ V,试问当它的栅-源电压 u_{GS} 为 3.62 V 时,该管处于(　　)。

A. 截止区　　B. 导通状态　　C. 开关状态　　D. 可变电阻区

(15) 当光电晶体管的管压降 u_{CE} 足够大时,其光电流几乎仅仅取决于(　　)。

A. u_{CE} 的大小　　B. 工作电压　　C. 暗电流的大小　　D. 入射光强度

1.2 PN结为什么会有单向导电性？在什么情况下单向导电性会丧失？温度对PN结的正向特性、反向特性有何影响？

1.3 设某PN结的反向饱和电流 $I_S=1\ \mu A$，温度 $T\approx 27\ ℃$。试用PN结的伏安特性表达式，分别估算外加电压 $u=0.26$ V或 $u=-1$ V时的电流 i，并问这些估算结果说明了什么问题？

1.4 当用万用表测二极管的正向电阻时，用Ω×1挡测出的电阻值小，而用Ω×100挡测出的电阻值大，这是为什么？在测反向电阻时，为了使电表试笔和二极管的阴、阳极接触良好，测量者用手捏紧，结果测出的二极管反向电阻小，似乎不合格，但用在设备上却表现正常，这又是为什么？

1.5 对于图1.57所示的电路（VD为硅管），试解答：

(1) 电流 I 约为多少毫安？

(2) 当温度升高时，I 和 U_D 是增大、减小还是不变？

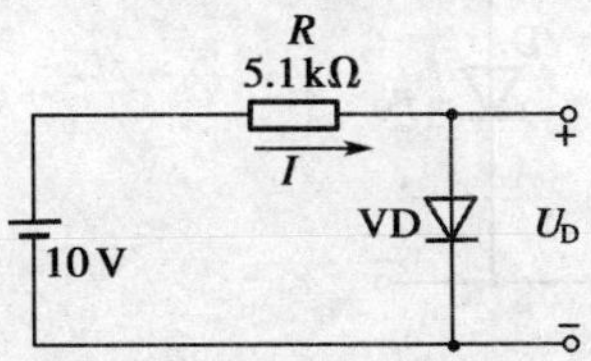

图1.57 题1.5图

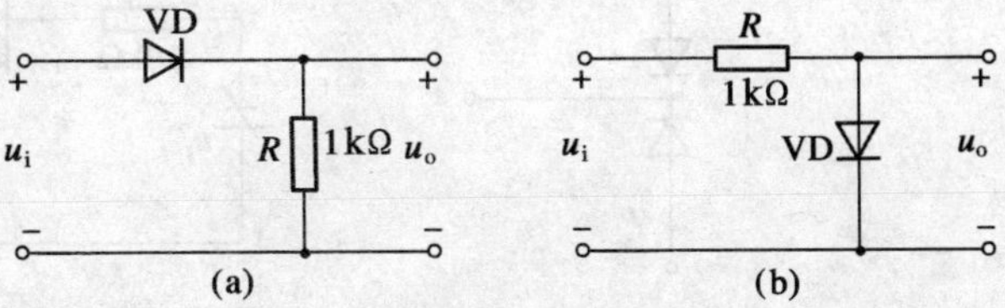

图1.58 题1.6图

1.6 在图1.58所示电路中，已知 $u_i=30\sin 100\pi t$(V)，设二极管为理想。试分别画出它们的输入、输出电压的波形和电压传输特性 $u_o=f(u_i)$。

1.7 在图1.59所示电路中，已知 $u_i=10\sin\omega t$(V)，二极管为理想。试分别画出它们的输入、输出电压波形和电压传输特性 $u_o=f(u_i)$。

1.8 (1) 如果将一个硅稳压管正向接在某一直流电路中，试问其上获得的正向电压降约为多少伏？此正向压降是否稳定？为什么？

(2) 现有两个硅稳压管，它们的稳定电压分别为 $U_{Z1}=6$ V，$U_{Z2}=9$ V，请问将它们串联相接于某直流电路中可以获得几种稳压值，各是多少？将它们并联相接呢？

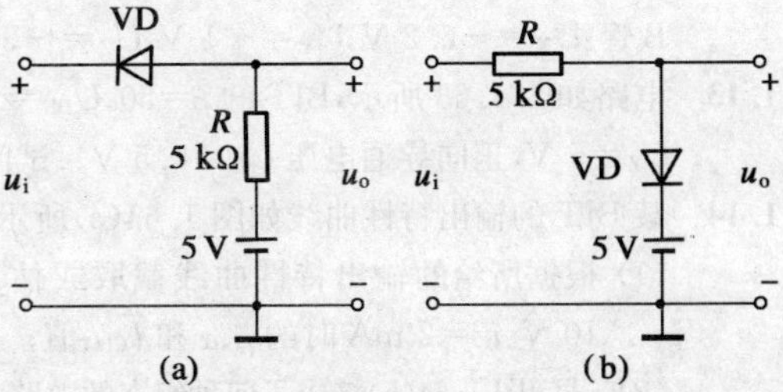

图1.59 题1.7图

1.9 硅稳压管稳压电路如图1.60所示。已知稳压管的稳定电压值 U_Z 为6 V，稳定电流 I_Z 为10 mA，额定功耗为200 mW，限流电阻 $R=500\ \Omega$。

(1) 当 $U_I=20$ V，$R_L=1$ kΩ时，$U_O=$？

(2) 当 $U_I=20$ V，$R_L=100\ \Omega$时，$U_O=$？

(3) 当 $U_I=20$ V，R_L 开路时，电路的稳压性能情况如何？

(4) 当 $U_I=7$ V，R_L 变化时，电路的稳压性能情况又如何？

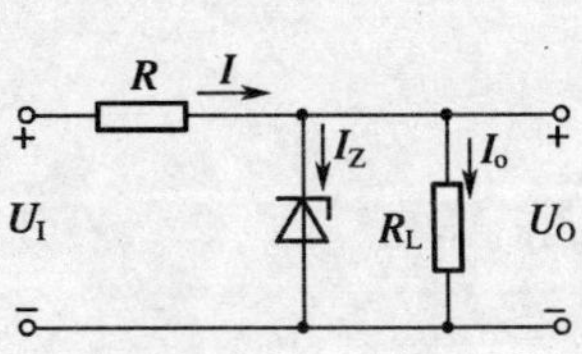

图1.60 题1.9图

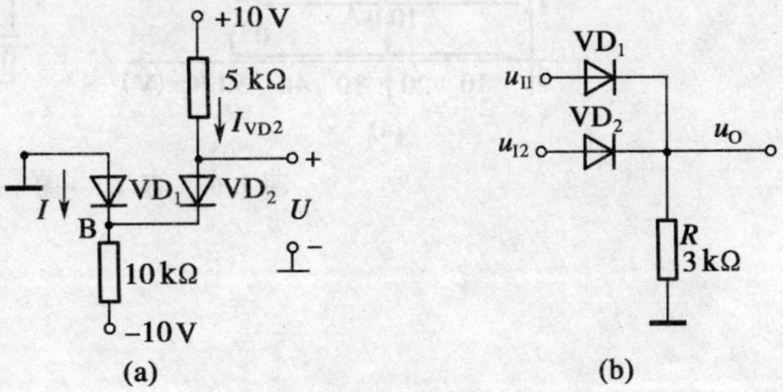

图1.61 题1.10图

1.10 (1) 理想二极管电路如图 1.61(a)所示,试确定图中的 I 及 U 的大小;

(2) 理想二极管开关电路见图 1.61(b),当 u_{I1} 和 u_{I2} 为 0 V 或 5 V 时,求 u_{I1} 和 u_{I2} 的值为不同组合情况时,输出电压 u_O 值。要求分析完毕后将输入、输出电压的数值列表表示。

1.11 BJT 有两个 PN 结。若仿照其结构,用两个二极管反向串联(见图 1.62),并提供必要的偏置条件,问能否获得与 BJT 相似的电流控制和放大作用? 为什么?

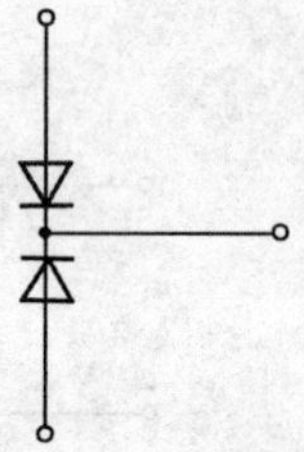

图 1.62　题 1.11 图

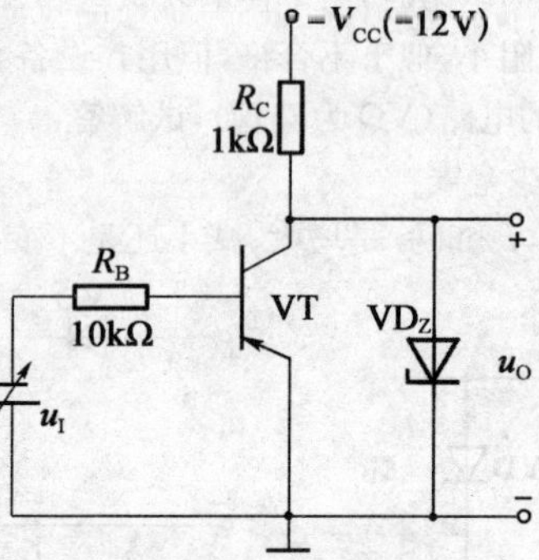

图 1.63　题 1.13 图

1.12 在放大电路中测得 BJT A 管和 B 管的各电极对电位参考点的直流电压如下所列,试确定它们的 X、Y、Z 各为哪个电极,A 管和 B 管是 NPN 还是 PNP 型? 是硅管还是锗管?

A 管:$U_X=12$ V,$U_Y=11.7$ V,$U_Z=6$ V;

B 管:$U_X=-5.2$ V,$U_Y=-1$ V,$U_Z=-5.5$ V。

1.13 电路如图 1.63 所示,BJT 的 $\beta=50$,$U_{BE}=-0.2$ V,饱和管压降 $U_{CES}=-0.1$ V;稳压管的稳定电压值 $U_Z=5$ V,正向导通电压 $U_D=0.5$ V。试问:当 $u_I=0$ V 时,$u_O=$? 当 $u_I=-5$ V 时,$u_O=$?

1.14 某 BJT 的输出特性曲线如图 1.64(a)所示,由它组成的电路见图 1.64(b)。

(1) 根据所给的输出特性曲线截取或估算该 BJT 的主要参数:I_{CEO}、$U_{(BR)CEO}$ 和 P_{CM},以及当 $u_{CE}=10$ V、$i_C=2$ mA 时的 β、α 和 I_{CBO} 值;

(2) 试问图 1.64(b)接成了何种组态的电路? 当开关 S 分别打到 A、B、C 这 3 个触点时,判断 BJT 的工作状态,并确定相应的输出电压 U_O 的大小。提示:运用第 1.3.3 节和第 1.3.4 节所学知识分析求解。

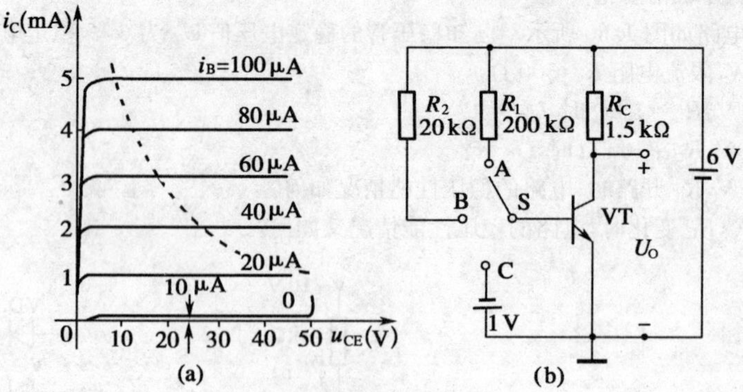

图 1.64　题 1.14 图

1.15 在图 1.65 所示的电路中，已知 N 沟道 JFET 的 $I_{DSS}=2$ mA，$U_{GS(off)}=-4$ V，计算 i_D 和 u_{GS} 值。提示：需要列出两个方程式，其中一个方程由栅-源极输入回路列出，注意 FET 输入电阻的大小。

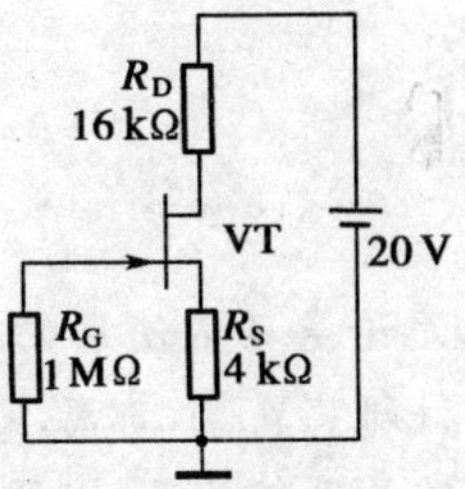

图 1.65 题 1.15 图

1.16 图 1.66 分别显示 3 只 MOSFET 的转移特性曲线，请分别说明这 3 个管子各属于何种沟道。如是增强型，说明其开启电压 $U_{GS(th)}=?$ 如是耗尽型，说明其夹断电压 $U_{GS(off)}=?$ 已知图中 i_D 的假定正方向为流入漏极。

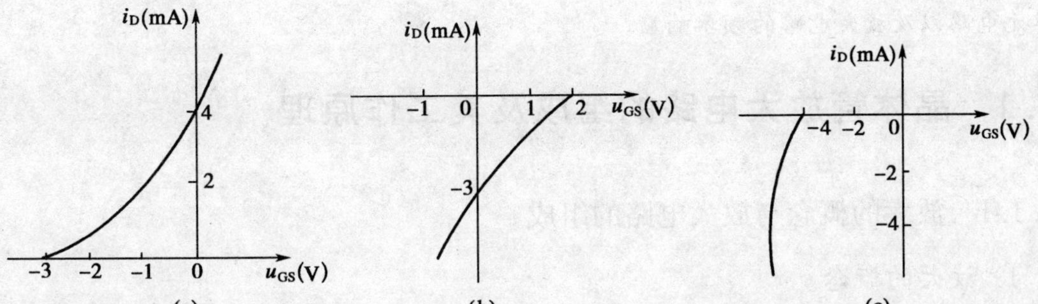

图 1.66 题 1.16 图

1.17 已知 JFET 具有下列参数：$I_{DSS}=2$ mA，$U_{GS(off)}=-6$ V，$U_{(BR)}=-20$ V，$P_{DM}=100$ mW，且其转移特性满足式(1.35)。

*(1) 试大致画出其转移特性和输出特性曲线，并确定 3 个工作区及安全工作区；

(2) 若在管压降 $U_{DS}=0.5$ V 时，要求其压控电阻为 2.5 kΩ，试用转移特性估算其栅极电压 $U_{GS}=?$

2 基本放大电路

引言 放大电路的应用十分广泛，无论是日常使用的收音机、电视机，还是精密的电子测量仪器、复杂的自动控制系统和电气电子科研装置等，都离不开各种各样的放大电路。在这些科研装置中，放大电路的作用是对微弱的电信号进行放大，以便测量、控制或加以利用。因此，放大电路是模拟电子线路中的一种最基本的单元电路，也是模拟电子技术基础课程的重要内容之一。

第 2 章着重讨论双极型晶体管(BJT)放大电路的 3 种组态，即共发射极、共集电极和共基极放大电路。首先从共发射极电路入手，推及其他两种组态的电路，并将图解法和微变等效电路法作为分析放大电路的基本方法，然后简要分析场效应管(FET)放大电路，最后讨论组合放大单元电路以及放大电路的频率响应。

2.1 晶体管放大电路的组成及其工作原理

2.1.1 放大的概念与放大电路的组成

1) 放大的概念

电子技术中所说的“放大”，是指将微弱的电信号加在一种电子装置的输入端，通过这种装置的电流(或电压)控制作用，使直流电源 V_{CC} 给出波形与该微弱信号相同，但幅度却大出许多倍的输出信号。这一装置就是晶体管(包括双极型晶体管 BJT 和场效应晶体管 FET)放大电路。因此，放大作用的实质即为晶体管的电流、电压或能量控制作用，输出的较大能量来自直流电源 V_{CC}，而非源自于晶体管。

2) 放大电路的组成

图 2.1 是扩音器中的放大电路组成示意图。图中直流电源是放大电路的能源，它使电路建立起放大状态，u_s 是待放大的输入信号，R_s 为其内阻，经过放大后的输出信号 u_o、i_o 输送给负载(扬声器)。在此放大电路中，传声器(话筒)送来的微弱的音频信号经过放大后，推动扬声器的音圈振动，发出清晰、悦耳的声音。扬声器所需能量是由外接直流电源提供的，而电路中的晶体管只起了能量控制作用。

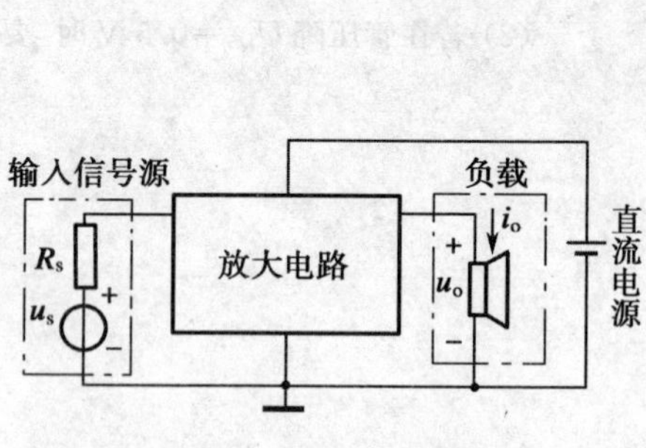

图 2.1 放大电路的组成示意图

一个放大电路一般包含多个单级电压放大电路和一级功率放大电路(输出级)。其中电压放大电路的任务是把微弱的信号电压加以放大，从而带动功率放大电路。前者通常工作在小信号状态下，后者要求输出足够大的功率，驱动执行元件，如扬声器、电动机、继电器和计算机监视器等，故后者通常工作在大信号状态下。第 2 章讨论电压放大电路，功率放大电路将在第 7 章中介绍。应当指出的是，不管是哪一种放大电路，欲使其具有放大作用，都必须满足以下两个条件。

(1) 晶体管工作在放大区的偏置条件

第 1.3.2 节分析 BJT 的电流分配关系时曾经指出，工作在放大区的 BJT 除需满足内部条件（通过器件的制作工艺实现）外，还要满足外部条件：发射结 J_e 正偏、集电结 J_c 反偏；FET 也需要设置合适的栅偏压，才能使其处于放大区。这些外部条件是通过外接直流电源，并设计合适的偏置电路得以实现的。因此，偏置电路应确保晶体管在工作中始终处于输出特性的放大区内。

(2) 放大信号既能输入又能输出的条件

由于放大功能是以晶体管为核心完成的，所以应保证待放大信号 u_s 能施加到 BJT 或 FET 的输入端口上，同时保证放大后的信号 u_o 和 i_o 能够输送到负载上。

以下讨论的放大电路都是满足上述两个条件而构成的。因此，判断一个电路是否具有放大作用的依据就是上述条件（详见习题 2.4）。

2.1.2　共射基本放大电路组成及其工作原理

在图 2.2 的单管放大电路中，采用了 NPN 型 BJT 3DG6。显然，图 2.2 中 3DG6 接成了共射组态。

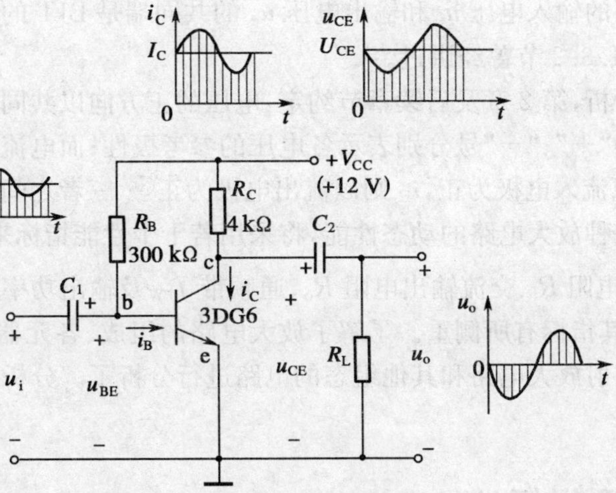

图 2.2　基本共射放大电路

图 2.2 中 V_{CC} 是集电极回路的直流电源（一般为几伏到几十伏），它采取了习惯画法：电源负端接发射极，正端通过电阻 R_C 和较大的电阻 R_B 分别接集电极和基极，确保 J_e 结正偏、J_c 结反偏；R_C 是集电极电阻，一般为几千欧至十几千欧，其作用是将集电极电流 i_C 的变化转变为集电极电压 u_{CE} 的变化；R_B 是基极偏置电阻，一般是几十千欧至几百千欧，它为基极提供合适的偏置电流 I_B（简称偏流）。这一偏流的大小为：

$$I_B=\frac{V_{CC}-U_{BE}}{R_B} \tag{2.1}$$

式中，对于硅管 $|U_{BE}|$ 取 0.7 V，对于锗管，$|U_{BE}|$ 取 0.2 V。一般情况下，$V_{CC}\gg|U_{BE}|$，故近似有：

$$I_B \approx \frac{V_{CC}}{R_B} \tag{2.2}$$

由式(2.2)可见,图2.2电路的偏流 I_B 取决于 V_{CC} 和 R_B 的大小,V_{CC} 和 R_B 一旦确定,I_B 也就随之固定。所以这一电路亦称为固定偏流电路。

图2.2电路中电容 C_1、C_2 称为隔直耦合电容,一般是几微法到几十微法的电解电容器,它们在电路中的作用是:隔断直流,传输交流。

待放大的交流输入电压 u_i(以正弦小信号作为典型的输入信号)从电路的左端口输入,电路的输出电压 u_o 由右端口取出。u_i 通过 C_1 加到BJT的基极,从而引起基极电流 i_B 的相应变化,i_B 的变化又使集电极电流 i_C 随之变化。i_C 的变化量在集电极电阻 R_C 上产生电压降,集电极电压 $u_{CE}=V_{CC}-i_C R_C$。当 i_C 的瞬时值增加时,u_{CE} 就要减小,故 u_{CE} 的变化恰好与 i_C 相反。u_{CE} 中的变化量经 C_2 传送到输出端的负载电阻 R_L 上,成为输出电压 u_o①。如果合适地选取电路参数,u_o 的幅度将比 u_i 的幅度大许多倍,从而实现了电压放大的作用。与上述内容对应的电流和电压波形示于图2.2中。

在BJT放大电路中常称输入电压 u_i、输出电压 u_o 和直流电源 V_{CC} 的共同端为地端,用符号"⊥"表示(注意实际上该端并不真的接到大地上),并以地端作为零电位点(参考电位点)。这样,电路中各点的电位就是该点与地之间的电压(即电位差)。例如,u_C 是指集电极对地的电压。由于电路的输入电压 u_i 和输出电压 u_o 的共同端是BJT的发射极,故称之为共射(CE)电路②,这在第1.3.2节曾经讲过。

为了便于分析,第2章及后续章节约定:电压的正方向以共同端为负端,其他各点为正端。图2.2中标出的"+"、"−"号分别表示各电压的参考极性;而电流的参考正方向如图中的箭头所示,即 i_B、i_C 以流入电极为正,i_E 则以流出电极为正③,三者之间满足电流分配关系。

为了衡量一种放大电路的动态性能,将采用若干个性能指标来表示,常用的有电压放大倍数 $\dot{A}_u$、交流输入电阻 R_i、交流输出电阻 R_o、通频带 f_{BW} 及输出功率 P_o、效率 η 等。对于不同用途的放大电路,其指标有所侧重。了解了放大电路的组成、各元器件的作用及其工作原理后,就可对具体的共射放大电路和其他组态的电路进行分析了。分析的方法主要有图解法和微变等效电路法。

2.2 图解分析法

2.2.1 静态工作情况分析

当放大电路未加交流输入信号(u_i 为 0 mV)时,电路中各处的电压和电流都是不变的直流,称为直流工作状况或静态。第1.3.3节曾经介绍过,在静态时BJT有关电极的直流电压和电流将在放大器件的特性曲线上决定一点 Q,此 Q 点即为静态工作点。

当输入交流信号 u_i 后,电路中各处的电压、电流便处于变化状态,即在直流上叠加了一个

---

① 注意:u_{CE} 中的直流分量被 C_2 隔断,不传输到负载电阻 R_L 上。

② CE是Common Emitter(共发射极)的缩写。

③ 图2.2中的电流方向是针对NPN管的,对于PNP管则电流流向相反。

交流信号,此时电路处于动态状况。下面将对共射放大电路的静态和动态状况分别予以讨论。

1）估算静态工作点 Q

对于静态状况,可以用电路课程中直流电路的分析方法进行近似计算,该近似计算方法称为估算法。也可用图解分析法求 Q 点。此处先通过一条例题,用估算法求 Q 点参数,然后再讨论图解法。

【例 2.1】 放大电路参数如图 2.2 标注,已知 BJT 的 $\bar{\beta}=38$,试用估算法求 Q 点的电流和电压值。

解 由于电容 C_1 和 C_2 的隔直作用,对于静态下的直流电路来说,它们就相当于开路,故在计算 Q 点参数时,只需画出图 2.2 中由 V_{CC}、R_B 和 BJT 所组成的直流通路(图 2.3)即可。由式(2.2)有:

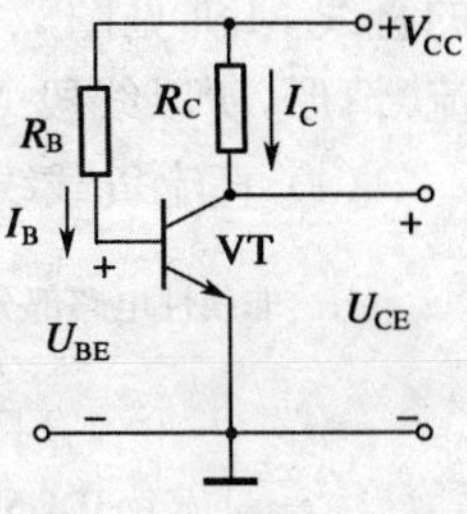

图 2.3 共射放大电路的直流通路

$$I_B \approx V_{CC}/R_B$$

由式(1.24),对应于 I_B 的集电极电流为:

$$I_C=\bar{\beta}I_B+I_{CEO}$$

对 NPN 型硅管,I_{CEO}很小,可忽略不计,故有:

$$I_C \approx \bar{\beta}I_B \tag{2.3}$$

从图 2.3 的集电极回路列写出:

$$U_{CE}=V_{CC}-I_CR_C \tag{2.4}$$

运用式(2.2)～式(2.4),估算出 Q 点的电流、电压值如下:$I_B \approx 40\ \mu A$,$I_C \approx 1.5$ mA,$U_{CE} \approx$ 6 V。

由例 2.1 可知,对放大电路进行静态分析时,应先画出其直流通路,然后才用估算法确定 Q 点。

静态时,直流电流是不能流过隔直电容的。因为在输入端 C_1 被充了电,C_1 两端的电压等于 U_{BE}(由于是静态,u_i 为零,所以可视输入经电源负端短路);输出端 C_2 被充了电,C_2 两端电压等于 U_{CE}。这样,隔直电容如采用电解电容器时,就需要考虑电容器的极性①,它们的正极性应接在电路的高电位端。因而对于 NPN 管所组成的电路,C_1、C_2 的极性如图 2.2 所标注。

2）用图解法确定静态工作点

对于图 2.2 所示的共射基本放大电路,根据给定的电路参数,可用图解法确定静态时 BJT 各电极的电压和电流。如前所述,在分析静态状况时,只需要研究电路的直流通路即可。图解法的步骤如下:

(1) 将图 2.4(a)电路的输出回路在 AA′处断开。从 AA′向左看,i_C 与 u_{CE} 的关系为 BJT 的输出特性;从 AA′向右看是由外电路所决定的电压和电流。

(2) 由于是静态分析,电路中各点电压和电流均为直流量。根据例 2.1 的估算结果,此时 $I_B \approx 12\ V/300\ k\Omega=40\ \mu A=I_{BQ}$。故从 AA′向左看,BJT 的输出特性即为对应于 $i_B=40\ \mu A$ 的一条曲线,即

① 电解电容器的极性接反时,漏电增加,耐压降低,并可能造成电容器损坏。

$$i_C = f_2(u_{CE})\big|_{i_B=40\ \mu A} \tag{2.5}$$

(3) 从 AA′向右看的外电路，其流过的电流为 I_C，两端的电压为 U_{CE}，二者关系满足方程：

$$U_{CE} = V_{CC} - I_C R_C \tag{2.6}$$

此为一个直线方程，将此方程所对应的直线画在 BJT 的输出特性上。该直线的画法一般是求两个特殊点(即横轴截距 M 点和纵轴截距 N 点)的坐标。由式(2.6)得：当 $I_C=0$ mA 时，$U_{CE}=V_{CC}$，即 M(12 V,0 mA)；当 $U_{CE}=0$ V 时，$I_C=V_{CC}/R_C$，即 N(0 V,3 mA)。连接 M、N 点的直线 MN[见图 2.4(b)]的斜率是 $-1/R_C$，它由集电极电阻 R_C 确定。由于论及的是静态(直流)情形，所以线段 MN 称为放大电路的直流负载线。

(4) 直流负载线 MN 与 $i_B=I_{BQ}$ 的一支输出特性曲线的交点即为静态工作点 Q。

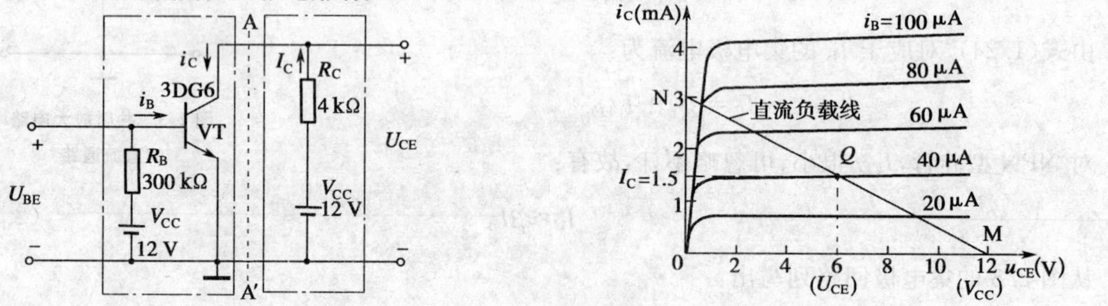

(a) 电路　　(b) 图解法分析

图 2.4　静态状况图解分析

因为在图 2.4(a)上 AA′线的两侧是连接成一个电路的，所以对于图 2.4(b)，只有这两部分曲线的交点 Q 所对应的电流、电压才同时满足式(2.5)和式(2.6)。Q 点表示给定条件下电路的工作状态。因此时无交流电压输入，故 Q 点就是静态工作点，Q 点对应的电流、电压值即为静态电流和电压。由图 2.4(b)读出：$I_B=40\ \mu A$，$I_C=1.5$ mA，$U_{CE}=6$ V。Q 点确定后，就可在此基础上进行动态分析了。

2.2.2　动态工作情况分析

1) 放大电路接入正弦信号时的工作情况

假设输出端不接负载电阻 R_L(或称空载)，当接入正弦交流信号时，电路便处于动态状况。现在根据输入电压 u_i，通过图解法来确定输出电压 u_o，从而得到 u_o 与 u_i 之间的相位关系和 u_o 的动态范围。图解法的步骤如下。

(1) 根据 u_i 在输入特性上求 i_B

设放大电路的输入电压 $u_i=0.02\sin\omega t$(V)，当它加到放大电路的输入端后，BJT 基极与发射极之间的电压 u_{BE} 就是在原有直流电压 U_{BE} 的基础上叠加了一个交流量 u_{be}($\approx u_i$)，见图 2.5(b)曲线 1。根据 u_{BE} 的变化规律，可从输入特性画出对应的 i_B 的波形图。当 u_i 变化 1 周时，工作点将从 Q→A→Q→B→Q 变化 1 周。对应于纵轴上，i_B 由 40 μA→60 μA→40 μA→20 μA→40 μA 也变化 1 周，如图 2.5(b)的曲线 2 所示。由图可见，对应于峰值为 0.02 V 的输入电压，基极电流 i_B 在 60 μA 到 20 μA 之间变化。

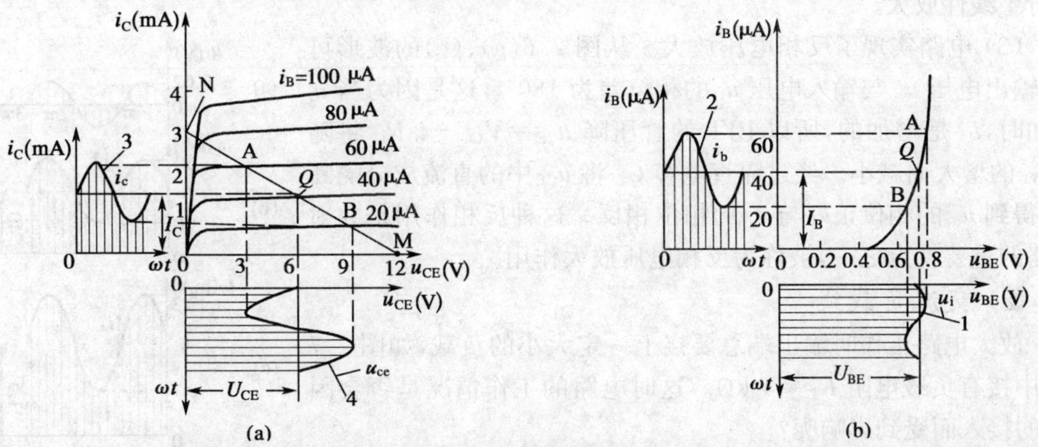

图 2.5 输入 u_i 时动态状况图解分析

(2) 根据 i_B 在输出特性上求 i_C 和 u_{CE}

因为放大电路的直流负载线是不变的，当 i_B 在 60 μA 至 20 μA 之间变化时，直流负载线与输出特性的交点也会随之而变。对应于 i_B＝60 μA 的一支输出特性与直流负载线的交点是 A，对应 i_B＝20 μA 的一支输出特性与直流负载线的交点为 B。所以，放大电路只能在负载线的 AB 段工作，即放大电路的动态工作轨迹将随着 i_B 的变动，沿直流负载线在 A 与 B 点之间移动。因此，直线段 AB 通常称为放大电路的动态工作范围。

由图解分析法可见，在 u_i 的正半周，i_B 先由 40 μA 增大到 60 μA，放大电路的工作点由 Q 点移到 A 点，相应的 i_C 由 I_C 增到最大值，而 u_{CE} 由原来的 U_{CE} 减到最小值；然后 i_B 由 60 μA 减小到 40 μA，电路的工作点由 A 回到 Q，相应的 i_C 也从最大值回到 I_C，而 u_{CE} 则由最小值回到 U_{CE}。在 u_i 的负半周，其变化规律恰好相反，电路的工作点先由 Q 点移到 B 点，再由 B 点回到 Q 点。

如此，就可在坐标平面上画出相应的 i_B、i_C 和 u_{CE} 的波形图，依次为图 2.5(b)曲线 2 和图 2.5(a)曲线 3、4，其中 u_{CE} 中交流量 u_{ce} 的波形就是输出电压 u_o 的波形。如果把这些电流和电压的波形画在对应的时间轴上，便可得图 2.6 所示的波形图。

综合以上分析，可以归纳出如下几点：

(1) 有交流输入时 i_B、i_C 和 u_{CE} 为直流量、交流量之叠加。无交流输入时，BJT 各电极都有恒定的电流和电压 I_B、I_C 和 U_{CE}，电路处于静态状况；当加入交流电压 u_i 后，i_B、i_C 和 u_{CE} 都是在原来直流量的基础上叠加了一个交流量，即

$$\begin{cases} i_B = I_B + i_b \\ i_C = I_C + i_c \\ u_{CE} = U_{CE} + u_{ce} \end{cases} \tag{2.7}$$

因此，放大电路的电压和电流中都包含两个分量：一是静态时的直流分量 I_B、I_C 和 U_{CE}（有时写成 I_{BQ}、I_{CQ} 和 U_{CEQ}）；二是由输入电压 u_i 引起的交流分量 i_b、i_c 和 u_{ce}。应当注意的是，虽然 i_B、i_C 和 u_{CE} 的瞬时值是交变的，但它们的方向始终是保持不变的。

(2) 电路进行了线性放大。显然，输出电压 u_o 的幅度比输入电压 u_i 的幅度大得多，且 u_o 是与 u_i 同频率的正弦波。亦即，u_i 被电路放大了，而且放大后没有改变原有的正弦波波形，即

进行了线性放大。

(3) 电路实现了反相电压放大。从图 2.6(a)、(e)的波形可见,输出电压 u_o 与输入电压 u_i 的相位差为 180°。这是因为当 u_i 增加时,i_C 是增加的,所以 BJT 的管压降 $u_{CE}=V_{CC}-i_CR_C$ 将随着 i_C 的增大而减小。经过隔直电容 C_2 将 u_{CE} 中的直流成分隔断后,得到 u_o 的相位正好与 u_i 的相位相反。这种反相作用是共射电路的重要特点之一,被称为反相电压放大作用。

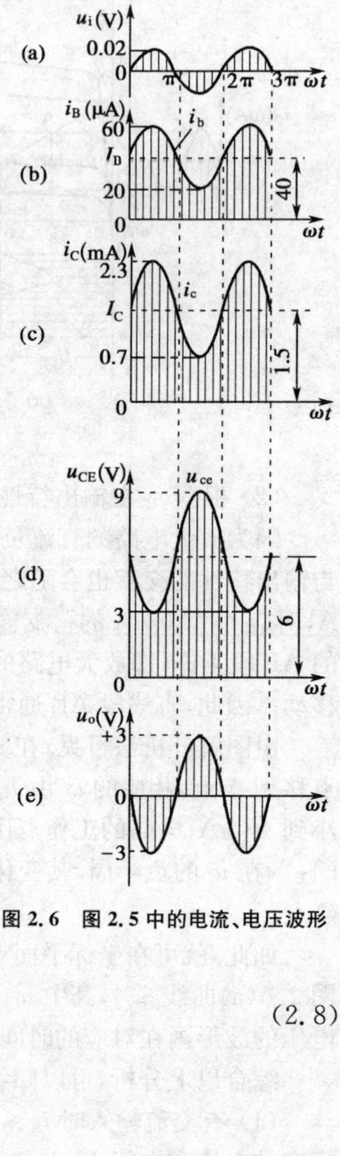

图 2.6　图 2.5 中的电流、电压波形

2) 交流负载线

放大电路工作时输出端总要接上一定大小的负载,如图 2.7(a)中接有负载电阻 $R_L=4\ k\Omega$。这时电路的工作情况是否会因 R_L 的接入而受到影响呢?

当静态时,R_L 是接在隔直电容 C_2 的右侧,由于电容隔直,所以无直流电流流过 C_2,亦即放大电路的 Q 点不会因为 R_L 的接入而改变。

当动态时情况就不同了。由于 R_L 的接入,放大电路的动态状况将发生变化。为了搞清楚交流电流流过的路径,可以画出交流通路,它是交流信号传输的路径。画出交流通路的要点:一是将电路图中隔直电容 C_1、C_2 都视为短路;二是直流电源 V_{CC} 的内阻很小,也可看做短路。这样就画出了如图 2.7(b)所示的交流通路。需要指出的是,此交流通路中所有的电压和电流均为交流成分:放大电路的输入回路中,输入电压 u_i 直接加到 BJT 的 J_e 结上;在输出回路中,集电极电流中的交流成分 i_c 不仅流过 R_C 也流过 R_L。这样,在输出回路中 R_C 与 R_L 是并联的,它们的并联值称为电路的交流负载电阻 R'_L,即

$$R'_L=R_C/\!/R_L=\frac{R_CR_L}{R_C+R_L} \tag{2.8}$$

按照图 2.7(a)标注的参数计算如下:

$$R'_L=4\ k\Omega/\!/4\ k\Omega=2\ k\Omega$$

因此对于交流分量来说,应当用 R'_L 来表示电流、电压之间的关系,亦即表示交流电压和电流关系的负载线斜率应是 $-1/R'_L$,而不是 $-1/R_C$。把由斜率 $-1/R_C$ 定出的负载线称为直流负载线,它由直流通路决定;而把由斜率 $-1/R'_L$ 定出的负载线称为交流负载线,它由交流通路决定。显然,对于图 2.7(a)的电路,交流负载线表示动态时工作点移动的轨迹。读者可以结合习题 2.8 思考一下,当电路不接负载电阻 R_L 时,交流负载线是什么形状呢?

然而,交流负载线与直流负载线必然在 Q 点相交。原因是在 BJT 的线性放大范围内,输出电压 u_o 的波形不失真。当 u_i 在变化过程中经过零点时,u_o 也经过零点,即 Q 点。所以这一时刻既是动态过程中的一个点,又与静态状况相吻合。故此时刻的 i_C 和 u_{CE} 应同时在交、直流两条负载线上,这只有在两条负载线的交点才有可能。

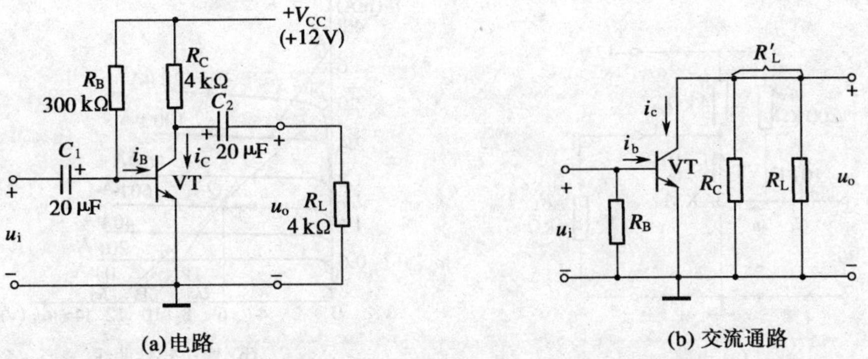

图 2.7　放大电路接有负载电阻 R_L 时的情形

这样，通过 Q 点作一条斜率为 $-1/R'_L$ 的直线就得到了交流负载线 AB（具体作法请参阅例 2.2），如图 2.8 所示。

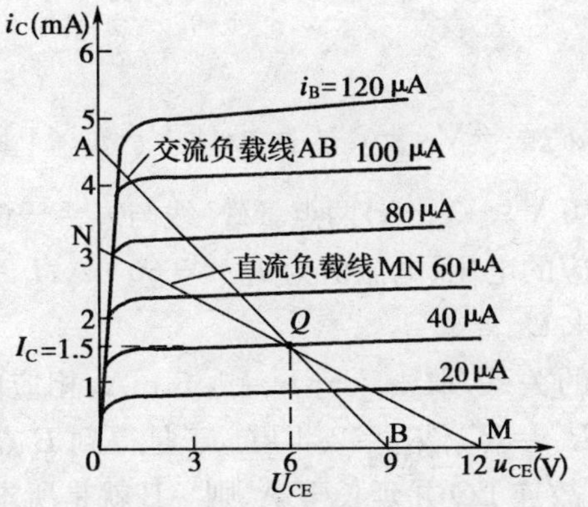

图 2.8　交流负载线、直流负载线和 Q 点示意图

2.2.3　静态工作点的选择

除非为获得最大不失真的输出电压幅度，Q 点的选择通常采取如下的原则：当信号幅度不大时，为了降低直流电源 V_{CC} 的功耗，在不产生失真和保证一定的电压增益的前提下，将 Q 点选择得低一些。

应当注意，Q 点选得过低且信号幅度较大，即 i_b 的峰值大于 I_{BQ} 时，对于 NPN 型 BJT 放大电路管子将有一段时间截止，导致截止失真；反之，若 Q 点选得过高且信号幅度较大时，又将使工作点在一段时间内移入饱和区，从而引发饱和失真。一般的说，在输入信号幅度较大时，Q 点应选在图 2.8 上交流负载线 AB 的中央位置（这由设计选取合适的电路参数 R_B、R_C 或 V_{CC} 来做到。其中以选取合适的 R_B 值最为方便，因而也是实践中最常用的方法），这时可获得最大不失真的输出电压幅度 U_{omM}，亦即获得最大的动态工作范围。

【例 2.2】　单管共射放大电路如图 2.9(a) 所示，3AX31 型 BJT 的 $\beta=25$，其输出特性见图 2.9(b)。要求：

(1) 画出直流负载线，确定 Q 点参数；

(2) 画出交流负载线，试问该电路能获得的最大不失真输出电压 U_{omM}（峰值）是多少？

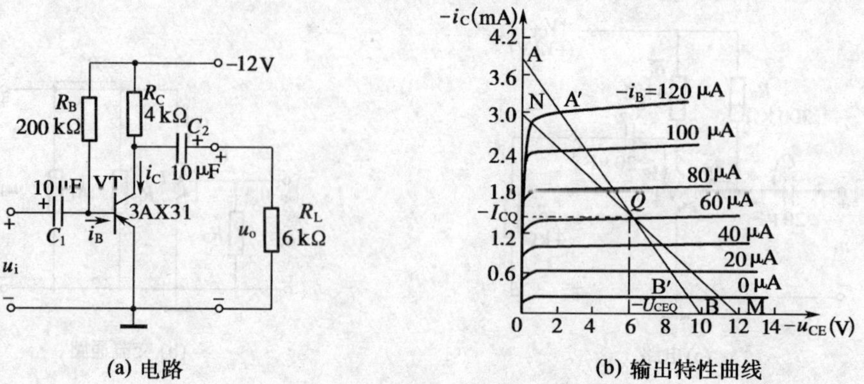

图 2.9　例 2.2 图

解　(1) 运用图解分析法求 Q 点,由

$$I_B \approx -V_{CC}/R_B = -12\ \text{V}/200\ \text{k}\Omega = -60\ \mu\text{A}$$

和

$$u_{CE} = -V_{CC} - i_C R_C = -12\ \text{V} - i_C \times 4\ \text{k}\Omega$$

求得 M(−12 V,0 mA)、N(0 V,−3 mA)两点,MN 线与 $i_B = -60\ \mu\text{A}$ 的输出特性曲线的交点就是静态工作点 Q,Q 点对应的电压、电流值为 $I_B = -60\ \mu\text{A}$,$I_C = -1.5\ \text{mA}$,$U_{CE} = -6\ \text{V}$。

(2) 画出交流负载线,求 U_{omM}

根据 $i_C/u_{CE} = -1/R'_L$ 的关系,取 $i_C = -I_C = 1.5\ \text{mA}$,相应的有 $u_{CE} = I_C R'_L = -1.5\ \text{mA} \times 2.4\ \text{k}\Omega = -3.6\ \text{V}$,其中 $R'_L = R_C // R_L = 2.4\ \text{k}\Omega$,于是得到 B 点的坐标为(−9.6 V,0 mA)。因交流负载线必经过 Q 点,故连 BQ 并延长至 A,则 AB 就是所求的交流负载线。

由交流负载线与输出特性的交点可知,在输入电压的正半周,如果输入电压足够大,则 BJT 的工作点由 Q 点移到 B′点($-i_B$ 变为 0 μA),输出电压 $-u_{CE}$ 为 6～9 V,变化范围为 3 V。在输入电压的负半周,如果输入信号足够大,则 BJT 的工作点由 Q 点移到 A′点($-i_B$ 变为 120 μA),输出电压 $-u_{CE}$ 从 6 V 变到 2.5 V,变化范围为 3.5 V。综合考虑后,在信号不失真的条件下,电路能得到的最大不失真的输出电压峰值 U_{omM} 约为 3 V。

以上讨论了图解分析法,该法的特点是可以直观、全面地了解电路的工作情况,能在特性曲线上合理安排 Q 点(靠合理选择电路参数做到这一点),并能大致地估算动态工作范围。其缺点是需要在输入特性、输出特性上作图,比较繁琐,误差也较大;当信号频率较高时,特性曲线将不适用;对于分析电路的其他性能指标,如交流输入电阻、输出电阻及分析计算负反馈放大电路等就比较困难。因此,有必要研究更加简便、有效的方法,这正是第 2.3 节将要讨论的微变等效电路法。

2.3　微变等效电路分析法

若放大电路的输入电压幅度微小,则可将晶体管的特性曲线在小范围内近似地用直线来代替,从而把 BJT(或 FET)这一非线性器件组成的电路当作线性电路来处理,这就是运用微变等效电路法的指导思想。该方法将线性电路理论与分析非线性电子电路相结合，能够有效、方便地解决许多电子工程的实际问题，实为求解放大电路的另一种有用的工具。这里所说的“微变”，顾名思义，是指微小变化量的意思，即晶体管在小信号作用的条件下。在此条件下推导出的线性模型，称为 BJT 的微变等效模型。

2.3.1　BJT 的低频小信号模型及其参数

图 2.10 表示一个由双口有源器件（BJT 或 FET，第 2.3 节以 BJT 为例）组成的网络，它有输入和输出两个端口，电路理论分析中称其为二端口网络，可用电压 u_i、u_o 和电流 i_1、i_2 来研究它的特性。正如电路课程中所述，选择 u_i、u_o 和 i_1、i_2 这 4 个变量中的任意 2 个作为自变量，其余 2 个作为因变量，就可得到不同的网络参数，如 Z 参数（开路阻抗参数）、Y 参数（短路导纳参数）和 H 参数（混合参数）等，其中 H 参数在低频时用得较多。

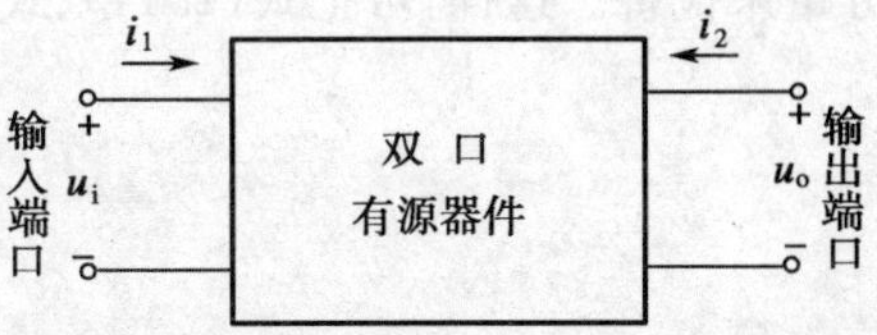

图 2.10　有源器件组成的二端口网络

BJT 是一个有源二端口网络，它可以采用上述网络参数来进行分析。相比较而言，Z 参数在 BJT 电路中使用最早，早期的文献手册中应用较广，但其缺点是测量不易准确，因为 BJT 输出阻抗较高，难以实现输出端开路的条件；Y 参数在高频运用时物理意义比较明显，但缺点同样是测不准，原因是 BJT 输入阻抗较低，不易实现输入端短路的条件；而 H 参数物理意义明确，测量的条件容易实现，加上 H 参数在低频范围内为实数，故在电子电路的分析和设计使用中都比较方便。下面用 H 参数来进行讨论。

1）BJT 共射接法下的 H 参数

当 BJT 共射接法时，可以表示为如图 2.11(a) 所示的二端口网络。这时网络端口的电压与电流的关系就是器件的输入特性和输出特性，它们分别为：

$$u_{BE}=f_1(i_B, u_{CE}) \tag{2.9}$$

$$i_C=f_2(i_B, u_{CE}) \tag{2.10}$$

式中：u_{BE}、u_{CE} 和 i_B、i_C 均为瞬时值电量，其中既有直流分量又有交流分量。

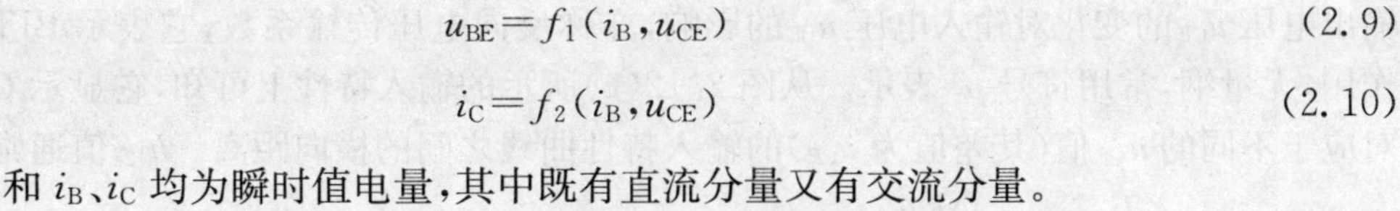

图 2.11　BJT 的 H 参数等效电路

由于现在讨论的是低频正弦小信号时微变量之间的关系，故可对式(2.9)、式(2.10)取全微分：

$$\mathrm{d}u_{BE}=\frac{\partial u_{BE}}{\partial i_B}\bigg|_{U_{CE}}\mathrm{d}i_B+\frac{\partial u_{BE}}{\partial u_{CE}}\bigg|_{I_B}\mathrm{d}u_{CE} \tag{2.11}$$

$$\mathrm{d}i_C=\frac{\partial i_C}{\partial i_B}\bigg|_{U_{CE}}\mathrm{d}i_B+\frac{\partial i_C}{\partial u_{CE}}\bigg|_{I_B}\mathrm{d}u_{CE} \tag{2.12}$$

式中:$\mathrm{d}u_{BE}$、$\mathrm{d}u_{CE}$及 $\mathrm{d}i_B$、$\mathrm{d}i_C$ 均表示无限小信号增量。由于在小信号的作用下,即电压、电流的变化没有超过特性曲线的线性范围,所以无限小的信号增量就可以用有限的正弦交流有效值分量来代替。这样,可把式(2.11)、式(2.12)写成下列形式:

$$\dot{U}_{be}=h_{11e}\dot{I}_b+h_{12e}\dot{U}_{ce} \tag{2.13}$$

$$\dot{I}_c=h_{21e}\dot{I}_b+h_{22e}\dot{U}_{ce} \tag{2.14}$$

式中:$\dot{U}_{be}$、$\dot{U}_{ce}$、$\dot{I}_b$、$\dot{I}_c$ 是正弦有效值相量,h_{11e}、h_{12e}、h_{21e}、h_{22e}称为共射接法下管子的 H 参数。

2) *H* 参数的定义和意义

下面根据 H 参数的定义,以及它们与 BJT 特性之间的关系,来进一步讨论 H 参数的物理意义和几何意义。

(1) $h_{11e}=\frac{\partial u_{BE}}{\partial i_B}\Big|_{U_{CE}}\approx\frac{\Delta u_{BE}}{\Delta i_B}\Big|_{U_{CE}}$

h_{11e}的物理意义是:当输出电压恒定,$u_{CE}=U_{CEQ}$(即 $u_{CE}=0$ V,或者输出端交流短路)时,BJT 的 b 与 e 极之间的输入电阻(即输入交流电压与输入交流电流之比),单位为欧姆(Ω),常用符号 r_{be}表示。其几何意义是输入特性曲线在 Q 点处的切线斜率的倒数,如图 2.12(a)所示。

(2) $h_{12e}=\frac{\partial u_{BE}}{\partial u_{CE}}\Big|_{I_B}\approx\frac{\Delta u_{BE}}{\Delta u_{CE}}\Big|_{I_B}$

h_{12e}的物理意义是:基极电流恒定,$i_B=I_{BQ}$(即 $i_B=0$ μA,或者说输入端交流开路)时,BJT 输出电压 u_{CE}的变化对输入电压 u_{BE}的影响,亦称反向电压传输系数,它表示 BJT 的内部反馈作用,无量纲,常用符号 μ_r 表示。从图 2.12(b)所示的输入特性上可知,它显示 Q 点附近两条对应于不同的 u_{CE}值(其差值为 u_{CE})的输入特性曲线之间的横向距离。h_{12e}值通常小于 10^{-2}。

(3) $h_{21e}=\frac{\partial i_C}{\partial i_B}\Big|_{U_{CE}}\approx\frac{\Delta i_C}{\Delta i_B}\Big|_{U_{CE}}$

h_{21e}的物理意义:输出电压恒定(相当于输出端口短接)时,BJT 的交流共射电流放大系数(见第 1.3.2 节)。它表示 i_B 对 i_C 的控制能力,无量纲,用符号 β 表示。在几何意义上,β 表示 Q 点($u_{CE}=U_{CEQ}$)处两条对应于不同的 i_B 值的输出特性曲线之间的垂直间距,见图 2.12(c)。工程中 $\bar{\beta}$、β 二者混用。

(4) $h_{22e}=\frac{\partial i_C}{\partial u_{CE}}\Big|_{I_B}\approx\frac{\Delta i_C}{\Delta u_{CE}}\Big|_{I_B}$

h_{22e}的物理意义是:当 i_B 恒定(即输入端交流开路)时的输出电导,表示 BJT 集-射极电压的变化对集电极电流的影响程度,单位为西[门子],也可用 S 或 A/V 表示。它的数值很小,一般小于10^{-5} S,其倒数 $1/h_{22e}$是 BJT 的输出电阻,常用符号 r_{ce}表示。从几何意义上说,它是 $i_B=I_{BQ}$的那条输出特性曲线在 Q 点附近的斜率,如图 2.12(d)所示。

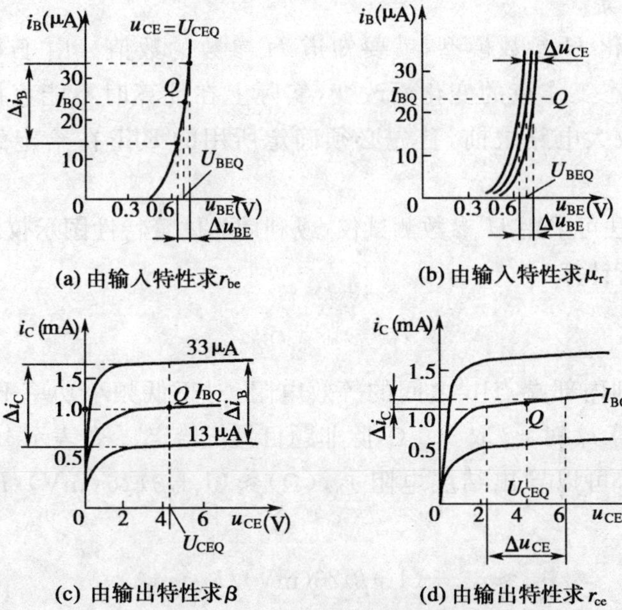

(a) 由输入特性求r_{be} (b) 由输入特性求μ_r

(c) 由输出特性求β (d) 由输出特性求r_{ce}

图 2.12 从特性曲线上求 *H* 参数的方法

3) BJT 的 *H* 参数等效电路

式(2.13)是 BJT 的输入回路方程，它表明输入正弦交流电压$\dot{U}_{be}$由两部分组成：一部分是$h_{11e}\dot{I}_b$，表示$\dot{I}_b$在h_{11e}上的电压降（由于h_{11e}有电阻的量纲）；另一部分是$h_{12e}\dot{U}_{ce}$，它表示反向电压传输作用的电压控制电压源。因此，输入回路可用戴维宁等效电路形式表示，如图 2.11(b)的左半电路所示。

式(2.14)是 BJT 输出回路方程，它表明输出电流$\dot{I}_c$也是两部分组成：一部分$h_{21e}\dot{I}_b$，为一电流控制电流源，表明 BJT 的$\dot{I}_b$对$\dot{I}_c$的电流控制作用；另一部分是$h_{22e}\dot{U}_{ce}$，亦为电流量纲，表示交流电压$\dot{U}_{ce}$对电流$\dot{I}_c$的影响。因而，输出回路可用诺顿等效电路表示，见图 2.11(b)的右半电路。

现在将输入回路和输出回路的等效电路合二而一，得到如图 2.11(b)所示 BJT 共射接法的完整的 *H* 参数等效电路，即 BJT 的低频小信号模型。在共射接法下，一般低频小功率 BJT 的 *H* 参数的大小为：

$$\begin{bmatrix} h_{11e} & h_{12e} \\ h_{21e} & h_{22e} \end{bmatrix}=\begin{bmatrix} r_{be} & \mu_r \\ \beta & 1/r_{ce} \end{bmatrix}=\begin{bmatrix} 10^3\ \Omega & 10^{-3}\sim10^{-4} \\ 10^2 & 10^{-5}\ \text{S} \end{bmatrix}$$

从以上 *H* 参数数据可知，h_{12e}和h_{22e}很小。在 BJT 微变等效电路的输入回路中，$h_{12e}U_{ce}\ll U_{be}$，而在输出回路中，$1/h_{22e}\gg R_C$（或$R'_L=R_C/\!/R_L$），故常把h_{12e}、h_{22e}略去，这样就得到图 2.13 所示的 BJT 简化 *H* 参数模型。该模型在教学和工程中广为应用，建议读者们予以注意。

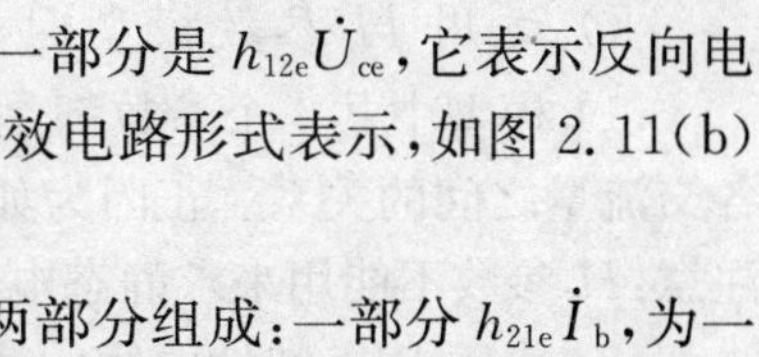

图 2.13 BJT 的简化 *H* 参数模型

4) H 参数的确定

要使用BJT的简化 H 参数模型，就要知道 H 参数的数值。由于BJT本身参数的分散性以及参数会随静态工作点的变化而改变，实际上在计算时不能直接采用手册上提供的数据，因此在分析放大电路之前，首先必须确定所用的BJT在给定的静态工作点上的 H 参数。

获得 H 参数的方法可采用 H 参数测试仪，或利用晶体管特性图示仪测量出 β 和 r_{be}。r_{be} 也可以用以下公式进行计算：

$$r_{be}=r_{bb'}+r_{b'e} \tag{2.15}$$

式中：$r_{bb'}$ 是从基极b到内部端点b′之间的等效电阻，对于低频小功率BJT，$r_{bb'}$ 约在100～300 Ω的范围内，当估算 r_{be} 时 $r_{bb'}$ 取300 Ω，除非题目另行给定。$r_{b'e}$ 表示BJT J_e 的结层电阻。根据BJT的输入特性，可以导出结层电阻 $r_{b'e}(\Omega)\approx(1+\beta)26(\text{mV})/I_{EQ}(\text{mA})$①。这样，式(2.15)可改写成：

$$r_{be}\approx r_{bb'}+(1+\beta)26(\text{mV})/I_{EQ}(\text{mA}) \tag{2.16}$$

应当注意的是，式(2.16)的适用范围为：

$$0.1\ \text{mA}<I_{EQ}<5\ \text{mA}$$

实验表明，超越上式给出的范围将会对 r_{be} 的估算带来较大的误差。

5) 运用 H 参数模型时的注意点

(1) 模型中共4个参数都是针对变化量(交流量)的，因此 H 参数模型只能用来分析器件各交流量之间的关系。正因为如此，PNP和NPN型BJT有着相同的 H 参数模型。此处应当注意：H 参数不能用来求静态电量。

(2) 由于BJT特性曲线的非线性，4个 H 参数都与 Q 点有关，只有在小信号状况或在特性曲线的线性部分，分析计算误差较小，H 参数值方可认为是基本恒定的。

(3) 模型中受控电流源 $\beta\dot{I}_b$ 代表BJT的电流控制作用，其大小及方向均从属于 $\dot{I}_b$，$\dot{I}_b$ 流入基极时，$\beta\dot{I}_b$ 从集电极流向发射极。请读者结合做题思考：对于PNP型管，$\dot{I}_b$ 和 $\beta\dot{I}_b$ 的方向又应如何确定呢？

2.3.2 用BJT的微变等效电路法分析共射基本放大电路

现用微变等效电路法分析图2.7(a)所示的放大电路。为分析方便起见，将此电路图重画于图2.14(a)。分析步骤如下。

1) 画出微变等效电路图

(1) 画出电路的交流通路。画法如下：由于微变等效模型涉及的是交流量，所以在输入回路和输出回路中，任何固定不变的电压源，如 V_{CC}、V_{BB} 等，均对地短路，大电容 C_1、C_2 也视为对地短路；任何直流电量(如 I_B、I_C、U_{CE} 等)都不在交流等效电路中出现；其余元件均按原先的位置画出。

---

① 见参考文献[5]第2.5节。

(2) 在交流通路上定出 BJT 的 3 个电极 b、c、e 后，用简化 H 参数模型代替 BJT。

(3) 由于在分析和测试放大电路时，经常采用正弦交流电压作为典型的输入信号，所以在等效电路中要用相量符号标注各电压、电流，例如 $\dot{U}_i$、$\dot{I}_b$、$\beta\dot{I}_b$ 和 $\dot{U}_o$ 等。

如此绘图，即得到整个电路的微变等效电路，如图 2.14(b)所示。其实，也可采用从输入端沿着交流信号的传输路径，一直画到输出端的方法。画图时注意：遇有大电容、直流电源均视为交流短路；各电极、各相量(包括控制量和受控源)及其参考极性或流向均应标出；画完后仔细检查一遍，以免出错。读者应多画几个微变等效电路图(结合做习题 2.10)，以便加深理解，熟练掌握画图方法。

2) 求电压放大倍数

在画出微变等效电路后，就可运用线性正弦电路的相量分析法来求解。由图 2.14(b)列写出：

$$\dot{I}_b = \dot{U}_i / r_{be} \tag{2.17}$$

$$\dot{I}_c = \beta \dot{I}_b \tag{2.18}$$

$$\dot{U}_o = -\dot{I}_c R'_L \tag{2.19}$$

式中：$R'_L = R_C // R_L$。由此解得电压增益表达式：

$$\dot{A}_u = \dot{U}_o / \dot{U}_i = -\dot{I}_c R'_L / (\dot{I}_b r_{be}) = -\beta R'_L / r_{be} \tag{2.20}$$

式中：负号表示共射放大电路的 $\dot{U}_o$ 与 $\dot{U}_i$ 反相。

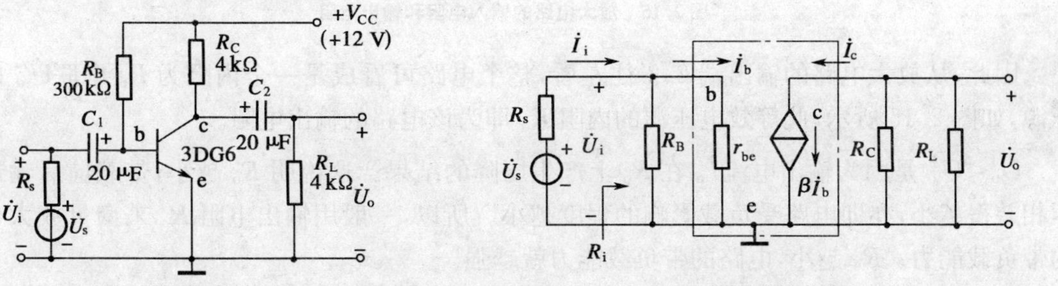

图 2.14　放大电路的微变等效电路图的画法

3) 计算输入电阻和输出电阻

放大电路总是与其前后级电路连接在一起的。例如，它的输入端要接信号源，输出要与下一级电路相连或接有负载电阻。这里提出放大电路的输入电阻和输出电阻的概念，有助于解决电路与信号源之间以及电路与负载之间，或者放大电路级与级之间的连接问题，并评价它们之间的影响。

当 $\dot{U}_i$ 加到放大电路的输入端时，电路就相当于信号源的一个负载电阻，这一负载电阻就是电路本身的输入电阻，见图 2.15，它相当于从电路的输入端 1、1′两端向右看入的等效电阻，即

$$R_i = \dot{U}_i / \dot{I}_i \tag{2.21}$$

R_i 的大小直接影响放大电路输入端获取的信号大小。在图 2.15 中,把一个信号源内阻为 R_s、信号源电压为 $\dot{U}_s$ 的正弦电压加到放大电路的输入端,由于输入电阻 R_i 的存在,实际施加到电路的输入电压 $\dot{U}_i$ 的幅度要比 $\dot{U}_s$ 小,即

$$\dot{U}_i=\frac{R_i}{R_s+R_i}\dot{U}_s \tag{2.22}$$

式(2.22)清楚地说明信号源电压 $\dot{U}_s$ 受到了一定的衰减。因此,输入电阻 R_i 是衡量电路的信号源电压 $\dot{U}_s$ 衰减程度的重要指标。

另一方面,放大电路输出端在空载和带负载时,其输出电压将有变化,带载的输出电压 $\dot{U}_o$ 比空载时的输出电压 $\dot{U}'_o$ 有所降低,即

$$\dot{U}_o=\frac{R_L}{R_o+R_L}\dot{U}'_o \tag{2.23}$$

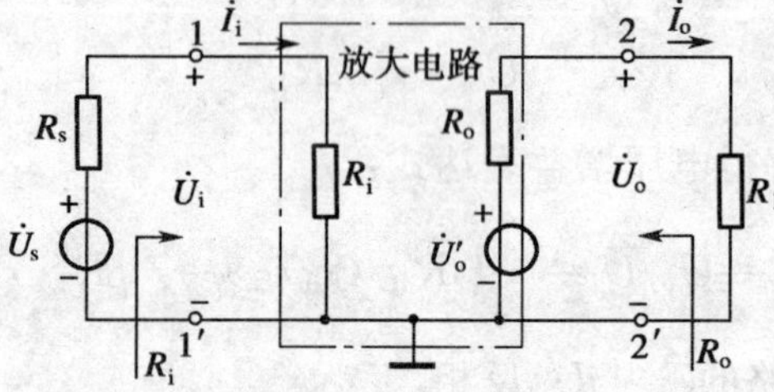

图 2.15　放大电路的输入电阻和输出电阻

因此,从放大电路的输出端 2、2′往左看,整个电路可看成是一个内阻为 R_o 串联 $\dot{U}'_o$ 的电压源,如图 2.15 所示,此等效电压源的内阻 R_o 即为该电路的输出电阻。

$\dot{U}_o<\dot{U}'_o$ 是因为输出电流 $\dot{I}_o$ 在 R_o 上产生压降的结果。这说明 R_o 越小,带载前后输出电压相差得越小,亦即电路受负载影响的程度越小。所以,一般用输出电阻 R_o 来衡量放大电路的带负载能力。R_o 越小,电路的带负载能力就越强。

图 2.16 表示一种求放大电路输出电阻的方法。当信号源电压短路($\dot{U}_s=0$ V,但保留 R_s)和负载开路($R_L\to\infty$)的条件下,放大电路的输出端用一电压 $\dot{U}$ 代替 $\dot{U}_o$,在电压 $\dot{U}$ 的作用下,输出端将产生一个相应的电流 $\dot{I}$,则输出电阻为:

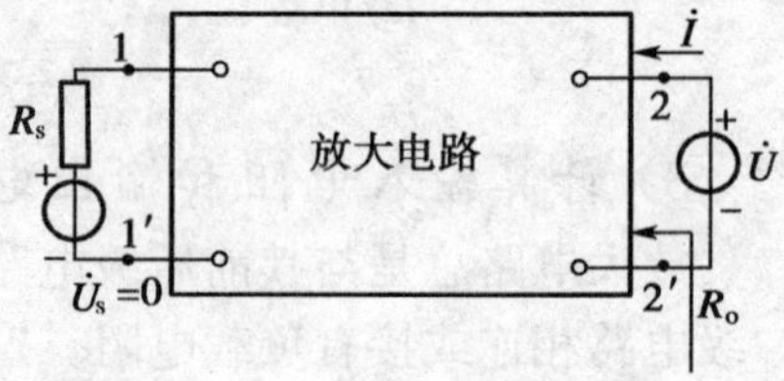

图 2.16　放大电路输出电阻的求法

$$R_o=\frac{\dot{U}}{\dot{I}}\bigg|_{\dot{U}_s=0,R_L\to\infty} \tag{2.24}$$

根据这一关系式,就可计算各种放大电路的输出电阻。

需要指出的是,由于 BJT 特性曲线的非线性,以上所讨论的放大电路的输入电阻和输出电阻,都是针对 Q 点附近的变化信号而言的,Q 点不同,其值也不相同,故它们属动态(交流)

电阻，用字母 R 带下标"i"或"o"来表示。因为它们不是直流电阻，所以不能用 R_i、R_o 计算 Q 点的电压、电流。

4）计算 $\dot{A}_u$、R_i 和 R_o

【例 2.3】 在图 2.14(a)所示的电路中，已知 3DG6 型 BJT 在 Q 点处的 $\beta=38$，信号源内阻 $R_s=500\ \Omega$，其余电路参数见图标注。试求放大电路的电压增益 $\dot{A}_u=\dot{U}_o/\dot{U}_i$、源电压增益 $\dot{A}_{us}=\dot{U}_o/\dot{U}_s$、输入电阻 R_i 和输出电阻 R_o 的值。

解 (1) 求 $\dot{A}_u$、R_i 和 $\dot{A}_{us}$：先确定静态工作点 Q。因为已知 β，故用估算法定出 Q 点如下：

$$I_{BQ}\approx V_{CC}/R_B=12\ \text{V}/300\ \text{k}\Omega=40\ \mu\text{A}$$

$$I_{CQ}=\beta I_{BQ}=38\times 40\ \mu\text{A}=1.52\ \text{mA}\approx I_{EQ}$$

接着利用式(2.16)，得

$$r_{be}=r_{bb'}+(1+\beta)26\ \text{mV}/I_{EQ}(\text{mA})=300\ \Omega+39\times 26\ \text{mV}/1.52\ \text{mA}\approx 0.97\ \text{k}\Omega$$

然后用式(2.20)，得

$$\dot{A}_u=\dot{U}_o/\dot{U}_i=-\beta R'_L/r_{be}=-38\times 2/0.97\approx -78.4$$

再按照放大电路输入电阻的定义求出：

$$R_i=\dot{U}_i/\dot{I}_i=R_B/\!/r_{be}\approx 0.97\ \text{k}\Omega$$

最后运用式(2.22)，经过求解后，得

$$\dot{A}_{us}=\dot{U}_o/\dot{U}_s=\frac{\dot{U}_o}{\dfrac{R_i+R_s}{R_i}\dot{U}_i}=\frac{R_i}{R_i+R_s}\dot{A}_u\approx -51.7。$$

(2) 求 R_o：根据放大电路求 R_o 的定义，R_o 应在信号源电压短路及负载开路的条件下求得，其等效电路改画后如图 2.17 所示。在此电路中，当 $\dot{U}_s=0$ V 时，$\dot{I}_b=0$，$\beta\dot{I}_b=0$，即受控电流源开路。此时图示 R'_o 为管子的输出电阻 r_{ce}，其数值很大，前面简化分析时已被忽略，故

$$R_o=\left.\frac{\dot{U}}{\dot{I}}\right|_{\dot{U}_S=0,R_L\to\infty}=R_C/\!/R'_o\approx R_C=4\ \text{k}\Omega。$$

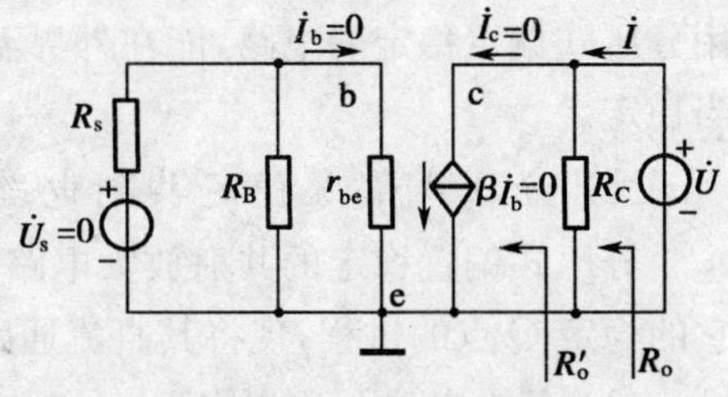

图 2.17 共射基本放大电路的输出电阻的求法

2.3.3 两种分析方法的比较

以上介绍了图解法和微变等效电路法，这是分析放大电路的有用方法。有这两种方法作为工具，就为今后讨论其他的放大电路打下了基础。此两法虽然在形式上有所不同，但实质上是互相联系，互相补充的。读者可以归纳一下它们各自的特点，以便按照实际电路灵活运用。

一般的运用原则是：

(1) 静态时可用图解法求 Q 点，但实际上运用估算法，由直流通路直接估算 Q 点更显得便捷。

(2) 动态时当 u_i 幅度较小或管子基本处于线性区内，特别当电路较复杂时，应采用微变等效电路法。该方法之关键是绘画微变等效电路图，只有正确地画出等效电路图，才能导出 $\dot{A}_u$、R_i 和 R_o 的计算式。

(3) 当 u_i 幅度较大、且 BJT 的工作点延伸到特性曲线的非线性部分时，就需要采用图解法，例如第 7 章将要介绍的功率放大电路，因功放电路中的功率管处于大信号状况。另外，若要分析电路的最大不失真输出电压幅度，或者需要合理设置 Q 点，以便得到最大的动态范围时，则选用图解分析法。

2.4 其他基本放大电路

2.4.1 分压式偏置稳定的共射放大电路

从以上讨论中得知，放大电路的静态工作点 Q 的位置对其性能有着很大的影响。因此，合理选择 Q 点并使之保持稳定，就成为电路正常且稳定工作的关键。

引起 Q 点不稳定的因素很多。例如，电源电压 V_{CC} 的变化、电路元器件因老化而引起参数值的改变、温度对半导体器件参数的影响等。其中最主要的因素是 BJT 的参数随温度而变化。由第 1.3.3 节知，BJT 的参数 I_{CBO}、U_{BE} 和 β 均随温度变化。当环境温度升高时，它们变化的总效果是使集电极电流 I_{CQ} 增大，这就破坏了 Q 点的稳定性。

以上介绍的共射基本放大电路，其偏置电路提供固定的偏流($I_{BQ} \approx V_{CC}/R_B$)。另外，有一种基极偏置共射放大电路(见习题 2.6)，其偏流也是固定的。这两种偏置方式的共射电路，当更换器件或环境温度变化时，都会引起 Q 点的变动，严重时甚至使电路不能正常工作。而采用分压式偏置稳定的电路，能在外界温度变化时，自动调节工作点的位置，从而使 Q 点变得相当稳定。

1) 分压式偏置稳定共射电路的静态分析

分压式偏置稳定的共射放大电路如图 2.18(a)所示，它又称为射极偏置电路。为了讨论它的稳定 Q 点的过程，现将其直流通路画于图 2.18(b)。

(1) 基极电位 U_B 的固定

在设计电路时，应满足图 2.18(b)电路中的 $I_1 \gg I_B$ 的条件，这样就可略去 I_B。从图 2.18(b)中可见，基极电位 U_B 值是固定的，即

$$U_B \approx \frac{R_{B2}V_{CC}}{R_{B1}+R_{B2}} \tag{2.25}$$

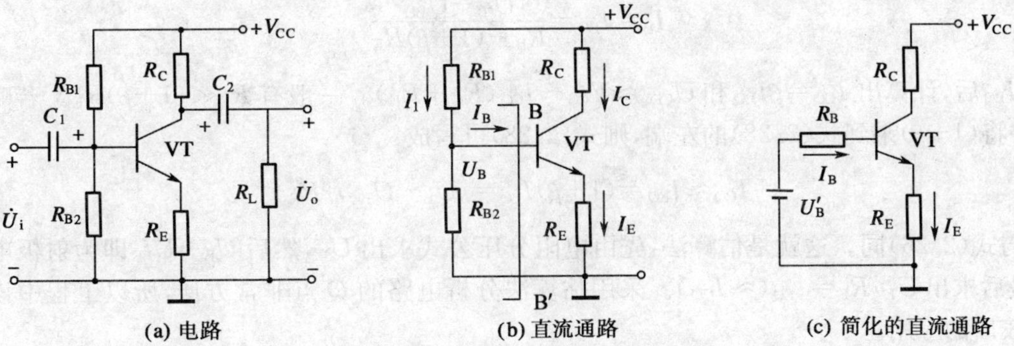

图 2.18　分压式偏置稳定的放大电路

(2) 电流 I_{CQ}的稳定

当满足 $U_B \gg U_{BE}$的条件时，可以求出：

$$I_{CQ} \approx I_{EQ} = \frac{U_B - U_{BE}}{R_E} \approx \frac{U_B}{R_E} \tag{2.26}$$

既然 U_B 已固定，那么 $I_{CQ} \approx I_{EQ}$也不会改变，即 Q 点不受环境温度变化的影响，达到了稳定 Q 点的目的。

以上稳定 Q 点的自动调整过程，可以简要表述如下：

$$\text{温度 } T(℃)\uparrow \longrightarrow I_C\uparrow \longrightarrow U_E\uparrow \xrightarrow{U_B \text{ 固定}} U_{BE}\downarrow$$
$$I_C\downarrow \longleftarrow I_B\downarrow \longleftarrow$$

当温度下降时，自动调整过程中各电量的变化与上述情形相反。此电路稳定 Q 点的实质是引入了直流负反馈。

为了不影响稳定 Q 点的效果，必须满足 $I_1 \gg I_B$ 和 $U_B \gg U_{BE}$这两个条件。实际上，考虑到兼顾其他的性能指标，I_1 和 U_B 也不能取得很大，一般取：

$$\begin{cases} I_1 \gg I_B \begin{cases} I_1 = (5\sim10)I_B & \text{(硅管)} \\ I_1 = (10\sim20)I_B & \text{(锗管)} \end{cases} \\ U_B \gg U_{BE} \begin{cases} U_B = (3\sim5)\text{V} & \text{(硅管)} \\ U_B = (1\sim3)\text{V} & \text{(锗管)} \end{cases} \end{cases} \tag{2.27}$$

由于锗管 I_{CBO}受温度影响比硅管大，所以为保证 U_B 固定，锗管的 I_1 值应大于硅管。又因为硅管 J_e 结的导通电压值($U_{BE} \approx 0.7$ V)大于锗管的导通电压($U_{EB} \approx 0.2$ V)，故为保证 $U_{BE} \ll U_B$，并可略去 U_{BE}，硅管 U_B 的设计值应当比锗管的大一些。

图 2.18(a)所示的偏置稳定的共射电路可用戴维宁定理进行准确计算。方法是，将图 2.18(b)的直流通路在 BB′处断开并向左看，求出其开路电压 $U'_B = U_B = R_{B2}V_{CC}/(R_{B1}+R_{B2})$，等效内阻 $R_B = R_{B1} /\!/ R_{B2}$，则得图 2.18(c)简化后的直流通路。再由图 2.18(c)，就可列写出输入回路的直流方程：

$$I_B R_B + U_{BE} + (1+\beta) I_B R_E = U'_B$$

则

$$I_B=I_{BQ}=\frac{U'_B-U_{BE}}{R_B+(1+\beta)R_E} \tag{2.28}$$

有了 I_{BQ}后，计算出 $I_{CQ}=\beta I_{BQ}$和 $U_{CEQ}\approx V_{CC}-I_{CQ}(R_C+R_E)$。一般有 $R_B \ll (1+\beta)R_E$。若略去 R_B，并将$(1+\beta)$乘到式(2.28)的左端，则式(2.28)可写成：

$$I_{CQ}\approx I_{EQ}=(1+\beta)I_{BQ}=(U_B-U_{BE})/R_E$$

此式与式(2.26)同。这就是估算法：先由电阻分压公式求出 U_B，然后 U_B-U_{BE}即为射极电位 U_E，最后求出 $U_E/R_E=I_{EQ}(\approx I_{CQ})$。采用估算法分析电路的 Q 点非常方便，所以工程中该法得到较广的应用。

2）分压式偏置稳定共射电路的动态分析

图 2.18(a)所示的偏置稳定放大电路的微变等效电路如图 2.19 所示。根据这一等效电路，可以求出该放大电路的动态性能指标。

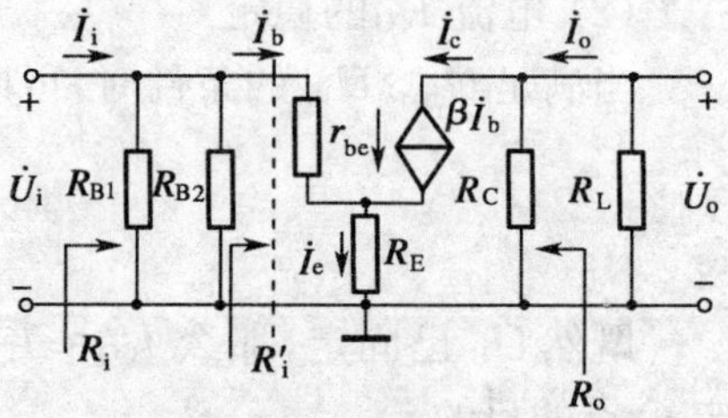

图 2.19　分压式偏置稳定放大电路的微变等效电路

(1) 电压放大倍数$\dot{A}_u$

因为

$$\dot{U}_o=-\dot{I}_c(R_C /\!/ R_L)=-\beta\dot{I}_b R'_L$$

$$\dot{U}_i=\dot{I}_b r_{be}+\dot{I}_e R_E=\dot{I}_b[r_{be}+(1+\beta)R_E]$$

所以

$$\dot{A}_u=\frac{\dot{U}_o}{\dot{U}_i}=\frac{-\beta\dot{I}_b R'_L}{\dot{I}_b[r_{be}+(1+\beta)R_E]}=\frac{-\beta R'_L}{r_{be}+(1+\beta)R_E} \tag{2.29}$$

由式(2.29)可知，在电路中引入 R_E 稳定了 Q 点，但也使电压增益有所下降。R_E 越大，Q 点的稳定性越好，但 A_u 降低得越多。为了解决这一问题，通常在 R_E 上并联一个大容量电容器 C_E(一般为几十微法到几百微法)，如图 2.20 所示。对于交流信号来说，在满足 $1/(\omega C_E)\ll R_E$ 时，可以认为 C_E 对交流信号短路，使发射极直接接地，从而消除了 R_E 对电压增益的影响。但对于静态状况，C_E 相当于开路，它不影响 R_E 稳住 Q 点，故将 C_E 称为射极旁路电容。

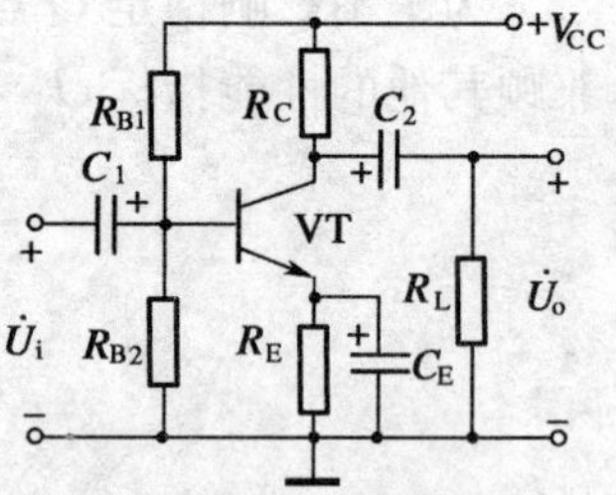

图 2.20　具有射极旁路电容的偏置稳定放大电路

(2) 输入电阻 R_i

由图 2.19 的微变等效电路得：

$$\dot{U}_i=\dot{I}_b r_{be}+\dot{I}_e R_E=\dot{I}_b[r_{be}+(1+\beta)R_E]$$

故

$$R'_i=\dot{U}_i/\dot{I}_b=r_{be}+(1+\beta)R_E$$

由此可见，接入 R_E 时 R'_i 增大了。但是，如果考虑 R_{B1}、R_{B2}的分流作用，则电路的输入电阻为：

$$R_i=\dot{U}_i/\dot{I}_i=R_{B1} /\!/ R_{B2} /\!/ R'_i \tag{2.30}$$

(3) 输出电阻 R_o

根据定义，将$\dot{U}_i$ 短路，有$\dot{I}_b=0$，因而有 $\beta\dot{I}_b=0$，即受控电流源开路，同时去除 R_L，得输出电阻：

$$R_o=R_C \tag{2.31}$$

3) 晶体管恒流源

在电子电路中广泛使用恒流源。它的特点是：集电极电流 I_{CQ} 相当恒定，直流电阻较小，但交流电阻很大。因此，除用它来提供恒定的电流外，还用它作为有源负载，如用做 BJT 放大电路的集电极负载电阻或发射极负载电阻，目的是在数值有限的直流电源电压下，增大等效的交流负载电阻，从而提高放大电路的电压增益。

图 2.21(a)是由 BJT 组成的恒流源电路。它实际上就是上面讨论的分压式偏置稳定电路。据前述知，当 V_{CC}、R_{B1}、R_{B2} 和 R_E 确定后，集电极电流 I_{CQ} 相当恒定，与温度和负载电阻 R_L 大小几乎无关。而且 R_E 值越大，引入直流负反馈的作用越强，I_{CQ} 的恒定性也就越好。所以对于 I_{CQ} 来说，图 2.21(a)的电路相当于一个恒流源，它的图形符号如图 2.21(b)所示。

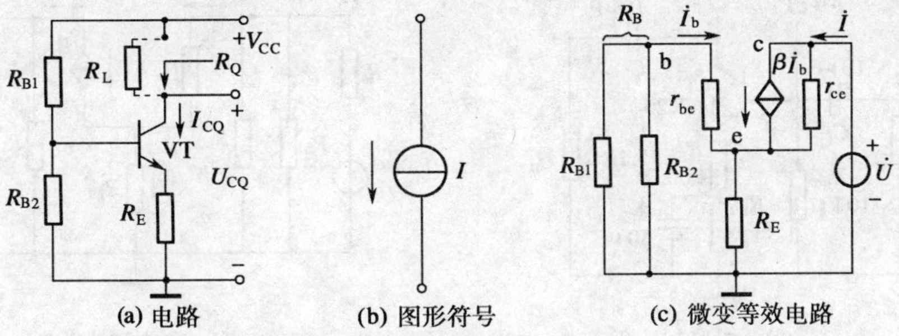

图 2.21　BJT 恒流源电路

(1) 恒流源的直流电阻 R_Q

由图 2.21(a)可知，从 BJT 的集电极与地之间看入的直流电阻 R_Q，为集电极对地的直流电压 U_{CQ} 与集电极电流 I_{CQ} 之比，即

$$R_Q=U_{CQ}/I_{CQ} \tag{2.32}$$

R_Q 实际上是在输出特性上，从 Q 点到坐标原点连线的斜率的倒数，其值不大，一般在几千欧的范围内。

(2) 恒流源的动态(交流)电阻 r_o

为了求 r_o，画出考虑 BJT 本身的交流输出电阻 r_{ce} 时恒流源的微变等效电路图，见图 2.21(c)。根据定义，在输出端加上交流电压$\dot{U}$，由图 2.21(c)列写出：

$$\dot{U}=(\dot{I}-\beta\dot{I}_b)r_{ce}+(\dot{I}+\dot{I}_b)R_E \tag{2.33}$$

$$\dot{I}_b(r_{be}+R_B)+(\dot{I}+\dot{I}_b)R_E=0 \tag{2.34}$$

由式(2.34)解得：

$$\dot{I}_b=-\frac{R_E\dot{I}}{r_{be}+R_E+R_B} \tag{2.35}$$

将式(2.35)代入式(2.33),并整理得:

$$r_o=\dot{U}/\dot{I}=\left(1+\frac{\beta R_E}{r_{be}+R_E+R_B}\right)r_{ce}+[R_E /\!/ (r_{be}+R_B)]=\left(1+\frac{\beta R_E}{r_{be}+R_E+R_B}\right)r_{ce} \quad (2.36)$$

设 $\beta=80$, $r_{ce}=100\ \text{k}\Omega$, $r_{be}=1\ \text{k}\Omega$, $R_{B1}=R_{B2}=6\ \text{k}\Omega$, $R_E=5\ \text{k}\Omega$,计算得 $r_o\approx4.54\ \text{M}\Omega$。由此可见,$r_o \gg r_{ce}$,即恒流源的动态输出电阻很大。

在模拟集成电路中普遍采用 IC 恒流源(即电流源电路),这一内容将在第 3.2 节介绍。

【例 2.4】 在图 2.22(a)所示的放大电路中,设 3AX25 型 BJT 的 $\beta=50$,其余的参数如图标注,试解答:

(1) 画出其微变等效电路图;

(2) 求当 $\dot{U}_s=15\ \text{mV}$ 时,输出电压 $\dot{U}_o$ 值;

(3) 计算电路的输入电阻 R_i 和输出电阻 R_o 各为多少?

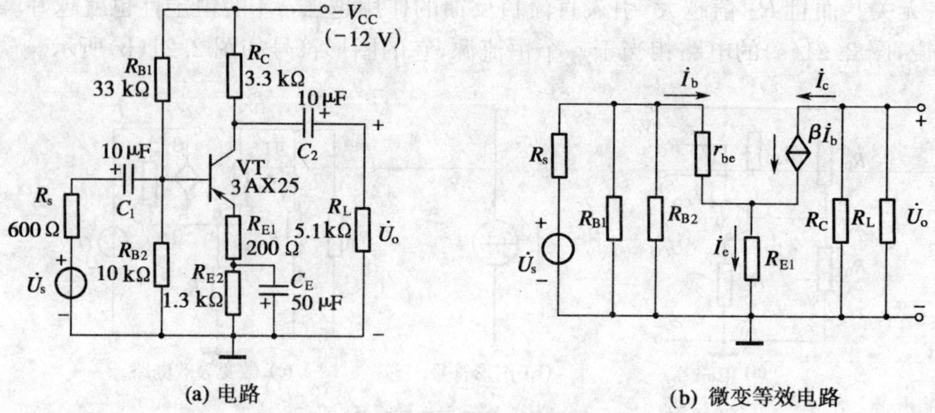

图 2.22　例 2.4 图

解　(1) 画出微变等效电路图,如图 2.22(b)所示,此处对 PNP 管采用与 NPN 型 BJT 相同的简化 H 参数模型,不过注意标注电流 $\dot{I}_b$、$\dot{I}_c$ 和 $\dot{I}_e$ 的流向时,要满足 BJT 的电流分配关系:$\dot{I}_b+\dot{I}_c=\dot{I}_e$,同时注意 R_{E2} 被大电容 C_E 交流短路。

(2) 求 $\dot{U}_o$:利用式(2.25),得

$$U_B\approx\frac{10\times(-12\ \text{V})}{33+10}\approx-2.8\ \text{V}$$

而

$$I_E=\frac{2.8\ \text{V}-0.2\ \text{V}}{1.3\ \text{k}\Omega+0.2\ \text{k}\Omega}\approx1.73\ \text{mA}$$

由式(2.16)得:

$$r_{be}=300\ \Omega+51\times26\ \text{mV}/1.73\ \text{mA}\approx1.07\ \text{k}\Omega$$

利用式(2.30),并应用阻抗折算的方法,得:

$$R_i=33\ \text{k}\Omega /\!/ 10\ \text{k}\Omega /\!/ (1.07\ \text{k}\Omega+51\times0.2\ \text{k}\Omega)\approx4.6\ \text{k}\Omega$$

而

$$\dot{A}_{us}=\dot{U}_o/\dot{U}_s=\frac{R_i}{R_i+R_s}\frac{-\beta R'_L}{r_{be}+(1+\beta)R_{E1}}\approx-7.85$$

则

$$\dot{U}_o=-7.85\times15\ \text{mV}\approx-117.8\ \text{mV}$$

(3) 求输出电阻 R_o：利用式(2.31)得：

$$R_o=R_C=3.3\ \text{k}\Omega$$

此外，在工程中还常采用集-基偏置放大电路，它是另一种稳定 Q 点的电路，详见习题 2.15。

2.4.2 BJT 共集放大电路(射极输出器)

1) 共集放大电路的特点及其分析

共集基本放大电路(CC①)见图 2.23(a)，它在接法上是将集电极直接接电源正极②，而负载接于发射极，即电路的输入端仍为基极，输出端为发射极，集电极是输入回路和输出回路的共同端，故名为共集放大电路，又称射极输出器。

(1) 静态工作点分析

电路的直流通路如图 2.23(b)所示。现用估算法计算其 Q 点参数，先列出基极回路方程式：

$$V_{CC}=I_BR_B+U_{BE}+I_ER_E=I_BR_B+U_{BE}+(1+\beta)I_BR_E$$

解得：

$$I_B=\frac{V_{CC}-U_{BE}}{R_B+(1+\beta)R_E}=I_{BQ} \tag{2.37}$$

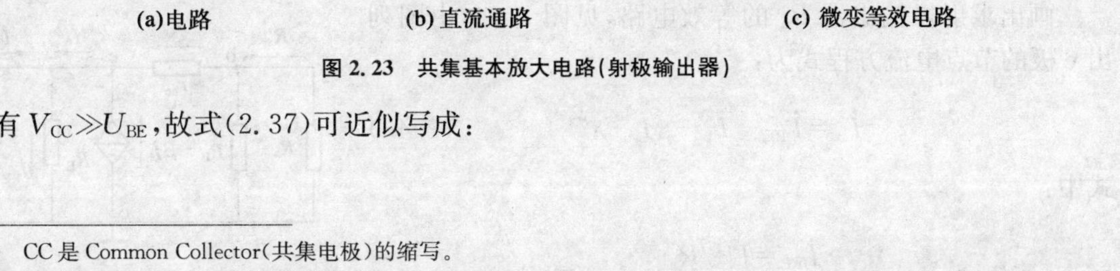

图 2.23 共集基本放大电路(射极输出器)

一般有 $V_{CC}\gg U_{BE}$，故式(2.37)可近似写成：

① CC 是 Common Collector(共集电极)的缩写。

② 有时集电极通过一小电阻接电源电压 V_{CC}，该电阻用于限流。共集放大电路在组态上的特征是：输入端为基极，输出端为发射极。

$$I_{BQ}\approx\frac{V_{CC}}{R_B+(1+\beta)R_E} \tag{2.38}$$

$$I_{CQ}=\beta I_{BQ} \tag{2.39}$$

$$U_{CEQ}\approx V_{CC}-I_{CQ}R_E \tag{2.40}$$

(2) 电压放大倍数$\dot{A}_u$

图2.23(c)是射极输出器的微变等效电路图,由图可写出:

$$\dot{U}_o=(\dot{I}_b+\dot{I}_c)R'_L=\dot{I}_b(1+\beta)R'_L \tag{2.41}$$

$$\dot{U}_i=\dot{I}_b r_{be}+\dot{U}_o=\dot{I}_b[r_{be}+(1+\beta)R'_L] \tag{2.42}$$

在式(2.41)、式(2.42)中,$R'_L=R_E/\!/R_L$。将$\dot{U}_o$、$\dot{U}_i$代入电压增益计算式,得

$$\dot{A}_u=\frac{\dot{U}_o}{\dot{U}_i}=\frac{(1+\beta)R'_L}{r_{be}+(1+\beta)R'_L} \tag{2.43}$$

由式(2.43)可见,$\dot{A}_u<1$。但因$(1+\beta)R'_L\gg r_{be}$,故射极输出器的$\dot{A}_u$又近似等于1。这是因为在输入回路中$\dot{U}_{be}=\dot{U}_i-\dot{U}_o$,且$\dot{U}_{be}=\dot{I}_b r_{be}$较小,故$\dot{U}_o$虽小于$\dot{U}_i$,但接近等于$\dot{U}_i$。另外,电压增益$\dot{A}_u$为正,说明了输出电压与输入电压同相。由于输出电压接近等于输入电压,并随输入电压之变而变,故将这种电路称作射极跟随器(简称射随器)。

(3) 输入电阻R_i

根据图2.23(c)列写出:

$$R'_i=\dot{U}_i/\dot{I}_b=\frac{\dot{I}_b[r_{be}+(1+\beta)R'_L]}{\dot{I}_b}=r_{be}+(1+\beta)R'_L \tag{2.44}$$

故

$$R_i=\dot{U}_i/\dot{I}_i=R'_i/\!/R_B \tag{2.45}$$

与共射放大电路相比,共集电路的输入电阻R'_i很大。这是因为在共集电路中,流经R'_i的电流是$\dot{I}_e=(1+\beta)\dot{I}_b$,所以把$R'_L$折算到输入回路时,成为$(1+\beta)R'_L$。考虑到偏置电阻$R_B$的并联作用,实际的$R_i$将减小,但一般可达几十千欧到几百千欧。

(4) 输出电阻R_o

画出求射极输出器R_o的等效电路,见图2.24,由图列出e极的节点电流方程式为:

$$\dot{I}_o=\dot{I}_{RE}-\dot{I}_b-\beta\dot{I}_b \tag{2.46}$$

式中:

$$\dot{I}_{RE}=\dot{U}_o/R_E$$

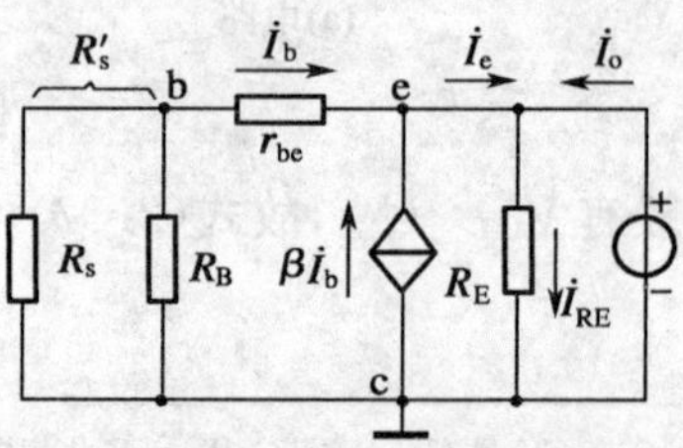

图2.24 求射极输出器R_o的等效电路

$$\dot{I}_b = -\dot{U}_o/(R'_s + r_{be}) \quad (R'_s = R_s /\!/ R_B)$$

代入式(2.46),得

$$\dot{I}_o/\dot{U}_o = \frac{1+\beta}{R'_s + r_{be}} + \frac{1}{R_E} \tag{2.47}$$

所以

$$R_o = \frac{\dot{U}_o}{\dot{I}_o} = \frac{R'_s + r_{be}}{1+\beta} /\!/ R_E \tag{2.48}$$

式中:$(R'_s + r_{be})/(1+\beta)$是基极回路电阻$(R'_s + r_{be})$折算到射极回路的等效电阻①,与 R_E 相比其值很小,故

$$R_o \approx (R'_s + r_{be})/(1+\beta) \tag{2.49}$$

式(2.49)说明了共集放大电路的输出电阻很小,一般在几十欧姆到几百欧姆的范围内。

通过以上分析可知,射极输出器的特点是:电压增益接近于1,输出电压与输入电压同相,输入电阻较大,输出电阻较小。虽然其电压增益接近1,但电流增益($\dot{A}_i = \dot{I}_e/\dot{I}_b$)较大,因此,仍有一定大小的功率放大作用。

然而,对于放大电路来说,若输入电阻较大,电路从信号源索取的电流较小,这就减轻了信号源的负担;若输出电阻低,可使电路带负载的能力增强。所以,射极输出器大多用来作为多级放大电路的输入和输出级。另外,在多级放大电路中,往往前后两级之间插入射极输出器,以便减轻前级的负载,提高带后级负载的能力。基于此,射极输出器也可用于中间级,作为缓冲级或阻抗变换器。

2) 自举式射极输出器

由上分析知,射极输出器的输入电阻 R_i 因受偏置电阻的限制而提高不多。为了进一步提高电路的输入电阻,应设法减小偏置电阻的并联作用,为此引入了自举式射极输出器。下面用一条例题来加以说明。

【例 2.5】 图 2.25(a)是自举式射极输出器的电路。图中 V_{CC}通过 R_{B1} 与 R_{B2} 连接处的 A 点,经电阻 R_{B3} 提供基极偏流 I_{BQ}。R_{B3} 的引入提高了电路的输入电阻,但由于 I_{BQ}的限制,R_{B3} 的阻值也不能太大(一般在几百千欧以内)。R_{B1} 和 R_{B2} 的阻值仍按偏置稳定电路的设计原则确定。注意,A 点与 e 极之间加接了大电容 C。现在假设管子的 $\beta=100$,$V_{CC}=12$ V,电路的其余参数如图标注。试解答以下问题:

(1) 确定电路的 Q 点参数;

(2) 求出电路的电压增益$\dot{A}_u = \dot{U}_o/\dot{U}_i$ 和输入电阻 R_i 之值。

解 (1) 确定 Q 点:根据戴维宁定理,将原理图中直流偏置电路简化为图 2.25(b)所示的等效电路。在图 2.25(b)中:

$$U'_B = \frac{R_{B2}}{R_{B1}+R_{B2}} V_{CC} = \frac{100 \times 12\ \text{V}}{50+100} = 8\ \text{V}$$

---

① 注意:基极回路电流为$\dot{I}_b$,而射极回路电流为$\dot{I}_e$,因此有这一折算关系。

$$R_B = R_{B3} + (R_{B1} /\!/ R_{B2}) = 100\ \text{k}\Omega + (50\ \text{k}\Omega /\!/ 100\ \text{k}\Omega) \approx 133\ \text{k}\Omega$$

由图 2.25(b)列出基-射极回路方程式：

$$U'_B - U_{BE} = I_{BQ}R_B + (1+\beta)I_{BQ}R_E$$

解得：

$$I_{BQ} = \frac{U'_B - U_{BE}}{R_B + (1+\beta)R_E} \approx 11.3\ \mu\text{A}$$

$$I_{CQ} = \beta I_{BQ} = 1.13\ \text{mA}$$

$$U_{CEQ} = V_{CC} - U_{EQ} \approx 12\ \text{V} - 1.13\ \text{mA} \times 5.1\ \text{k}\Omega \approx 6.24\ \text{V}。$$

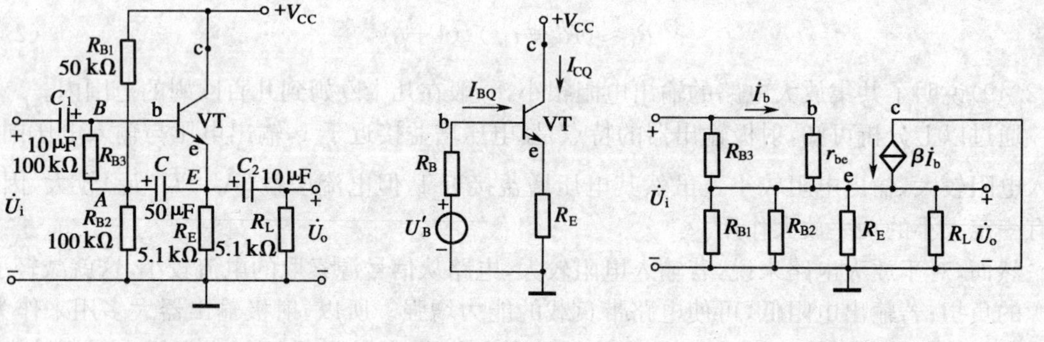

图 2.25　自举式射极输出器

(2) 求 $\dot{A}_u$ 及 R_i：为了进行动态分析，先画出该射极输出器的微变等效电路，如图 2.25(c)所示。然后根据输入电阻的定义，并运用密勒定理(见附录 F)，求得的 R_i 是将 $R_{B3} /\!/ r_{be}$ 折算到基极与地端之间的等效电阻，即

$$R_i = (R_{B3} /\!/ r_{be})/(1-\dot{A}_u)$$

式中：

$$r_{be} = 300\ \Omega + 101 \times (26\ \text{mV}/1.13\ \text{mA}) \approx 2.6\ \text{k}\Omega$$

因此，只要求出该射极输出器的 $\dot{A}_u$，就能解出它的输入电阻 R_i。因 $R_{B3} \gg r_{be}$，故可忽略 R_{B3} 支路的分流作用。令 $R'_L = R_{B1} /\!/ R_{B2} /\!/ R_E /\!/ R_L$，则得：

$$\dot{A}_u = \frac{\dot{U}_o}{\dot{U}_i} = \frac{(1+\beta)R'_L}{r_{be} + (1+\beta)R'_L} \approx 0.989$$

故

$$R_i = (R_{B3} /\!/ r_{be})/(1-\dot{A}_u) \approx 230\ \text{k}\Omega$$

通过计算此例题，可以得出如下的结论：

(1) 因增设了自举电路 R_{B3} 和 C，故削弱了偏置电路对信号的分流作用，从而提高了输入电阻。在引入自举电路前，$R_i=R_B /\!/ [r_{be}+(1+\beta)R'_L]\approx 88\ k\Omega$。可见引入自举电路后，输入电阻被显著增大。

(2) 由 R_i 的计算式可见，自举式射极输出器的 $\dot{A}_u$ 越接近于 1，提高输入电阻的效果就越显著。

2.4.3 BJT 共基放大电路

在图 2.26(a)所示的放大电路中，交流输入信号由发射极输入，从集电极输出。画出其交流通路，见图 2.26(b)，由图可见，输入回路与输出回路的公共端是基极，故称为共基(CB①)放大电路。

1) 共基放大电路的静态分析

这一电路的直流通路见图 2.26(c)，它与图 2.18(b)所示的偏置稳定电路的直流通路相同，故其分析和计算方法也一样，此处不再重复。

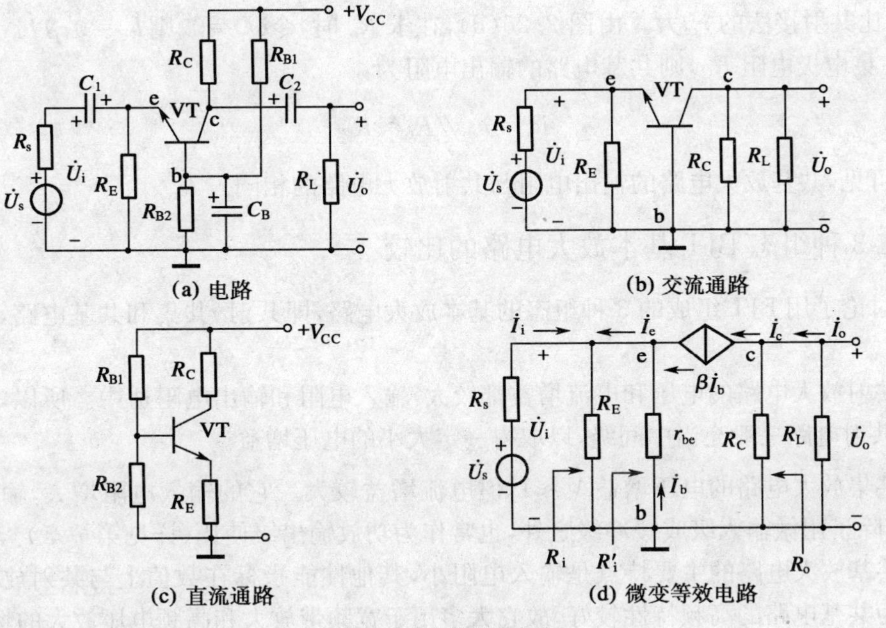

图 2.26 共基放大电路

2) 共基放大电路的动态分析

(1) 电压放大倍数 $\dot{A}_u$

由图 2.26(d)所示的微变等效电路得：

$$\dot{A}_u=\frac{\dot{U}_o}{\dot{U}_i}=\frac{-\beta\dot{I}_b R'_L}{-\dot{I}_b r_{be}}=\frac{\beta R'_L}{r_{be}} \tag{2.50}$$

式中：$R'_L=R_C /\!/ R_L$。

将式(2.50)与式(2.19)比较便知，共基放大电路与共射基本放大电路的电压增益在数值

① CB 是 Common Base(共基极)的缩写。

上相同,但符号相反,即:共基放大电路的输出电压与输入电压同相。

(2) 输入电阻 R_i

$$R_i'=\dot{U}_i/(-\dot{I}_e)=\frac{-\dot{I}_b r_{be}}{-(1+\beta)\dot{I}_b}=\frac{r_{be}}{1+\beta} \tag{2.51}$$

所以

$$R_i=\dot{U}_i/\dot{I}_i=R_E/\!/R_i'=R_E/\!/\frac{r_{be}}{1+\beta} \tag{2.52}$$

由此看来,共基放大电路的输入电阻很小,其原因在于此处对应于$\dot{U}_i$ 所产生电流为$\dot{I}_e$,同样的$\dot{U}_i$ 引起的输入电流增大了,故输入电阻减小。

(3) 输出电阻 R_o

BJT 接成共基电路时,它的输出特性曲线更为平坦,其斜率要比共射接法时小。因此,BJT 的 r_{cb}比共射接法的 r_{ce}大。由图 2.26(d),在求 R_o 时,令$\dot{U}_s=0$,则$\dot{I}_b=0$,$\beta\dot{I}_b=0$。略去 r_{cb},只考虑集电极电阻 R_C,则共基电路的输出电阻为:

$$R_o=r_{cb}/\!/R_C\approx R_C \tag{2.53}$$

由此可见,共基放大电路的输出电阻与共射放大电路的相同。

2.4.4 3种组态 BJT 基本放大电路的比较

以上讨论了用 BJT 组成的 3 种组态的基本放大电路,即共射、共集和共基电路,它们各具特点。

(1) 共射放大电路的电压和电流增益都较大,输入电阻和输出电阻适中。所以,在多级放大电路中共射电路一般充当中间级,以取得一定大小的电压增益。

(2) 共集放大电路的电压增益$\dot{A}_u\approx1$,但电流增益较大。它的输入电阻增大,输出电阻较小。因此,除了用做输入级或缓冲级之外,也常作为功放输出级使用(详见第 7 章)。

(3) 共基放大电路的主要特点是输入电阻小,其他性能指标在数值上与共射放大电路相同①。因为共基电路的高频特性较好,故它大多用于宽频带放大和高频电压放大的场合。

读者在学习第 2 章时,要把 3 种基本放大电路在动态性能上的差别及其组成特点相联系,做到不仅知道这些联系与差别,而且还要知道为什么会有这些差别。

2.5 场效应管放大电路

2.5.1 FET 放大电路的直流偏置及静态分析

1) 直流偏置电路

场效应晶体管(FET)组成放大电路的原则与 BJT 相同,需要建立合适的静态工作点 Q。

① 在共基放大电路中,由于其输出电流$\dot{I}_c$与输入电流$\dot{I}_e$接近相等,所以有的文献中将共基电路称为电流跟随器。

所不同的是，FET 是电压控制器件，因而它要有合适的栅偏压。工程中对于 FET 放大电路，常见的有自给偏置和分压式偏置两种偏置方式。现以耗尽型 N 沟道 MOS 管为例说明。

(1) 自给偏压电路

在耗尽型 NMOS 管的源极接入源极电阻 R_S，就可组成如图 2.27(a)所示的自给偏压式共源放大电路。因为耗尽型 NMOS 管即使在 $u_{GS}=0$ V 时，也有漏极电流 I_D 流过 R_S，而栅极经电阻 R_G 接地($U_G=0$ V)，所以静态时栅-源极之间将有负栅压 $U_{GS}=U_G-U_S=-I_DR_S$。图 2.27(a)中电容 C_S 对 R_S 起交流旁路作用(相当于 BJT 偏置稳定电路的射极旁路电容 C_E)，故称 C_S 为源极旁路电容。

由于增强型 NMOS 管只有当栅-源电压达到其开启电压 $U_{GS(th)}$ 时才有漏极电流 I_D，所以这类器件不能采用图 2.27(a)的自给偏压电路。

(2) 分压式偏置电路

虽然自给偏压式电路比较简单，但它只适用于耗尽型器件，且当 Q 点确定后，I_D 和 U_{GS} 也随之而定，故 R_S 的选择范围很小。分压式偏置电路是在图 2.27(a)的基础上加接分压电阻组成的，如图 2.27(b)所示。漏极电源 V_{DD} 经电阻 R_{G1} 和 R_{G2} 分压后，通过 R_G 供给栅极电压 $U_G=R_{G2}V_{DD}/(R_{G1}+R_{G2})$。

同时，漏极电流 I_D 在源极电阻 R_S 上也产生电压降 $U_S=I_DR_S$。因此，静态时加在 FET 上的栅-源电压为：

$$U_{GS}=U_G-U_S=\frac{R_{G2}V_{DD}}{R_{G1}+R_{G2}}-I_DR_S=-\left(I_DR_S-\frac{R_{G2}V_{DD}}{R_{G1}+R_{G2}}\right)$$

这种偏置电路同样适用于增强型 MOS 管放大电路。增强型 MOS 管的其他偏置方式可参阅有关文献。

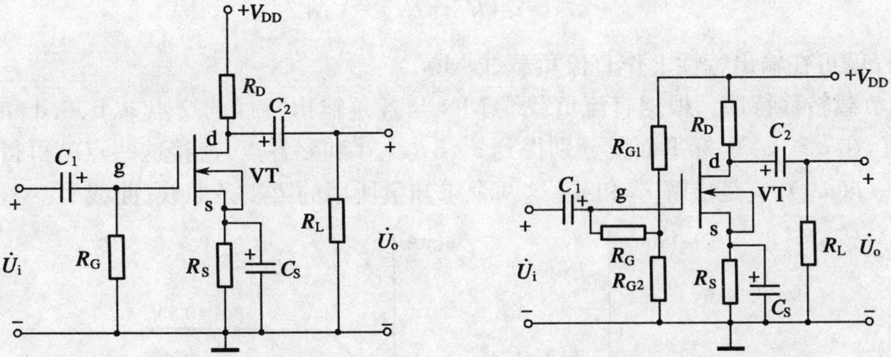

(a) 自给偏压式电路　　(b) 分压式偏置电路

图 2.27　FET 共源放大电路

2) 静态工作点的确定

对于 FET 放大电路可以采用图解法或估算法进行静态分析。图解法的原理与 BJT 放大电路相似。下面讨论用估算法确定 Q 点。对于 JFET 和耗尽型 MOS 管，其转移特性方程[见式(1.35)]为：

$$i_D = I_{DSS}\left(1-\frac{u_{GS}}{U_{GS(off)}}\right)^2$$

对图 2.27(a)和(b)的电路,分别列写 u_{GS}式,有:

$$u_{GS} = -i_D R_S \tag{2.54}$$

和

$$u_{GS} = -\left(i_D R_S - \frac{R_{G2}V_{DD}}{R_{G1}+R_{G2}}\right) \tag{2.55}$$

故确定 Q 点时,对于图 2.27(a)的电路,用 FET 转移特性式和式(2.54)联立求解;而对图 2.27(b)的电路,则用转移特性式与式(2.55)联立求解。

如果已知 FET 的输出特性和电路参数,则可用图解法分析。以下通过例题来说明这一问题。

【例 2.6】 *(1) 电路如图 2.27(a)所示。设 $R_G=10\ \text{M}\Omega$,$R_S=2\ \text{k}\Omega$,$R_D=18\ \text{k}\Omega$,$V_{DD}=20\ \text{V}$,FET 的输出特性见图 2.28(b),试用图解法确定 Q 点。

(2) 电路如图 2.27(b)所示,设 $R_{G1}=2\ \text{M}\Omega$,$R_{G2}=47\ \text{k}\Omega$,$R_G=10\ \text{M}\Omega$,$R_D=30\ \text{k}\Omega$,$R_S=2\ \text{k}\Omega$,$V_{DD}=18\ \text{V}$,FET 的夹断电压 $U_{GS(off)}=-1\ \text{V}$,饱和漏极电流 $I_{DSS}=0.5\ \text{mA}$。试用估算法确定 Q 点。

解 *(1) FET 放大电路的图解原理与 BJT 放大电路基本相同。但由于 FET 是压控电流器件,没有栅极电流,即无输入特性,因而它的图解分析法有自己的特点。图解步骤和方法如下:

① 在输出特性上作直流负载线。由输出回路有:

$$u_{DS} + i_D(R_D + R_S) = V_{DD}$$

根据此方程就可在输出特性上作直流负载线 MN。

② 作负载转移特性。根据直流负载线 MN 与各条输出特性的交点 a、b、c、d 和 e 相应的 i_D 和 u_{GS}值,在 i_D-u_{GS}坐标平面上分别得到 a′、b′、c′、d′和 e′各点,连接这些点就可得到负载转移特性 $i_D=f(u_{GS})$,这是求解 i_D 和 u_{GS}这两个未知量所用的第 1 条曲线(曲线 1)。

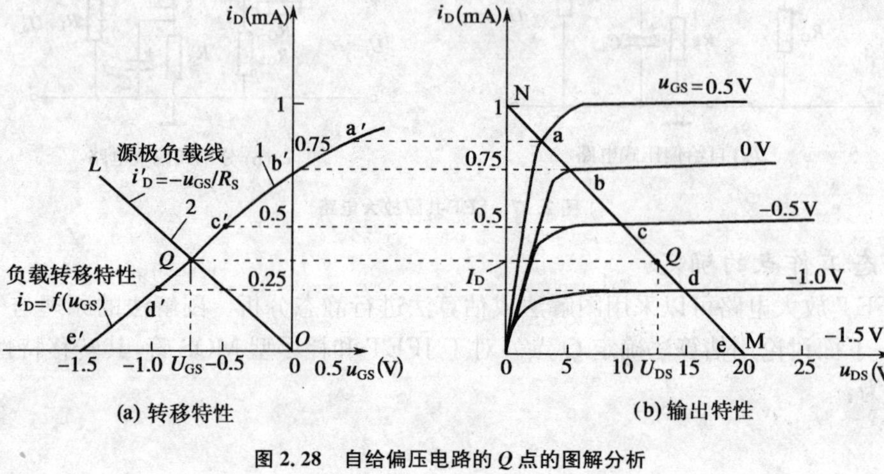

图 2.28 自给偏压电路的 Q 点的图解分析

③ 作源极负载线。为了确定 Q 点，还必须有与外电路有关的第 2 条曲线。对于自给偏压电路，i_D 和 u_{GS}应同时满足式(2.54)，即

$$u_{GS}=-i_D R_S$$

此为一个在 i_D-u_{GS}坐标平面上过原点的直线方程，画出即为直线 OL：$i_D=-u_{GS}/R_S$。由于它的斜率为$-1/R_S$，故称为源极负载线(曲线 2)。

④ 确定 Q 点。源极负载线 OL(曲线 2)与负载转移特性(曲线 1)的交点就是 Q 点。

⑤ 求出相应的电压和电流值。在转移特性和输出特性上定出 Q 点所对应的电压和电流值：$U_{GS}\approx-0.75$ V，$I_D\approx0.37$ mA，$U_{GS}\approx12.5$ V。

(2) 将 FET 的转移特性方程式与式(2.55)联立有：

$$\begin{cases} i_D=0.5\left(1+\dfrac{u_{GS}}{1}\right)^2 \\ u_{GS}=\dfrac{47\times18}{2\,000+47}-2i_D \end{cases}$$

整理上式，得

$$\begin{cases} i_D=0.5(1+u_{GS})^2 \\ u_{GS}=0.4-2i_D \end{cases}$$

将上列 u_{GS}式代入 i_D 式中，得

$$i_D=0.5(1+0.4-2i_D)^2$$

解得：$i_D=(0.95\pm0.64)$ mA。因 $I_{DSS}=0.5$ mA，i_D 不应大于 I_{DSS}，故 $i_D=I_D=0.31$ mA；$u_{GS}=U_{GS}=0.4-2i_D=-0.22$ V；$u_{DS}=U_{DS}=V_{DD}-I_D(R_D+R_S)\approx8.1$ V。

2.5.2　用微变等效电路法分析 FET 放大电路

在低频小信号的条件下，当 FET 工作在线性放大区(即输出特性中的饱和区)时，FET 放大电路与 BJT 放大电路一样，也可用微变等效电路法分析。

1) FET 的低频小信号模型

FET 的低频小信号模型与 BJT 的 H 参数模型的建立过程相同。方法是将 FET 视为一个二端口网络，如图 2.29(a)所示。因 $i_G=0$，故研究输入特性无意义，而输出特性或转移特性表示的都是 i_D、u_{DS}和 u_{GS}之间的关系：

$$i_D=f(u_{GS},u_{DS}) \tag{2.56}$$

对式(2.56)求全微分，得

$$di_D=\left.\frac{\partial i_D}{\partial u_{GS}}\right|_{U_{DS}}du_{GS}+\left.\frac{\partial i_D}{\partial u_{DS}}\right|_{U_{GS}}du_{DS} \tag{2.57}$$

令式(2.57)中：

$$\left.\frac{\partial i_D}{\partial u_{GS}}\right|_{U_{DS}}=g_m \tag{2.58}$$

$$\left.\frac{\partial i_D}{\partial u_{DS}}\right|_{U_{GS}}=\frac{1}{r_{ds}} \tag{2.59}$$

与确定BJT的H参数模型的条件相同,当信号幅度较小、且管子处于Q点附近的小范围内时,认为特性是线性的。此时g_m和r_{ds}为常数,且微变量也可用正弦有效值相量表示。这样式(2.57)可改写为:

$$\dot{I}_d=g_m\dot{U}_{gs}+\dot{U}_{ds}/r_{ds} \tag{2.60}$$

用电路形式表示式(2.60),即得如图2.29(b)所示的FET的低频小信号模型。图中因$\dot{I}_g=0$,故输入端开路,g_m为跨导,$g_m\dot{U}_{gs}$表示电压控制电流源。此外,输出电阻r_{ds}与BJT的H参数模型中的$1/h_{22e}$意义相同。

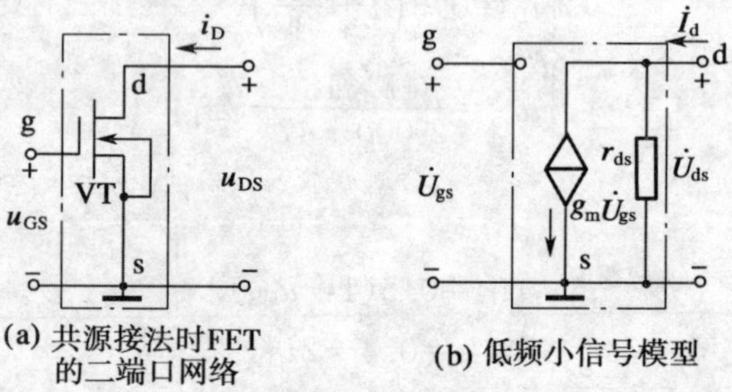

图2.29　FET的微变等效电路

在FET的低频小信号模型中,g_m和r_{ds}两个参数均可从特性曲线上近似求取:g_m为转移特性在Q点处的斜率;r_{ds}为输出特性在Q点处的斜率之倒数,其值一般在几十千欧到几百千欧之间。在FET电路中,一般都有$r_{ds}\gg R_D$(或$R'_L=R_D/\!/R_L$),因而可将r_{ds}开路,得到简化的等效电路模型。

2) 应用微变等效电路法分析FET放大电路

(1) 共源放大电路

现用微变等效电路法分析图2.27(a)的共源放大电路,分析步骤与BJT放大电路相同:用FET的简化等效电路模型代替器件,电路的其余部分按照交流通路画出。这样就得到共源电路的微变等效电路,见图2.30。根据此电路,可求得共源电路的动态性能指标如下:

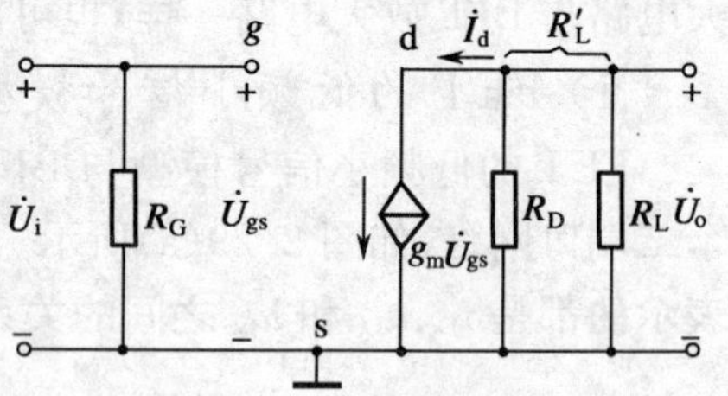

图2.30　图2.27(a)的微变等效电路

① 电压增益:

$$\dot{A}_u=\frac{\dot{U}_o}{\dot{U}_i}=-\frac{g_m\dot{U}_{gs}R'_L}{\dot{U}_{gs}}=-g_mR'_L \tag{2.61}$$

式中:$R'_L=R_D/\!/R_L$,负号说明了共源电路的$\dot{U}_o$与$\dot{U}_i$反相。

② 输入电阻:

$$R_i=R_G \tag{2.62}$$

为了提高电路的输入电阻,一般R_G取为几兆欧到几十兆欧。

③ 输出电阻：

$$R_o \approx R_D \tag{2.63}$$

(2) 共漏放大电路

图 2.31(a)和(b)分别为 FET 共漏放大电路及其微变等效电路，该微变等效电路与 BJT 共集电路类似。由于图 2.31(a)中的分压式偏置电路与图 2.27(b)相同，所以可采用同样的方法进行静态分析，这里不再赘述。下面仅对图 2.31(a)的共漏放大电路进行动态分析。

① 电压增益$\dot{A}_u$：根据图 2.31(b)所示的微变等效电路，列出电压增益计算式如下：

$$\dot{A}_u = \frac{\dot{U}_o}{\dot{U}_i} = \frac{g_m \dot{U}_{gs} R'_L}{\dot{U}_{gs} + g_m \dot{U}_{gs} R'_L} = \frac{g_m R'_L}{1 + g_m R'_L} \tag{2.64}$$

式中：$R'_L = R_L // R_S$。

因为 $g_m R'_L \gg 1$，$\dot{A}_u \approx 1$，输出电压与输入电压同相，所以这种电路也具有电压跟随特性，通常称为源极跟随器。

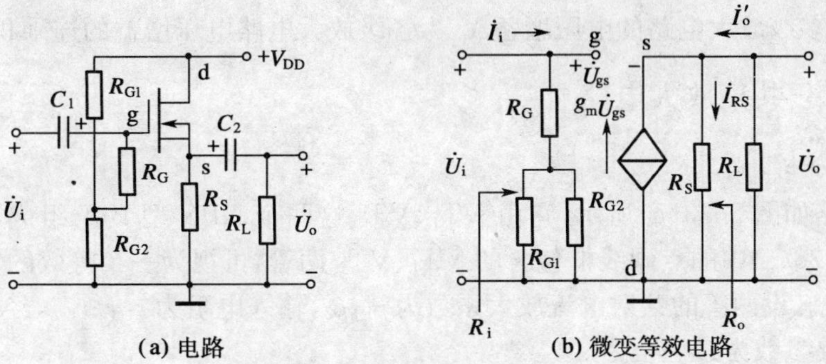

图 2.31　场效应管共漏放大电路

② 输入电阻 R_i：由图 2.31(b)可知，因栅极处理为开路，故

$$R_i = \dot{U}_i / \dot{I}_i = R_G + (R_{G1} // R_{G2}) \approx R_G \tag{2.65}$$

③ 输出电阻 R_o：将$\dot{U}_i$ 短路，并将 R_L 断开，则$\dot{U}_{gs} = -\dot{U}_o$，且在图 2.31(b)中有：

$$\dot{I}'_o = \dot{I}_{RS} - g_m \dot{U}_{gs} = \dot{U}_o / R_S + g_m \dot{U}_o$$

故

$$R_o = \frac{\dot{U}_o}{\dot{I}'_o} = \frac{1}{1/R_S + g_m} = R_S // \frac{1}{g_m} \tag{2.66}$$

可见此共漏电路的 R_o 比共源电路的小。FET 放大电路还有共栅组态，因应用较少，故不做介绍。

2.6　组合放大单元电路

在放大电路中常用两个晶体管以不同的组态互相配合、联合使用，藉此显示各自的优点，这样就形成了组合放大单元电路,如共集-共射电路、共集-共集电路、共射-共基电路等。下面分别予以介绍。

2.6.1　共集-共射放大电路

图2.32是共集-共射单元电路的原理图,VT_1 和 VT_2 管分别接成共集和共射组态。前面已分析过,共集电路具有输入电阻高、输出电阻低,电压增益小于但接近等于1的特点,故整个电路的电压增益为:

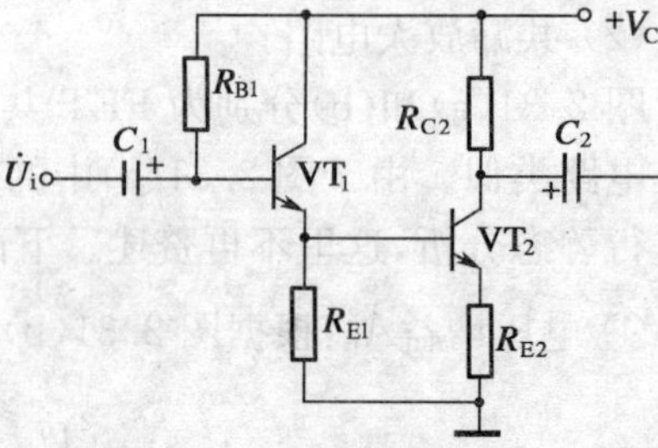

图2.32　共集-共射电路

$$\dot{A}_u=\frac{\dot{U}_o}{\dot{U}_i}=\frac{\dot{U}_o}{\dot{U}_{i2}}\frac{\dot{U}_{o1}}{\dot{U}_i}=\dot{A}_{u1}\times\dot{A}_{u2}\approx1\times\frac{-\beta_2R_{C2}}{r_{be2}+(1+\beta_2)R_{E2}}$$
$$\approx-R_{C2}/R_{E2}\quad(\text{当}\beta_2\gg1,\text{且}(1+\beta_2)R_{E2}\gg r_{be2}\text{时})\tag{2.67}$$

式中:β_2、r_{be2} 分别为 VT_2 的电流放大系数和输入电阻。

请读者自行用微变等效电路法分析该组合电路的输入电阻 R_i 和输出电阻 R_o。由式(2.67)推知:多级放大电路的电压增益 $\dot{A}_u$ 为各级放大电路电压增益的连乘积。

2.6.2　共集-共集放大电路

1）电路分析

该组合电路如图2.33(a)所示,它由 VT_1、VT_2 这两个NPN型BJT组成,共用一个射极电阻 R_E。图2.33(a)中的点画线框包含的 VT_1、VT_2 两管,可视为一个等效的复合管,单独画出见图2.33(b)。设两管的共射电流放大系数为 β_1、β_2,输入电阻为 r_{be1}、r_{be2},经分析可知,此复合管的两个主要参数为:

$$\begin{cases}\beta\approx\beta_1\beta_2\\ r_{be}\approx r_{be1}+\beta_1r_{be2}\end{cases}\tag{2.68}$$

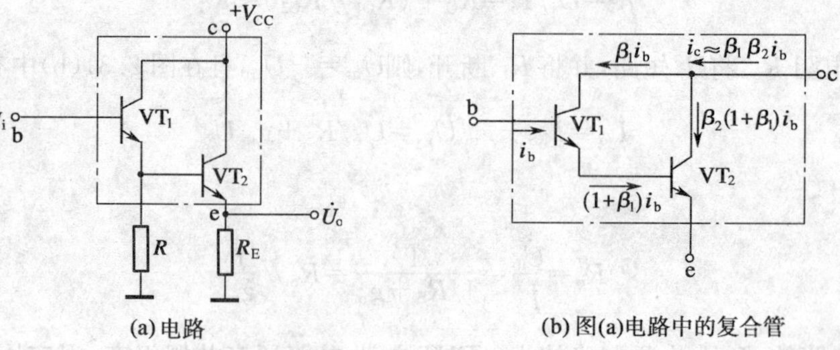

图2.33　共集-共集电路

这就是说,等效复合管的电流放大系数近似为两管的电流放大系数之乘积,其等效输入电阻约为 $r_{be1}+\beta_1r_{be2}$,这是因为 VT_1 管是共集组态,r_{be2} 相当于 VT_1 管的射极电阻。

应当注意,为了改善性能,有时在 VT_1 管的发射极到共同端之间外接一个数百千欧的电阻 R,使 VT_1 管的反向穿透电流 I_{CEO1} 分流,不让 I_{CEO1} 全部流入 VT_2 放大,藉此提高复合管的温度稳定性。在集成运放电路中，由于制造高阻值的电阻比较困难，故通常用电流源代替，详见第 3 章。

2）互补型复合管

以上所讨论的是采用两个同类型的器件（NPN 型或 PNP 型 BJT）组成的复合管。实际上通常需要用两个不同类型的器件组成互补型复合管，见图 2.34。由图可见，两个管子复合后的管型，取决于第 1 个管子的管型①。

复合管用在电子电路中，主要是为了增大电流放大系数和提高输入电阻。在多级放大电路的输入级、中间级或功率输出级中，复合管均有广泛应用，在后续章节中也会碰到。

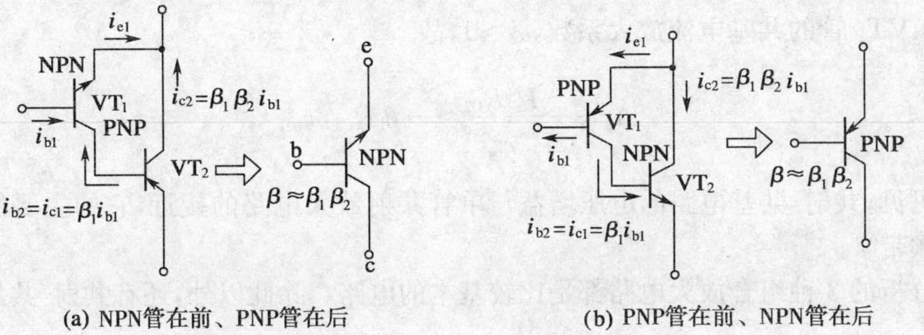

图 2.34　两种互补型复合管举例

2.6.3　共射-共基放大电路

图 2.35 是共射-共基电路的原理图，VT_1 和 VT_2 管分别接成共射和共基组态。由于两管是串联的，所以又称为串接放大电路。

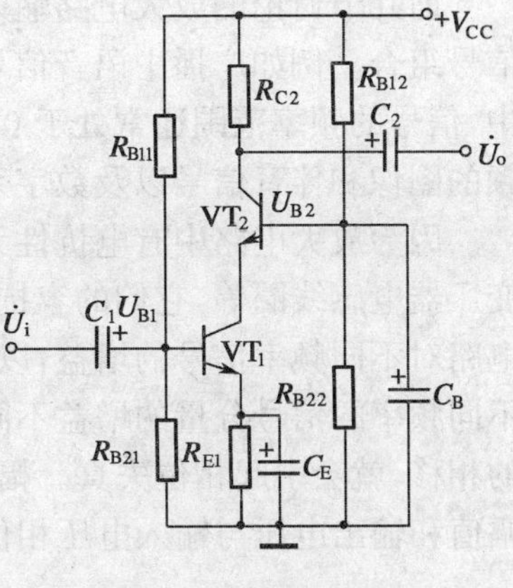

图 2.35　共射-共基电路

这一组合电路的 Q 点是由 VT_1、VT_2 管的基极电位 U_{B1}、U_{B2} 所决定的。U_{B1}、U_{B2} 分别为：

$$U_{B1}\approx\frac{V_{CC}R_{B21}}{R_{B11}+R_{B21}}$$

$$U_{B2}\approx\frac{V_{CC}R_{B22}}{R_{B12}+R_{B22}}$$

U_{B1} 决定了两管串接电路中的电流，即 $I_{C2}\approx I_{C1}\approx(U_{B1}-0.7\ \text{V})/R_{E1}$；而 U_{B2} 确定了 U_{C1}，因为 $U_{C1}=U_{E2}=U_{B2}-0.7\ \text{V}$。但要注意，必须合理选取电路参数，使 VT_1、VT_2 管都工作在放大区。调整 U_{B1} 或 U_{B2} 即可改变两管的 Q 点。为了使 VT_2 管的基极对交流而言处于地电位，在 R_{B22} 上并联一只大电容器 C_B，起到了交流旁路作用。该电路的电压增益可通过下例来计算。

① 构成复合管的原则有 3 点：一是复合后管子的 $\beta\approx\beta_1\beta_2$，为此，必须保证两管基极电流的流通，特别是两管之间相连接的两个电极须电流流得通畅，在接法上，须将前一管的基极作为复合管的基极，将它的集电极（或发射极）接到后一管的基极，而后一管的集电极和发射极则作为复合后的另外两个电极；二是要保证两管均处放大区，为此，前一管的 c 极和 e 极之间不能接后一管的 J_e 结，否则前一管将工作在接近于饱和区；三是复合管的类型由最前面的管子类型来确定。根据这 3 条原则，就可以判断复合管的接法是否合理，以及接法合理的复合管的类型（希望做习题 2.25）。

【例 2.7】 已知 VT_1、VT_2 器件参数和电路参数，试列出图 2.35 所示电路的电压增益$\dot{A}_u$的计算式。

解 运用微变等效电路法，可以直接写出图示电路的$\dot{A}_u$式如下：

$$\dot{A}_u=\dot{U}_o/\dot{U}_i=\frac{-\dot{I}_{c2}R_{C2}}{\dot{I}_{b1}r_{be1}}$$

而

$$\dot{I}_{c2}=\alpha_2\dot{I}_{e2}=\alpha_2\dot{I}_{c1}=\alpha_2\beta_1\dot{I}_{b1}$$

式中：α_2 为 VT_2 管的共基电流放大系数，$\alpha_2\approx 1$，故

$$\dot{A}_u\approx\frac{-\dot{I}_{c2}R_{C2}}{\dot{I}_{b1}r_{be1}}\approx-\beta_1 R_{C2}/r_{be1} \tag{2.69}$$

由此可见，共射-共基电路的电压增益与单管共射放大电路的接近，它的主要优点是具有较宽的通频带①。

以上分析的 3 种组合放大电路都是比较基本的电路。除此以外，还有共射-共集、共集-共基电路等。

2.7 放大电路的频率响应

前几节讨论的放大电路输入信号常常不是单一频率的信号，而是含有一系列频率成分的信号组合。例如广播中语音信号一般在 20 Hz～20 kHz 的频率范围内。又如工业控制系统中，信号的频率范围通常处于 0 Hz～1 kHz 之间。再如测量仪表的输入信号、电视和手机视频的图像和伴音信号以及数字系统的脉冲信号等都具有一定的频率范围。

因为放大电路中有电抗性元件，例如耦合电容、旁路电容、晶体管结电容、电路分布电容和变压器电感线圈等，它们的容抗 $X_C[=1/(\omega C)]$或感抗 $X_L(=\omega L)$均随频率而变化，所以放大电路对不同频率信号的增益，以及输出与输入电压之间的相位差有所不同。如果放大电路对不同频率的信号分量的增益不同，则引起幅值失真；若放大电路对不同频率的信号分量有不同的相移，就会引起相位失真。幅值失真和相位失真统称为频率失真。因此，放大电路电压增益幅值和输出电压与输入电压相位差都是频率的函数，这种函数关系称为频率响应或频率特性。

2.7.1 频率响应的基本概念

放大电路频率响应的函数定义为：

$$\dot{A}_u(f)=A_u(f)\angle\varphi(f) \tag{2.70}$$②

式中：$\dot{A}_u(f)$是复数，它是频率 f 的函数；$A_u(f)=U_o/U_i$ 为幅频特性，而 $\varphi(f)$为相频特性。

---

① 因为共基组态时，BJT 输入回路的等效电容和时间常数比共射和共集接法时小得多，上限截止频率 f_H 很大，所以共基组态电路和共射-共基组合单元电路都适用于高频和宽带放大电路。

② 此式亦可写成角频率 $\omega(=2\pi f)$的极坐标式：$\dot{A}_u(j\omega)=A_u(j\omega)\angle\varphi(j\omega)$。第 2.7 节中所有公式的 ω 和 f 的关系均如此。

图 2.36 是某放大电路的频率响应曲线，图(a)表示幅频特性，图(b)显示相频特性。将该电路的频率区域大致分为 3 段：低频段、中频段和高频段。在中频范围内，电路中的耦合电容、旁路电容的 X_C 很小，可以看作短路，同时晶体管(BJT 或 FET)结电容的 X_C 很大，可以视为开路。因而中频段电压增益 A_{uM}① 与 f 无关，特性平坦；在低频范围内，晶体管结电容的容抗 X_C 比中频时还要大，仍可认为开路，但耦合电容(包括旁路电容)的 X_C 很大，它对输入电压的分压作用(或旁路元件的并联作用)不可忽略，会使电压增益之模减小，且会产生超前的附加相移，相移最大达 $+90°$。而在高频范围内，输入信号频率很高，耦合电容、旁路电容的容抗变得很小，可以看作短路，但晶体管结电容和线路分布电容的 X_C 很小，并联分流作用不可忽略，故会使 A_u 减小，且产生滞后的附加相移，最大相移达到 $-90°$。

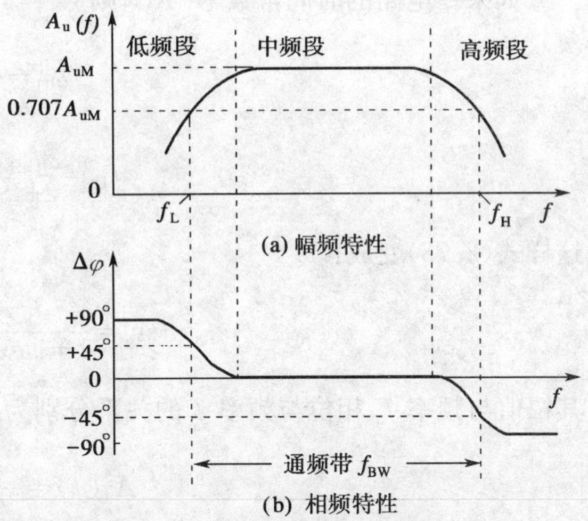

图 2.36 某放大电路的频率响应

当 A_u 在高频段和低频段下降到 $0.707A_{uM}(A_{uM}/\sqrt{2})$ 时所对应的两个频率值称为放大电路的截止频率，其中 f_L 为下限截止频率，f_H 为上限截止频率。于是，将 f_L 到 f_H 之间的频率范围记作通频带 f_{BW}。f_{BW} 的表达式写成：

$$f_{BW}=f_H-f_L \tag{2.71}$$

由于 $f_H \gg f_L$，所以有：

$$f_{BW}\approx f_H \tag{2.72}$$

通频带是放大电路的重要技术指标，它是对输入信号进行不失真放大的频率范围，因而放大电路的通频带必须含有被放大信号的频率范围。

2.7.2 单时间常数 RC 电路的频率响应

单时间常数 RC 电路是指由一个电阻和一个电容组成的或者最终能够简化成一个电阻和一个电容相连接的电路。它有两种类型：RC 低通电路和 RC 高通电路。它们的频率响应可以分别用来模拟放大电路的高频响应和低频响应。

1) RC 低通电路的频率响应

对于图 2.37 的 RC 低通电路，运用电路课程所学知识，可以导出该电路的电压增益为：

$$\dot{A}_u=\dot{U}_o/\dot{U}_i=\frac{1/(j\omega C)}{R+1/(j\omega C)}=\frac{1}{1+j\omega RC} \tag{2.73}$$

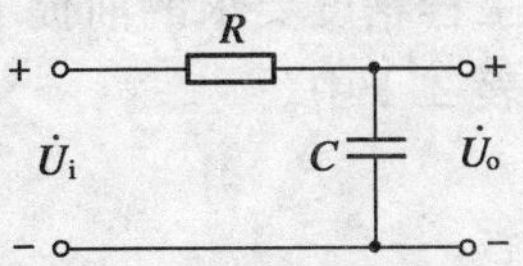

图 2.37 RC 低通电路

式中：ω 为输入信号的角频率。

① 下标中的“M”表示中等(Medium)的含义。

如果令电路的时间常数 $\tau=RC$,则

$$\omega_H=\frac{1}{RC}=\frac{1}{\tau}$$

$$f_H=\frac{\omega_H}{2\pi}=\frac{1}{2\pi RC}=\frac{1}{2\pi\tau} \tag{2.74}$$

这样式(2.73)变成:

$$\dot{A}_u=\frac{1}{1+j\omega/\omega_H}=\frac{1}{1+jf/f_H} \tag{2.75}$$

其幅值与频率 f、相位与频率 f 的关系分别为:

$$A_u(f)=\frac{1}{\sqrt{1+(f/f_H)^2}} \tag{2.76}$$

$$\varphi(f)=-\arctan(f/f_H) \tag{2.77}$$

式(2.76)和式(2.77)分别称为 RC 低通电路 $\dot{A}_u$ 的幅频特性和相频特性。

从式(2.76)可以看出,当 $f\ll f_H$ 时,$A_u\approx1$;而当 $f=f_H$ 时,$A_u=1/\sqrt{2}$。据此可知,f_H 为 RC 低通电路的上限截止频率,因此该电路的通频带为$(0,f_H)$。

(1) 波特(Bode)图① 画法:① 横坐标的取法。在电子技术领域,信号频率一般为几赫(Hz)到几十兆赫(MHz)。为了将如此宽的频率范围展示于一幅图上,幅频特性和相频特性的横坐标轴(频率)常采用对数刻度。此时,每一个 10 倍频率范围(例如,从 1～10 Hz,10～100 Hz 等,称为 10 倍频程)在横坐标上所占的长度是相等的。

(2) 对数幅频特性的绘制:由于放大电路电压增益可以从几倍到几百万倍,变化范围很广,所以在绘幅频特性曲线时,其纵坐标也用对数刻度 $20\lg A_u$ 表示,单位是分贝(dB)②。这样式(2.76)可写成:

$$20\lg A_u=-10\lg[1+(f/f_H)^2] \tag{2.78}$$

用这种坐标系绘制的幅频特性称为对数幅频特性。

(3) 相频特性的绘制:对于式(2.77)的相频特性表达式,频率轴用对数刻度,纵坐标仍用原先值——度(°)来描绘。

(4) RC 低通电路的波特图

若严格按式(2.78)和式(2.77)来逐点绘制波特图是相当麻烦的。为了便于实用,在满足工程精度要求的前提下,可以采用近似画法。现对式(2.78)和式(2.77)取点计算函数值,列于表 2.1 中。

---

① 因频率特性的波特图是由 H. W. Bode 提出的,故称为波特图。

② 这一单位来自于功率增益的表示法,输出功率与输入功率之比取常用对数,即 $\lg P_o/P_i$(dB),其单位称为贝(bel),而更小的单位是分贝(decibel),即 $A_p=10\lg P_o/P_i$(dB)。在一定大小的电阻下,功率与电压的平方成正比,所以 A_u(dB)$=10\lg U_o^2/U_i^2=20\lg U_o/U_i$(dB)。

表 2.1　低通电路的波特图取点计算值

f	$20\lg A_u$	φ
$\ll f_H$	$\approx -10\lg 1 = 0$ dB	$\approx 0°$
$0.1f_H$	≈ 0 dB	$-5.71°$
f_H	≈ -3 dB	$-45°$
$10f_H$	≈ -20 dB	$-84.29°$
$100f_H$	≈ -40 dB	$-90°$

对于幅频特性，如果忽略 $f=f_H$ 时的 -3 dB，那么在 $f\leqslant f_H$ 时，$20\lg A_u\approx 0$ dB，特性曲线在 $f=f_H$ 时发生转折。以后横轴频率每增加 10 倍，$20\lg A_u$ 之值下降 20 dB。换言之，$f>f_H$ 时，对数幅频特性是一条斜率为 -20 dB/10 倍频程的直线。

对于相频特性，近似认为在 $f=0.1f_H$ 时，$\varphi=-5.71°\approx 0°$，而 $f=10f_H$ 时，$\varphi=-84.29°\approx -90°$。当 $f\leqslant 0.1f_H$ 时，$\varphi\equiv 0°$；当 $0.1f_H\leqslant f\leqslant 10f_H$ 的范围内，特性是斜率为：$-45°$/10 倍频程的直线；当 $f=f_H$ 时，$\varphi=-45°$；当 $f>10f_H$ 后，$\varphi\equiv -90°$。

据此可绘出 RC 低通电路的波特图，见图 2.38。由图可见，只要求出上限截止频率 f_H，按照上述的规律，画 RC 低通电路的波特图是非常方便和足够准确的，且最大误差的位置和大小都能确定①。

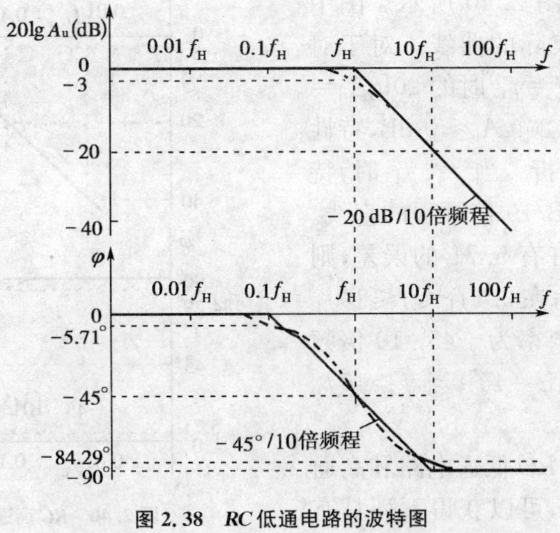

图 2.38　RC 低通电路的波特图

2.7.3　RC 高通电路的频率响应

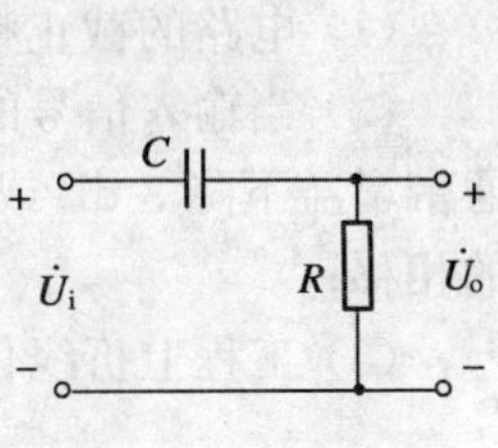

图 2.39　RC 高通电路

RC 高通电路如图 2.39 所示。当输入信号频率为 0 Hz（直流信号）时，电容元件的电抗 X_C 趋于无穷大，输出电压 $\dot{U}_o=0$ V。当频率升高时，电容元件的电抗 X_C 下降，U_o 和 A_u 都增大，而 $\dot{U}_o$ 的相位超前于 $\dot{U}_i$ 的相位值也逐渐减小。由于在频率越高时，输入信号越能顺

① 相对于实际特性，用直线段组成的近似特性的最大误差发生在特性的转折处（$f=0.1f_H$、f_H、$10f_H$），对于幅频特性为 $+3$ dB，对于相频特性为 $\pm 5.71°$。

利通过电路传送到输出端,所以这种电路称为高通电路。读者不难导出 RC 高通电路的电压增益为:

$$\dot{A}_u=\frac{\dot{U}_O}{\dot{U}_i}=\frac{j\omega/\omega_L}{1+j\omega/\omega_L}=\frac{jf/f_L}{1+jf/f_L} \tag{2.79}$$

式中:$\omega_L=1/\tau$,$\tau=RC$,τ 是该高通电路的时间常数,因而由此写出高通电路的截止频率为:$f_L=\omega_L/(2\pi)=1/(2\pi RC)$。

从式(2.79)的幅频特性式可见,当 $f\ll f_L$ 时,$A_u\approx0$;当 $f=f_L$ 时,$A_u=1/\sqrt{2}$;当 $f\gg f_L$ 时,$A_u\approx1$。工程上定义 A_u 从高频时的 1 下降到 $1/\sqrt{2}$ 时的频率值 f_L 为 RC 高通电路的下限截止频率。当 $f<f_L$ 以后,输入信号通过电路就有很大的衰减。因此,RC 高通电路的通频带是(f_L,∞)。

将式(2.79)写成对数幅频特性和相频特性的形式:

$$20\lg A_u=20\lg(f/f_L)-10\lg[1+(f/f_L)^2] \tag{2.80}$$

$$\varphi=90°-\arctan(f/f_L) \tag{2.81}$$

根据式(2.80)和式(2.81)就可绘出 RC 高通电路的波特图,如图 2.40 所示。图中仍用近似的折线代替实际的曲线。对于对数幅频特性,如果略去 $f=f_L$ 时的 $20\lg A_u=-3$ dB,则当 $f\geqslant f_L$ 时,$20\lg A_u\approx0$ dB,特性曲线在 $f=f_L$ 时发生转折。当 $f<f_L$ 时,特性曲线是斜率为+20 dB/10 倍频程的直线。对于相频特性,如果允许有 5.71°的误差,则当 $f\leqslant0.1f_L$ 时,$\varphi\equiv90°$;在 $0.1f_L\leqslant f\leqslant10f_L$ 的范围内,特性曲线是斜率为−45°/10 倍频程的直线;当 $f=f_L$ 时,$\varphi=45°$;当 $f>10f_L$ 后,$\varphi\equiv0°$。

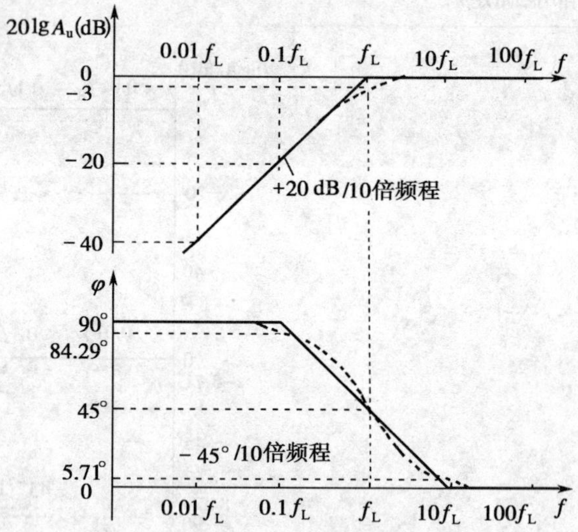

图 2.40　RC 高通电路的波特图

通过对单时间常数 RC 低通电路和高通电路的频率响应的分析,可以获得下列具有普遍意义的结论:

(1) 电路的截止频率决定于相关电容所在回路的时间常数 $\tau=RC$,见 f_H 式和 f_L 式;

(2) 当输入信号的频率等于上限截止频率 f_H 或下限截止频率 f_L 时,放大电路的增益比通带增益下降 3 dB 或下降为通带增益的 0.707 倍,且在通带相移的基础上产生−45°或+45°的相移;

(3) 工程上折线化的波特图用来表示放大电路的频率响应。

2.7.4　BJT 的高频小信号模型及频率参数

研究放大电路的高频性能,无论对模拟集成电路或分立元件电路都是必需的。下面讨论 BJT 的高频小信号模型,并利用该小信号模型分析 BJT 的频率响应和频率参数。

1）BJT 的高频小信号模型

考虑到 BJT 发射结 J_e 和集电结 J_c 的结电容的作用，J_e 结、J_c 结可用结电容和结电阻的并联来等效替代。因此，可得如图 2.41 所示的高频物理模型。图中 r_e 是发射区的半导体电阻，其值很小可以略去。r_c 是集电区的半导体电阻，其值虽比 r_e 大，但与串联的反偏的 PN 结 J_c 结电阻 $r_{b'c}$ 相比也可略去。$r_{b'c}$ 一般是兆欧数量级的结电阻，可近似认为开路。而 $r_{bb'}$ 是基区内的等效电阻，b′为基区内部的一个等效端点，是为便于分析而引出的；$r_{bb'}$ 的数值约在 100 Ω～300 Ω 范围内，对小功率 BJT 取为 300 Ω；$r_{b'e}$ 是 J_e 结的结层电阻，室温下 $r_{b'e}(\Omega)\approx(1+\beta)26(\text{mV})/I_{EQ}(\text{mA})$。

注意：在图 2.41 中，$g_m\dot{U}_{b'e}$ 表示受 PN 结 J_e 的 $\dot{U}_{b'e}$ 控制的集电极电流（电压控制电流源）。之所以用 J_e 结电压 $\dot{U}_{b'e}$ 的控制特性，是因为高频时 $\dot{I}_b=\dot{I}'_b+\dot{I}''_b$（参见图 2.42），式中 $\dot{I}''_b$ 为流过电容 $C_{b'e}$ 的容性电流，它位于电容支路中，对集电极电流无贡献，只有 $\dot{I}'_b$ 影响集电极电流。因此，$\dot{I}_b$ 与 $\dot{I}_C$ 之间不再成比例关系，所以高频模型中用 $g_m\dot{U}_{b'e}$ 作为受控源的电流，其中跨导 $g_m=\Delta i_C/\Delta u_{BE}$，单位为毫西，即 mS 或 mA/V。

2）BJT 的混合参数 π 形等效电路

略去图 2.41 中的 r_e、r_c，并开路 $r_{b'c}$，经过整理后画出图 2.42 所示的 BJT 高频小信号模型。因其形如希腊字母 π，且各参数有不同的量纲，故称为混合参数 π 形等效电路。图中 C_π 表示 $C_{b'e}$，C_μ 表示 $C_{b'c}$，C_μ 的数值可从半导体手册中查到（有的手册给出 C_{ob} 值，它近似等于 C_μ）。而手册中一般不提供 C_π 值，C_π 常由手册给出的特征频率 f_T，用下面将要导出的公式计算。

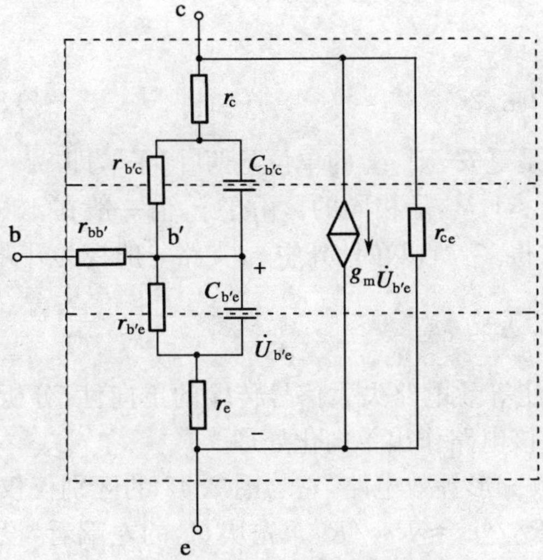

图 2.41　BJT 的高频物理模型

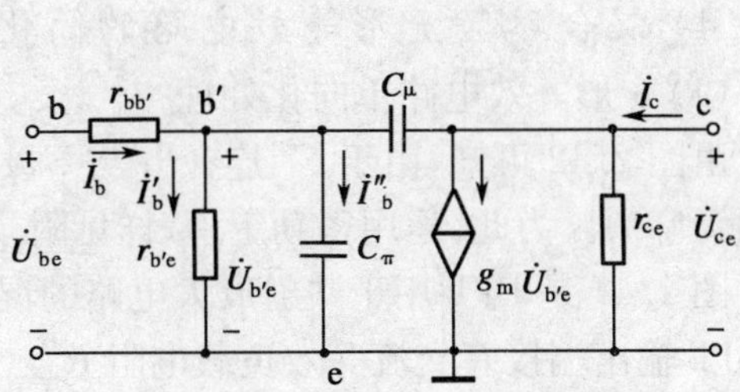

图 2.42　BJT 的高频小信号模型

3）混合参数与 H 参数之关系

混合参数 π 形等效电路和 H 参数等效电路都是 BJT 的等效电路，故二者的参数之间必然存在着一定的关系。当频率不高时，因为结电容 C_π 和 C_μ 的数值都很小，它们的影响均可忽略，此时混合参数 π 形等效电路就转化为 H 参数等效电路。图 2.43(a)和(b)两图分别表示

简化 H 参数等效电路和低、中频时的混合参数 π 形等效电路。比较两图参数可得：

$$r_{be}=r_{bb'}+r_{b'e} \tag{2.82}$$

因为

$$r_{b'e}\approx(\beta+1)\frac{26}{I_{EQ}}\approx\frac{26\beta}{I_{CQ}} \tag{2.83}$$

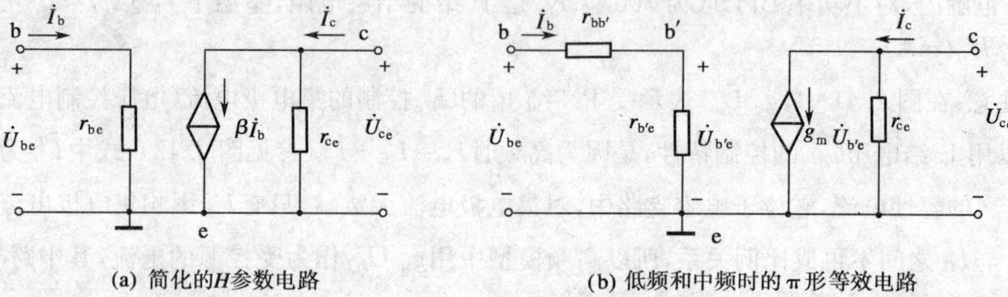

图 2.43　两种等效电路在低频段的比较

所以

$$r_{bb'}=r_{be}-r_{b'e}\approx r_{be}-\frac{26\beta}{I_{CQ}} \tag{2.84}$$

图 2.43(a)、(b)中两个受控电流源的电流应相等，即

$$\beta\dot{I}_b=g_m\dot{U}_{b'e} \tag{2.85}$$

将 $\dot{U}_{b'e}=\dot{I}_b r_{b'e}$ 代入式(2.85)得：

$$g_m=\beta/r_{b'e}\approx I_{CQ}/26 \tag{2.86}$$

式(2.86)右端分母的单位是毫伏，如果 I_{CQ} 的单位是毫安，则 g_m 的单位是西[门子]，即 S。

在图 2.43 两个电路中，BJT 动态输出电阻 $r_{ce}\approx1/h_{22}$ 是相同的。由于 r_{ce} 值一般在 100～200 kΩ 之间，它比集电极电阻 R_C、负载电阻 R_L 大得多，所以在计算中 r_{ce} 支路一般视为开路。

4) 混合参数 π 形等效电路的简化

(1) π 形等效电路单向化处理

由图 2.42 可知，由于 C_μ 连在 b′与 c 极之间，使等效电路失去信号传输的单向性，分析起来颇为麻烦。为此，运用密勒定理(详见附录 F)对该电路作出单向化处理。

图 2.44 是 BJT 用于共射放大电路的混合参数 π 形等效电路，它与图 2.42 的区别仅仅在于 BJT 输出端接有交流等效负载电阻 $R'_L=R_C/\!/R_L/\!/r_{ce}\approx R_C/\!/R_L$。先从 C_μ 的左端看，设流入 C_μ 的电流为 $\dot{I}'$，则

$$\dot{I}'=\frac{\dot{U}_{b'e}-\dot{U}_{ce}}{1/j\omega C_\mu}=\frac{\dot{U}_{b'e}(1-\dot{U}_{ce}/\dot{U}_{b'e})}{1/j\omega C_\mu} \tag{2.87}$$

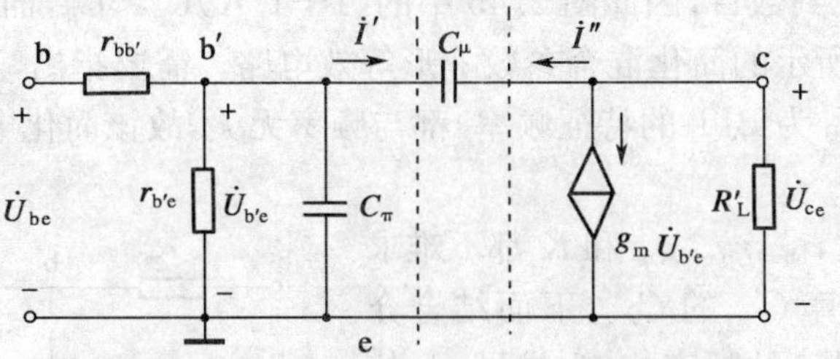

图 2.44 共射接法 BJT 的混合参数 π 形等效电路

因为$\dot{U}_{ce}=-g_m\dot{U}_{b'e}R'_L$，所以有：

$$\frac{\dot{U}_{ce}}{\dot{U}_{b'e}}=\frac{-g_m\dot{U}_{b'e}R'_L}{\dot{U}_{b'e}}=-g_mR'_L=-K \text{①} \tag{2.88}$$

代入式(2.87)，得

$$\dot{I}'=\frac{\dot{U}_{b'e}(1+K)}{1/j\omega C_\mu}=\frac{\dot{U}_{b'e}}{1/[j\omega(1+K)C_\mu]} \tag{2.89}$$

式(2.89)说明了，从电路等效的观点看，只要保持节点上的电流$\dot{I}'$不变，连接在 b′与 c 极之间的 C_μ 可以用一个接在 b′与 e 极之间的电容$(1+K)C_\mu$ 来等效替代。

与此类似，从 C_μ 的右端来看，欲保持流入 C_μ 的电流$\dot{I}''$不变，则接在 b′与 c 之间的 C_μ 可用一个接在 c 与 e 极之间的电容$(1+1/K)C_\mu$ 来等效替换。

如此处理，就把图 2.44 变换成图 2.45 的等效电路，该电路中 b′与 c 极之间不再有连接，即实现了等效电路的单向化处理。

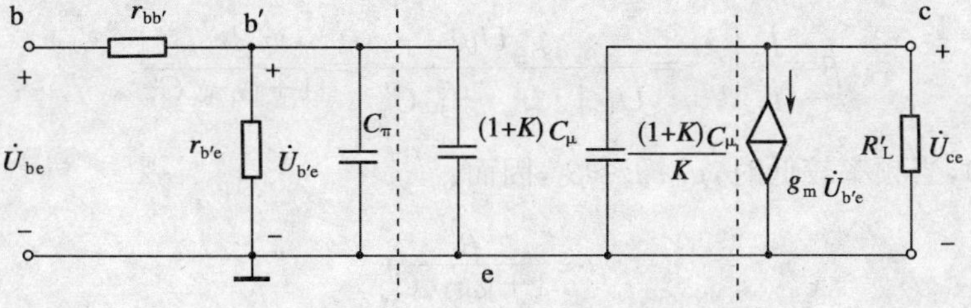

图 2.45 π 形等效电路的单向化处理

(2) 单向化等效电路的简化

为了进一步简化电路，把 C_π 和$(1+K)C_\mu$ 的并联结果用 C'_π 表示，即

$$C'_\pi=C_\pi+(1+K)C_\mu \tag{2.90}$$

式中：K 在数值上是单管共射放大电路输出电压$\dot{U}_{ce}$与 J_e 结电压$\dot{U}_{b'e}$之比：

$$K=\left|\frac{\dot{U}_{ce}}{\dot{U}_{b'e}}\right|=g_mR'_L \tag{2.91}$$

---

① 因为$\dot{I}_c$与$\dot{U}_{b'e}$同相，而$\dot{U}_{ce}$与$\dot{I}_c$反相，所以 K 是标量。

K 的数值约为几十到数百，因此图 2.45 中的$(1+1/K)C_\mu \approx C_\mu$，而 C_μ 值很小，可以略去。这样就得到如图 2.46 所示的简化混合参数 π 形等效电路。需要指出，这一电路中各参数在工作频率低于 $f_T/3$ 时(f_T 为 BJT 的特征频率)都与频率无关，故该简化电路适用于 $f<f_T/3$ 的情形。

在图 2.46 中，参数 $r_{bb'}$、$r_{b'e}$、g_m 和 K 都不难求出，剩下的只有用于计算 C'_π 的 C_π。下面结合介绍 BJT 的电流放大系数 $\dot{\beta}$ 的频率响应，推导 C_π 的计算公式。

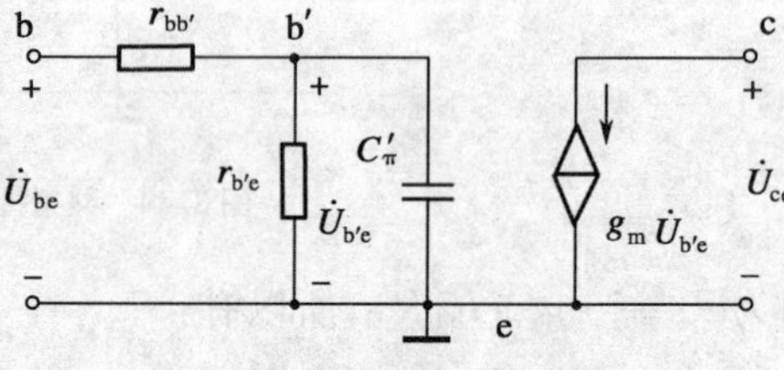

图 2.46　单向化 π 形等效电路的简化

5）共射电流放大系数 $\dot{\beta}$ 的频率响应

当信号频率不高时，可以把 BJT 的共射电流放大系数 $\dot{\beta}$ 看做是常数。但是，当信号频率较高时，BJT 内载流子的运动将不能及时跟随信号的变化，从而使 $\dot{I}_c$ 与 $\dot{I}_b$ 之间存在相位差，$\dot{\beta}$ 成为复数，$\dot{\beta}$ 的幅值亦随频率升高而下降。因此，共射电流放大系数 $\dot{\beta}$ 实为频率的函数，只在直流或低频时 $\dot{\beta}$ 是一个常数，用 β_0 表示。

(1) $\dot{\beta}$ 的频率响应表达式

按照定义，$\dot{\beta}$ 是 BJT 在共射接法下输出端交流短路时的电流放大系数，即

$$\dot{\beta}=\frac{\dot{I}_c}{\dot{I}_b}\bigg|_{U_{CE}} \tag{2.92}$$

由图 2.46 可知，输出端口交流短路($\dot{U}_{ce}=0$ V)时，$K=g_m R'_L=0$。于是，此时 $C'_\pi=C_\pi+(1+K)C_\mu=C_\pi+C_\mu$。因 c 极与 e 极短路，故 $\dot{I}_C=g_m\dot{U}_{b'e}$。若用$\dot{U}_{b'e}$表示 $\dot{I}_b$，则有 $\dot{I}_b=\dot{U}_{b'e}[(1/r_{b'e})+j\omega C'_\pi]$。这样式(2.92)可写成：

$$\dot{\beta}=\frac{\dot{I}_c}{\dot{I}_b}\bigg|_{U_{CE}}=\frac{g_m\dot{U}_{b'e}}{\dot{U}_{b'e}[1/r_{b'e}+j\omega C'_\pi]}=\frac{g_m r_{b'e}}{1+j\omega r_{b'e}C'_\pi} \tag{2.93}$$

由式(2.86)，当频率较低时，$g_m r_{b'e}\approx\beta_0$，因而：

$$\dot{\beta}\approx\frac{\beta_0}{1+j\omega r_{b'e}C'_\pi} \tag{2.94}$$

令 $\omega_\beta=\dfrac{1}{r_{b'e}C'_\pi}$，则

$$f_\beta=\frac{\omega_\beta}{2\pi}=\frac{1}{2\pi r_{b'e}C'_\pi}=\frac{1}{2\pi r_{b'e}(C_\pi+C_\mu)} \tag{2.95}$$

代入式(2.94)得：

$$\dot{\beta}=\frac{\beta_0}{1+jf/f_\beta} \tag{2.96}$$

显而易见，$\dot{\beta}$ 的频率响应表达式形如前述单时间常数 RC 低通电路的频响式[见式(2.75)]。当$f=f_\beta$ 时，$\beta=\beta_0/\sqrt{2}$，即 β 下降到 β_0 的 $1/\sqrt{2}$，故 f_β 被称为 BJT 共射电流放大系

数 $\dot{\beta}$ 的上限截止频率。

由式(2.96)写出 $\dot{\beta}$ 的对数幅频特性和相频特性的表达式：

$$20\lg\beta=20\lg\beta_0-10\lg[1+(f/f_\beta)^2] \tag{2.97}$$

$$\varphi=-\arctan(f/f_\beta) \tag{2.98}$$

根据以上表达式画出 $\dot{\beta}$ 的波特图，如图 2.47 所示。

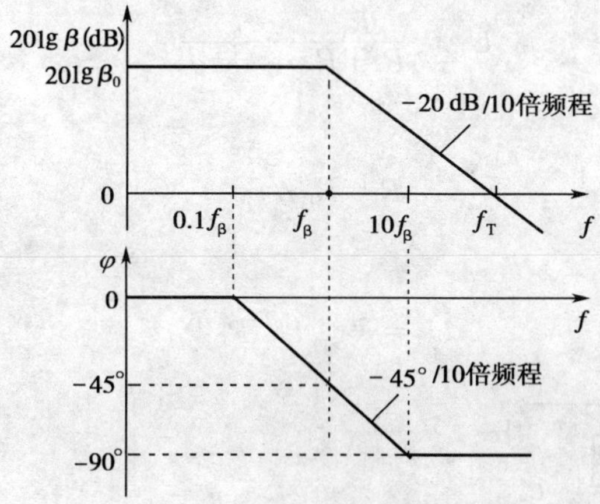

图 2.47 电流放大系数 $\dot{\beta}$ 的频率响应

(2) 特征频率 f_T 及其与 f_β、C_π 的关系

$\dot{\beta}$ 的对数幅频特性与横坐标轴相交处的频率 f_T 称为 BJT 的特征频率，它对应的纵坐标 $20\lg\beta=0$ dB，即 $\beta=1$。因此，f_T 就是 β 降到 1 时的频率。BJT 的 f_T 值可由手册查出。

f_T 与 f_β 的关系可由式(2.96)的幅频特性式求出。因为当 $f=f_T$ 时，$\beta=1$，所以：

$$1=\frac{\beta_0}{\sqrt{1+(f_T/f_\beta)^2}} \tag{2.99}$$

因 $f_T \gg f_\beta$，故

$$f_T\approx\beta_0 f_\beta \tag{2.100}$$

现在讨论 f_T 与 C_π 之间的关系。将式(2.95)两端乘以 β_0，得

$$\beta_0 f_\beta=\frac{\beta_0}{2\pi r_{b'e}(C_\pi+C_\mu)}=\frac{g_m}{2\pi(C_\pi+C_\mu)} \tag{2.101}$$

一般 $C_\pi \gg C_\mu$，即 $C_\pi+C_\mu\approx C_\pi$，又 $\beta_0 f_\beta\approx f_T$，所以从式(2.101)得到：

$$f_T\approx\frac{g_m}{2\pi C_\pi} \tag{2.102}$$

从而得：

$$C_\pi\approx\frac{g_m}{2\pi f_T} \tag{2.103}$$

可见根据手册中的 f_T，不难计算出 C_π。

2.7.5 基本共射放大电路的频率响应

现在采用分频段法来讨论基本共射放大电路的频率响应。

1) 中频段($f_L \leqslant f \leqslant f_H$)

基本共射放大电路如图 2.48(a)所示。在中频段($f_L \leqslant f \leqslant f_H$),共射放大电路的微变等效电路如图 2.48(b)所示。由图可见:

$$\dot{U}_{b'e}=\frac{R_i}{R_s+R_i}\frac{r_{b'e}}{r_{bb'}+r_{b'e}}\dot{U}_s \tag{2.104}$$

式中:

$$R_i=R_B /\!/ r_{be} \tag{2.105}$$

输出电压为:

$$\dot{U}_o=-g_m\dot{U}_{b'e}R_C ① \tag{2.106}$$

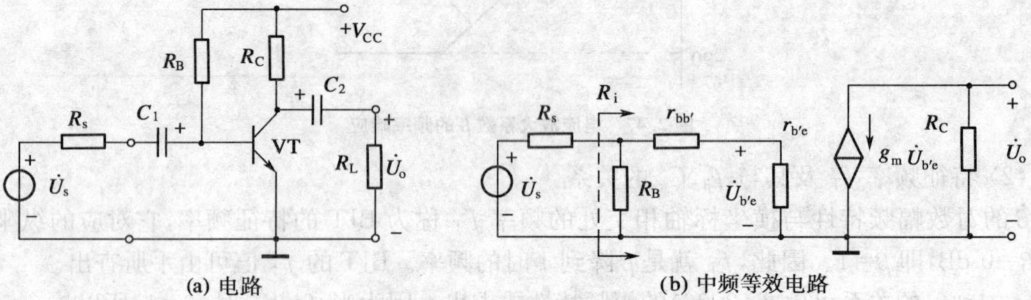

图 2.48 基本共射放大电路

因此,中频段电路的源电压增益为:

$$\dot{A}_{usM}=\frac{\dot{U}_o}{\dot{U}_s}=-\frac{R_i}{R_s+R_i}\frac{r_{b'e}}{r_{bb'}+r_{b'e}}g_mR_C \tag{2.107}$$

如用分贝(dB)表示,则

$$20\lg A_{usM}=20\lg\left[\frac{R_i}{R_i+R_s}\frac{r_{b'e}}{r_{bb'}+r_{b'e}}g_mR_C\right] \tag{2.108}$$

$\dot{A}_{usM}$的相位为:

$$\varphi=-180^\circ \tag{2.109}$$

依据式(2.108)、式(2.109)绘出的中频段幅频特性和相频特性均为一条水平线。

2) 高频段($f \geqslant f_H$)

高频段交流等效电路如图 2.49 所示。应用戴维宁定理,将输入回路中的 C'_π 左侧电路变换成如图 2.50 所示的形式,其中:

---

① 注意:R_L 已与 C_2 一起归入下一级放大电路。如果考虑 R_L,在中频段应有$\dot{U}_O=-g_m\dot{U}_{b'e}R'_L$,式中 $R'_L=R_C /\!/ R_L$。

$$R=r_{b'e}//[r_{bb'}+(R_B//R_s)] \tag{2.110}$$

$$\dot{U}'_s=\frac{R_i}{R_i+R_s}\frac{r_{b'e}}{r_{bb'}+r_{b'e}}\dot{U}_s \tag{2.111}$$

而 R_i 如式(2.105)所示。

由图 2.50 可知，高频时放大电路相当于只含一个输入回路的 RC 低通电路，其上限截止频率为 f_H。经过分析，获得高频段电路的源电压增益为：

$$\dot{A}_{usH}=\frac{\dot{U}_o}{\dot{U}_s}=\dot{A}_{usM}\frac{1}{1+j\omega RC'_\pi} \tag{2.112}$$

式中：$\dot{A}_{usM}$ 为中频源电压增益。

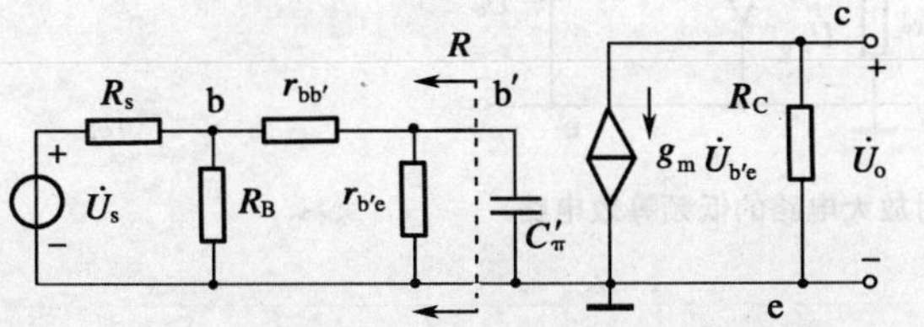

图 2.49 基本共射放大电路的高频等效电路

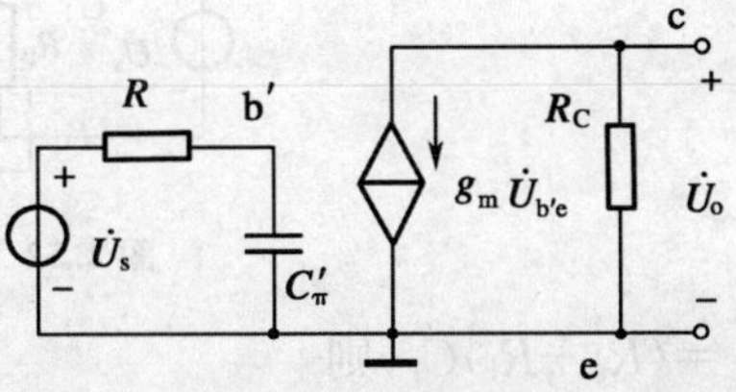

图 2.50 变换后的图 2.49 的等效电路

令 $RC'_\pi=\tau_H$，则 $\omega_H=1/\tau_H$，而上限截止频率和高频源电压增益分别为：

$$f_H=\frac{\omega_H}{2\pi}=\frac{1}{2\pi\tau_H}=\frac{1}{2\pi RC'_\pi} \tag{2.113}$$

$$\dot{A}_{usH}=\dot{A}_{usM}\frac{1}{1+j\omega/\omega_H}=\dot{A}_{usM}\frac{1}{1+jf/f_H} \tag{2.114}$$

由式(2.114)可写出高频段波特图表达式：

$$20\lg A_{usH}=20\lg A_{usM}-10\lg[1+(f/f_H)^2] \tag{2.115}$$

$$\varphi=-180°-\arctan(f/f_H) \tag{2.116}$$

由此可画出放大电路高频段的波特图，如图 2.51 所示。

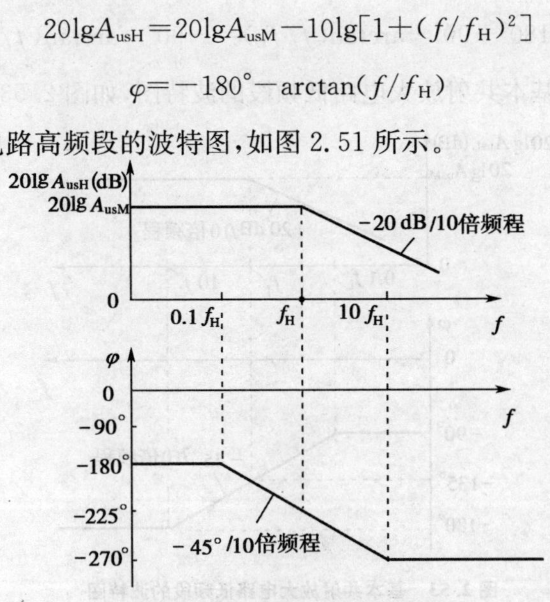

图 2.51 高频段放大电路的波特图

3) 低频段($0<f<f_L$)

图 2.48(a)的基本共射放大电路低频段的微变等效电路见图 2.52,由图推导出低频源电压增益为:

$$\dot{A}_{usL}=\frac{\dot{U}_o}{\dot{U}_s}=-\frac{R_i}{R_s+R_i+1/j\omega C_1}\frac{r_{b'e}}{r_{bb'}+r_{b'e}}g_mR_C$$

$$=\frac{-R_i}{R_s+R_i}\frac{r_{b'e}}{r_{bb'}+r_{b'e}}g_mR_C\frac{1}{1+1/[j\omega(R_s+R_i)C_1]} \tag{2.117}$$

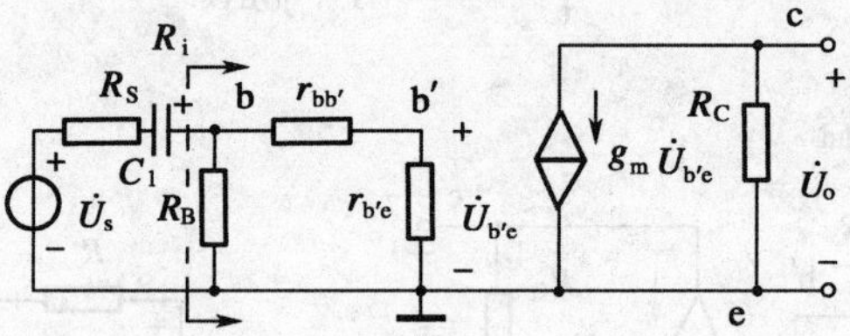

图 2.52　基本共射放大电路的低频等效电路

令 $\tau_L=(R_s+R_i)C_1$,则

$$f_L=\frac{1}{2\pi\tau_L}=\frac{1}{2\pi(R_s+R_L)C_1} \tag{2.118}$$

$$\dot{A}_{usL}=\dot{A}_{usM}\frac{1}{1+1/j\omega\tau_L}=\dot{A}_{usM}\frac{jf/f_L}{1+jf/f_L} \tag{2.119}$$

将式(2.119)与式(2.79)相比可知,在低频段,放大电路相当于只含一个输入回路的 RC 高通电路,而 f_L 就是其下限截止频率。因此,根据式(2.119)写出低频段的波特图表达式为:

$$20\lg A_{usL}=20\lg A_{usM}+20\lg(f/f_L)-10\lg[1+(f/f_L)^2] \tag{2.120}$$

$$\varphi=-180°+90°-\arctan(f/f_L)=-90°-\arctan(f/f_L) \tag{2.121}$$

根据以上分析,绘出基本共射放大电路低频段的波特图,如图 2.53 所示。

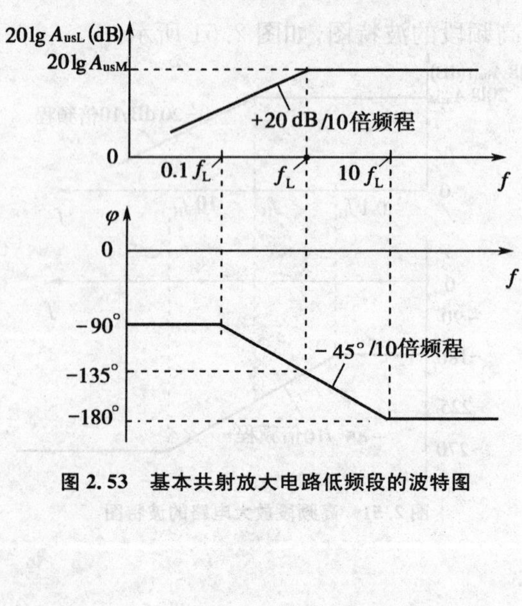

图 2.53　基本共射放大电路低频段的波特图

4）完整的基本共射放大电路的频率响应

将前面分析出的基本共射放大电路的中频段、低频段和高频段的频率特性，合绘在同一张图上，就得到如图 2.54 所示的完整的频率响应曲线（波特图）。

实际上，由于 C_1 和 C'_π 不会同时起作用，所以将前述式（2.107）、式（2.114）和式（2.119）合在一起，就得出该共射放大电路的完整的电压增益表达式，即

$$\dot{A}_{us}=\dot{A}_{usM}\frac{jf/f_L}{(1+jf/f_L)(1+jf/f_H)} \tag{2.122}$$

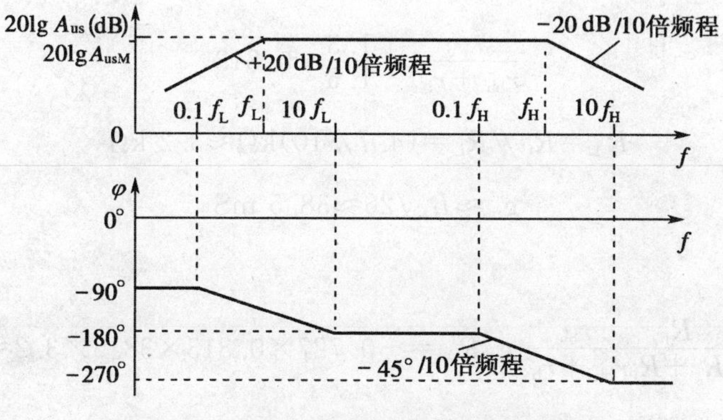

图 2.54　基本共射放大电路的完整的波特图

在图 2.48(a)的基本共射放大电路中，如将隔直耦合电容 C_1 和 C_2 同时考虑，则可分别求出对应于输入回路和输出回路的两个下限截止频率：

$$f_{L1}=\frac{1}{2\pi(R_s+R_i)C_1};\quad f_{L2}=\frac{1}{2\pi(R_C+R_L)C_2} \tag{2.123}$$

此时，该放大电路的低频响应具有 f_{L1} 和 f_{L2} 两个转折频率。若二者比值在 4～5 倍以上，则取较大者作为电路的下限截止频率。

如果放大电路中 BJT 发射极上接有电阻 R_E 和旁路电容 C_E，且 C_E 的电容量不够大，则在低频时 C_E 不能被视为短路。因而，由 C_E 又可以定出一个下限截止频率。需要指出的是，由于 C_E 接于发射极电路中，发射极电流 $\dot{I}_e$ 是基极电流 $\dot{I}_b$ 的 $(1+\beta)$ 倍，它的大小对增益的影响较大，因此 C_E 往往是决定低频响应的主要因素。

【例 2.8】　在图 2.55 的电路中，BJT 型号为 3DG8，查手册知其 $C_\mu=4$ pF，$f_T=150$ MHz，$\beta=50$，直流电源电压 $V_{CC}=12$ V，其他参数如图所示。试计算该放大电路的中频电压增益、下限和上限截止频率、通频带，并画出波特图。设 $U_{BEQ}=0.7$ V，$r_{bb'}=300\ \Omega$。

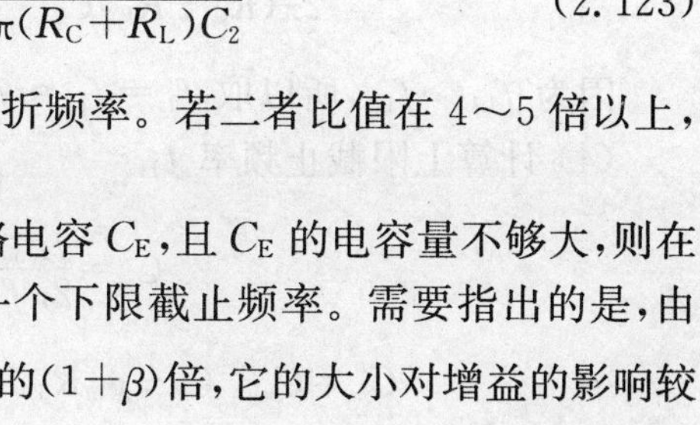

图 2.55　例 2.8 的电路图

解　(1) 求静态工作点

$$I_{BQ}=\frac{V_{CC}-U_{BEQ}}{R_B}=\frac{12-0.7}{560\times10^3}\approx0.02\ \text{mA}$$

$$I_{CQ}=50\times0.02\ \text{mA}=1\ \text{mA}$$

(2) 计算中频电压增益$\dot{A}_{usM}$

$$r_{b'e}=(\beta+1)\frac{26}{I_{EQ}}\approx50\times\frac{26}{1}=1.3\ \text{k}\Omega$$

$$R_i=R_B/\!/(r_{bb'}+r_{b'e})\approx r_{bb'}+r_{b'e}=(0.3+1.3)\text{k}\Omega=1.6\ \text{k}\Omega$$

$$\frac{R_i}{R_s+R_i}=\frac{1.6}{0.6+1.6}\approx0.727$$

$$\frac{r_{b'e}}{r_{bb'}+r_{b'e}}=\frac{1.3}{1.6}\approx0.813$$

$$R'_L=R_C/\!/R_L=(4.7/\!/10)\text{k}\Omega\approx3.2\ \text{k}\Omega$$

$$g_m\approx I_{CQ}/26\approx38.5\ \text{mS}$$

所以

$$\dot{A}_{usM}=-\frac{R_i}{R_s+R_i}\frac{r_{b'e}}{r_{bb'}+r_{b'e}}g_mR'_L=-0.727\times0.813\times38.5\times3.2\approx-72.8$$

(3) 计算下限截止频率 f_L

$$f_{L1}=\frac{1}{2\pi(R_s+R_i)C_1}=\frac{1}{2\pi(0.6+1.6)\times10^3\times10^{-6}}\ \text{Hz}\approx72.3\ \text{Hz}$$

$$f_{L2}=\frac{1}{2\pi(R_C+R_L)C_2}=\frac{1}{2\pi(4.7+10)\times10^4\times10^{-6}}\ \text{Hz}\approx1.08\ \text{Hz}$$

因为 $f_{L1}\gg f_{L2}$，所以取 $f_L=f_{L1}\approx72.3$ Hz。

(4) 计算上限截止频率 f_H

$$C_\pi=\frac{g_m}{2\pi f_T}=\frac{0.0385}{2\pi\times150\times10^6}\approx41\ \text{pF}$$

$$C'_\pi=C_\pi+(1+g_mR'_L)C_\mu=41+(1+38.5\times3.2)\times4\approx538\ \text{pF}$$

$$R'_s=R_s/\!/R_B=(0.6/\!/560)\approx0.6\ \text{k}\Omega$$

$$R=r_{b'e}/\!/(r_{bb'}+R'_s)=[1.3/\!/(0.3+0.6)]\ \text{k}\Omega\approx0.53\ \text{k}\Omega$$

所以

$$f_H=\frac{1}{2\pi RC'_\pi}=\frac{1}{2\pi\times0.53\times10^3\times538\times10^{-12}}\ \text{Hz}\approx0.56\ \text{MHz}$$

(5) 写出通频带

$$f_{BW}=f_H-f_L\approx f_H\approx0.56\ \text{MHz}$$

(6) 画出波特图

因为已求出 $20\lg A_{usM}=20\lg72.8\approx37.2$ dB，$f_L\approx72.3$ Hz，$f_H\approx0.56$ MHz，用前述方法即

可画出波特图，如图 2.56 所示。

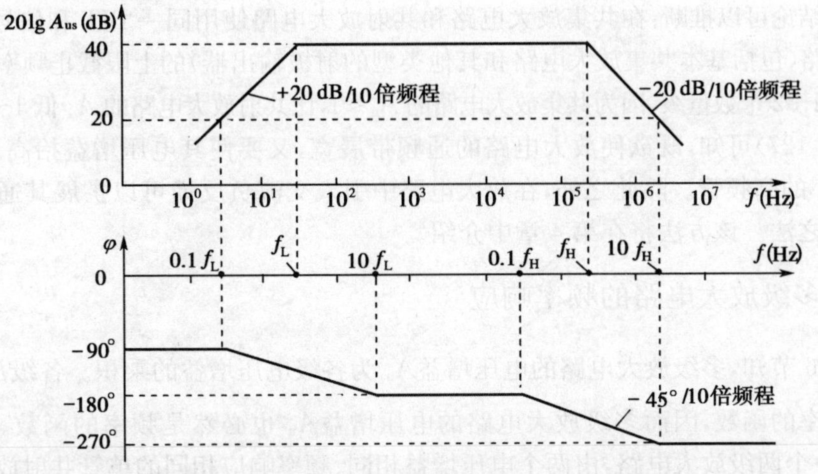

图 2.56　例 2.8 的波特图

2.7.6　放大电路的增益-带宽积

由以上分析知，影响基本共射放大电路上限截止频率的主要元件及参数是：R_s、$r_{bb'}$、$r_{b'e}$和 C'_π。因此，要提高 f_H，需选择 $r_{bb'}$、$C_{b'c}$小而 f_T 高（$C_{b'e}$小）的 BJT，同时选用内阻 R_s 小的信号源。此外，还必须减小 $g_m R'_L$，以减少 $C_{b'c}$的密勒效应。然而，据式(2.107)知，减小 $g_m R'_L$ 会使 A_{usM}降低。因而可以说，f_H 的提高与 A_{usM}的增大是相互矛盾、相互制约的。为了综合考虑这两个方面的性能，引出增益-带宽积这一参数，定义为中频电压增益 A_{usM}与通频带 f_{BW}（$\approx f_H$）的乘积。下面仍以共射放大电路（包括基本共射电路、分压式偏置稳定的共射电路等）为例，推导增益-带宽积的表达式。

一方面，因为共射电路的 $R_i = R_B /\!/ (r_{bb'} + r_{b'e}) \approx r_{bb'} + r_{b'e}$，所以式(2.107)可近似表示为：

$$\dot{A}_{usM} \approx -\frac{r_{b'e}}{R_s + r_{bb'} + r_{b'e}} g_m R'_L \tag{2.124}$$

式中：$R'_L = R_C /\!/ R_L$。另一方面，由式(2.113)可写出：

$$f_H = \frac{1}{2\pi R C'_\pi} = \left\{ 2\pi \frac{r_{b'e}(R'_s + r_{bb'})}{r_{b'e} + (R'_s + r_{bb'})} \times [C_\pi + (g_m R'_L + 1) C_\mu] \right\}^{-1} \tag{2.125}$$

因为 $R_B \gg R_s$，$R'_s = R_B /\!/ R_s \approx R_s$，另有 $C'_\pi \approx g_m R'_L C_\mu$，所以

$$f_H \approx \left[2\pi \frac{r_{b'e}(R_s + r_{bb'})}{R_s + r_{bb'} + r_{b'e}} g_m R'_L C_\mu \right]^{-1} \tag{2.126}$$

因而增益-带宽积为：

$$A_{usM} f_H \approx \frac{\dfrac{r_{b'e}}{R_s + r_{bb'} + r_{b'e}} g_m R'_L}{2\pi \dfrac{r_{b'e}(R_s + r_{bb'})}{R_s + r_{bb'} + r_{b'e}} g_m R'_L C_\mu} = \frac{1}{2\pi (R_s + r_{bb'}) C_\mu} \tag{2.127}$$

式(2.127)虽不严格，但指出一个重要的事实：当管子和信号源选定后，放大电路的增益-

带宽积就大致固定了。若要把它的通频带扩大几倍，则其电压增益就要相应的缩小几倍。

由上述结论可以推断：在共集放大电路和共射放大电路使用同一 BJT 和信号源的条件下，共集放大电路（包括基本共集放大电路和其他类型的射极输出器）的上限截止频率 f_H，要比共射放大电路高 1～2 个数量级，因为共集放大电路的 $A_u \approx 1$，比共射放大电路的 A_u 低 1～2 个数量级。

从式(2.127)可知，既欲使放大电路的通频带展宽，又要使其电压增益抬高，则应选用 C_μ 和 $r_{bb'}$ 都很小的高频管。除此之外，在放大电路中引入交流负反馈可以扩展其通频带，这亦为工程中常用之法。该方法将在第 4 章中介绍。

2.7.7　多级放大电路的频率响应

由第 2.6 节知，多级放大电路的电压增益$\dot{A}_u$ 为各级电压增益的乘积。各级放大电路的电压增益是频率的函数，因而多级放大电路的电压增益$\dot{A}_u$ 也必然是频率的函数。为了简明起见，假设有一个两级放大电路，由两个电压增益相同、频率响应相同的单管共射放大电路构成，图 2.57(a)是它的结构示意图，级间采用 RC 耦合方式。由于 RC 耦合环节具有隔断直流、耦合交流的作用，所以两级的静态工作情况互不影响，而交流信号则可顺利通过。

下面来定性分析图 2.57(a)所示电路的幅频特性，并讨论它与所含单级放大电路频率响应的关系。设每级电压增益大小为 A_{uM1}，则每级的上限截止频率 f_{H1} 和 f_{L1} 处对应的电压增益大小为 $0.707A_{uM1}$，两级电压放大电路的电压增益为 A_{uM1}^2。显然，该两级放大电路的上、下限截止频率不可能是 f_{H1} 和 f_{L1}，因为对应于这两个频率的电压增益是$(0.707A_{uM1})^2 \approx 0.5A_{uM1}^2$，如图 2.57(b)所示。根据放大电路通频带的定义，当该两级放大电路的电压增益为 $0.707A_{uM1}^2$ 时，对应的低频频率为下限截止频率 f_L，高频频率是上限截止频率 f_H，如图 2.57(b)所示。

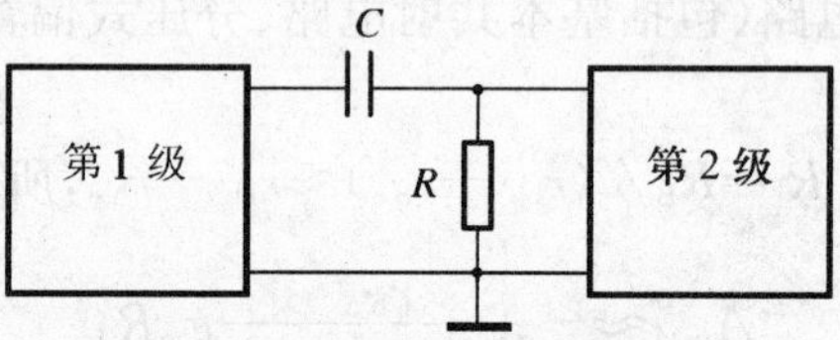

（a）两级放大电路的结构示意图

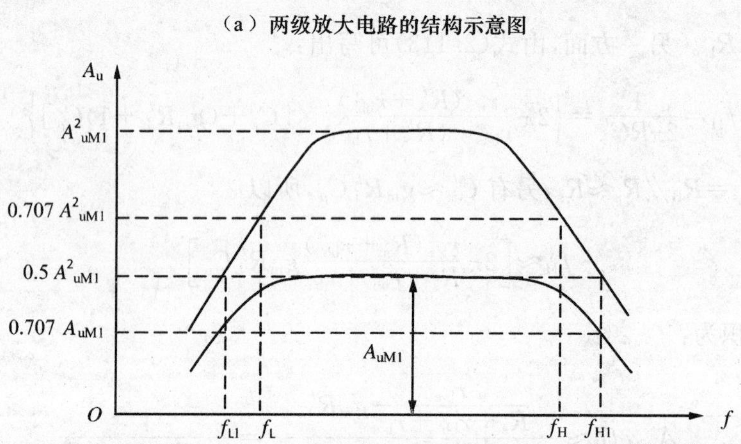

（b）单级和两级放大电路的幅频特性

图 2.57　两级放大电路与所含单级放大电路的频率响应的关系

由图 2.57(b)显见，$f_L > f_{L1}$，$f_H < f_{H1}$，即两级放大电路的通频带变窄了。依此类推到 n 级放大电路，其总电压增益为 n 个单级放大电路电压增益的连乘积，即

$$\dot{A}_u = \dot{A}_{u1}\dot{A}_{u2}\cdots\dot{A}_{un} = \prod_{k=1}^{n}\dot{A}_{uk} \tag{2.128}$$

式中设定各单级放大电路电压增益依次为 $\dot{A}_{u1}, \dot{A}_{u2}, \cdots, \dot{A}_{un}$。

应当注意的是，在计算各级的电压增益时，前级的开路电压是后级的信号源电压；前级的输出电阻即为后级的信号源内阻，而后级的输入电阻则是前级的负载电阻。

从图 2.57(b)所示的两级放大电路的通频带可以推知，多级放大电路的通频带一定比它的任何一级都窄，级数越多，则 f_L 越高而 f_H 越低，通频带越窄。亦即，将若干级放大电路前后串联起来，总电压增益虽然提高了，但通频带却变窄了，这是多级放大电路的一个重要概念。

习 题 2

2.1 单项选择题(将下列各小题正确选项前的字母填在题中的括号内。此题可安排到复习时练习)

(1) 分析阻容耦合低频小信号放大电路时，通常采用交流量和直流量分开的办法，这是由于(　　)。

A. BJT 或 FET 是非线性元件　　B. 电路中存在着阻容元件

C. BJT 或 FET 是受控电流源　　D. 电路中既有直流量又有交流量

(2) 在低频小信号放大电路中，合适地设置静态工作点的目的是(　　)。

A. 不失真地放大低频小信号　　B. 提高交流输入电阻

C. 增强带负载能力　　D. 增大交流输出电压幅值

(3) 低频小信号放大电路的静态是指输入端(　　)时的电路状态。

A. 交流信号 u_i 幅值不变　　B. u_i 频率不变

C. u_i 为零　　D. 开路

(4) 在分压式偏置稳定的共射放大电路中，设置射极旁路电容 C_E 的目的是(　　)。

A. 旁路交流信号，使 A_u 不致降低　　B. 隔直耦交

C. 稳定 Q 点　　D. 提高电流增益

(5) BJT 共集放大电路比 BJT 共射放大电路的性能好，原因是共集放大电路中(　　)。

A. 隔直耦合电容 C_1、C_2 的容量大　　B. BJT 的高频性能较佳

C. 输入、输出回路均以集电极为公共端　　D. 引入了交流负反馈

(6) 用微变等效电路法通常可以求解低频小信号放大电路的(　　)。

A. Q 点　　B. 集电极直流电位

C. 电压增益、输入电阻和输出电阻　　D. 高频参数

(7) 在共发射极放大电路中，设置基极电阻为电位器加串固定电阻的目的是(　　)。

A. 调节偏流 I_{BQ}　　B. 放大基极电流 i_B

C. 控制 i_B　　D. 防止 u_i 可能被旁路

(8) 检查 BJT 放大电路中管子是否截止，最简单且可靠的方法是测出(　　)。

A. I_{BQ}　　B. 交流输入电阻 R_i

C. 交流输出电压有效值 U_o　　D. U_{CEQ}

(9) 在实际应用中，一级共射放大电路通常用做(　　)。

A. 单级放大　　B. 多级放大电路的中间级

C. 多级放大电路的输入级　　D. 多级放大电路的输出级

(10) FET 共源放大电路的电压增益比 BJT 共射放大电路的电压增益小得多,这是由于(　　)。

A. FET 的交流跨导 g_m 较大　　B. BJT 的放大能力较强

C. BJT 是电流控制电流器件　　D. FET 是电压控制电流器件

(11) BJT 共基放大电路通常用作宽带放大电路,原因是共基放大电路的(　　)。

A. 低频特性较好　　B. 高频性能较佳

C. 输入电阻较小　　D. 输出电阻与共射电路的相等

(12) 放大电路通频带的频率范围近似为(　　)。

A. $f_H \sim f_L$　　B. $0.7f_H \sim 0.7f_L$　　C. 大于等于 f_H　　D. 小于等于 f_L

(13) 影响放大电路高频特性的主要因素是(　　)。

A. 耦合电容　　B. 射极旁路电容

C. 负载电容的数值　　D. 管子的结电容

(14) 单级 BJT 共射放大电路的上限截止频率 f_H 主要由(　　)来决定。

A. BJT 的 $C_{b'e}$ 和 $C_{b'c}$　　B. 隔直耦合电容 C_1、C_2

C. BJT 的 f_α 和 f_β　　D. 共射放大电路的 Q 点

(15) 放大电路的增益-带宽积主要取决于(　　)。

A. 耦合电容大小　　B. 旁路电容大小

C. 电路放大倍数　　D. 管子和信号源

(16) 某放大电路的电压增益为 20 dB,试问:该电路的电压增益的大小为(　　)。

A. 100　　B. 10　　C. 20　　D. lg20

2.2 画出用 PNP 型 BJT 组成的单级共射基本放大电路的原理电路图。要求在图上标出电源电压(采用习惯画法)和隔直耦合电容 C_1、C_2 的极性,并注明直流电流 I_{BQ}、I_{CQ} 的实际流向和 U_{BEQ}、U_{CEQ} 的实际极性。

2.3 如果不慎将共射放大电路中的 BJT 的发射极与集电极对换后接入放大电路,试从放大作用方面分析将会出现何种现象?为什么?

2.4 如果组成正确的放大电路,必须具备合适的偏置电路和正确的交流通路。试根据这些原则判断图 2.58 所示的各个电路能否正常地放大正弦交流信号?如果不能,指出其中的错误,并加以改正。

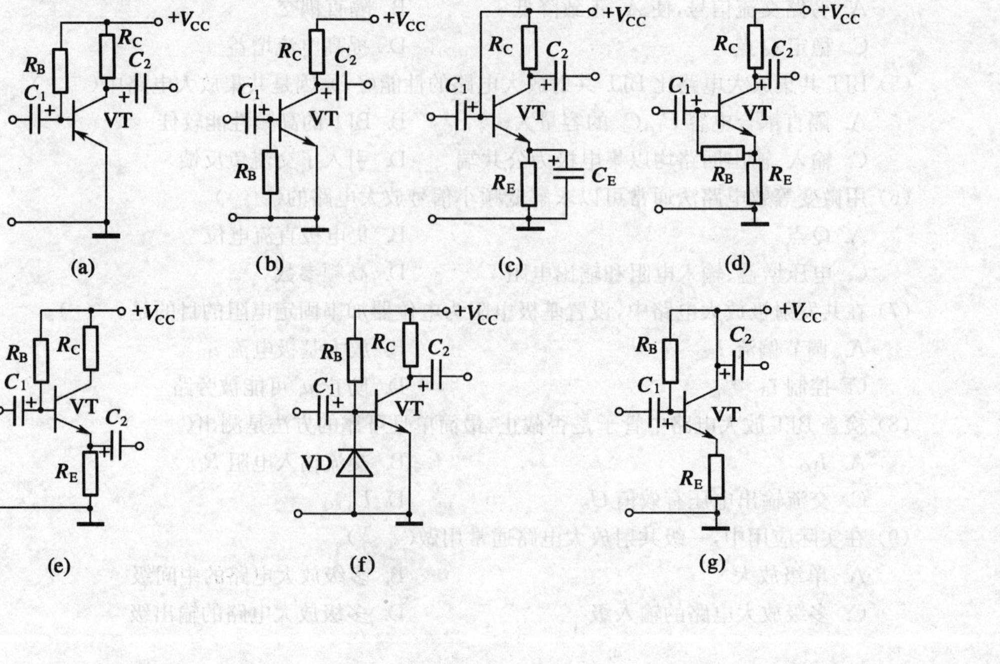

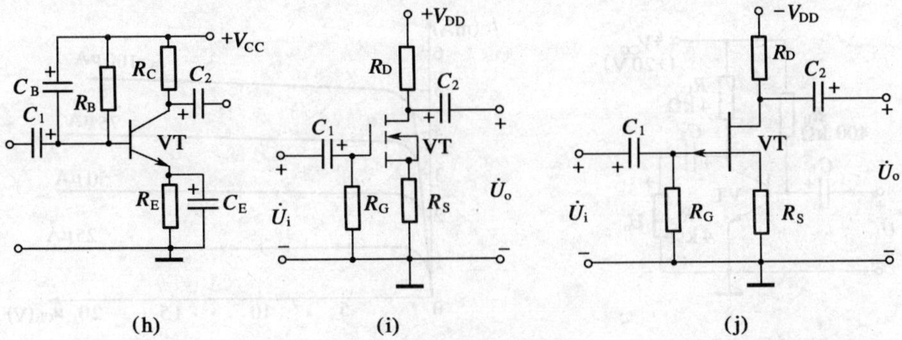

图 2.58 题 2.4 的电路图

2.5 放大电路的主要特点和分析难点是各种电量(电流、电压等)中交、直流分量共存。试画出图 2.59 所示各个放大电路的直流通路及交流通路,以便由直流通路确定 Q 点,由交流通路分析其动态性能指标。

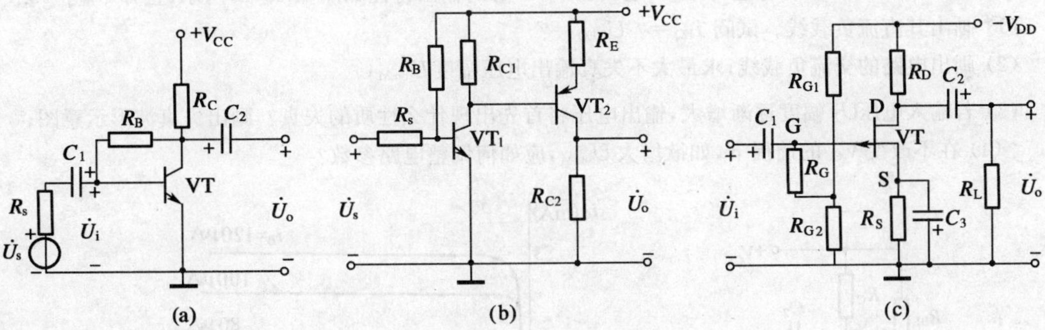

图 2.59 题 2.5 的电路图

2.6 图 2.60 为 BJT 基极偏置共射放大电路,图中 VT 为 PNP 型锗管,$\beta=50$。

(1) 当 $I_{CQ}=2$ mA 时,求基极电源电压 V_{BB}的大小;

(2) 当 $I_{CQ}=2$ mA、$-U_{CEQ}=5$ V 时,求集电极电阻 R_C 值;

(3) 如果基极改为由直流电源 $-V_{CC}$供电,Q 点参数不改变,则 R_B 的阻值应改为多少?

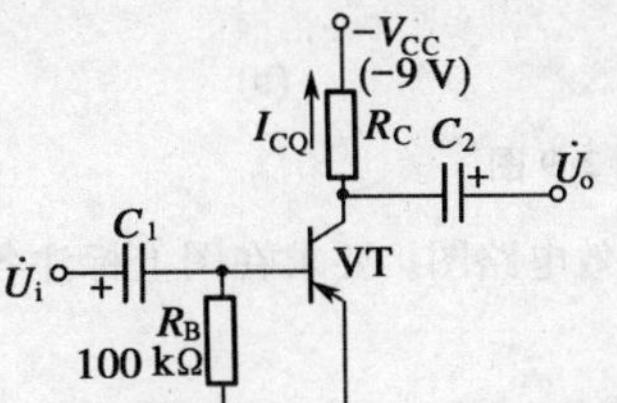

图 2.60 题 2.6 的电路图

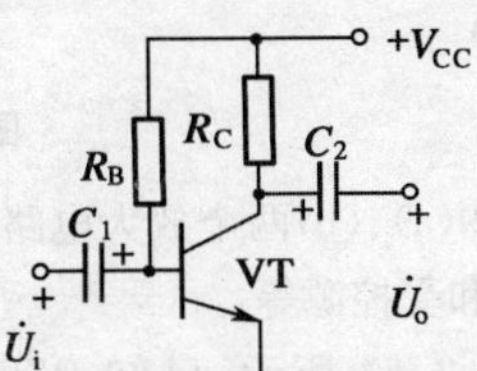

图 2.61 题 2.7 的电路图

2.7 图 2.61 是基本共射放大电路,已知 BJT 的 $\beta=50$,$V_{CC}=12$ V。

(1) 当 $R_C=2.4$ kΩ、$R_B=300$ kΩ 时,确定电路的 Q 点参数 I_{BQ}、I_{CQ}、U_{CEQ};

(2) 若要求 $U_{CEQ}=6$ V,$I_{CQ}=2$ mA,试问 R_B 和 R_C 应改为多少?

2.8 放大电路及 BJT 的输出特性如图 2.62 所示。试用图解法解答:

(1) 放大电路的 Q 点参数:$I_{CQ}=$? $U_{CEQ}=$?

(2) 当 $R_L\to\infty$,且输入为正弦交流信号时,求最大不失真输出电压幅度 $U_{omM}=$? 若接入负载电阻 $R_L=4$ kΩ,再求 $U'_{omM}=$?

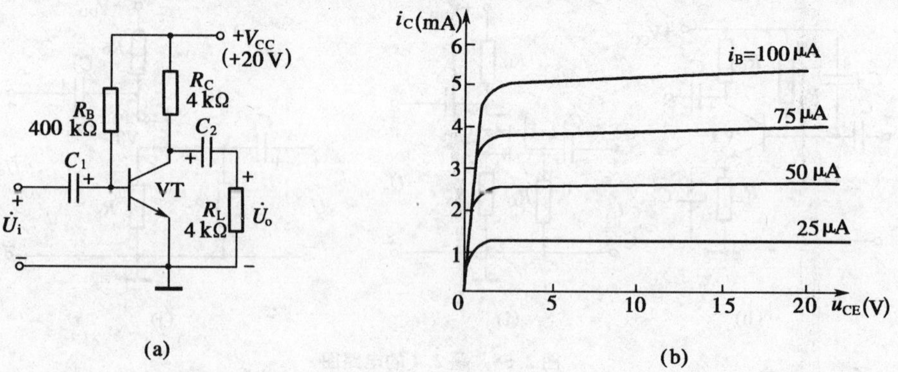

图 2.62　题 2.8 图

2.9　在图 2.63(a)所示放大电路中，$V_{CC}=16$ V，$R_C=4.7$ kΩ，$R_E=3.3$ kΩ，$R_{B1}=30$ kΩ，$R_{B2}=10$ kΩ，$R_L=4.7$ kΩ，C_1、C_2 和 C_E 的容量均足够大。已知 VT 管的输出特性如图 2.63(b)所示，且知 $U_{BEQ}=0.7$ V。

(1) 画出其直流负载线。试问 $I_{BQ}=$？$U_{CEQ}=$？

(2) 画出电路的交流负载线，求最大不失真输出电压幅度 U_{omM}；

(3) 若输入电压 $\dot{U}_I$ 幅度逐渐增大，输出电压将首先出现什么性质的失真？画出失真波形示意图；

*(4) 在不改变 V_{CC} 的前提下，如欲增大 U_{omM}，应如何调整电路参数？

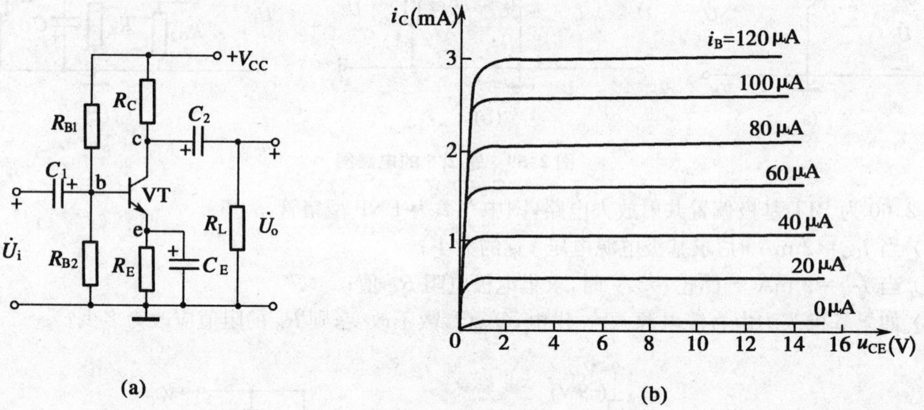

图 2.63　题 2.9 图

2.10　画出教材图 2.59(a)、(b)两个放大电路的微变等效电路图。要求在图上标注各电量的参考方向或极性，包括控制量和受控源等。

2.11　放大电路如图 2.64 所示，已知 BJT 的 $\beta=50$，$r_{bb'}=100$ Ω，$R_s=1$ kΩ。

(1) 欲使 $I_{CQ}=0.5$ mA，求 $R_B=$？

(2) 求 $\dot{A}_u=\dot{U}_o/\dot{U}_i$、$\dot{A}_{us}=\dot{U}_o/\dot{U}_s$ 之值；

(3) 问该放大电路的 R_i、R_o 各为多少？

2.12　温度变化(例如温度升高)对 BJT 参数 β、I_{CBO}、U_{BE} 和放大电路的 Q 点会产生什么样的影响？为什么锗管放大电路的 Q 点受温度的影响比硅管放大电路更显著？温度变化对 FET 放大电路的 Q 点有没有影响？为什么？

图 2.64　题 2.11 的电路图

2.13 分压式偏置稳定放大电路如图 2.65 所示，已知 $\beta=60$，其他电路参数如图所示。

(1) 估算电路的 Q 点参数；

(2) 若其他参数不改变，要求 $U_{CEQ}=-4$ V，问 R_{B1} 应改为多大？

(3) 画出微变等效电路图，求 $\dot{A}_{us}=\dot{U}_o/\dot{U}_s$、$R_i$ 和 R_o 值。

2.14 在图 2.66 所示放大电路中，已知 $\beta=100$，$r_{bb'}=100\ \Omega$，其他参数如图所示。试用微变等效电路法分别求：当 $R_E=0\ \Omega$ 及 $R_E=200\ \Omega$ 时，放大电路的 $\dot{A}_u$、R_i 和 R_o。针对这两种情况，请分析 R_E 对电路性能的影响。

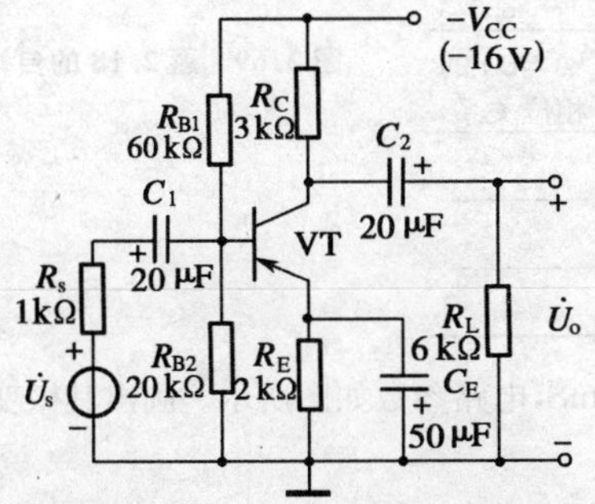

图 2.65　题 2.13 的电路图

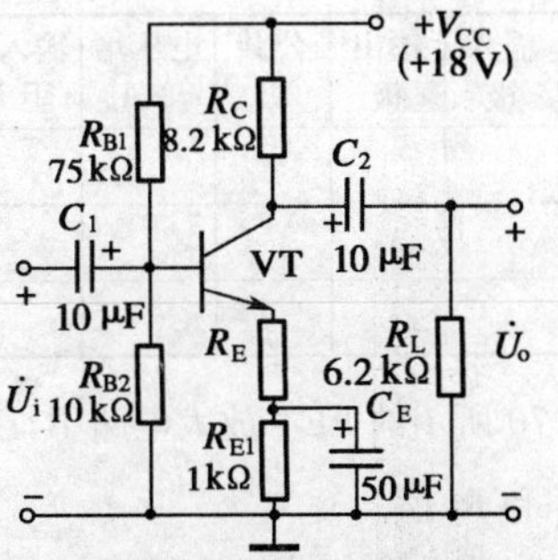

图 2.66　题 2.14 的电路图

2.15 图 2.59(a) 为集-基偏置放大电路，它是另一类稳定 Q 点的电路。

(1) 设 $V_{CC}=6$ V，$R_C=2$ kΩ，$R_B=120$ kΩ，$R_s=0.1$ kΩ，$\beta=50$，试估算 I_{CQ} 和 U_{CEQ}；

(2) 若温度升高，试定性分析电路稳定 Q 点的自动调整过程；

*(3) 画出微变等效电路图，由图求出 $\dot{A}_{us}$、R_i 和 R_o 之值（提示：用附录 F 密勒定理简化电路）。

2.16 放大电路如图 2.67 所示，设 $\beta=100$。

(1) 估算静态工作点参数 I_{CQ} 和 U_{CEQ}；

(2) 计算动态参数 $\dot{A}_{u1}=\dot{U}_{o1}/\dot{U}_s$ 和 $\dot{A}_{u2}=\dot{U}_{o2}/\dot{U}_s$；

(3) 计算交流输入电阻 R_i 和输出电阻 R_{o1}、R_{o2} 值。

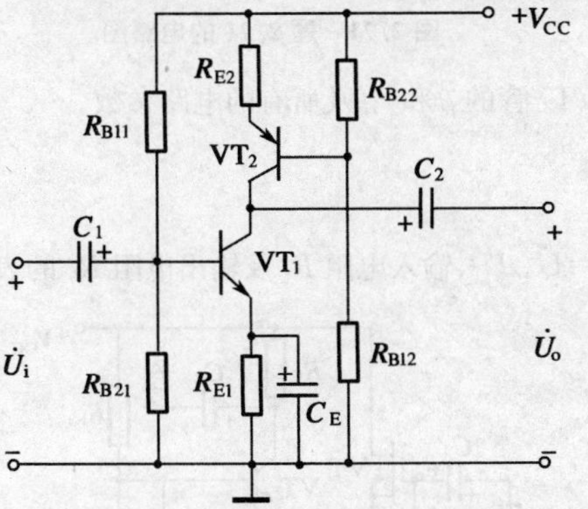

图 2.67　题 2.16 的电路图

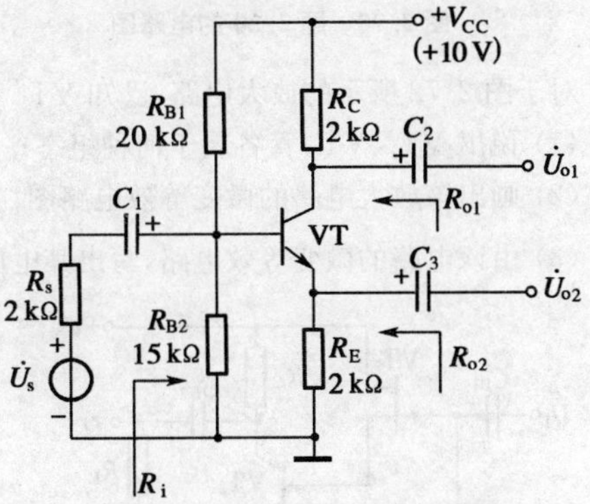

图 2.68　题 2.17 的射极输出器

2.17 在图 2.68 所示的射极输出器中，已知 BJT 的 $\beta=100$，$r_{bb'}=100\ \Omega$，$R_s=1$ kΩ。

(1) 确定 Q 点的 I_{CQ} 及 U_{CEQ}；

(2) 计算电路的动态参数 $\dot{A}_u$、R_i 和 R_o 值。

2.18 图 2.69 是自举式射极输出器的电路图。设图中各电容的容量都足够大,对交流信号均可视为短路,所用 BJT 的 $\beta=50$。

(1) 确定电路的 Q 点参数;

(2) 画出微变等效电路图,由图计算 $\dot{A}_u$ 和 R_i 值;

*(3) 估算输出电阻 R_o 值。

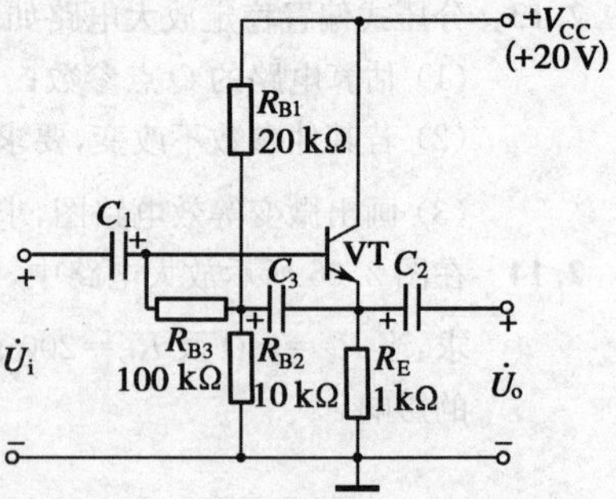

图 2.69　题 2.18 的自举式射极输出器

2.19 按照下表要求填写合适的内容。注意:对于表中 A_u、R_i 和 R_o 各项内容,应区别 3 种组态电路,经过性能比较,分别填入大、中或小等字样,或写入其他合适的内容。

放大电路组态	输入极	输出极	公共极	电压增益 A_u	输入电阻 R_i	输出电阻 R_o	$\dot{U}_o$ 与 $\dot{U}_i$ 的相位关系

2.20 在图 2.70 所示的 FET 放大电路中,已知 $g_m=1$ mS,电路参数如图所示。画出其微变等效电路图,并估算 $\dot{A}_u$ 和 R_i 值。

2.21 图 2.71 为源极输出器电路,已知 $g_m=1$ mS,其他参数如图所示。试画出其微变等效电路图,并求 $\dot{A}_u$、R_i 和 R_o 值。

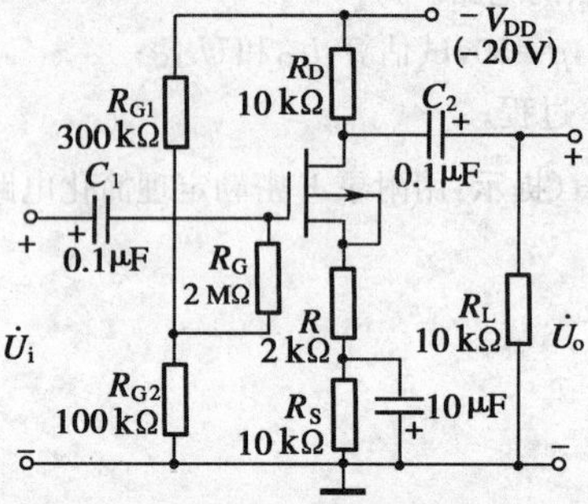

图 2.70　题 2.20 的电路图

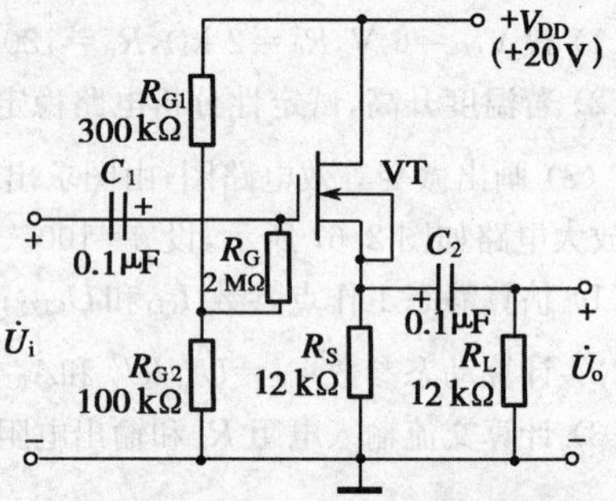

图 2.71　题 2.21 的电路图

2.22 对于图 2.72 所示的放大电路,已知 VT_1 管的 g_m、VT_2 管的 β 和 r_{be} 及所有的电路参数。

(1) 说出 VT_1、VT_2 管各属于何种组态;

(2) 画出该放大电路的微变等效电路图;

(3) 由该电路的微变等效电路,写出其电压增益 $\dot{A}_u=\dot{U}_o/\dot{U}_i$、输入电阻 R_i 及输出电阻 R_o 的表达式。

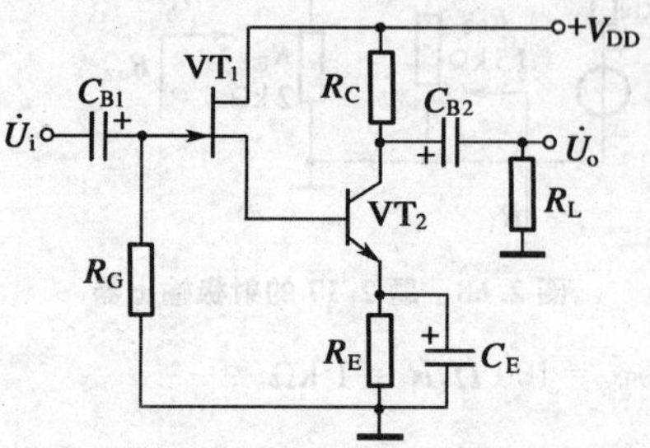

图 2.72　题 2.22 的电路图

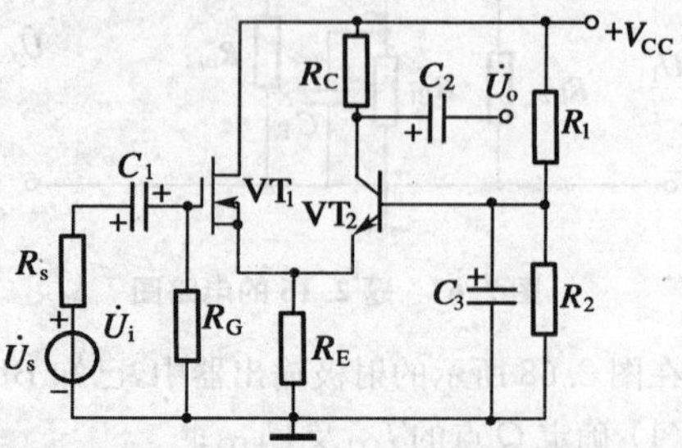

图 2.73　题 2.23 的电路图

***2.23** 由 VT_1、VT_2 管组成的组合放大单元电路如图 2.73 所示。已知 $g_mR_E\gg1$,$\beta\gg1$。

(1) 试问 VT_1、VT_2 分别属于何种组态？

(2) 画出其微变等效电路图，由图写出该电路的电压增益 $\dot{A}_{us}=\dot{U}_o/\dot{U}_s$、输入电阻 R_i 及输出电阻 R_o 的表达式。

2.24 放大电路如图 2.74 所示，设 VT_1、VT_2 两管特性相同，参数全等：$\beta_1=\beta_2=\beta$，$r_{be1}=r_{be2}=r_{be}$，$\alpha_1=\alpha_2=\alpha$，$r_{ce1}=r_{ce2}=r_{ce}$，$U_{BE1}=U_{BE2}=U_{BE}$。

(1) 分析电路是由哪两种组态串接成的组合放大单元电路？

(2) 设 $\beta=50$，$U_{BE}=0.7$ V，其余电路参数如图所示，试分析估算 I_{CQ1}、I_{CQ2}、U_{CQ1}、U_{CQ2} 值；

(3) 求出 $\dot{A}_u=\dot{U}_o/\dot{U}_i$、$R_i$ 和 R_o 值。

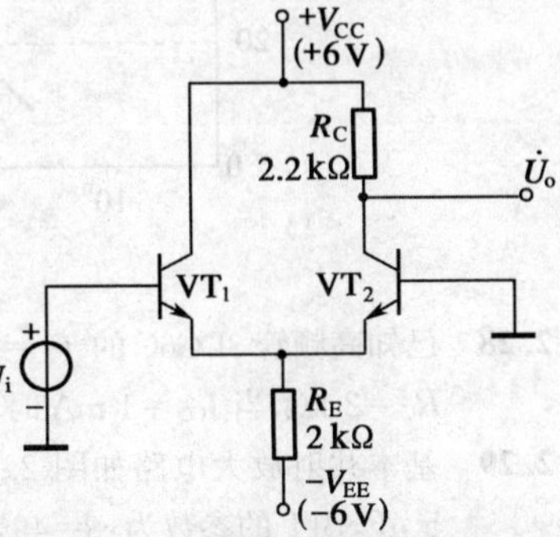

图 2.74 题 2.24 的电路图

2.25 图 2.75 表示复合管的几种接法。试分析其中哪些接法合理，哪些接法不合理。如果合理，复合后的管子是 NPN 型还是 PNP 型？

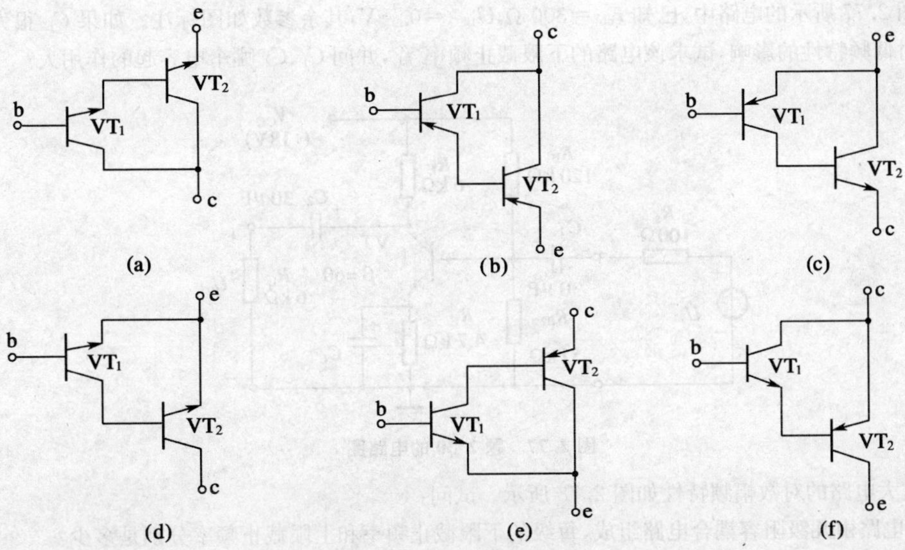

图 2.75 题 2.25 用图

2.26 某放大电路的电压增益表达式为：

$$\dot{A}_u=\frac{-80(jf/20)}{(1+jf/20)(1+jf/10^6)}$$

其中频率的单位为赫。试问该电路的中频电压增益、上限截止频率 f_H 和下限截止频率 f_L 各为多大？画出其频率特性(波特图)。

2.27 放大电路的对数幅频特性如图 2.76 所示，已知中频段 $\varphi=-180°$。

(1) 写出 $\dot{A}_u$ 的频率特性表达式；

(2) 绘出相频特性曲线图，写出相频特性的表达式。

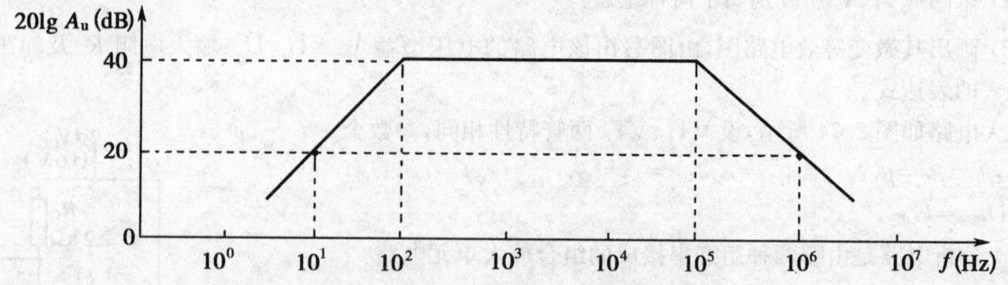

图 2.76 题 2.27 图

2.28 已知高频管 3DG6C 的 $f_T=250$ MHz,$C_{ob}=2$ pF,它用作基本共射放大电路的电流控制器件,$R_L=2$ kΩ,$R_C=2$ kΩ,当 $I_{CQ}=1$ mA 时,测得其低频 H 参数 $r_{be}=1.6$ kΩ,$\beta=30$,试求其混合 π 参数及 f_β 值。

2.29 基本共射放大电路如图 2.48(a)所示,已知 $R_B=470$ kΩ,$R_C=6$ kΩ,$R_s=1$ kΩ,$R_L\to\infty$,$C_1=C_2=5$ μF,BJT 的参数为:$\beta=49$,$r_{bb'}=500$ Ω,$r_{be}=2$ kΩ,$f_T=70$ MHz,$C_{b'c}=C_\mu=5$ pF,求下限截止频率 f_L 和上限截止频率 f_H。

2.30 在图 2.77 所示的电路中,已知 $r_{bb'}=300$ Ω,$U_{BEQ}=0.7$ V,其余参数如图标注。如果 C_E 很大,不考虑它对低频特性的影响,试求该电路的下限截止频率 f_L,并问 C_1、C_2 哪个电容起的作用大?

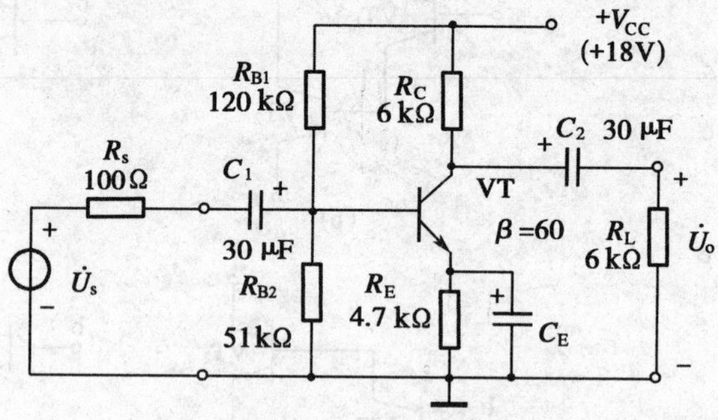

图 2.77 题 2.30 的电路图

2.31 某放大电路的对数幅频特性如图 2.78 所示。试问:

(1) 电路由几级阻容耦合电路组成,每级的下限截止频率和上限截止频率分别是多少?

(2) 总的电压增益幅值 A_{uM}、下限截止频率 f_L 和上限截止频率 f_H 分别是多少?

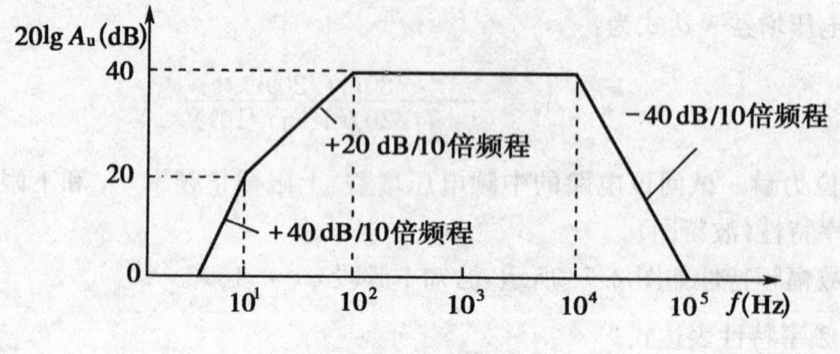

图 2.78 题 2.31 图

3 多级放大电路和集成运算放大器

引言 多级放大电路需要解决级间耦合方式和零点漂移问题。而集成运算放大器(简称集成运放)就是一种直接耦合的多级放大电路,其中输入级为差动放大电路,它利用电路对称性和负反馈两种手段,起到非常好的抑制零点漂移的作用。所以集成运放是一种高增益、直接耦合的模拟集成电路芯片,它可以用来处理和运算各种模拟信号,在信号的采集、放大、比较、调制、数/模转换和仪器仪表电路等方面都有着广泛的应用。

第3章首先介绍阻容耦合、变压器耦合和直接耦合这3种方式及其优缺点,着重阐述多级放大电路的静态分析和动态分析的方法,以及直接耦合多级放大电路中存在的零点漂移问题,接着讨论用于集成运放中的电流源电路,然后详细分析差动放大电路(简称差放电路)的结构、抑制零点漂移的原理以及差放电路的各种输入和输出方式对差模信号和共模信号的放大能力,最后举例介绍集成运放的内部原理电路及运放的主要性能指标。

3.1 多级放大电路

3.1.1 级间耦合方式

多级放大电路中的信号源与放大级之间、电路中相邻的两级之间、电路末级与负载之间的连接形式称为耦合方式。实现信号耦合的电路称为耦合电路。然而,级间耦合电路必须满足的要求是:

(1) 不能影响信号源、各放大级和负载要求设置的静态工作点;

(2) 信号在耦合电路上的传输损失要尽可能小。

因此,工程中常用的耦合方式有:阻容耦合、变压器耦合和直接耦合3种。下面分别予以介绍。

1) 阻容耦合方式

阻容耦合放大电路例见图3.1,图中 C_1、C_2、C_3 分别是信号源与第1级之间、第1级与第2级之间、第2级与负载之间的耦合电容。

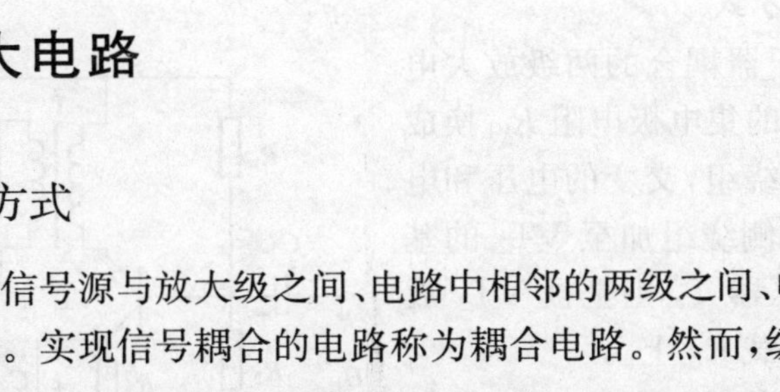

图 3.1 两级阻容耦合放大电路的实例

(1) 阻容耦合的优点

① 各级静态工作点互不影响。由于电容具有“隔离直流,传送交流”的作用,使得信号源与放大电路之间、放大电路与负载之间、放大电路中相邻两级之间均无直流联系,各放大级之间的直流通路互相隔离、互相独立,给设计和调试带来很大的方便。

② 在传输过程中,交流信号损失较小。只要耦合电容的电容量足够大,在一定的频率范围内,可以做到把前一级的交流信号几乎无损失地加上后一级,交流信号的传输损失较小。

③ 零点漂移小。因为耦合电容具有隔直作用,所以阻容耦合放大电路的零点漂移很小。

(2) 阻容耦合的缺点

① 阻容耦合电路无法用于集成电路(IC)。由第1.6.2节可知,IC工艺只能制作100皮法(pF)以下的电容,而阻容耦合电路所设置的电容量一般都是几十微法到几百微法,大容量的电容在IC内部是无法制造的。

② 阻容耦合电路的低频特性差。因为耦合电容在信号频率很低时,电容器的容抗 X_c 较大,信号经过电容受到衰减,使电路在低频段的放大能力降低,故不能用来放大直流信号或缓慢变化的信号。

③ 阻容耦合方式只能让交流信号顺利通过,而不能改变负载的实际阻抗或信号参数(如信号电压、信号电流的幅值等)。

2) 变压器耦合方式

图3.2是一种变压器耦合的两级放大电路,第一级电路中 VT_1 的集电极电阻 R_{C1} 换成了变压器 T_1 的一次侧绕组,交变的电压和电流经变压器 T_1 的二次侧绕组加至 VT_2 的基极,再次进行放大,变压器 T_2 则把被 VT_2 放大了的交流电压加到负载 R_L 上。

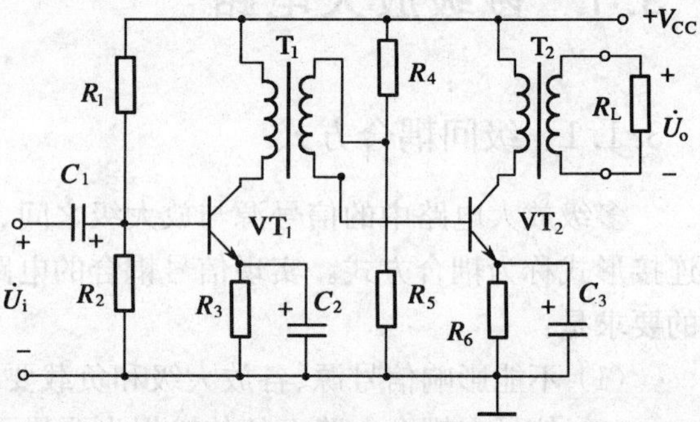

图3.2　变压器耦合两级放大电路

(1) 变压器耦合的优点

① 变压器不能传递直流信号,因而通过变压器耦合的多级放大电路前后级的 Q 点互相独立、互不影响,使得电路的设计和调试都很方便。

② 由于变压器只能传送交流信号,而对直流信号有隔离作用,因此变压器耦合多级放大电路的零点漂移很小。

③ 变压器耦合方式最突出优点是变压器具有阻抗变换作用。变压器在传输交流信号的同时,还进行电压、电流以及阻抗变换。运用变压器耦合方式可以使电路的各级之间获得最佳的阻抗匹配,信号在电路中得到最大传输。例如一个阻抗较小的实际负载,经过变压器阻抗变换作用后得到增大,变换成BJT的最佳负载,从而使负载上获得最大的交流输出电功率。

图3.3是一个简化的变压器等效电路图,图中略去了变压器一次侧和二次侧绕组的等效电阻,$\dot{U}_1$、$\dot{U}_2$ 和 $\dot{I}_1$、$\dot{I}_2$ 分别表示变压器一次和二次侧的电压和电流,R_L 为负载。通过变压器的阻抗变换作用,将实际负载电阻 R_L 变换为 $R'_L=n^2R_L$,调整变压器的匝比 n,可以使 R'_L 达到最佳。设变压器一次和二次侧绕组的匝比为 $N_1/N_2=n$,根据变压器工作原理:$U_1/U_2=n$,

$I_1/I_2=1/n$,从变压器一次侧看入的交流等效电阻为：

$$R'_L=U_1/I_1=n^2U_2/I_2=n^2R_L$$

假设图 3.2 中 R_L 是 8 Ω 的扬声器。如果不经过 T_2 把 R_L 变换成 VT_2 的最佳负载电阻，而把扬声器直接接于 VT_2 的集电极，就会因 R_L 阻值太小，与 VT_2 的输出电阻不匹配，使负载 R_L 上得不到所需的功率，扬声器不能发出声响。

(2) 变压器耦合的缺点

① 放大电路使用变压器耦合方式后，电路的高频和低频性能都变差。因为变压器不能传送直流信号和缓慢变化的信号，对低频信号的放大能力受到限制，而当信号频率较高时，又因变压器漏感和分布电容的影响，电路的相频特性变得复杂，致使在引入负反馈的情况下，多级放大电路发生自激振荡。

② 变压器用有色金属和磁性材料制成，不仅体积大、重量重、成本高，容易产生电磁干扰，而且放大电路无法集成。

3) 直接耦合方式

图 3.4 是一种直接耦合两级共射放大电路的例子。注意到信号源与第 1 级、第 1 级与负载以及两级之间都直接采用导线相连接。

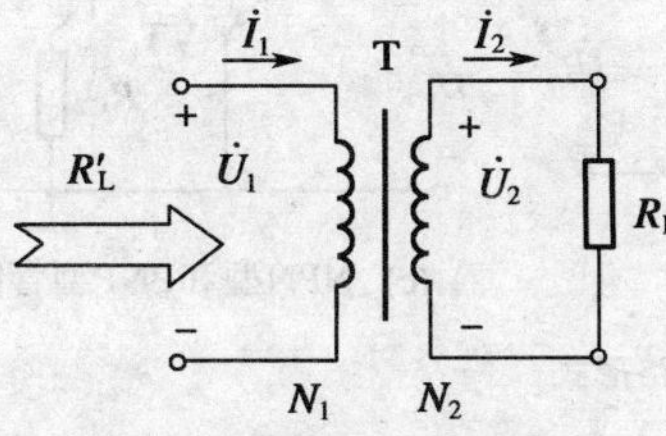

图 3.3　变压器的等效电路

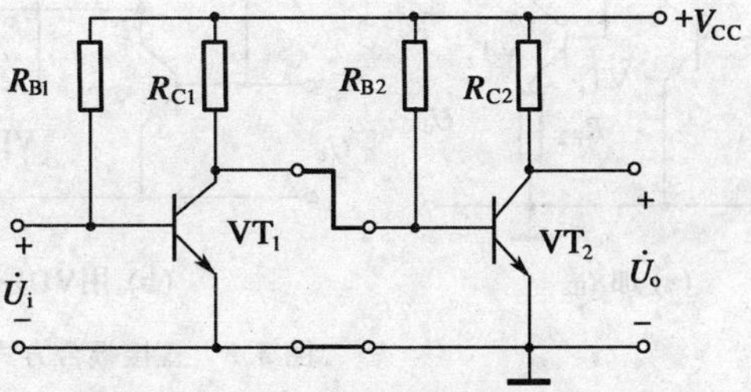

图 3.4　两级直接耦合放大电路

(1) 直接耦合放大电路的优点

① 低频特性非常好。直接耦合电路可以放大缓慢变化的低频信号和直流信号。

② 便于集成。因 IC 中不能用大容量的电容器或变压器，故 IC 芯片均采用直接耦合方式。

(2) 直接耦合放大电路的缺点

① 存在各级 Q 点的配置问题。直接耦合方式使得放大电路各级 Q 点相互影响，给电路设计、分析计算和调试带来不便。

② 有严重的零点漂移问题。第 3.1.2 节将专门介绍直接耦合放大电路的 Q 点配置和零点漂移问题。

多级放大电路的 3 种耦合方式具有各自的特点，有着不同的应用场合：一般来说，阻容耦合用于放大交流信号；变压器耦合用于功率放大和调谐放大；而直接耦合则用于放大直流信号或缓慢变化的信号，IC 中的放大级都用直接耦合方式。

3.1.2　直接耦合多级放大电路的 Q 点配置和零点漂移问题

1) 静态工作点配置

放大电路的耦合电路不但要保证信号的正常传输，而且应使各放大级都有合适的静态工作点。由图 3.4 的两级直接耦合放大电路可以看出,虽然电路具有信号的传输通路,但输入信号并不能很好地被放大。这是因为直接耦合的结果使 $U_{CE1}=U_{BE2}=0.7$ V(硅管),VT_1 的静态工作点已接近饱和区。为了解决这一问题,直接耦合电路采用如下几种不同的形式:

(1) 第 2 级合适串接发射极电阻 R_{E2}[见图 3.5(a)],可以使 VT_1 和 VT_2 均工作在放大区,但是 R_{E2} 的接入会使第 2 级的电压增益下降。

(2) 用稳压管 VD_Z 代替 R_{E2},见图 3.5(b),图中稳压管两端的直流电压基本不变,静态时它可以有效抬高 VT_1 管的 Q_1 点,以保证第 1 级的线性放大范围,同时因稳压管的动态电阻 r_d 很小,故不会太多地降低第 2 级的电压增益。

(3) 交替使用 NPN 和 PNP 型 BJT,解决各级 BJT 的集电极电位逐级升高的问题。在图 3.5(a)和图 3.5(b)的直接耦合放大电路中,如果采用同一类型的 BJT,各级 BJT 的静态集电极电位是逐级升高的,这样会限制放大电路的串联级数。为了解决这一问题,可以在前后级交替采用 NPN 型和 PNP 型 BJT,见图 3.5(c),显然,图中 VT_2 的集电极电位 U_{C2} 小于 VT_1 的 U_{C1}。

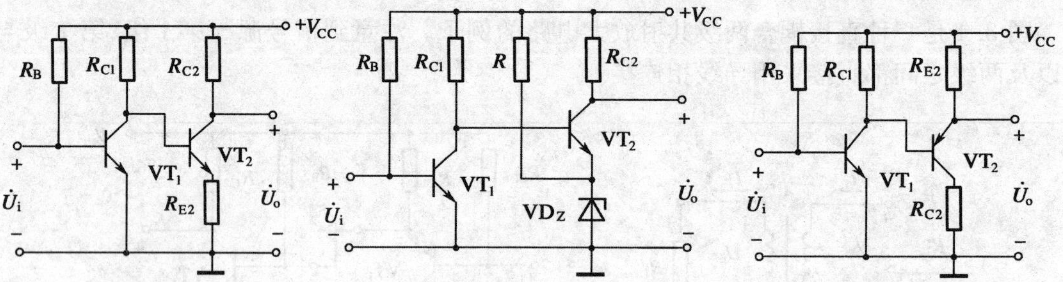

(a) 加R_{E2}　　(b) 用VD_Z代替R_{E2}　　(c) NPN型和PNP型管配合

图 3.5　直接耦合方式的 3 种电路形式

2) 零点漂移问题

(1) 零点漂移的概念

当图 3.5 各电路的输入端短路时,输出端会产生缓慢变化的电压,即输出电压偏离原先的起始点而上下漂移,这种漂移电压称为零点漂移电压。理想的直接耦合放大电路,当输入电压为零时,输出电压应该恒等于零。而一个实际的多级放大电路,当输入电压为零时,输出端会有零点漂移电压。

(2) 产生零点漂移的原因

引起零点漂移的原因很多,如 BJT 参数(β、I_{CEO} 和 U_{BE})随温度变化、元器件参数劣化、电源电压波动等,都会引起电路的 Q 点发生变化。零点漂移电压实际上是一种噪声信号,若输出端的零点漂移噪声信号大于或近似等于输出端有用信号时,有用信号即被淹没,致使电路不能正常工作。零点漂移的起因中尤以温度引起的漂动最为严重,故零点漂移亦称温度漂移。如果电路中采用高精度电阻并经过老化处理,并采用高稳定度的直流稳压电源,则 BJT 参数随温度的漂移将成为零点漂移的主要原因。

(3) 零点漂移问题的严重性

在直接耦合多级放大电路中,当第 1 级放大电路的 Q 点由于温度变化原因而稍有偏移时,这种缓慢的微小变化会被逐级放大,致使电路输出端产生较大的漂移电压。当漂移电压的大小足以与有用信号电压相比时，就无法分辨是有用信号电压还是漂移电压，这将使多级放大电路不能正常工作。因此，工程中必须有效地抑制零点漂移。

(4) 零点漂移的抑制方法

① 采用恒温措施，如恒温室（或恒温槽）等，使 BJT 环境温度稳定，但恒温设备复杂，成本较高。

② 采用温度补偿法。在多级放大电路中用热敏元件或二极管（或 BJT 的发射结 J_e）与 BJT 的温度特性相互补偿，但这不易起到大范围的温度补偿作用。

③ 采用差动放大电路。利用特性相同的两只 BJT 来提供输出信号，使两管的漂移电压互相抵消。

④ 采用直流负反馈稳定 Q 点（详见第 2.4.1 节和第 4.1.1 节）。

⑤ 在各级之间采用阻容耦合，或者采用特殊设计的调制解调式直流放大电路。

(5) 零点漂移大小的衡量

显然，温度变化越大，直接耦合电路的级数越多，则输出端漂移电压数值就越大。但是零点漂移的严重程度并不能用漂移电压大小的绝对值来衡量，它还与放大电路的增益有关。为了比较不同的电路零点漂移的程度，应该排除电压增益的影响。工程上一般都是将放大电路输出端出现的漂移电压 u_{Odr} 折合到输入端，即用这一折合至输入端的漂移电压值 u_{Idr} 来衡量零点漂移电压的大小：

$$u_{\mathrm{Idr}}=\frac{u_{\mathrm{Odr}}}{A_{\mathrm{u}}} \tag{3.1}$$

例如，某直接放大电路的电压增益 $A_{\mathrm{u}}=1\,000$，零点漂移输出电压的绝对值是 $u_{\mathrm{Odr}}=100$ mV，则折合到输入端的漂移电压为 $u_{\mathrm{Idr}}=u_{\mathrm{Odr}}/A_{\mathrm{u}}=100\ \mathrm{mV}/1\,000=0.1\ \mathrm{mV}$。以上计算表明：为了使该电路输出端的有用信号不被淹没，输入的有效信号必须远大于 0.1 mV。

因为温度变化是零点漂移的主要因素，所以工程中常将温度每变化 1 ℃时，把输出端漂移电压折合到输入端，称为放大电路输入端的温度漂移电压 Δu_{Idr}，即

$$\Delta u_{\mathrm{Idr}}=\Delta u_{\mathrm{Odr}}/(A_{\mathrm{u}}\times\Delta T) \tag{3.2}$$

式中：Δu_{Odr} 为输出端的漂移电压；ΔT 为温度变化量；A_{u} 为放大电路的总电压增益。

【例 3.1】 假设有两个直接耦合放大电路 A 和 B，它们的总电压增益分别是 10^3 和 10^5，二者输出端零点漂移电压的绝对值都是 500 mV。现欲放大 0.1 mV 的信号，问这两个电路都可以采用吗？

解　对于放大电路 A：有用信号电压 $U_{\mathrm{O}}=0.1\ \mathrm{mV}\times10^3=100\ \mathrm{mV}$；对于放大电路 B：有用信号电压 $U_{\mathrm{O}}=0.1\ \mathrm{mV}\times10^5=10\,000\ \mathrm{mV}=10\ \mathrm{V}$。显然，放大电路 A 的输出有用信号电压 $U_{\mathrm{O}}=100$ mV，小于输出端零漂电压 500 mV，有效信号被淹没，因而 A 不能正常工作。而放大电路 B 的 $U_{\mathrm{O}}=10$ V，远大于零点漂移电压 500 mV，所以 B 能正常工作。

实际上，放大电路 A 折合到输入端的漂移电压为 $500\ \mathrm{mV}/10^3=0.5\ \mathrm{mV}>0.1\ \mathrm{mV}$；放大电路 B 折合到输入端的漂移电压为 $500\ \mathrm{mV}/10^5=0.005\ \mathrm{mV}\ll0.1\ \mathrm{mV}$。故根据折合到输入端的漂移电压值 u_{Ist} 已经能够判断 A 不能正常工作，而 B 能够正常工作。

3.1.3　多级放大电路的分析

1）静态工作点分析

在多级放大电路的3种耦合方式中，只有直接耦合放大电路各级直流通路相互关联，每一级的静态工作点都无法单独计算，必须统一加以考虑。因此，分析直接耦合放大电路的一般方法是根据电路的各个约束条件和相互联系，列出方程组联立求解。如果电路中有已知的特殊电位，即可由此出发列方程式，以便简化求解过程。现举例说明如下。

【例3.2】 图3.6是一个两级分立元件直接耦合放大电路，设VT_1、VT_2的β值分别是$\beta_1=50$、$\beta_2=35$，$R_B=95\ k\Omega$，$R_{C1}=6.8\ k\Omega$，$R=1.5\ k\Omega$，$R_{C2}=2\ k\Omega$，$R_s=6.8\ k\Omega$，$V_{CC}=12\ V$，稳压管VD_Z的稳定电压$U_Z=4\ V$，$U_{BEQ1}=U_{BEQ2}=0.7\ V$。试计算两级Q点的I_{BQ1}、I_{CQ1}、U_{CEQ1}和I_{BQ2}、I_{CQ2}、U_{OQ}值。

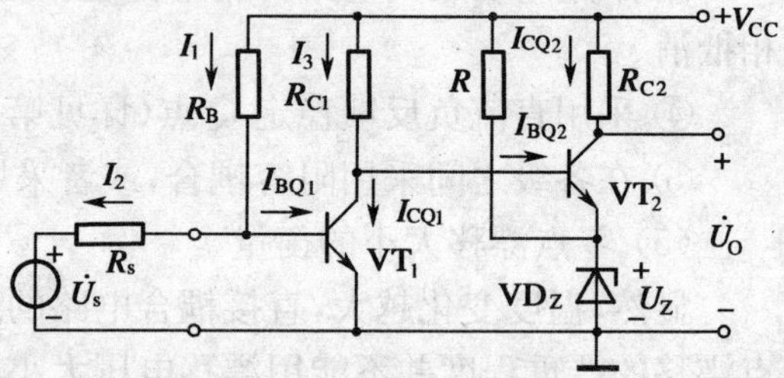

图3.6　两级直接耦合放大电路

解　求放大电路静态工作点参数时，输入交流信号源电压$\dot{U}_s$应视为短路。因而由图3.6得：

$$I_1=\frac{V_{CC}-0.7}{R_B}=\left(\frac{12-0.7}{95\times10^3}\right)\approx0.12\ mA$$

$$I_2=0.7/R_s=\left(\frac{0.7}{6.8\times10^3}\right)\approx0.1\ mA$$

$$I_{BQ1}=I_1-I_2=0.12-0.1=0.02\ mA$$

$$I_{CQ1}=\beta_1 I_{BQ1}=50\times0.02=1\ mA$$

$$U_{CEQ1}=U_{BEQ2}+U_Z=0.7+4=4.7\ V$$

所以有：

$$I_3=\frac{V_{CC}-U_{CEQ1}}{R_{C1}}=\frac{12-4.7}{6.8\times10^3}\approx1.07\ mA$$

$$I_{BQ2}=I_3-I_{CQ1}=1.07-1=0.07\ mA$$

$$I_{CQ2}=\beta_2 I_{BQ2}=35\times0.07=2.45\ mA$$

$$U_{OQ}=V_{CC}-I_{CQ2}R_{C2}=12-2.45\times2=7.1\ V。$$

【例3.3】 如果将上例图中VT_2管发射极所接稳压管VD_Z改为电阻R_{E2}，并取消电阻R，其余电路参数均不变，要求静态输出电压仍为$U_{OQ}=7.1\ V$，问R_{E2}应为多大？

解　由于第1级的输入电路不变，$I_{BQ1}=0.02\ mA$，$I_{CQ1}=1\ mA$，所以计算方法也不变。但因U_{CEQ1}不能像上例那样直接求出，故无法直接求出I_3。现从输出端已知的U_{OQ}前推计算。因$U_{OQ}=7.1\ V$，故

$$I_{CQ2}=\frac{V_{CC}-U_{OQ}}{R_{C2}}=\frac{12-7.1}{2\times10^3}=2.45\ mA$$

而

$$I_{BQ2}=I_{CQ2}/\beta_2=2.45/35=0.07\ \text{mA}$$

$$I_3=I_{CQ1}+I_{BQ2}=1+0.07=1.07\ \text{mA}$$

所以有：

$$U_{CEQ1}=V_{CC}-I_3R_{C1}=12-1.07\times6.8\approx4.72\ \text{V}$$

$$U_{EQ2}=U_{CEQ1}-U_{BEQ2}=4.72-0.7=4.02\ \text{V}$$

$$I_{EQ2}=I_{CQ2}+I_{BQ2}=2.45+0.07=2.52\ \text{mA}$$

最后解得：

$$R_{E2}=U_{EQ2}/I_{EQ2}=4.02/(2.52\times10^{-3})\approx1.6\ \text{k}\Omega$$①。

2）动态性能的分析

（1）输入电阻和输出电阻的计算

多级放大电路动态性能的分析同样建立在单级放大电路的基础上。图 3.7 是多级放大电路总输入电阻和总输出电阻的求解示意图。由图可见，电路总输入电阻 R_i 就是第 1 级的输入电阻，而总输出电阻 R_o 即为电路中末级的输出电阻。

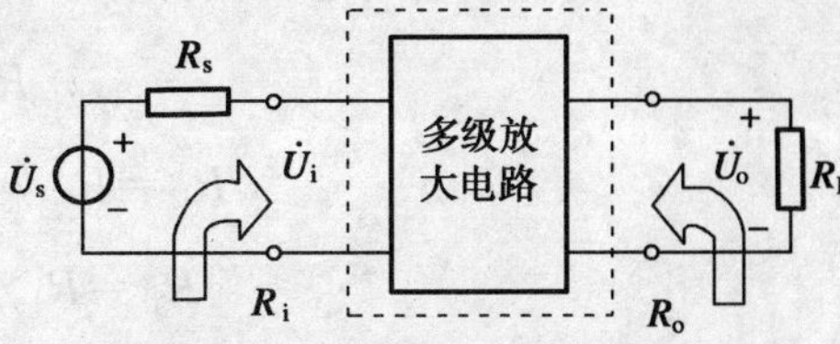

图 3.7　多级放大电路总输入电阻和总输出电阻

值得注意的是，计算第 1 级输入电阻 R_i 时需要考虑第 2 级输入电阻的影响，实际上第 2 级的输入电阻即为第 1 级的负载电阻，而计算末级输出电阻 R_o 时需要计及前级的影响，实际上前级的输出电阻就是末级的信号源内阻。

（2）总电压增益 $\dot{A}_u$ 计算

从第 2.6 节组合放大单元电路的分析中已知，对于图 3.8 所示的 n 级放大电路，总电压增益 $\dot{A}_u$ 等于每一级放大电路电压增益的连乘积，即

$$\dot{A}_u=\dot{A}_{u1}\dot{A}_{u2}\cdots\dot{A}_{un}=\prod_{k=1}^{n}\dot{A}_{uk} \tag{3.3}$$

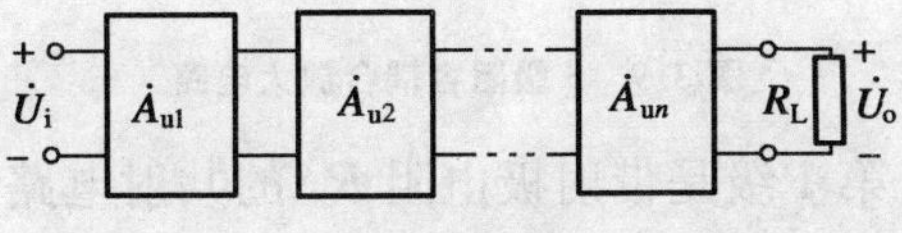

图 3.8　n 级放大电路的连接示意图

如果用分贝（dB）表示，就有：

① 例 3.3 中的 $R_{E2}\approx1.6\ \text{k}\Omega$，为标称系列电阻。在设计或计算选取电阻器、电位器和电容器参数时，均有选取标称系列参数的要求。请读者参见附录 H：电阻器和电容器型号、名称和标称系列，选取标称系列的电阻器和电容器等参数。

$$20\lg A_u = 20\lg A_{u1} + 20\lg A_{u2} + \cdots + 20\lg A_{un} = \sum_{k=1}^{n} 20\lg A_{uk} \tag{3.4}$$

即总电压增益为每级电压增益之积或电压增益幅值的分贝数之和。

运用式(3.3)计算多级放大电路总电压增益时,要特别注意放大电路级与级之间的相互影响。现举例来说明多级放大电路的交流参数的计算问题。

【例3.4】 图3.9是一个3级阻容耦合放大电路。设BJT VT_1、VT_2、VT_3的电流放大系数分别为β_1、β_2和β_3,BJT的输入电阻分别为r_{be1}、r_{be2}和r_{be3},试列写出该电路的总电压增益$\dot{A}_u$、输入电阻R_i和输出电阻R_o的表达式。

解　在计算多级放大电路的总电压增益时,有以下两种方法:

第1种方法是微变等效电路法,即首先画出放大电路完整的微变等效电路图,然后逐级计算,最后求出$\dot{A}_u=\dot{U}_o/\dot{U}_i$。这种方法计算过程比较复杂,一般不予采用。

第2种方法是直接列式法,即观察并运用每一放大级的$\dot{A}_u$、R_i和R_o式,直接套用列式。现用第2种方法进行分析。

(1) 写出各级输入电阻式:由图3.9可知:

$$R_{i3} = R_8 /\!/ R_9 /\!/ r_{be3}$$

$$R_{i2} = R_6 /\!/ [r_{be2} + (1+\beta_2)(R_7 /\!/ R_{i3})]$$

$$R_{i1} = R_1 /\!/ R_2 /\!/ [r_{be1} + (1+\beta_1)R_4]$$

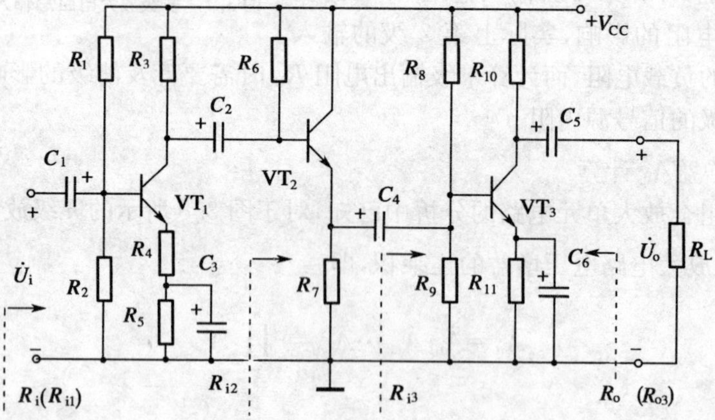

图3.9　3级阻容耦合放大电路

(2) 计算各级电压增益:第1级是带射极电阻R_4的共射电路(因旁路电容C_3将R_5交流短路),故

$$\dot{A}_{u1} = \frac{-\beta_1 R'_{L1}}{r_{be1} + (1+\beta_1)R_4} = -\frac{\beta_1 (R_3 /\!/ R_{i2})}{r_{be1} + (1+\beta_1)R_4}$$

第2级为射极输出器,$\dot{A}_{u2}\approx 1$。如果要求计算得精确一些,则$\dot{A}_{u2}$计算式:

$$\dot{A}_{u2} = \frac{(1+\beta_2)(R_7 /\!/ R_{i3})}{r_{be2} + (1+\beta_2)(R_7 /\!/ R_{i3})}$$

第 3 级是基本共射放大电路，其电压增益$\dot{A}_u=-\frac{\beta_3 R'_{L3}}{r_{be3}}$，式中：$R'_{L3}=R_{10}/\!/R_L$。

注意：在计算各放大级的电压增益时，前级的开路电压是后级的信号源电压，前级的输出电阻即为后级的信号源内阻，而后级的输入电阻就是前级的负载电阻。

分别求出$\dot{A}_{u1}$、$\dot{A}_{u2}$和$\dot{A}_{u3}$后，将它们相乘，即得总电压增益：

$$\dot{A}_u=\dot{A}_{u1}\times\dot{A}_{u2}\times\dot{A}_{u3}$$

(3) 求总输入电阻 R_i 和总输出电阻 R_o：

$$R_i=R_{i1}=R_1/\!/R_2/\!/[r_{be1}+(1+\beta_1)R_4]$$

$$R_o=R_{o3}=R_{10}。$$

3.2 电流源电路

电流源的用途是为集成运放各个放大级提供合适的偏流或作为某级放大电路的有源负载。

在射极耦合差动放大电路(将于第 3.3 节讨论)中，用一个恒流源(IC 中称为电流源)作为耦合器件，代替射极耦合电阻 R_E，会使电路的性能大为改善。但图 2.21(a)所示恒流源电路还存在两个方面的问题：一是电路中用了 3 个阻值较大的电阻，而在 IC 制造工艺中希望所用的电阻值越小越好；二是因构成恒流源的 BJT，其 U_{BE}受温度变化的影响，故恒流并非十分恒定。再则，作为集成运放输入级的静态偏置电流为微安级，所以集成运放中通常采用下列几种电阻数量少且阻值小的微安级电流源电路。

3.2.1 BJT 电流源电路

1) 镜像电流源

用 BJT 组成的镜像电流源电路如图 3.10 所示。电路中 VT_1 和 VT_2 是用集成工艺同时制作在一块硅片上的，故其特性和参数相当一致。现对该电路分析如下。

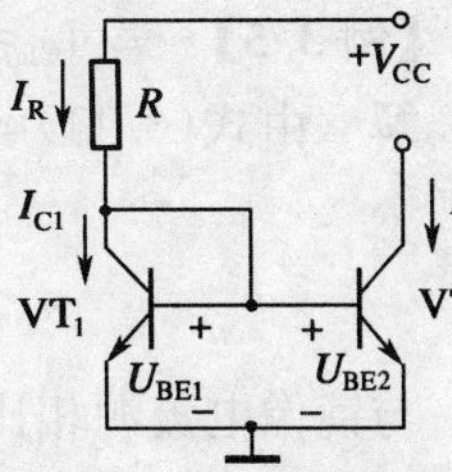

图 3.10 BJT 镜像电流源

由于 VT_1 和 VT_2 对称，且 $U_{BE1}=U_{BE2}=U_{BE}$，$I_{B1}=I_{B2}=I_B$，则

$$I_{C2}=I_{C1}=I_R-2I_B=I_R-2I_{C2}/\beta \quad (3.5)$$

式中：I_R 为基准电流。由式(3.5)解得：

$$I_{C2}=\frac{I_R}{1+2/\beta} \quad (3.6)$$

若满足 $\beta\gg2$ 的条件，则有：

$$I_{C2}\approx I_R=(V_{CC}-U_{BE})/R \quad (3.7)$$

由式(3.7)可知，电源 V_{CC}经过 R 和 VT_1 的 J_e 结，给出一个基准电流 I_R，而 VT_2 的集电极就得到一个相应的输出电流 I_{C2}。此电流 I_{C2} 与 I_R 接近相等，二者成镜像关系，所以这一电路称为镜像电流源。它的结构简单,且两管U_{BE}具有一定的温度补偿作用,I_{C2}基本维持恒定。但它存在着以下问题:

(1) I_{C2}随电源电压V_{CC}变化,故这种电流源不适宜电源电压变化范围较宽的场合。

(2) 如果需要微安级的电流I_{C2},则R的阻值必然很大。例如,当$V_{CC}=15$ V时,要求$I_{C2}=10\ \mu$A,则$R\approx1.5$ MΩ,这已经超出集成工艺所允许制作的电阻值范围。

(3) 电路对温度漂移的抑制作用较弱,I_{C2}受温度的影响较大。

(4) 动态输出电阻不够大。理想电流源的动态输出电阻r_o趋于无穷大,而镜像电流源的$r_o\approx r_{ce2}$。

2) 微电流源

为了用小电阻实现BJT微电流源,现在图3.10所示BJT镜像电流源的基础上,于VT_2的发射极接入一只电阻R_E,见图3.11。由于$U_{BE2}<U_{BE1}$,所以$I_{C2}<I_R$。由图可列出:

$$U_{BE1}-U_{BE2}=I_{E2}R_E\approx I_{C2}R_E \tag{3.8}$$

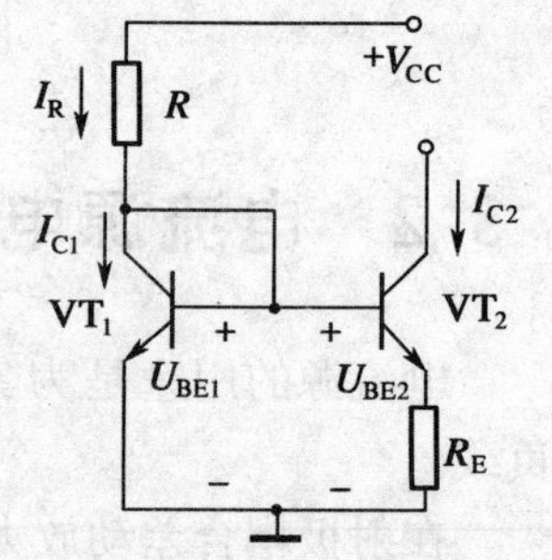

图3.11　BJT微电流源电路

由二极管方程式$I_D=I_S(e^{U_D/U_T}-1)$可知,当U_D比U_T大许多倍时,I_D式可改写成$I_D\approx I_Se^{U_D/U_T}$。在BJT中$I_C\approx I_E$,$I_E$与$U_{BE}$也有类似于二极管方程式所表示的关系,即$I_C\approx I_E\approx I_Se^{U_{BE}/U_T}$,所以:

$$U_{BE}\approx U_T\ln(I_C/I_S) \tag{3.9}$$

$$U_{BE1}-U_{BE2}\approx U_T\ln(I_{C1}/I_S)-U_T\ln(I_{C2}/I_S)=U_T\ln(I_{C1}/I_{C2}) \tag{3.10}$$

由式(3.8)和式(3.10)可解得:

$$U_T\ln(I_{C1}/I_{C2})\approx I_{C2}R_E \tag{3.11}$$

为了求出I_{C2},需要求解式(3.11)。因为该式是一个超越方程,所以只有用图解法或试探法求解。实际上在IC的设计过程中,往往不是给定I_{C1}和R_E以求I_{C2},而是先选择合适的I_{C1},再根据所需要的I_{C2}来求解R_E。

【例3.5】 若$I_{C1}\approx I_R=0.73$ mA,要求$I_{C2}=28\ \mu$A,问R_E应为多大?

解　由式(3.11)解得:

$$R_E=\frac{U_T}{I_{C2}}\ln\frac{I_{C1}}{I_{C2}}=\frac{26\times10^{-3}}{28\times10^{-6}}\ln\frac{730}{28}\approx3\ \text{k}\Omega$$

与镜像电流源相比,微电流源具有如下的优点:

(1) 用小电阻实现了微电流源。在例3.5中,若$V_{CC}=15$ V,$I_{C1}\approx I_R=0.73$ mA,要求$I_{C2}=28\ \mu$A,则$R_E\approx3$ kΩ,而$R=14.3$ V/0.73 mA≈20 kΩ,此两电阻在IC工艺中都是能够制作的。

(2) 由于引入了电阻R_E,所以微电流源的动态电阻比VT_2的动态输出电阻r_{ce2}大得多,这使得输出电流I_{C2}更为恒定。

(3) 当电源电压V_{CC}变化时,I_R和$(U_{BE1}-U_{BE2})$亦将变化。但是,由于R_E为数千欧,$U_{BE2}\ll U_{BE1}$,VT_2工作在输入特性曲线的起始部分,所以电源电压波动对I_{C2}的影响不大。

3）多路电流源

图 3.12 给出了一个多路电流源的例子。图中 VT_4 与 VT_2 组成一个镜像电流源，$I_{C4}=I_{C2}\approx 688\ \mu A$。$VT_1$、$VT_3$ 分别与 VT_2 组成两个微电流源，根据给定的电流和电阻值，用式(3.11)计算出 $I_{C1}\approx 42\ \mu A$，$I_{C3}\approx 47\ \mu A$（设各管的 β 均为 80）。这样就用一路参考电流 I_R（$\approx 706\ \mu A$），获得 3 个数值不同的恒定电流 I_{C1}、I_{C3} 和 I_{C4}。

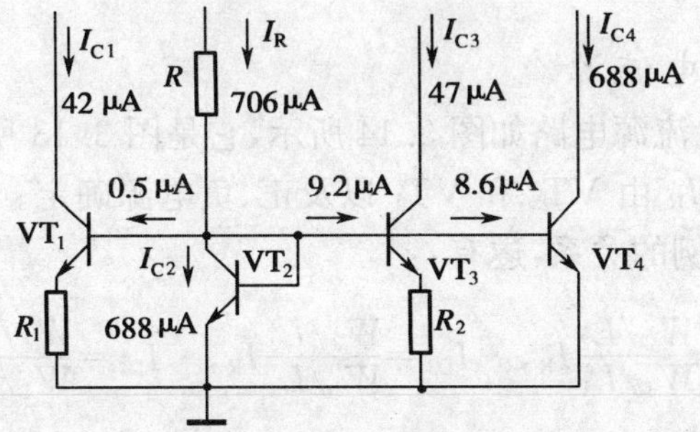

图 3.12 BJT 多路电流源

3.2.2 FET 电流源电路

1）MOSFET 镜像电流源

电流源电路见图 3.13(a)，VT_1、VT_2 是 N 沟道增强型 MOS 差分对管。该电路结构与图 3.10 所示的 BJT 镜像电流源类似。由于 VT_1 的漏-栅两极相连，所以只要 V_{DD} 大于 MOS 管的开启电压 $U_{GS(th)}$，管子必然工作于放大区。假设两管特性全同，输出电压足够大以致 VT_2 处于放大区，则输出电流 I_{D2} 将与基准电流 I_R 近似相等，即

$$I_O=I_{D2}=I_R=(V_{DD}+V_{SS}-U_{GS})/R \tag{3.12}$$

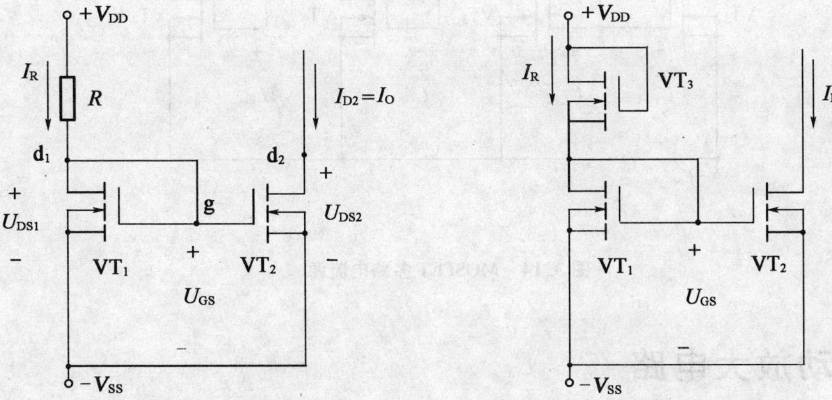

(a) 基本镜像电流源　　(b) 常用镜像电流源

图 3.13 MOSFET 镜像电流源

当器件具有不同的宽长比时，藉助宽长比这一参数可以近似地描述两器件电流之间的关系，即

$$I_O=\frac{W_2/L_2}{W_1/L_1}I_R \tag{3.13}$$

在式(3.13)中未考虑沟道长度调制效应 λ，即假设 $\lambda=0$。恒流源的动态输出电阻 $r_o=r_{ds2}=\infty$。

如果用 VT_3 代替 R,便可得到如图 3.13(b)所示的常用镜像电流源电路。因 $VT_1 \sim VT_3$ 特性全同,且工作在放大区,当 MOSFET 的 $\lambda=0$ 时,输出电流为:

$$I_{D2}=(W/L)_2 K'_{n2}(u_{GS2}-U_{GS2(th)})^2=K_{n2}(u_{GS2}-U_{GS2(th)})^2 \tag{3.14}$$

式中:K'_{n2}为 MOS 管 VT_2 的本征导电因子,通常情况下为常量;K_{n2}为 VT_2 的电导常数,单位与 K'_{n2}同为 mA/V^3。

2) MOSFET 多路电流源

一种 MOSFET 3 路电流源电路如图 3.14 所示,它是图 3.13 所示的 MOSFET 镜像电流源的扩展。图中基准电流 I_R 由 VT_5 和 VT_1 以及正、负电源确定。根据前述各管漏极电流近似与其宽长比(W/L)成比例的关系,遂有:

$$I_{D2}=\frac{W_2/L_2}{W_1/L_1}I_R,\quad I_{D3}=\frac{W_3/L_3}{W_1/L_1}I_R,\quad I_{D4}=\frac{W_4/L_4}{W_1/L_1}I_R \tag{3.15}$$

电流源的基准电流为:

$$I_R=I_{D0}=K_{n0}(u_{GS0}-U_{GS(th)})^2 \tag{3.16}$$

式中:I_{D0}是 $u_{GS}=2U_{GS(th)}$时的漏极电流 i_D,u_{GS0}是此时的栅-源电压,K_{n0}为电导常数,其单位是 mA/V^2。

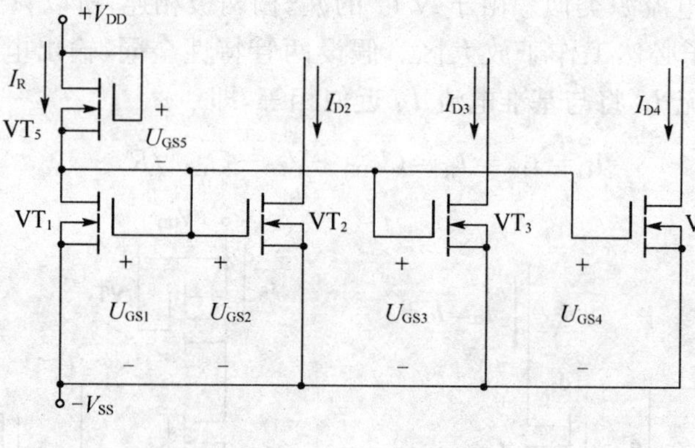

图 3.14 MOSFET 多路电流源

3.3 差动放大电路

差动放大电路在技术性能方面有许多优点,是模拟集成电路的又一重要组成单元。第 3.3 节先介绍差动放大电路的一般结构,然后依次讨论 BJT 差动放大电路和 FET 差动放大电路。

3.3.1 差动放大电路的一般结构

1) 用晶体管组成差动放大电路

图 3.15 是用两个特性全同、参数全等的晶体管(含 BJT 和 FET)VT_1、VT_2 组成的差动放

大电路。在两只晶体管下方公共节点 e 处连接一个电流源 I，两只晶体管的输入端 I_1、I_2 分别接输入信号电压 u_{i1} 和 u_{i2}，两个输出端 o_1、o_2 分别连接电阻 R_C。该电路由两个正、负电源 V_{CC} 和 $-V_{EE}$ 供电。由于电流源 I 具有恒流特性，并呈现高阻值的动态输出电阻 r_o（图中仅画出电流源的符号），所以电路具有稳定的直流偏置和很强的抑制共模信号能力。

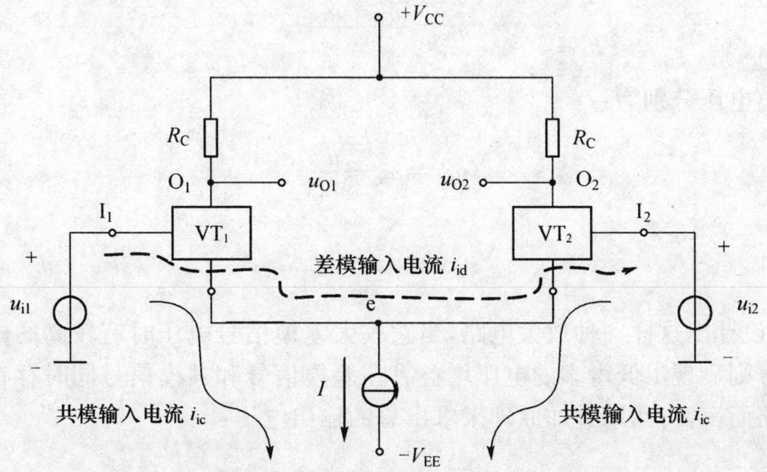

图 3.15　用晶体管组成差动放大电路

2）差模信号和共模信号

什么是差模信号，又何为共模信号？这是首先应面对的重要概念。如果 VT_1、VT_2 是 BJT 器件，由图 3.15 可以看出有两种电流信号，一种是从 I_1 端到 I_2 端的差模输入信号电流 i_{id}①，另一种是从两管的 I_1 和 I_2 端同时流入电流源的共模输入信号电流 i_{ic}②。实际上，根据欧姆定律，电流信号是由输入电压信号产生的，因此差模信号和共模信号一般是用电压信号来描述的。输入电压 u_{i1} 和 u_{i2} 之差称为差模电压，用下式来定义：

$$u_{id}=u_{i1}-u_{i2} \tag{3.17}$$

同理，两个输入电压 u_{i1} 和 u_{i2} 的算术平均值称为共模电压，定义为：

$$u_{ic}=(u_{i1}+u_{i2})/2 \tag{3.18}$$

当用差模和共模电压来表示两个输入电压时，由式(3.17)和式(3.18)得：

$$u_{i1}=u_{ic}+\frac{u_{id}}{2} \tag{3.19}$$

$$u_{i2}=u_{ic}-\frac{u_{id}}{2} \tag{3.20}$$

由以上两式可知，两个输入端的共模电压 u_{ic} 大小相等、极性相同，而两个输入端的差模电压 $+u_{id}/2$ 和 $-u_{id}/2$ 大小相等、极性相反。因而一旦给差分对管 VT_1、VT_2 加上信号电压 u_{i1}

---

① i_{id} 的下标 d 表示差模方式：Differential-mode。

② i_{ic} 的下标 c 表示共模方式：Common-mode。

和 u_{i2},产生的差模输入电流和共模输入电流与图 3.15 标注的流向(虚线箭头和实线箭头分别示意)是一致的。

类似地,对于两管的差模输出电压和共模输出电压可用以下两式表达:

$$u_{od}=u_{O1}-u_{O2} \tag{3.21}$$

$$u_{oc}=\frac{u_{O1}+u_{O2}}{2} \tag{3.22}$$

式中单管的输出电压分别为:

$$u_{O1}=u_{oc}+\frac{u_{od}}{2} \tag{3.23}$$

$$u_{O2}=u_{oc}-\frac{u_{od}}{2} \tag{3.24}$$

通常,要求设计出这样一种放大电路,当它放大差模信号电压时有较高的电压增益,而对于共模电压信号则显现出低得多的电压增益。在差模信号和共模信号同时存在的情况下,对于线性放大电路而言,可藉助叠加原理来求出总的输出电压:

$$u_o=A_{ud}u_{id}+A_{uc}u_{ic} \tag{3.25}$$

式中:$A_{ud}=u_{od}/u_{id}$ 为差模电压增益;$A_{uc}=u_{oc}/u_{ic}$ 系共模电压增益。

3.3.2　射极耦合差动放大电路

1）基本电路

在图 3.15 中,若选用两只特性全同的 BJT VT_1 和 VT_2,则可得如图 3.16 所示的射极耦合差动放大电路。因该电路两管射极连接在一起,共同与一电流源 I 相接,以便直接传递信号,故而得名。它的左右两半电路对称,由两个电源 $+V_{CC}$ 和 $-V_{EE}$ 供电。由于该电路具有两个输入端和两个输出端,因而称为双端输入、双端输出电路。下面首先分析其工作原理,然后对其主要性能指标进行计算。

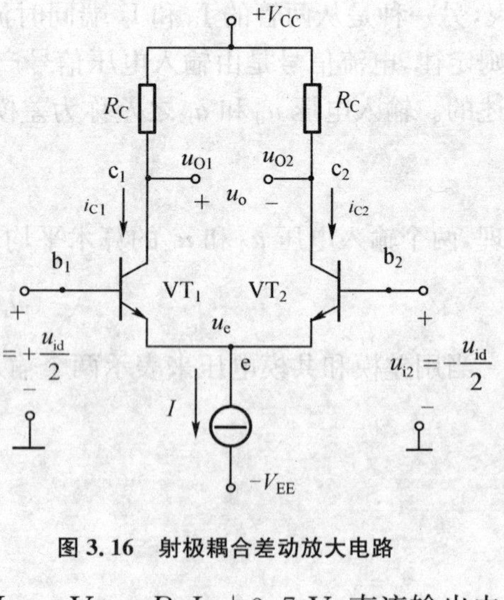

图 3.16　射极耦合差动放大电路

2）工作原理

(1) 静态分析

当不加输入信号电压,即 $u_{i1}=-u_{i2}=u_{id}/2=0$ mV 时,由于电路两边完全对称,$U_{BE1}=U_{BE2}=0.7$ V,此时电路中 $i_{C1}=i_{C2}=I_C=I/2$,$U_{CE1}=U_{CE2}=V_{CC}-R_CI_C+0.7$ V,直流输出电压 $U_{OQ}=U_{CE1}-U_{CE2}=0$ V。由此便知,输入信号电压为零时,输出信号电压 u_o 也为零。

(2) 动态分析

① 输入差模信号 u_{id}

当电路的两个输入端各加上一个大小相等、极性相反的信号电压，即 $u_{i1}=-u_{i2}=u_{id}/2$ 时，一管电流将增加，另一管电流则减小，所以差模输出信号电压 $u_o=u_{O1}-u_{O2}\neq 0$，即在两个输出端间有电压信号输出。因 $u_{id}=u_{i1}-u_{i2}$ 就是前面介绍过的差模信号，故此输入方式称为差模输入方式。

② 输入共模信号 u_{ic}

在差动放大电路中，无论是温度变化，还是电源电压的波动都会引起两管集电极电流以及相应的集电极电压相同的变化，其效果相当于在两个输入端加上共模电压 u_{ic}。由于两个输出端取出的共模电压相同，即 $u_{oc1}=u_{oc2}=u_{oc}$，所以在共模输入信号 u_{ic} 作用下，双端输出时的输出电压 $u_o=u_{oc1}-u_{oc2}=0$ V。

③ 输入为差模信号 u_{id} 与共模信号 u_{ic} 的叠加

当输入信号电压 $u_{i1}=u_{ic}+u_{id}/2$，$u_{i2}=u_{ic}-u_{id}/2$ 时，输出电压 $u_{O1}=u_{oc}+u_{od}/2$，$u_{O2}=u_{oc}-u_{od}/2$，在双端输出时 $u_o=u_{O1}-u_{O2}=u_{od}$，即双端输出差放电路只放大差模信号，而抑制共模信号。

根据这一原理，差动放大电路可以用来抑制温度等外界因素的变化对电路性能的影响。由于此缘故，差放电路常用作多级直接耦合放大器的输入级，因为它对共模信号有很强的抑制能力，可以改善整个电路的性能。

3) 主要性能指标分析

(1) 差模电压增益

① 双端输入、双端输出的差模电压增益

在图 3.16 所示的电路中，若为差模输入方式，即 $u_{i1}=-u_{i2}=u_{id}/2$，则因一管的电流增加，另一管的电流减小，在电路完全对称的条件下，i_{C1} 的增加量等于 i_{C2} 的减少量，故流过电流源的电流 I 不变，$u_e=0$ V，所以交流通路如图 3.17(a)所示。由图便知 VT_1、VT_2 构成对称的共射电路。为了便于分析，只需画出对于差模信号的半边小信号等效电路即可，见图 3.17(b)。当从两管集电极作双端输出、未接 R_L 时，其差模电压增益与单管共射放大电路的电压增益相同，即

$$A_{ud}=\frac{u_o}{u_{id}}=\frac{u_{o1}-u_{o2}}{u_{i1}-u_{i2}}=\frac{2u_{o1}}{2u_{i1}}=-\frac{\beta R_c}{r_{be}} \tag{3.26}$$

当集电极 c_1、c_2 两点之间接入负载电阻 R_L 时：

$$A'_{ud}=-\frac{\beta R'_L}{r_{be}} \tag{3.27}$$

式中：$R'_L=R_C // (R_L/2)$。这是因为差模信号输入时，c_1、c_2 两点之间的电位向相反方向变化，一边增量为正，另一边增量为负，且大小相等。由此可见，负载电阻 R_L 的中点是交流地电位，故在差模输入方式的半边等效电路中，负载电阻是 $R_L/2$。

综上分析，在电路完全对称、双端输入、双端输出的情况下，图 3.16 电路与单边电路的电压增益大小相等。可见，该电路用成倍的元器件换取了抑制共模信号的功能。

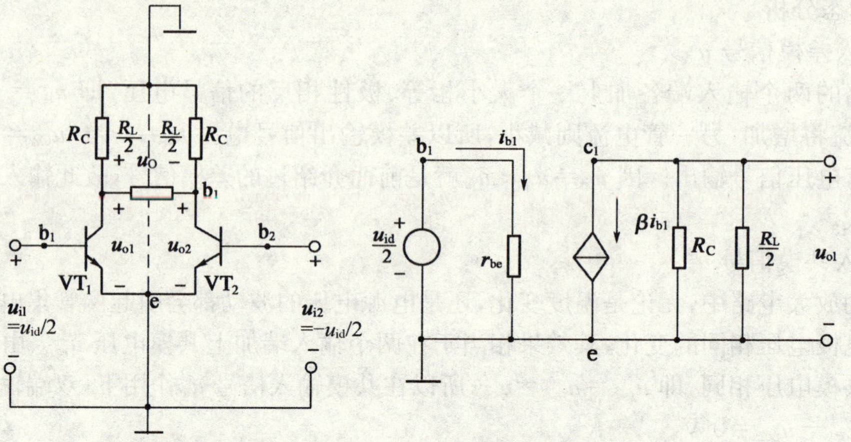

(a) 整个电路的交流通路　　(b) 差模信号半边小信号等效电路

图 3.17　射极耦合差放电路差模电压增益分析

② 双端输入、单端输出的差模电压增益

如输出电压取自其中一管的集电极(即 u_{o1} 或 u_{o2}),则称为单端输出。此时由于只取出一管的集电极电压变化量,当不接 R_L 时,电压增益只有双端输出时的一半,因而若分别从 VT_1 或 VT_2 的集电极输出时,则有:

$$A_{ud1}=\frac{A_{ud}}{2}=-\frac{\beta R_C}{2r_{be}} \tag{3.28}$$

$$A_{ud2}=-\frac{A_{ud}}{2}=+\frac{\beta R_C}{2r_{be}} \tag{3.29}$$

这种接法常用于将双端输入信号转换为单端输出信号,集成运放中间级有时就采用这种输出方式。

③ 单端输入的差模电压增益

在实际系统中,有时要求放大电路的输入电路有一端接地。此时可在图 3.16 所示的电路中,令 $u_{i1}=u_{id}$,$u_{i2}=0$ mV 就可实现。这种输入方式称为单端输入(或不对称输入)。图 3.18 表示单端输入时的交流通路。图中 r_o 为电流源的动态输出电阻,其阻值一般很大,极易满足 $r_o \gg r_{b'e}$(发射结电阻)的条件,这样就可认为 r_o 支路相当于开路,输入信号电压 u_{id} 均分在两管的输入回路上,如图中所示体现出射极耦合的作用。将图 3.18 与图 3.17(a)作一比较可知,两电路中作用于发射结 J_e 上的信号分量基本上是一致的,即单端输入电路的工作状态与双端输入时近似一致。如果 r_o 足够大,则电路由双端输出时,其差模电压增益与式(3.26)近似一致;而单端输出时则与式(3.28)、式(3.29)近似一致;其他指标也与双端输入电路相同。

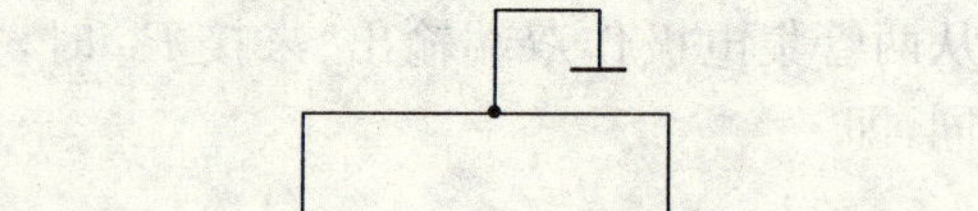

图 3.18　单端输入差动放大电路的交流通路

(2) 共模电压增益

① 双端输出的共模电压增益

当图 3.16 所示电路的两个输入端接入共模输入电压，即 $u_{i1}=u_{i2}=u_{ic}$时，因两管的电流或是同时增加，或为同时减小，故有 $u_e=i_e r_o=2i_{e1}r_o$，即对每管而言，相当于射极接了 $2r_o$ 的电阻，其交流通路如图 3.19(a)所示。图 3.19(b)为共模输入半边小信号等效电路。当从两管的集电极输出时，由于电路的对称性，其输出电压为 $u_{oc}=u_{oc1}-u_{oc2}\approx 0$，所以双端输出时的共模电压增益：

$$A_{uc}=\frac{u_{oc}}{u_{ic}}=\frac{u_{oc1}-u_{oc2}}{u_{ic}}\approx 0 \tag{3.30}$$

实际上，要达到电路完全对称是不可能的，但即使这样，这种电路抑制共模信号的能力依然很强。如前所述，共模信号就是伴随着输入信号一起加入的干扰信号，即对两边输入相同或接近相同的干扰信号，因此，共模电压增益越小，说明放大电路的性能越好。

② 单端输出的共模电压增益

单端输出的共模电压增益表示两个集电极任一端对地的共模输出电压与共模信号电压之比，由图 3.19(b)可得：

$$A_{uc1}=\frac{u_{oc1}}{u_{ic}}=\frac{u_{oc2}}{u_{ic}}=-\frac{\beta R_C}{r_{be}+(1+\beta)2r_o} \tag{3.31}$$

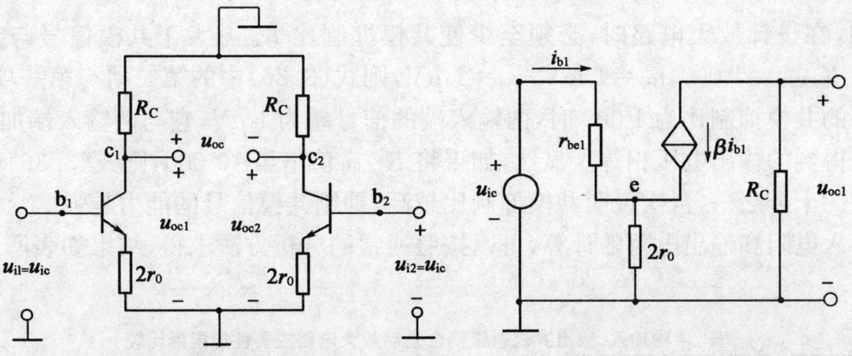

(a) 交流通路　　　　(b) 半边小信号等效电路

图 3.19　共模输入的射极耦合差动放大电路

一般情况下，$(1+\beta)2r_o \gg r_{be}$，$\beta\gg 1$，故式(3.31)可简化为：

$$A_{uc1}\approx -\frac{R_C}{2r_o} \tag{3.32}$$

由式(3.32)可见，r_o 越大，即电流源 I 越接近于理想状况，A_{uc1} 越小，说明差放电路抑制共模信号的能力越强。

③ 共模抑制比 K_{CMR}①

为了说明差动放大电路抑制共模信号的能力，常用共模抑制比作为一项技术指标来衡量，其定义为放大电路差模信号的电压增益 A_{ud} 与共模信号的电压增益 A_{uc} 之比的绝对值，即

① K_{CMR}的下标是 Common-mode Rejection(共模抑制比)的缩写。

$$K_{CMR}=\left|\frac{A_{ud}}{A_{uc}}\right| \tag{3.33}$$

由此式可见，差模电压增益越大，共模电压增益越小，则抑制共模信号的能力越强，放大电路的性能越优良，因此希望 K_{CMR} 值越大越好。共模抑制比有时也用分贝数(dB)表示，即

$$K_{CMR}=20\lg\left|\frac{A_{ud}}{A_{uc}}\right|\ \text{dB} \tag{3.34}$$

在差动放大电路中若电路完全对称，如从双端输出，则共模电压增益 $A_{uc}=0$，其共模抑制比 K_{CMR} 将是一个很大的数值，理想情况下为无穷大。如从单端输出，则根据式(3.28)、式(3.32)可得共模抑制比的表达式为：

$$K_{CMR1}=\left|\frac{A_{ud1}}{A_{uc1}}\right|\approx\frac{\beta r_o}{r_{be}} \tag{3.35}$$

由上式可知，电流源的小信号电阻 r_o 的数值越大，抑制共模信号的能力越强，这与前面的分析结论是一致的。

单端输出时，总的输出电压由式(3.25)(其中 $A_{ud}=A_{ud1}$，$A_{uc}=A_{uc1}$)和式(3.35)得：

$$u_{o1}=A_{ud1}u_{id}\left(1+\frac{u_{ic}}{K_{CMR1}u_{id}}\right) \tag{3.36}$$

由上式可知，在设计放大电路时，必须至少使共模抑制比 K_{CMR1} 大于共模信号与差模信号之比，例如，设 $K_{CMR1}=1\ 000$，$u_{ic}=1$ mV，$u_{id}=1\ \mu$V，则式(3.36)中的第二项与第一项相等，亦即当放大电路的共模抑制比为 1 000 时，两输入端的信号差为 1 μV，它与两输入端加有 1 mV 的共模信号所得到的输出电压相等。显然，如果将 K_{CMR1} 值增至 10 000，则式(3.36)中的第 2 项只有第 1 项的十分之一，再次说明共模抑制比越高，抑制共模信号的能力越强。

有关输入电阻和输出电阻的计算，可以按照通常的分析方法求得，结果如表所示。读者可自行分析。

表　4 种输入、输出方式射极耦合差动放大电路主要性能指标比较

输入输出方式	双端输入 双端输出	单端输入 双端输出	双端输入 单端输出	单端输入 单端输出
电路图	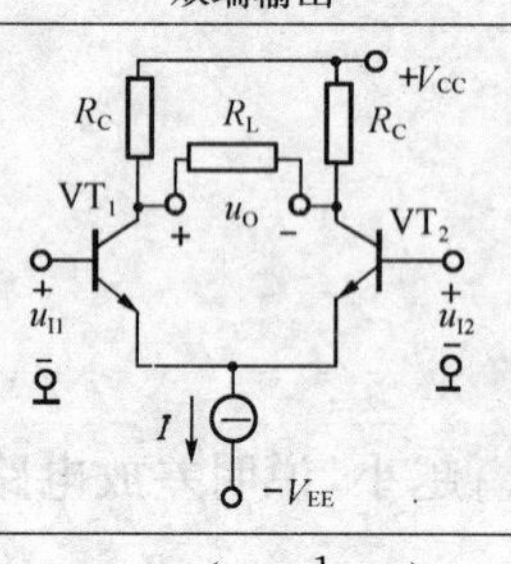	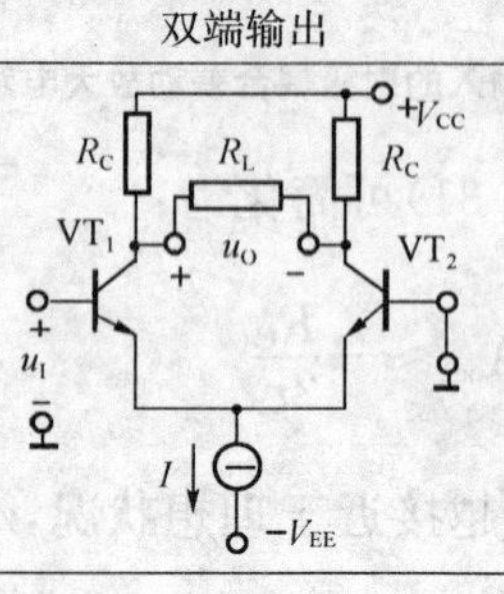	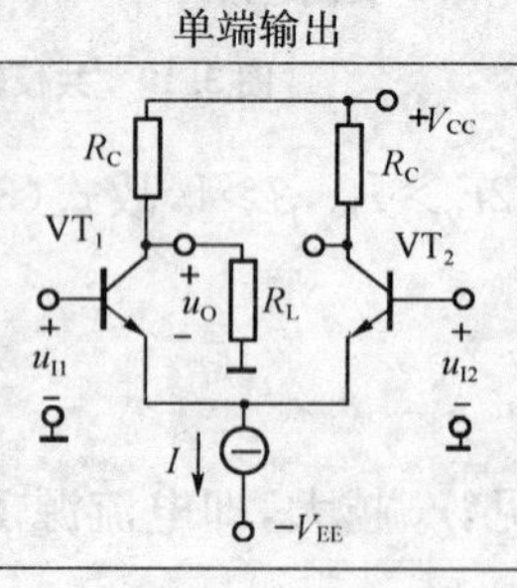	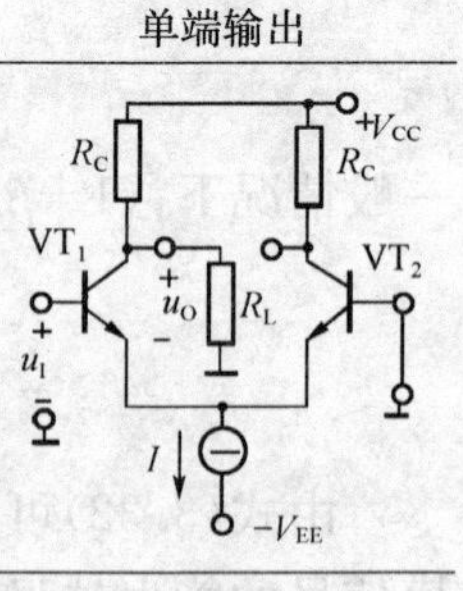
差模电压增益	$A_{ud}=\frac{\beta\left(R//\frac{1}{2}R_L\right)}{r_{be}}$	$A_{ud}=-\frac{\beta\left(R//\frac{1}{2}R_L\right)}{r_{be}}$	$A_{ud}=-\frac{\beta(R_c//R_L)}{2r_{be}}$	$A_{ud}=-\frac{\beta(R_c//R_L)}{2r_{be}}$
输入电阻	$R_{id}=2r_{be}$	$R_{id}=2r_{be}$	$R_{id}=2r_{be}$	$R_{id}=2r_{be}$
输出电阻	$R_o=2R_C$	$R_o=2R_C$	$R_o=R_C$	$R_o=R_C$
用途	适合于对称输入、对称输出的场合	适合于将单端输入变为双端输出的场合	适合于双端输入变为单端输入的场合	适合于输入和输出都需要接地的场合

综上分析可知，差动放大电路有两种输入方式和两种输出方式，组合后便有4种典型电路。现以射极耦合差动放大电路为例，将它们的电路图、主要性能指标计算式和用途汇总于表3.1之中，以便于比较和应用。

【例3.6】 射极耦合差动放大电路如图3.20所示。设VT_1、VT_2、VT_3全同，$\beta=50$，$r_{bb'}=200\ \Omega$，$U_{BE}=0.7\ V$，$R_L=20\ k\Omega$，$R_C=10\ k\Omega$，$R_1=5.6\ k\Omega$，$R_2=3\ k\Omega$，$R_3=2.4\ k\Omega$，$V_{CC}=V_{EE}=9\ V$。试求：

(1) 图3.20(a)所示的双端输入、双端输出电路的静态工作点$Q_1(U_{CE1}, I_{C1})$和$Q_2(U_{CE2}, I_{C2})$、差模电压增益A_{ud}、差模输入电阻R_{id}以及输出电阻R_o；

(2) 图3.20(b)所示的双端输入、单端输出电路的静态工作点$Q_1(U_{CE1}, I_{C1})$和$Q_2(U_{CE2}, I_{C2})$、A_{ud2}、R_{id}、R_o。注意：图3.20(b)电路中，仅将$R_L=20\ k\Omega$改接至c_2与地之间，并短接VT_1的集电极电阻R_C，其他参数均无变动。

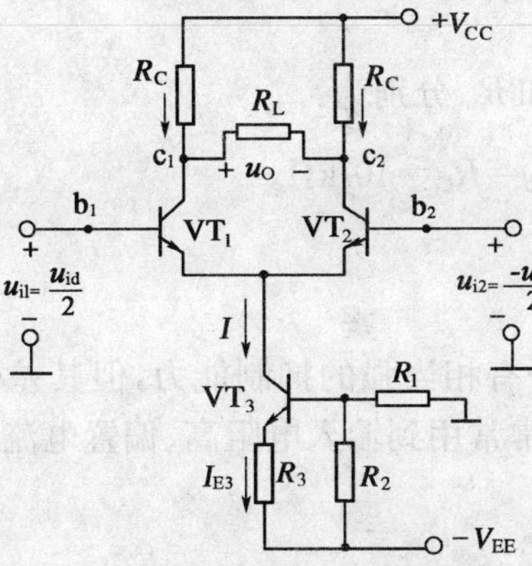

(a) 双端输入、双端输出

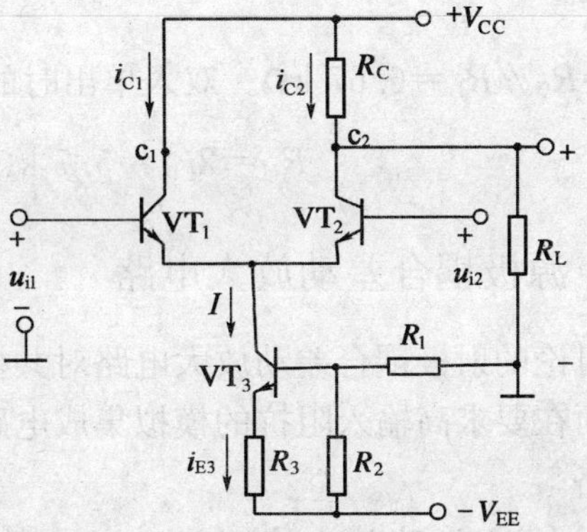

(b) 双端输入、单端输出

图3.20　例3.6的射极耦合差动放大电路

解　(1) 求图3.20(a)所示电路的静态工作点及A_{ud}、R_{id}、R_o：

图中VT_3、R_1、R_2、R_3等元器件构成第2.4.1节所述的晶体管恒流源电路。因此，需要先计算恒流I。现从求U_{R2}入手，以便解得I：

$$U_{R2}=R_2\times V_{EE}/(R_1+R_2)\approx 3.14\ V$$

$$I_{E3}=(U_{R2}-U_{BE})/R_3\approx 1\ mA$$

$$I_{C1}=I_{C2}=I_{E3}/2=0.5\ mA$$

因为静态时

$$u_{i1}=u_{i2}=0\ mV,\quad U_E=-U_{BE}=-0.7\ V$$

所以

$$U_{CE1}=U_{CE2}=(V_{CC}-I_{C1}R_C+0.7)\ V=4.7\ V$$

$$r_{be}=200\ \Omega+51\times 26\ mV/0.5\ mA\approx 2.85\ k\Omega$$

根据式(3.27)，得：

$$A_{ud}=-\frac{\beta R'_L}{r_{be}}\approx -87.7$$

式中：$R'_L=R_C/\!/(R_L/2)=5\ \text{k}\Omega$。双入双出时差模输入电阻$R_{id}$和输出电阻$R_o$分别为：

$$R_{id}=2r_{be}=5.7\ \text{k}\Omega,\quad R_o=2R_C=20\ \text{k}\Omega$$

(2) 求图3.20(b)电路的静态工作点及A_{ud}、R_{id}、R_o。

先在节点c_2处列方程式：$U_{C2}=(V_{CC}-I_{C2}R_C)/(1+R_C/R_L)$，因已解得$I_{C1}=I_{C2}=0.5\ \text{mA}$，故代入数据求出：$U_{C2}\approx 2.7\ \text{V}$，因而$U_{CE2}=(V_{CC}-I_{RC}R_C+0.7)\ \text{V}=3.35\ \text{V}$，式中：$I_{RC}=0.5\ \text{mA}+2.7\ \text{V}/20\ \text{k}\Omega=0.635\ \text{mA}$；而$U_{CE1}=(V_{CC}+0.7)\ \text{V}=9.7\ \text{V}$；

根据式(3.29)，自c_2处单端输出的差模电压增益：

$$A_{ud2}=\frac{\beta R'_L}{2r_{be}}\approx 58.5$$

式中：$R'_L=R_C/\!/R_L=6.67\ \text{k}\Omega$。双入单出时的$R_{id}$和$R_o$分别为：

$$R_{id}=2r_{be}=5.7\ \text{k}\Omega,\quad R_o=R_C=10\ \text{k}\Omega。$$

3.3.3 源极耦合差动放大电路

前面讨论的射极耦合差动放大电路对共模信号有相当强的抑制能力，但其差模输入电阻较低。因而在要求高输入阻抗的模拟集成电路中，常常用到输入电阻高、偏置电流小的源极耦合差放电路。

1) CMOS差动放大电路

差放电路如图3.21所示，该电路中用8只增强型MOS管和正、负电源组成，其中VT_5、VT_6和VT_7构成基准电流(I_R)电路。由NMOS管VT_7、VT_8组成镜像电流源，为放大电路提供偏置电流I。显然，流过$VT_1\sim VT_4$的电流等于$I/2$。若$I=I_R$，则$VT_1\sim VT_4$的电流等于$I_R/2$。根据第3.2.2节的讨论知，在设计这种电路时，通过调整各MOS管的宽长比

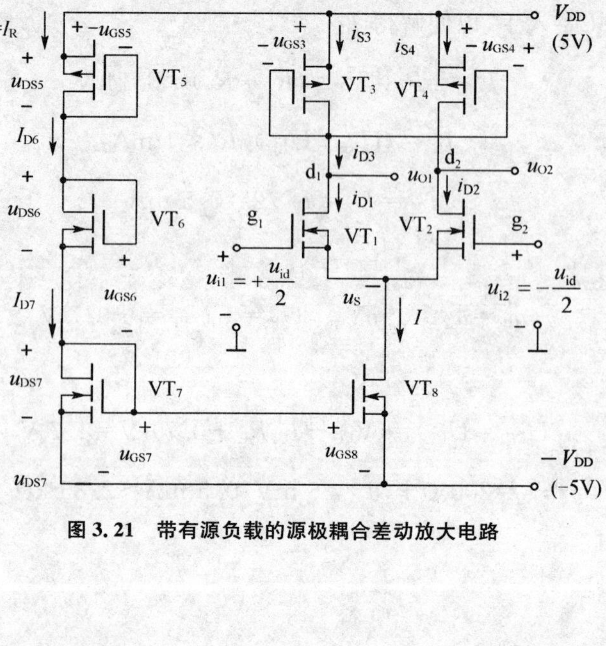

图3.21 带有源负载的源极耦合差动放大电路

(W/L),可以实现该电路中各管电流之间的比例关系。此外,由 PMOS 管 VT_3、VT_4 组成的镜像电流源,作为 NMOS 差分对管 VT_1、VT_2 组成的源极耦合差放电路的有源负载,可以提高放大电路的电压增益。另外,该电路中 NMOS 管的衬底(P 型半导体)均接至负电源 $-V_{SS}$ 或低电位处,而 PMOS 管的衬底(N 型半导体)均接至正电源 $+V_{DD}$ 或高电位点,以保证衬底与沟道之间形成的 PN 结处于反向偏置状态。

(1) 工作原理

在偏置电路中,VT_5、VT_6 和 VT_7 各管的栅极均与漏极相连,电路的基准电流 $I_R = I_{S5} = I_{D6} = I_{D7} = I$。静态时,输入电压 $u_{i1} = u_{i2} = 0$ mV,由于电路对称,VT_1 与 VT_2、VT_3 与 VT_4、VT_7 与 VT_8 特性全同,所以 $I_{D1} = I_{D2} = I_{D3} = I_{D4} = I/2$,输出电压 $u_o = u_{O1} - u_{O2} = 0$ V。

当接入输入信号电压 $u_{i1} = -u_{i2} = u_{id}/2$ 时,VT_1 管的电流增大,而 u_{O1} 减小,VT_2 管的电流减小,但 u_{O2} 增大,所以输出电压 $u_{O1} - u_{O2} \neq 0$ V,即两个输出端 d_1 和 d_2 之间有信号电压输出。

(2) 电压增益

① 双端输入、双端输出差模电压增益 A_{ud}

在图 3.21 所示的电路中,若输入为差模输入方式,即 $u_{i1} = -u_{i2} = u_{id}/2$ 时,在电路对称的条件下,i_{D1} 的增加量等于 i_{D2} 的减小量,流过电流源的电流 I 不变,$u_s = 0$,输出差模电压 $u_o = u_{o1} - u_{o2}$,$u_{o1} = -u_{o2}$,则该电路的差模电压增益为:

$$A_{ud} = (u_{o1} - u_{o2})/(u_{i1} - u_{i2}) = 2u_{o1}/u_{id}$$

式中:

$$u_{o1} = -g_m u_{id}(r_{o3} /\!/ r_{o1})/2$$

所以:

$$A_{ud} = -g_m(r_{o3} /\!/ r_{o1}) = -g_m(r_{ds3} /\!/ r_{ds1}) \tag{3.37}$$

式中:g_m、$r_{o3} = r_{o4} = r_{ds3}$、$r_{o1} = r_{o2} = r_{ds1}$ 分别为 VT_1 和 VT_3 的跨导和动态漏-源电阻。

② 双端输入、单端输出(从 d_2 端输出)的差模电压增益 A_{ud2}

图 3.21 电路的交流通路如图 3.22(a)所示。当差模信号输入时,VT_2、VT_4 两管漏极节点的小信号等效电路见图 3.22(b)。当输出端不接负载电阻时,漏极 d_2 的输出电压为:

$$u_{o2} = (i_{d4} - i_{d2})(r_{o2} /\!/ r_{o4}) = [g_m u_{id}/2 - (-g_m u_{id}/2)](r_{o2} /\!/ r_{o4}) = g_m u_{id}(r_{o2} /\!/ r_{o4}) \tag{3.38}$$

式中:$g_m = g_{m2} = 2\sqrt{K_2 I_{D2}}$,此处 K_2 为 VT_2 的电导常数,单位是 mA/V^2;$r_{o2} = r_{ds2} = 1/(\lambda_2 I_{D2})$,$r_{o4} = r_{ds4} = 1/(\lambda_4 I_{D4})$,这里 λ_2、λ_4 分别为 VT_2、VT_4 的沟道长度调制参数,单位为:V^{-1}。

由式(3.38),写出单端(d_2 端)输出的差模电压增益:

$$A_{ud2} = u_{o2}/u_{id} = g_m(r_{ds2} /\!/ r_{ds4}) \tag{3.39}$$

由式(3.39)可见,带有源负载的差动放大电路自 VT_2 单端输出的电压增益大小,与双端输出电压增益的大小相同。

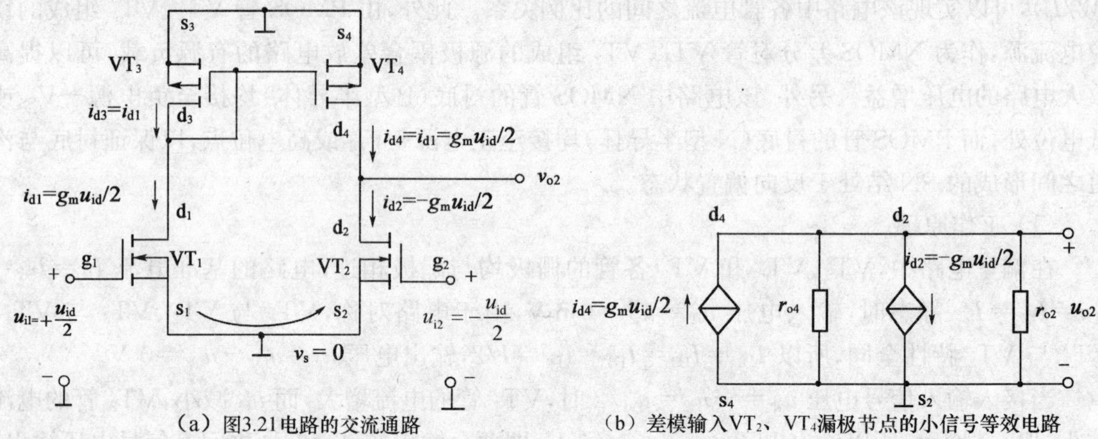

图 3.22　双入、双出源极耦合差动放大电路 A_{ud2} 分析

2) JFET 差动放大电路

结型场效应管(JFET)差动放大电路如图 3.23 所示。图中 VT_1、VT_2 和两只漏极电阻 R_D 组成共源极放大电路,输入电压$\dot{U}_{i1}=\dot{U}_{id}$单端输入,$VT_3$ 构成电流源电路,为 VT_1、VT_2 提供恒定的偏置电流 $I_{D1}=I_{D2}=I/2$。电流源 I 的动态电阻 r_{o3} 很大,足以起到抑制共模信号的作用。下面举例说明 JFET 差放电路的动态分析方法。

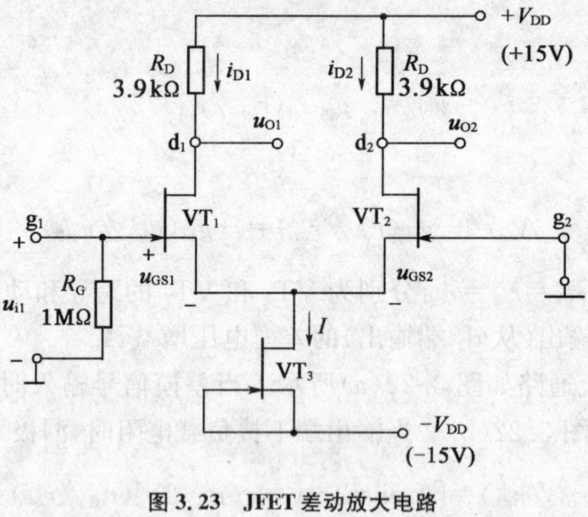

图 3.23　JFET 差动放大电路

【例 3.7】 电路如图 3.23 所示,已知 3 只 JFET 参数全同,动态漏-源电阻 r_{ds} 约为 200 kΩ,跨导 g_m 均为 2 mS,栅-源极之间的动态电阻 r_{gs} 很大,其他电路参数如图 3.23 所标注。试求差模电压增益$\dot{A}_{ud}=\dot{U}_o/\dot{U}_{id}$和差模输入电阻 R_{id}分别等于多少?

解　(1) JFET 源极耦合差动放大电路的电路结构、工作原理和分析方法,与 BJT 射极耦合差放电路基本相同,并具有相同的结构特点,只不过是用 JFET 的小信号等效电路来分析而已。因为输入信号电压$\dot{U}_{id}$单端输入电路,但差模信号$\dot{U}_{i1}=-\dot{U}_{i2}$单端输入时电路的工作状态与双端输入时近似一致,所以该电路差模电压增益:

$$\dot{A}_{ud}=\dot{U}_o/\dot{U}_{id}=(\dot{U}_{o1}-\dot{U}_{o2})/\dot{U}_{id}=-g_m R_D\approx -7.8。$$

(2) 因为从 g_1 和 g_2 两端向放大电路内看入的电阻约为 R_G，所以该电路的差模输入电阻 $R_{id}=R_G=1\ M\Omega$。

请读者思考：若将输出电压$\dot{U}_o$改为从 VT_1 的漏极 d_1 取出，电路的其余结构和参数不变，那么差模电压增益和差模输入电阻又分别为多大？

由 FET 构成的差放电路的输入电阻能达到兆欧数量级以上，输入偏置电流仅约为 100 pA 数量级。这两项性能指标都是 BJT 差放电路所望尘莫及的。

3.4 集成运算放大器

3.4.1 集成运放的组成

集成运放的图形符号如图 3.24 所示，它的内部电路一般由输入级、中间级、输出级和偏置电路共 4 部分组成，其组成框图见图 3.25。下面围绕图 3.25 对集成运放的结构特点和性能要求作一概述。

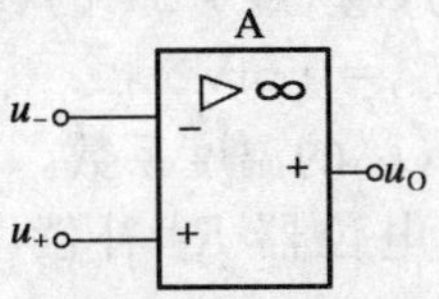

图 3.24 集成运放的图形符号

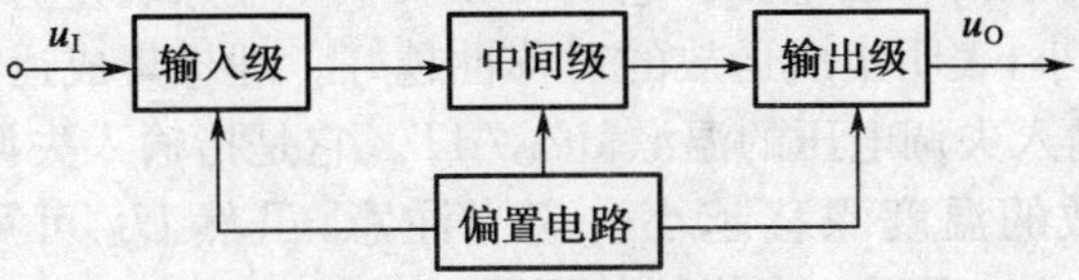

图 3.25 集成运放的组成框图

1) 输入级

由于集成运放输入级有两个输入端，且要求输入级有尽可能高的共模抑制比和高输入阻抗，所以输入级通常采用带射极电流源、温度漂移小、内部元件参数匹配性能好且易补偿的射极耦合差动放大电路。输入级的主要作用是在尽可能小的温度漂移和输入电流下，得到尽量大的输入电阻和输入电压。它是抑制温度漂移的关键一级，对于整个运放性能指标优劣起着重要的作用。

2) 中间级

中间级要求具有足够高的电压增益，通常由多级放大电路串联组成，一般采用有源负载或复合管的共射放大电路。此外，中间级还应实现电平移动，并具有双端输入到单端输出的转换功能。

3) 输出级

输出级的作用是为负载提供一定幅度的输出电压和电流。为了提高带负载能力，要求集成运放具有较低的输出电阻，故输出级大多为互补对称功率放大电路(详见第 7.3 节、第 7.4 节)。

4) 偏置电路

其主要作用是为各级电路提供稳定、合适的偏置电流，决定各级电路的 Q 点，使集成运放尽可能少地受温度和电源电压等因素的影响。集成运放的偏置电路由各种电流源电路组成。

集成运放芯片除了上述 4 个主要部分外，还有一些辅助电路，例如电平移动电路、过电流、过电压和过热保护电路等。

3.4.2 集成运放的主要性能指标

工程中运放的技术性能和使用条件常用一些参数表征。为了合理选用和正确使用集成运放,必须了解各主要参数的意义,必要时还需用一定的测试手段对其中的一些参数进行测试。下面介绍运放的一些主要参数。这些参数都是衡量运放内在质量的重要性能指标,通常是厂家必测的参数。集成运放的参数在产品手册中都可以查到,以下参数(1)～(4)与差放电路的完全相同(请参阅第3.3节)。

(1) 开环差模电压增益(即开环电压放大倍数)A_{od}。理想运放的$A_{od}=\infty$。

(2) 共模抑制比K_{CMR}。理想运放的$K_{CMR}=\infty$。

(3) 差模输入电阻R_{id}。理想运放的$R_{id}=\infty$。

(4) 输出电阻R_o。理想运放的$R_o=0\ \Omega$。

(5) 最大共模输入电压U_{icM}。

(6) 最大差模输入电压U_{idM}。

(7) 输入失调电压U_{IO}。U_{IO}是指去掉运放调零电位器R_P时,为使静态输出电压为0 V而在输入端所加的补偿电压。它的大小反映了输入级差分对管的U_{BE}(或FET的U_{GS})的对称程度。U_{IO}越小,表明集成运放的对称性越好。理想集成运放的$U_{IO}=0$ mV。

(8) 输入失调电压的温漂$\mathrm{d}u_{IO}/\mathrm{d}T$。它是指输入失调电压$U_{IO}$的温度系数。其值越小,表明集成运放的温度漂移越小。应当注意,虽然U_{IO}可用调零电位器R_P补偿,但却不能使$\mathrm{d}u_{IO}/\mathrm{d}T=0$,甚至不一定能使其下降。

(9) 输入失调电流I_{IO}。它是反映集成运放输入级差分对管输入电流对称性的参数,$I_{IO}=|I_{B1}-I_{B2}|$。I_{IO}越小,表明差分对管β值的对称性越好。

(10) 输入失调电流温度漂移$\mathrm{d}I_{IO}/\mathrm{d}T$。此参数为输入失调电流$I_{IO}$的温度系数,要求越小越好。

(11) 输入偏置电流I_B。它是输入级BJT差分对管的基极偏置电流I_B,$I_B=(I_{B1}+I_{B2})/2$。当信号源内阻不同时,I_B对集成运放Q点的影响较大。同时,I_B大,易使I_{IO}及$\mathrm{d}I_{IO}/\mathrm{d}T$也增大,因而影响运算精度。

(12) −3 dB带宽f_H。它是集成运放的上限截止频率(定义详见第2.7节)。

(13) 单位增益带宽f_c。它是指$20\lg|A_{od}|$下降到0 dB(即$|A_{od}|=1$)时的频率,亦即集成运放的增益带宽积(定义见第2.7节)。

(14) 转换速率S_R。S_R反映了集成运放对于高速变化的输入信号的响应情况,定义为$S_R=|\mathrm{d}u_O/\mathrm{d}t|_{max}$。亦即只有输入信号变化速率的绝对值小于$S_R$时,集成运放输出信号才能跟得上输入信号的变化。$S_R$越高,表明集成运放的高频性能越好。

除了上述各项指标外,集成运放还有其他的一些参数,包括最大输出电压幅值U_{OM}、额定输出电流I_{ON}、静态功耗P_W等,它们的意义都比较明确,使用时可查阅有关产品资料。集成运放的型号不同,其管脚引出线排列也不相同,可查阅产品说明书、IC大全或电子技术常用器件应用手册。

3.4.3 典型的集成运算放大器

集成运放电路是一种高电压增益、高输入电阻、低输出电阻的直接耦合多级放大电路。下面将介绍两种典型的集成运放内部电路，它们分别是 BJT 构成的 LM741 和 MOS 管组成的 C14573。

1) BJT 741 型集成运算放大器

作为 BJT 模拟集成电路的典型例子，这里介绍一种通用型集成运算放大器 741①。其芯片内部原理电路如图 3.26 所示。

(1) 偏置电路

741 型集成运放由 24 只 BJT、10 只电阻和一只电容组成。在体积小的条件下，为了降低功耗以限制温升，必须减小各级的静态工作电流，因此 741 采用微电流源电路。

741 的偏置电路如图 3.26 所示，它是一种组合电流源。上部的 VT_8、VT_9、VT_{12}、VT_{13} 为 PNP 管，下部的 VT_{10}、VT_{11} 为 NPN 管。该电路中由 $+V_{CC} \to VT_{12} \to R_5 \to VT_{11} \to -V_{EE}$ 构成主偏置电路，决定偏置电路的基准电流 I_R。此主偏置电路中的 VT_{11} 和 VT_{10} 组成微电流源电路（$I_R \approx I_{C11}$），由 I_{C10} 供给输入级中 VT_3、VT_4 的偏置电流。I_{C10} 远小于 I_R，I_{C10} 为微安级电流。

VT_8 和 VT_9 为一对横向 PNP 管，它们组成镜像电流源，$I_{E8}=I_{E9}$，供给输入级 VT_1、VT_2 的工作电流（忽略 VT_3、VT_4 的基极偏置电流，即 $I_{E9} \approx I_{C10}$），这里 I_{E9} 为 I_{E8} 的基准电流。

VT_{12} 和 VT_{13} 构成双端输出的镜像电流源，其中 VT_{13}① 是一只双集电极的可控电流增益横向 PNP 型 BJT，可以将其视为两只 BJT，它们的两个集电结彼此并联。一路输出为 VT_{13B} 的集电极，使 $I_{C17}=I_{C13B}=(3/4)I_{C12}$，供给中间级的偏置电流并作为它的有源负载；另一路输出为 VT_{13A} 的集电极，使 $I_{C13A}=(1/4)I_{C12}$，供给输出级的偏置电流。

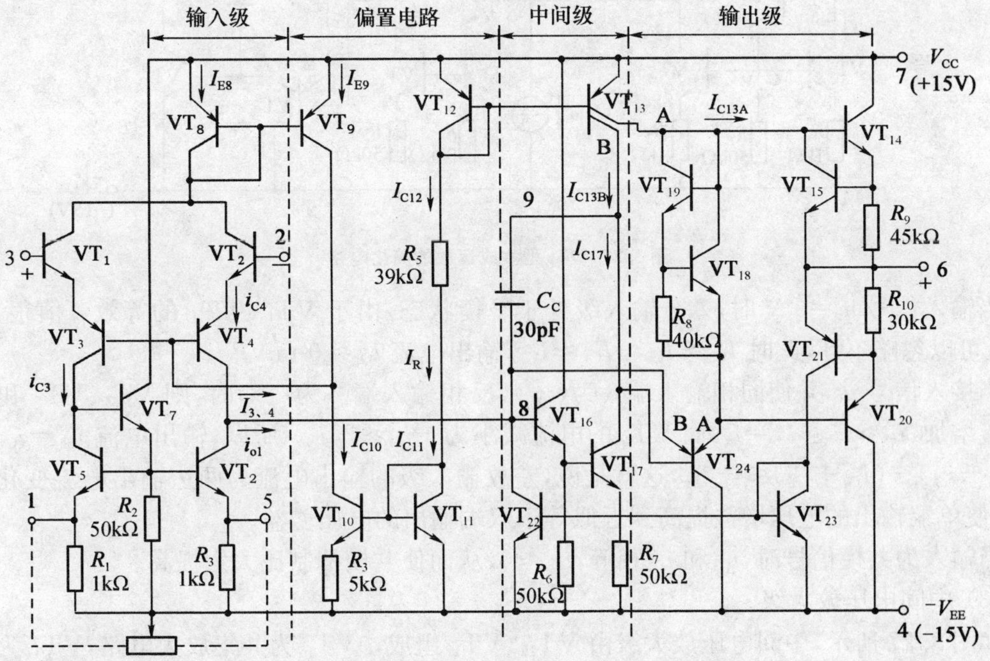

图 3.26　741 型集成运算放大器的原理电路

① 由于生产厂家不同，通用型 741 的型号有 μA741、LM741、MC741 和 KA741 等。图 3.26 中的数码标号为封装引脚号。

(2) 输入级

图3.27是741的简化电路。该电路主要将图3.26中的组合电流源和VT_{11}、VT_{10}组成的微电流源电路用电流源符号代替。由该简化电路可见，输入级由VT_1～VT_6组成差动放大电路，从VT_6的集电极输出，VT_1、VT_3和VT_2、VT_4组成共集-共基组合差放电路。纵向NPN管VT_1、VT_2构成共集电路以提高输入阻抗，而横向PNP管(电流增益小、击穿电压大)VT_3、VT_4接成的共基电路和VT_5、VT_6、VT_7组成的有源负载，有利于提高输入级电压增益，并增大最大差模输入电压U_{idM}至±30 V，同时扩大共模输入电压范围U_{icM}≈±13 V①，以改善输入级的频率响应。另外，有源负载比较对称，有利于提高输入级的共模抑制比。VT_7和R_2用来构成VT_5、VT_6的偏置电路。在此级中VT_7的β_7比较大，I_{B7}很小，所以$I_{C3}\approx I_{C5}$。亦即，无论有无差模信号输入，总有$I_{C3}\approx I_{C5}\approx I_{C6}$的关系。

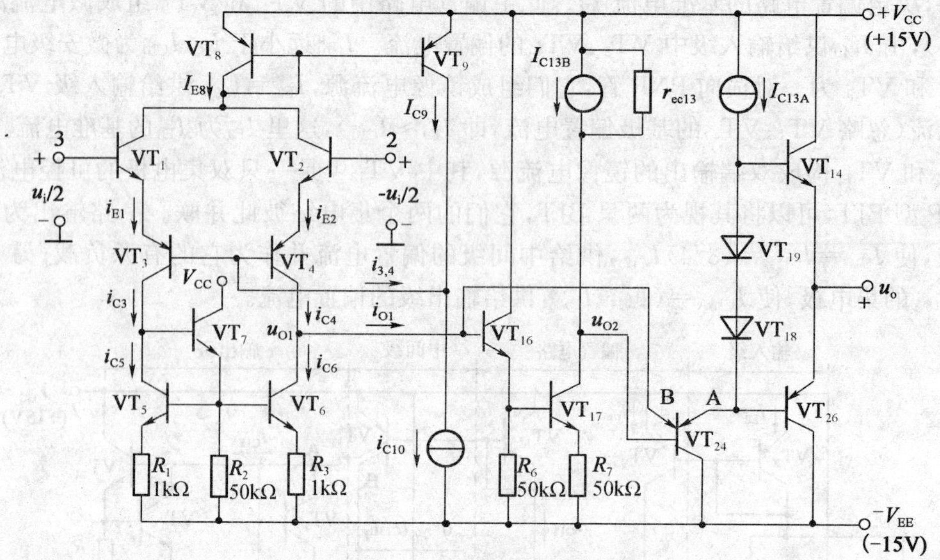

图3.27　741型集成运放的简化电路

当输入信号u_i=0 V时，差分输入级处于平衡状态，由于VT_{16}、VT_{17}的等效β值很大，因而I_{B16}可以忽略不计，此时$I_{C3}\approx I_{C5}\approx I_{C4}\approx I_{C6}$，输出电流$i_{O1}\approx 0$ mA。

当接入信号u_i，并使同相输入端3为(+)，反相输入端2为(−)时，则VT_3、VT_5和VT_6的电流增加，$i_{c3}\approx i_{c5}\approx i_{c6}=i_c$，而$VT_4$的电流减小为$-i_{c4}\approx -i_c$。所以，输出电流$i_{o1}=i_{C4}-i_{C6}=(I_{C4}-i_{c4})-(I_{C6}+i_{c6})\approx -2i_c$，这就是说，差放输入级的输出电流为两边输出电流变化量的总和，使单端输出的电压增益提高到近似等于双端输出的电压增益。

当输入为共模信号时，i_{C3}和i_{C4}相等，$i_{O1}\approx 0$，从而使共模抑制比大为提高。

(3) 中间电压放大级

如图3.27所示，中间电压放大级由VT_{16}、VT_{17}组成。VT_{16}为共集放大电路，VT_{17}为共射放大电路，集电极负载为VT_{13B}组成的有源负载，其动态电阻很大，故中间级可以获得相当高的电压增益，同时也具有较高的输入电阻。

---

① 因VT_3、VT_4是横向BJT，它的击穿电压相当高，一般在50 V左右。而NPN型BJT一般只有3～6 V。

(4) 输出级

输出级是由 VT_{14} 和 VT_{20} 组成的互补对称电路①。为了使电路工作于甲乙类状态，利用 VT_{18} 管的集-射两端电压 U_{CE18}（见图 3.26），接于 VT_{14} 和 VT_{20} 两管的基极之间，由 VT_{19}、VT_{18} 的 U_{BE}（见图 3.27）给 VT_{14} 和 VT_{20} 提供一起始偏压，同时利用 VT_{19} 管（接成二极管）的 U_{BE19}，连于 VT_{18} 管的基极和集电极之间，形成负反馈偏置电路，从而使 U_{CE18} 的电压值比较稳定。此偏置电路由 VT_{13A} 组成的电流源供给恒定的工作电流，VT_{24A} 管接成共集电路以减小对中间级的负载影响。

为了防止输入级信号过大或输出短路而造成的损坏，电路内备有过流保护元件。当正向输出电流过大，流过 VT_{14} 和 R_9 的电流增大，将使 R_9 两端的压降增大到足以使 VT_{15} 管由截止进入导通状态，U_{CE15} 下降，从而限制了流过 VT_{14} 的电流。在负向输出电流过大时，流过 VT_{20} 和 R_{10} 的电流增加，将使 R_{10} 两端电压增大到使 VT_{21} 由截止进入导通状态，同时 VT_{23} 和 VT_{22} 均导通，降低 VT_{16} 及 VT_{17} 的基极电压，使 VT_{17} 的 U_{C17} 和 VT_{24} 的 U_{E24A} 上升，VT_{20} 趋于截止，因而限制了流过 VT_{20} 的电流，达到保护的目的。VT_{24B} 发射极构成的二极管接到 VT_{16} 的基极，当 VT_{16}、VT_{17} 过载时，VT_{24B} 导通使 VT_{16} 的基极电流旁路，防止 VT_{17} 饱和，从而保护 VT_{16}，以免在 VT_{16} 过流及高 $U_{CE16}\approx 30$ V 下烧毁 VT_{16}。

在图 3.26 电路中，外接电容 C_C（30 pF）用作频率补偿。

整个电路要求当输入信号为零时输出信号也为零，这在电路设计方面已作考虑。同时，在电路的输入级中，VT_5、VT_6 管发射极两端还可接一只电位器 R_P，它的中间滑动触头接 $-V_{EE}$，从而改变 VT_5、VT_6 的发射极电阻，以保证静态时输出信号为零。因此，R_P 被称为调零电位器。

2) CMOS MC14573 集成运算放大器

MC14573 是由场效应管组成的集成运算放大器。由于采用 N 沟道与 P 沟道互补的 MOS 管，所以称为 CMOS（即互补 MOS）集成运放。与 BJT 组成的集成运放相比，采用 CMOS 器件构成的集成运放具有输入电阻高、集成度高和电源适用范围宽等特点。MC14573 是 4 个独立的运放制作在同一块硅片上，封装成一个芯片，故它们具有相同的温度系数，可以很方便地进行温度补偿，从而得到性能优良的电路。

图 3.28 所示为 MC14573 中一个运放的原理电路。由图可见，该电路为全用增强型 MOS 管组成的两级放大电路。

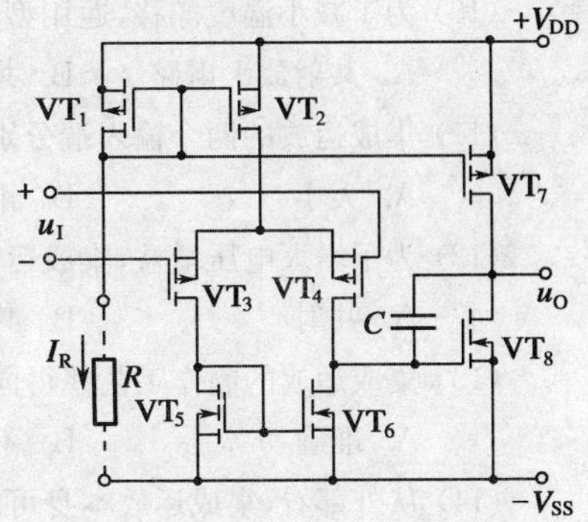

图 3.28 MC14573 集成运放原理电路

电路中第 1 级是由 PMOS 管 VT_3、VT_4 组成的共源差动放大电路。NMOS 管 VT_5、VT_6 构成镜像电流源作为有源负载。PMOS 管 VT_2 作为电流源提供偏置电流。

第 2 级是由 NMOS 管 VT_8 组成的带负载 PMOS 管 VT_7 的共源放大电路。

在图 3.28 中，VT_2 和 VT_7 的电流由 VT_1 提供，这是一个多路电流源电路，其中 VT_1 的电流大小是通过外接电阻 R 由直流电源确定的。C 是内部补偿电容，其作用是保证系统的稳定性。

V_{DD} 和 $-V_{SS}$ 为工作电源电压，其差值应满足 $5\text{ V}\leqslant(V_{DD}-V_{SS})\leqslant 15\text{ V}$。MC14573 可以单

电源供电(正、负均可),也可以选用不对称正负电源供电。使用者可根据对输出电压动态范围的要求,选择 MC14573 的电源电压值。

习　题　3

3.1 单项选择题(将下列各小题的正确选项前的字母填在题中的括号内)。

(1) 由于集成运放内部不易制造大容量的电容器,故集成运放电路均采用(　　)方式。

A. 直接耦合　　B. 阻容耦合　　C. 变压器耦合　　D. 光耦合

(2) 计算两级放大电路中第1级的交流等效负载电阻时,需注意:第2级的输入电阻就是第1级的(　　)。

A. 负载电阻　　B. 部分负载电阻　　C. 信号源内阻　　D. 输出电阻

(3) 差动放大电路是为了(　　)而设计的,主要是利用差分对管和电路对称性来实现的。

A. 稳定电压增益　　B. 增大电压增益　　C. 抑制温度漂移　　D. 提高输入电阻

(4) 在差放电路中,差模电压增益 A_{ud} 是(　　)之比。

A. 输出变化量与输入变化量　　B. 输出差模量与输入差模量

C. 输出直流量与输入直流量　　D. 输出共模量与输入共模量

(5) 差放电路的 A_{uc} 越大,表示该电路的(　　)越强。

A. 抑制温度漂移能力　　B. 稳 Q 点的作用

C. 温度漂移　　D. 对有用信号的控制作用

(6) 差放电路的共模抑制比 K_{CMR} 越大,表明该电路(　　)。

A. 电压增益越稳定　　B. 差模电压增益越大

C. 抑温漂能力越强　　D. 输入信号中的差模分量越大

(7) 若射极耦合差放电路中电流源的动态电阻 r_o 越大,则(　　)。

A. A_{ud} 越大　　B. A_{ud} 越小　　C. A_{uc} 越大　　D. A_{uc} 越小

(8) 由于电流源中流过的电流恒定,所以它的动态输出电阻(　　)。

A. 很大　　B. 很小　　C. 等于零　　D. 随电压大小自动改变

(9) 电流源常用于放大电路中,作为(　　),使得放大电路性能得以改善。

A. 有源负载　　B. 电源电流　　C. 信号源　　D. 稳定电流源

(10) 为了减小温度漂移,通用型集成运放的输入级几乎毫不例外地采用(　　)。

A. 共射放大电路　　B. 共集放大电路　　C. 差动放大电路　　D. 射极跟随器

(11) 集成运放的两个输入端分别为同相和反相输入端,它们表明输入电压与输出电压的(　　)关系。

A. 大小　　B. 相位　　C. 接地　　D. 均不接地

(12) 为了增大电压增益,集成运放的中间级大多采用(　　)电路。

A. 共射　　B. 共基　　C. 共集电极　　D. 源极输出器

(13) 集成运放的制作工艺使得同类晶体三极管的参数(　　)。

A. 准确　　B. 不受温度影响　　C. 对称性好　　D. 不易老化变差

(14) 从外部看,集成运放本身可以等效为(　　)的差动放大电路。

A. 双入双出　　B. 双入单出　　C. 单入双出　　D. 单入单出

3.2 图 3.5 中各电路能否放大交流信号?直接耦合放大电路和阻容耦合放大电路各有什么优缺点?一个带宽为 0.1 Hz～10 MHz 的宽频带多级放大电路,是用阻容耦合方式好还是用直接耦合方式好?

3.3 有Ⅰ、Ⅱ、Ⅲ共3个直接耦合放大电路。电路Ⅰ的电压增益为1 000，当温度由20 ℃上升到25 ℃时，输出电压漂移了10 V；电路Ⅱ的电压增益为50，当温度从20 ℃上升到40 ℃时，输出电压漂移了10 V；电路Ⅲ的电压增益为20，当温度从20 ℃上升到40 ℃时，输出电压漂移了2 V。试问哪个电路的温度漂移小一些？

3.4 电路如图3.29所示。设VT_1为硅管，$U_{BE1}=0.7$ V，VT_2为锗管，$U_{EB2}=0.2$ V，$\beta_1=40$，$\beta_2=100$，$R_B=15.7$ kΩ，其余电路参数如图所标示。

(1) 计算两级放大电路静态工作的I_{C1}、I_{C2}和U_{OQ}；

(2) 计算该电路的总电压增益$\dot{A}_u$；

(3) 计算该电路的输入电阻R_i和输出电阻R_o。

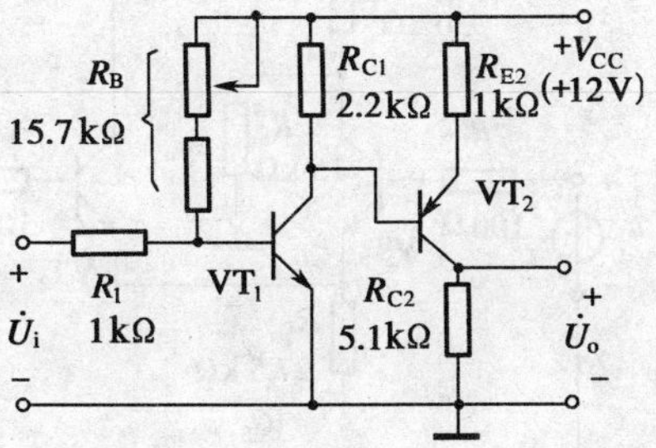

图3.29　题3.4的电路图

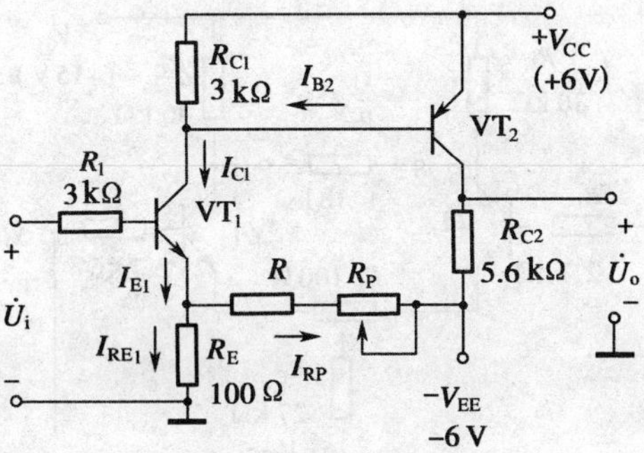

图3.30　题3.5的电路图

3.5 电路如图3.30所示。设VT_1为硅管，$U_{BE1}=0.7$ V，VT_2为锗管，$U_{BE2}=-0.2$ V，$\beta_1=\beta_2=30$。试求：

(1) 当$\dot{U}_i=0$ mV时，调R_P使$U_{OQ}=0$ V，求静态工作点的I_{C1}、I_{C2}、U_{CE1}和U_{CE2}；

(2) 若R_P为270 Ω的电位器，试求电阻R值；

(3) 试计算第1级、第2级的电压增益$\dot{A}_{u1}$、$\dot{A}_{u2}$及总电压增益$\dot{A}_u=\dot{A}_{u1}\dot{A}_{u2}$之值。

3.6 图3.31的电路是一个改进型镜像电流源。试定性说明VT_3的作用，并证明当$\beta_1=\beta_2=\beta$时，$I_{C2}=I_R/[1+2/(\beta^2+\beta)]$。

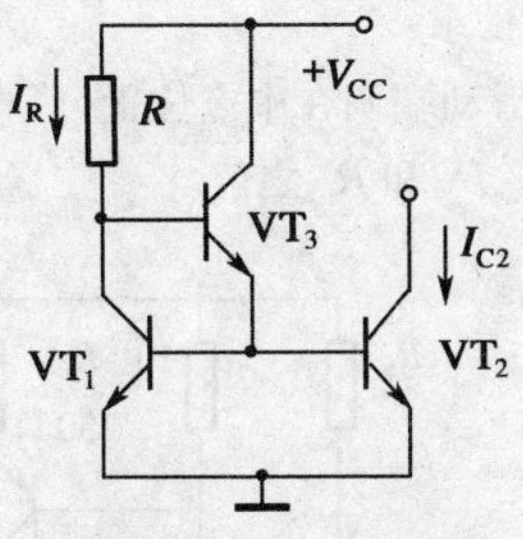

图3.31　题3.6的电路图

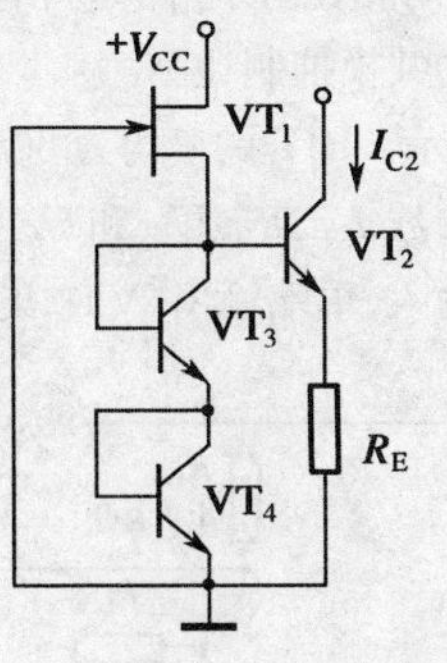

图3.32　题3.7的电流源电路

3.7 图3.32是一种用结型场效应管作为偏置电路的电流源电路，偏置电流一般只有几十微安。设VT_2、VT_3、VT_4特性相同、参数全等，试分析这种电路有什么特点，并列写I_{C2}的表达式。

3.8 射极耦合差动放大电路如图3.16所示。设VT_1、VT_2全同(凡差放电路均具备此条件，下面题目不再赘述)，$\beta=100$，$r_{bb'}=200$ Ω，$U_{BE}=0.7$ V，电流源的$I=1$ mA，$R_C=10$ kΩ，$V_{CC}=V_{EE}=9$ V。试求：

(1) 该电路的静态工作点参数：$Q_1(U_{CE1},I_{C1})$和$Q_2(U_{CE2},I_{C2})$；

(2) 该电路双端输入、双端输出时的差模电压增益A_{ud}、差模输入电阻R_{id}和输出电阻R_o；

(3) 当电流源的动态电阻 $r_o=100\ k\Omega$ 时,求出电路自 c_1 单端输出时的差模电压增益 A_{ud1}、共模电压增益 A_{uc1} 和共模抑制比 K_{CMR1} 值。

3.9 长尾式差动放大电路如图 3.33 所示。因为 R_E 接负电源 $-V_{EE}$,拖一个尾巴,故称为长尾式电路。由于 VT_1、VT_2 全同,两半电路对称,仍为射极耦合方式,所以在差模信号 $u_{id}=u_{i1}-u_{i2}$ 作用下,电路工作状况与第 3.3.2 节所述的射极耦合差放电路是一致的。设可调电位器 R_P 的滑动端调于中点位置,管子的 $\beta=100$,$r_{bb'}=100\ \Omega$。试求:

(1) 静态工作点参数 I_{C1}、I_{B1} 和 U_{C1} 的值。试问静态时负载电阻 R_L 中是否有电流流过?为什么?

(2) 计算电路的差模电压增益 $A_{ud}=u_o/u_{id}$;

(3) 计算电路的差模输入电阻 R_{id} 和输出电阻 R_o 的值。

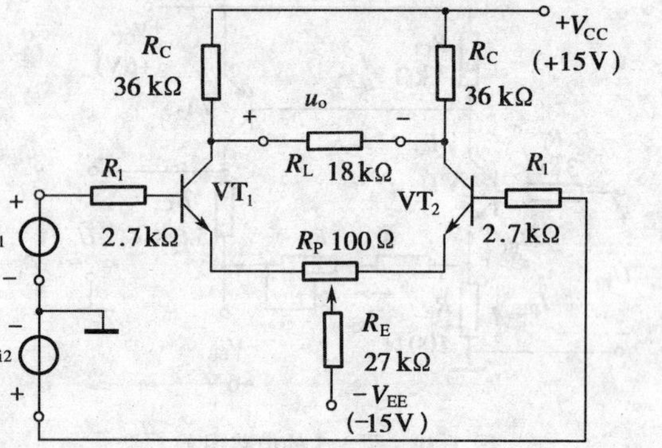

图 3.33　题 3.9 的电路图

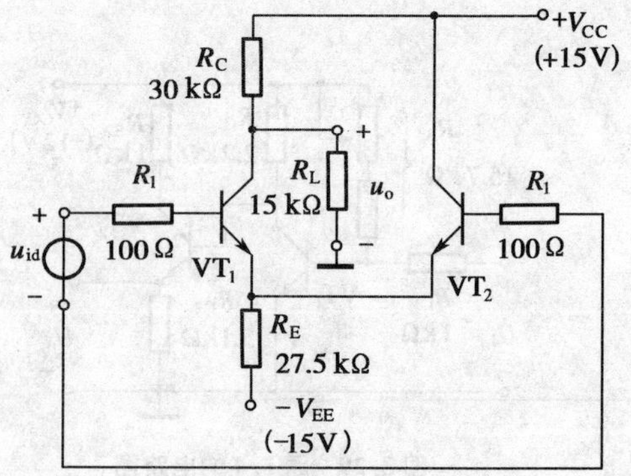

图 3.34　题 3.10 的电路图

3.10 电路如图 3.34 所示。设 VT_1、VT_2 的 $\beta=50$,$r_{bb'}=100\ \Omega$,R_1 上的压降可以忽略,$U_{BE2}=0.7\ V$。

(1) 计算静态时 I_{C1}、I_{C2}、U_{C1} 和 U_{C2} 的值;

(2) 计算电路的 A_{ud}、R_{id} 和 R_o 之值;

(3) 试求当 $u_{id}=-1\ V$,即 u_{id} 极性上(−)下(+),大小为 1 V 时,$u_o=$?

3.11 图 3.34 差放电路的两半电路并不完全对称。试问:

(1) 与 $R_E=0\ k\Omega$ 时相比,该电路是否有抑制温度漂移的作用?试说明理由;

(2) 计算该电路的共模抑制比 K_{CMR}。

3.12 电路如图 3.35 所示。BJT 的 β 均为 50,$U_{BE}=0.7\ V$。试求:

(1) 静态工作点参数 I_{C1}、I_{C2}、U_{C1} 和 U_{C2} 的值,设 R_P 的滑动端调在中点位置;

(2) 该电路双端输入、单端输出(VT_2 集电极)时的 A_{ud2}、R_{id} 和 R_o 之值。

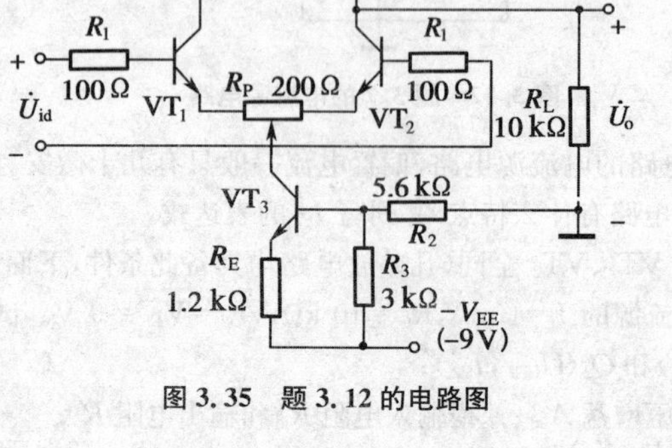

图 3.35　题 3.12 的电路图

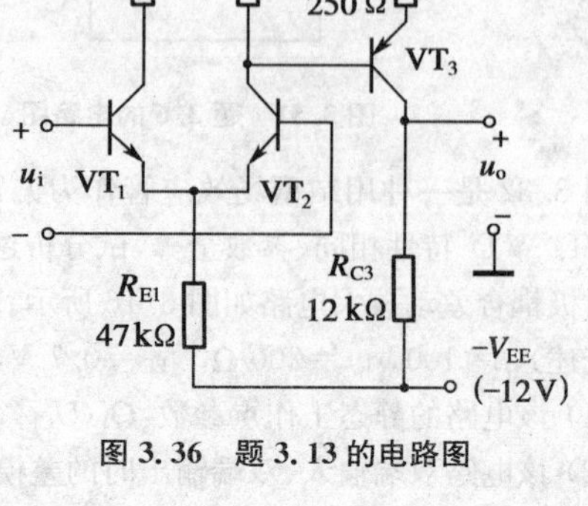

图 3.36　题 3.13 的电路图

3.13　电路如图 3.36 所示，设各管的 β 均为 100，$|U_{BE}|=0.7$ V，$r_{bb'}=100$ Ω，静态（$u_i=0$ V）时，$u_o=0$ V。试计算：

(1) 静态时 I_{C1} 和 I_{C2} 的值；

(2) 电阻 R_C 之值；

(3) 该电路的总电压增益 $A_u=u_o/u_i=$？

(4) 电路的输入电阻 R_{id} 和输出电阻 R_o 之值。

3.14　电路如图 3.37 所示。设所有 BJT 的 β 均为 30，VT_5 和 VT_6 的 $r_{be}=2.5$ kΩ，结型场效应管 VT_1 和 VT_2 为差分对管，其 $g_m=4$ mS，其他参数如图标注。试求：

(1) 当所有电位器的滑动端均处于中点位置时，计算 $\dot{A}_u=\dot{U}_o/\dot{U}_i$；

(2) 求输入电阻 R_{id} 和输出电阻 R_o；

(3) VT_3 和 VT_4 组成了 VT_1、VT_2 的恒流源电路。试问：为稳定 I_{C3}，采取了哪些措施？说明其原理。

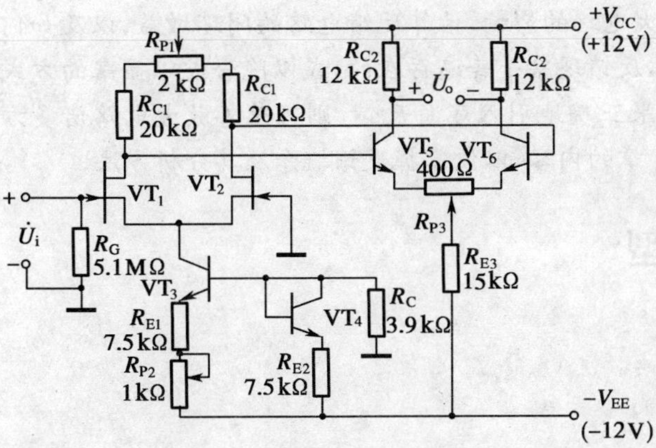

图 3.37　题 3.14 的电路图

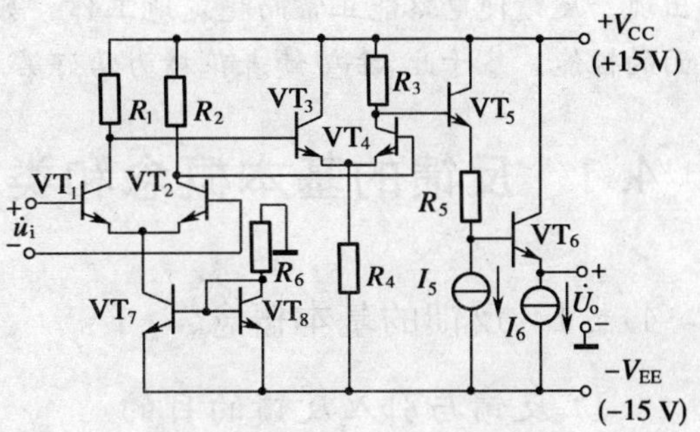

图 3.38　*题 3.15 的电路图

***3.15**　电路如图 3.38 所示。设所有管子的 β 均为 50，U_{BE} 均为 0.7 V，静态时 $U_{C1}=U_{C2}=10$ V，$I_{C1}=I_{C2}=100$ μA，$I_{C3}=I_{C4}=1$ mA，图示电流源电流 $I_5=10$ mA，$I_6=10.2$ mA，$R_5=510$ Ω。在静态时 $U_O=0$ V 的条件下，试求：

(1) R_1、R_2、R_3、R_4 和 R_6 的阻值；

(2) 总电压增益 $\dot{A}_u=\dot{U}_o/\dot{U}_i$；

(3) 输入电阻 R_{id} 和输出电阻 R_o 值。

4 反馈放大电路

引言　在现代社会中，反馈的概念与理论已经获得了广泛的应用，它已完全超越了工程技术的范围，如生物反馈就是一例。在电子电路、信息管理系统、经济工作、军事技术和商品流通等领域，反馈几乎渗透到每一个角落，可以说反馈措施无所不在，特别是在模拟电子电路中。因此，理解反馈的概念并掌握分析反馈的方法，对于掌握现代科学技术是十分重要的。

第4章是模拟电子技术的重点和难点内容之一。在第4章中，将深入浅出地逐一讨论反馈的概念，判断交流反馈的组态，分析反馈对放大电路的影响，估算反馈电路的闭环增益，以及如何正确引入负反馈等问题。在模拟电子电路中，反馈现象是普遍存在的，或以隐含或以显露的方式出现。反馈使电路能正常而稳定地工作。如果正确地引入了负反馈，则可改善放大电路诸多方面的性能。基于此，希望读者花精力学好第4章的内容，以便掌握反馈概念及其分析方法。

4.1　反馈的基本概念和类型

4.1.1　反馈的基本概念

1）反馈与引入反馈的目的

所谓反馈，就是在电子系统中把输出回路的电量(电压或电流)，部分或者全部地通过反馈网络馈送到输入回路的过程。例如，第2章讨论BJT的H参数等效模型时，曾用$h_{12e}(\mu_r)$来表征集-射极电压的大小对基极电流的影响，这一影响就是一种反馈。由于这种反馈是在BJT的内部存在的，故称为内部反馈。又如，第2章讨论的偏置稳定的共射放大电路，它能使Q点稳定，就是引入了直流负反馈的结果(见第2.4.1节的定性分析)。在那里通过外接射极电阻R_E，并且在R_E的两端并联大电容C_E来实现反馈，故称为外部反馈。再如第2章讨论的射极输出器，其射极电阻R_E跨接在输入回路与输出回路之间，故通过R_E引入外部反馈，从而既增大了输入电阻，又减小了输出电阻。

上述后两个外部反馈的例子都是有意地引入了某种反馈，使电子电路能够按照预期的功能正常且稳定地工作。因此可以说，为了改善性能而在放大电路中引入了反馈；反之，只有正确地引入了反馈，才能达到上述目的，例如稳定Q点、改善诸方面的交流性能等。

2）直流反馈与交流反馈

如果在第2章偏置稳定的放大电路中，R_E两端并联有C_E，则R_E上的压降只反映集电极电流中的直流分量I_C的变化，故称为直流反馈。当R_E两端不并联C_E时，R_E上的压降同时也反映了集电极电流的交流分量，对交流信号亦起反馈作用，故称为交流反馈。第4章讨论的内容主要是针对交流反馈展开的。

3）正反馈与负反馈

引入了交流反馈后，放大电路的输入回路中除了原有的输入信号外，还增加了反馈信号。

如果反馈信号削弱了原来的输入信号，使净输入信号减小，则称为负反馈；如果反馈信号增强了原输入信号，反而使净输入信号增大，则称为正反馈。因此，交流负反馈将使电路的增益减小，交流正反馈会使增益增大。正反馈和负反馈通常称为放大电路的反馈极性。

【例 4.1】 现将第 2 章射极输出器的电路图重画于图 4.1 中，试分析该电路中引入的反馈情况。

解 由图可见，射极电阻 R_E 跨接在输入回路与输出回路之间，据此列出输入回路的电压方程式：

$$u_{BE}=u_i-u_F$$

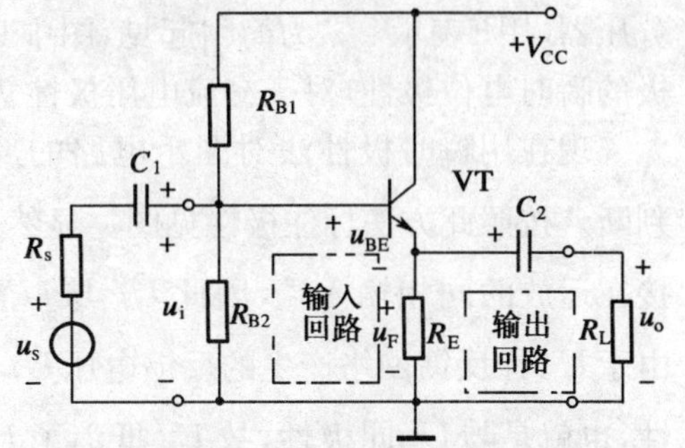

图 4.1 例 4.1 的射极输出器电路

图中 R_E 两端的直流电压降 U_F 只起稳定集电极直流电流 I_{CQ} 的作用，它是直流负反馈。同时，R_E 将其两端的交流电压分量 $\dot{U}_f=\dot{U}_o$ 全部馈送到输入回路，回路中交流净输入电压 $\dot{U}_{be}=\dot{U}_i-\dot{U}_f$，可见引入反馈后削弱了原输入信号 $\dot{U}_i$，故该电路同时引入了交流负反馈，电路中的 R_E 就是反馈元件。

由于第 4 章主要是讨论交流反馈，故按照在放大电路中正弦量为典型的输入信号的惯例，约定以下各电路图中只标注正弦交流有效值相量。如有直流反馈可先行分析出，然后转而讨论其中的交流反馈。

4.1.2 交流负反馈的组态及其判别方法

1）判断有无反馈

在放大电路中引入反馈，需要将输出量通过反馈网络馈送至输入回路，从而与输入信号相互作用，改变电路的净输入量。所以，要判断电路中有无反馈，首先要看电路中有无反馈元件（或称起联系作用的元件，比如例 4.1 中的 R_E），若有反馈元件则有反馈，若无反馈元件则无反馈。注意：只有在存在反馈的情况下，分析计算其中的反馈才有必要。

2）判断交流反馈极性的方法—瞬时极性法

判断交流反馈极性采用瞬时电位极性法（简称瞬时极性法）。该方法为：设想在放大电路的输入端接入一正弦交流电压 $\dot{U}_s$，它的瞬时电位极性为（＋），然后沿着此信号的正确传输路径，从输入端到输出端，再由输出端经反馈网络，折回到输入端，逐一标出各节点的瞬时电位极性。最后，判断反馈信号 $\dot{U}_f$ 是增强还是削弱了原输入信号 $\dot{U}_i$，即可判别出是正反馈还是负反馈。注意标瞬时极性的规律是：对于分立元件电路，按照共射、共集或共基（或共源、共漏、共栅）3 种电路的输入信号与输出信号之间的相位关系标注；对于集成运放电路，则按照其同相或反相输入端来标注。必须注意，由于电路中的负反馈网络一般为纯电阻网络，无移相作用，故用该法时所标电位极性不是（＋），就是（－），二者必居其一。

3）4 种交流负反馈组态的分析

根据反馈放大电路输出取样和输入比较方式的不同，可以构成 4 种类型的反馈组态：电压串联负反馈、电流并联负反馈、电压并联负反馈、电流串联负反馈。下面通过具体电路进行介绍，以达到正确运用瞬时极性法判断 4 种反馈组态并掌握各自的特点的目的。

(1) 电压串联负反馈

电路如图4.2所示,图中基本放大电路是一只集成运放,用$\dot{A}$表示,反馈网络是由电阻R_1和R_F组成的分压器,用$\dot{F}$表示①。为简明起见,图中只标示有关电极的瞬时电位极性,对于交流电压极性暂时不标。

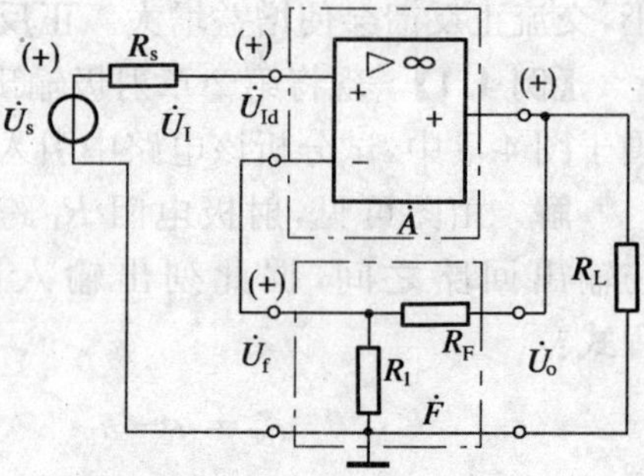

图4.2 电压串联负反馈电路

现在用瞬时极性法对图示电路的反馈极性进行判断。按照此方法标注极性见图。显然,输入信号$\dot{U}_s$接在运放的同相输入端,因此$\dot{U}_o$与$\dot{U}_s$($\dot{U}_i$)同极性。由于$\dot{U}_o$经反馈网络产生的反馈电压$\dot{U}_f$与$\dot{U}_o$亦同极性,也就是与$\dot{U}_i$同极性,故$\dot{U}_f$抵消了$\dot{U}_i$的一部分,致使运放两个输入端之间的净输入电压$\dot{U}_{id}=\dot{U}_i-\dot{U}_f$比无反馈时减小了,从而电路的输出电压$\dot{U}_o$亦减小,整个电路的闭环电压增益$|\dot{A}_{uf}|$将降低。因此,如此连接引入的反馈是负反馈。同时,因$\dot{U}_f$与$\dot{U}_i$在输入回路中彼此串联,故为串联反馈。再从电路的输出端看,反馈电压$\dot{U}_f$经过R_1、R_F组成的分压器,从输出电压$\dot{U}_o$取样得来,$\dot{U}_f$是$\dot{U}_o$的一部分,即反馈电压与输出电压成比例,故为电压反馈。总之,图4.2是电压串联负反馈电路。

在判断电压反馈时,可以采用一种简便的方法,即根据电压反馈的定义——反馈信号与输出电压成比例,设想将放大电路的负载R_L两端短路②,短路后如使$\dot{U}_f=0$(或$\dot{I}_f=0$),就是电压反馈。

电压负反馈的重要特点是电路的输出电压趋向于维持恒定,因为无论反馈信号以何种方式引回到输入端,实际上都是利用输出电压$\dot{U}_o$本身,通过反馈网络对放大电路起自动调整作用,这就是电压反馈的实质。例如,当反馈电压的幅值U_f一定时,若负载电阻R_L减小,则使输出电压幅值U_o下降,电路将做如下的自动调整过程:

$$R_L\downarrow \rightarrow U_o\downarrow \rightarrow U_f\downarrow \rightarrow U_{id}\uparrow$$
$$U_o\uparrow \leftarrow$$

可见,反馈的结果补偿了U_o的下降,从而使U_o基本维持恒定。

应当指出,在图4.2所示的电压串联负反馈电路中,信号源内阻R_s越小,反馈效果越好。请读者思考一下其中的原因。

【例4.2】 两种放大电路如图4.3(a)、(b)所示,试分析两电路中有无反馈,如有,判断整体交流反馈的组态(注意:对于两级放大电路而言,整个两级电路反馈环引入的反馈称为整体反馈;如果其中的某一级单独闭环,则称为局部反馈。两级以上的多级反馈放大电路依此类推)。

解 ① 图4.3(a)是用VT_1、VT_2和VT_3这3只硅BJT组成的两级直接耦合放大电路。第1级为带恒流源I_0的差动放大电路,它既作为电路的输入级,又作为引入反馈的比较环节。第2级用VT_3组成共射放大电路,它直接从VT_1集电极输入,而由VT_3的集电极输出。因为

① 在反馈环路中,基本放大电路左端口为入口,右端口为出口,而反馈网络则相反,右为入口,左为出口。下同。

② 设想R_L为短路,只是作为一种方法,其实R_L并不是真正的短路。

R_5、R_6组成的分压器是输入与输出端之间起联系作用的元件，所以该分压器就是反馈网络[设$(R_5+R_6)\gg R_3$]，从它的抽头端连接到 VT_2的基极输入端。以下对图 4.3(a)所示电路进行分析。

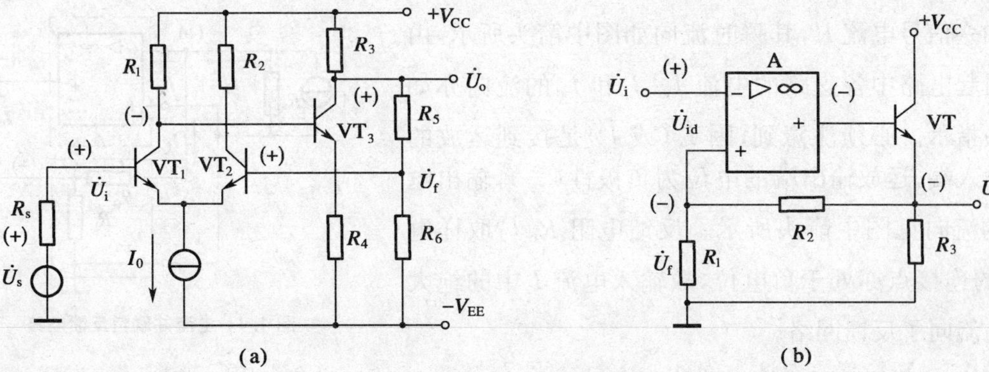

图 4.3　例 4.2 的电路

判断整体反馈组态：运用瞬时极性法判断反馈极性。假设在电路的输入端加一信号电压 $\dot{U}_s$，其瞬时极性如图中 $\dot{U}_s$ 上端的(＋)号所示，则由它所引起的电路各节点的瞬时电位极性亦如图中(＋)、(－)号标示①。可见在差动放大电路的两输入端所加入的是同极性信号，反馈信号 $\dot{U}_f$ 削弱了图示的输入信号 $\dot{U}_i$，使电路的电压增益下降，故电路中引入了负反馈。而且反馈信号 $\dot{U}_f$ 通过 VT_1、VT_2两管的 J_e结与 $\dot{U}_i$ 在输入回路中彼此串联，因而属于串联反馈。总之，图 4.3(a)电路被判定为整体电压串联负反馈。电路的特点与前面所讨论的图 4.2 电路是一致的。

分析静态情况：由于接至 VT_1、VT_2两个基极输入端的电位为同极性，故对于差动放大电路来说，其影响相当于共模信号，而差动放大电路对于共模信号具有较强的抑制能力，因此它对稳定整个电路的 Q 点亦有很好的作用。其实，这也是一种直流负反馈作用，已在第 3 章中做过较详细的讨论。

② 图 4.3(b)的电路也是两级直接耦合电路。第 1 级是集成运放电路，它既作为电路的输入级，又作为引入反馈的比较环节；第 2 级用 VT 组成射极输出器。显然，电路中由 R_1、R_2引入了交流反馈。

反馈组态的判断：运用瞬时极性法，设输入端 $\dot{U}_i$ 的极性为(＋)，由此引起的一系列节点电位极性如图上所标注，因为反馈信号 $\dot{U}_f$ 的极性为(－)，它增强了净输入信号 $\dot{U}_{id}$，使电路的电压增益增大，所以该电路中引入了正反馈。顺便指出，交流正反馈连接是构成正弦波振荡器的接法，有关振荡器的内容将在第 6.2 节和第 6.3 节讨论。

例 4.2 的两个电路都是直接耦合的原理性电路，其不足之处在于当 $\dot{U}_i$ 为零时，$\dot{U}_o$ 不为零。在第 5 章所讨论的各种集成运放电路中，将采取多种措施来实现零输入时零输出的要求，

① 这里所标示的电位极性都是针对变化量而言的。实际上，对于零输入、非零输出的差动放大电路，当加入信号 u_s 或 i_s 后，电路的节点电位或支路电流的总量为直流量与变化量之和，但此时标注的瞬时极性或电流流向只是针对其中的变化量而言的。

并有多种直流偏置电路来稳定Q点。此处只是利用简单的电路模型,达到深刻理解交流反馈的概念及其判断方法的目的。

(2) 电流并联负反馈

图4.4表示电流并联负反馈电路。仍然采用瞬时极性法判断反馈极性。设在电路的输入端外加一信号电流 $\dot{I}_s$,其瞬时流向如图中箭头所示,由此而引起电路中各支路的电流 $\dot{I}_i$、$\dot{I}_f$ 和 $\dot{I}_{id}$ 的流向亦如图箭头指示。必须注意到,因 $\dot{I}_s$(或 $\dot{I}_i$)是接到运放的反相输入端,运放输出端的电位为负极性(－),输出电流 $\dot{I}_o$ 的流向见图中箭头所示。反馈电阻 R_F 与取样电阻 R_1 的连接点亦处于负电位,故输入电流 $\dot{I}_i$ 中的绝大部分 $\dot{I}_f$ 流向了反馈网络。

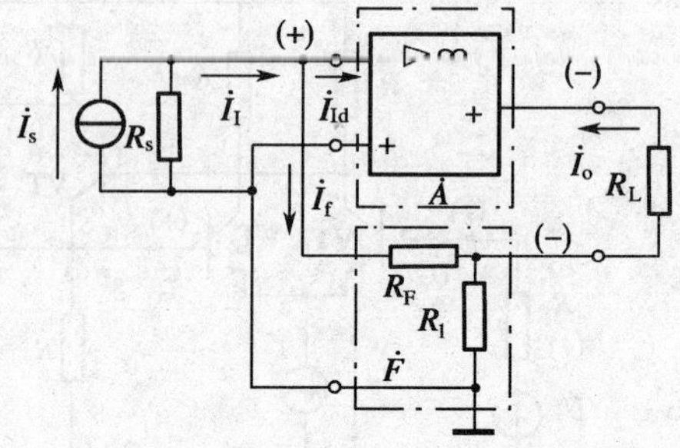

图4.4　电流并联负反馈电路

显然,流进运放反相输入端的电流 $\dot{I}_{id}=\dot{I}_i-\dot{I}_f$,与未接反馈网络的情况相比,$\dot{I}_{id}$ 减小,电路的输出电流 $\dot{I}_o$ 亦减小,电流增益 $|\dot{A}_{if}|$ 下降,可见引入的是负反馈。又因反馈信号 $\dot{I}_f$ 从输出电流 $\dot{I}_o$ 取样,故为电流反馈。另一种简便的方法是将负载 R_L 开路($R_L\to\infty$),致使 $\dot{I}_o=0$,从而使 $\dot{I}_f=0$①,即由输出引起的反馈信号消失了,因而确定为电流反馈。

从图4.4还可以看出,在电路的输入端,因为反馈电流 $\dot{I}_f$ 与输入电流 $\dot{I}_i$ 是以求和的方式进行比较,从而以差值电流 $\dot{I}_{id}$ 供给运放,所以是并联反馈。总之,图4.4所示的电路属于电流并联负反馈电路。

电流负反馈的重要特点是趋向于维持输出电流 I_o 恒定。在 I_i 大小一定的条件下,不论何种原因(例如 R_L 增大等)使 I_o 减小时,负反馈的作用将引起如下的自动调整过程:

$$R_L\uparrow\to I_o\downarrow\xrightarrow{\text{通过 }R_1、R_F} I_f\downarrow\to I_{id}\uparrow\to I_o\uparrow$$

可见,电流负反馈作用的结果是牵制了 I_o 的减小,使 I_o 基本维持恒定。应当注意,对于图4.4所示的电路来说,信号源内阻 R_s 的值越大,反馈效果越好。

(3) 电压并联负反馈

电路如图4.5所示。先用瞬时极性法判断反馈极性。设在输入端所加的信号电流 $\dot{I}_s$ 的瞬时流向如图中箭头所示,由此引起的运放反相输入端的瞬时极性为(＋),但由于运放的反相作用,$\dot{U}_o$ 的极性是上端为(－),此时 $\dot{I}_i$、$\dot{I}_f$、$\dot{I}_{id}$ 的流向见图中箭头标示,这样,

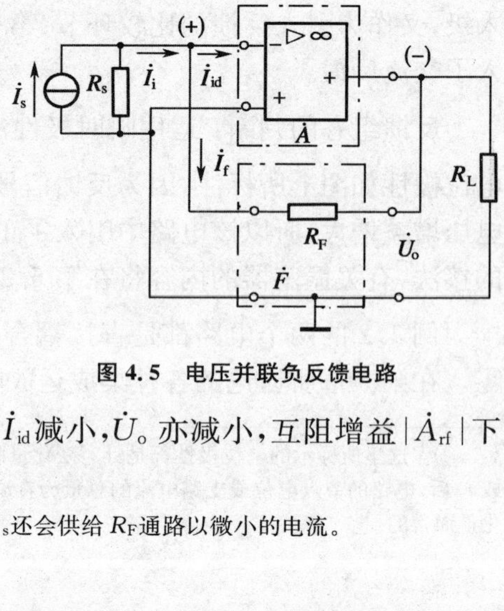

图4.5　电压并联负反馈电路

在相同的 $\dot{I}_s$ 值作用下,因 $\dot{I}_f$ 的分流而使流入运放的电流 $\dot{I}_{id}$ 减小,$\dot{U}_o$ 亦减小,互阻增益 $|\dot{A}_{rf}|$ 下

① 这里的 $\dot{I}_f=0$ 指由 $\dot{I}_o$ 反馈所产生的一部分,实际上信号电流源 $\dot{I}_s$ 还会供给 R_F 通路以微小的电流。

降，故属于负反馈。

由于输出端的取样对象为$\dot{U}_o$，所以是电压反馈。又因在输入端$\dot{I}_i$和$\dot{I}_f$以求和的方式进行比较，并以差值电流$\dot{I}_{id}$供给集成运放，故为并联反馈。综合起来，图4.5为电压并联负反馈电路。

前已指出，电压负反馈电路的特点是使输出电压基本维持恒定。

(4) 电流串联负反馈

电路如图4.6所示。此电路与图2.18(a)所示的分压式偏置稳定的放大电路相似，不过此处是以集成运放作为基本放大电路。同样可用瞬时极性法判断它的反馈极性。当其输入端施加一信号电压$\dot{U}_s$，其瞬时极性如图中的(＋)号所示时，输出电流$\dot{I}_o$的瞬时流向亦如图中所示。当$\dot{I}_o$流过R_L和R_F(反馈电阻亦即取样电阻)①时，在R_F两端产生反馈电压$\dot{U}_f$，其极性见图4.6。显然，在输入回路中，$\dot{U}_f$抵消了$\dot{U}_s$(或$\dot{U}_i$)的一部分，所以基本放大电路的净输入电压$\dot{U}_{id}$减小，$\dot{I}_o$亦减小，其互导增益$|\dot{A}_{gf}|$下降，故引入的是负反馈。由于在电路中采用输出电流取样、输入串联比较方式，因此，图4.6所示电路为电流串联负反馈电路。

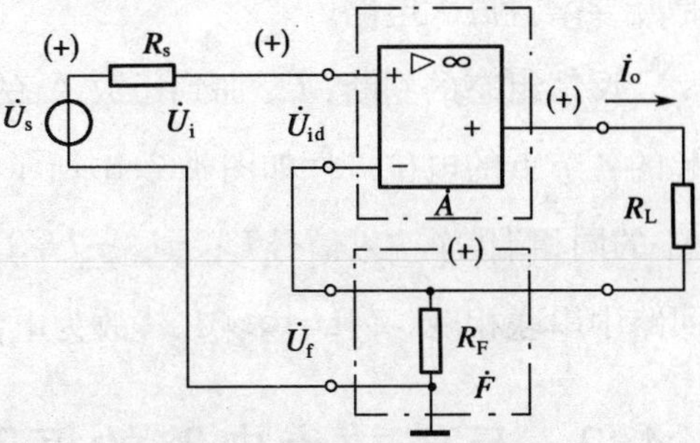

图4.6　电流串联负反馈电路

如前所述，电流负反馈的特点是维持输出电流基本恒定。

【例4.3】　反馈放大电路如图4.7(a)、(b)所示，试用瞬时极性法分析判断电路中引入的整体交流反馈极性及其组态。

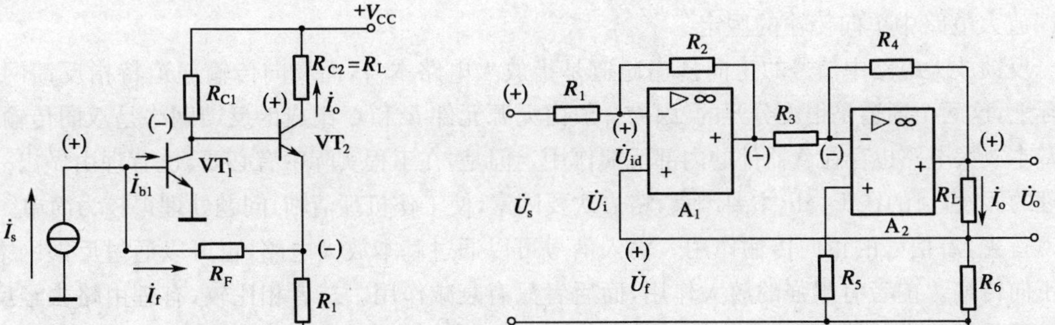

图4.7　例4.3的电路

解　① 图4.7(a)电路分析

电路结构：该电路为两级直接耦合放大电路，输入信号为电流源$\dot{I}_s$，内阻R_s值很高，已被忽略；输出量为电流$\dot{I}_o$，因而它是电流放大电路。

反馈组态的判断：当电路的输入端接有电流信号$\dot{I}_s$时，其瞬时流向见图中的箭头，由它引

① 在图2.18(a)所示的分压式偏置稳定的放大电路中，反馈电阻是R_E。

起的电路中各支路电流 $\dot{I}_{b1}$、$\dot{I}_f$ 和 $\dot{I}_s$ 的瞬时流向和节点电位的瞬时极性分别见图中的箭头和(+)、(−)号。可见 $\dot{I}_f$ 削弱了输入电流信号 $\dot{I}_s$,故属于负反馈。现将图 4.7(a)与图 4.4 进行比较发现,前者亦属电流并联负反馈电路,其差别仅在于前者是用两只分立元件 BJT 构成了基本放大电路。

② 图 4.7(b)电路分析

电路结构:该电路为两级集成运放电路,输入信号为电压源 $\dot{U}_s$,输出量为电流 $\dot{I}_o$,因而它是互导增益放大电路。

反馈组态的判断:$\dot{U}_s$ 加到运放 A_1 的反相输入端。当 $\dot{U}_s$ 的瞬时极性为(+)时,由此所引起的各节点的电位极性如图 4.7(b)所示,因为反馈信号 $\dot{U}_f$ 的瞬时极性也为(+),$\dot{U}_f$ 加到运放 A_1 的同相端,净输入信号 $\dot{U}_{id}=\dot{U}_i-\dot{U}_f$,$\dot{U}_f$ 的存在使净输入信号减小,且 $\dot{U}_f$ 和 $\dot{U}_i$ 二者在输入回路中串联相减,又 $|\dot{U}_f|\propto|\dot{I}_o|$,故为电流串联负反馈电路。

4.2 反馈放大电路的框图表示法

4.2.1 反馈放大电路的框图

在一个反馈放大电路中,基本放大电路本身和反馈网络不仅紧密相连,而且混为一体。但是为了弄清反馈的作用,分析反馈对电路的影响,又希望把反馈电路分解成两部分:一部分是不带反馈的基本放大电路,另一部分是反馈网络。第 4.1 节正是这样分解的,其依据是信号在反馈放大电路中单向传输的假定。

反馈放大电路中信号的正向传输通道是指放大电路本身,而反向传输通道特指反馈网络。实际上,这两个通道是很难分开的,因为一般由无源元件 R 和 C 组成的反馈网络是双向传输的,而基本放大电路也存在着器件的内部反馈作用。但是,在工程实际中有必要、也有理由做出一些合理的假设,目的在于突出主要因素,略去次要因素,使工作机理清晰,问题处理得较为简单。

首先,看信号的正向传输作用。输入信号可以通过基本放大电路,也可以通过反馈网络进行正向传输。前者有很强的放大作用,而后者只有衰减作用。二者相比较,有理由略去经反馈网络的信号正向传输(一般称为直通信号),而认为信号的正向传输只能通过放大电路。同样,如果略去基本放大电路的内部反馈作用,则可以认为信号的反向传输只能通过反馈网络(包括人为引入的局部反馈和整体反馈)。总之,通过基本放大电路的只是正向传输的信号,而通过反馈网络的只是信号的反向传输。

其次,在做出上述假定之后,就可以把一个反馈放大电路表示为如图 4.8 所示的框图形式。图中:$\dot{X}_i$、$\dot{X}_o$、$\dot{X}_f$ 和 $\dot{X}_{id}$ 分别表示反馈放大电路的输入量、输出量、反馈量和净输入量,它们既可以表示电压,也可以表示电流。

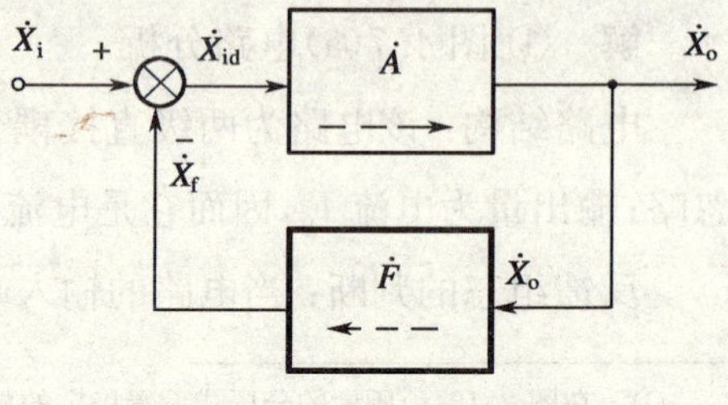

图 4.8 反馈放大电路的框图

如同第 4.1 节那样，方框$\dot{A}$表示不带反馈(开环)的基本放大电路，$\dot{A}$为开环增益，$\dot{A}=\dot{X}_o/\dot{X}_{id}$。方框$\dot{F}$表示反馈网络，$\dot{F}$称为反馈系数，$\dot{F}=\dot{X}_f/\dot{X}_o$。由于反馈网络通常呈电阻性质，故$\dot{F}$一般是标量(即实数)。方框$\dot{A}$中的虚线箭头表示该框是信号的正向传输通道，$\dot{F}$框中的虚线箭头表示此框是信号的反向传输通道。而框外的实线箭头表示信号流的流向。图中的⊗号表示输入量和反馈量的连接，+、−号表示$\dot{X}_{id}=\dot{X}_i-\dot{X}_f$，即为负反馈。因此，图 4.8 所示的反馈放大电路框图，是在工程实际中分析和研究反馈系统所常用的表示方法。

4.2.2　框图中各信号量的含义及其量纲

在不同的反馈组态中，$\dot{X}_i$、$\dot{X}_o$、$\dot{X}_f$和$\dot{X}_{id}$这些信号量都有着不同的含义，其规律为：凡属电压反馈，输出量为电压；凡属电流反馈，输出量为电流；凡属串联反馈，输入端各量均为电压；凡属并联反馈，输入端各量均为电流。在图 4.8 中，$\dot{A}$是基本放大电路的开环增益，由图写出：

$$\dot{A}=\frac{\dot{X}_o}{\dot{X}_{id}}=\left.\frac{\dot{X}_o}{\dot{X}_i}\right|_{\dot{X}_f=0} \tag{4.1}$$

反馈系数$\dot{F}$是反馈量$\dot{X}_f$与输出量$\dot{X}_o$之比，即

$$\dot{F}=\frac{\dot{X}_f}{\dot{X}_o} \tag{4.2}$$

在图 4.8 中，$\dot{A}\dot{F}$表示净输入量$\dot{X}_{id}$经正向通道$\dot{A}$和反向通道$\dot{F}$，沿反馈闭合环路绕行 1 周后，作为反馈量$\dot{X}_f$，出现在输入端的信号传输比，称为环路增益，即

$$\dot{A}\dot{F}=\frac{\dot{X}_f}{\dot{X}_{id}} \tag{4.3}$$

必须指出，由于输入、输出信号量的不同，增益的含义是广泛的，它不一定是电压增益，具体情况视负反馈组态而定，现归纳于表 4.1 中。其中，$\dot{A}_u$、$\dot{A}_i$分别表示电压增益和电流增益，$\dot{A}_r$、$\dot{A}_g$分别表示互阻增益和互导增益。相应的反馈系数$\dot{F}_u$、$\dot{F}_i$、$\dot{F}_g$和$\dot{F}_r$的量纲也各不相同，但环路增益$\dot{A}\dot{F}$总是无量纲的。因为如上所述，对于某一种组态来说，同时出现在输入端的$\dot{X}_f$和$\dot{X}_{id}$是同量纲的，所以$\dot{A}\dot{F}$必然无量纲。

表 4.1　负反馈放大电路中的信号及其传输比

信号量或信号传输比	电路组态			
	电压串联 (图 4.2)	电流并联 (图 4.4)	电压并联 (图 4.5)	电流串联 (图 4.6)
输出量$\dot{X}_o$	电压	电流	电压	电流
输入量$\dot{X}_i$、反馈量$\dot{X}_f$、净输入量$\dot{X}_{id}$	电压	电流	电流	电压

续表 4.1

信号量或信号传输比	电路组态			
	电压串联（图 4.2）	电流并联（图 4.4）	电压并联（图 4.5）	电流串联（图 4.6）
开环增益$\dot{A}=\dfrac{\dot{X}_o}{\dot{X}_{id}}$	$\dot{A}_u=\dfrac{\dot{U}_o}{\dot{U}_{id}}$	$\dot{A}_i=\dfrac{\dot{I}_o}{\dot{I}_{id}}$	$\dot{A}_r=\dfrac{\dot{U}_o}{\dot{I}_{id}}$	$\dot{A}_g=\dfrac{\dot{I}_o}{\dot{U}_{id}}$
反馈系数$\dot{F}=\dfrac{\dot{X}_f}{\dot{X}_o}$	$\dot{F}_u=\dfrac{\dot{U}_f}{\dot{U}_o}$	$\dot{F}_i=\dfrac{\dot{I}_f}{\dot{I}_o}$	$\dot{F}_g=\dfrac{\dot{I}_f}{\dot{U}_o}$	$\dot{F}_r=\dfrac{\dot{U}_f}{\dot{I}_o}$
闭环增益$\dot{A}_f=\dfrac{\dot{X}_o}{\dot{X}_i}=\dfrac{\dot{A}}{(1+\dot{A}\dot{F})}$	$\dot{A}_{uf}=\dfrac{\dot{U}_o}{\dot{U}_i}\approx 1+\dfrac{R_F}{R_1}$	$\dot{A}_{if}=\dfrac{\dot{I}_o}{\dot{I}_i}\approx 1+\dfrac{R_F}{R_1}$	$\dot{A}_{rf}=\dfrac{\dot{U}_o}{\dot{I}_i}\approx -R_F$	$\dot{A}_{gf}=\dfrac{\dot{I}_o}{\dot{U}_i}\approx\dfrac{1}{R_F}$

4.2.3　闭环增益$\dot{A}_f$的一般表达式

在图 4.8 中，输出量$\dot{X}_o$与输入量$\dot{X}_i$之比称为反馈放大电路的闭环增益$\dot{A}_f$，即

$$\dot{A}_f=\left.\frac{\dot{X}_o}{\dot{X}_i}\right|_{\dot{X}_f\neq 0} \tag{4.4}$$

它与开环增益$\dot{A}$有着本质区别。现推导$\dot{A}_f$与$\dot{A}$、$\dot{F}$的关系。由图 4.8，且利用式(4.3)得：

$$\dot{X}_i=\dot{X}_{id}+\dot{X}_f=\dot{X}_{id}+\dot{X}_{id}\dot{A}\dot{F}=(1+\dot{A}\dot{F})\dot{X}_{id} \tag{4.5}$$

所以有
$$\dot{A}_f=\frac{\dot{X}_o}{\dot{X}_i}=\frac{\dot{A}\dot{X}_{id}}{(1+\dot{A}\dot{F})\dot{X}_{id}}=\frac{\dot{A}}{1+\dot{A}\dot{F}} \tag{4.6}$$

式(4.6)是反馈放大电路中的一般表达式，在以后的分析中将经常用到它。可以这样来理解该式：当$\dot{X}_{id}=1$时，输出量$\dot{X}_o=\dot{A}$，反馈量为$\dot{X}_f=\dot{X}_o\dot{F}=\dot{A}\dot{F}$，所以输入量$\dot{X}_i=\dot{X}_{id}+\dot{X}_f$必然为$(1+\dot{A}\dot{F})$，见图 4.9，而$\dot{A}_f=\dot{X}_o/\dot{X}_i=\dot{A}/(1+\dot{A}\dot{F})$。

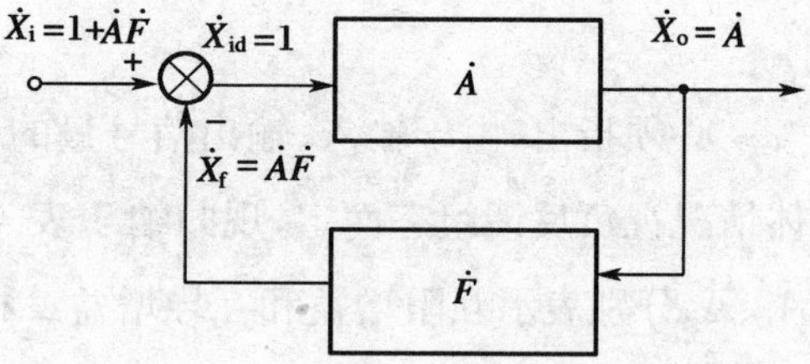

图 4.9　式(5.6)的理解图示

4.2.4　反馈深度$|1+\dot{A}\dot{F}|$

由式(4.6)得：

$$\frac{|\dot{A}|}{|\dot{A}_f|}=|1+\dot{A}\dot{F}| \tag{4.7}$$

式中：$|1+\dot{A}\dot{F}|$是开环增益与闭环增益的幅值比，因为它反映了引入反馈对放大电路的影响程度，所以将$|1+\dot{A}\dot{F}|$称为反馈深度。

由式(4.6)和式(4.7)可见，放大电路闭环后，电路的增益改变了，闭环后的增益幅值$|\dot{A}_f|$与$|1+\dot{A}\dot{F}|$这一因素有关。一般情况下，$\dot{A}$和$\dot{F}$都是频率的函数，它们的幅值和相位角均随频

率而变。以下只针对$\dot{A}_f$、$\dot{A}$和$\dot{F}$的幅值，分 3 种情况加以讨论：

(1) 若$|1+\dot{A}\dot{F}|>1$，则$|\dot{A}_f|<|\dot{A}|$，即闭环后，电路的增益减小了，这种反馈就是负反馈。

(2) 若$|1+\dot{A}\dot{F}|<1$，则$|\dot{A}_f|>|\dot{A}|$，即有反馈时，放大电路的增益增大了，这种反馈称为正反馈。正反馈虽然提高了增益，但使电路的性能不稳定，故在放大电路中很少采用。

(3) 若$|1+\dot{A}\dot{F}|=0$，则$|\dot{A}_f|\to\infty$，亦即放大电路没有输入信号时，也有输出信号，这就是放大电路的自激。关于自激问题将在第 4.6 节和第 6 章专门讨论。

(4) 当$|\dot{A}\dot{F}|\gg 1$时，式(4.7)变成$|\dot{A}_f|\approx 1/|\dot{F}|$，这说明负反馈放大电路的闭环增益$|\dot{A}_f|$只取决于反馈系数$|\dot{F}|$的倒数。由于反馈网络通常由无源元件组成，这些元件性能比较稳定，所以这种情况下的反馈电路，工作起来将会十分稳定，不受除输入量以外的干扰因素的影响。因此时$|\dot{A}\dot{F}|\gg 1$，$|1+\dot{A}\dot{F}|\gg 1$，故称为深度负反馈。

负反馈放大电路的反馈系数$|\dot{F}|$不会超过 1，因此，欲使$|\dot{A}\dot{F}|\gg 1$，负反馈放大电路的开环增益$|\dot{A}|$必须非常大。当采用集成运放时，它的开环差模增益A_{od}很大（例如 741 型集成运放的A_{od}约达10^5数量级），极易满足深度负反馈的条件。一般在分析估算时$|\dot{A}\dot{F}|>10$就可以认为是深度负反馈了。

4.3 负反馈对放大电路性能的影响

在放大电路中引入负反馈，主要目的是使放大电路工作稳定，在输入量不变的情况下使输出量保持不变。但放大电路的稳定性是用牺牲增益换取的。另外，根据式(4.7)，引入负反馈后$|\dot{A}_f|$比$|\dot{A}|$减小到$1/|1+\dot{A}\dot{F}|$，式中$|1+\dot{A}\dot{F}|$是反馈深度，所以可以预见，负反馈对放大电路性能的影响程度，都与反馈深度$|1+\dot{A}\dot{F}|$有关。

4.3.1 提高闭环增益A_f的稳定性

通常，放大电路的开环增益幅值A是不稳定的，它会因许多干扰因素的影响而发生变化。引入负反馈后，像在前面分析的 4 种组态的负反馈电路那样，当输入信号（$\dot{U}_i$或$\dot{I}_i$）一定时，电压负反馈能使输出电压基本维持恒定，电流负反馈能使输出电流基本维持恒定，总的来说，就是能稳定闭环增益。但是，正因为引入负反馈，闭环增益幅值$|\dot{A}_f|$本身也比$|\dot{A}|$减小到$1/|1+\dot{A}\dot{F}|$。所以，要分析负反馈对放大电路增益稳定性的影响，更合理的方法是比较相对变化率dA_f/A_f与dA/A的大小。

为简明起见，这里只讨论信号频率处于中频范围内的情况，这种情况下$\dot{A}$为实数，$\dot{F}$一般也为实数。因此，式(4.6)可写成：

$$A_f=\frac{A}{1+AF}$$

式中：A——自变量；A_f——因变量。

于是，求A_f对A的导数，即dA_f/dA，再写出dA_f/A_f与dA/A的关系，就有：

$$\frac{dA_f}{A_f}=\frac{1}{1+AF}\frac{dA}{A}$$

对于负反馈,$(1+AF)>1$,故得:

$$\frac{dA_f}{A_f}<\frac{dA}{A}$$

即负反馈使闭环增益的相对变化率 dA_f/A_f减小到开环增益相对变化率 dA/A 的 $1/(1+AF)$,说明负反馈提高了闭环增益 A_f的稳定性,提高的程度与$(1+AF)$有关。

例如,设反馈深度大小$(1+AF)=100$,$dA/A=\pm10\%$时,则 $dA_f/A_f=\pm0.1\%$,即减小到 dA/A的 1%。反之,若要求 dA_f/A_f减小到 dA/A 的 1%,则计算出负反馈深度$(1+AF)=100$ 或 $AF=99$。如果 A 已知,就可计算应取的反馈系数 F。

4.3.2　展宽通频带

1) 定性说明

第 2.7 节已经讨论过,由于放大电路中存在耦合电容、旁路电容和晶体管的结电容,所以在低频区和高频区,电路的增益都要下降。但是引入负反馈后,能够使闭环增益趋于稳定,因此闭环幅频特性的下降速率减缓(见图 4.10),图中 A_M 和 A_{Mf}分别表示中频开环增益和中频闭环增益的幅值。与开环幅频特性相比,闭环时的下限(或上限)截止频率 f_{Lf}(f_{Hf})小于(或大于)开环的下限(或上限)截止频率 f_L(f_H),即 $f_{Lf}<f_L$,$f_{Hf}>f_H$,也就是闭环通频带 $f_{BWf}=f_{Hf}-f_{Lf}$大于开环通频带 $f_{BW}=f_H-f_L$。

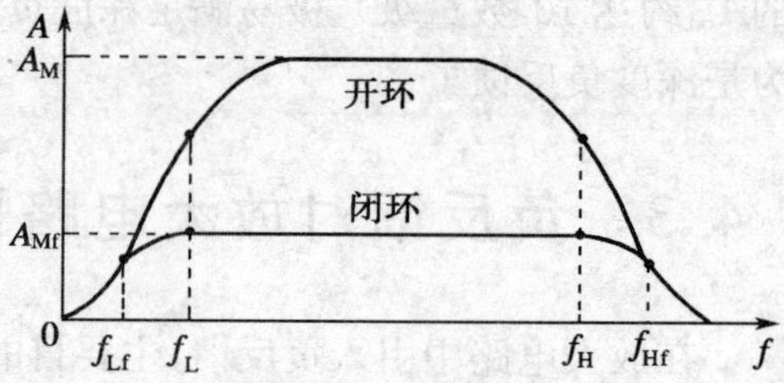

图 4.10　负反馈改善频率响应的定性说明

2) 定量推导

以单级放大电路在低频区和高频区都只有一个时间常数(转折频率)为例。设在高频区内,放大电路的开环增益为:

$$\dot{A}_H=\frac{\dot{A}_M}{1+\dfrac{jf}{f_H}}$$

式中:$\dot{A}_M$为中频开环增益;f_H为开环上限截止频率。

当引入负反馈后,高频区的闭环增益为:

$$\dot{A}_{Hf}=\frac{\dot{A}_H}{1+\dot{A}_H\dot{F}}=\frac{\dot{A}_M}{1+\dfrac{jf}{f_H}+\dot{A}_M\dot{F}}=\frac{\dfrac{\dot{A}_M}{1+\dot{A}_M\dot{F}}}{1+\dfrac{jf}{(1+\dot{A}_M\dot{F})f_H}}=\frac{\dot{A}_{Mf}}{1+\dfrac{jf}{f_{Hf}}}$$

式中:$\dot{A}_{Mf}=\dot{A}_M/(1+\dot{A}_M\dot{F})$为中频闭环增益;$f_{Hf}$为闭环上限截止频率(Hz)。

闭环上限截止频率为：

$$f_{Hf}=(1+A_MF)f_H \tag{4.8}$$

可见，闭环时的 f_{Hf} 是开环时的 f_H 的 $(1+A_MF)$ 倍。

同理，可导出闭环下限截止频率(单位为 Hz)为：

$$f_{Lf}=\frac{f_L}{1+A_MF} \tag{4.9}$$

即闭环时的 f_{Lf} 是开环时的 f_L 的 $(1+A_MF)^{-1}$ 倍。

通常，在放大电路中，可以近似认为通频带只取决于上限截止频率，因此，开环时 $f_{BW}\approx f_H$，闭环时 $f_{BWf}\approx f_{Hf}$，这样式(4.8)成为：

$$f_{BWf}\approx(1+A_MF)f_{BW} \tag{4.10}$$

由式(4.10)可见，加入负反馈后，放大电路的通频带扩大为开环时的 $(1+A_MF)$ 倍。这里，拓宽通频带又与反馈深度 $(1+A_MF)$ 有关。

因为 $(1+A_MF)=A_M/A_{Mf}$，所以式(4.10)可改写为：

$$A_{Mf}f_{BWf}\approx A_Mf_{BW} \tag{4.11}$$

式(4.11)说明在加入负反馈前后，放大电路的增益带宽积(GBP)几乎保持不变。

对于多级放大电路，虽然没有上述的简单关系，但负反馈能扩展通频带的结论还是正确的。

4.3.3 减小非线性失真，抑制干扰和噪声

1) 减小非线性失真

由第 4.2.2 节知，当放大电路的输入信号幅值较大时，或者当 BJT 的 Q 点设置得偏低或偏高时，即使输入为正弦波，i_b、i_c 和 u_o 的波形也将为非正弦波信号。这种现象称为放大电路的非线性失真。因为任何周期性的失真波形总可以分解为直流分量、基波和各次谐波分量的叠加，所以非线性失真的结果是在输出量中产生新的谐波成分①。如是多级放大电路，位置越靠后的放大级，输入信号幅度越大，非线性失真现象越严重，各次谐波幅值也就越大。基于此，可以把电路的非线性失真看成是在输出端上出现的外界干扰，如图 4.11 所示，图中 $\dot{X}_n$ 代表开环时非线性失真所对应的输出端的谐波干扰输入。

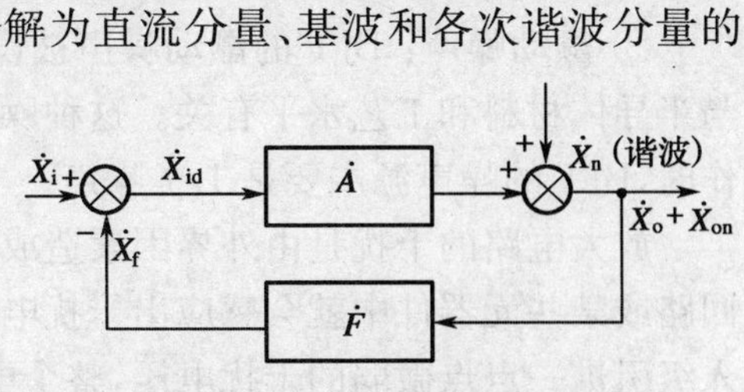

图 4.11 减小非线性失真示意图

应当指出，负反馈对于被它包围的反馈环内的各个量都是起作用的。因此，负反馈能削弱输出量中的各次谐波成分。从图 4.11 来看，引入负反馈后，非线性失真对应的输出量 $\dot{X}_{on}$ 为：

$$\dot{X}_{on}=\dot{X}_n+\dot{X}_{on}\dot{F}\times(-1)\dot{A}=\dot{X}_n-\dot{X}_{on}\dot{A}\dot{F} \tag{4.12}$$

① 这一问题与第 4.2.7 节讨论的频率失真有所不同，在那里频率失真并不产生新的频率成分。

由式(4.12)解出：

$$\dot{X}_{on}=\frac{\dot{X}_n}{1+\dot{A}\dot{F}} \tag{4.13}$$

所以对于干扰输入的$|\dot{X}_n|$，负反馈使输出量中的n次谐波分量减小到$1/|1+\dot{A}\dot{F}|$。但是，负反馈同时也以同样的程度削弱了基波分量。故总的说来，对非线性失真无大的改善。考虑到基波分量由输入信号$\dot{X}_i$产生，而$\dot{X}_i$在负反馈的包围圈之外，故可用加大$\dot{X}_i$的办法，使输出端的基波分量恢复到闭环前的幅度，而各次谐波分量则因引入负反馈而被削弱。因此，引入负反馈后非线性失真可明显减小。

上述分析只有在非线性失真不太严重时才是正确的。如果放大电路的输出量出现严重的饱和或截止失真，说明电路在正弦信号的每一周期的部分时间内已处于饱和区或截止区，在该区域内$|\dot{A}|\approx 0$，此时负反馈也无能为力。

2) 抑制干扰与噪声

放大电路中的噪声是由各元器件内部的载流子运动的不规则性造成的，主要包括电路中电阻的热噪声和晶体管的内部噪声，它们实际上都是杂乱无章的变化电压(或电流)。

(1) 电阻的热噪声

任何电阻即使不与电源接通，它的两端仍然有电压。因为导体中形成传导电流的自由电子，它们做无规则的热运动，使某一瞬间沿某一方向运动的电子，有可能比沿另一方向运动的电子数目多，由此造成的净电流产生了一个正比于电阻的电压，该电压就是噪声电压。同时，这种不规则的电压(或电流)即为电阻的热噪声信号。

(2) BJT的噪声及其来源

① 热噪声：由载流子不规则的热运动通过BJT的杂质半导体区域的体电阻产生。

② 散粒噪声：实际上，通过BJT的J_e结注入到基区的载流子数目在每一瞬间都不相同，由此引起的发射极电流或集电极电流有一个不规则的波动，因而产生散粒噪声。

③ 颤动噪声：BJT的颤动噪声被设想为由载流子在半导体内的产生与复合所引起，因此与半导体材料和工艺水平有关。这种噪声与频率成反比，故也称作“$1/f$噪声”。在低频区工作时，BJT的噪声源主要是$1/f$噪声。

放大电路的干扰是由外界因素造成的。例如电路周围存在的杂散电磁场，在电路的输入回路或某些元器件中就会感应出干扰电压。对于一个增益较高的多级放大电路来说，只要输入级引进一点点微弱的干扰电压，整个电路的输出级就会产生一个很大的干扰电压。电路的直流电源一般由电网的市电(50 Hz，220 V或380 V)经过降压、整流、滤波和稳压获得，但如果滤波不好，直流电压中还会存在交流纹波。如电网容量不够大或稳压性能不好，这种直流电压也会随电网电压和负载而变化。直流电源中这些因素通过电路对其输出的影响称为电源干扰。此外，在多级放大电路中，如果接地端安排得不妥当，或是电子设备相连时共同端没有正确连接好，也会出现干扰。

一般说来，这些外来的干扰和内部的噪声，对放大电路输出量的影响是微小的，折合到电路的输入端也只有微伏(μV)数量级。但是，若输入信号本身也极其微弱，亦为微伏数量级，那么这些影响就不能忽视，甚至干扰和噪声会将有用信号淹没。为了衡量干扰和噪声对有用信号的影响程度，工程上采用信号-噪声比，简称信-噪比。当用分贝(dB)为单位时，放大电路的信-噪比表示为：

$$信\text{-}噪比(\mathrm{dB})=20\lg\frac{信号电压}{噪声电压}$$

通常要求信-噪比大于 20 dB，即要求信号电压大于 10 倍的噪声电压。

(3) 负反馈对干扰和噪声的抑制

干扰和噪声对放大电路的影响，亦可看成是在输出端出现的新的频率分量。与减小非线性失真相同，负反馈能削弱这些新的频率分量。但由于有用的输入信号也以同样的程度受到削弱，所以必须增大输入信号幅度，使输出量中的有用信号分量恢复到闭环之前的水平。这样，干扰和噪声受到负反馈的削弱，故输出端的信-噪比可显著提高到闭环前的 $(1+AF)$ 倍。

应当指出的是，负反馈对它所包围的反馈环以外的量是无能为力的。因此，如果非线性失真或干扰和噪声来自输入信号本身，这时即使引入负反馈，也是无济于事的。

4.3.4　负反馈对输入电阻和输出电阻的影响

1) 对输出电阻的影响

(1) 定性分析

从第 4.1.2 节和第 4.3.1 节可知，电压串联负反馈能维持电压增益 A_{uf} 基本恒定，电压并联负反馈能维持互阻增益 A_{rf} 基本恒定，换言之，当输入电压 U_i 或电流 I_i 一定时，它们的输出电压都趋向于维持恒定(例如用改变负载电阻 R_L 的方法来测试)。而输出电压恒定与输出电阻低是密切相关的。显然，这时输出电阻 R_{of} 比无反馈时的输出电阻 R_o 为小，反馈越深，输出电阻减小得越多。

(2) 定量计算

现以图 4.12 所示的电压串联负反馈电路为例，推导它的输出电阻 R_{of} 的计算式。图中，基本放大电路的输出端用电压源表示，其净输入电压为 $\dot{U}_{id}$，$\dot{A}_o$ 为负载断开($R_L\to\infty$)时的开环增益，$\dot{A}_o\dot{U}_{id}$ 为输出电压，R_o 为基本放大电路的输出电阻。为了导出闭环输出电阻 R_{of} 的计算式，根据定义把 $\dot{U}_i$ 短路，R_L 开路，并在输出端施加电压 $\dot{U}_o$。这一电压 $\dot{U}_o$ 经过反馈网络，将 $\dot{F}_u\dot{U}_o$ 馈送至输入端，而在输入端 $\dot{U}_{id}=-\dot{F}_u\dot{U}_o$。因此，基本放大电路的输出电压 $\dot{A}_o\dot{U}_{id}=-\dot{A}_o\dot{F}_u\dot{U}_o$，输出电流为：

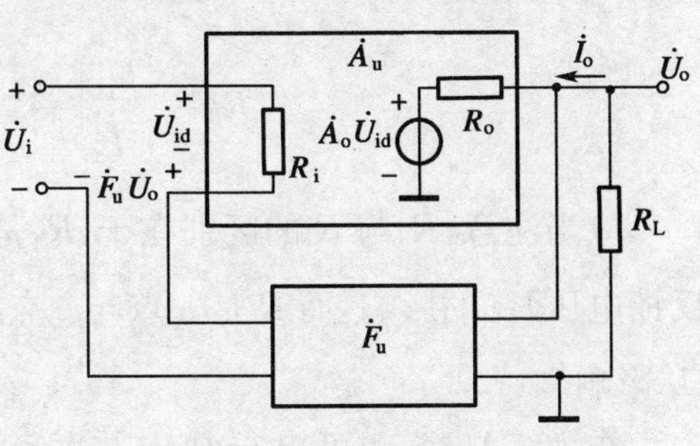

图 4.12　电压串联负反馈对 R_{of} 的影响

$$\dot{I}_o=\frac{\dot{U}_o-(-\dot{A}_o\dot{F}_u\dot{U}_o)}{R_o}=\frac{\dot{U}_o(1+\dot{A}_o\dot{F}_u)}{R_o}\tag{4.14}$$

由此导出 R_{of} 的计算式为：

$$R_{of}=\left|\frac{\dot{U}_o}{\dot{I}_o}\right|=\frac{R_o}{|1+\dot{A}_o\dot{F}_u|} \tag{4.15}$$

同理,可推导得到电流负反馈电路的输出电阻 R_{of} 的计算式为:

$$R_{of}=R_o|1+\dot{A}_s\dot{F}| \tag{4.16}$$

式中: $\dot{A}_s$——电路输出端短路($R_L=0\ \Omega$)时的开环增益;

$\dot{A}_s\dot{F}$——电流负反馈电路的环路增益。

2) 对输入电阻的影响

(1) 定性分析

在交流负反馈电路中,无论输出量取样对象($\dot{U}_o$ 或 $\dot{I}_o$)如何,其输入电阻只取决于反馈网络与基本放大电路输入端的连接方式。

当为串联负反馈时,由于 $\dot{U}_f$ 与 $\dot{U}_i$ 在输入回路中彼此串联,且极性相反,其结果将导致输入电流 I_i 的减小,从而引起 R_{if} 比无反馈时的输入电阻 R_i 为大。反馈越深,输入电阻增大得越多。

并联负反馈的情况正好相反,由于输入电流 $I_i(=I_{id}+I_f)$ 的增加,致使 R_{if} 减小。反馈越深,输入电阻减小得越多。

(2) 定量计算

现以图 4.13 的串联负反馈电路为例,推导它的输入电阻 R_{if} 的计算式。图中,放大电路无反馈时的输入电阻 $R_i=\dot{U}_{id}/\dot{I}_i$,引入负反馈后,为了保持同样的 $\dot{I}_i$,也就是保持相同的 $\dot{U}_{id}$,电路的输入电压必须为 $\dot{U}_i=(1+\dot{A}\dot{F})\dot{U}_{id}$。因此,串联负反馈使放大电路的输入电阻增加为:

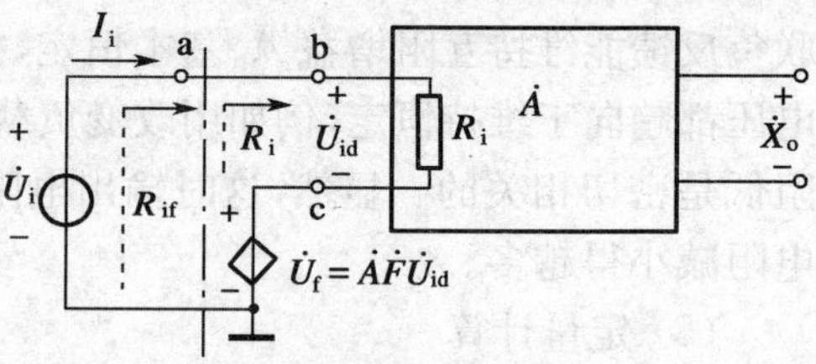

图 4.13　串联负反馈对 R_{if} 的影响

$$R_{if}=\left|\frac{\dot{U}_i}{\dot{I}_i}\right|=\left|\frac{(1+\dot{A}\dot{F})\dot{U}_{id}}{\dot{I}_i}\right|=R_i|1+\dot{A}\dot{F}| \tag{4.17}$$

应当注意,R_{if} 与 R_i 的区别在于,R_{if} 是反馈放大电路输入端 a 与地之间的输入电阻,它受到反馈电压 $\dot{U}_f$ 的影响,而 R_i 是 a 点与 c 点之间的输入电阻,即基本放大电路的输入电阻,它不受 $\dot{U}_f$ 影响。

作为练习,读者可自行画出并联负反馈对 R_{if} 影响的电路,并推导其 R_{if} 的计算式。该式为:

$$R_{if}=\left|\frac{\dot{U}_i}{\dot{I}_i}\right|=\frac{R_i}{|1+\dot{A}\dot{F}|} \tag{4.18}$$

综上所析,可以得到以下结论:负反馈所以能改善放大电路诸多方面的性能,归根结底是由于将电路的输出量馈送到输入端,并与输入量进行比较,从而随时对输出量加以调整。此节讨论的 4 个方面的影响，均可用负反馈的自动调整作用来解释。而且反馈越深，即(1+AF)越大，这种调整作用越强，对电路性能的改善越有利。但是，(1+AF)值越大，增益下降越多。由此可见，负反馈对放大电路性能的改善，是以牺牲增益为代价的。另外，也须注意到，反馈深度(1+AF)或环路增益 AF 的值也不能无限制增加，否则在多级放大电路中容易产生不稳定现象(自激振荡)，这一问题将于第 4.6 节讨论。因而此节所得到的结论在一定条件下才是正确的。

为了便于分析比较，将负反馈对各种组态的放大电路动态性能的影响，总结于表 4.2 中。

表 4.2 负反馈对放大电路性能的影响

项目	电路组态			
	电压串联 (图 4.2)	电流并联 (图 4.4)	电压并联 (图 4.5)	电流串联 (图 4.6)
输出电阻 R_{of}	减小	增加	减小	增加
输入电阻 R_{if}	增加	减小	减小	增加
维持何种增益 $\lvert\dot{A}_f\rvert$ 恒定	$\lvert\dot{A}_{uf}\rvert$	$\lvert\dot{A}_{if}\rvert$	$\lvert\dot{A}_{rf}\rvert$	$\lvert\dot{A}_{gf}\rvert$
非线性失真与噪声	减小	减小	减小	减小
通频带	增宽	增宽	增宽	增宽
用途	电压放大电路的输入级或中间级	电流放大	电压-电流变换器及放大电路中间级	电压-电流变换器及放大电路输入级

4.4 负反馈的正确引入

在一个比较复杂的反馈系统中，既然要正确地引入负反馈，就不能一蹴而就。因为若反馈极性引错，非但不能改善性能，而且还会产生振荡；若反馈组态接错，例如串联负反馈误接为并联负反馈，结果将在改善性能上事与愿违，影响系统的正常工作。倘若负反馈包围了整个系统，那么情况简单一些，因为至少连接负反馈的两端端钮已确定，否则反馈连线究竟从哪儿引到哪儿，可能会有多种方案，必须经过多次反复的试探和修正，最后才能确定较佳的连接方案。

根据前面讨论的负反馈电路的组态、作用及其特点的有关知识，特别是在电路中引入负反馈的目的是稳定输出量和/或改变输入电阻、输出电阻等，因此总有一些规律可循。下面说明实际设计负反馈时应注意的几项原则：

(1) 要稳定 Q 点，应引入直流负反馈；欲改善放大电路的动态性能，应引入交流负反馈。

(2) 要稳定放大电路中的某一交流输出量(电压 U_o或电流 I_o)，必须对这一输出量进行采样。例如：稳定输出电压 U_o，引入电压负反馈；稳定 I_o，引入电流负反馈。

(3) 根据需要，可以在多级放大电路中引入局部反馈或整体反馈。从提高负反馈的效果来说，总希望反馈环包围的放大级数多几级好。由于要稳定的往往是 U_o或 I_o，且(1+AF)大一些好，所以总希望引入整体反馈。

(4) 如果要提高放大电路的输入电阻，则应采用串联负反馈；反之，则采用并联负反馈。

另外,负反馈的效果还与信号源内阻 R_s 的大小有关。R_s 小,宜用串联负反馈;R_s 大,适宜于并联负反馈。在分立元件放大电路中引入各级局部反馈时,也要注意这一点。

例如在图 4.14(a)电路中,两级中各级均有局部电流串联负反馈。由于第 2 级的信号源内阻就是第 1 级的输出电阻 R_{C1},R_{C1} 通常在几千欧上下,所以为使第 2 级串联负反馈的效果好,希望信号源的内阻小一些。基于此,如能把第 1 级改成电压并联负反馈,则更为合理。这样,第 2 级的信号源内阻是第 1 级电压负反馈电路的输出电阻 R_{o1},其值很小。

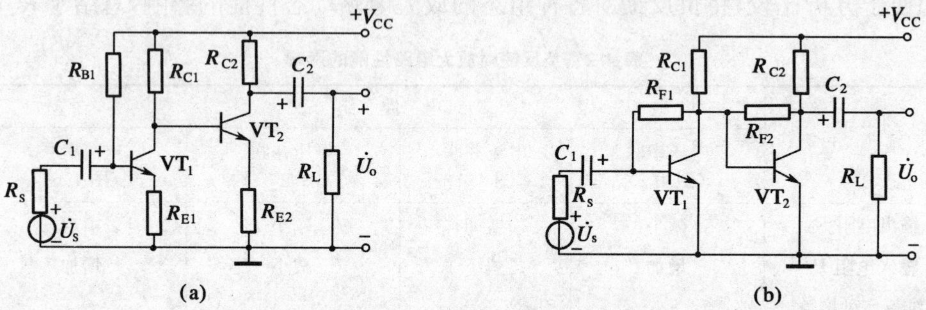

图 4.14　两级放大电路在负反馈组态上的配合问题

又如在图 4.14(b)电路中,各级均为局部电压并联负反馈。第 2 级的信号源内阻是电压负反馈电路的输出电阻,阻值很小,对发挥第 2 级并联负反馈的作用不利。如能把第 1 级改成电流串联负反馈,则第 2 级信号源内阻为第 1 级的 R_{o1},阻值在几十千欧以上,将更为合理。由此可知,两级局部电流串联负反馈或电压并联负反馈电路直接串接都是不妥当的。

(5) 若要减小输出电阻,应引入电压负反馈;若要增大输出电阻,则应引入电流负反馈。

下面举例说明如何解决在放大电路中正确引入负反馈的问题。

【例 4.4】　分立元件直接耦合放大电路如图 4.15 所示,试按照下列要求分别引入合适的反馈:

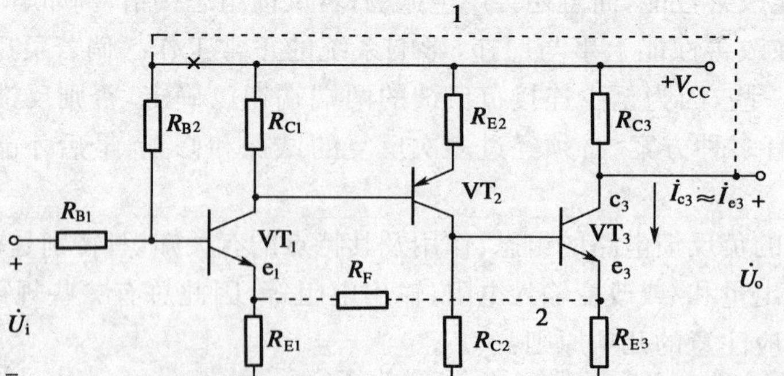

图 4.15　例 4.4 图

(1) 希望静态时,电路元器件参数的变化对直流电压 U_{OQ} 的影响较小;

(2) 要求图中 $|\dot{I}_{c3}| \approx |\dot{I}_{e3}|$ 基本上不受 R_{C3} 变化的影响;

(3) 希望接上负载电阻 R_L 后,闭环电压增益 $|\dot{A}_{uf}|$ 基本维持恒定,同时闭环输出电阻 R_{of} 减小。

解 (1) 题目要求静态时电路参数改变对 U_{OQ} 影响较小，这是稳定 Q 点的问题，故引入直流负反馈。可将电阻 R_{B2} 上端与 V_{CC} 断开(图上画"×"号处)，改接 VT_3 的 c_3，见图中虚线 1。也可从 VT_3 的 e_3 经 R_F 连线到 VT_1 的 e_1，见虚线 2。

(2) 如果动态时，要求 $\dot{I}_{c3}\approx\dot{I}_{e3}$ 值基本不受 R_{C3} 变化的影响，则是稳定交流输出电流的问题，应引入电流负反馈，接法可与图中虚线 2 同线。

(3) 如果希望接上 R_L 后，电压增益基本不变，同时 $R_{of}\downarrow$，显然是稳定输出电压(伴随着输出电阻减小)的要求，故引入电压负反馈，可与图中虚线 1 同一引线。

【例 4.5】 试在一个集成运放电路中引入负反馈，把电路的输入电阻提高到 10 MΩ 以上，输出电阻降低到 10 Ω 以下，闭环电压增益约为 1。集成运放的主要参数为：开环差模电压增益 $A_{od}=2\times10^5$，差模输入电阻 $R_{id}=2\ \mathrm{M\Omega}$，输出电阻 $R_{od}=1\ \mathrm{k\Omega}$。

解 首先拟订方案。根据提高输入电阻、引入串联负反馈的原则，又因要求降低输出电阻，故反馈应对输出电压取样。总之，应引入电压串联负反馈。再根据集成运放电路的特点，此时输入信号必须从同相端加入，而反馈信号接到反相输入端。题目要求 $A_{uf}\approx1$，故集成运放电路要接成电压跟随器，如图 4.16 所示。为了限流，在输入端和反馈回路中分别接入电阻 $R_1=R_F=10\ \mathrm{k\Omega}$。

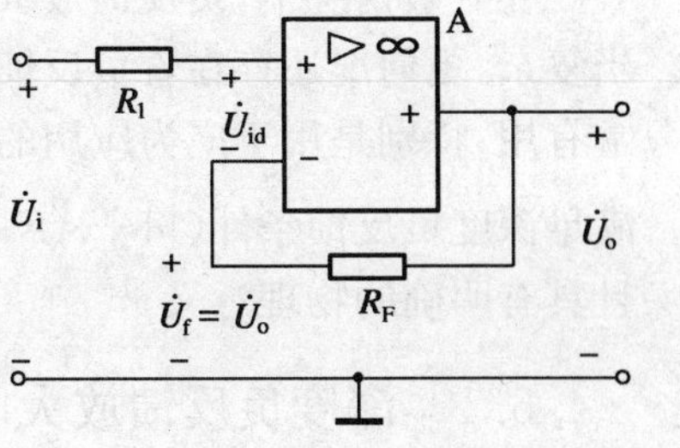

图 4.16 例 4.5 图

然后再检查图 4.16 的电路能否满足题设要求。为此，求出反馈深度为：

$$|1+\dot{A}_u\dot{F}_u|=1+2\times10^5\times1\approx2\times10^5$$

可见是深度负反馈。根据深度串联负反馈的特点，从式(4.17)求出：

$$R_{if}=R_{id}|1+\dot{A}_u\dot{F}_u|\approx2\times10^5\times2\ \mathrm{M\Omega}=4\times10^{11}\ \Omega\gg10\ \mathrm{M\Omega}$$

根据深度电压负反馈的特点，从式(4.15)求出：

$$R_{of}=\frac{R_{od}}{|1+\dot{A}_u\dot{F}_u|}\approx\frac{1\ \mathrm{k\Omega}}{2}\times10^{-5}=5\times10^{-3}\ \Omega\ll10\ \Omega$$

所以，图 4.16 的集成运放电路完全满足设计要求。

【例 4.6】 试用集成运放设计一个电流放大和测量电路，待测电流为 10 μA 数量级，而测量电表是量程 1 mA、内阻 1～2 kΩ 的毫安表。

图 4.17 例 4.6 图

解 首先，按要求确定反馈组态。因为是电流测量问题，输出电流唯一地取决于输入电流，而不受其他干扰因素的影响，所以应采用电流负反馈。又因待测量的是电流源电流，一般内阻较大，宜采用并联负反馈。故总的说来，应接成电流并联负反馈电路，如图 4.17 所示。

其次，计算电路中各电阻阻值。当输入电流的方向如图所示时，由于是反相输入，输出电流 i_o 的方向必然如图示(请读者思考一下其中的原因)，由此确定毫安表的接法。因为 $i_i=$

$10\ \mu A$时,$i_o=1\ mA$,而 $i_f \approx i_i=10\ \mu A$;因此流过采样电阻 R_2 的电流 $i_2 \approx 1\,000\ \mu A - 10\ \mu A = 990\ \mu A$。所以,$i_2/i_f \approx 99$。因为是反相输入,反相端处于“虚地”(详见第 4.5.2 节),集成运放的$u_- \approx 0$ V,$i_f R_F \approx i_2 R_2$,即 $R_F/R_2 \approx i_2/i_f \approx 99$。如果取 $R_2=1\ k\Omega$,则 $R_F \approx 99\ k\Omega$。电阻 R_1 和 R' 的值可根据输入电流源的内阻确定,并选取 $R' \approx R_1 /\!/ (R_F+R_2)$。

4.5 负反馈放大电路的分析计算

当阅读一张模拟电路图时,首先要善于判别电路中引入了什么类型的反馈,并定性地分析它的特点,从而明确其性能和用途,其次要能够对电路的增益进行估算。掌握了这两点,对于读者分析问题和解决问题是大有帮助的。

在一般情况下,负反馈放大电路的分析计算比较复杂,因为多级放大电路本身的计算就相当复杂,更何况还存在着负反馈。现有的几种方法都不很理想,但有一种情形在工程实际中非常有用,特别是用于广为应用的集成运放负反馈电路和多级分立元件负反馈电路中。这就是满足深度负反馈条件($|1+\dot{A}\dot{F}| \gg 1$)下的电路分析,此时,计算负反馈放大电路将大为简化,并且具有明确的物理意义。

4.5.1 深度负反馈放大电路的本质特点

1) 本质特点

由图 4.18 可见,当反馈深度$|1+\dot{A}\dot{F}| \gg 1$ 时,负反馈放大电路的输入信号$\dot{X}_i=(1+\dot{A}\dot{F})\dot{X}_{id} \approx \dot{A}\dot{F}\dot{X}_{id}=\dot{X}_f$,即$\dot{X}_{id} \approx 0$。由此看来,深度负反馈电路有以下两个本质特点:

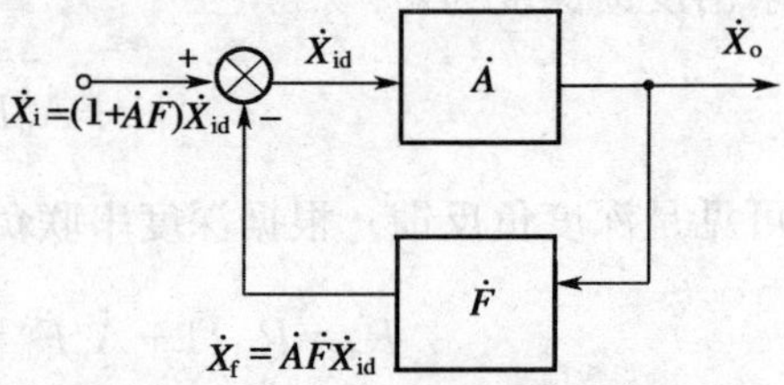

图 4.18　深度负反馈放大电路的特点

(1) 输入信号约等于反馈信号:

$$\dot{X}_i \approx \dot{X}_f \tag{4.19}$$

(2) 净输入信号约等于 0:

$$\dot{X}_{id} \approx 0 \tag{4.20}$$

因为$\dot{X}_f=\dot{F}\dot{X}_o$,故由式(4.19)得出:

$$\dot{A}_f=\frac{\dot{X}_o}{\dot{X}_i} \approx \frac{\dot{X}_o}{\dot{X}_f}=\frac{\dot{X}_o}{\dot{F}\dot{X}_o}=\frac{1}{\dot{F}} \tag{4.21}$$

2) 本质特点具体化

由式(4.21)可见,从反馈系数$\dot{F}$可直接求出深度负反馈电路的闭环增益$\dot{A}_f$,而求$\dot{F}$比较容易。式(4.19)和式(4.20)是一般性的,为了使用方便起见,在分析电路时宜加以具体化。

(1) 深度串联负反馈

对于深度串联负反馈电路,由于输入端各量都以电压形式表示,所以有:

$$\begin{cases}\dot{U}_{i}\approx\dot{U}_{f}\\ \dot{U}_{id}\approx 0\end{cases}\tag{4.22}$$

式(4.22)表明，集成运放的同相与反相输入端之间的净输入电压 $\dot{U}_{id}$ 近似为 0 V。此时，两输入端接近于短路，但又不是真正的短路，故这一似短而非短路的状态称为“虚短路”(Virtual Short-circuit，VS)，简称“虚短”。同样，若为多级分立元件电路，在深度串联负反馈时，第 1 级放大电路的晶体管的 $b_1(g_1)$ 与 $e_1(s_1)$ 之间的净输入电压也约为 0 V。

(2) 深度并联负反馈

对于深度并联负反馈电路来说，因为输入端各量都用电流的形式表示，所以有：

$$\begin{cases}\dot{I}_{i}\approx\dot{I}_{f}\\ \dot{I}_{id}\approx 0\end{cases}\tag{4.23}$$

式(4.23)是指在深度并联负反馈的条件下，流经集成运放的同相输入端和反相输入端的电流几乎为 0 μA。这种状态称为虚断路(Virtual Open-circuit，VO)，简称“虚断”。同理，在深度并联负反馈的条件下，多级分立元件电路第 1 级晶体管的净输入电流也近似为 0 μA。

“虚短”和“虚断”是模拟电子电路分析过程中的两个非常有用的概念，运用它们不仅在第 4 章，而且在第 5 章分析集成运放线性应用电路时都将会大有帮助，请读者务必理解并熟练掌握这两个概念。

4.5.2 深度负反馈放大电路的分析估算举例

【例 4.7】 电路如图 4.19 所示(这两个电路就是图 4.2 和图 4.4，现重画于此，并将电压和电流相量的极性和方向标出)，试近似计算它们的电压增益，并对其输入电阻和输出电阻进行定性分析。

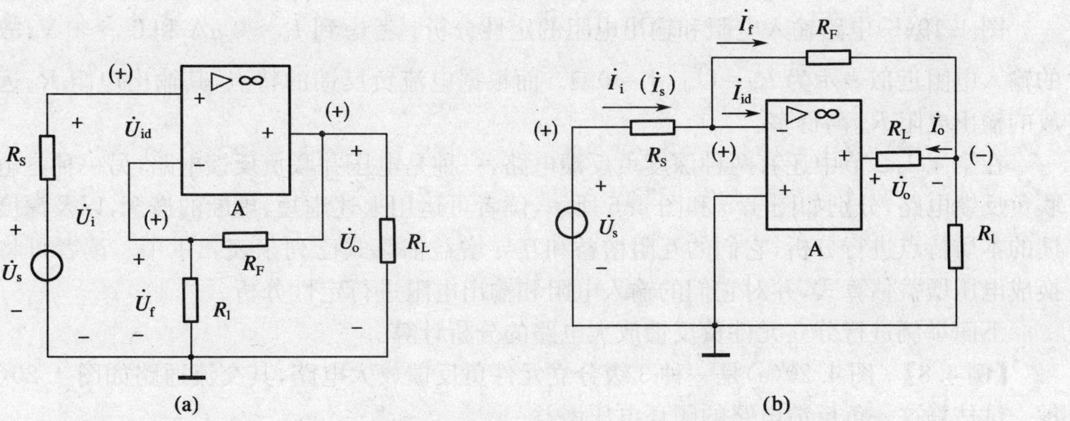

图 4.19 例 4.7 图

解 (1) 前已分析出图 4.19(a)是电压串联负反馈电路，其反馈系数为：

$$\dot{F}_{u}=\frac{\dot{U}_{f}}{\dot{U}_{o}}=\frac{R_1}{R_1+R_F}$$

由于集成运放的开环差模电压增益 A_{od} 很大，所以满足了深度负反馈 $|1+\dot{A}_u\dot{F}_u|\gg1$ 的条件，根据式(4.21)有：

$$\dot{A}_{uf}\approx\frac{1}{\dot{F}_u}=1+\frac{R_F}{R_1}$$

在电压串联负反馈电路中，当 $|1+\dot{A}_u\dot{F}_u|\gg1$ 时，反馈电压 $\dot{U}_f$ 与输入电压 $\dot{U}_i$ 接近相等，致使 $|\dot{I}_i|$ 大为减小，故 R_{if} 比运放的输入电阻 R_{id} 提高许多倍，而根据电压负反馈的特点，其输出电阻 R_{of} 远比运放的输出电阻 R_{od} 为低。

(2) 对于图 4.19(b)所示的电流并联负反馈电路，它适用于高内阻的电流信号源，故 R_s 的影响可以忽略。在深度负反馈的条件下，根据式(4.23) $\dot{I}_i(\dot{I}_s)\approx\dot{I}_f$ 的关系，此时运放的反相输入端存在着“虚地”的现象(因 $\dot{I}_{id}\approx0\ \mu A$，故 $\dot{U}_{id}=\dot{I}_{id}r_i\approx0\ V$，运放反相输入端虚假接地①)，故利用虚地和分流公式，可求得 $\dot{I}_f$ 与 $\dot{I}_o$ 的关系，即

$$\dot{I}_f\approx\frac{R_1\dot{I}_o}{R_1+R_F}$$

所以电流增益为：

$$\dot{A}_{if}=\frac{\dot{I}_o}{\dot{I}_s}\approx\frac{\dot{I}_o}{\dot{I}_f}\approx\frac{R_1+R_F}{R_1}$$

将上式转换成电压增益估算式：

$$\dot{A}_{uf}=\frac{\dot{U}_o}{\dot{U}_s}\approx\frac{-\dot{I}_oR_L}{\dot{I}_fR_s}\approx\frac{-R_L}{R_s}\dot{A}_{if}\approx-\frac{R_1+R_F}{R_1}\ \frac{R_L}{R_s}$$

图 4.19(b)电路输入电阻和输出电阻的定性分析：考虑到 $\dot{I}_{id}\approx0\ \mu A$ 和 $\dot{U}_{id}\approx0\ V$，故电路的输入电阻近似表示为 $R_{if}=\dot{U}_{id}/\dot{I}_i\approx0\ \Omega$。而根据电流负反馈的特点，其输出电阻 R_{of} 远比运放的输出电阻 R_{od} 高得多。

在第 4.1.2 节中还有两种深度负反馈电路，一种是电压并联负反馈电路，另一种是电流串联负反馈电路，分别如图 4.5 和图 4.6 所示，读者可运用上述虚短、虚断的概念，以及深度负反馈的本质特点进行分析，它们的互阻增益和互导增益估算式已列于表 4.1 中。读者可将其转换成电压增益估算式，并对它们的输入电阻和输出电阻进行定性分析。

下面举例进行分立元件负反馈放大电路的分析计算。

【例 4.8】 图 4.20(a)是一种 3 级分立元件负反馈放大电路，其交流通路如图 4.20(b)所示。试估算这一负反馈电路的闭环电压增益。

① 这时，运放的反相输入端的电位接近于地而不是真正的地，这种状态称为反相端处于“虚地”(Virtual Ground, VG)。“虚地”是“虚短”在反相输入负反馈电路中的特殊表现形式。

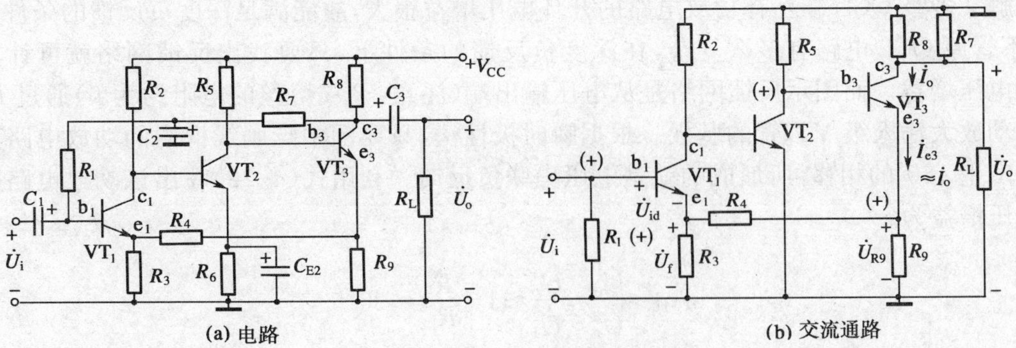

图 4.20　例 4.8 图

解　由于该放大电路有 3 级，且各级均为共射电路，故开环电压增益很大，只要反馈系数不太小，就能够满足深度负反馈的条件。注意到该电路从 $\mathrm{VT_3}$ 的 $\mathrm{e_3}$ 通过反馈电阻 R_4、R_3 接到 $\mathrm{VT_1}$ 的 $\mathrm{e_1}$。运用瞬时极性法分析可知，R_4、R_3 引入了整体电流串联负反馈，运用式(4.22)得：

$$\dot{U}_{\mathrm{i}}\approx\dot{U}_{\mathrm{f}}\approx\frac{R_3\dot{U}_{\mathrm{R9}}}{R_3+R_4}\approx\dot{I}_{\mathrm{e3}}\frac{R_3+R_4}{R_3+R_4+R_9}\cdot\frac{R_3R_9}{R_3+R_4}=\frac{R_3R_9\dot{I}_{\mathrm{e3}}}{R_3+R_4+R_9}$$

据此写出电路的闭环互导增益式：

$$\dot{A}_{\mathrm{gf}}=\frac{\dot{I}_{\mathrm{o}}}{\dot{U}_{\mathrm{i}}}\approx\frac{\dot{I}_{\mathrm{e3}}}{\dot{U}_{\mathrm{i}}}\approx\frac{R_3+R_4+R_9}{R_3R_9}$$

如要求出闭环电压增益 $\dot{A}_{\mathrm{uf}}=\dot{U}_{\mathrm{o}}/\dot{U}_{\mathrm{i}}$，则因 $\dot{I}_{\mathrm{e3}}\approx\dot{I}_{\mathrm{c3}}=\dot{I}_{\mathrm{o}}$，$\dot{U}_{\mathrm{o}}=-\dot{I}_{\mathrm{o}}(R_8/\!/R_7/\!/R_{\mathrm{L}})$，所以有：

$$\dot{A}_{\mathrm{uf}}=\frac{\dot{U}_{\mathrm{o}}}{\dot{U}_{\mathrm{i}}}\approx-\frac{R_3+R_4+R_9}{R_3R_9}(R_8/\!/R_7/\!/R_{\mathrm{L}})$$

【例 4.9】　图 4.21 是一个复杂的多级 OCL 准互补功率放大电路(将在第 7.4.1 节介绍)的一部分。已知电路参数如图标注，试分析该电路中引入的反馈组态，并问当闭环电压增益 $\dot{A}_{\mathrm{uf}}=\dot{U}_{\mathrm{o}}/\dot{U}_{\mathrm{i}}\approx36.5$ 时，反馈电阻 R_{F} 约为多大？

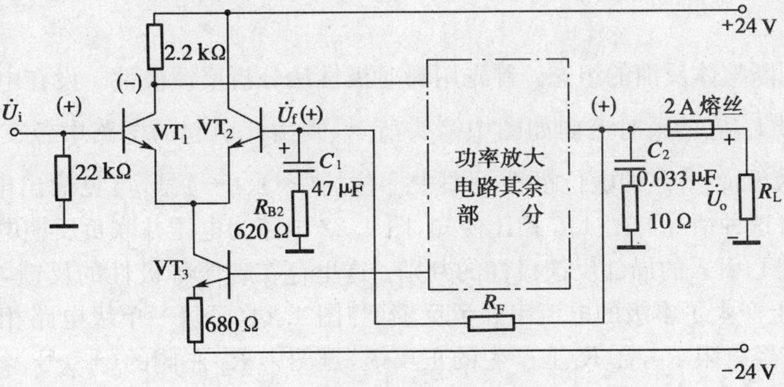

图 4.21　例 4.9 图

解　多级 OCL 准互补功放电路的开环电压增益很大，故能满足深度负反馈的条件。因此，不管原 OCL 电路有多么复杂，在深度负反馈的条件下，只要找出反馈网络就可计算其闭环电压增益。而图示反馈网络是从电压输出端(注意：2 A 熔丝的电阻约为 0)通过 R_F 接到差动放大输入级 VT_2 管的基极。根据瞬时极性法，只要图中点画线框内的功放电路其余部分产生 180°的相移，所形成的就是电压串联负反馈。利用式(4.22)写出该功放电路的闭环电压增益为：

$$\dot{A}_{uf}=\frac{\dot{U}_o}{\dot{U}_i}\approx\frac{\dot{U}_o}{\dot{U}_f}\approx1+\frac{R_F}{R_{B2}}\approx36.5$$

代入电路参数，求得反馈电阻 $R_F\approx22\ k\Omega$(标称电阻)。

顺便指出，在工程实际中所选取的电阻值必须为标称阻值。如果设计计算的电阻不为标称阻值，可查阅本书附录 H：电阻器型号、名称和标称系列，选取标称系列电阻值。

从分析上述两例分立元件负反馈放大电路中，显而易见，尽管原来的反馈放大电路比较复杂，但在深度负反馈的条件下，分析时可以完全不管它内部的基本放大电路，而只需分析其反馈组态和外围反馈网络，就可求得闭环电压增益等性能指标。

在以上讨论的负反馈电路中，它们的基本放大电路都是无反馈的，或是具有局部负反馈的。但在某些应用场合，为了提高增益，在基本放大电路中有意引入局部正反馈，请看下例。

【例 4.10】　图 4.22 是某一反馈放大电路的交流通道。图中 VT_1、VT_2 和 VT_3 这 3 只 BJT 组成一个 3 级直接耦合放大电路，从电路的电压输出端通过电阻 R_F 与电路的输入端相连，从而形成整体反馈。

(1) 判断电路中整体反馈的组态；

(2) 判别基本放大电路中 VT_2 和 VT_3 所引入的反馈极性；

(3) 求出整体反馈的闭环互阻增益估算式；

(4) 定性地分析该电路的输入电阻和输出电阻。

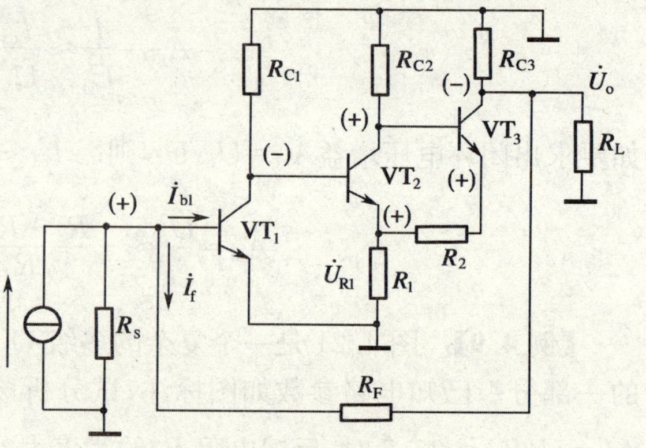

图 4.22　例 4.10 图

解　(1) 判断整体反馈的组态：首先用瞬时极性法分析反馈极性。设在电路的输入端加入一电流源信号 $\dot{I}_s$，它的瞬时流向如图中箭头所示，则由此引起的电路中各支路电流的流向亦如图箭头指示，而各节点的电位极性见图中标注的(+)、(−)号，可见输出电压 $\dot{U}_o$ 的极性为(−)。然后将这种情况与图 4.5 相比便知，图 4.22 电路为电压并联负反馈电路。

(2) VT_2、VT_3 引入的局部反馈极性的判别：这里存在着两种极性的反馈，首先是在 VT_2 的射极电阻 R_1 上产生了本级的电流串联负反馈(与图 4.14(a)每一单级电路相同)；其次是由 VT_3 的射极电流经电阻 R_2，在 R_1 上产生的正反馈，见图中 R_2 左侧的(+)号。对于 VT_2 的 J_e 结，这时 $|\dot{U}_{R1}|$ 受到削弱，即 $|\dot{U}_{be2}|$ 得到了增强，说明了 VT_2、VT_3 两级之间引入的是正反馈。所以反馈电压 $\dot{U}_{R1}$ 是两种极性的反馈的综合效果。

(3) 求整体闭环互阻增益$\dot{A}_{rf}$：由于电路的开环互阻增益很高，易于实现深度负反馈；根据式(4.23)的关系和虚地的概念，有$\dot{I}_s \approx \dot{I}_f$，图中$\dot{I}_f \approx -\dot{U}_o/R_F$，式中负号表示反相作用，因而得：

$$\dot{A}_{rf}=\frac{\dot{U}_o}{\dot{I}_s}\approx\frac{\dot{U}_o}{\dot{I}_f}=-R_F$$

(4) 输入电阻和输出电阻的分析：对于并联负反馈，有$\dot{I}_{id}\approx 0\ \mu A$和$\dot{U}_{id}\approx 0\ V$，故电路的输入电阻$R_{if}=\dot{U}_{id}/\dot{I}_i\approx 0\ \Omega$；根据电压负反馈的特点，输出电阻$R_{of}$比基本放大电路的输出电阻$R_o$小得多。

直到例4.10为止，所讨论的负反馈放大电路的反馈网络都是由无源元件(电阻R)组成。但在实际使用时，反馈网络亦可用有源器件来构成，下面举例说明这种构成负反馈的方案。

【例4.11】 由理想集成运放A_1、A_2和A_3组成的反馈放大电路如图4.23所示。试判断电路中引入了何种反馈组态，并导出其闭环电压增益的估算式。

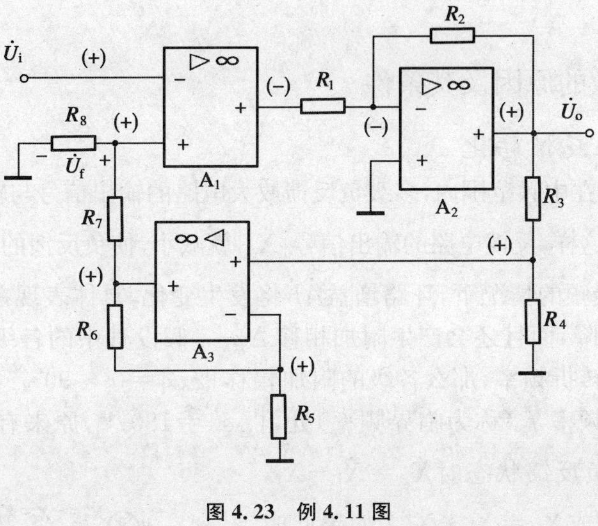

图4.23　例4.11图

解　(1) 判断电路的反馈组态：在图4.23所示的电路中，由运放A_1、A_2组成基本放大电路，输入电压为$\dot{U}_i$，输出电压为$\dot{U}_o$，属于电压放大电路。反馈网络则由第1分压器(R_3、R_4)、运放A_3和R_5、R_6组成的同相放大电路以及第2分压器(R_7、R_8)构成，它属于有源反馈网络。

设在放大电路的输入端加入一正极性的信号电压$\dot{U}_i$，因经过两级反相电路放大，在输出端得到$\dot{U}_o$与$\dot{U}_i$同相。输出电压$\dot{U}_o$经有源反馈网络得到R_8上的反馈电压$\dot{U}_f$与$\dot{U}_o$同相，即与$\dot{U}_i$同相。因而$\dot{U}_f$削弱了输入信号，属于负反馈电路，而且$\dot{U}_f$与$\dot{U}_i$在输入回路中彼此串联，$\dot{U}_f$从$\dot{U}_o$中取样，所以电路为电压串联负反馈组态。

(2) 求闭环电压增益$\dot{A}_{uf}$：据题意知，各运放均是理想的，即运放的开环增益均为无穷大，整个闭合环路处在深度负反馈的状态。根据式(4.22)的关系有$\dot{U}_f\approx\dot{U}_i$，而$\dot{U}_f$可由下式求得：

$$\dot{U}_f\approx\dot{U}_o\frac{R_4}{R_3+R_4}\cdot\frac{R_5+R_6}{R_5}\cdot\frac{R_8}{R_7+R_8}$$

故得：

$$\dot{A}_{uf}=\frac{\dot{U}_o}{\dot{U}_i}\approx\frac{\dot{U}_o}{\dot{U}_f}=\frac{R_5(R_3+R_4)(R_7+R_8)}{R_4R_8(R_5+R_6)}$$

4.6　负反馈放大电路中的自激振荡及其消除

从前面的讨论中已知，负反馈对放大电路性能的改善取决于反馈深度$|1+\dot{A}\dot{F}|$或环路增益$|\dot{A}\dot{F}|$的大小，$|\dot{A}\dot{F}|$值越大，放大电路的性能就越优良。

然而，在多级负反馈放大电路中，反馈过深，有时电路就不能稳定地工作，而产生振荡现象，称为放大电路的自激。这时，即使不加任何输入信号，放大电路也会产生具有某一频率的信号输出。这种现象破坏了放大电路的正常工作，应该尽量避免和设法消除。

下面首先分析产生自激的原因，然后研究放大电路稳定工作的条件，最后讨论保证电路稳定运行的措施。

4.6.1　产生自激的原因及其条件

1）负反馈向正反馈转化

根据前面的分析，在中频范围内，多级负反馈放大电路的输出信号与输入信号不是同相就是反相，且$|\dot{X}_{id}|<|\dot{X}_i|$，这样，反馈电路的输出信号$|\dot{X}_o|$就减小，使负反馈的作用正常地体现出来。

然而，在高频和低频的情况下，环路增益$\dot{A}\dot{F}$将发生变化，具体表现在不仅多级基本放大电路的增益幅值A会下降，而且还会产生附加相移$\Delta\varphi_A$。假设其中的各级在频率特性的低频区或高频区都只有一个转折频率，那么各级的附加相移$|\Delta\varphi|=0°\sim90°$。如果电路的级数较多，就有可能在某一信号频率$f_c$(称为临界频率)处，$|\Delta\varphi|=180°$①，原来有意引入的负反馈转化为正反馈，即原处于负反馈状态时$\dot{X}_{id}=\dot{X}_i-\dot{X}_f$，而在信号频率$f_c$处变成$\dot{X}_{id}=\dot{X}_i+\dot{X}_f$。如果此时环路增益幅值$AF=1$，则$\dot{X}_f'=-\dot{X}_f=\dot{X}_{id}$。因此，即使此时电路不加输入信号($\dot{X}_i=0$)，频率为$f_c$的信号$\dot{X}_f'=\dot{X}_{id}$也可在整个闭合环路内持续传输下去，如图4.24所示。这样，在多级负反馈放大电路中就产生了频率为f_c的自激振荡信号。

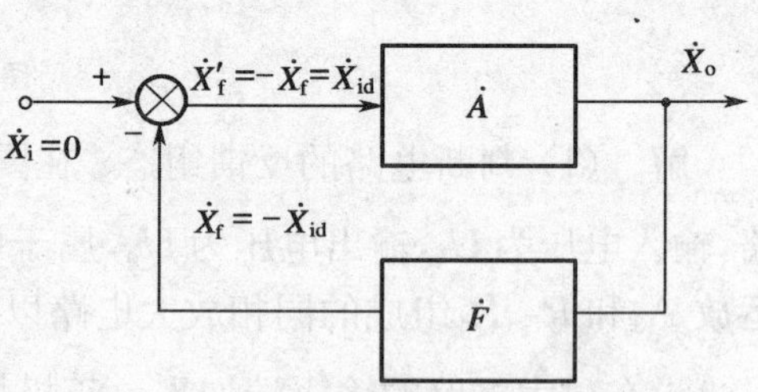

图 4.24　负反馈放大电路中的自激振荡现象

采用负反馈的目的原本为稳定放大电路的输出量，并改善其诸方面的性能。但是，正因为有了负反馈，信号传输形成了闭合回路，当满足一定的条件时就会产生自激，反而使放大电路不能正常工作。这是一对矛盾，这对矛盾集中反映了反馈这一物理现象的两重性。

2）自激振荡的建立

读者不禁要问，最初频率为f_c的自激振荡又是如何建立起来的呢？原来，放大电路受到

① 一般反馈系数$\dot{F}$为标量，$\Delta\varphi_F=0$，故环路增益$\dot{A}\dot{F}$的附加相移$\Delta\varphi_{AF}=\Delta\varphi_A$。

干扰(例如接通电源)时,会有过渡过程。此时电路中的信号可以分解为恒定分量和一系列谐波分量的叠加。如果其中某一频率 f_c 的分量使整个反馈环满足上述条件,那么电路中就会建立起频率为 f_c 的自激振荡。

3) 结论

(1) 由上分析可以看出,在单级放大电路中不可能产生自激振荡,因为 $|\Delta\varphi_A|$ 的最大值为 90°,无法满足 $|\Delta\varphi_A|=180°$ 的条件。在两级放大电路中,$|\Delta\varphi_A|$ 最大达 180°,但此时放大电路的开环增益幅值 A 一般已下降到很小,无法满足 $|\dot{A}\dot{F}|=1$ 的条件,因而也不可能自激。但在 3 级放大电路中,$|\Delta\varphi_A|$ 最大可达 270°,因此,在 $|\Delta\varphi_A|=180°$ 时,A 可能还相当大,如果 F 不太小,这时就完全有可能产生自激振荡。由此看来,一般在级数 n 较多($n\geqslant 3$)的负反馈放大电路中才可能产生自激。

(2) 要产生自激,电路中的附加相移 $|\Delta\varphi_A|$ 须达到 180°,负反馈才能转化为正反馈,同时 F 也要足够大。因此,负反馈放大电路的反馈深度越深,越容易产生自激振荡。

4.6.2 负反馈放大电路的稳定性及自激振荡的消除

1) 负反馈电路产生自激的条件

根据式(4.6):

$$\dot{A}_f=\frac{\dot{A}}{1+\dot{A}\dot{F}}$$

因为当 $|1+\dot{A}\dot{F}|=0$ 时,$|\dot{A}_f|\to\infty$,这意味着即使无输入信号($\dot{X}_i$ 为零),也有输出信号 $\dot{X}_o$,即产生了自激振荡,所以自激的条件是:

$$1+\dot{A}\dot{F}=0 \quad 或 \quad \dot{A}\dot{F}=-1 \tag{4.24}$$

其中幅值条件为:

$$AF=1 \tag{4.25}$$

相位条件为:

$$\Delta\varphi_{AF}=\pm(2n+1)\times 180° \quad (n\ 为整数) \quad 或 \quad |\Delta\varphi_{AF}|=180° \tag{4.26}$$

式中:$\Delta\varphi_{AF}$——反馈环路的附加相移。

2) 反馈放大电路的稳定性分析

(1) 分析方法

如果负反馈放大电路中产生了自激,那么它就失去了放大功能而处在不稳定的状态。为了研究负反馈电路的稳定性,应设法破坏其自激的条件。据此,目前分析反馈电路稳定性的方法有以下两种。

① 根据式(4.24),利用闭环放大电路的环路增益 $\dot{A}\dot{F}$ 的频率特性,即波特图 $20\lg(AF)\sim f$ 和 $\Delta\varphi_{AF}\sim f$ 来进行分析。因为产生自激的条件相当于:对数幅频特性 $20\lg(AF)\sim f$ 与频率轴相交处[此处 $20\lg(AF)=0$ dB 或 $AF=1$],附加相移 $\Delta\varphi_{AF}$ 正好等于 180°的情形。因反馈系数通常是标量,$\varphi_F\equiv 0°$,故亦可只用开环放大电路的相频特性 $\Delta\varphi_A\sim f$(此时 $\Delta\varphi_{AF}=\Delta\varphi_A$),配合其幅频特性 $20\lg A\sim f$ 来分析。

② 由于产生自激的幅值条件 $AF=1$ 可写成 $A=1/F$,故亦可分别画出波特图 $20\lg A\sim f$ 和 $20\lg(1/F)\sim f$,在其交点处($A=1/F$)检查 $\Delta\varphi_{AF}$ 是否为 180°即可。

(2) 分析举例

这里采用第1种方法进行分析。图4.25(a)、(b)和(c)分别示出了同一反馈电路在3种情况下的波特图。

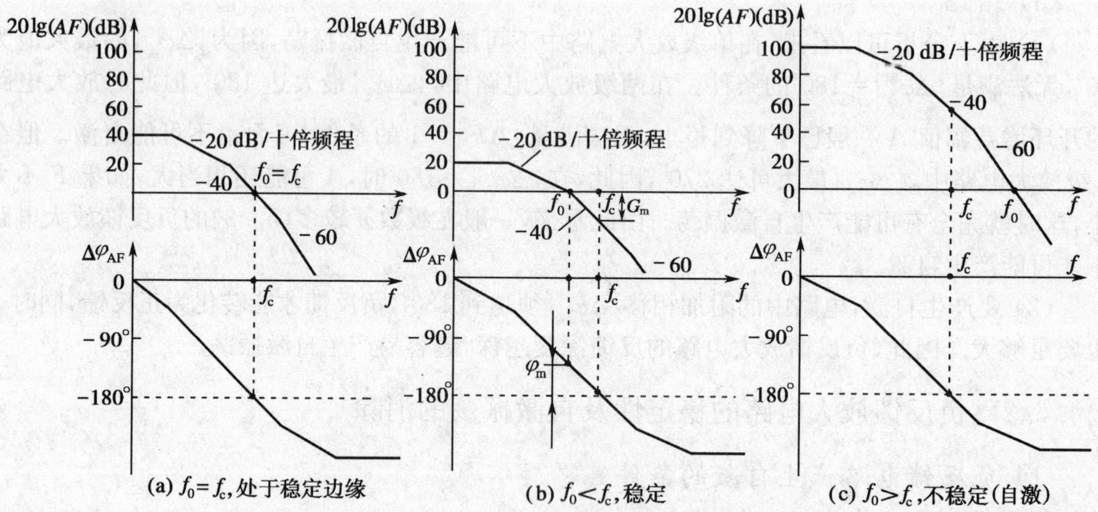

图4.25　负反馈放大电路的稳定性分析举例

① 对于图4.25(a),当20lg(AF)=0 dB,即AF=1时,刚好$\Delta\varphi_{AF}=-180°$,满足式(4.25)和式(4.26)的自激条件。此时,反馈放大电路运行于稳定的边缘上。故把特性20lg(AF)～f跨越频率轴的点所对应的频率称为切割频率,记为f_0;而把特性$\Delta\varphi_{AF}$～f跨越水平线$\Delta\varphi_{AF}=-180°$的点所对应的频率记为f_c。这样,图4.25(a)就是$f_0=f_c$的临界情形。

② 对于图4.25(b),当20lg(AF)=0 dB($f=f_0$)时,$|\Delta\varphi_{AF}|<180°$,不满足自激条件,反馈放大电路是稳定的。在这种情况下,$f_0<f_c$,即幅频特性20lg(AF)～f与f轴的交点,位于相频特性$\Delta\varphi_{AF}$～f与$|\Delta\varphi_{AF}|=180°$线的交点的左侧。故把$f=f_0$时,$|\Delta\varphi_{AF}|$的相位值与180°之差$\varphi_m$称为相位稳定裕量①,即

$$\varphi_m=180°-|\Delta\varphi_{AF}|_{f=f_0} \tag{4.27}$$

一般要求$\varphi_m\geqslant+45°$。从另一角度说,当$f=f_c$时,20lg(AF)值已在0 dB线以下,其值为负,即AF<1。这时,20lg(AF)的值称为幅值稳定裕量G_m,即

$$G_m=20\lg(AF)|_{f=f_c} \tag{4.28}$$

③ 对于图4.25(c),当$\Delta\varphi_{AF}=180°(f=f_c)$时,20lg(AF)>0 dB,即AF>1。在这种情况下,反馈放大电路已经产生了自激,即处于不稳定的工作状态。应当注意:此时$f_0>f_c$,f_0位于f_c的右侧。

由此例推广便知,判别负反馈放大电路稳定性的条件是:在$\Delta\varphi_{AF}=\pm(2n+1)\times180°$的情况下,满足$|\dot{A}\dot{F}|<1$。在工程实际中,通常要求$G_m\leqslant-10$ dB,$\varphi_m\geqslant+45°$。按照此要求设计的放大电路,不仅可以在预定的工作状态下满足稳定条件,而且当环境温度、电路参数和电源电

① φ_m和G_m的下标m是margin(裕量)的字头,G_m中的G是Gain(增益)的字头。

压等因素变化时，也能满足稳定条件，因此只有这样的放大电路才能正常工作。

3) 消除自激振荡的原理和方法

为了消除反馈电路中的自激，从根本上说就是要破坏式(4.25)和式(4.26)的自激条件。用图 4.25 的波特图来说，就是要使 $|\Delta\varphi_{AF}|=180°$ 时，$AF<1$（或 $20\lg(AF)<0$ dB)，或在 $AF=1$（即 $20\lg(AF)\sim f$ 与 f 轴相交)时，$|\Delta\varphi_{AF}|<180°$。换言之，要消除自激，就要使幅频特性$20\lg(AF)\sim f$ 先与 f 轴相交，然后相频特性 $\Delta\varphi_{AF}\sim f$ 才与 $|\Delta\varphi_{AF}|=180°$线相交，即要求$f_0<f_c$。

消除自激振荡的具体方法有以下几种：

(1) 减小反馈深度

这里可以采取的措施是减小反馈系数 F。这样，幅频特性 $20\lg(AF)\sim f$ 将沿垂直方向下降，它与 f 轴的交点($f=f_0$)将提前到来，以满足 $f_0<f_c$的要求。图 4.25 中，在开环增益 A 不变的条件下，显然是图(b)的 F_b小于图(a)的 F_a，而图(a)的 F_a又小于图(c)的 F_c，即 $F_b<F_a<F_c$。此时，$F=F_b$的反馈电路是稳定的，而 $F=F_c$的电路是有自激的。但是，这一措施与增加反馈深度以较大限度地改善放大电路的性能相矛盾。

(2) 改变波特图 $20\lg(AF)\sim f$ 的形状

该措施被称为对放大电路的开环频率特性进行校正或补偿，可以采用改变基本放大电路幅频特性 $20\lg A\sim f$ 的形状，或改变反馈网络幅频特性 $20\lg F\sim f$ 的形状的方法，来进行补偿。

① 在反馈放大电路的正向通道(开环放大电路本身)加入电容元件 C 或 RC 串联的形式：目的是使特性 $20\lg(AF)\sim f$ 提前下降。图 4.26 中画出了 1、2、3 这 3 种集成运放的开环电压增益幅值的波特图。从表面上看，似乎运放 1(即常用的 741 型集成运放)的特性不佳，因为它的开环增益随频率的增加很早就开始下降。但实际上，这是人为地对它的开环特性加以校正，使开环增益波特图从 $f=10$ Hz 左右就开始下降。如此校正的结果使开环增益波特图从第 1 个转折频率(10 Hz)起就一直按(−20 dB/10 倍频程)的速率下降，直到跨越 f 轴之后，下降斜率才变为−40 dB/10 倍频程。

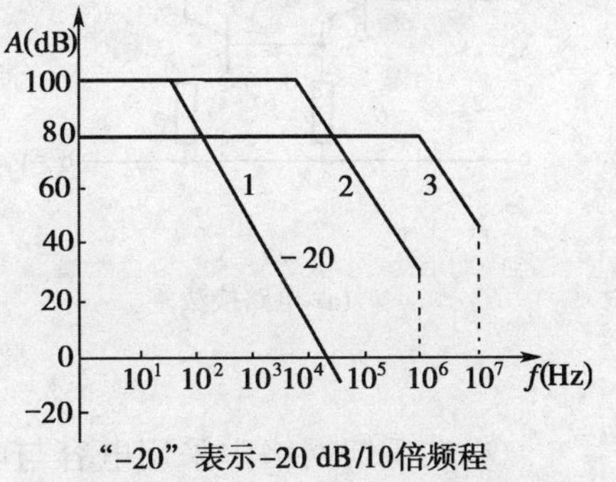

图 4.26 集成运放的开环波特图

因此，即使在最不利的情况下，反馈系数 $F=1$（电压跟随器)，$20\lg(AF)\sim f$ 在跨越 f 轴($AF=1, f=f_0$)时，$\Delta\varphi_{AF}$也只有 135°左右①（其中 90°对应于第 1 转折频率，而 45°对应于第 2 转折频率)。换言之，这样校正的结果，相位稳定裕量 $\varphi_m=180°-135°=45°$，满足实用的要求。实际上，这种校正的方法就是在开环放大电路的第 2 级接入大电容 C，使对应于第 1 转折频率的时间常数 RC 很大，或$f_H=1/(RC)$很小。校正后，开环增益的波特图几乎与一个 $f_H=1/(RC)$的低通电路一样，所以称为电容滞后补偿。为了减小应加的电容 C 的值，利用第 4.2.7

① 所以，校正或补偿的原则的一种表达方式是：使校正后的幅频特性 $20\lg(AF)\sim f$ 以−20 dB/10 倍频程的速率穿越 f 轴。此时，校正后的 $20\lg(AF)\sim f$ 上的第 1 转折频率与第 2 转折频率之间的差距也拉大了。

节讨论过的密勒效应，把 C' 跨接在中间放大级两个 BJT 的 c_2 与 b_1 之间，如图 4.27 所示①。

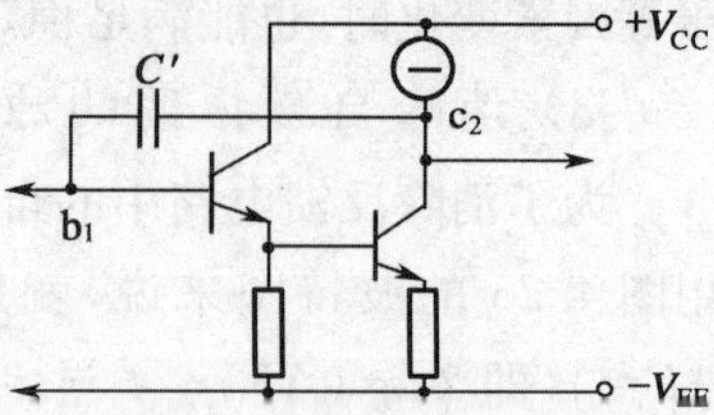

图 4.27　电容滞后补偿

上述补偿方法的缺点在于使开环放大电路的通频带大大下降了。为了避免上述缺点，可以改用一个 R' 与 C' 串联的校正网络，仍然跨接在开环放大电路中间级 BJT 的 c_2 与 b_1 之间，如图 4.28(a)所示。加了这样的校正网络之后，开环增益 A 的波特图从某一低频开始按斜率 -20 dB/10 倍频程下降，直到原来的开环增益波特图第 3 个转折频率 f_3 处才改以斜率 -40 dB/10 倍频程下降[见图4.28(b)]。这是因为加了这样的校正，对于开环电压增益频率特性的表达式来说，不仅分母上对应于最低转折频率 f_1 的因式改变，使第 1 转折频率更低，而且分子上出现了一个新的形如 $(1+\mathrm{j}f/f_2)$ 的因式。如果参数选择合适，这一因式可以与分母上对应波特图第 2 转折频率 f_2 的因式 $(1+\mathrm{j}f/f_2)$ 抵消。如果再调节第 1 转折频率 f_1'' 的位置，使校正后开环电压增益波特图在第 2 转折频率附近跨越 f 轴(注意：跨越时斜率为 -20 dB/10 倍频程)，则校正后的反馈电路就不会产生自激，它的工作稳定了。这种校正的方法称为阻容滞后补偿或零极点补偿。这种方法的好处是开环放大电路的通频带比电容滞后补偿更宽[见图 4.28(b)，$f_1''>f_1'$]。

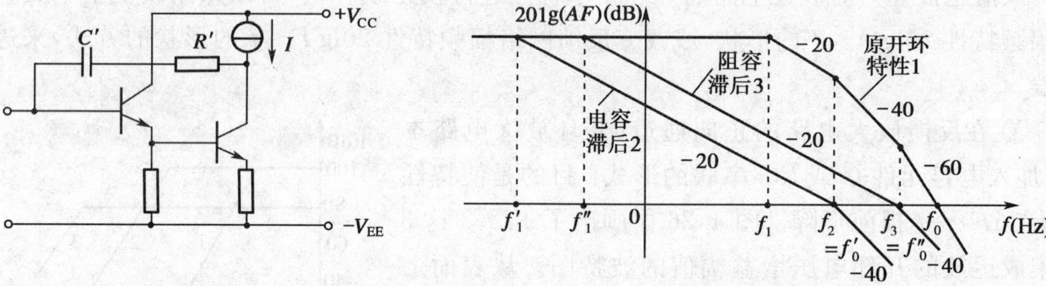

(a) 电路接法　　**(b) 开环波特图的比较**

图 4.28　阻容滞后补偿

② 在反馈网络中采用电容与电阻并联的方式：至此，在分析中一直假定 F 是常数，大多数情况下均为如此，如通常用电阻分压电路作为反馈网络。然而在有些情况下，有必要修改反馈网络使稳定性得以改善。例如，可将附加电容 C_F 与分压电阻 R_F 并联，使反馈网络变成一个相位超前的网络[见图 4.29(a)]。如果不加 C_F，反馈放大电路将接近不稳定，因为在开环放大电路电压增益 A 的波特图与反馈系数倒数 $1/F$ 的波特图相交处[图 4.29(b)上的点 P，此处 $A=1/F$，或 $AF=1$，即 $20\lg(AF)\sim f$ 跨越 f 轴处]，环路增益 AF 的波特图是以 -40 dB/10 倍频程下降的，$|\Delta\varphi_A|$ 很大，接近 180°。加了 C_F，环路增益波特图 $20\lg(AF)\sim f$ 与 f 轴相交处的斜率减小为 -20 dB/10 倍频程[注意：图 4.29(b)画的是 $20\lg(1/F)\sim f$。实际上，加了 C_F 后 $20\lg(AF)\sim f$ 的转折频率是 $+20$ dB/10 倍频程]。或者说，因为反馈网络的相位超前，$20\lg(AF)\sim f$ 与 f 轴相交处的 $|\Delta\varphi_{AF}|$ 减小，从而保证了反馈放大电路的稳定性。

---

① 在图 3.26 所示的 741 型集成运放原理电路中，补偿电容值只有 30 pF，它是于出厂前制作在 741 型集成运放内部的。

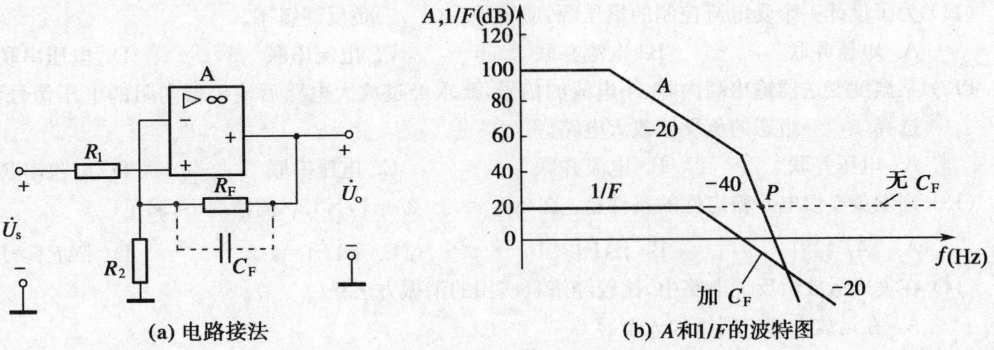

图 4.29 反馈网络加电容补偿的消振措施

目前，集成运放可以从内部和外部分别采取补偿措施，通常采用内部预置补偿网络的方法（如广泛使用的741型集成运放）。

习 题 4

4.1 单项选择题（将下列各小题正确选项前的字母填在题内的括号内，可放到章末或按教师的要求练习）

（1）在分立元件放大电路中引入直流负反馈的目的是（　　）。

A. 稳定静态工作点 Q　　B. 增大输入电阻

C. 降低输出电阻　　D. 拓宽通频带

（2）在多级直接耦合放大电路中引入串联负反馈时，希望它的电压信号源的内阻 R_s（　　）。

A. 小一些好　　B. 大一些好　　C. 不大不小为好　　D. 越小越好

（3）在集成运放的应用电路中，引入深度负反馈的目的之一是（　　）。

A. 使运放工作在非线性区　　B. 增大电路的电压增益

C. 降低运放电路增益的稳定性　　D. 提高电路闭环增益的稳定性

（4）某负反馈放大电路的开环增益 $A=10^3$，反馈系数 $F=0.1$，试问其闭环增益 $A_f\approx$（　　）。

A. 100　　B. 10　　C. 99　　D. 1 000

（5）交流负反馈能从4个方面改善放大电路的性能，改善的程度均与（　　）有关。

A. 反馈系数 F　　B. 反馈深度（$1+AF$）　　C. 环路增益 AF　　D. 开环增益 A

（6）放大电路中引入的交流负反馈可以抑制（　　）的干扰和噪声。

A. 任何程度　　B. 反馈环路外　　C. 反馈环路内　　D. 非常强烈的

（7）为了稳定放大电路的输出电压，且增大输入电阻、减小输出电阻，应引入（　　）负反馈。

A. 电压并联　　B. 电流并联

C. 电流串联　　D. 电压串联

（8）当集成运放的应用电路处于（　　）工作状态时，可以运用“虚短路”的概念。

A. 负反馈　　B. 正反馈

C. 开环　　D. 不但开环而且带有正反馈

（9）某交流放大电路要求增大其输入电阻 R_i，同时稳定输出电流 I_o，应引入（　　）负反馈。

A. 电压并联　　B. 电压串联　　C. 电流串联　　D. 电流并联

（10）下列哪一选项不属于负反馈放大电路所能改善的性能指标？（　　）

A. 提高闭环增益稳定性　　B. 增加放大倍数

C. 拓宽通频带　　D. 减小非线性失真

(11) 为了设计一个受电流控制的恒压源，应该采用(　　)负反馈组态。

A. 电压并联　　B. 电流并联　　C. 电流串联　　D. 电压串联

(12) 某温度变送器输出高内阻、小电流的信号，要求经过放大电路后输出低内阻的电压信号，试问应选择(　　)组态的负反馈放大电路。

A. 电压并联　　B. 电流并联　　C. 电压串联　　D. 电流串联

(13) 判别负反馈电路稳定性的条件是：在 $\Delta\varphi_{AF}=\pm(2n+1)\times180°$ 的情况下，满足(　　)。

A. $|\dot{A}\dot{F}|>1$　　B. $|\dot{A}\dot{F}|<1$　　C. $|\dot{A}\dot{F}|=1$　　D. $|\dot{A}\dot{F}|\geqslant1$

(14) 在集成运放负反馈电路中，比较经济且实用的消振方法是(　　)。

A. 在运放内部中间级加入电容 C

B. 在运放内部中间级加入 RC 串联电路

C. 在反馈网络中用电容与反馈电阻并联的形式

D. 在反馈网络中串入电抗器

4.2 对于图 4.30 所示电路，试分析各电路中所存在的反馈，并判断其中的整体交流反馈的组态。要求将各图画上作业本，并在各电路整体反馈环路的各节点上标出瞬时电位极性，并作出简要说明。以下各题此要求相同，不再赘述。

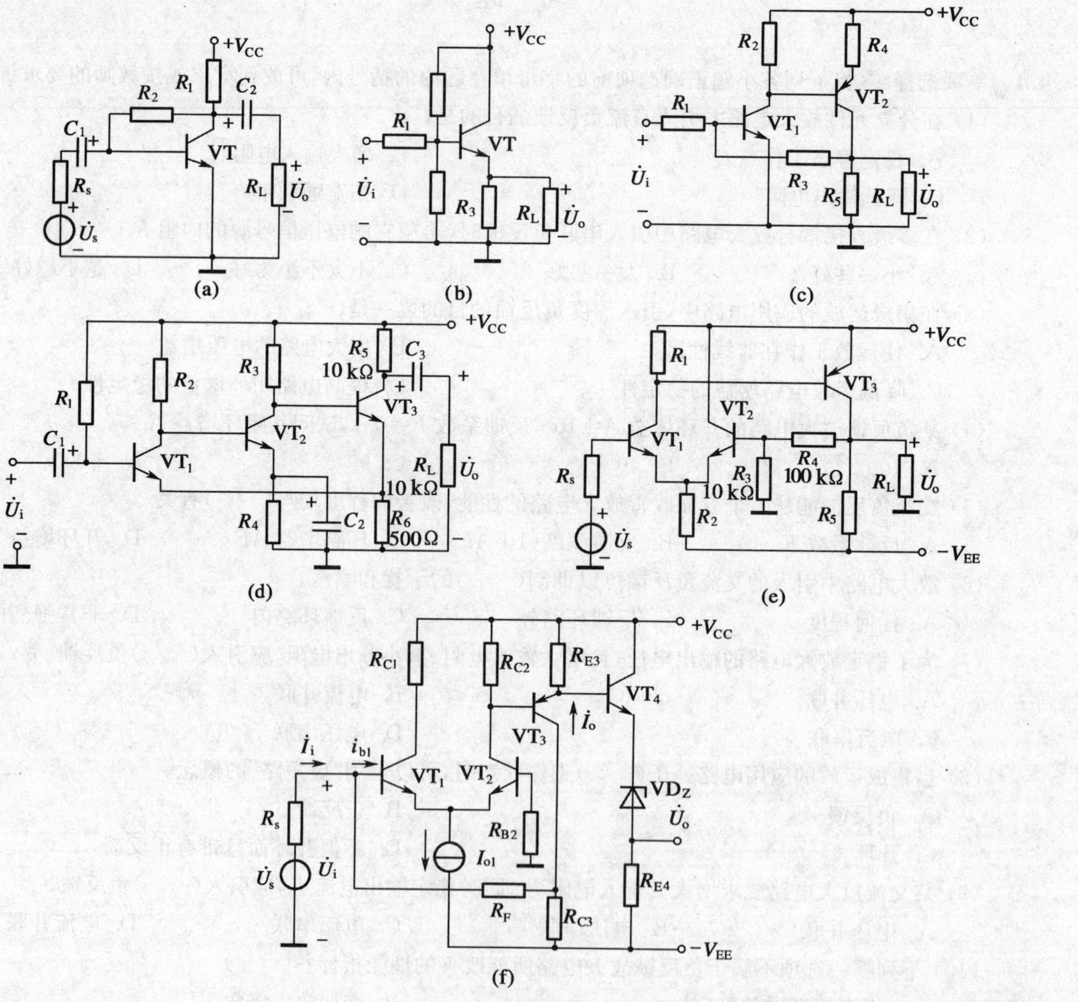

图 4.30　题 4.2 图

4.3　试用瞬时电位极性法,分析图 4.31 所示各电路的整体交流反馈极性及其反馈组态,并指出反馈元器件(注意:图 4.31(c)电路中 U_R 是直流参考电压)。

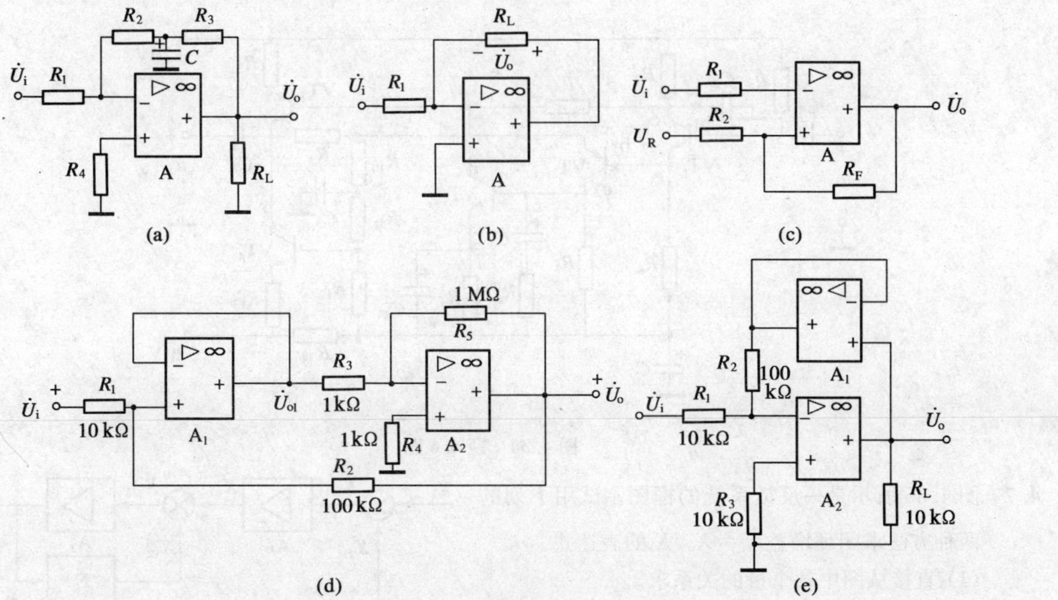

图 4.31　题 4.3 图

4.4　试用瞬时电位极性法,判断图 4.32(a)、(b)所示两电路的整体交流反馈组态。

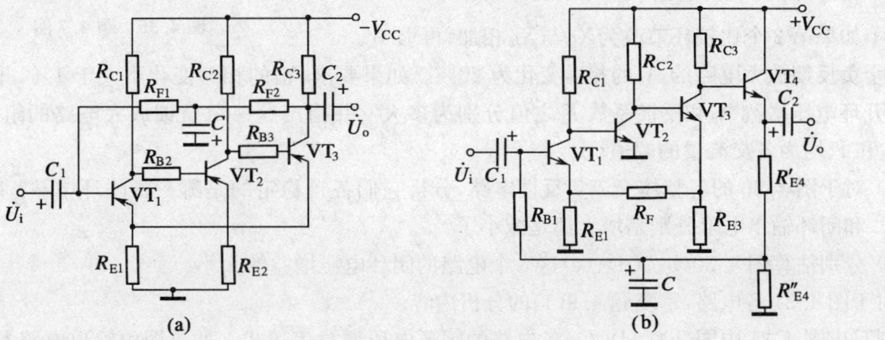

图 4.32　题 4.4 图

4.5　电路如图 4.33 所示。说明电路中有无反馈,是什么性质的反馈,起什么作用?提示:从差模输入信号和共模输入信号的作用去考虑。

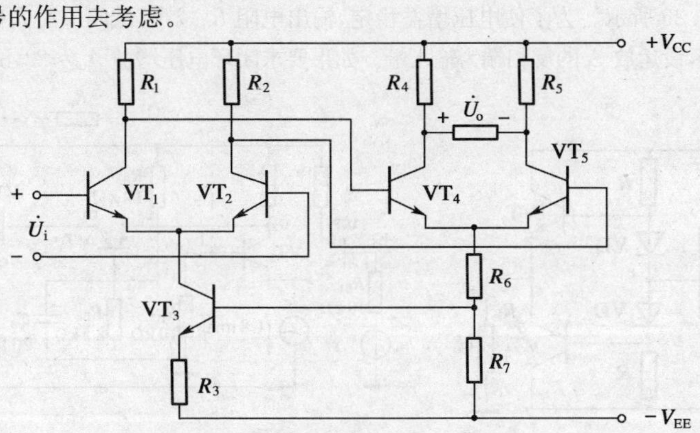

图 4.33　题 4.5 图

4.6　放大电路如图 4.34 所示。试判断电路中有哪些级间反馈，要求对级间反馈判断其性质或组态，并指出属于级间反馈的元器件。

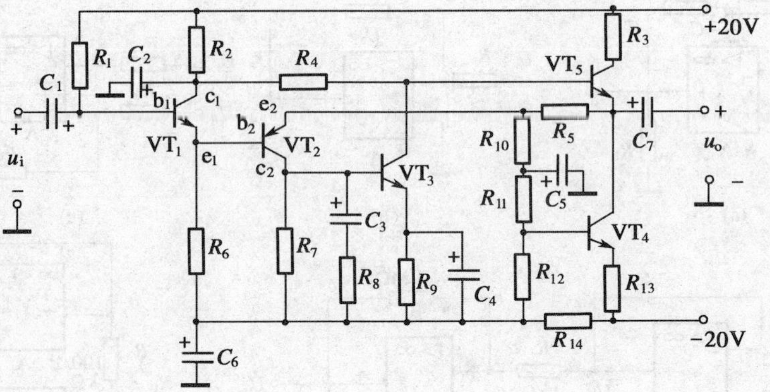

图 4.34　题 4.6 图

4.7　图 4.35 所示是一反馈系统的框图。试用下列的两种方法求闭环增益$\dot{A}_f=\dot{X}_o/\dot{X}_i$的表达式。

(1) 直接从图中各个量的关系求。

(2) 先利用式(4.6)求由$\dot{A}_2$、$\dot{F}_2$组成的小闭环系统的$\dot{A}_{f2}$，然后再求整个闭环系统的$\dot{A}_f$。

*(3) 如果第 2 个比较环节改为$\dot{X}_{f1}$与$\dot{X}_{f2}$相加，再求$\dot{A}_f$。

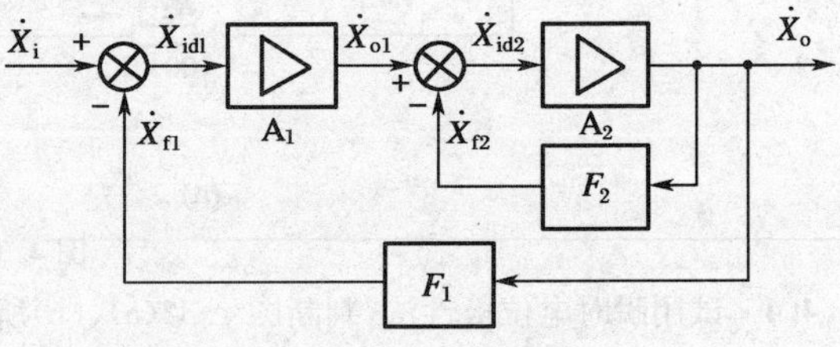

图 4.35　题 4.7 图

4.8　一个负反馈放大电路的A_u的相对变化为 20%。如果要求A_{uf}的相对变化不大于 1%，并且$A_{uf}=100$，求开环电压增益A_u和反馈系数F之值分别为多大？并指出这一负反馈放大电路的组态。题中A_u、A_{uf}和F均为各交流量的幅值。

4.9　(1) 对于图 4.30 的各整体交流负反馈电路，分析它们各自稳定的是哪一种闭环增益？闭环输入电阻和闭环输出电阻分别是增大还是减小了？

(2) 分别估算图 4.30(b)、(d)、(e)这 3 个电路的闭环电压增益的大小。

4.10　对于图 4.31 各电路，重复题 4.9(1)的分析内容。

4.11　列写出图 4.31 中图(b)、(d)、(e)各电路的闭环电压增益表达式。如果图中给出电路参数，则估算出其闭环电压增益为多少？另外，定性地分析各电路的输入电阻和输出电阻的大小。

4.12　列写图 4.32(a)、(b)两电路的闭环电压增益估算式。

4.13　放大电路如图 4.36 所示。为了使电压增益稳定，输出电阻R_o减小，试问应引入何种组态的反馈？在图中画出连接引线，设运放 A 的反相端为输入端。如果要求闭环电压增益$A_{uf}\approx 22$，试选择反馈元件参数。

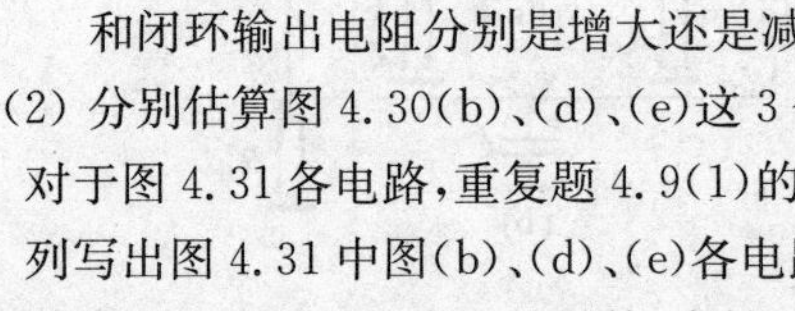

图 4.36　题 4.13 图

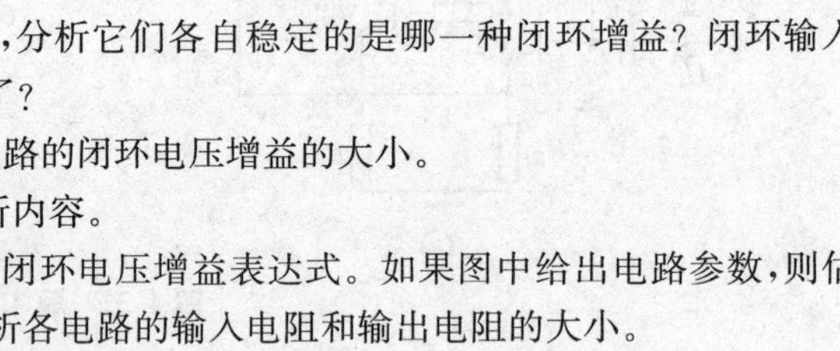

图 4.37　题 4.14 图

4.14 放大电路如图 4.37 所示。要求引入反馈，使输出电阻较低且输入电阻较高。若闭环源电压增益 $A_{uf}=10$，求反馈网络元件的参数。如果基本放大电路的 $A_u=1\,000$，开环输出电阻 $R_o=2\ \text{k}\Omega$，估算引入反馈后的输出电阻。

4.15 图 4.38 为一电压基准电路。说明其工作原理和采用电压跟随器的目的，并计算输出基准电压的调节范围。

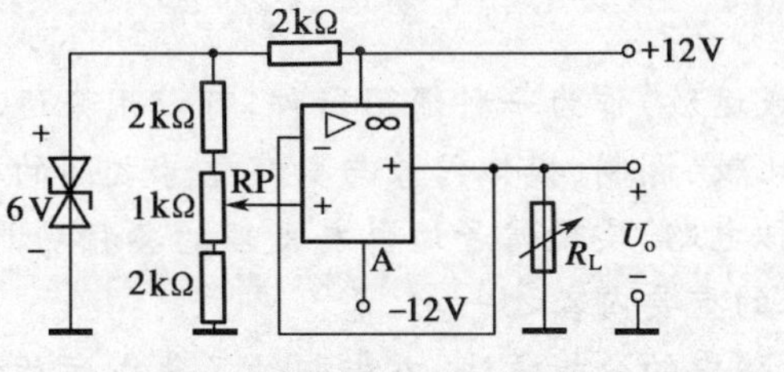

图 4.38 题 4.15 图

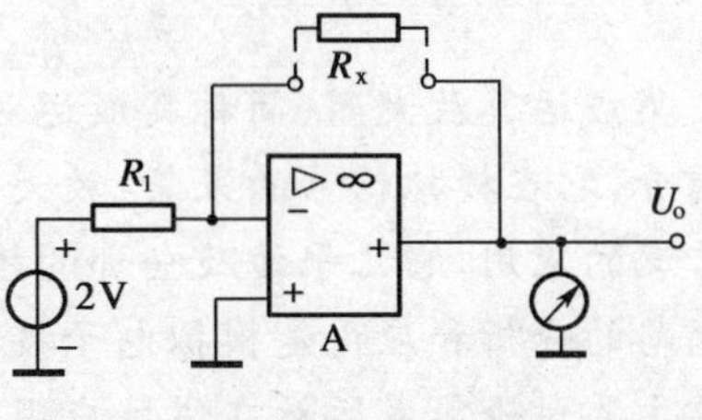

图 4.39 题 4.16 图

4.16 用集成运放可以组成性能优良的欧姆表(见图 4.39)。说明为什么其中的电压表的指示与待测电阻 R_x 成正比。如果电阻的测量范围为 0～10 kΩ，电压表量程为 2 V，计算电阻 R_1 值。要求在图上标出连接电压表时的极性。

4.17 分析说明下列说法正确与否，并说明理由。

(1) 当为深度负反馈时 $\dot{A}_f\approx 1/\dot{F}$，与管子的参数几乎无关。因此可以任选管子，只要使 $\dot{F}\approx 1/\dot{A}_f$，就能得到所需的 $\dot{A}_f$。

(2) 负反馈能减小非线性失真，所以任何程度的波形失真都可利用负反馈使其恢复正常。

(3) 负反馈能扩展放大电路的通频带，因此可以用低频 BJT 代替高频 BJT。

(4) 深度电压串联负反馈放大电路的源电压增益 $\dot{A}_{usf}\approx 1/\dot{F}_u$，与信号源内阻 R_s 以及负载电阻 R_L 无关。因此，R_s 和 R_L 可为任意值。

4.18 画出并联负反馈影响输入电阻 R_{if} 的电路图，并推导这种反馈类型的 R_{if} 计算式，即教材第 4.3.4 节式(4.18)。

4.19 在集成运放负反馈电路中，“虚短”和“虚断”的概念分别是什么？其物理实质又分别是什么？

4.20 负反馈放大电路产生自激的原因是什么？判断一个负反馈放大电路稳定性的条件为何？

***4.21** 集成运放的开环频率特性表达式为：

$$\dot{A}_u=\frac{-10^3}{\left(1+\frac{\mathrm{j}f}{f_1}\right)\left(1+\frac{\mathrm{j}f}{f_2}\right)\left(1+\frac{\mathrm{j}f}{f_3}\right)}$$

式中，$f_1=0.1$ MHz，$f_2=10$ MHz，$f_3=50$ MHz。试画出波特图。如果用它构成负反馈放大电路，反馈网络只包含电阻，并且要求相位稳定裕量 $\varphi_m=+45°$，试问 AF 最大为多少分贝？如果接成电压跟随器，电路能否稳定地工作？

5 集成运算放大器的线性应用电路

引言 集成运算放大器(简称集成运放或运放)作为一种通用器件,可以用来运算与处理各种模拟信号,它在模拟信号的采集、放大、比较、调制、模拟信号与数字信号之间的转换等方面都有着广泛的应用,它几乎涉及全部的模拟电路,实现信号运算与处理的各种功能。因此,集成运放电路的分析和应用是模拟电子技术的重要内容之一。

第5章主要讨论集成运放在线性应用电路中的分析方法,首先归纳了集成运放线性应用电路的基本概念和分析方法,在此基础上推导出最基本运算电路的输入-输出函数关系,包括比例、加法、减法、积分和微分电路等。接着分析集成运放组合电路,举例说明了集成运放电路的分析过程和解题技巧,然后讨论了对数、指数、乘法和除法运算电路以及几种有源滤波电路,最后简要介绍了集成运放在工程应用中需要解决的一些问题。

5.1 集成运放的应用分类与分析方法

5.1.1 集成运放的应用分类

根据集成运放的工作状态,可以将其应用电路划分为线性和非线性两大类。这两大类应用电路在分析方法上有很大的不同。

1) 线性应用

运放处于线性放大工作状态,输出量和净输入量成线性关系。运放处于线性状态所具备的条件是:通过外围网络使运放处于深度负反馈状态(但也可能兼有部分、少量的正反馈)。

各种运算电路都属于运放的线性应用电路,它们由集成运放芯片外接各种不同的输入回路和反馈回路组成,完成信号运算或处理等诸多功能。当运算电路中的运放处于线性区时,必然带有深度负反馈,因此,其输出量与输入量之间的关系由输入回路和反馈回路的参数来决定。然而在运算电路中,运放本身处于线性工作状态,但整个运算电路所实现的运算既可以是线性的(如比例、加法和减法、微分和积分等),也可以是非线性的(如对数和指数、乘法和除法等)。所以对运放器件本身的线性放大工作状态和运算电路的非线性输入-输出关系必须加以区别。

2) 非线性应用

运放的输出电压 u_O 与净输入电压 u_I 成非线性的跳变关系,运放本身处于无反馈(开环)或带有正反馈的工作状态,它的输出不是正饱和电压值 $+U_{OM}$,就是负饱和电压值 $-U_{OM}$。运放的非线性应用电路将在第6章介绍。

5.1.2 集成运放的电压传输特性

集成运放的电压传输特性如图5.1所示,图中运放有两个工作区,当净输入电压 u_I(=$u_+ - u_-$)较小时,运放处于线性工作区,u_O 和 u_I 成正比关系,输入与输出之间满足关系式:

$$u_O = A_{od}u_I = A_{od}(u_+ - u_-) \tag{5.1}$$

式中：A_{od}为运放的开环电压增益。当u_I加大到一定的数值后，u_O和u_I不再成线性关系，运放进入饱和区，在饱和区内输出电压只有两个数值：正向饱和值$+U_{OM}$和负向饱和值$-U_{OM}$。U_{OM}是保证运放输入-输出成线性关系所达到的最大输出电压绝对值，这一绝对值一般比电源电压约低2～5 V。运放的输入信号过大或工作在开环状态或引入正反馈时，它就会进入非线性的饱和区。

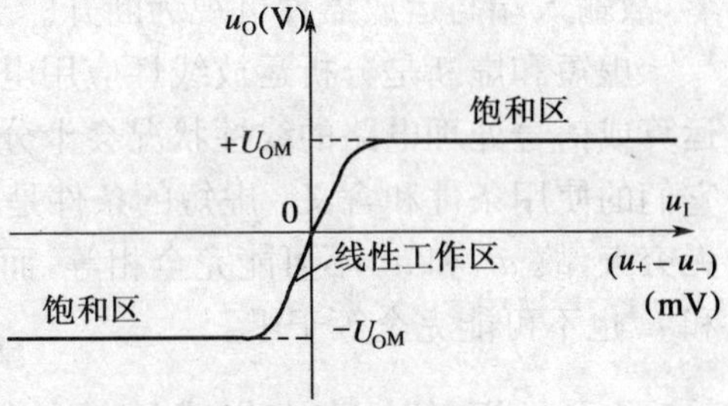

图 5.1　集成运放的电压传输特性

由于A_{od}很大，所以运放开环工作时线性区很窄，净输入电压u_I仅为几毫伏甚至更小。为了扩大运放电路的线性工作范围，必须施加足够深的负反馈，以便降低差模输入信号。因为反馈深度$(1+A_{od}F)$很大，故所有的集成运放线性应用电路均为深度负反馈电路。

5.1.3　集成运放应用电路的分析方法

1）理想集成运放的概念

理想运放具有下列技术指标(参阅第 3.3.3 节)：$A_{od}\to\infty$、$K_{CMR}\to\infty$、$R_{id}\to\infty$、$f_{BW}\to\infty$、$S_R\to\infty$,$U_{IO}=0$、$dU_{IO}/dT=0$、$I_{IO}=0$、$dI_{IO}/dT=0$、$I_{IO}=0$和$R_{od}=0$。第 5 章及后续章节分析运放应用电路时，主要考虑理想运放满足以下几个条件即可：

(1) 开环电压增益A_{Od}为无穷大，即$A_{Od}\to\infty$；

(2) 共模抑制比K_{CMR}为无穷大，即$K_{CMR}\to\infty$；

(3) 差模输入电阻R_{id}为无穷大，即$R_{id}\to\infty$；

(4) 输出电阻R_{od}为 0，即$R_{od}=0$。

在分析集成运放电路时，将实际运放视为理想运放可以使电路分析大为简化，产生的误差在工程允许的范围内。目前商售实际运放的指标都非常接近于理想运放，故将实际运放作为理想器件来处理是符合工程实际的。第5章及后续章节如无特殊说明，都把集成运放作为理想器件来处理。

2）理想集成运放分析时的两个重要概念

第 4 章讨论深度负反馈条件下近似计算运放负反馈电路时，曾经得出了两个极其重要的概念：

(1) 虚短。在线性区工作的集成运放的净输入电压通常接近于 0 V，即$u_I=u_+-u_-\approx 0$ V，若将它理想化，则有$u_I=0$ V，但这并不是实际的短路，故称为虚短。这是因为在线性区内，由式(5.1)可得运放的净输入电压为：

$$u_I = u_+ - u_- = \frac{u_O}{A_{od}}$$

式中：$A_{od}\to\infty$，而其输出电压u_O为有限值，故必有$u_I\to 0$ V，电路分析时可以认为$u_+\approx u_-$。

(2) 虚断。集成运放的两个输入端几乎不取用电流，即$i_-=i_+\approx 0$，如将它理想化，则有$i_-=i_+=0$，但这并不是真正的断开，故称作虚断。应当注意，运放不管处于线性还是非线性区，虚断总是成立的。

之所以会出现虚断，是因为运放的输入电阻很大，从运放输入端流入或流出的电流几乎为零，故输入端与运放器件可视为断开。

虚短和虚断是分析运放线性应用电路的两个很有用的概念。利用这两个概念，分析各种运算或信号处理电路的线性状况会十分简便。然而，当运用虚短和虚断概念时，必须正确理解它们的使用条件和含义：虚短的条件是运放电路中引入了负反馈；实际运放的 A_{od} 和 R_{id} 不是无穷大，故 u_+ 和 u_- 不可能完全相等，而是有一个微小的差值电压；同理，运放的输入电流 i_+ 和 i_- 也不可能完全等于零。

5.1.4　运算电路中集成运放的输入方式

在运算电路中，集成运放的信号有反相输入、同相输入和差动输入 3 种方式。

1）反相端输入

反相输入运算电路的信号由反相端输入，而同相端接地或通过电阻接地。根据上述虚短的概念可知，由于前提是电路中引入了深度负反馈，故反相端电位 u_- 近似等于地电位（"虚地"，即 $u_- \approx 0$ V）。因此，加在运放输入端的共模输入电压很小。虚地是反相输入运算电路的一个重要特点。

2）同相端输入

同相输入运算电路的信号从同相端输入。这种输入方式的特点是：运放输入端有虚短和虚断，但无虚地；有共模输入电压加在输入端，因而同相端输入运算电路对运放共模抑制比的要求较高。

3）差动输入

输入电压 u_{I1} 和 u_{I2} 分别加到运放的反相端和同相端。差动输入方式可以使输入的共模分量和运放偏置电流引起的误差同时被消除，而输出电压 u_O 只与输入的差模分量（$u_{I1} - u_{I2}$）有关。

5.2　基本运算电路

5.2.1　比例运算电路

1）反相输入比例运算电路

反相比例运算电路如图5.2所示，输入信号经电阻 R_1 加到运放的反相输入端，反馈电阻 R_F 跨接在运放输出端和反相端之间，使电路工作在深度负反馈状态，保证运放处于线性放大区。

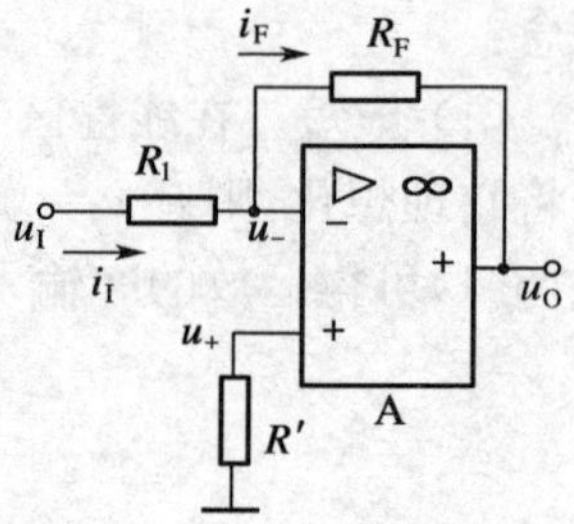

图 5.2　反相输入比例运算电路

现在推导图 5.2 电路的运算关系式。根据虚短有：$u_+ = u_-$；根据虚断有：$i_I = i_F$；同时电路中还有虚地：$u_+ = u_- = 0$ V，因此得：

$$i_I = \frac{u_I - u_-}{R_1} = \frac{u_I}{R_1}$$

$$i_F=\frac{u_- - u_O}{R_F}=-\frac{u_O}{R_F}$$

$$\frac{u_I}{R_1}=-\frac{u_O}{R_F}$$

即
$$u_O=-\frac{R_F}{R_1}u_I \tag{5.2}$$

反相比例电路的电压增益为：

$$A_u=\frac{u_O}{u_I}=-\frac{R_F}{R_1} \tag{5.3}$$

分析式(5.2)或式(5.3)可以看出，反相输入比例运放电路的特点如下：

(1) 输出电压与输入电压相位相反。

(2) 输出电压与输入电压成精确的比例运算关系，比例系数为 R_F/R_1。

(3) 输出电压与负载电阻 R_L的大小无关。

把集成运放组成的反相比例放大电路的电压增益 $A_u=-R_F/R_1$与 BJT 基本共射放大电路的电压增益 $\dot{A}_u=-\beta(R_C/\!/R_L)/r_{be}$相比较，可见运放构成的反相比例电路的增益稳定，且与负载的大小无关。如果电路中选用阻值稳定、精度高的电阻器，就能够做到精确地按比例放大。一般 R_F和 R_1的取值范围为 1 kΩ～1 MΩ。反相比例电路是运放最基本的线性应用电路之一，各种用途的实际运算电路常以此作为基础。

当 $R_F=R_1$时，$u_O=-u_I$，反相比例运算电路成为反相器。工程中若相位不满足固定不变的要求时，通常采用反相器。

图 5.2 电路中的 R'称为平衡电阻，它起减小失调参数影响的作用。由于集成电路芯片实际上并非完全理想，其输入级为差动放大电路，要求输入回路的两端参数对称，所以运放输入端外接电阻应满足平衡的要求，即要求运放同相输入端与地之间的直流等效电阻 R_+，等于反相输入端与地之间的直流等效电阻 R_-。R_+ 和 R_- 的定义可以借助戴维宁定理来理解。图 5.2中反相输入端电阻用戴维宁定理计算得 $R_1/\!/R_F$，故同相输入端的平衡电阻取 $R'=R_1/\!/R_F$。平衡电阻一般不影响运算功能，故有时在电路原理图中不画出 R'。

2) 同相比例运算电路及电压跟随器

同相比例运算电路如第 4 章图 4.2 所示，现将它重新画出，见图 5.3，图中输入电压经平衡电阻 R'加到了运放的同相端，故称为同相输入运算电路。根据虚断和虚短的概念分析图5.3电路，得

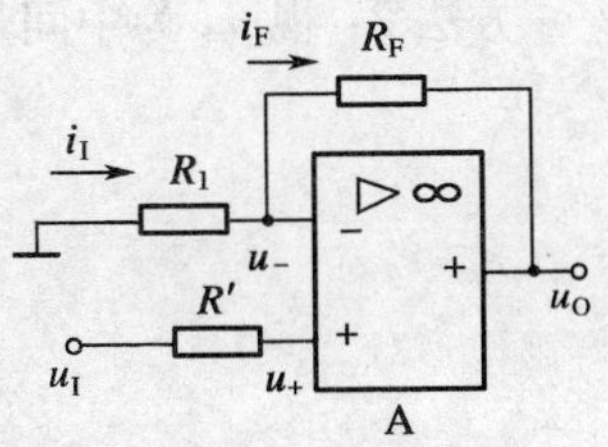

图 5.3　同相输入比例运算电路

$$i_I=\frac{-u_-}{R_1}=\frac{-u_+}{R_1}=\frac{-u_I}{R_1}$$

$$i_F=\frac{u_- - u_O}{R_F}=\frac{u_I-u_O}{R_F}$$

因为虚断：$i_I=i_F$，所以
$$\frac{-u_I}{R_1}=\frac{u_I-u_O}{R_F}$$

解得：

$$u_O=\left(1+\frac{R_F}{R_1}\right)u_I \tag{5.4}$$

因此，可写出同相输入运算电路的电压增益为：

$$A_u=\frac{u_O}{u_I}=1+\frac{R_F}{R_1} \tag{5.5}$$

如果同相比例运算电路中的电阻 R_1 和 R_F 取如图 5.4(a)、(b)、(c)中的特别值 0 Ω 或∞(电阻短路或开路)时，则同相比例电路的输入 u_I 和输出 u_O 的函数关系变成 $u_O=u_I$。此时输入电压和输出电压幅值相等，相位相同，亦即同相比例电路转变成电压跟随器。电压跟随器也是最基本且常用的运算电路之一。理想运放组成的电压跟随器的 $R_{id}\to\infty$，$R_{od}=0$ Ω，$A_u=1$。在电子电路中，电压跟随器常用作信号源、各级放大电路与负载之间的缓冲和隔离级。

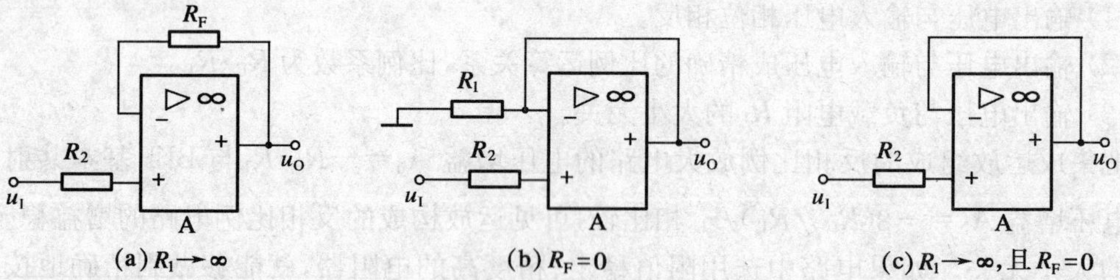

图 5.4　电压跟随器

【例 5.1】 分析图 5.5 运放电路的输入电压 u_I 与输出电压 u_O 的函数关系。

解　方法 1：运用虚断和虚短的概念直接分析，得

$$u_+=\frac{R_3u_I}{R_3+R_2}$$

$$u_-=\frac{R_1u_O}{R_1+R_F}$$

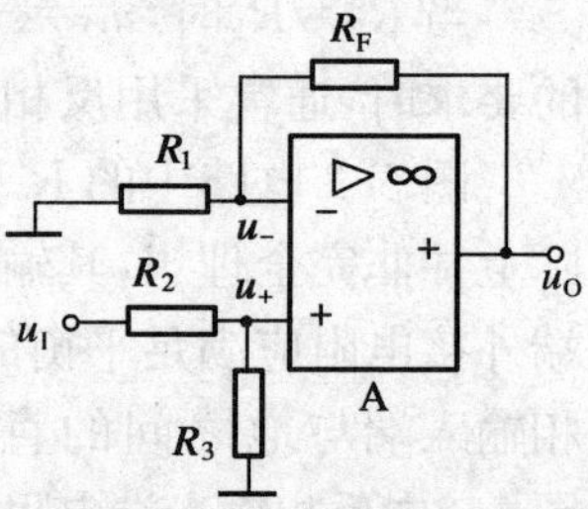

图 5.5　例 5.1 的电路

根据虚短：$u_+=u_-$，解出方程得：

$$u_O=\left(\frac{R_3}{R_3+R_2}\right)\left(1+\frac{R_F}{R_1}\right)u_I$$

方法 2：视 u_+ 为中间量，直接运用同相运算电路的结论。因为

$$u_O=\left(1+\frac{R_F}{R_1}\right)u_+$$

$$u_+=\frac{R_3u_I}{R_3+R_2}$$

所以

$$u_O=\left(1+\frac{R_F}{R_1}\right)u_+=\left(1+\frac{R_F}{R_1}\right)\left(\frac{R_3}{R_3+R_2}\right)u_I$$

同相比例运算电路的输出电压与输入电压同相位，以它为基础可以组成具有其他用途的运放电路。

5.2.2　加法和减法运算电路

1）加法电路

(1) 反相输入加法电路

如图 5.6 所示，运放的反相端为虚地，反馈回路的电流等于输入电流。如果输入电流由几个输入电压共同产生，那么反馈电流流过反馈电阻形成的输出电压就与几个输入电压之和成比例。现以 3 个输入信号相加为例，分析如下。

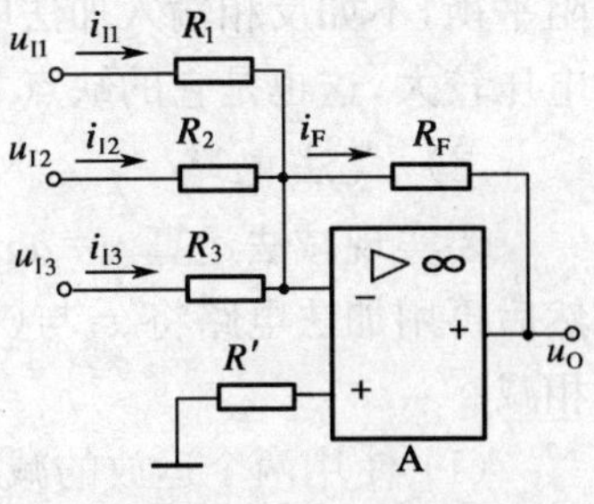

图 5.6　反相输入加法电路

由虚断和虚地的概念可得：

$$i_{I1}+i_{I2}+i_{I3}=i_F$$

$$\frac{u_{I1}}{R_1}+\frac{u_{I2}}{R_2}+\frac{u_{I3}}{R_3}=-\frac{u_O}{R_F}$$

因此，输出电压 u_O 和 3 个输入电压 u_{I1}、u_{I2}、u_{I3} 的关系为：

$$u_O=-R_F\left(\frac{u_{I1}}{R_1}+\frac{u_{I2}}{R_2}+\frac{u_{I3}}{R_3}\right) \tag{5.6}$$

换言之，图 5.6 的电路可以实现加法运算功能：

$$y=-(ax_1+bx_2+cx_3)$$

如果取 $R_1=R_2=R_3=R_F$，输出端再接一个反相器，则式(5.6)成为：

$$u_O=u_{I1}+u_{I2}+u_{I3} \tag{5.7}$$

反相输入加法电路可以推广到更多个输入信号的求和运算中。若改变与某一输入信号相连的电阻（R_1、R_2 或 R_3），并不影响其他输入电压与输出电压的比例关系，因而调节方便。这种电路在测量和自动控制系统中，常用来对各种信号按照不同的权值进行综合。

(2) 同相输入加法电路

以图 5.7 所示的 3 输入信号同相输入加法电路为例进行分析。利用运放输入端的虚短概念，得 $u_-=u_+$，又由于虚断，故有 $u_-=\dfrac{u_OR_{11}}{R_{11}+R_F}$，因此得：

$$u_O=\left(1+\frac{R_F}{R_{11}}\right)u_+ \tag{5.8}$$

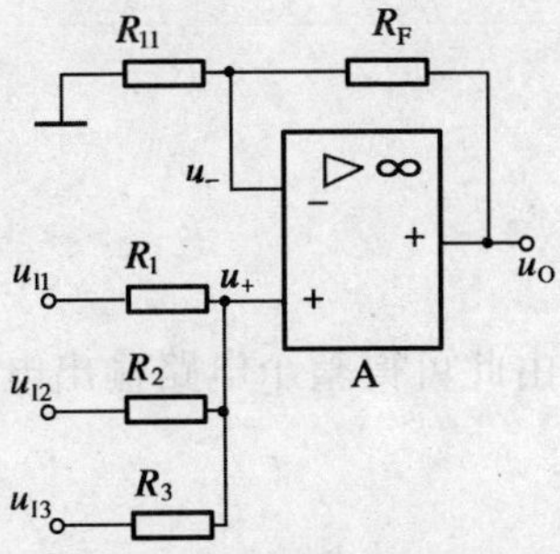

图 5.7　同相输入加法电路

利用叠加原理，可求出 u_+ 与 u_{I1}、u_{I2}、u_{I3} 之间的关系为：

$$u_+=\frac{R_2/\!/R_3}{R_1+(R_2/\!/R_3)}u_{I1}+\frac{R_1/\!/R_3}{R_2+(R_1/\!/R_3)}u_{I2}+\frac{R_1/\!/R_2}{R_3+(R_1/\!/R_2)}u_{I3} \tag{5.9}$$

如果选择电阻 $R_1=R_2=R_3=R$，并将式(5.9)代入式(5.8)，则得：

$$u_O=\frac{1}{3}\left(1+\frac{R_F}{R_{11}}\right)(u_{I1}+u_{I2}+u_{I3}) \tag{5.10}$$

根据运放输入端外接电阻应平衡对称的要求,有 $R_+=R_-$,即

$$R_+=R_1/\!/R_2/\!/R_3=R_{11}/\!/R_F=R_-$$

在同相输入加法电路中,外接电阻选配时既要考虑对各个比例系数的要求,又要使外接电阻平衡,不如反相输入加法电路的参数选取方便。另外,同相输入加法电路中运放的共模输入电压较大,这也是它的缺点之一。

2) 减法电路

要实现减法运算 $y=ax_1-bx_2$,可以有两种方案:一是先用反相比例运放电路将 x_2 反相,然后再用加法电路将 x_1 与($-x_2$)相加;二是采用差动输入方式的运放电路,使 x_1 与 x_2 直接相减。

(1) 使用两个运放的减法电路

运算电路如图 5.8 所示,第 1 级和第 2 级均为反相输入的加法电路,这一电路的特点是两个运放的反相输入端均为虚地,共模输入电压 $u_c=u_-\approx u_+\approx 0$,因此对运放的共模抑制比要求较低,同时,各电阻值的计算和调整也比较方便。由于第 1 级和第 2 级分别引入了深度电压并联负反馈,所以两级输出与输入关系式可以分开列写。

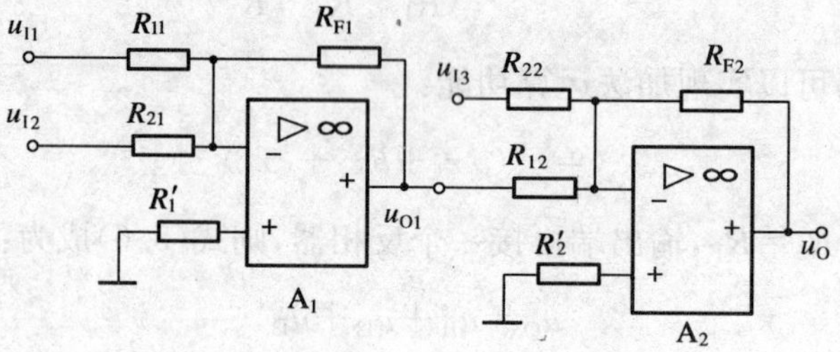

图 5.8　使用两个运放的加减法电路

仿照反相输入加法电路的输出电压表达式[式(5.6)],可得:

$$u_{O1}=-R_{F1}\left(\frac{u_{I1}}{R_{11}}+\frac{u_{I2}}{R_{21}}\right)$$

$$u_O=-R_{F2}\left(\frac{u_{O1}}{R_{12}}+\frac{u_{I3}}{R_{22}}\right)$$

由此可得整个电路输出电压 u_O 与各个输入电压之间的运算关系式为:

$$u_O=-R_{F2}\left[-\frac{R_{F1}}{R_{12}}\left(\frac{u_{I1}}{R_{11}}+\frac{u_{I2}}{R_{21}}\right)+\frac{u_{I3}}{R_{22}}\right] \tag{5.11}$$

取 $R_{F1}=R_{12}$,则式(5.11)成为:

$$u_O=R_{F2}\left(\frac{u_{I1}}{R_{11}}+\frac{u_{I2}}{R_{21}}-\frac{u_{I3}}{R_{22}}\right) \tag{5.12}$$

即实现了加减法运算 $y=ax_1+bx_2-cx_3$。

(2) 采用差动输入方式的减法电路

前已指出,差动输入电路的输出电压是反相端输入电压与同相端输入电压的结合,反相输入加法电路的输出电压与各输入电压之和符号相反,而同相输入加法电路的输出电压与各输

入电压之和符号相同。因此，利用一个差动输入运放就可同时实现加减法运算。这种运算电路如图5.9所示，利用叠加原理可求出它的输出电压 u_O 与各个输入电压之间的关系。

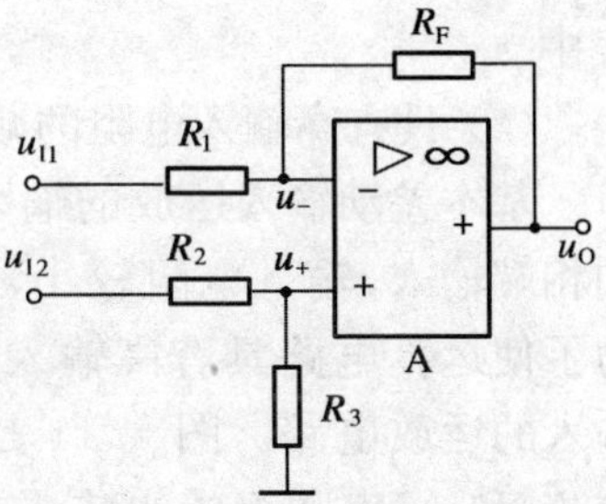

图 5.9 利用差动输入的减法电路

当 u_{I1} 单独作用时（$u_{I2}=0$ V，即 u_{I2} 短路到地端），电路为反相比例运算电路，其输出电压为：

$$u_{O1}=-\frac{R_F}{R_1}u_{I1}$$

当 u_{I2} 单独作用时（$u_{I1}=0$ V，u_{I1} 短路至地端），电路为同相比例运算电路，其输出电压：

$$u_{O2}=\left(1+\frac{R_F}{R_1}\right)u_+=\left(1+\frac{R_F}{R_1}\right)\left(\frac{R_3}{R_2+R_3}\right)u_{I2}$$

然后将 u_{O1} 和 u_{O2} 叠加起来，得

$$u_O=u_{O2}+u_{O1}=\left(\frac{R_3}{R_3+R_2}\right)\left(1+\frac{R_F}{R_1}\right)u_{I2}-\frac{R_F}{R_1}u_{I1} \tag{5.13}$$

如果选择电阻 $R_1=R_2$，$R_3=R_F$，则

$$u_O=\frac{R_F}{R_1}(u_{I2}-u_{I1}) \tag{5.14}$$

若再选取电阻 $R_1=R_F$，则式(5.14)成为：

$$u_O=u_{I2}-u_{I1} \tag{5.15}$$

【例 5.2】 对于图 5.10 所示的差动输入加减法电路，试列写输出信号 u_O 和 u_{I1}、u_{I2}、u_{I3}、u_{I4} 的关系式。

图 5.10 例 5.2 的加减法电路

解 令同相端输入信号 u_{I3}、u_{I4} 为 0 V，按照反相输入加法电路的式(5.6)，列出：

$$u_{O1}=-R_F\left(\frac{u_{I1}}{R_1}+\frac{u_{I2}}{R_2}\right) \tag{5.16}$$

再令反相端的输入信号 u_{I1}、u_{I2} 为 0 V，按同相输入加法电路求得：

$$u_{O2}=R_F\frac{R_P}{R_N}\left(\frac{u_{I3}}{R_3}+\frac{u_{I4}}{R_4}\right) \tag{5.17}$$

式中：R_P 和 R_N 是中间计算量，$R_P=R_3/\!/R_4/\!/R'$，$R_N=R_1/\!/R_2/\!/R_F$。

在外接电阻平衡对称，即 $R_P=R_N$ 的条件下，有

$$u_O=u_{O1}+u_{O2}=R_F\left(\frac{u_{I3}}{R_3}+\frac{u_{I4}}{R_4}-\frac{u_{I1}}{R_1}-\frac{u_{I2}}{R_2}\right) \tag{5.18}$$

应当注意，例 5.2 电路中没有虚地点。由于运放输入端存在着共模电压，故应选用共模抑制比较高的集成运放。这种利用差动输入的加减法电路常用于自动检测仪器仪

表中。

(3) 具有高输入电阻的减法电路

基本差动输入运放的输入信号同时由反相和同相端输入,输入电阻较小,往往不能满足要求。为了使运算电路具有高输入电阻,可采用同相端输入的运放电路。图 5.11 是由两级同相输入运放 A_1 和 A_2 串联组成的减法电路,其中 A_1 是同相输入比例运放电路,A_2 是差动输入运放电路。利用前面所学知识,不难得出

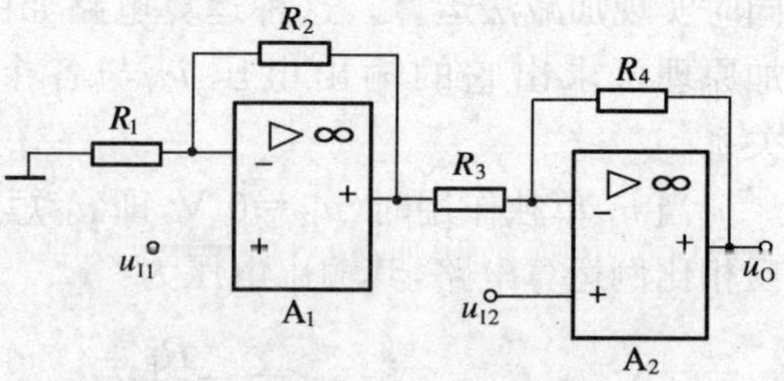

图 5.11　具有高输入电阻的减法电路

$$u_O=\left(1+\frac{R_2}{R_1}\right)\left(-\frac{R_4}{R_3}\right)u_{I1}+\left(1+\frac{R_4}{R_3}\right)u_{I2} \tag{5.19}$$

为了抑制输入信号 u_{I1} 和 u_{I2} 中的共模分量,必须选择合适的电阻阻值。从图 5.11 中可以看出,u_{I1} 和 u_{I2} 相当于加在差动电路反相端和同相端的两个信号。将输入信号 u_{I1} 和 u_{I2} 分成差模部分 u_{Id} 和共模部分 u_{Ic},即 $u_{Id}=(u_{I1}-u_{I2})$,$2u_{Ic}=u_{I1}+u_{I2}$,则式(5.19)变成:

$$u_O=u_{Ic}\left[\left(1+\frac{R_2}{R_1}\right)\left(-\frac{R_4}{R_3}\right)+\left(1+\frac{R_4}{R_3}\right)\right]+\frac{u_{Id}}{2}\left[\left(1+\frac{R_2}{R_1}\right)\left(-\frac{R_4}{R_3}\right)-\left(1+\frac{R_4}{R_3}\right)\right] \tag{5.20}$$

为了抑制共模部分,必须使

$$\left(1+\frac{R_2}{R_1}\right)\left(-\frac{R_4}{R_3}\right)+\left(1+\frac{R_4}{R_3}\right)=0 \tag{5.21}$$

取 $R_2=R_3$,$R_1=R_4$,满足式(5.21)。将电阻取值代入式(5.19)得:

$$u_O=\left(1+\frac{R_4}{R_3}\right)(u_{I2}-u_{I1}) \tag{5.22}$$

该电路具有很高的输入电阻,实际输入电阻可达几兆欧,并可有效地抑制输入信号中的共模分量。电路的共模输入电压只受到运放最大共模输入电压范围的限制。

5.2.3　积分和微分运算电路

1) 积分电路

(1) 反相输入积分电路

积分电路可以完成输出信号对输入信号的积分运算,它是利用电容器两端电压与流过电容器的电流为积分关系,以及运用运放虚短和虚断的特性实现的。这种积分电路如图 5.12 所示,现分析如下。

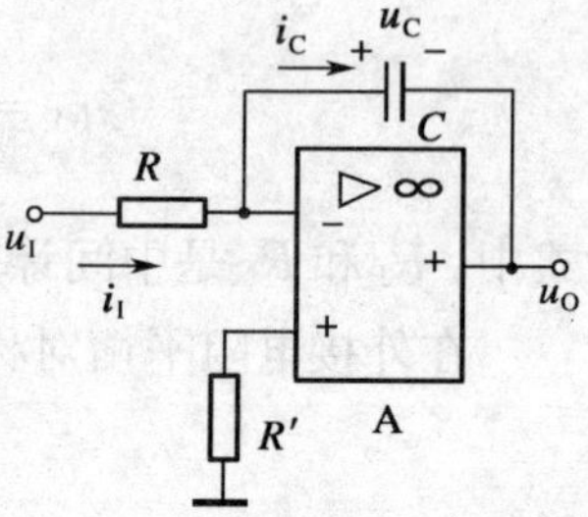

图 5.12　反相输入积分电路

电容器两端的电压 u_C 与流过电容器的电流 i_C 的关系为:

$$i_C=C\frac{du_C}{dt}$$

因为反相端输入，运放的反相端为虚地，即 $u_-=0$ V，$u_C=-u_O$，故得：

$$i_I=\frac{u_I}{R}=i_C=C\frac{du_C}{dt}=-C\frac{du_O}{dt}$$

由此得：

$$\frac{u_I}{R}=-C\frac{du_O}{dt}$$

即

$$u_O=-\frac{1}{RC}\int_0^t u_I\mathrm{d}t+u_O(0) \tag{5.23}$$

如果积分的初始条件为 $u_O(0)=0$ V，则输出电压 u_O将与输入电压 u_I成积分关系，即

$$u_O=-\frac{1}{RC}\int_0^t u_I\mathrm{d}t \tag{5.24}$$

式中：负号表示 u_O与 u_I的极性相反。

设输入信号 u_I为图 5.13 所示的阶跃信号，由式(5.24)可得：

$$u_O=-\frac{1}{RC}\int_0^t E\mathrm{d}t=-\frac{E}{RC}t=-\frac{I}{C}t \tag{5.25}$$

式中：$I=E/R$ 为常数。

因此，当 $u_I=E$ 为正数，且 $t\leqslant t_0$时，u_I对电容 C 的充电电流 $I=E/R$ 将保持恒值，u_O向负方向线性地积分。当 $t>t_0$时，积分作用停止，u_O将保持某一电压值不变(见图5.13中曲线 1)。但是，如果 E 的数值较大，则当负方向线性积分时间未到 t_0时，u_O对应的电压值已经增大到运放负向饱和值 $-U_{OM}$，运放进入非线性工作状态，此时即使 $u_I\neq 0$ V，u_O仍将保持 $-U_{OM}$不变，积分过程提前结束(对应于图 5.13 中的曲线 2)。

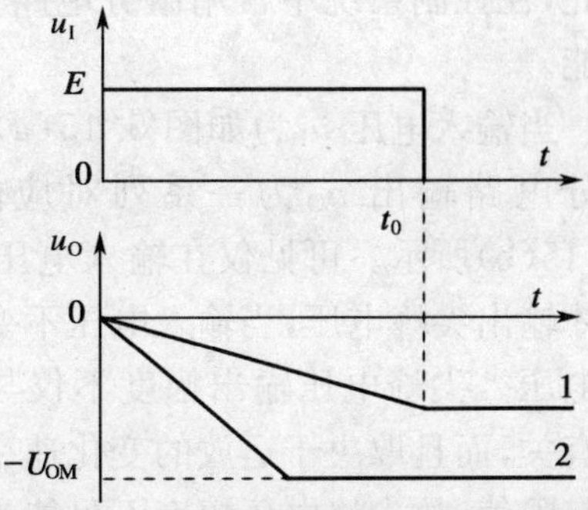

图 5.13　积分电路的阶跃信号输入响应

(2) 积分电路存在的问题

在实际电路中，由于电容器漏电等因素(电容器的漏电可用电容器两端并联一个电阻 R_C来模拟)，u_O的绝对值将会下降。选用漏电阻 R_C大的薄膜电容器和聚苯乙烯电容器可以减小积分误差。

造成积分误差的另一个原因是实际的运放存在着输入失调电压 U_{IO}、输入失调电流 I_{IO}以及温度漂移。因此，即使输入信号 $u_I=0$ V，积分电路输出电压 u_O仍不断地向某一方向缓慢变化，直至 u_O达到饱和值为止，这就是所谓的“积分漂移”现象。解决积分漂移的一种方法是选择性能优良的运放。另一种简单可行的方法是在电容器上并联电阻 R_F，引入直流负反馈，从而有效地抑制 U_{IO}和 I_{IO}造成的积分漂移。但要注意并联了电阻 R_F后容易引起积分关系发生畸变。

(3) 积分电路的应用

积分电路可以用来求解微分方程式，并可通过电量模拟的方式，研究各种用微分方程式描述的系统动态性能。如果把积分电路的输出电压 u_O作为电子开关或其他类似装置的输入控

制电压,则积分电路可起到延时作用,即当积分电路的 u_O 变化到一定阈值时,才能使受控装置动作。积分电路还可用在 A/D 转换装置中,将电压量转换为与之成比例的时间量。它还可以使正弦输入信号移相,也可以用作波形变换电路,把输入的方波信号变换为三角波。

2) 微分电路

(1) 反相输入微分电路

微分是积分的逆运算,如果将积分电路中的 R 和 C 的位置对调,就构成了微分电路(见图 5.14)[①]。微分电路的功能是使输出电压 u_O 与输入电压 u_I 对时间的微分成比例。现对微分电路分析如下:由于虚地,所以图 5.14 电路中 $u_I=u_C$,$i_C=C\mathrm{d}u_I/\mathrm{d}t$,而 $i_F=-u_O/R$。根据 $i_C=i_F$,可解得:

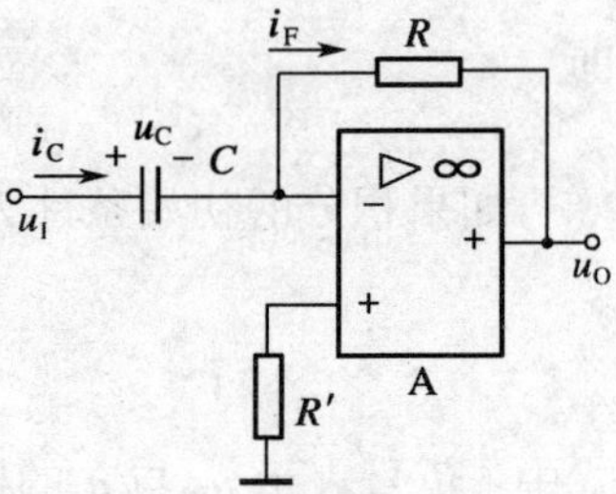

图 5.14　微分电路

$$u_O=-RC\frac{\mathrm{d}u_I}{\mathrm{d}t} \tag{5.26}$$

由此可见,微分电路的输出与输入信号的变化率成正比,它对信号的突变反应非常灵敏,对信号的缓变反应非常小,而与信号本身的大小无关。因此,在控制系统中常用微分电路来改善系统的动态性能。

当输入电压 u_I 为如图 5.15(a)所示的矩形波时,微分电路输出 u_O 为一系列对应的尖峰电压,如图 6-15(b)所示。可见仅在输入电压 u_I 发生跳变时,运放才输出尖峰电压,当输入电压不变时,微分电路无输出电压。尖峰电压输出幅度不仅与 R 和 C 乘积的大小有关,而且取决于运放的变化速率,由于运放的输出为有限值,故尖峰电压幅度不可能为无穷大。

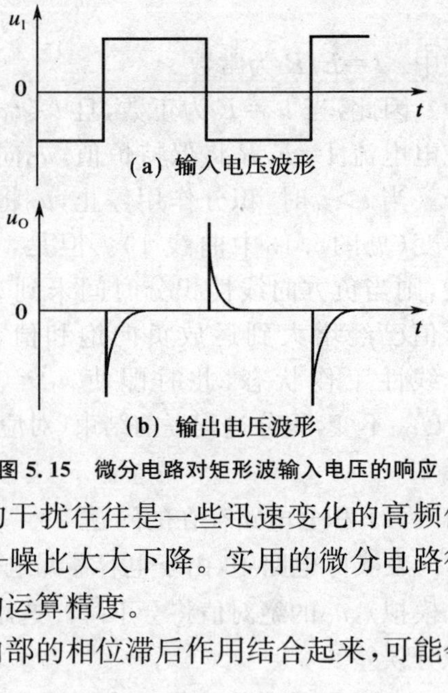

图 5.15　微分电路对矩形波输入电压的响应

(2) 微分电路存在的问题

微分电路对输入信号的变化速率非常敏感,电路中的干扰往往是一些迅速变化的高频信号,所以微分电路的抗干扰性能差,这使电路输出端的信-噪比大大下降。实用的微分电路往往在输入回路中串接一个小电阻,但它将影响微分电路的运算精度。

微分电路对输入信号会产生相位滞后,如果和运放内部的相位滞后作用结合起来,可能会引起自激振荡。解决这些问题的办法有:

① 在输入回路中加一个小电阻与电容串联,以限制输入电流。

② 在反馈回路电阻两端并联具有某一稳压值的稳压管,以限制输出电压幅度。

③ 在图 5.14 微分电路中的 R' 和反馈元件 R 两端各并联一个小电容,可以起到相位补偿的作用。

① 图 5.14 严格说来还不是一个理想的微分电路,而只是一个时间常数非常小的 RC 高通电路(见第 2.7.2 节)。运放的 A_{od} 越大,微分作用越接近于理想。所以在输入为矩形波时,输出波形可以画成如图 5.15 下方 $u_O(t)$ 的波形所示,即 $u_O(t)$ 与 $u_I(t)$ 不成精确的微分关系。

5.2.4　对数和指数运算电路

1）对数运算电路

（1）反函数型对数运算电路

图 5.16 是用二极管构成的反函数型对数运算电路。由于二极管的电流 i_D与端电压 u_D在一定的工作范围内成指数关系，故将其接在反相输入运放的反馈回路中，同时在运放的输入回路中接入电阻，就可以构成对数运算电路。

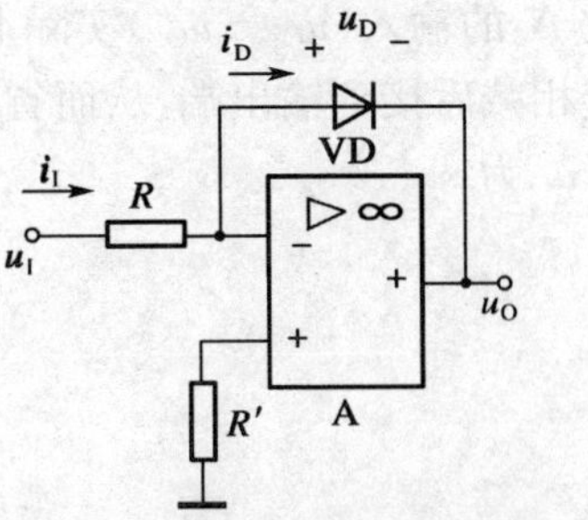

图 5.16　用二极管构成的对数运算电路

因为 $u_D \gg U_T$时，所以 $i_D \approx I_S e^{u_D/U_T}$，式中 I_S为二极管的反向饱和电流，$U_T \approx 26$ mV($T=300$ K)，由图 5.16 得：

$$i_I=\frac{u_I}{R}=i_D\approx I_S e^{u_D/U_T}$$

因而得：

$$u_O=-u_D\approx -U_T\ln\frac{u_I}{RI_S} \tag{5.27}$$

即电路输出电压 u_O与输入电压 u_I成对数运算关系。

应当强调指出，欲使图 5.16 的对数运算电路能够正常工作，要求输入电压 $u_I>0$。如果 u_I为负，则二极管 VD 不能导通，对数运算停止，此时运放呈开环状态，u_O为运放的正向输出电压饱和值($+U_{OM}$)。所以图 5.16 工作是有条件的，它是一种单极性的对数运算电路。

（2）电路存在的问题及其解决措施

① 二极管 VD 的电流 i_D与两端电压只是在一定范围内才成指数关系。当 u_D太小时，e^{u_D/U_T}与 1 相比差别不是很大，此时 $i_D=I_S(e^{u_D/U_T}-1)$，与指数关系差别较大，当通过二极管的电流较大时，其伏安特性与指数曲线相差较大。为了解决这一问题，可以用 BJT 来代替图 5.16 中的二极管，如图 5.17 所示。图中利用了 BJT J_e结的指数特性：

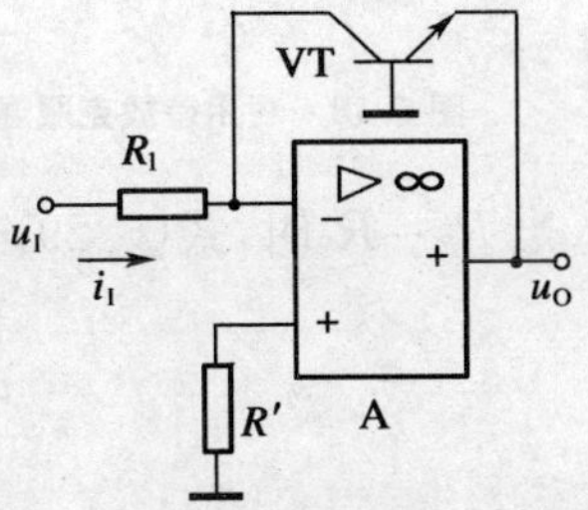

图 5.17　用 BJT 构成的对数运算电路

$$i_E\approx I_S e^{u_{BE}/U_T}$$

同样可使电路的输出电压 u_O与输入电压 u_I成对数关系，而且由于当 J_c结零偏时，BJT 还有电流放大作用，所以电流的工作范围较宽。

② 对数关系式(5.27)中含有受温度影响很大的反向饱和电流 I_S，故电路运算精度受温度的影响较大。分析式(5.27)可知，I_S出现在对数运算式的分母上，如果把两个这种对数电路的输出电压相减，则可消去 I_S，即消除了 I_S随温度变化的影响。这种对数运算电路如图5.18所示。图中 VT_1、VT_2是封装在同一管壳内的对管，A_1和 A_2是同一芯片内的运放，U_R是一定大小的参考电压。在 $u_I>0$ V 且 $U_R>0$ V 的条件下可得：

$$u_{O1}=-U_T\ln\frac{u_I}{RI_S}$$

$$u_{O2}=-U_T\ln\frac{U_R}{RI_S}$$

因此

$$u_O=\frac{R_F}{R_1}(u_{O2}-u_{O1})=\frac{R_F}{R_1}U_T\ln\frac{u_I}{U_R} \tag{5.28}$$

实用的对数运算电路是在图 5.18 基础上再加以简化而成的。分析图 5.18 电路可知，运放 A_3 的输入$(u_{O2}-u_{O1})$实际上就是 VT_1 的 u_{BE1} 与 VT_2 的 u_{BE2} 之差。因此可以把 u_{BE1} 与 u_{BE2} 直接相减后接到输出端，从而省去第 3 个运放 A_3，如图 5.19 所示。可以证明，该电路的输出电压 u_O 为：

$$u_O=-\left(1+\frac{R_3}{R_4}\right)U_T\ln\frac{R_2u_I}{R_1U_R} \tag{5.29}$$

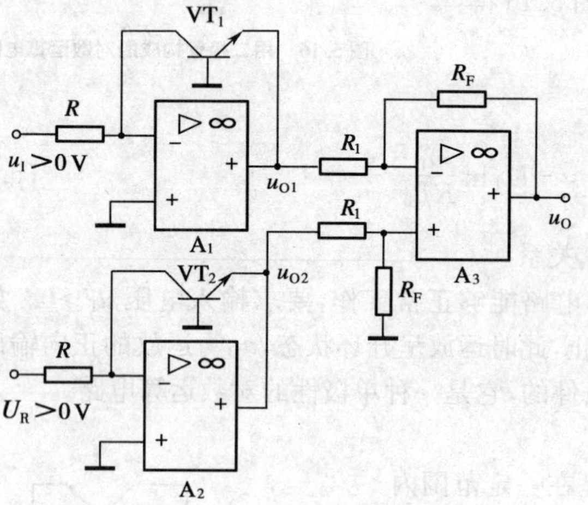

图 5.18　利用差放克服温漂的对数运算电路

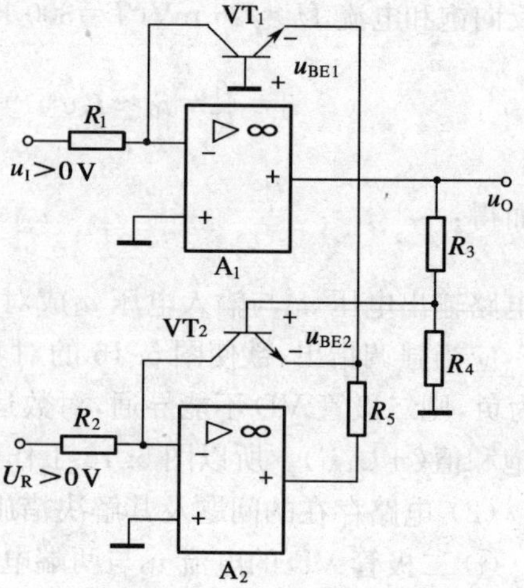

图 5.19　实用的对数运算电路

当 $R_2=R_1$ 时，式(5.29)也可写成：

$$u_O=-\left(1+\frac{R_3}{R_4}\right)U_T\ \ln\frac{u_I}{U_R}=-K\ \ln\frac{u_I}{U_R} \tag{5.30}$$

式中：$K=(1+R_3/R_4)U_T$，为正值。

2) 指数运算电路

(1) 正函数型指数运算电路

指数运算是对数运算的逆运算。因此，只要在运放的输入回路中接入二极管，而在反馈回路中接入电阻，就可以构成正函数型指数运算电路，如图 5.20 所示。

设 $u_I \gg U_T$，根据虚断和虚地的概念，得

$$u_O=-i_FR=-i_DR=-R\,I_Se^{u_I/U_T} \tag{5.31}$$

即电路的输出电压与输入电压成指数运算关系。

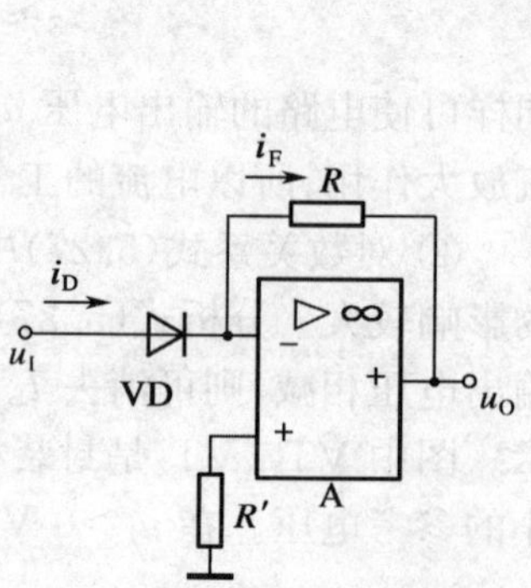

图 5.20　正函数型指数运算电路

(2) 反函数型指数运算电路

在运放的反馈回路中接入一个对数运算电路，而在输入回路中接入电阻，就可构成反函数

型指数运算电路，如图5.21所示。

分析图 5.21 的运算电路时，要注意运放必须工作在深度负反馈的条件下。由于输入信号接在反相端，u_O与 u_- 反相。为了接成负反馈，从 u_O'到 u_F不能再反相。在实用的对数运算电路中，$u_F=-K\ln(u_O'/U_R)$，即式(5.30)。因此，图 5.21所示电路的正常工作条件是$-K\ln(u_O'/U_R)>0$，即

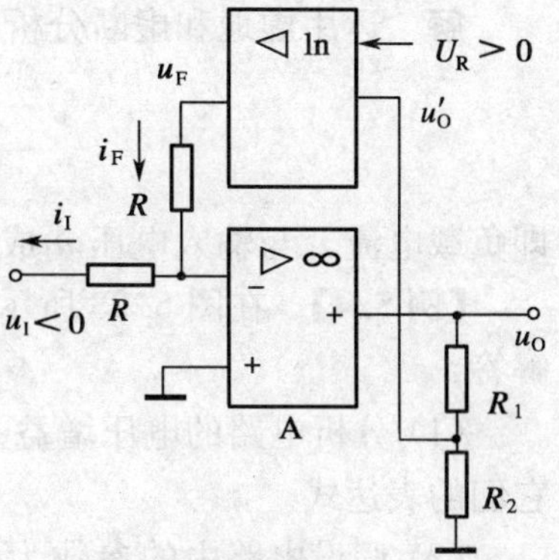

图 5.21 反函数型指数运算电路

$$0<\frac{u_O'}{U_R}<1 \tag{5.32}$$

因为 $u_O'=u_OR_2/(R_1+R_2)$，故得：

$$0<\frac{R_2u_O}{(R_1+R_2)U_R}<1 \tag{5.33}$$

因此，在$U_R>0$ V 的条件下，必须有 $u_O>0$ V，而输入电压 u_I必须为负(u_O与 u_I反相)。同时，要适当选择 R_1和 R_2，使式(5.33)得到满足，以保证运放的反馈极性为负。

在分析图 5.21 所示电路中输出与输入的关系时，利用虚短和虚断的概念可得：

$$u_-=u_+=0$$

$$u_F=-K\ln\frac{u_O'}{U_R}=-K\ln\left(\frac{R_2}{R_1+R_2}\frac{u_O}{U_R}\right)=-u_I$$

因此求出：

$$u_O=\left(1+\frac{R_1}{R_2}\right)U_Re^{u_I/K} \tag{5.34}$$

即输出电压 u_O是输入电压 u_I的指数函数。

图 5.21 指数运算电路的正常工作条件是：$u_I<0$ V。如果输入信号极性接错，集成运放将因带正反馈而出现饱和现象。

5.2.5 集成运放组合电路分析举例

将集成运放基本运算电路组合后，可以完成更复杂的功能。运放组合电路分析是建立在基本运放电路分析基础上的。常用的组合运放电路的分析方法有：对于简单的基本运放电路，可以应用公式直接得出输入与输出的关系；对于具有多个输入信号的组合运放电路，通常运用叠加原理，把电路分解成几个基本电路，而每一个基本电路可以直接运用公式；组合运放电路还可以选定某几个点的电压作为中间量，再联立方程式求解；对于较复杂的组合运放电路，可以运用虚断和虚短的概念，利用电路课程中所学知识，列出方程直接求解。下面举例予以说明。

【例 5.3】 电压/电流变换电路常用在需要产生与电压成比例的电流(例如阴极射线示波器内驱动磁偏转线圈)的场合。这种变换电路是一种互导放大电路，要求输入电阻高，以减小对电压信号的负载，同时要求输出电阻也高，接近于理想电流源。图 5.22 为同相输入电压/电流变换电路。试求出负载电流，并分析负载电流的性质。

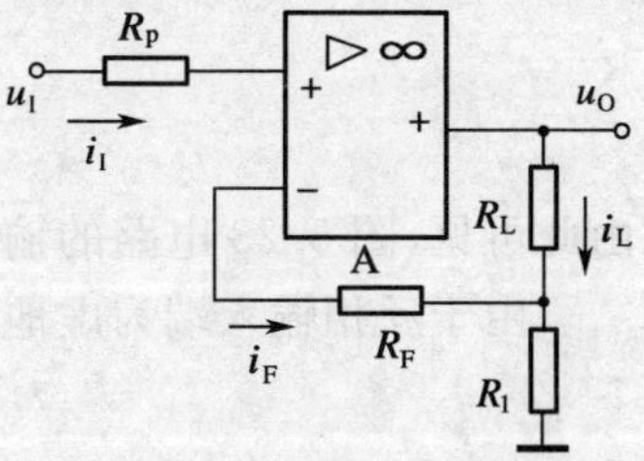

图 5.22 电压/电流变换电路

解　运用虚地和虚断分析法，得 $i_F=0, u_I=u_-=u_+=u_{R1}$，因此：

$$i_L=i_{R1}=\frac{u_I}{R_1}$$

即负载电流 i_L 与输入电压 u_I 成比例，而与负载电阻 R_L 无关，所以图示电路是一个恒流源。

【例 5.4】　在图 5.23 所示的 T 形反馈网络反相放大电路中，设集成运放为理想运放，试解答：

(1) 分析电路的电压增益 A_u 和输入电阻 R_I，列出它们的表达式。

(2) 假设电路中的参数为 $R_1=2\ \mathrm{M\Omega}, R_2=R_3=470\ \mathrm{k\Omega}, R_4=1\ \mathrm{k\Omega}$，试估算 A_u 和 R_I 的数值。

(3) 如果采用图 5.2 所示的基本反相比例运算电路，为了得到同样大小的 A_u 和 R_I，电路中的电阻 R_1、R_F 和 R' 应为多大?

(4) 由以上估算结果，小结 T 形反馈网络电路的特点。

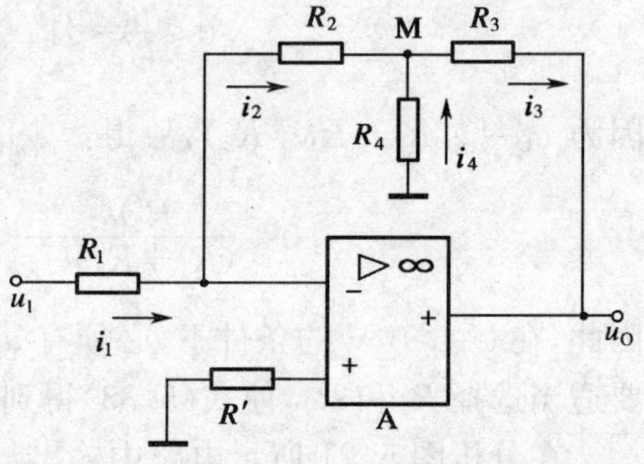

图 5.23　T 形反馈网络反相放大电路

解　(1) 电路的反馈网络部分比较复杂，不能直接判断出是何种基本运放电路，这时就需要采用基本公式，运用虚断和虚短的概念，通过列电流和电压关系式求解。该电路的输出端通过 T 形反馈网络引回到运放的反相输入端。在理想情况下，能够满足深度负反馈的条件，故运放工作在线性区。

由于虚断路，故得 $i_1=i_2$，又由于虚短路，$u_-=u_+=0$，这样得 $u_I=i_1R_1=i_2R_1$，而

$$u_O=-(i_2R_2+i_3R_3) \tag{5.35}$$

由于

$$i_3=i_2+i_4$$

$$u_M=-i_2R_2=-i_4R_4$$

所以

$$i_4=\frac{R_2}{R_4}i_2$$

代入 u_O 的表达式(5.35)，可得：

$$u_O=-[i_2R_2+(i_2+i_4)R_3]=-i_2\left(R_2+R_3+\frac{R_2R_3}{R_4}\right) \tag{5.36}$$

故 T 形反馈网络放大电路的电压增益为：

$$A_u=\frac{u_O}{u_I}=-\frac{R_2+R_3+\frac{R_2R_3}{R_4}}{R_1} \tag{5.37}$$

由此可见，图 5.23 电路的输出电压与输入电压之间存在着反相比例运算关系。

由于反相输入端为虚地，所以电路的输入电阻为：

$$R_i=R_1$$

(2) 将给定电阻值分别代入式(5.37)，可得：

$$A_u = -\frac{470 + 470 + \frac{470 \times 470}{1}}{2\ 000} \approx -110.9$$

$$R_i = 2\ \text{M}\Omega$$

(3) 对于图 5.2 所示的基本反相比例运算电路，若要求 $R_i = 2\ \text{M}\Omega$ 及同样大小的 A_u，则

$$R_1 = R_i = 2\ \text{M}\Omega$$

$$R_F = |A_u|\ R_1 = 110.9 \times 2 = 221.8\ \text{M}\Omega$$

$$R' = R_1 /\!/ R_F = \frac{2 \times 221.8}{2 + 221.8} \approx 1.98\ \text{M}\Omega$$

(4) 由以上分析结果可知，图 5.23 所示的 T 形反馈网络放大电路也是一种反相比例运算电路。若图 5.2 的反相比例电路同样要求 $|A_u| = 110.9$，$R_i = 2\ \text{M}\Omega$，则应选 $R_1 = 2\ \text{M}\Omega$，$R_F = 221.8\ \text{M}\Omega$，要求如此之大的精密电阻，工程实际中很难达到。因此，图 5.23 所示 T 形反馈网络的反相比例运算电路的特点是：在电阻值不必太高的情况下，同样可获得较高的电压增益和较大的输入电阻。

【例 5.5】 图 5.24 是应用广泛的三运放数据放大电路。在精密测量和控制系统中，需要将来自于各种传感器的电信号进行精密放大，这种电信号一般都是传感器和基准电压之间的微弱差值信号，获得的信号电压变化量常常很小，而共模电压却很高。所以传感器后面的数据放大电路必须具有很高的共模抑制比，同时要求数据放大电路有较高的输入电阻。试分析图 5.24 所示的三运放数据放大电路的结构和工作原理，并推导出输出电压 u_O 与两个输入电压 u_{I1} 和 u_{I2} 之间的运算关系式。

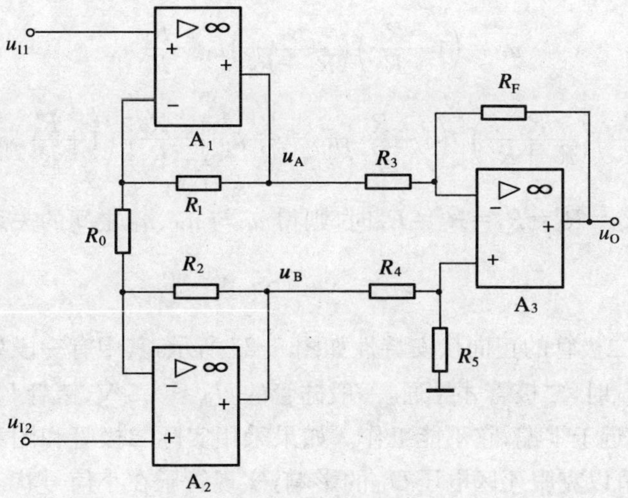

图 5.24 三运放数据放大电路

解 电路中 A_1 和 A_2 组成第 1 级，二者均接成同相输入运算电路，因此输入电阻很高。由于第 1 级电路结构对称，它们的漂移和失调电压有互相抵消的作用。A_3 组成第 2 级——差动放大级，将双端输入转换成单端输出。

分级和运用叠加原理是分析组合运放电路的常用方法。在三运放数据放大电路中，选定 u_A 和 u_B 为中间量，先分析输入 u_{I1} 和 u_{I2} 对 u_A 和 u_B 的函数关系。所分析电路的前级电路见图5.25，运用叠加原理，考虑到运放虚短：$u_+=u_-$，u_{I1} 和 u_{I2} 对 u_A 的作用可以等效为图 5.26 所示的电路。

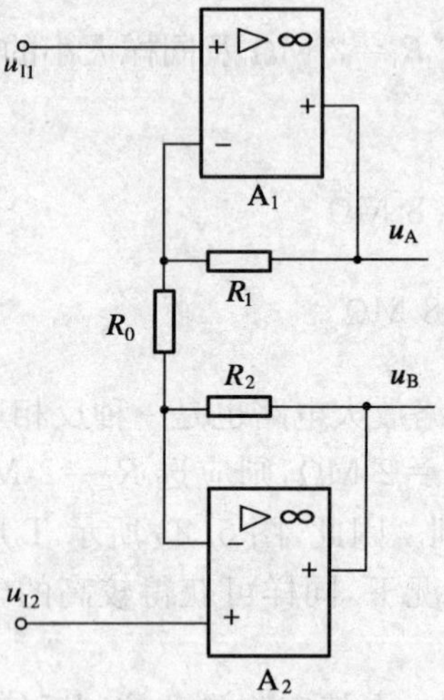

图 5.25　数据放大器的前级电路

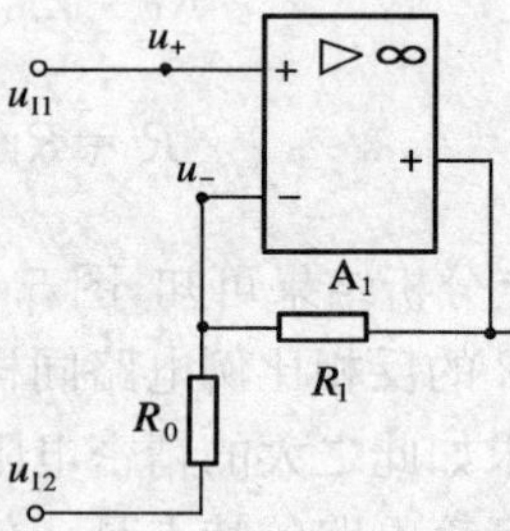

图 5.26　u_{I1} 和 u_{I2} 对 u_A 作用的等效电路

由图 5.26 得：
$$u_A=\left(1+\frac{R_1}{R_0}\right)u_{I1}-\frac{R_1}{R_0}u_{I2}$$

利用电路对称性，得
$$u_B=\left(1+\frac{R_2}{R_0}\right)u_{I2}-\frac{R_2}{R_0}u_{I1}$$

$$u_O=\left(1+\frac{R_F}{R_3}\right)\left(\frac{R_5}{R_5+R_4}\right)u_B-\frac{R_F}{R_3}u_A$$

$$u_O=\left(1+\frac{R_F}{R_3}\right)\left(\frac{R_5}{R_5+R_4}\right)\left[\left(1+\frac{R_2}{R_0}\right)u_{I2}-\frac{R_2}{R_0}u_{I1}\right]-\frac{R_F}{R_3}\left[\left(1+\frac{R_1}{R_0}\right)u_{I1}-\frac{R_1}{R_0}u_{I2}\right]$$

若取 $R_0=R_1=R_2=R_3=R_4=R_5=R_F$ 时，则得 u_O 与 u_{I1}、u_{I2} 之间的关系式为：

$$u_O=3(u_{I2}-u_{I1})$$

【例 5.6】 普通二极管的正向伏安特性如图 5.27 所示，其中有一段死区电压 U_{th}，当外加电压大于二极管的 U_{th} 时，二极管才导通，一般硅管的 $U_{th}\approx 0.5$ V，锗管 $U_{th}\approx 0.1$ V。实际二极管在小信号状态时接近于零偏，它不能工作。如果采用实际二极管和图5.28所示的运放组成精密二极管电路，就可以克服死区电压 U_{th} 的影响，实现管子在小信号状态下工作。试说明精密二极管电路的工作原理。

解　输入电压 $u_I=0$ V 时，集成运放的输出电压 $u_O'=0$ V，二极管 VD_1 和 VD_2 截止，$u_O=0$ V。

当输入电压 $u_I>0$ V 时，集成运放的输出电压 u_O' 为负值，导致二极管 VD_1 截止，VD_2 导通。此时 $u_O=0$ V。

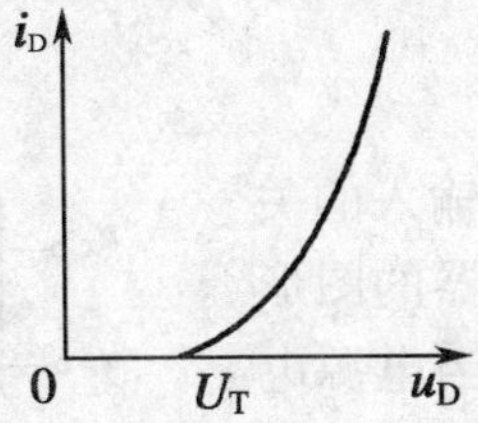

图 5.27 实际二极管传输特性

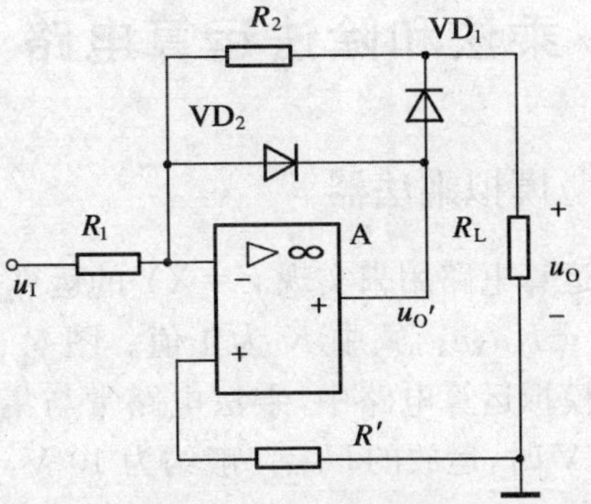

图 5.28 精密二极管电路

当输入电压 $u_I<0$ V 时，集成运放的输出电压 u_O' 为正值，导致二极管 VD_1 导通、VD_2 截止。此时，精密二极管电路接成反相比例运放电路，于是有：

$$u_O=-\frac{R_2}{R_1}u_I \tag{5.38}$$

根据以上分析，画出电路的电压传输特性见图 5.29。可见，理想等效二极管的传输特性也具有单向导电性，而且基本不存在阈值电压，输入小信号时没有死区，而且线性度远比实际二极管好。

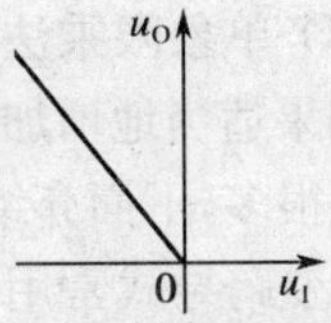

图 5.29 精密二极管传输特性

【例 5.7】 用理想运放组成的电路见图 5.30，设 $R_1=R_2=R_3=R_4=R$，求负载 R_L 中电流 i_L 的表达式。

解 求解运放电路时，首先要分析每一运放属于哪一种基本运算电路。图 5.30 中 A_1 是同相加法运算电路，A_2 是电压跟随器。选择图中 u_A、u_B、u_C、u_D 为中间量，可列方程如下：

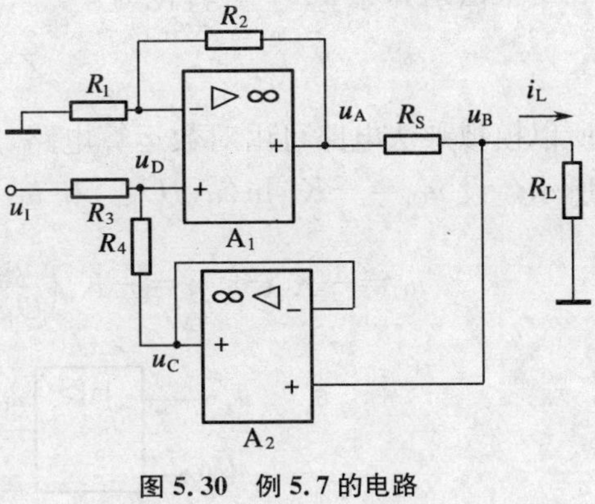

图 5.30 例 5.7 的电路

$$u_A=\left(1+\frac{R_2}{R_1}\right)u_D$$

$$u_B=u_C$$

$$u_D=\left(\frac{R_4}{R_3+R_4}\right)u_I+\left(\frac{R_3}{R_3+R_4}\right)u_C$$

$$u_A=\left(1+\frac{R_2}{R_1}\right)u_D=\left(1+\frac{R_2}{R_1}\right)\left[\left(\frac{R_4}{R_3+R_4}\right)u_I+\left(\frac{R_3}{R_3+R_4}\right)u_C\right]$$

将 $R_1=R_2=R_3=R_4=R$ 代入上式得：

$$u_A=u_I+u_C=u_I+u_B$$

$$i_L=\frac{u_A-u_B}{R_S}=\frac{u_A-u_C}{R_S}=\frac{u_I}{R_S}$$

5.3 乘法和除法运算电路

5.3.1 模拟乘法器

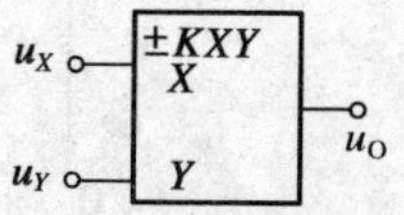

图 5.31　模拟乘法器的图形符号

乘法运算电路用来实现 $Z=XY$ 的运算,它们的输出与输入的关系是 $u_O=\pm Ku_Xu_Y$,式中 K 为正值。图 5.31 为模拟乘法器的图形符号。在模拟运算电路中,乘法电路常与集成运放联用。当电源电压为±15 V时,运放的 U_{OM} 一般约为 10 V,因此常令 $K=1/10\ V=0.1\ V^{-1}$,使 $U_{OM}=KU_{XM}U_{YM}=K(10\ V)^2=10\ V$。在某些应用场合,$K$ 可取任意值。

按输入电压允许的极性分类,乘法运算电路有 3 种类型:

(1) 四象限乘法电路:两个输入电压极性可正可负,或者正负交替。

(2) 二象限乘法电路:只允许两个输入电压之一极性可正可负,另一个应是单极性的。

(3) 单象限乘法电路:两个输入电压都只能是单极性的。

如果适当地增加外接电路,单象限或二象限就可以转化成四象限乘法电路。实现乘法运算的方法很多,下面介绍主要的两种,即利用对数和指数电路组成的乘法电路和变跨导式模拟乘法电路。变跨导式常用于通用型单片模拟乘法器芯片,典型产品有 CB1595 等型号,参见附录 D。

5.3.2 利用对数和指数电路的乘法电路

乘法运算 $Z=XY$ 可转化为:

$$Z=\ln^{-1}(\ln X+\ln Y) \tag{5.39}$$

所以模拟乘法电路可由对数运算电路、加法运算电路和指数(反对数)运算电路组成,如图5.32所示。设 $u_{O1}=-K_1\ln(u_X/U_{R1})$ 和 $u_{O2}=-K_2\ln(u_Y/U_{R2})$,经过简单推导得:

$$u_O=-K_4 e^{u_{O3}/K_3}=-K_4\left(\frac{u_X}{U_{R1}}\right)^{K_1/K_3}\left(\frac{u_Y}{U_{R2}}\right)^{K_2/K_3}=-K(u_X)^{K_1/K_3}(u_Y)^{K_2/K_3} \tag{5.40}$$

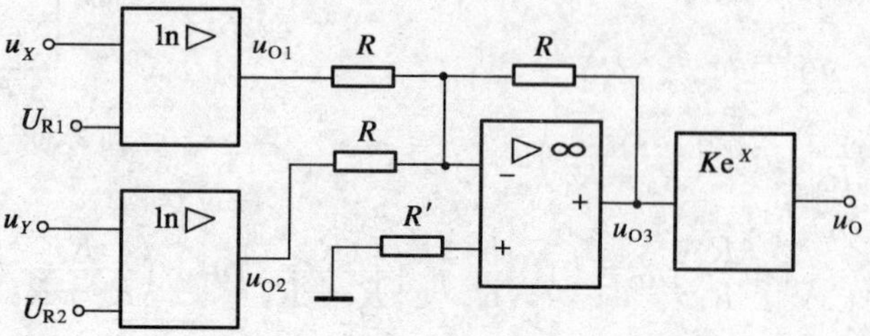

图 5.32　利用对数和指数电路组成的乘法电路

式中:K 和 U_R 均为常值。

由式(5.40)可见,图 5.32 所示运算电路的输出电压是两个输入电压的任意次方的乘积。令 $K_1/K_3=K_2/K_3=1$,则

$$u_O=-Ku_Xu_Y$$

即实现了乘法运算。由于对数和指数运算电路的正常工作条件一般都要求输入电压有固定极性，所以图 5.32 所示是单象限模拟乘法电路。

5.3.3 变跨导式模拟乘法电路

变跨导式乘法电路是在射极耦合差动放大电路(见第 3.3.2 节)的基础上形成的。因为在一定范围内差放电路的输出电压与输入电压成正比，与管子 J_e 结的交流电阻 r_{be} 成反比，r_{be} 又与流过每个管子的静态射极电流 I_{EQ} 有关。在差放电路两半电路对称的情况下，上述 I_{EQ} 是射极恒流源电流 I 的一半，即 $u_O=-\beta R_L'U_I/r_{be}$，而 r_{be} 为：

$$r_{be}=r_{bb'}+(1+\beta)\frac{U_T}{I_{EQ}}=r_{bb'}+(1+\beta)\frac{2U_T}{I} \tag{5.41}$$

当 I_{EQ} 较小时，式(5.41)中的 $r_{bb'}$ 与第 2 项相比可以忽略不计，故上式近似为：

$$r_{be}\approx 2\ (1+\beta)\frac{U_T}{I}$$

从而得：

$$u_O\approx-\beta R_L'\frac{U_I}{2(1+\beta)\dfrac{U_T}{I}}\approx-\frac{R_L'}{2U_T}U_I I \tag{5.42}$$

式(5.42)说明了带恒流源的射耦差放电路的输出电压与输入电压及恒流源电流 I 的乘积成正比，比例系数为 $R_L'/(2U_T)$。如果恒流源的电流 I 受第 2 个输入电压的控制，即 I 是电压控制电流源，则差放的输出电压就与两个输入电压的乘积成正比，即可实现乘法运算。由于恒流源电流 I 与第 2 个输入电压成正比，二者的比值具有电导量纲，所以这种电路称为变跨导式乘法电路。在图 5.33 所示的电路中，左边为一单端输入、双端输出的差放电路，其中 VT_3 的射极电流通过射极跟随作用与 u_Y 线性相关。实际上，如果当 u_Y 加到 VT_3 管的基极之前，通过适当的电平移位，VT_3 的射极电流可以做到与 u_Y 成正比，即

$$I=\frac{K_Y u_Y}{R_E}$$

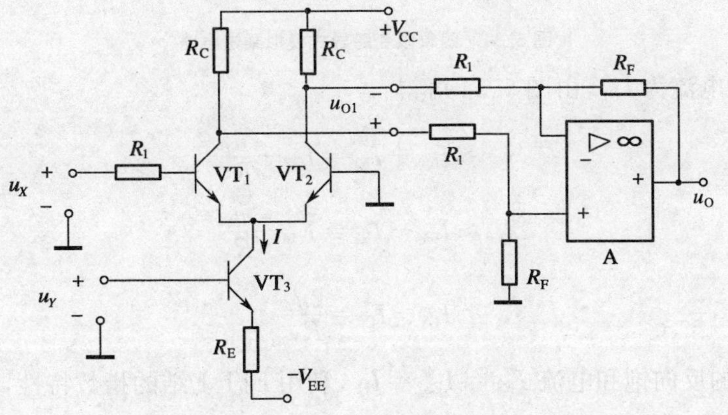

图 5.33 变跨导式乘法器的基本电路

因此,差放电路的输出电压为:

$$u_{O1}=K''u_XI=K'u_Xu_Y$$

为了获得接地输出,在浮地输出的 u_{O1} 再接差动运放电路,完成从浮地到接地输出 u_O 的转换,如图 5.33 的右边所示。因此,输出电压 u_O 为:

$$u_O=-\frac{R_F u_{O1}}{R_1}=-Ku_Xu_Y$$

以上诸式中,K_Y、K''、K' 和 K 均为取决于电路参数的常数。

根据上述分析可以看出,当该电路工作时电流 I 只能大于 0,即 u_Y 必须为正,而 u_X 的极性可正可负,故为一个二象限模拟乘法电路。它的缺点是 u_X 的取值范围太小。为了扩大 u_X 的变化范围,可用 u_X 经过变换后的形式加在差分对管的输入端。另外,为了组成四象限模拟乘法电路,可使 u_Y 的输入也采用差动方式,即用对管和另一个恒流源代替 VT_3 和 R_E,同时在 VT_1 和 VT_2 组成的差放部分增加两个 BJT,组成集电极交叉连接的双差动对,使两个输入量都可正可负,即可组成一种四象限模拟乘法电路。

图 5.34 是一种四象限变跨导式模拟乘法电路。它由两个并联工作的差放电路(由 VT_1、VT_2 和 VT_3、VT_4 组成),以及有内部电流负反馈的 VT_5、VT_6 管组成,VT_5、VT_6 两管的射极电流由两个电流源提供。

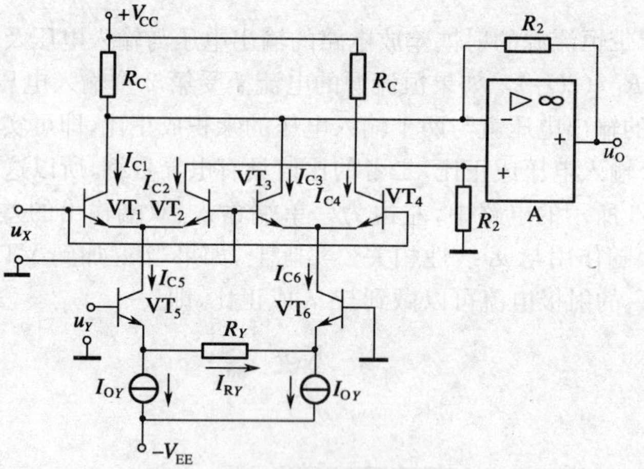

图 5.34　四象限变跨导式模拟乘法电路

设流过 R_Y 的电流为 I_{RY},由图 5.34 可得:

$$I_{C5}\approx I_{OY}+I_{RY}=I_{OY}+\frac{u_Y}{R_Y}$$

$$I_{C6}\approx I_{OY}-I_{RY}=I_{OY}-\frac{u_Y}{R_Y}$$

因此:

$$I_{C5}-I_{C6}=\frac{2u_Y}{R_Y}\tag{5.43}$$

若 BJT J_e 结的反向饱和电流 $I_{ES1}=I_{ES2}=I_{ES}$,利用 BJT J_e 结的指数特性,则有:

$$\frac{I_{C1}}{I_{C2}}=e^{(U_{BE1}-U_{BE2})/U_T}=e^{U_X/U_T}\tag{5.44}$$

差分对管 VT_1 和 VT_2 的总电流为：

$$I_{C1}+I_{C2}=I_{C5} \tag{5.45}$$

由式(5.44)和式(5.45)可得用 I_{C5} 表达的 I_{C1} 和 I_{C2}：

$$I_{C1}=\frac{e^{U_X/U_T}}{e^{U_X/U_T}+1}I_{C5} \tag{5.46}$$

$$I_{C2}=\frac{I_{C5}}{e^{U_X/U_T}+1} \tag{5.47}$$

因此有：

$$I_{C1}-I_{C2}=\frac{e^{U_X/U_T}-1}{e^{U_X/U_T}+1}I_{C5}=I_{C5}\,\mathrm{th}\,\frac{u_X}{2U_T}\text{①} \tag{5.48}$$

同理可得：

$$I_{C4}-I_{C3}=I_{C6}\,\mathrm{th}\,\frac{u_X}{2U_T} \tag{5.49}$$

运放输出电压 u_O 是两个差放部分集电极电流($I_{C1}+I_{C3}$)与($I_{C2}+I_{C4}$)之差流过反馈电阻 R_2 上的压降 $u_O=R_2[(I_{C1}+I_{C3})-(I_{C2}+I_{C4})]$，由式(5.43)、式(5.48)和式(5.49)可得输出电压 u_O 为：

$$u_O=R_2\frac{2u_Y}{R_Y}\mathrm{th}\,\frac{u_X}{2U_T} \tag{5.50}$$

当差动信号 $u_X \ll 2U_T$ 时，将式(5.50)中的双曲正切函数按幂级数展开，并忽略高次项，可近似得出：

$$u_O=\frac{2R_2}{R_Y}u_Y\frac{u_X}{2U_T}=\frac{R_2}{R_YU_T}u_Yu_X=K_1u_Xu_Y \tag{5.51}$$

式中：$K_1=R_2/(R_YU_T)$。

u_X 或 u_Y 均可取正或负极性，故图 5.34 所示的电路具有四象限乘法功能。但当输入信号 u_X 较大时会带来严重的非线性影响，为此可在 u_X 信号之前加一非线性补偿电路，以扩大输入信号 u_X 的线性范围。其扩大线性工作范围和提高温度稳定度的改进型电路，读者可参考文献[6]。

5.3.4　模拟乘法器的应用

利用模拟乘法电路、运放电路和各种不同的外接电路相结合，可以组成求平方、平方根、高次方和高次方根的运算电路。将模拟乘法电路接在运放的反馈网路中，即可构成反函数型除法运算电路。利用模拟乘法电路还可以构成各种函数发生电路。在通信电路中，模拟乘法电路可用于振幅调制、混频、倍频、同步检波、鉴相、鉴频和自动增益控制等场合。

1）平方运算电路

模拟乘法电路的两个输入端接同一输入信号，可以组成如图5.35所示的平方运算电路，它的输出电压与输入电压的关系是：

$$u_O=Ku_X^2 \tag{5.52}$$

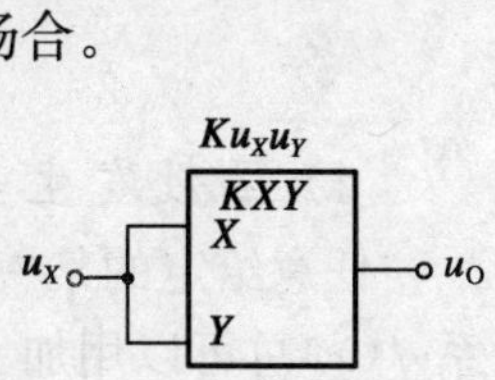

图 5.35　平方运算电路

如果平方运算电路的输入信号是正弦波 $u_X=U_{im}\sin\omega t$，则输出

① 双曲正切函数 th 可参阅：数学手册. 北京：高等教育出版社，1979。

电压为：

$$u_O = K(U_{im}\sin\omega t)^2 = \frac{K}{2}U_{im}^2(1-\cos 2\omega t) \tag{5.53}$$

此时只要在电路输出端接一电容器隔断直流输出，就可得到频率为输入信号频率两倍(即 2ω)的正弦波，即实现了正弦波倍频功能。

2）平方根运算电路

将平方运算电路接在运放的反馈回路中，可以构成反函数型平方根运算电路，如图 5.36 所示。

根据虚地和虚断路的概念，可得 $u_I/R = -u_O'/R = -Ku_O^2/R$，即

$$u_O = \sqrt{-\frac{u_I}{K}} \tag{5.54}$$

由式(5.54)可见，u_O是$(-u_I)$的平方根。因此，输入信号 u_I 必须为负值。如果输入信号 u_I为正，为了使运放反馈极性为负，必须采用反相乘法电路。

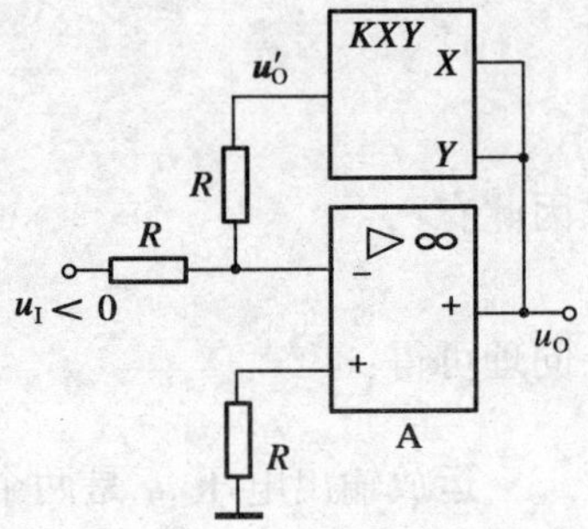

图 5.36　平方根运算电路

同理，如果把几个乘法电路串接起来，就可以组成高次方运算电路。图 5.37 就是一种立方运算电路。如果把高次方运算电路接在运放的反馈回路中，则可组成反函数型的求高次方根的运算电路。

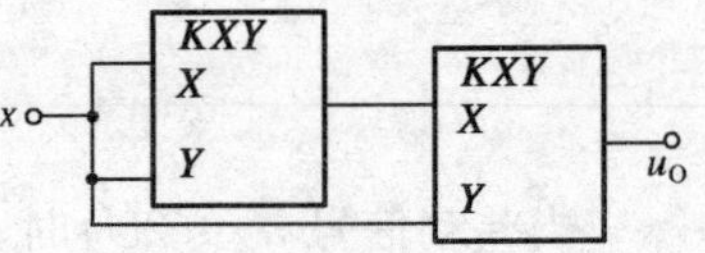

图 5.37　立方运算电路

3）均方根运算电路

信号电压的均方根值(有效值)反映了它的能量和功率。均方根运算电路常用于信号电压和噪声电压的测量中。对于任意波形的周期性交流电压或噪声电压 $u_I(t)$，其均方根值为：

$$U_i = \sqrt{\lim_{T\to\infty}\frac{1}{T}\int_0^T u_I^2(t)\,dt} \tag{5.55}$$

式中：T——取平均的时间间隔。

实现均方根运算的电路框图见图 5.38，图中求平均值的电路可以是由集成运放构成的一阶低通滤波电路(将在第 5.4 节介绍)。一般的交流电压表只能测量正弦电压有效值，而按上述原理构成的均方根运算电路则可测出任意波形的周期性电压，包括噪声电压有效值。

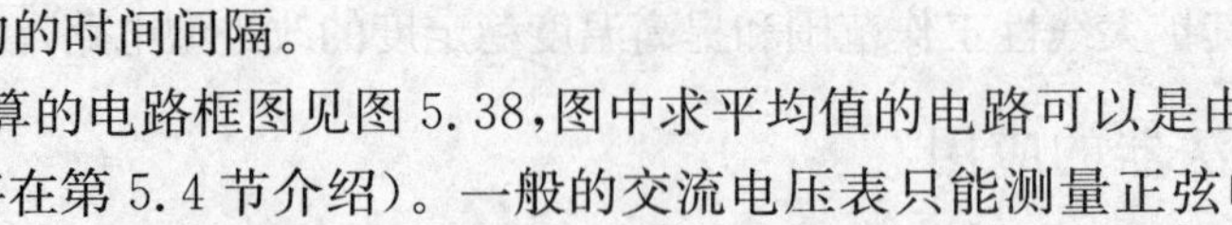

图 5.38　均方根电路框图

4）函数发生电路

任意给定的某一函数 $f(x)$总可以用项数有限的级数(例如幂级数)来近似表示，即函数关系 $f(x)$总可以用加、减、乘、除、平方及平方根的运算电路来实现：

$$f(x) = a_0 + a_1x + a_2x^2 + a_3x^3 \tag{5.56}$$

函数发生电路的输出电压与输入电压之间以方程式、曲线或表格形式给出函数关系，它是重要的模拟运算电路，也是电子模拟计算机中的重要部件。下面说明函数发生电路的设计例子。

【例 5.8】　实现函数 $f(x)=a_0+a_1x+a_2x^2+a_3x^3$ 的运算电路如图 5.39 所示。由于最高方次为 3，所以只需要两个乘法运算电路和一个加法运算电路即可。常数项 a_0 由外接直流电源产生，集成运放 A_2 起反相作用，使输出电压 $u_O=a_0+a_1u_1+a_2u_1^2+a_3u_1^3$。

请读者思考：如欲产生正弦函数，则如何利用乘法运算电路和运放电路来实现呢？

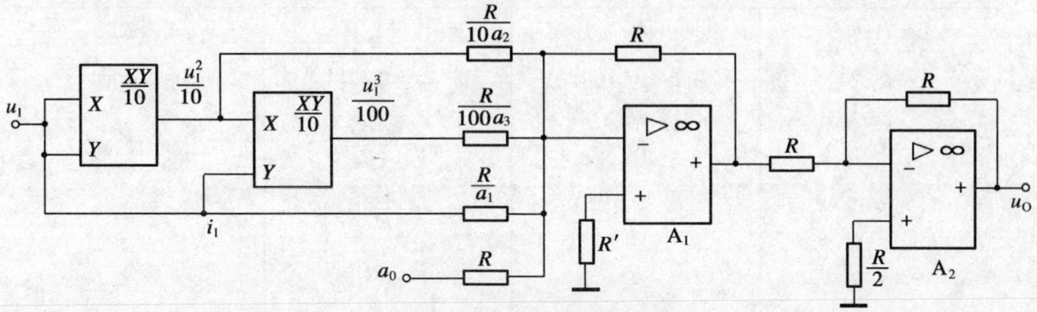

图 5.39　例 5.8 的运算电路

5）增益可控的放大电路

如果使模拟乘法电路的一个输入端接输入信号电压，另一个输入端接直流控制电压，则乘法电路输出电压与输入电压之间的增益将与直流控制电压的大小成正比。当直流控制电压可调时，就形成了可控增益放大电路，它常用在通信接收机中，用来实现自动增益控制功能。

5.3.5　除法运算电路

1）对数和指数电路组成的除法电路

除法运算 $Z=X/Y$ 可转化为 $Z=\ln^{-1}(\ln X-\ln Y)$，所以与模拟乘法电路一样，除法运算电路亦可由对数和指数电路组成，只要把图 5.32 中的加法电路改为差动输入减法运算电路即可。

2）反函数型除法运算电路

前面在模拟乘法电路的应用中提到：如果把乘法电路接在运放的反馈回路中，则可组成反函数型除法运算电路，如图 5.40 所示。

设所用乘法电路为反相模拟乘法器，即 $u_O'=-Ku_{I2}u_O$。不难推导出在图 5.40 中，有

$$u_O'=-u_{I1}=-Ku_{I2}u_O$$

而电路的输出电压为：　$u_O=\dfrac{1}{K}\dfrac{u_{I1}}{u_{I2}}$　　(5.57)

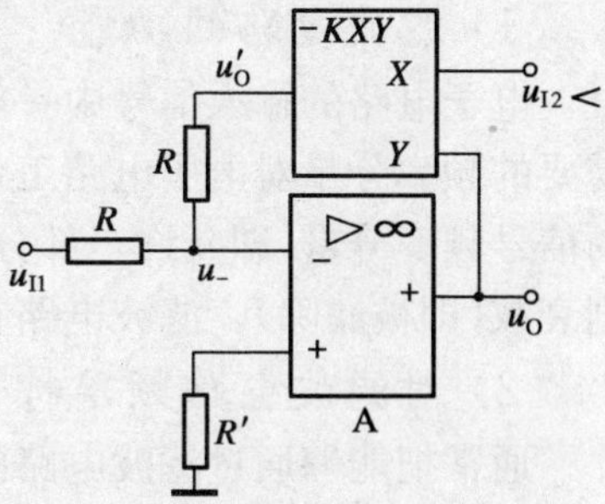

图 5.40　反函数型除法运算电路

即输出电压与两个输入电压之商成正比。

前已述及，运算电路的正常工作条件是：运放的反馈极性必须为负。在图 5.40 中由于 u_{I1} 从运放的反相端输入，u_O 与 u_- 已经过一次反相，因此从 u_O 到 u_O' 不能再反相。又由于所用的是反相乘法器，$u_O'=-Ku_{I2}u_O$，故得出结论：在图 5.40 的除法电路中，u_{I2} 必须为负。换言之，这种除法器是二象限的。

由此不难类推，如果图 5.40 中采用同相乘法器，则电路正常工作的条件变为：$u_{I2}>0$ V。

以上讨论了运放组成的各种运算电路，现在将反相输入运算电路的组成规律和特点，归纳于表5.1中。

表5.1　各种反相输入运算电路的组成规律和特点

输入回路元件	反馈回路元件	运算关系	运算电路类型
$i_I=f_1(u_I)$	R_F	$u_O-\ R_F f_1(u_I)$	正函数型
R_1	$i_F=-f_2(u_O)$	$u_O=f_2^{-1}\left(-\dfrac{u_I}{R_1}\right)$	反函数型
R_1	R_F	$u_O=-\dfrac{R_F}{R_1}u_I$	比例(加、减)
R	$i_C=-C\dfrac{du_O}{dt}$	$u_O=-\dfrac{1}{RC}\int u_I dt$	积分
$i_I=C\dfrac{du_I}{dt}$	R	$u_O=-RC\dfrac{du_I}{dt}$	微分
R	二极管或BJT $i_F \approx I_S e^{-u_O/U_T}$	$u_O=-U_T \ln \dfrac{u_I}{RI_S}$	对数
二极管或BJT $i_I \approx I_S e^{u_I/U_T}$	R	$u_O=-RI_S e^{-u_I/U_T}$	指数
u_{I1},R	R,乘法电路	$u_O=\dfrac{1}{K}\dfrac{u_{I1}}{u_{I2}}$	除法
u_I,R	R,平方电路	$u_O=\sqrt{\dfrac{1}{K}u_I}$	求平方根

5.4　有源滤波电路

5.4.1　滤波电路的功能、分类和主要参数

1）滤波电路的功能

电子电路的输入信号中一般包含很多的频率分量，其中有需要的和不需要的频率分量，不需要的频率分量对电子电路工作构成不良影响(如高频干扰和噪声)。滤波的目的是选择有用的信号频率分量，即允许一部分有用频率的信号顺利通过，而另一部分无用频率的信号尽量急剧衰减(即被滤除)。滤波电路在无线电通信、自动控制和电子测量中运用十分广泛。

2）对滤波电路频率特性的要求

通常把能够通过滤波电路的信号频率范围称为该滤波电路的通频带(即通带)，通带内滤波电路的增益或传输系数(输出量与输入量之比)尽量大，并保持为常数；滤波电路加以抑制或削弱的信号频率范围则称为阻带，阻带内滤波电路的增益应该为0或很小。理想滤波电路的频率特性应该是矩形。

3）滤波电路的分类

按照通带和阻带的频率范围，滤波电路分为低通、高通、带通和带阻4类。这4类理想滤波电路的理想和实际频率特性如图5.41所示，图中矩形是理想的频率特性，曲线是实际的频率特性。

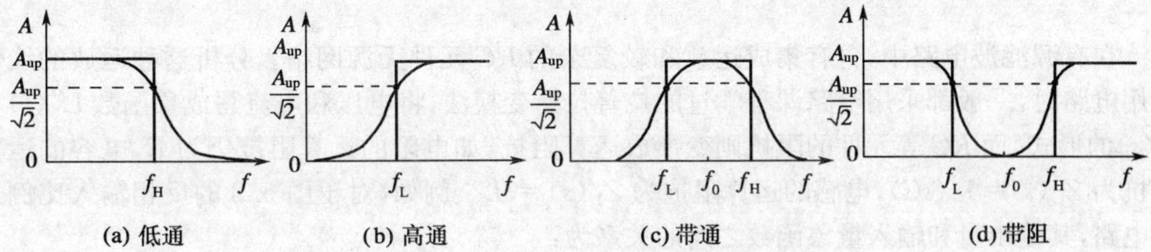

图 5.41　4 类滤波电路的理想和实际频率特性

(1) 低通滤波器(Low Pass Filter,LPF):其功能是顺利通过从 0 Hz(直流)到某一频率①上限 f_H 的低频信号,而对超过 f_H 的所有频率分量则全部加以抑制。

(2) 高通滤波器(High Pass Filter,HPF):其特点是从 0 Hz 到某一频率下限 f_L 范围为阻带,高于 f_L 的频率范围为通带。高通滤波电路的通带理论上应延伸到无穷大,但实际上其通带也是有限的。

(3) 带通滤波器(Band Pass Filter,BPF):从频率下限 f_L 到上限 f_H 的频率范围为通带,频率从 0 Hz 到 f_L 及从 f_H 到无穷大均为阻带,故它有两个阻带。而从 f_L 到 f_H 的频率范围称为带通滤波电路的通带,即带宽(BW),即 $f_{BW}=f_H-f_L$。通带中点的频率 f_0 称为中心频率。

(4) 带阻滤波器(Band Elimination Filter,BEF):从 f_L 到 f_H 的频率范围为阻带,从 0 Hz 到 f_L 以及从 f_H 到无穷大的频率范围均为通带。带阻滤波电路阻带中点的频率 f_0 也称为中心频率。

各种实际滤波电路的频率特性与理想情况是有差别的,设计滤波电路的任务是力求使各种滤波电路的实际特性尽可能地接近理想特性。

4) 滤波电路的主要参数

(1) 通带电压增益 A_{up}:滤波电路的 A_{up} 应为常数。

(2) 通带截止频率 f_P:实际滤波电路的 f_P 分别用下限截止频率 f_L 和上限截止频率 f_H 表示,这两个 f_P 工程上定义为电压增益下降到 A_{up} 的 $1/\sqrt{2}$(图 5.41 中虚线所标)时所对应的频率。带通和带阻滤波电路有两个 f_P:即 f_L 和 f_H。

(3) 特征频率 f_0:它只与滤波电路的电阻和电容元件的参数有关。对带通(带阻)滤波电路,f_0 又是通带(阻带)内电压增益最大(最小)点的频率,所以亦称通带或阻带的中心频率。

(4) 通带(阻带)宽度:它是带通(带阻)滤波电路的上下限频率之差,即 $f_{BW}=f_H-f_L$。

(5) 等效品质因数 Q:它说明了滤波电路频率特性的形状。例如,对频率特性出现谐振峰的低通电路,$Q=|A_u(j\omega)|_{\omega=\frac{\omega_0}{A_{up}}}$。对于带通(带阻)电路,$Q=f_0/f_{BW}$,即 Q 是中心频率 f_0 与带宽之比。

5.4.2　有源滤波电路的分析方法

RC 无源滤波器的主要缺点是通带电压增益低,带载能力差,电路参数会随负载的变化而改变。而运放(有源器件)具有开环电压增益很高、输入电阻大和输出电阻小等一系列优点,它与 RC 网络结合就可组成性能良好的有源滤波电路。有源滤波电路中的运放通常带有深度负反馈(为了提高滤波性能,亦可能兼有部分正反馈),组成有源滤波电路也是运放的线性应用

① 注意频率和角频率 $\omega=2\pi f$ 的对应关系,第 5.4 节各参数亦可用 ω 表达。

之一。

在有源滤波电路中,含有集成运放和较复杂的 RC 元件无源网络。分析这种运放的线性应用电路时,一般都采用电路课程学过的拉普拉斯变换法,将电压和电流写成象函数 $U(s)$ 和 $I(s)$ 的形式,而 RC 等元件的阻抗则变换成运算阻抗,如电阻的运算阻抗仍为 R,电容的运算阻抗为 $Z_C(s)=1/(sC)$,电感的运算阻抗为 $Z_L(s)=sL$。例如,对于图 5.2 的反相输入比例运算电路,其输出量和输入量象函数之间的关系为:

$$U_o(s)=-\frac{Z_F(s)}{Z_I(s)}U_i(s) \tag{5.58}$$

式中:$Z_I(s)$ 为输入回路的运算阻抗;$Z_F(s)$ 为馈网络的运算阻抗;$U_o(s)/U_i(s)$ 为有源滤波电路的传递函数。

5.4.3 有源滤波电路举例

1) 低通滤波电路

(1) 一阶低通有源滤波电路

一阶低通有源滤波电路如图 5.42 所示,它是由一节 RC 滤波电路和同相比例运算电路组成。由图可写出:

$$\begin{aligned}U_o(s)&=U_+(s)\left(1+\frac{R_F}{R_1}\right)\\&=U_i(s)\frac{1}{1+sRC}\left(1+\frac{R_F}{R_1}\right)\end{aligned} \tag{5.59}$$

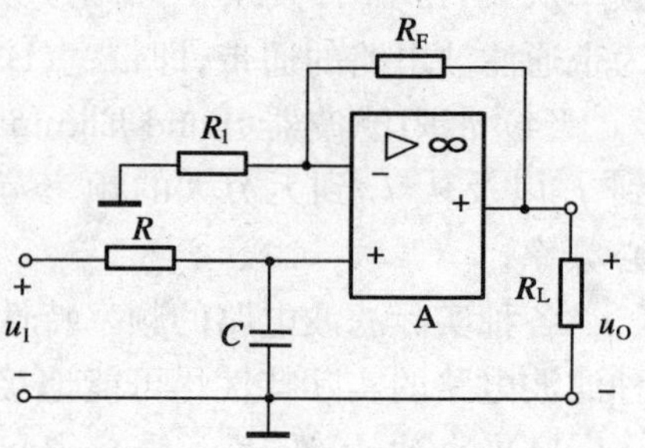

图 5.42　一阶低通有源滤波电路

解得传递函数为:

$$A_u(s)=\frac{U_o(s)}{U_i(s)}=\left(1+\frac{R_F}{R_1}\right)\frac{1}{1+sRC}=\frac{A_{up}}{1+\frac{s}{\omega_0}} \tag{5.60}$$

式中:$A_{up}=1+R_F/R_1$ 为同相比例运算电路的电压增益;$\omega_0=1/(RC)$ 为特征角频率。

值得指出的是,这里 ω_0 就是无源 RC 低通电路的上限截止角频率 $\omega_H(=2\pi f_H)$。因为电路传递函数分母上 s 的方次为 1,所以这种滤波电路是一阶的。

令 $s=j\omega$ 及 $\omega=2\pi f$、$\omega_0=2\pi f_0=1/(RC)$,就可以求得该电路的频率特性 $\dot{A}_u(j\omega)$,这样上式变为:

$$\dot{A}_u(j\omega)=\frac{A_{up}}{1+\frac{j\omega}{\omega_0}}=\frac{A_{up}}{1+\frac{jf}{f_0}} \tag{5.61}$$

根据低通滤波电路上限截止频率 f_H 的定义:当 $f=f_H$ 时,$A_u=A_{up}/\sqrt{2}$,可以求出:

$$f_H=\frac{\omega_0}{2\pi}=\frac{1}{2\pi RC}=f_0 \tag{5.62}$$

由式(5.61)可以画出这种一阶有源低通滤波电路的对数幅频特性(见图 5.43)。不难看出,当$f \gg f_0$,即 $f/f_0 \gg 1$ 时,对数幅频特性下降的斜率为-20 dB/10 倍频程。显然,这种频率特性的形状与理想的矩形[见图 5.41(a)]相差很远,因而只能用于对滤波性能要求不高的场合。如果要求幅频特性曲线下降得更快(以-40 dB/10 倍频程或-60 dB/10 倍频程的斜率下降),则需采用二阶、三阶或更高阶次的滤波电路。实际上,高于二阶的滤波电路均可由一阶和二阶滤波电路构成。因此,下面将重点研究二阶有源滤波电路。

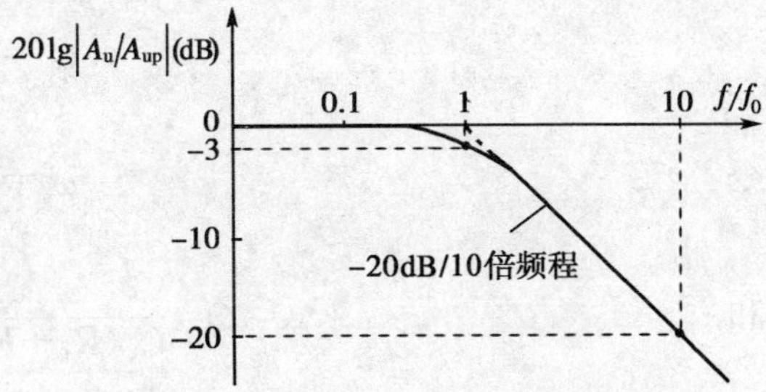

图 5.43 一阶低通有源滤波电路的幅频特性

(2) 二阶压控电压源低通滤波电路

简单的二阶低通滤波电路可在图 5.42 的基础上再加一节无源 RC 低通滤波环节构成,如图 5.44 所示。这种电路的缺点是在 f_0附近,幅频特性实际值与理想值之差比一阶的还要大。为了提高 $f=f_0$处幅频特性的值,可将电容 C_1的接地点改接至运放的输出端,组成二阶压控电压源低通滤波电路,见图 5.45。这种电路在 $f \gg f_0$时能提供-40 dB/10 倍频程的衰减,所以滤波效果比一阶滤波电路要好。

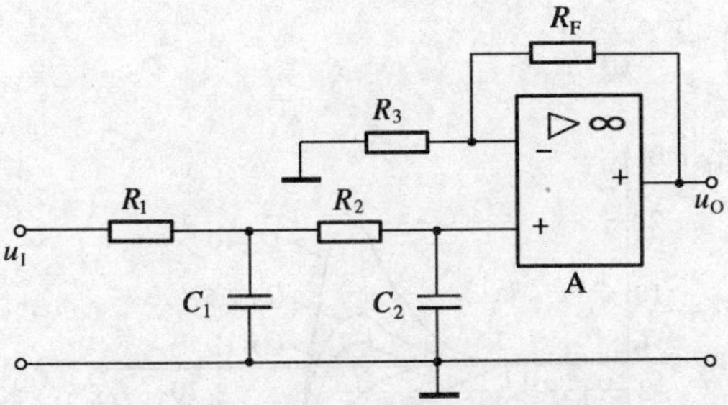

图 5.44 简单的二阶低通滤波电路

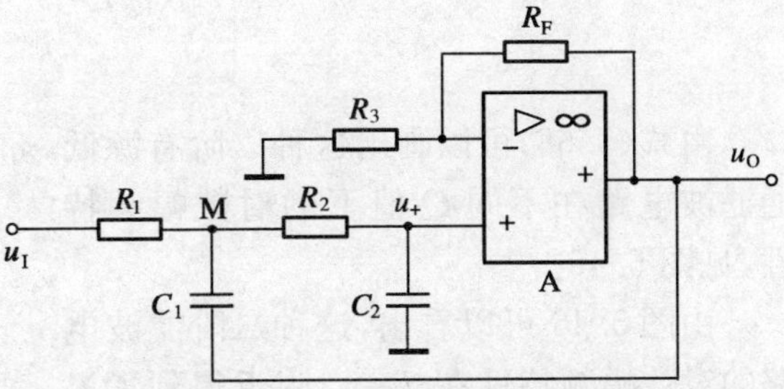

图 5.45 二阶压控电压源低通滤波电路

图 5.45 所示的滤波电路是同时应用负反馈和正反馈(但以负反馈为主)的运放应用电路。由于电路中运放和电阻 R_3、R_F一起组成了由输入电压 u_+ 控制的电压源,所以称为压控电压源低通滤波电路。现对该电路列出方程式如下:

$$\begin{cases} \dfrac{U_i(s)-U_M(s)}{R_1}=\dfrac{U_M(s)-U_o(s)}{\dfrac{1}{sC_1}}+\dfrac{U_M(s)-U_+(s)}{R_2} \\ U_+(s)=\dfrac{U_M(s)}{1+sR_2C_2} \end{cases}$$

式中:U_M是 M 点的电位。

解联立方程组,可得这种滤波电路的传递函数为:

$$A_u(s)=\frac{U_o(s)}{U_i(s)}=\frac{A_{up}}{1+s[R_2C_2+R_1C_2+R_1C_1(1-A_{up})]+s^2R_1R_2C_1C_2} \tag{5.63}$$

由于 $A_u(s)$分母上 s 的方次为 2,所以这种滤波电路为二阶。在式(5.63)中通带电压增益:

$$A_{up}=1+\frac{R_F}{R_3}=A_{uf} \tag{5.64}$$

令

$$\omega_0^2=\frac{1}{R_1R_2C_1C_2} \tag{5.65}$$

和

$$Q=\frac{\sqrt{R_1R_2C_1C_2}}{C_2(R_1+R_2)+R_1C_1(1-A_{up})} \tag{5.66}$$

则有：

$$A_u(s)=\frac{U_o(s)}{U_i(s)}=\frac{A_{up}}{\left(\frac{s}{\omega_0}\right)^2+\frac{1}{Q}\frac{s}{\omega_0}+1}=\frac{A_{up}\omega_0^2}{s^2+\frac{\omega_0}{Q}s+\omega_0^2} \tag{5.67}$$

式(5.67)为二阶低通滤波电路传递函数的一般表达式，式中 ω_0 为特征角频率，而 Q 则称为等效品质因数。令式(5.67)中的 $s=j\omega$ 和 $\omega=2\pi f$、$\omega_0=2\pi f_0=1/(RC)$，可得这种滤波电路的频率特性为：

$$\begin{cases}\dot{A}_u(j\omega)=\dfrac{A_{up}}{1-\left(\dfrac{\omega}{\omega_0}\right)^2+j\dfrac{1}{Q}\dfrac{\omega}{\omega_0}} \\ \dot{A}_u(jf)=\dfrac{A_{up}}{1-\left(\dfrac{f}{f_0}\right)^2+j\dfrac{1}{Q}\dfrac{f}{f_0}}\end{cases} \tag{5.68}$$

由式(5.68)可以画出这种二阶有源低通滤波电路在不同 Q 值下的对数幅频特性，见图 5.46。

由图 5.46 可以看出，这种二阶滤波电路的对数幅频特性在 $f=f_0$ 附近得到了提升。当 $Q=0.707$ 时，幅频特性最平坦，而当 $Q>0.707$ 时将出现峰值。因此，选取合适的 Q 值，可使 $f=f_0$ 附近的对数幅频特性接近于理想的水平线。由图还可见，当 $f=f_0$ 和 $Q=0.707$ 的情况下，$20\lg|A_u/A_{up}|=-3$ dB；而当 $f=10f_0$ 时，$20\lg|A_u/A_{up}|=-40$ dB。显然，它比一阶低通电路的滤波效果要好得多。

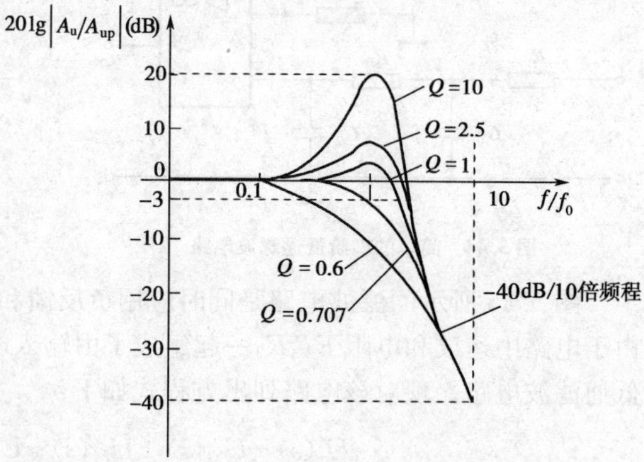

图 5.46 二阶压控电压源低通滤波电路的幅频特性

应当指出，这种滤波电路的 A_{up} 应小于$[1+R_1C_2+R_2C_2/(R_1C_1)]$，否则传递函数分母中 s 的一次项的系数将为负，滤波电路不能稳定工作。当 $R_1=R_2=R$，$C_1=C_2=C$ 时，应有 $A_{up}=1+(R_F/R_3)=A_{uf}<3$，即 R_F 必须小于 $2R_3$。

(3) 二阶无限增益多路反馈低通滤波电路

在二阶压控电压源低通滤波电路中，输入信号加在运放的同相输入端，且由于 C_1 的接法在电路中引入了一定量的正反馈。为避免电路参数不合适时产生自激振荡，A_{up} 必须小于 3。

如果将输入信号加到运放的反相输入端，就组成了反相输入的二阶低通滤波电路，如

图 5.47所示。在此电路中，要求运放的开环增益大于60 dB，通常大于 80 dB(即 $A_{od}>10^4$)，集成运放可看成是"无限增益放大电路"。电路中由电容 C_2 和电阻 R_F 组成两路反馈，其反馈系数与信号频率有关。因此，这种有源滤波电路被称为无限增益多路反馈低通滤波电路。

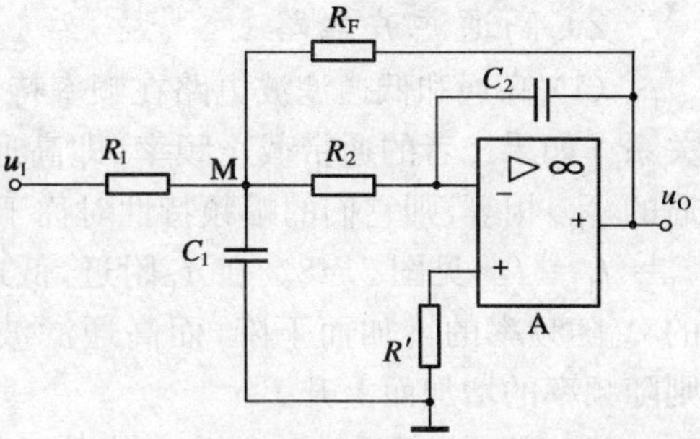

图 5.47　二阶无限增益多路反馈低通滤波电路

利用输出电压与 M 点电位的关系，并写出 M 点处的节点电流方程式，可推导出该滤波电路的传递函数为：

$$A_u(s)=\frac{-\dfrac{R_F}{R_1}}{1+sC_2R_2R_F\left(\dfrac{1}{R_1}+\dfrac{1}{R_2}+\dfrac{1}{R_F}\right)+s^2C_1C_2R_2R_F}\tag{5.69}$$

令

$$A_{up}=-\frac{R_F}{R_1}$$

$$\omega_0^2=\frac{1}{C_1C_2R_2R_F}\tag{5.70}$$

$$Q=(R_1/\!/R_2/\!/R_F)\sqrt{\frac{C_1}{R_2R_FC_2}}$$

即可将式(5.69)写成形如式(5.67)低通滤波电路传递函数的一般表达式。由式(5.69)的分母可见，各系数均为正值，故这种滤波电路不会因 R_F/R_1 过大而产生自激振荡。

【例 5.9】 设计一个二阶压控电压源低通滤波电路，其截止频率 $f_H=100$ Hz，$Q=0.707$，并求出电路中的 R、C 参数值。

解　(1) 根据对低通滤波电路截止频率 $f_H=1/(2\pi RC)$ 的要求，首先选择 C 值。选取的原则是：C 值不宜太大，即 $C\leqslant 1\ \mu$F，R 选在 kΩ 至 MΩ 范围内。因此，选择 $C_1=C_2=C=0.01\ \mu$F，则

$$R_1=R_2=R=\frac{1}{2\pi f_HC}=\frac{1}{2\pi\times100\times0.01\times10^{-6}}\approx159.2\ \text{k}\Omega$$

选取 $R=160$ kΩ(标称电阻)。

(2) 根据式(5.66)及题目要求的 Q 值，求同相比例运算电路的 R_F 和 R_3 值。当 $R_1=R_2=R$，$C_1=C_2=C$ 时，由式(5.66)得 $Q=1/(3-A_{up})=0.707$，从而得出：

$$A_{up}\approx1.586=1+\frac{R_F}{R_3}$$

取 $R_3=300$ kΩ，则 $R_F=0.586\times300=175.8$(kΩ)，可选取 R_F 为 180 kΩ。为了满足题中所提出的性能要求，该低通滤波电路中的 R、R_F 和 R_3 都选用精密电阻。

2) 高通滤波电路

(1) 高通和低通滤波电路在频率特性上的对偶关系。如果二者的通带截止频率(即高通的 f_L和低通的 f_H)相等,则它们的幅频特性对称于垂直线$f=f_P=f_L=f_H$,见图5.48。在 f_P附近,低通滤波电路的 A_u随频率的增加而下降,而高通滤波电路的 A_u则随频率的增加而上升。

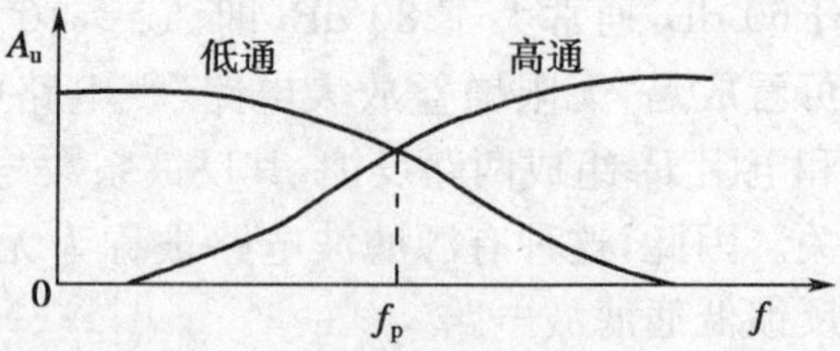

图5.48　高、低通滤波电路在频率特性上的对偶关系

(2) 高通与低通滤波电路在传递函数上的对偶关系

例如,图5.49(a)是一个低通滤波电路,其传递函数为 $A_{uL}(s)=1/(1+sCR)$。如果将图中的 sC 换成 $1/R$,而将 R 换成 $1/(sC)$,则传递函数变为 $A_{uH}(s)=sCR/(1+sCR)$,它对应于图5.49(b)的高通滤波电路。

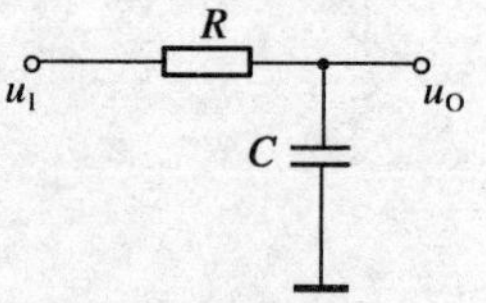

(a) 低通滤波电路

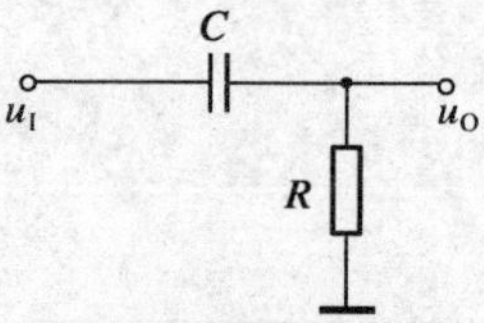

(b) 高通滤波电路

图5.49　无源滤波电路

(3) 高通和低通滤波电路在电路结构上的对偶关系

由上述传递函数的对偶关系和 R、C 元件的运算阻抗表达式,不难看出高通和低通滤波电路在电路结构上的对偶关系。把低通滤波电路传递函数中的 sC 换成 $1/R$ 以及把 R 换成 $1/(sC)$,相当于在电路中把不起滤波作用的 C 换成 R 以及把不起滤波作用的 R 换成 C。如此变换以后,低通滤波电路就转化为高通滤波电路了。

由于上述对偶关系,就可以从各种类型的低通滤波电路直接得出相应的高通滤波电路。下面介绍一个低通、高通滤波电路的应用实例。

【例5.10】　图5.50(a)是一个两路分频放音系统中的滤波电路部分。因为大扬声器的低音效果好,但高音效果较差,所以用一只大扬声器作为主要扬声器,而用一只或几只高音扬声器作为辅助扬声器,就可得到比较好的音响效果。

两路分频将放音分成两个频段,分别用两只大小不同的扬声器放出中高音和低中音。在图5.50(a)中,分频滤波电路的信号来自前置放大电路,而这个信号又可能来自唱机、收录机或其他声源。分频滤波电路由一个二阶压控电压源高通滤波电路和一个二阶压控电压源低通滤波电路组成,其对数幅频特性的一部分如图5.50(b)所示。图中 f_0为分频点,也是高通和低通滤波器的截止频率。选定 f_0,利用相应的公式,不难设计出滤波电路的参数。滤波电路的输出分别接到各自的功率放大电路,最后由高音扬声器和低音扬声器放音。

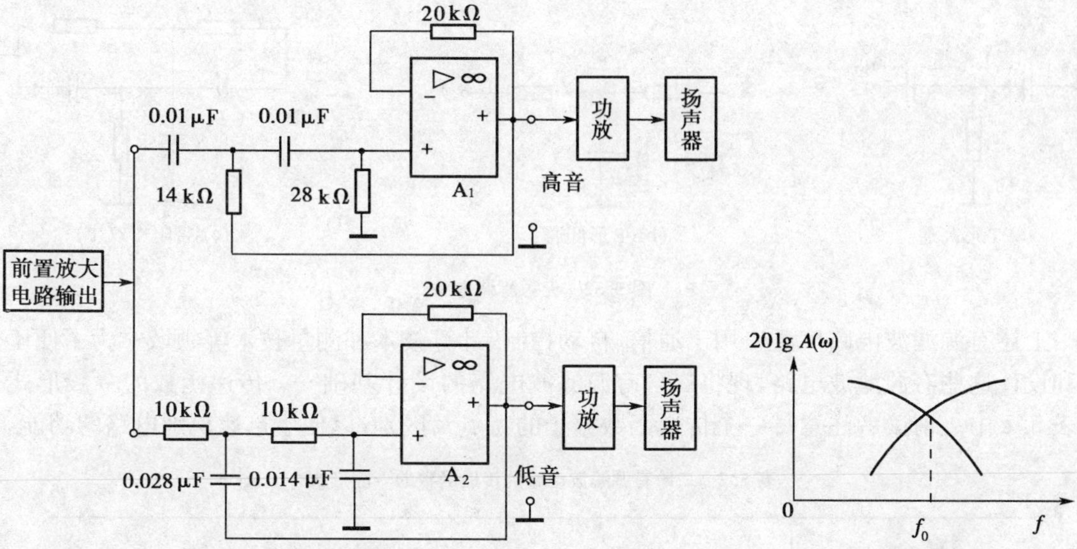

(a) 电路　　　　(b) 对数幅频特性

图 5.50　例 5.10 图

3）带通滤波电路

将带通滤波电路的幅频特性(见图 5.51)与低通和高通滤波电路的幅频特性[图 5.41(a)和(b)]相比,不难看出,如果低通滤波电路的上限截止频率(对应图 5.51中带通滤波电路的 f_H)高于高通滤波电路的下限截止频率(对应于图 5.51 中带通滤波电路的 f_L),则把这样的两个低通与高通滤波电路串接,就可组成带通滤波电路。在低频时整个滤波电路的幅频特性取决于高通滤波电路;而在高频时取决于低通滤波电路。这样组成的带通滤波电路通频带较宽,通带的上、下限截止频率也容易调节。但缺点是所用元器件较多。

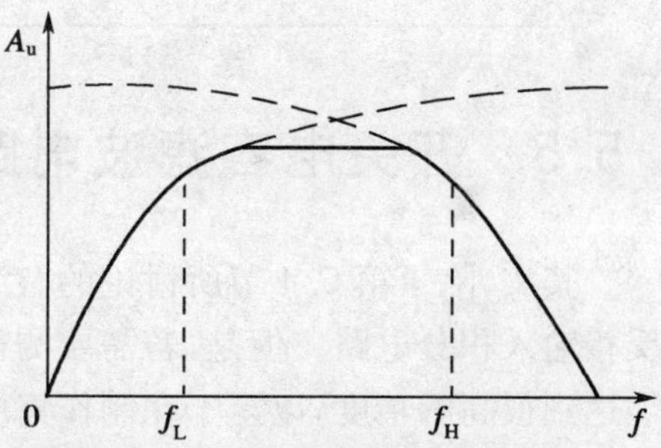

图 5.51　带通滤波电路幅频特性的合成

如要组成较简单的带通滤波电路,可将图 5.44 所示的二阶低通滤波电路中两节 RC 电路的一节改为高通接法,并对电路做某些必要的改动,就可以组成二阶带通滤波电路。

4）带阻滤波电路

如果将低通和高通滤波电路并联,则在低通上限截止频率小于高通下限截止频率的条件下,可以组成带阻滤波电路。所以要并联,是因为在低频时只有低通滤波电路起作用而高通滤波电路不起作用,在频率较高而低通滤波电路不起作用之后,仍需要高通滤波电路起作用。但是,有源滤波电路并联比较困难,电路元件也比较多。因此,常用无源的低通和高通滤波电路并联,组成无源带阻滤波电路,再将它与集成运放组成有源带阻滤波电路。图 5.52(a)是一个 T 形无源高通滤波电路,图 5.52(b)是一个 T 形低通滤波电路,并联以后就形成了如图 5.52(c)所示的无源带阻滤波电路,通常称为双 T 带阻滤波电路。

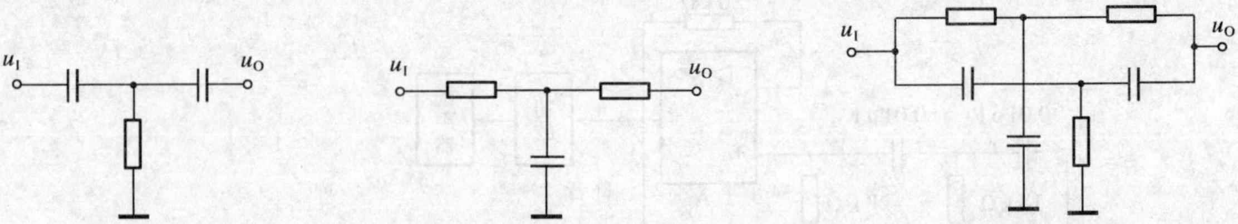

(a) T形高通　(b) T形低通　(c) 带阻（双T）

图 5.52　无源滤波电路

上述有源滤波电路广泛应用于通信、自动控制、计算技术和测量技术等领域。为了便于分析和设计这些有源滤波电路，现将二阶有源滤波电路的设计基础——传递函数的一般形式列于表 5.2 中。请读者注意每一个传递函数分子的特点及区别，以便于迅速识别电路的功能。

表 5.2　二阶有源滤波电路的传递函数的一般形式

低　通	高　通	带　通	带　阻
$\dfrac{A_{up}\omega_0^2}{s^2+\dfrac{\omega_0}{Q}s+\omega_0^2}$	$\dfrac{A_{up}s^2}{s^2+\dfrac{\omega_0}{Q}s+\omega_0^2}$	$\dfrac{A_{up}\dfrac{\omega_0}{Q}s}{s^2+\dfrac{\omega_0}{Q}s+\omega_0^2}$	$\dfrac{A_{up}(s^2+\omega_0^2)}{s^2+\dfrac{\omega_0}{Q}s+\omega_0^2}$

5.5　开关电容滤波电路

其实，除了第 5.4 节所讨论的有源滤波电路以外，最基本的滤波单元还有图 5.12 所示的反相输入积分电路。但是，若需要测得精确的时间常数，则该积分电路中的电阻值、电容值必须达到很高的精度，以至于在制作集成电路时有较大的难度。随着 MOS 器件工艺的发展，出现了由 MOSFET 开关、电容和集成运放组成的开关电容滤波电路。这种滤波电路现已得到了越来越多的应用。究其原因，主要是它的特性与每一电容的精度无关，而仅与电容量之比的准确度有关。在集成电路中电容量之比主要取决于每只电容的电极面积，故极易获得准确的电容之比，因为采用集成工艺可将电容电极面积做得较为精确。

自 20 世纪 80 年代以来，开关电容电路已被广泛用于滤波器、振荡器、平衡调制器和自适应均衡器等各种模拟信号处理电路中。由于开关电容滤波电路采用了 MOS 工艺，其尺寸小、功耗低、工艺过程较简单，易于制成大规模集成电路，所以当前开关电容滤波电路的性能已经达到了相当高的水平，大有取代一般有源滤波器的趋势。

5.5.1　基本原理

开关电容滤波电路的基本原理是：在该电路的两个节点之间接有带高速开关的电容，工作时等效于在两个节点间串联一只电阻，如图 5.53 所示。图中 φ 和 $\bar{\varphi}$ 是一对互补的脉冲信号：当 φ 为高电平时，$\bar{\varphi}$ 为低电平；当 φ 为低电平时，$\bar{\varphi}$ 为高电平。且当 φ 为高电平时 VT_1 导通、VT_2 截止，反之亦然。

当 VT_1 导通时，电路输入电压 u_I 对电容 C_1 充电，充电电荷为 $Q_1=C_1u_I$。但当 VT_1 截止、VT_2 导通时，电容 C_1 放电，Q_1 输送到电容 C_2 上。因此在一个时钟脉冲周期内，节点 1、2 之间的平均电流：

$$i=Q_1/T_C=C_1u_1/T_C \tag{5.71}$$

式中：T_C 为时钟脉冲信号周期。如果时钟频率 f_C 足够高，则可认为电流是连续的，因而节点 1、2 之间可以等效为一只电阻 R：

$$R=u_I/i=T_C/C_1 \tag{5.72}$$

于是，图 5.53(b)的积分电路的等效时间常数为：

$$\tau=RC_2=T_CC_2/C_1 \tag{5.73}$$

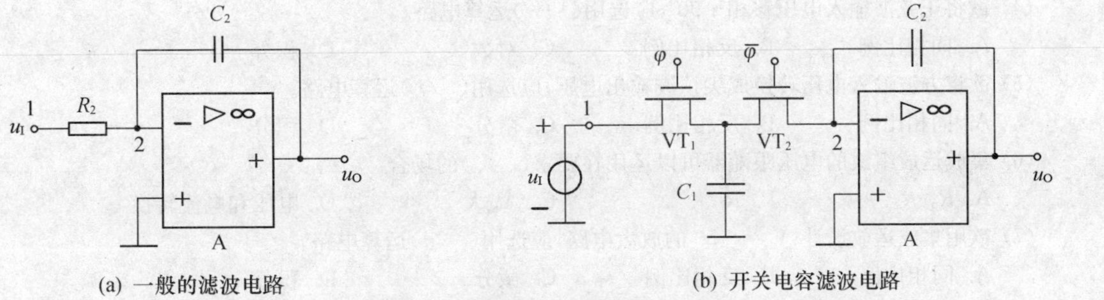

图 5.53　开关电容滤波电路的原理说明

由式(5.73)可知，影响开关电容滤波电路频率特性的时间常数 τ 与时钟周期 T_C 和电容比 C_2/C_1 的乘积成正比。基于此，写出该滤波电路的通带截止频率为：

$$f_0=1/(2\pi\tau)=(f_CC_1)/C_2 \tag{5.74}$$

显然，只要选取合适的时钟周期 T_C 和电容比 C_1/C_2，就能获得相应的通带截止频率 f_0。

5.5.2　开关电容滤波电路的非理想效应

在集成电路中有许多不可避免的寄生效应，会引起集成芯片的非理想效应。开关电容滤波电路的非理想效应主要包括以下几个方面的因素：

(1) 开关的非理想效应：在开关电容滤波电路中，开关由 MOS 器件构成，其导通时的电阻并不为零，同时存在着寄生电容和漏电流。

(2) 电容的欠精确性：在开关电容滤波电路中，时间常数与电容量的比值有关。目前通常采用的 CMOS 工艺可达到 0.1％的匹配精度，但仍会带来一定的误差。

(3) 非理想集成运放的影响：包括输入失调电压、有限带宽、输出电阻和噪声等。

(4) 开关电容滤波电路中的噪声。

虽然存在着上述非理想因素的影响，但由于开关电容滤波电路的通带截止频率只取决于时钟频率 f_C 和电容量之比 C_1/C_2，所以采取相关的措施即可实现高精度和高稳定性，且便于集成。现在国内外已有多家公司都生产集成开关电容滤波器，如：Maxim，Linear Technology 等。目前开关电容滤波电路正在朝着高频的方向发展，某些型号的产品带宽噪声已非常小，能够对微伏数量级的有用信号进行滤波。

习　题　5

5.1　单项选择题(将下列各小题正确选项前的字母填在题中的括号内)

(1) 虚地和虚断路的分析方法只有在具有(　　)的集成运放应用电路中使用。

A. 负反馈　　B. 正反馈　　C. 开环　　D. 无反馈

(2) 设下列4种运放应用电路中所用的全部电阻大小均相同,其中交流输入阻抗最大的是(　　)运算电路。

A. 同相比例　　B. 反相比例　　C. 微分　　D. 积分

(3) 以下4种运算电路中,对集成运放共模抑制比要求最高的是(　　)运算电路。

A. 同相比例　　B. 反相比例　　C. 微分　　D. 积分

(4) 欲将正弦波输入电压移相+90°,应选用(　　)运算电路。

A. 同相比例　　B. 反相比例　　C. 对数　　D. 积分

(5) 欲将方波输入电压转换成尖顶波输出电压,应选用(　　)运算电路。

A. 同相比例　　B. 反相比例　　C. 微分　　D. 积分

(6) 集成运放组成的电压跟随器可以运用在要求(　　)的场合。

A. R_o 大　　B. R_i 大　　C. A_u 大　　D. 电压和电流转换

(7) 欲用集成运放设计 $A_u=-50$ 的放大电路,应选用(　　)运算电路。

A. 同相比例　　B. 反相比例　　C. 微分　　D. 积分

(8) 要实现增益可以控制的放大电路,可以选用(　　)运算电路。

A. 除法　　B. 乘法　　C. 对数　　D. 指数

(9) 欲将正弦波电压叠加上一个直流电压,应选用(　　)运算电路。

A. 乘法　　B. 加法　　C. 微分　　D. 积分

(10) 带阻滤波电路可以用(　　)组成。

A. 低通和高通滤波电路并联　　B. 低通和高通滤波电路串联

C. 带通和反相器串联　　D. 带通滤波电路和减法电路串联

(11) 为了获得输入电压中的低频信号,应选用(　　)滤波电路。

A. 高通　　B. 低通　　C. 带通　　D. 带阻

(12) 为要设计高频率稳定度和高精度的滤波器,应选用(　　)滤波电路。

A. 高通　　B. 有源　　C. 无源　　D. 开关电容

(13) 以下4种由集成运放组成的应用电路中,属于非线性应用电路的是(　　)。

A. 有源低通滤波器　　B. 除法运算电路

C. 过零电压比较器　　D. 开关电容滤波电路

5.2　在图5.54所示的电路中,$R_2=R_4=30\ \text{k}\Omega$,$R_3=1\ \text{k}\Omega$,$R_1=100\ \text{k}\Omega$,$u_I=0.5\ \text{V}$。

(1) 求出输出电压 u_O 之值;

(2) 如果反馈回路中改接单一的电阻 R_F,同时欲保持 u_O/u_I 不变,问 R_F 应为多大?

(3) 如果把 R_3 的接地端改接虚地点,在同样的 u_I 作用下,u_O 是否改变,说明其中的原因。

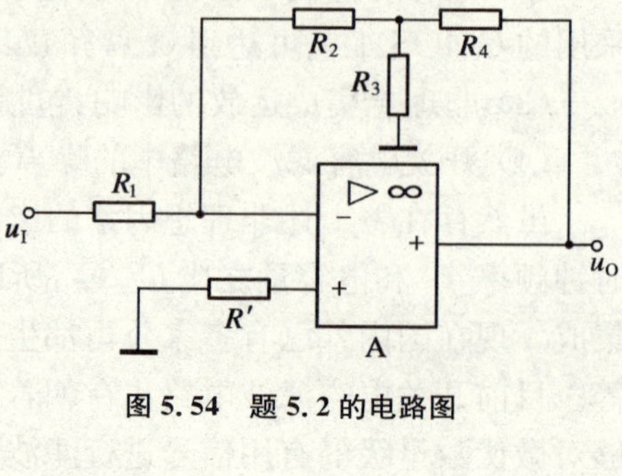

图5.54　题5.2的电路图

5.3 在图 5.3 所示的同相输入比例运算电路中，设集成运放的最大输出电压为±12 V，$R_1=10\ \text{k}\Omega$，$R_F=90\ \text{k}\Omega$，$R'=R_1/\!/R_F$，$u_I=0.5$ V。求正常情况下的 u_O。如果 R_1 因虚焊而断开，电路处于什么工作状态？u_O 是多大？如果 R_F 断开，情况又如何？

5.4 电路如图 5.55 所示。当开关 S 断开和接通时，说明电路的功能，并求 u_O/u_I＝？

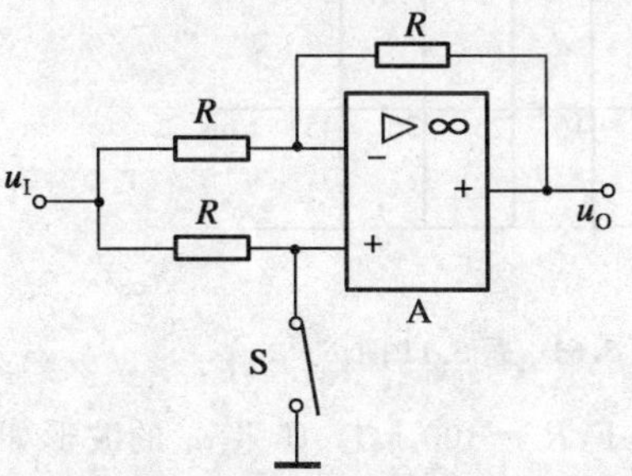

图 5.55 题 5.4 电路

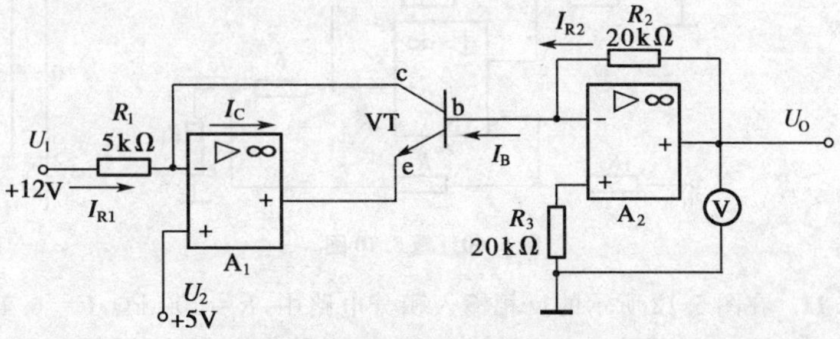

图 5.56 题 5.5 的 β 测量电路

5.5 由集成运放组成的 BJT 的 β 测量电路如图 5.56 所示。设 BJT 的 $U_{BE}=0.7$ V。

(1) 计算出 e、b、c 各点电压的大致数值；

(2) 若电压表读数为 0.8V，试求被测 BJT 的 β 值。

5.6 求图 5.57 所示电路的输入电阻，以及使输入电阻为最大值的条件。

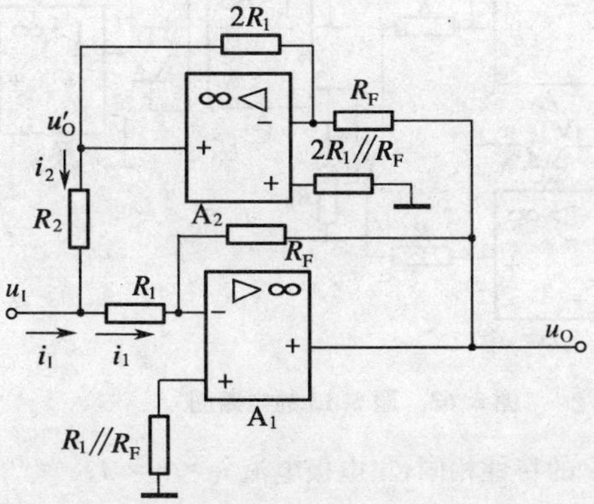

图 5.57 题 5.6 图

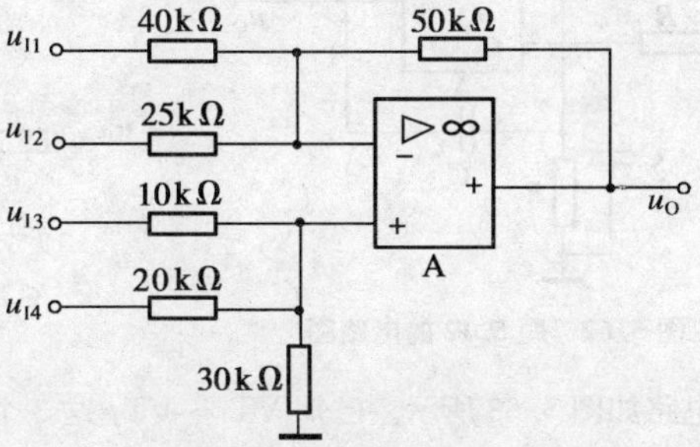

图 5.58 题 5.7 图

5.7 集成运放运算电路如图 5.58 所示。试写出输出电压 u_O 的表达式。

5.8 试用集成运放外加电阻元件，设计实现 $u_O=4.5u_{I1}+0.5u_{I2}$ 的运算电路。

5.9 图 5.59 是一个放大倍数可以进行线性调节的运算电路。试说明各运放的功能，并推导 $u_O/(u_{I1}-u_{I2})$ 的表达式。

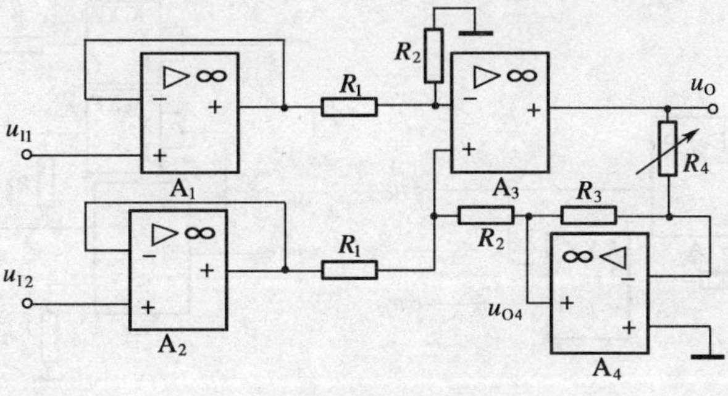

图 5.59 题 5.9 图

5.10　电路如图5.60所示，写出 i_O 的表达式。确定在什么条件下 i_O 与 R_L 无关，使该电路作为电压控制电流源。并求出 i_O 的表达式 $i_O=f(u_I)$。

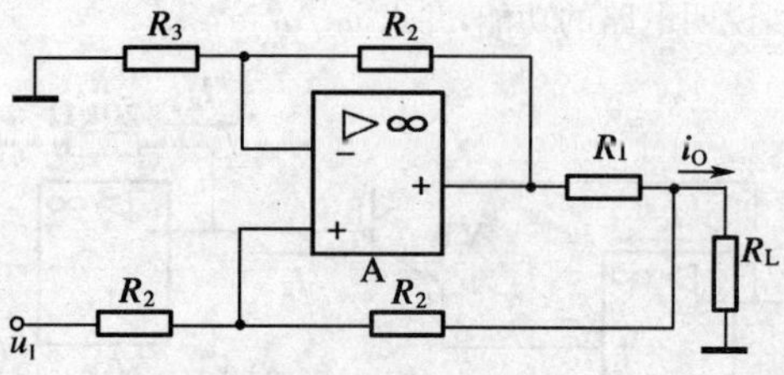

图5.60　题5.10图

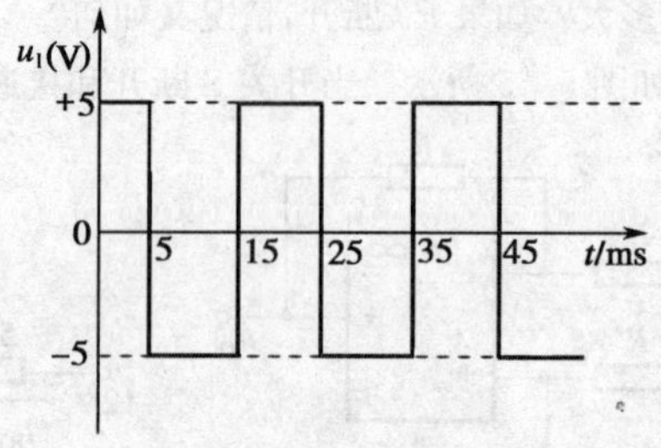

图5.61　题5.11图

5.11　在图5.12所示的反相输入积分电路中，$R=100\ \text{k}\Omega$，$C=0.1\ \mu\text{F}$，$R'=100\ \text{k}\Omega$。如果 u_I 的波形如图5.61所示，$u_C(0)=0$ V，画出 u_O 的波形，计算出其幅值。如果 $u_I=5\sin 2\pi\times 80t$(V)，并且要求 u_O 的稳态幅值为5 V，求 R 值，并画出 u_O 和 u_I 的波形图。

5.12　电路如图5.62所示，试推导它的传递函数，并证明 $u_O=\dfrac{1}{RC}\int u_I\,\mathrm{d}t$，从而说明它是一个同相积分电路。

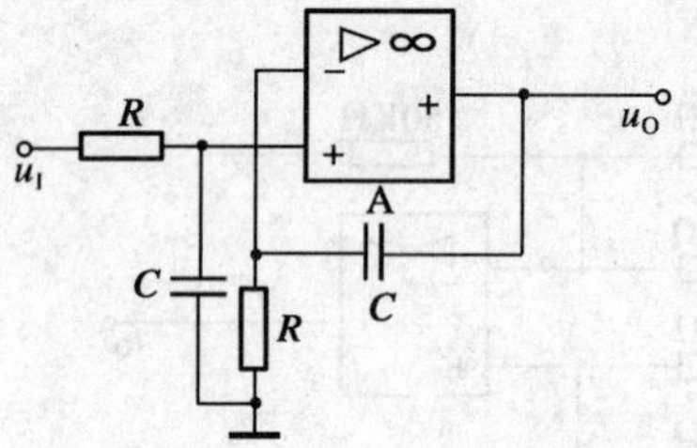

图5.62　题5.12的电路图

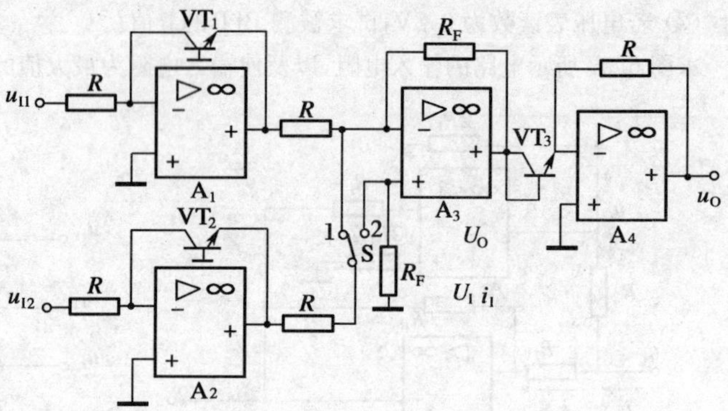

图5.63　题5.13的电路图

5.13　电路如图5.63所示。已知 $VT_1\sim VT_3$ 这3个BJT的特性相同，集电极电流 $i_C\approx i_E\approx I_S e^{u_{BE}/U_T}$，电阻比 $R_F/R=n$。试求开关S在位置1或2时的输出电压 u_O 的表达式。

5.14　用模拟乘法电路组成实现 $u_O=K\sqrt{u_X^2+u_Y^2}$ 的运算电路，画出电路图。

5.15　分析图5.64所示电路的正常工作条件，推导 u_O 与 u_{I1}、u_{I2} 的关系，并与图5.40比较，说明其特点。

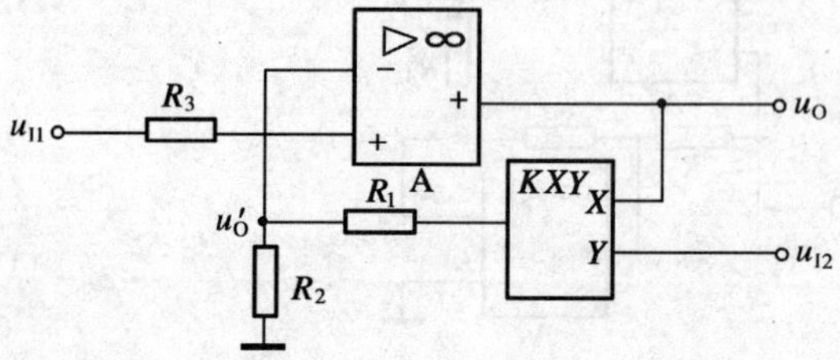

图5.64　题5.15电路

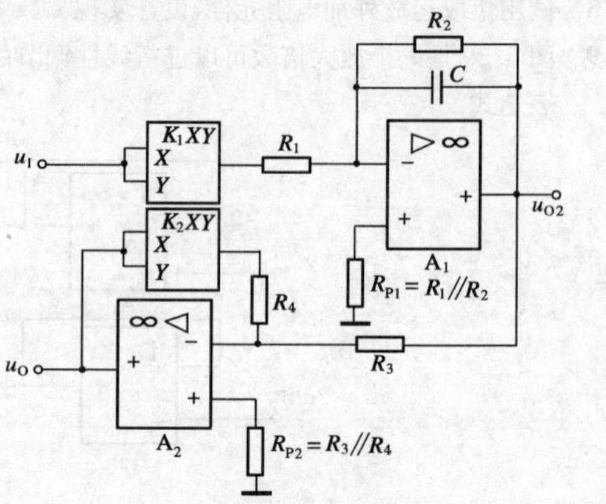

图5.65　题5.16图

5.16 一种有效值检测电路如图 5.65 所示。若 $R_2 \to \infty$，试证明 $u_O = \sqrt{\frac{1}{T}\int_0^T u_I^2(t)\mathrm{d}t}$。

5.17 在下列 4 种情况下，应分别选用哪一类滤波电路（低通、高通、带通或带阻）？

(1) 有用信号频率为 7 kHz；

(2) 有用信号频率低于 500 Hz；

(3) 要求抑制 50 Hz 交流电源的干扰；

(4) 要求抑制 1 kHz 以下的信号。

5.18 电路如图 5.66 所示。试推导出 $U_{O1}(s)/U_I(s)$ 和 $U_O(s)/U_I(s)$ 的表达式，并判断滤波电路的功能。

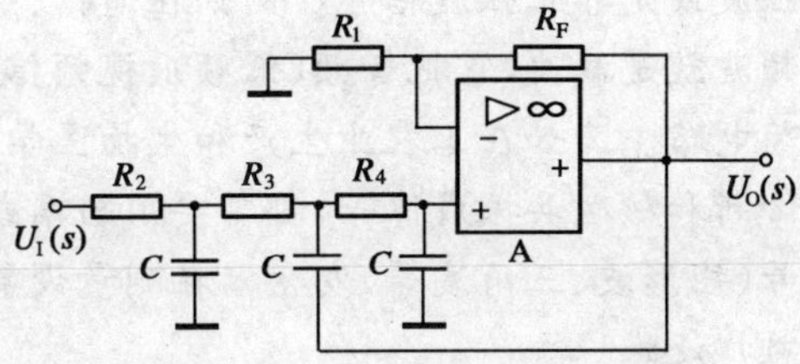

(a)

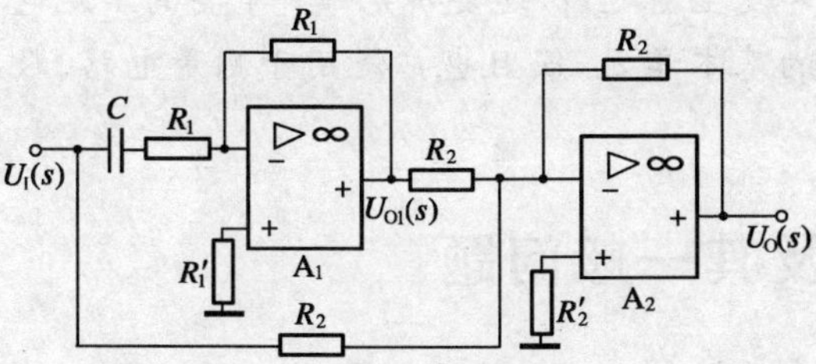

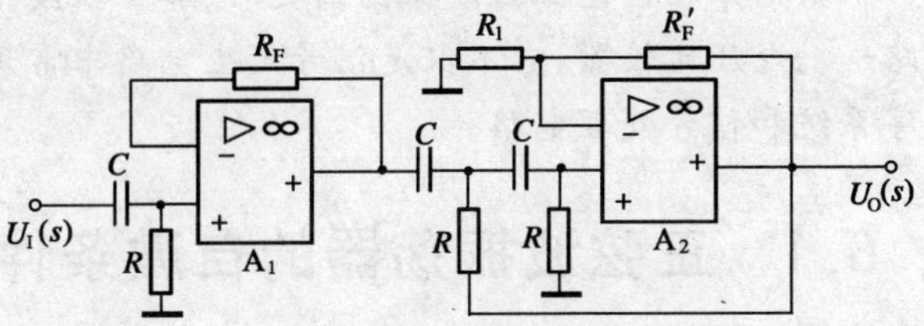

(b)

图 5.66 题 5.18 图 **图 5.67 题 5.19 的电路图**

5.19 图 5.67(a)和(b)的电路分别是几阶滤波电路？属于哪种类型？写出它们的 A_{up} 的表达式。

5.20 电路如图 5.68 所示。推导出 $U_O(s)/U_I(s)$ 的表达式，指出它属于哪一种类型的滤波电路。

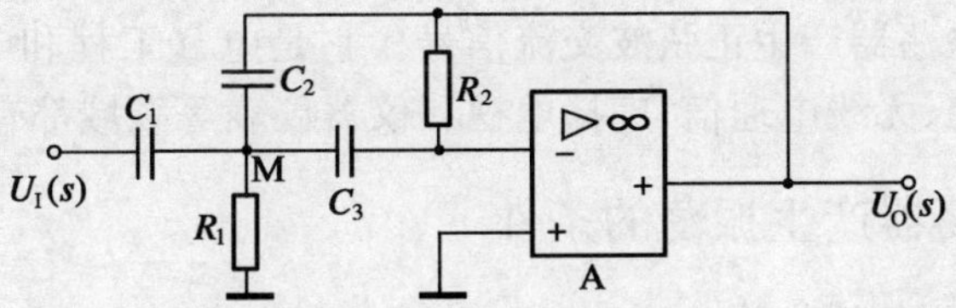

图 5.68 题 5.20 的电路图

6 信号产生电路

引言 在工程实际中，广泛采用各种类型的信号产生电路，就其波形而言，所产生的可能是正弦波或是非正弦波信号。例如在通信、广播和电视系统中，都需要射频(高频)发射，这里的射频波就是载波，它把音频(低频)、视频信号或脉冲信号载运出去，这就需要产生高频信号的振荡电路。又如在工农业生产和生物医学工程中，高频感应加热、熔炼、淬火、超声波焊接、超声诊断和核磁共振成像等，都需要用功率或大或小、频率或高或低的振荡器。同样，非正弦波信号(矩形波、三角波等)发生器在测量设备、仪器仪表、数字通信和自动控制系统中的应用也日益广泛。

第 6 章在讨论正弦波振荡器之后、非正弦波信号发生器之前，还要研究一种重要的单元电路——电压比较器，它不仅是信号产生电路中常用的基本单元，而且也广泛用于测量电路、数字系统和信号处理电路。

6.1 正弦波振荡器的自激条件及其一般问题

信号产生电路(亦称振荡器)用来产生一定频率和幅度的交流周期信号，它是在基本放大电路的基础上加接正反馈网络构成的。按照产生的波形，分为正弦波振荡器(包括 *RC* 桥式振荡器、*LC* 振荡器和石英晶体振荡器等)和非正弦波信号发生器(如产生方波、三角波、锯齿波等)两大类。

顾名思义，正弦波振荡器产生正弦波交流信号。它是电气工程和电子信息工程中主要使用的信号源之一，在测控、无线电通信、广播电视和仪器仪表等领域都有着广泛的应用。

6.1.1 正弦波振荡器产生振荡的条件

正弦波振荡器的振荡条件与第 4.6.1 节负反馈放大电路的自激条件极为相似，只不过负反馈放大电路的自激振荡是在某一信号频率处产生附加相移 $\varphi_{AF}=180°$、负反馈变成正反馈时出现的一种物理现象，而正弦波振荡器是有意引入正反馈，目的就是要使它振荡起来，此时净输入信号 $\dot{X}_{id}$ 由反馈信号 $\dot{X}_f$ 来维持。

1) 相位平衡条件和幅值平衡条件

在图 6.1 正弦波振荡器的方框图中，基本放大电路 $\dot{A}$ 的输出信号 $\dot{X}_o$，通过反馈网络 $\dot{F}$ 馈送到它的输入端。注意，与图 4.8 不同，反馈信号 $\dot{X}_f$ 送到比较环节输入端为"+"号，即把电路接成了正反馈系统，而且输入信号 $\dot{X}_i=0$，反馈信号 $\dot{X}_f$ 完全等于净输入信号 $\dot{X}_{id}$，这就形成

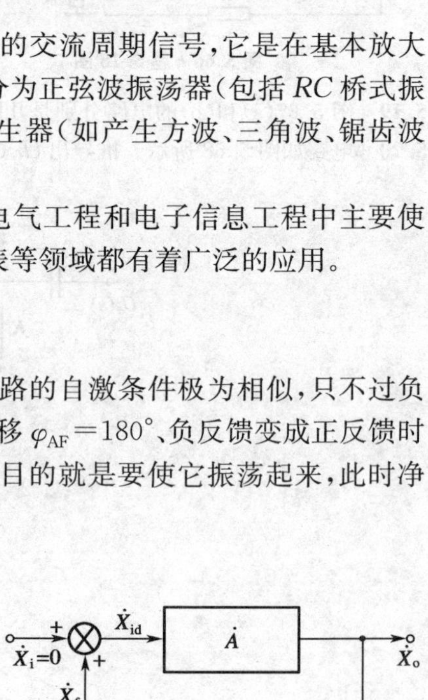

图 6.1 正弦波振荡器的框图

了无输入信号、也有输出信号 $\dot{X}_o$ 的状况，即产生了自激振荡①。因此，由图 6.1 可写出闭环系统的表达式如下：

$$\dot{X}_f=\dot{F}\dot{X}_o,\ \dot{X}_o=\dot{A}\dot{X}_{id}$$

此时 $\dot{X}_f=\dot{X}_{id}$，故有：

$$\dot{F}\dot{X}_o=\frac{\dot{X}_o}{\dot{A}}$$

即环路增益为：

$$\dot{A}\dot{F}=1 \tag{6.1}$$

式(6.1)就是正弦波振荡器维持等幅振荡的条件。

式中：$\dot{A}$、$\dot{F}$ 为复数，$\dot{A}=A\angle\varphi_A$，$\dot{F}=F\angle\varphi_F$。

由环路增益 $\dot{A}\dot{F}=AF\angle(\varphi_A+\varphi_F)=1$ 得到：

(1) 相位平衡条件为：

$$\varphi_{AF}=\varphi_A+\varphi_F=2n\pi \qquad n=0,1,2,\cdots \tag{6.2}$$

式中：φ_A 和 φ_F 分别表示基本放大电路 $\dot{A}$ 和反馈网络 $\dot{F}$ 的相移。式(6.2)说明了整个环路的相移等于 $2n\pi$，亦即反馈信号 $\dot{X}_f$ 与 $\dot{X}_{id}$ 同相。

(2) 幅值平衡条件为：

$$AF=1 \tag{6.3}$$

式(6.3)表明，环路增益 $\dot{A}\dot{F}$ 的幅值 AF 等于 1，也就是说，反馈信号幅值 X_f 与净输入信号幅值 X_{id} 相等。可见幅值平衡条件是电路中自激振荡已建立、并进入稳态时必须满足的条件。

2) 起振条件与稳幅原理

式(6.3)只是正弦波振荡器维持振荡的幅值条件。欲使振荡从无到有、从小到大地建立起来，除了要满足相位平衡条件($\varphi_{AF}=2n\pi$)外，还需要满足电路的起振条件：

$$AF>1 \tag{6.4}$$

只有这样，起初极其微弱的干扰噪声信号才能经过放大、正反馈、再放大、再正反馈、…如此周而复始，循环不已，使信号幅度从小到大地建立起来，产生正弦波输出信号。

6.1.2 正弦波振荡器的组成及分析方法

1) 正弦波振荡器的组成部分

如上所述，为要产生正弦振荡，必须在电路的闭合环路内引入正反馈，故基本放大电路和正反馈网络是正弦波振荡器的主要组成部分。由于 $AF>1$，电路起振后形成增幅振荡，所以需要靠放大器件大信号运用时的非线性特性去限制幅度，使电路的增益下降，从而稳幅振荡时的环路增益 AF 降为 1。因此，振荡器需要有一个自动稳幅电路(通常采用负反馈电路来自动

① 图 6.1 中形成的闭环系统，略去了基本放大电路的输入阻抗对反馈网络的负载效应。

稳定输出电压的幅度)。而为了获得单一频率的正弦波信号,又应该有选频网络。通常将电路的选频网络与正反馈网络或基本放大电路合二为一。因选频网络用 RC 或 LC 等元器件组成,故振荡器由这些元器件来命名,如 RC 振荡器、LC 振荡器等。一般来说,正弦波振荡器由以下4个部分组成:基本放大电路、正反馈网络、选频网络和稳幅环节。

2) 正弦波振荡器的分析方法

(1) 检查振荡器的4个组成部分是否齐全

有时可缺省稳幅电路,但上述前3个部分缺一不可。

(2) 分析基本放大电路能否正常工作

主要检查基本放大电路的静态工作点设置得是否合理。

(3) 检查电路是否满足振荡条件

首先检查相位条件是否满足。可以用瞬时极性法,也可以直接用相位平衡条件。若电路未连接成正反馈,则它肯定不能振荡,需要改接线。

然后检查幅值条件和起振条件是否满足。若 $AF<1$,则不能振荡;若 $AF=1$,不能起振;若 $AF>1$,则能起振,但无稳幅措施,振荡输出波形也会失真。工程中一般取 AF 略大于1,起振后稳幅环节使电路自动达到 $AF=1$,即可产生幅度稳定、几乎不失真的振荡信号。工程中常通过选取放大电路的元器件参数,使其满足幅值平衡条件。

(4) 估算振荡频率 f_0(或 ω_0)

所求振荡频率 f_0 的数值取决于选频网络的参数。

应当注意的是,由于正弦波振荡器中的放大器件是工作在线性区(RC 振荡电路)或接近线性区(LC 振荡电路),所以在分析中可以近似按线性电路来处理。

6.2 RC桥式正弦波振荡器

6.2.1 RC串并联网络的选频特性

RC 正弦波振荡器一般用来产生1 Hz~1 MHz范围内的低频信号。按照选频网络结构的不同,RC 正弦波振荡电路分为 RC 串并联网络(桥式)、移相式和双T电路等类型。工程实际中最常用的是 RC 桥式振荡器,因而它也是第6章所要讨论的重点内容之一。

图6.2的电路由 R_1、C_1 串联臂和 R_2、C_2 并联臂组成,该电路在 RC 桥式振荡器中既是反馈网络又是选频网络。现对于图6.2电路,列写出 R_1 与 C_1 的串联阻抗 Z_1、R_2 与 C_2 的并联阻抗 Z_2、网络输出电压 $\dot{U}_f$ 与输入电压 $\dot{U}_o$ 之比(即反馈系数 $\dot{F}$)的表达式分别如下:

$$Z_1=R_1+\frac{1}{j\omega C_1},\ Z_2=R_2/\!/\frac{1}{j\omega C_2}=\frac{R_2}{1+j\omega R_2C_2}$$

$$\dot{F}=\frac{\dot{U}_f}{\dot{U}_o}=\frac{Z_2}{Z_1+Z_2}=\frac{\dfrac{R_2}{1+j\omega R_2C_2}}{R_1+\dfrac{1}{j\omega C_1}+\dfrac{R_2}{1+j\omega R_2C_2}}$$

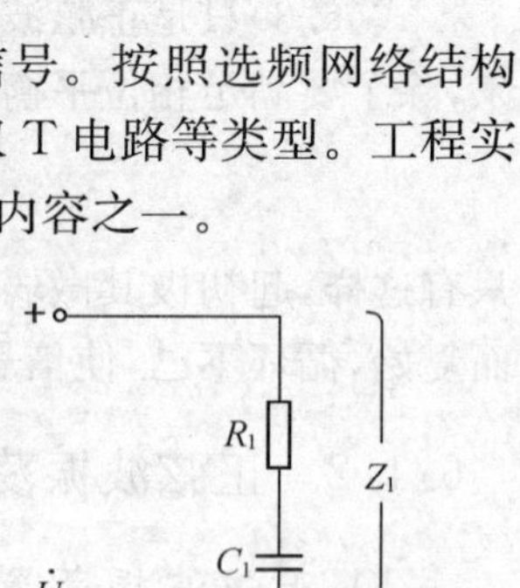

图6.2 RC串并联选频网络

$$=\frac{1}{1+\frac{R_1}{R_2}+\frac{C_2}{C_1}+\mathrm{j}\left(\omega R_1C_2-\frac{1}{\omega R_2C_1}\right)}$$

工程中常取 $R_1=R_2=R$，$C_1=C_2=C$，于是有：

$$\dot{F}=\frac{1}{3+\mathrm{j}\left(\frac{\omega}{\omega_0}-\frac{\omega_0}{\omega}\right)} \tag{6.5}$$

式中：

$$\omega_0=\frac{1}{RC} \tag{6.6}$$

是电路的特征角频率。而 $\dot{F}$ 的幅频特性和相频特性分别为：

$$F=\frac{1}{\sqrt{3^2+\left(\frac{\omega}{\omega_0}-\frac{\omega_0}{\omega}\right)^2}} \tag{6.7}$$

$$\varphi_F=-\arctan\frac{\frac{\omega}{\omega_0}-\frac{\omega_0}{\omega}}{3} \tag{6.8}$$

根据式(6.7)、式(6.8)可绘制 RC 串并联网络的选频特性，如图 6.3 所示。由图可见，当 $f=f_0$ 时反馈系数 $F=1/3$，达最大值，且此时相移 $\varphi_F=0°$，电路呈纯电阻性质，即 $\dot{U}_f$ 与 $\dot{U}_o$ 同相。而当 f 偏离 f_0 时，F 值急剧下降(且 $\varphi_F\neq 0°$)，信号几乎不能通过反馈网络。RC 串并联网络的上述选频特性说明了可以将它用做振荡器的选频网络。

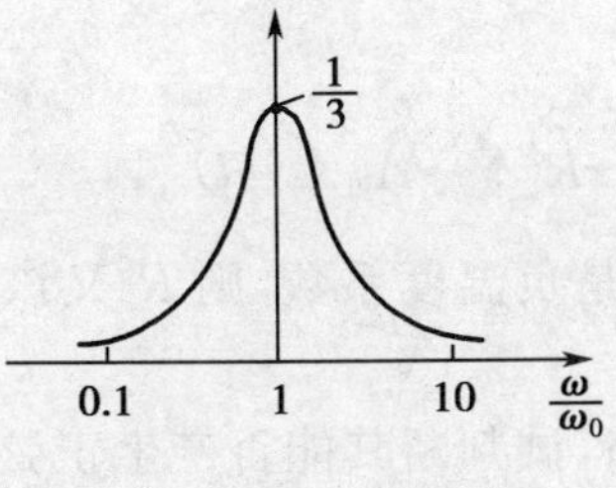

(a) 幅频特性

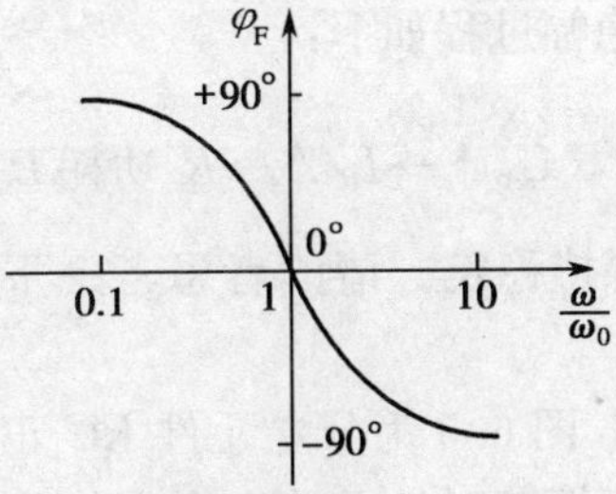

(b) 相频特性

图 6.3 *RC* 串并联网络的选频特性

6.2.2 *RC* 桥式正弦波振荡器的分析

1) 电路的构成

RC 桥式正弦波振荡器如图 6.4 所示。RC 串并联电路为正反馈网络(当 $f=f_0$ 时)，该电路中还设置了自动稳幅电路——R_F、R' 组成的负反馈网络。可见，由于电路中不仅 R_1C_1 串联臂、R_2C_2 并联臂、电阻 R_F 和热敏电阻 R' 构成了一个四臂电桥，而且集成运放的同相、反相输入端恰好是电桥的对角线，故将此电路称为 RC 桥式振荡器。

据前所述，在图 6.4 所示 RC 桥式振荡器中，当 $C_1=C_2=C$、$R_1=R_2=R$ 时，反馈系数幅值

F、选频网络的相移 φ_F 和振荡频率 f_0 分别为：

$$F=\frac{U_f}{U_o}=\frac{1}{3} \tag{6.9}$$

$$\varphi_F=0^\circ \tag{6.10}$$

$$f_0=\frac{1}{2\pi RC} \tag{6.11}$$

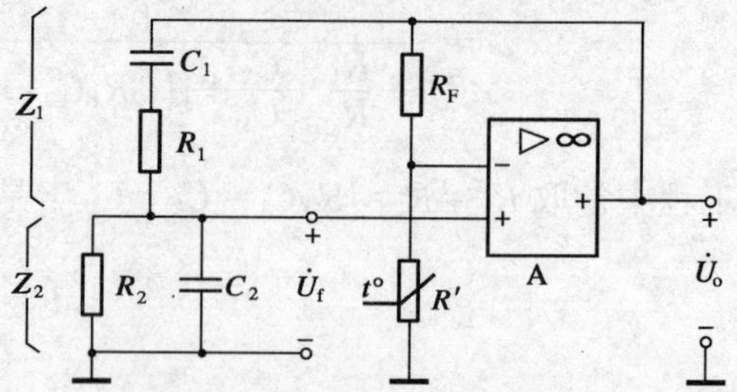

图 6.4　RC 桥式正弦波振荡器

因电路可满足起振条件 $AF>1$，故有基本放大电路的闭环电压增益 $A_{uf}>3$(请读者结合第 4 章所学知识，思考以下分析内容的由来)。运用瞬时极性法分析便知，R_F、R' 网络引入了电压串联负反馈，故闭环电压增益为：

$$A_{uf}=1+\frac{R_F}{R'}>3$$

因此该 RC 桥式振荡器的起振条件为：

$$R_F>2R' \tag{6.12}$$

而

$$R_F=2R' \tag{6.13}$$

是维持等幅振荡的幅值平衡条件。

2) RC 桥式振荡器的稳幅过程

当外界因素引起等幅振荡的幅值条件 $AF=1$ 发生变化时，则会引起振荡信号幅度不稳定。通常 RC 桥式振荡器的稳幅措施是，在基本放大电路的负反馈支路中接入热敏电阻 R'，以此来自动调整负反馈的强弱，维持输出电压的幅值 U_o 稳定。设图 6.4 中 R' 为正温度系数的热敏电阻，其稳幅过程如下：

$$U_o\uparrow\rightarrow I_{R'}\uparrow\rightarrow R'\text{功耗 }P_{R'}\uparrow\xrightarrow{\text{正温度系数}}R'\uparrow\rightarrow A_{uf}\downarrow\rightarrow U_o\downarrow$$

可见 U_o 幅值保持稳定。请读者思考一下，若热敏电阻是负温度系数，则 R' 又该设置在何位置呢？

【例 6.1】 图 6.5 为分立元件 RC 正弦波振荡电路，试判断其能否产生正弦波振荡？若能，求出其稳幅振荡时的 R_F 值，并求出振荡频率值。设 $R'=18\ \text{k}\Omega$，$R=470\ \text{k}\Omega$，$C=330\ \text{pF}$。

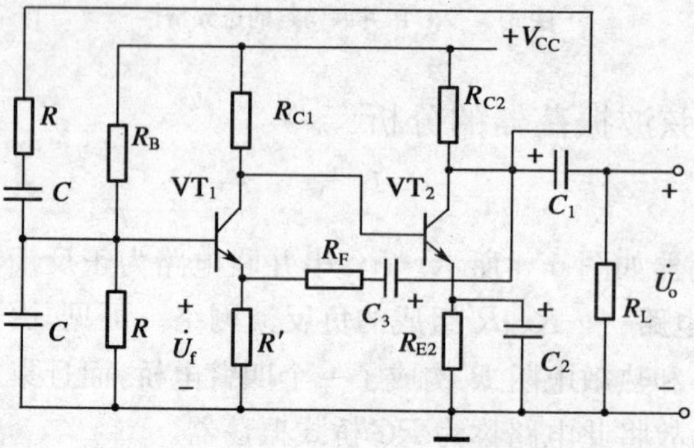

图 6.5　例 6.1 的分立元件 RC 振荡电路

解 由于两级共射(CE)放大电路有 360°的相移,且根据式(6.10),RC 串并联选频网络的相移为 0°,故电路满足相位平衡条件,能够产生正弦振荡。例 6.1 亦可用瞬时极性法进行判断,具体判断过程请读者结合课后作业进行练习。

根据式(6.13),该电路稳幅振荡时 $R_F=2R'=36\ k\Omega$(标称电阻),而电路的振荡频率 $f_0=1/(2\pi RC)\approx 1\ kHz$。

【例 6.2】 图 6.6 所示电路是一种 RC 桥式正弦波振荡器的设计方案,已知集成运放 A 理想,其最大输出电压为±12 V,电路中用二极管 VD_1、VD_2 作为自动稳幅元件,设二极管正向导通电阻约为 1.8 kΩ,正向压降约为 0.7 V。

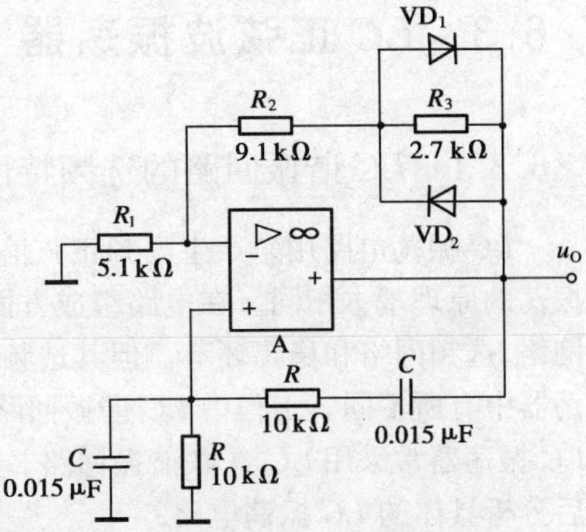

图 6.6 例 6.2 的 RC 桥式振荡电路

(1) 试分析振荡电路的稳幅原理;

(2) 设电路已产生稳幅正弦波振荡,当输出电压达到正弦波幅值 U_{om} 时,粗略估算 U_{om} 值;

(3) 定性分析因不慎使 R_2 短路时输出电压 u_O 的波形。

解 (1) 图中 VD_1、VD_2 的作用是,当 u_O 的幅值很小时,VD_1、VD_2 接近于开路,由 VD_1、VD_2、R_3 组成的并联支路的等效电阻约等于 R_3,基本放大电路的增益大小 $A_u\approx(R_1+R_2+R_3)/R_1\approx 3.3>3$,有利于起振;反之,当 u_O 幅值较大时,VD_1 或 VD_2 导通,由 VD_1、VD_2 和 R_3 组成的并联支路的等效电阻减小,A_u 随之降低,u_O 幅值趋于稳定。

(2) 由稳幅振荡时 $A_u=3$,可求出对应输出正弦波幅值 U_{om} 时,VD_1、VD_2 和 R_3 并联支路的等效电阻 $R_3'=1.1\ k\Omega$,由于流过 R_3' 的电流约等于流过 R_1、R_2 的电流,故有:

$$\frac{0.7\ V}{1.1\ k\Omega}=\frac{U_{om}}{1.1\ k\Omega+5.1\ k\Omega+9.1\ k\Omega}$$

求得 $U_{om}\approx 9.74\ V$。

(3) 当 $R_2=0$ 时 $A_u<3$,电路停振,u_O 是一条与时间轴重合的直线。

***【例 6.3】** 图 6.7 所示为一种 RC 移相式正弦波振荡电路。已知集成运放 A 理想,试简述其工作原理。

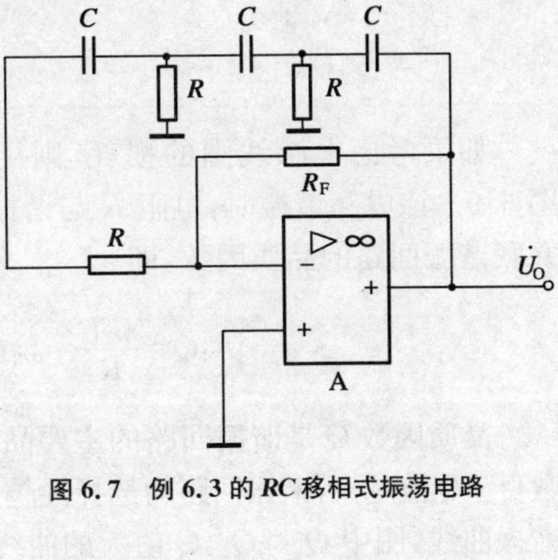

图 6.7 例 6.3 的 RC 移相式振荡电路

解 如第 2.7.2 节所述,由 RC 高通电路的幅频和相频特性知,图中每一节 RC 电路都是相位超前电路,相位移小于 90°。当相移接近 90°时,其频率必然是很低的,这样电阻 R 两端输出电压与输入电压的幅值比接近 0,所以,两节 RC 电路组成的反馈网络(兼做选频网络)是不能满足振荡的相位条件的。现在图中有 3 节 RC 移相电路,其最大相移可接近 270°,因此,有可能在特定频率 f_0 下移相 180°,即 $\varphi_F=180°$。考虑到基本放大电路产生的相移(运放的输出与反相输入端比较)$\varphi_A=180°$,则有:

$$\varphi_{AF}=\varphi_A+\varphi_F=360°\text{或}0°$$

显然，只要适当调节 R_F 值，使 A_u 适当，就可同时满足相位条件和幅值条件，产生正弦波振荡。

可以证明，这种振荡电路的振荡频率 $f_0\approx 1/(2\pi\sqrt{6}RC)$。

6.3 LC 正弦波振荡器

6.3.1 LC 谐振回路的选频特性

LC 振荡电路用来产生高频正弦信号，一般在 1 MHz 以上。LC 和 RC 振荡电路产生正弦振荡的原理基本相同。在电路组成方面与 RC 振荡器相似，LC 振荡器也有放大电路、正反馈网络、选频网络和稳幅环节。但其选频网络是 LC 谐振电路，正反馈网络在不同类型的 LC 振荡器中有所不同。工程中 LC 谐振回路有串联和并联两种形式，它们在电路课程中都学习过。LC 振荡器常采用 LC 并联谐振回路。此处先简要回顾一下 LC 并联谐振回路的选频特性，然后分析具体的 LC 振荡电路。

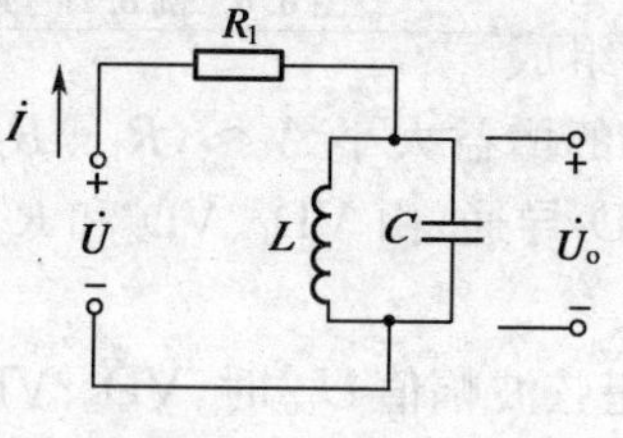

(a) LC 并联谐振回路

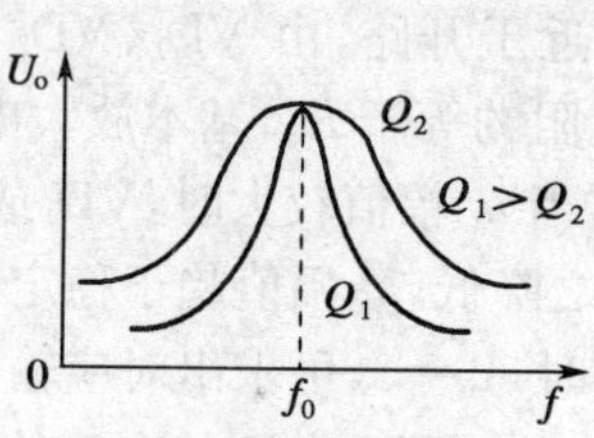

(b) 并联谐振曲线

图 6.8　并联谐振回路及其谐振曲线

LC 并联回路如图 6.8(a)所示。该电路发生谐振时：

$$\omega_0 L-\frac{1}{\omega_0 C}=0$$

由此解得谐振频率为：

$$f_0=\frac{1}{2\pi\sqrt{LC}} \tag{6.14}$$

如果考虑电感线圈的损耗，则用电阻 R 表示线圈损耗，见图 6.9。该电路谐振时，电阻 R 与谐振感抗或谐振容抗之比称为并联谐振回路的品质因数，即

$$Q=\frac{\omega_0 L}{R}=\omega_0 RC \tag{6.15}$$

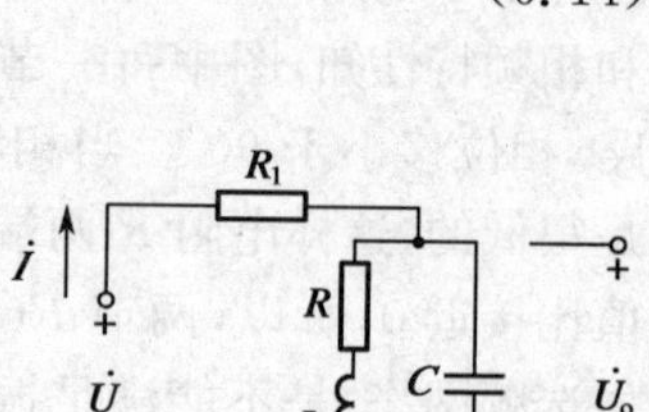

图 6.9　有损耗的谐振回路

品质因数 Q 是谐振回路的主要品质指标，其典型值为几十至数百。Q 值越大，谐振回路的选择性越好。例如，对于图 6.8(b)的谐振曲线，图中 $Q_1>Q_2$，Q 值大的曲线较陡峭，因而回路的选频性能较好。

因为设计电路时起振条件和幅值条件必须考虑，所以这里仅介绍判断一个 LC 振荡电路能否振荡的相位条件是否满足。推荐运用前述章节常用的瞬时极性法分析相位条件满足与否。如果对于所述电路，判断出其为正反馈，那就满足了相位条件。

6.3.2　变压器耦合式 LC 正弦波振荡器

变压器耦合式 LC 振荡器见图 6.10(a)。LC 并联回路作为 BJT 的集电极负载，反馈线圈 L_2 与电感线圈 L 耦合，将反馈信号送到共射(CE)放大电路的输入端。CE 放大电路是第 2 章所述的 Q 点稳定的射偏电路。如果交换反馈线圈 L_2 的两个接线头，则可改变反馈极性，若调整反馈线圈匝数就可以改变反馈信号的强弱。

根据瞬时极性法，可知该电路中引入正反馈，满足了振荡的相位条件。通过适当选取放大器件和电路参数，可使振荡电路的幅值条件得以满足。有关同名端的极性标注请参阅图 6.10(b)。采用瞬时极性法标注电感线圈的电位极性时，只要注意“同名端同极性”即可。

变压器耦合式 LC 振荡器 f_0 的计算式与 LC 并联回路的相同，见式(6.14)。

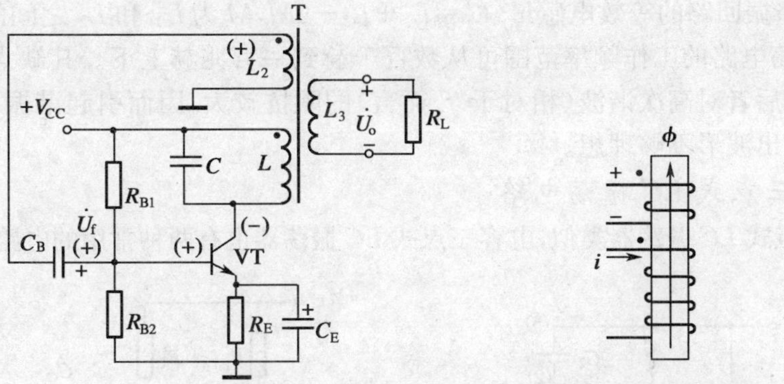

(a) 振荡电路　　　　　　　　　　(b) 同名端的极性标注

图 6.10　变压器耦合式 LC 振荡电路

实际上，在变压器耦合式 LC 振荡器中，管子的工作点必须设置得较高，一般为交流负载线的中点，以满足起振条件。起振后可工作到截止区去①，以达到幅值条件，实现稳幅振荡。同时，由于 L 和 C 的参数值较小，LC 振荡电路的振荡频率较高，故管子的极间电容的影响往往不能忽略，因而式(6.14)是近似的。

6.3.3　LC 三点式正弦波振荡器

1) 电感三点式 LC 振荡电路

图 6.11 是一种电感三点式 LC 振荡电路。电感线圈 L_1 和 L_2 是一个线圈，点②是中间抽头。因为图中反馈回路的 3 个端点①、②、③分别接到 BJT 的 3 个电极，故取名为三点式振荡器。图中基本放大电路为共基(CB)组态，利用瞬时极性法判断出其中引入正反馈，所以它满足了相位条件。注意：应从发射极开始标注瞬时电位极性。图 6.12 是另一种电感三点式 LC 振荡电路，同理可判定它也引入了正反馈，请读者自行练习判断。

① 指 BJT 的乙类或丙类或丁类放大状态，可提高效率。详见第 7.1 节的简介。

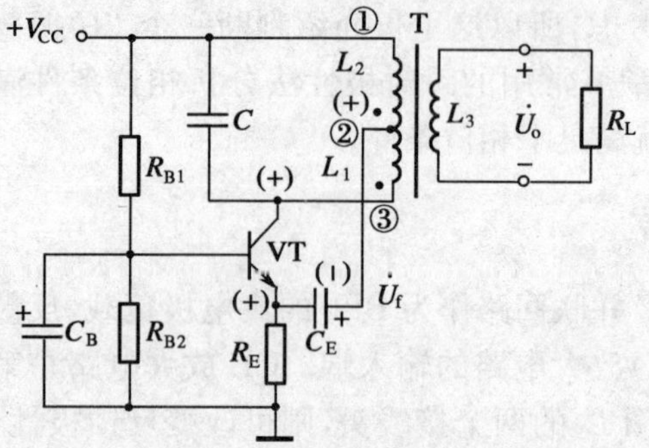

图 6.11　电感三点式 LC 振荡电路(基放 CB)

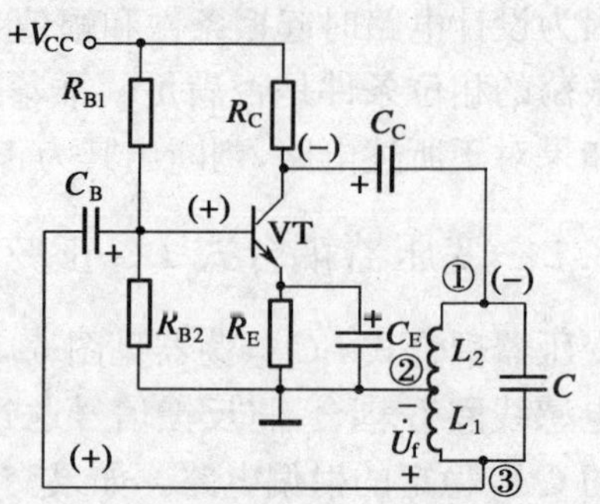

图 6.12　电感三点式 LC 振荡电路(基放 CE)

以上两种电路的振荡频率均为：

$$f_0 \approx \frac{1}{2\pi\sqrt{L'C}} \tag{6.16}$$

式中：L'——谐振回路的等效电感量，$L'=L_1+L_2+2M$，M 为 L_1 和 L_2 之间的互感。

这两种振荡电路的工作频率范围可从数百千赫到一百兆赫上下。其缺点是，反馈电压取自于电感线圈，后者对高次谐波(相对于 f_0 而言)的阻抗较大，因而引起谐振回路的输出谐波分量增大，故输出波形不够理想。

2) 电容三点式 LC 振荡电路

与电感三点式 LC 振荡器类似，电容三点式 LC 振荡器也有两种常用的电路，见图 6.13。

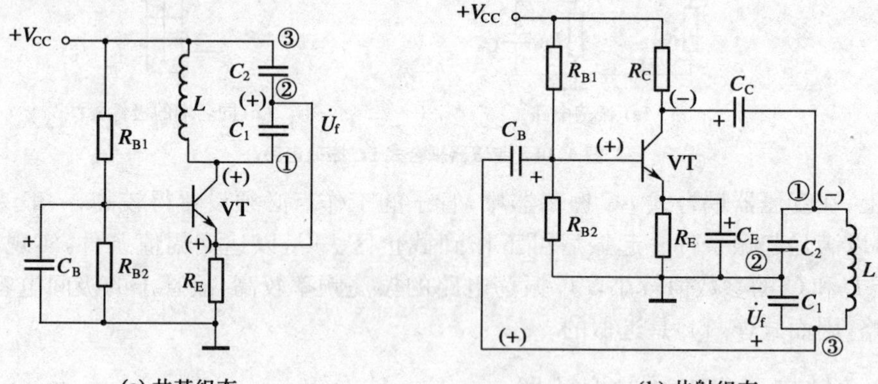

图 6.13　电容三点式 LC 振荡电路

利用瞬时极性法可判断出此两电路均为正反馈(图上标注了瞬时电位极性)，故满足了相位条件。由此可得三点式振荡电路的连线规律如下：只要同性质电抗的中点接到 BJT 的 e 极(或 FET 的 s 极，或集成运放的同相输入端)，就满足正弦波振荡的相位条件[此两电路中，由于同性质电抗(容抗)的中点接到 BJT 的 e 极，故电路能够产生振荡]。由式(6.14)，写出电路的振荡频率估算式为：

$$f_0 \approx \frac{1}{2\pi\sqrt{LC'}} \tag{6.17}$$

式中：C'——谐振回路的等效电容量，$C'=C_1C_2/(C_1+C_2)$。

这种电路的特点是，由于反馈电压从电容器两端取出，对高次谐波（相对于 f_0 而言）阻抗较小，因而可将高次谐波滤除，所以输出波形较好。调频时要求 C_1、C_2 同时可变，这在实际使用时不方便，因而在调谐回路中将一个可调电容器并联于 L 的两端，在小范围内调频。这种振荡电路的工作频率范围可从数百千赫到一百兆赫。它通常用在调频和调幅接收机中，利用同轴可调电容器来调节振荡频率。

【例 6.4】 图 6.14 是集成运放构成的 LC 振荡电路，试判断它们能否产生正弦波振荡。

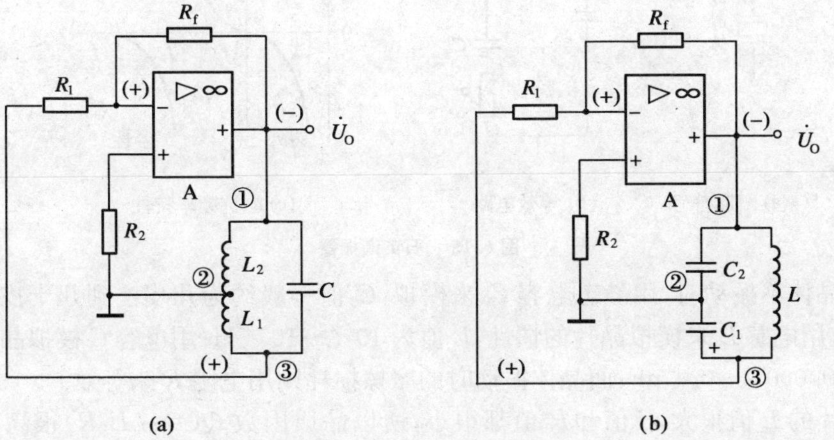

图 6.14 例 6.4 的振荡电路

解 图 6.14(a)、(b)中反馈回路 3 个端点①、②、③分别接到集成运放的两个输入端和一个输出端，故两图电路均为三点式振荡电路。根据三点式振荡电路的接线规律，它们均为同性质电抗的中点接至运放的同相输入端，故都能产生振荡。读者也可利用瞬时极性法或直接用相位条件来分析判断。

6.3.4 石英晶体振荡器

石英晶体振荡器（简称晶振）是用石英谐振器控制和稳定 f_0 的振荡电路，它的特点是振荡频率的稳定度很高（即 $\Delta\omega/\omega_0$ 很小）。若用 RC 正弦波振荡电路则不难获得 0.1%的频率稳定度，这对于许多场合已足够高，例如袖珍计算器中的多位数字显示器（1 kHz）。但是作为稳定的交流信号源，用 LC 振荡电路则更好一些，它的稳定度在相当长的时间内达到 0.01%，故它能满足无线电接收机和电视机的要求。然而在要求频率稳定度低于 10^{-5} 数量级的场合，就必须采用晶振电路，它的稳定度是其他振荡电路所望尘莫及的。

1）石英谐振器的电特性

（1）石英谐振器的制作

石英谐振器是利用石英晶体（类似玻璃、二氧化硅等材料）的压电效应制成的谐振器件。首先将石英晶体按一定的方位角切割成薄片后抛光，然后在薄片的两个相对的表面上涂敷银层，作为两个金属极板，最后在每一个金属极板上各焊出一根引线至管脚，这样就制成了石英晶体谐振器。

（2）石英谐振器的工作原理

石英谐振器具有压电效应。如果在晶片的两个电极上施加交变电压,晶片中就会产生机械振动,而机械振动又会在晶体表面上产生交变电场,因而在一定的频率下晶片会产生共振。共振现象可用电参数来模拟。图 6.15 中图(a)是石英谐振器的图形符号,图(b)是其等效电路,图(c)是其电抗频率特性曲线。

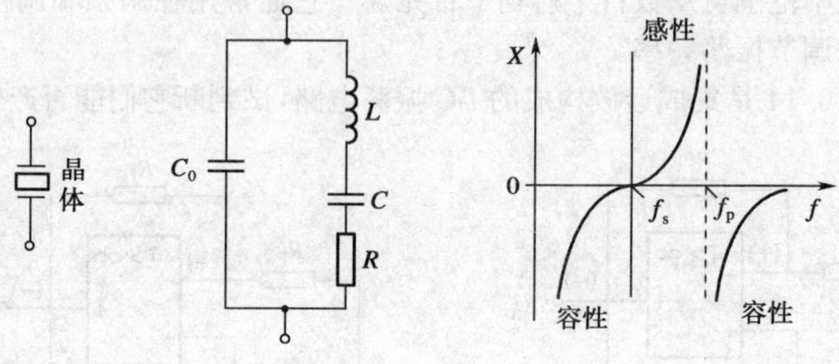

(a) 图形符号　(b) 等效电路　(c) 电抗频率特性

图 6.15　石英谐振器

当石英晶体不振动时,用静态电容 C_0 来模拟,C_0 值一般约为几皮法到几十皮法。当石英晶体振动时,用电感 L 来模拟晶片的惯性,L 值为 $10^{-3}\sim10^{-2}$ H;用电容 C 模拟晶片的弹性,C 值一般只有 0.000 2～0.1 pF;而晶体振动时的摩擦损耗则用电阻 R 来等效。

由于晶片的 L 值很大,C 值和 R 值都很小,所以品质因数 $Q(=\omega_0 L/R)$ 很高,可达 $10^4\sim10^6$ 数量级,因此利用石英谐振器可以构成频率稳定度很高的晶振电路。

由图 6.15(c)的电抗频率特性可见,石英谐振器有一串联谐振频率 f_s,另有一并联谐振频率 f_p。在串联谐振频率 f_s 处,石英晶体呈纯阻性,且阻值最小,而在其他频率处则表现为感抗或容抗性质。

2) *石英晶体振荡电路举例*

利用石英晶体的上述频率特性可以构成图 6.16 的 LC 晶振电路。对于图 6.16(a)所示的分立元件晶振电路,它与电感三点式振荡器的接线相似。因为欲使反馈信号能传递到发射极,石英晶体应工作于串联谐振点 f_s,此时晶体与 LC 回路串联,且呈纯电阻性质,阻值接近于 0 Ω,故它是一种串联型电感三点式晶振电路,它的振荡频率 $f_0=f_s$。

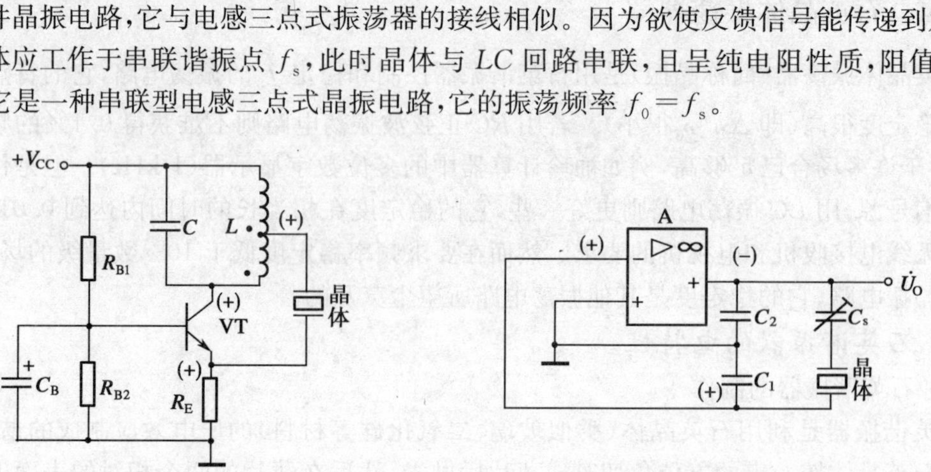

(a) 串联型 ($f_0=f_s$)　(b) 并联型 ($f_s<f_0<f_p$)

图 6.16　两种石英晶体振荡电路

对于图 6.16(b)所示的集成运放晶振电路,其同性质电抗的中点接至运放的同相输入端,故接成了正反馈，但此时石英晶体须呈电感性质，才能组成 LC 并联谐振回路，输出正弦波振荡信号。因此，图 6.16(b)所示的石英晶体的谐振频率应处于 $f_s \sim f_p$之间，此时该电路为并联型电容三点式晶振电路。

6.4 电压比较器及非正弦波发生电路

6.4.1 电压比较器

电压比较器用开环集成运放和电阻等元器件构成，属于运放的非线性应用电路，它的功能是：比较两个电压(一个模拟输入电压 u_I和一个参考电压 U_R)之大小，并用输出高电平或输出低电平来表示比较结果。

电压比较器在电子测量、自动控制和波形变换等诸多方面都有着广泛的应用，它的种类很多，有简单的电压比较器、滞回比较器和窗口比较器等。工程应用对这些电压比较器提出的要求是：鉴别要准确，反应要灵敏，抗干扰能力要强，还应有一定的保护措施，以防止因过电压或过电流而损坏比较器。

1) 简单的电压比较器

(1) 过零电压比较器

在图 6.17(a)所示的过零电压比较器中，参考电压 $U_R=0$ V，输入电压 u_I从集成运放的反相端输入，当 u_I略小于 0 V 时，因集成运放处于开环状态，具有很大的开环电压增益，故输出电压 u_O将达到正向最大值($+U_{OM}$)；而当 u_I略大于 0 V 时，u_O立即跳变为负向最大值($-U_{OM}$)，$+U_{OM}$和$-U_{OM}$分别为运放处于饱和状态时的正、负向输出电压幅值。只有当 $u_I \approx 0$ V 时，运放才处于线性放大区，$u_O=A_u u_I$。这种设定参考电压 $U_R=0$ V 的比较器称为过零电压比较器，其电压传输特性如图 6.17(b)所示，图中使输出电压发生跳变时所对应的输入电压值称为阈值电压(或门限电平)U_{th}。由图可见，该反相输入过零电压比较器的 $U_{th}=0$ V。

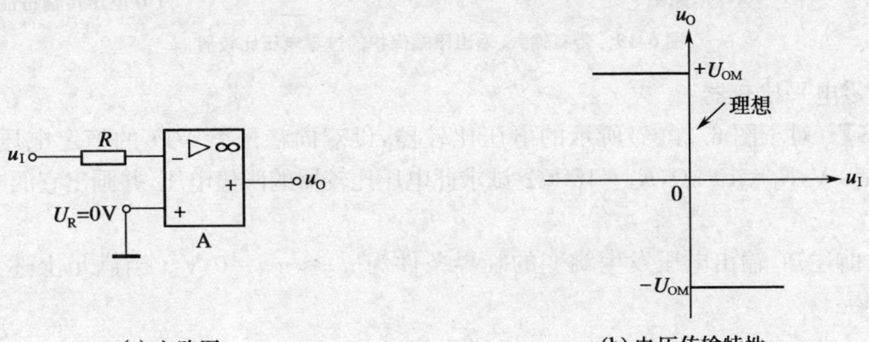

(a) 电路图　　(b) 电压传输特性

图 6.17 过零电压比较器(反相输入)

同理可分析出，图 6.18(a)电路为同相输入过零电压比较器，它的阈值电压 U_{th}也为 0 V。以上两种接法的过零电压比较器，实际使用时究竟采用哪一种，应视比较器的前后电路所需的电压极性来决定。

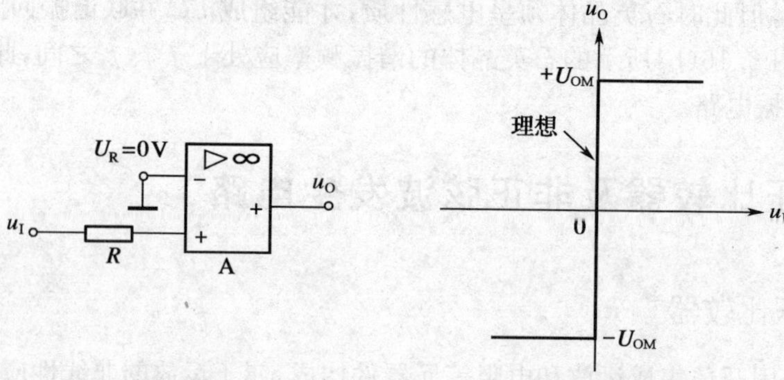

(a) 电路图　　(b) 电压传输特性

图 6.18　过零电压比较器(同相输入)

在实际的电压比较器中,为了防止输入电压过大而损坏运放输入级晶体管,常在运放输入端接入两个正、反向连接的二极管,以双向限制运放的输入电压幅度,见图 6.19(a)。此外,欲使输出电压限幅,可以在比较器输出端加接限幅电路,这时比较器输出电压 u_O 的最大正、负向幅值均等于双向稳压管的稳定电压值 $\pm U_Z$,$U_Z<U_{OM}$。由图 6.17～图 6.19 的传输特性可知,比较器的输出电压从 $+U_Z$ 跳变到 $-U_Z$ 是在瞬间完成的,所以说运放工作在理想状态。

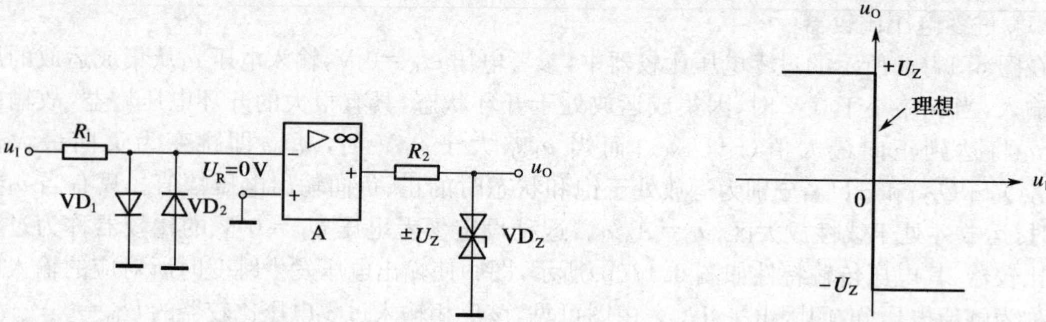

(a) 电路图　　(b) 电压传输特性

图 6.19　带有输入、输出限幅保护的过零电压比较器

(2) 非零电平比较器

【例 6.5】 对于图 6.20(a)所示的电压比较器,设双向稳压管 VD$_Z$ 的稳定电压值 $\pm U_Z=\pm 6\ \text{V}$,$U_R=3\ \text{V}$,$R_1=10\ \text{k}\Omega$,$R_2=15\ \text{k}\Omega$。试求此电压比较器的阈值电压,并画出它的电压传输特性曲线。

解　由前述知,输出电压发生跳变的临界条件为 $u_-\approx u_+=0\ \text{V}$。当满足上述条件时,据图 6.20(a)得:

$$\frac{U_R}{R_2}+\frac{u_I}{R_1}=0$$

因此有:

$$u_I=-\frac{R_1}{R_2}U_R=U_{th}=-\frac{2}{3}\times 3\ \text{V}=-2\ \text{V}$$

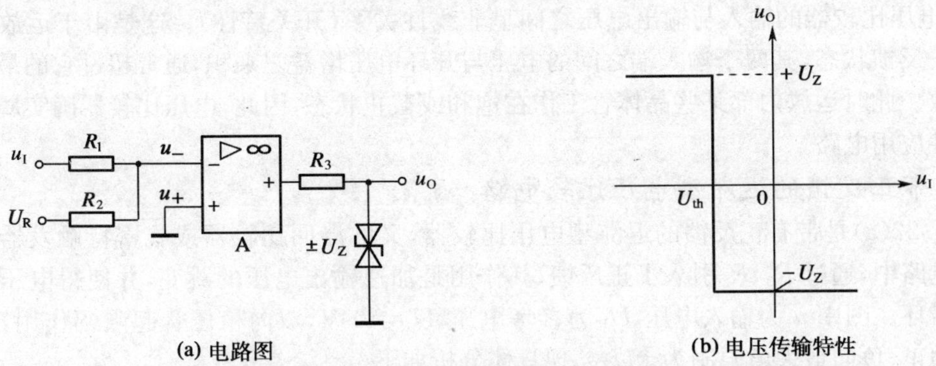

图 6.20 非零电压比较器(反相输入)

当 $u_I < U_{th} = -2$ V 时，电路输出高电平，$u_O = +U_Z = +6$ V；当 $u_I > U_{th} = -2$ V 时，电路输出低电平，$u_O = -U_Z = -6$ V。据此画出比较器的传输特性曲线，见图 6.20(b)。由图可见，该比较电路是一种非零电压比较器。

(3) 电压比较器的应用举例

【例 6.6】 利用电压比较电路的传输特性，可以把正弦波或非正弦周期波变换成矩形波或方波。现对于图 6.21(a)所示的零电平比较电路，在运放反相输入端输入正弦波信号 u_I，试绘出 u_O、u_O'和 u_L 的波形图。

解 各输出端波形如图6.21(b)所示。图6.21(a)中各部分电路的作用见图6.21(b)右侧所注。

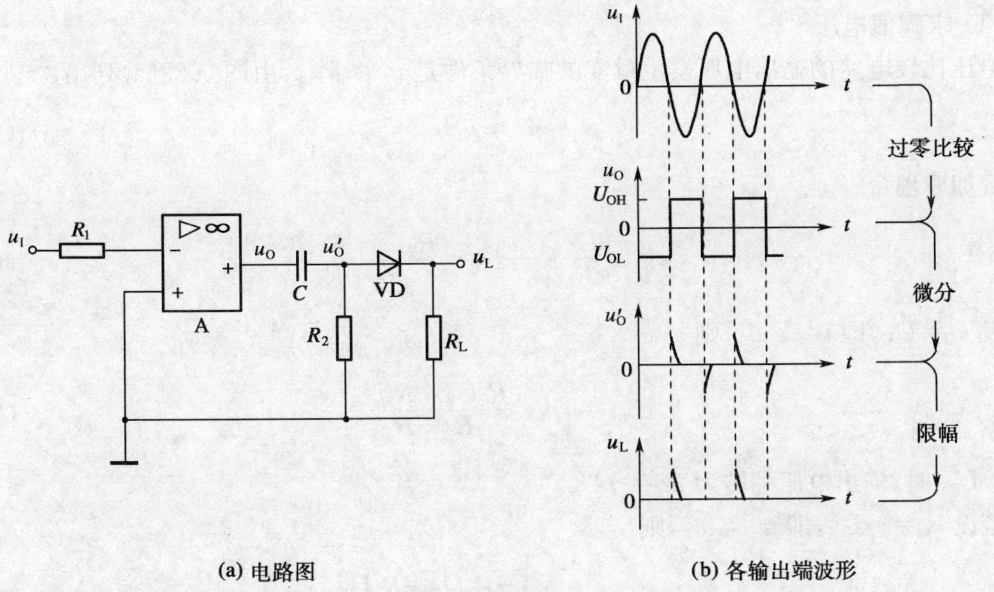

图 6.21 例 6.6 图

(4) 电压比较器的特点

① 集成运放工作在开环或正反馈状态。以上比较电路中的运放都工作在开环状态，为了提高比较电路的灵敏度和响应速度，在运放中不但开环(未引入负反馈)，而且有时还接入正反馈，下面将要介绍的迟滞型电压比较器便是一例。

② 电压比较器的输入与输出电压之间呈非线性关系(开关特性)。这是由于运放工作在开环或正反馈状态,其两个输入端之间的电压与开环电压增益之乘积,通常超过它的最大输出电压所致。此时运放内部某些晶体管工作在饱和或截止状态,因此,电压比较器确实属于运放的非线性应用电路。

2) 带正反馈的迟滞型电压比较电路

图6.22(a)是带有正反馈的迟滞型电压比较器,又称滞回比较器或施密特触发器。在运放应用电路中,通过R_3、R_2引入了正反馈,其作用是加速输出电压的跳变,并使得电压传输特性具有滞环。图中u_I为输入电压,U_R为参考电压,$U_R \geqslant 0$ V,双向稳压管起限幅作用,它使输出电压的正、负向最大值限制为$\pm U_Z$。现具体分析如下。

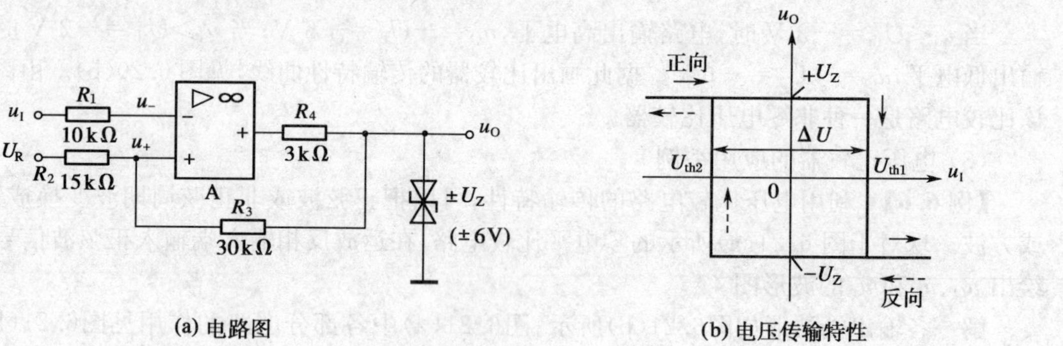

图6.22　带正反馈的迟滞型比较器(施密特触发器)

(1) 求阈值电压

电压比较电路的输出电压发生跳变的临界条件是$u_- \approx u_+$。由图6.22(a)列出:

$$u_- \approx u_I \tag{6.18}$$

运用叠加原理得:

$$u_+ \approx \frac{u_O - U_R}{R_2 + R_3} R_2 + U_R = \frac{R_2 u_O + R_3 U_R}{R_2 + R_3} \tag{6.19}$$

设$u_O = U_Z$,即$u_+ > u_-$,则

$$U_{th1} = u_{+1} = \frac{R_2 U_Z + R_3 U_R}{R_2 + R_3} \tag{6.20}$$

当$u_I > U_{th1}$时,输出电压翻转为$u_O = -U_Z$。

若设$u_O = -U_Z$,即$u_+ < u_-$,则

$$U_{th2} = u_{+2} = \frac{-R_2 U_Z + R_3 U_R}{R_2 + R_3} \tag{6.21}$$

当$u_I < U_{th2}$时,输出电压翻转为$u_O = +U_Z$。注意:这种电压比较电路出现了两个阈值电压:$U_{th2} < U_{th1}$。

(2) 分析输出与输入电压之间的关系

令电路中$U_R = 0$ V,集成运放采用双电源$\pm V_{CC} = \pm 9$ V,稳压管稳定电压$\pm U_Z = \pm 6$ V,

用图示电路中的电阻参数代入式(6.20)、式(6.21),计算得:

$$U_{th1}=+2\ V,\ U_{th2}=-2\ V$$

由于图 6.22(a)电路中的运放为反相输入,所以当 u_I足够负时,$u_- < u_+$,u_O为高电平6 V。当 u_I逐渐增大到使 $u_- = u_+ = U_{th1} = +2$ V 时,u_O跳变为低电平−6 V。由于阈值电压 $U_{th1}=+2$ V,故 u_I小于 2 V之前,u_O保持为高电平 6 V。此后,如果 u_I从 2 V 再继续升高,u_O(=−6 V)将维持不变。因这是 u_I逐渐增大时 u_O与 u_I之间的关系,故称为电压传输特性的正向部分。

若 u_I为足够大的正值电压(使 $u_- > u_+$)时,则 u_O为低电平−6 V。当 u_I从足够大的正值逐渐减小至 $u_- = u_+ = U_{th2} = -2$ V 时,u_O由低电平−6 V 跳变为高电平+6 V。此后,如 u_I继续下降,u_O将维持高电平(+6 V)不变。这是 u_I逐渐减小时 u_O与 u_I之间的关系,故是电压传输特性的反向部分。

综上所析,可画出这种比较电路的电压传输特性,如图 6.22(b)所示。图中实线箭头表示正向过程,虚线箭头表示反向过程。

(3) 迟滞型电压比较器的应用

由图 6.22(b)可知,这种带正反馈的电压比较电路(施密特触发器)的传输特性曲线上具有滞环,它有两个阈值电压 U_{th1}和 U_{th2},分别称为上限阈值电压和下限阈值电压,二者之差称为回差电压 ΔU,即

$$\Delta U = U_{th1} - U_{th2} \tag{6.22}$$

与简单的电压比较电路相比较,迟滞型电压比较电路具有较强的抗干扰能力,不易产生误跳变,这是因为当输出电压一旦跳变后,只要在跳变点附近的干扰电压不超过回差电压 ΔU,输出电压值就维持不变。因此,迟滞型电压比较电路适用于干扰信号较大的工作场合。另外,还可用来进行输入波形的变换和整形。因为滞环的出现,所以迟滞型比较电路的工作精度较差。

【例 6.7】 对于图 6.22(a)所示的施密特触发器,已知输入电压 $u_I = 4\sin \omega t$ (V),试利用施密特触发器的传输特性,画出 u_I、u_O的波形图,并标注出输出电压 u_O的幅值。

解 画 u_O的波形图时,首先将施密特触发器的阈值电压 $U_{th1}=+2$ V、$U_{th2}=-2$ V 在 u_I的波形图上标注到位,然后上下对应画 u_O的波形,最后再将 u_O的幅值标上。所画 u_I、u_O波形如图 6.23 所示。

由 u_I、u_O的波形图可见,此施密特触发器将输入的正弦波形变换为矩形波,且变换前后输入信号与输出信号的频率保持不变。

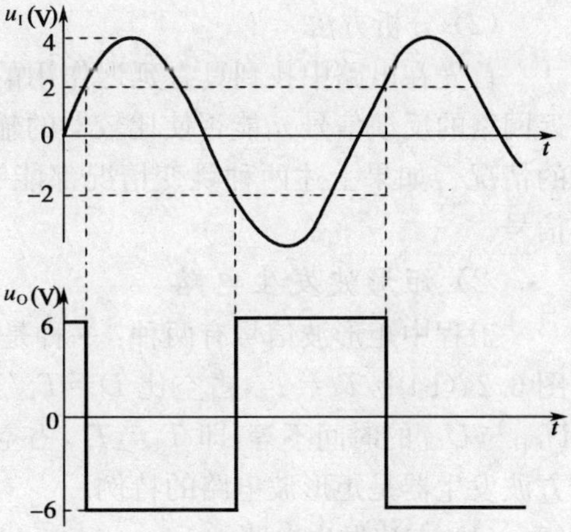

图 6.23 例 6.7 的波形

6.4.2 非正弦波发生电路

1) 非正弦波发生电路的基础知识

(1) 电路的组成及其原理

非正弦波发生电路(包括矩形波、三角波和锯齿波发生器)有3个基本的组成部分：具有开关特性的器件(采用电压比较器)、反馈网络和积分延迟环节。其中矩形波发生器是非正弦波产生电路的基础，因为有了它，再加上积分延迟环节，就可以组成三角波或锯齿波发生器。

在非正弦波发生电路(例如矩形波发生器)中，为了要产生矩形波信号，就要具备两个结构部件：一是需要开关器件——电压比较器，因为只有它，才能产生矩形波信号的高、低电平U_{OH}、U_{OL}；二是要有起延迟作用的反馈网络，原因是依靠它产生高电平持续时间T_1和低电平持续时间T_2，从而得到持续不断的矩形波振荡信号。于是，矩形波发生电路的结构示意图见图6.24(a)。

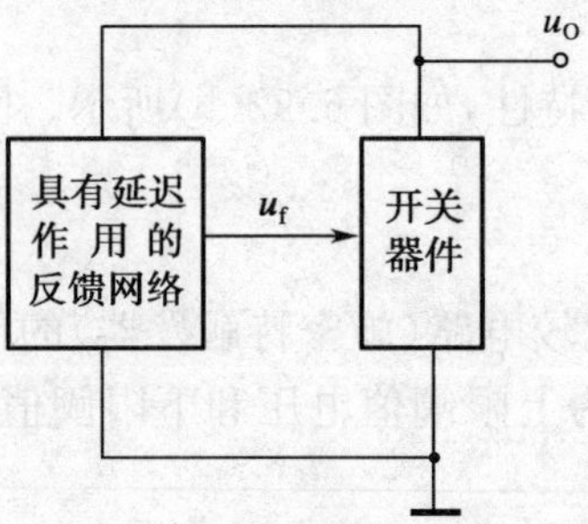

(a) 结构

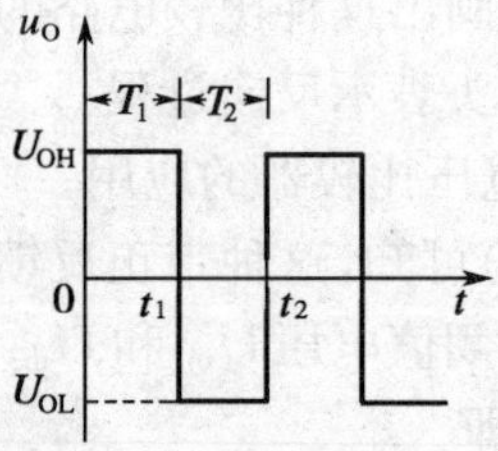

(b) 波形

图6.24　非正弦波发生电路示意图

下面结合图6.24(b)所示的波形，说明产生矩形波信号的原理。设$t=0$时比较器输出高电平U_{OH}，经过延迟网络后，反馈信号u_f使u_O从U_{OH}跳变至U_{OL}($t=t_1$时刻)，此时输出U_{OL}又经延时后的u_f使u_O从U_{OL}跳变到U_{OH}($t=t_2$时刻)，…，如此周期性地持续下去，就在比较器输出端获得了矩形波电压信号。

(2) 分析方法

首先在电路中找到具有延迟作用的反馈网络，然后假设u_O为某一电平值，分析它经过延迟网络的反馈信号u_f能否使比较器的输出发生跳变的情况；接着再分析u_O为另一电平值时的情况。如果上述两种跳变情况都能够发生，则电路必然会输出持续不断的非正弦波振荡信号。

2) 矩形波发生电路

工程中矩形波信号有两种：一种是输出电压处于高电平U_{OH}与低电平U_{OL}的时间相等，即图6.24(b)中$T_1=T_2$，占空比$D=T_1/T=50\%$，这种波形称为方波；另一种是输出电压处于U_{OH}与U_{OL}的时间不等，即$T_1\neq T_2$，占空比$D=T_1/T\neq 50\%$，这种波形称为矩形波。实际上，方波发生器是矩形波电路的特例。

(1) 方波发生电路

① 电路组成

图6.25(a)是一种简单的方波发生电路，它由迟滞型电压比较器和RC延迟网络构成，图中R、C元件组成具有延迟作用的反馈网络，电容器上的电压u_C就是反馈电压，双向稳压管VD_Z对输出电压进行限幅，R_3是其限流电阻。

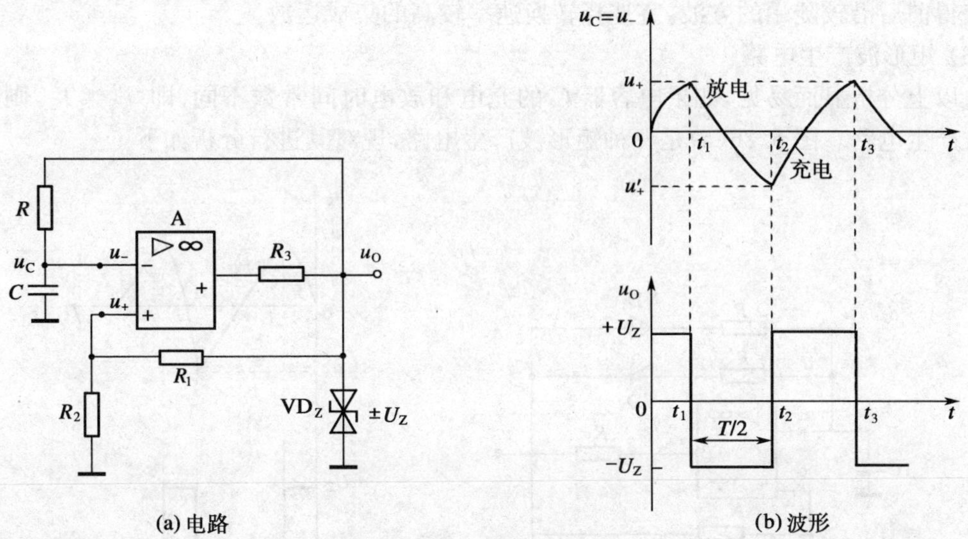

图 6.25 方波发生电路

② 工作原理

开始接通电源($t=0$)时,设 $u_C(0)=0$ V,$u_O(0)=U_Z$,$u_+(0)=R_2U_Z/(R_2+R_1)=U_{th1}$,$u_O=U_Z$给电容器充电,$u_C$按照指数规律上升,当 $u_C=u_-$ 升至 u_+ 时($t=t_1$),运放 A 跳变为 $u_O(t_1)=-U_Z$,此时运放同相端电位也跟着跳变为 $u_+(t_1)=-R_2U_Z/(R_2+R_1)=U_{th2}$,电容器 C 通过 R 向 u_O 放电,u_C按指数规律下降,当 $u_C=u_-$ 降至 u'_+时($t=t_2$),$u_O(t_2)=+U_Z$,电路返回到开始时的状态,电容器又被充电,…,就这样周而复始,便形成方波信号输出。

根据以上分析,可以画出输出电压 u_O 的波形和电容器充电、放电时 u_C 的波形,如图 6.25(b)所示。

(2) 方波周期的计算

利用电容器充放电的规律,可以计算方波的周期。设 t_1 为计时起点,则 $u_C(0)=u_+(0)=U_{th1}$,$u_C(\infty)=-U_Z$,时间常数 $\tau=RC$,运用一阶 RC 电路的 3 要素公式得:

$$u_C(t)=u_C(\infty)+[u_C(0)-u_C(\infty)]e^{-t/\tau}=-U_Z+\left(\frac{R_2U_Z}{R_2+R_1}+U_Z\right)e^{-t/(RC)} \tag{6.23}$$

而
$$u_C\left(\frac{T}{2}\right)=-U_Z+\left(\frac{R_2U_Z}{R_2+R_1}+U_Z\right)e^{-T/(2RC)}=\frac{-R_2U_Z}{R_1+R_2}$$

解得:
$$T=2RC\ln\left(1+\frac{2R_2}{R_1}\right) \tag{6.24}$$

电路的频率为:

$$f=\frac{1}{T}=\frac{1}{2RC\ln\left(1+\frac{2R_2}{R_1}\right)} \tag{6.25}$$

可见若改变 R、C 或 R_2/R_1 值,就可调整方波产生电路的振荡频率 f 。

在低频范围(如 10 Hz～10 kHz)内,此电路是一个较好的振荡电路。当振荡频率较高时,为了获得前后沿较陡峭的方波,宜选择转换速率较高的集成运放。

(3) 矩形波产生电路

从以上分析显而易见,如果电容器 C 的充电和放电时间常数不同,即 $T_1 \neq T_2$,则构成了矩形波产生电路。图 6.26(a)是一种矩形波产生电路,现对其进行分析如下。

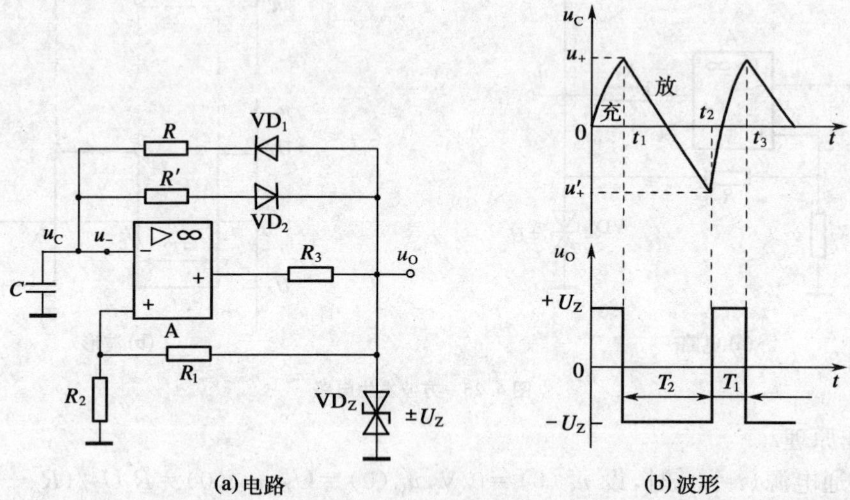

(a) 电路　　(b) 波形

图 6.26　矩形波产生电路

电容器充电时,充电电流流过导引二极管 VD_1 和 R,若忽略二极管导通压降,则充电时间为:

$$T_1 = RC\ln\left(1+\frac{2R_2}{R_1}\right) \tag{6.26}$$

电容器放电时,放电电流流经导引二极管 VD_2 和 R',忽略二极管导通压降,放电时间为:

$$T_2 = R'C\ln\left(1+\frac{2R_2}{R_1}\right) \tag{6.27}$$

故占空比为:

$$D = \frac{T_1}{T_1+T_2} = \frac{R}{R+R'} \tag{6.28}$$

图 6.26(b)是这种矩形波产生电路的波形图。由式(6.28)可见,改变 R'/R,就可以改变占空比。

【例 6.8】 对于图 6.27 所示的矩形波产生电路,分析其占空比 D 可调的原理。

解　图 6.27 的电路仅仅是在图 6.26 的基础上增添了可调电位器 R_P,因此,该电路的占空比为:

$$D = \frac{T_1}{T_1+T_2} = \frac{R}{R+R'} = \frac{R}{R_P} \tag{6.29}$$

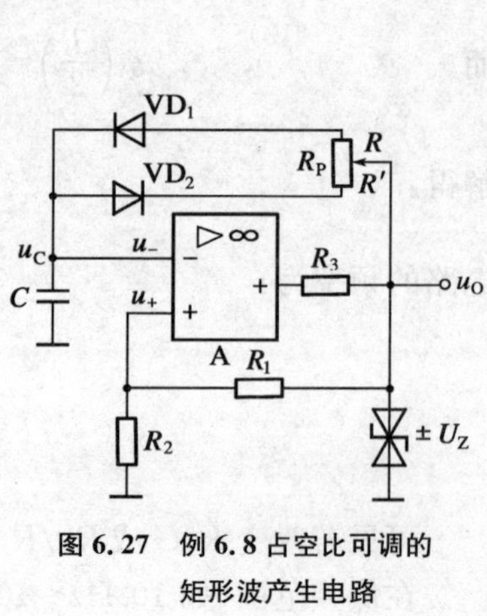

图 6.27　例 6.8 占空比可调的矩形波产生电路

显然,改变电位器 R_P 的活动端位置,就改变了 R 的阻值大小，亦即调节了该电路输出矩形波的占空比。

3）三角波产生电路

（1）电路组成

三角波产生电路如图 6.28 所示，它由迟滞型电压比较器（注意：它带有正反馈）和反相输入积分电路组成，比较器的输出 u_{O1} 经可调电位器 R_P 分压后作为积分电路的输入信号 u_{I2}，积分电路的输出信号 u_O 馈送到电压比较器的输入端，作为比较器的输入信号，它们共同构成一个系统。由上述讨论可知，分析该电路的关键是：找到积分电路的输出信号，使比较电路的输出电平 u_{O1} 发生跳变的临界条件。

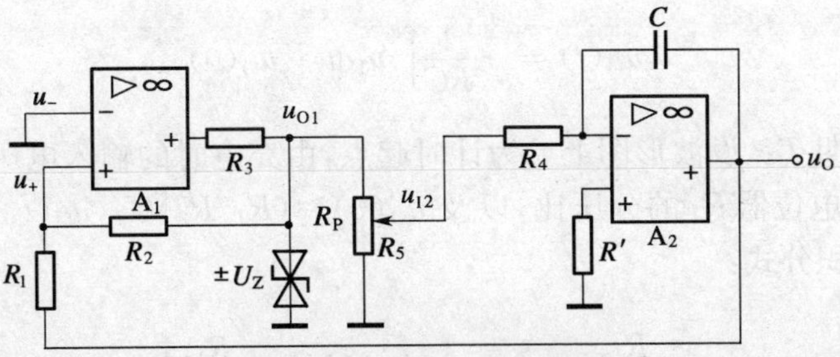

图 6.28 三角波产生电路

（2）工作原理分析

设接通电源（$t=0$）时，比较电路的输出电平 $u_{O1}=+U_Z$，参见图 6.29 所示的波形，经 R_P 分压后 u_{I2} 对电容器充电，u_O 线性下降，进而使 A_1 的同相输入端的电位 u_+ 也下降，因为：

$$u_+=\frac{R_1U_Z}{R_1+R_2}+\frac{R_2u_O}{R_1+R_2}$$

所以 u_O 下降必然使 u_+ 也下降。当 u_O 降至使 u_+ 略低于 $u_-=0$ V 时（$t=t_1$），u_{O1} 从 $+U_Z$ 跳变为 $-U_Z$，此时对应的 u_O 值可令：

$$\frac{R_1U_Z}{R_1+R_2}+\frac{R_2u_O}{R_1+R_2}=0$$

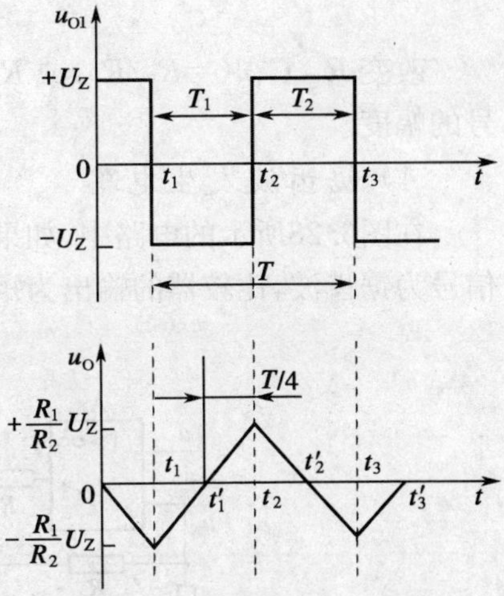

图 6.29 三角波产生电路的波形

求得：

$$u_O(t_1)=-\frac{R_1U_Z}{R_2} \tag{6.30}$$

当 $u_{O1}=-U_Z$ 后，A_1 同相端的 u_+ 也跳变为：

$$u_+=\frac{-R_1U_Z}{R_1+R_2}+\frac{R_2u_O}{R_1+R_2}$$

电容器 C 通过 R_4 向 u_{O1} 放电，u_O 线性上升，当升至使运放 A_1 的 u_+ 略大于 $u_-=0$ V 时（$t=t_2$），u_{O1} 又从 $-U_Z$ 跳变为 $+U_Z$，此时对应的 u_O 值可令：

$$\frac{-R_1U_Z}{R_1+R_2}+\frac{R_2u_O}{R_1+R_2}=0$$

求得：

$$u_O(t_2)=\frac{R_1U_Z}{R_2} \tag{6.31}$$

如此周而复始，便产生了振荡输出信号。因为 u_O 的上升和下降时间相等，速率也相等，所以 u_O 为三角波，u_{O1} 为方波，波形如图 6.29 所示。

(3) 三角波周期的计算式

根据式(5.23)：

$$u_O(t)=-\frac{1}{RC}\int_0^t u_I\mathrm{d}t+u_O(0)$$

可计算三角波的周期 T。设波形图上 t_2 为计时起点，由充电时的输入电压 $u_{I2}=(R_5/R_P)U_Z=nU_Z$，式中 n 为可调电位器 R_P 的分压比，以及 $u_O(0)=(R_1/R_2)U_Z$，$u_O(t_3)=-(R_1/R_2)U_Z$，可列出充电过程中的积分式：

$$-\frac{R_1}{R_2}U_Z=-\frac{1}{R_4C}\int_0^{\frac{T}{2}} nU_Z\mathrm{d}t+\frac{R_1}{R_2}U_Z$$

经计算得：

$$T=\frac{4R_4C}{n}\frac{R_1}{R_2} \tag{6.32}$$

改变 R_4、C、$n(=R_5/R_P)$ 或 R_1/R_2，可调整三角波的频率 f。但调整 R_1/R_2 会影响输出信号的幅度。

4) 锯齿波发生电路

在图6.28所示的电路中，如果电容器的充、放电时间常数不相等，则可使积分电路的输出信号为锯齿波，比较器的输出为矩形波。图6.30就是实现上述思路的锯齿波产生电路。

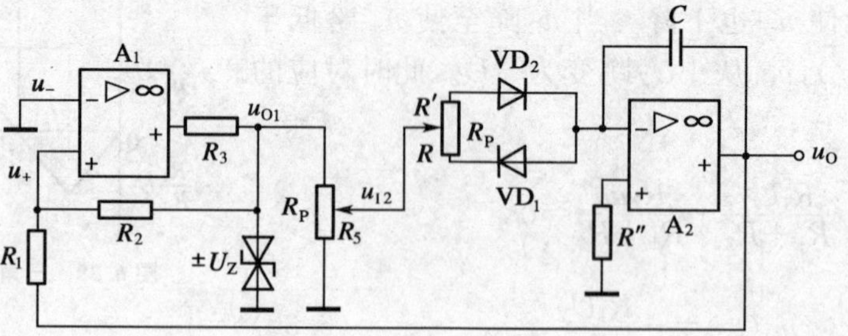

图 6.30　锯齿波产生电路

当比较器的输出 u_{O1} 为 U_Z 时，经 R_P 分压后的电压 u_{I2} 使 VD_2 导通，对电容器 C 充电，充电时间常数为 $R'C$(设导通二极管内阻忽略不计)。当比较器输出为 $-U_Z$ 时，u_{I2} 使 VD_1 导通，电容器 C 放电，放电时间常数为 RC(仍忽略二极管内阻)。若取 $R'\ll R$，则积分器输出波形的上升速率(即电容器经过 R 和 VD_1 放电)小于下降速率，如图 6.31 所示，u_O 波形为锯齿波。

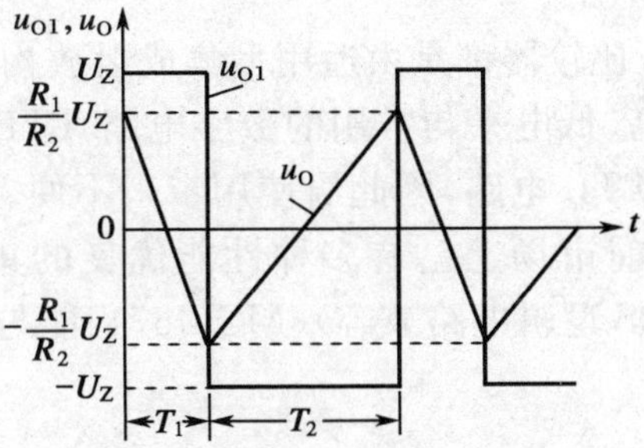

图 6.31 锯齿波发生器的波形

比照式(6.32)不难写出充电时间为：

$$T_1 = \frac{2R'C}{n}\frac{R_1}{R_2} \tag{6.33}$$

放电时间为：

$$T_2 = \frac{2RC}{n}\frac{R_1}{R_2} \tag{6.34}$$

习惯上称 T_1为逆程时间，T_2为顺程时间。据此得锯齿波发生器的振荡周期为：

$$T = T_1 + T_2 = \frac{2(R+R')C}{n}\frac{R_1}{R_2} \tag{6.35}$$

占空比为：

$$D = \frac{T_1}{T_1+T_2} = \frac{R'}{R+R'} \tag{6.36}$$

调整电位器 R_P的活动端的位置，就可改变锯齿波的占空比。另由式(6.35)可以看出，改变 n 或电容 C，可以调整锯齿波发生器的振荡周期和频率，而其占空比保持不变。

5) 电压比较器和非正弦波产生电路小结

第 6.4 节介绍的电压比较器和非正弦波产生电路都属于集成运放的非线性应用电路。在此类电路中，集成运放不是工作在开环，就是工作在带有正反馈的状态。这类电路的特点是：

(1) 除了在输出电压发生跳变的瞬间之外，集成运放输出电压与输入电压之间处于非线性关系，即输出电压不是趋向于正饱和值，就是趋向于负饱和值。

(2) 只有当输入电压经过阈值电压 U_{th}（或 U_{th1}、U_{th2}），或在传输特性的坐标原点附近的一个很窄的范围内变化时，集成运放才处于线性工作区，这时运放输入端也才有虚短和虚断。而在其余情况下仅仅虚断还成立。

(3) 分析各种电压比较器和非正弦波产生电路的要点是：

① 善于计算阈值电压 U_{th}（或 U_{th1}、U_{th2}），在画比较器的电压传输特性之前，先得计算其阈值电压。

② 应抓住输入电压 u_I使输出电压 u_O跳变的临界条件：运放的两个输入电压近似相等，即 $u_- \approx u_+$。这一点在分析非正弦波产生电路时特别重要。

(4) 在非正弦波产生电路中没有选频网络，同时器件是在大信号状态下工作，受非线性特性的限制。实际上它属于一种弛张振荡电路。判断电路能否振荡的方法是：设比较器的输出为高电平（或低电平），如果经反馈和积分等环节能使比较器输出从一种状态跳变到另一种状态，则电路能够振荡。锯齿波产生电路与三角波产生电路的差别为：前者积分电路的充、放电时间常数不相等,而后者是一致的。

(5) 前面讨论的各种电压比较器都是由通用型集成运放构成的,这类比较器工作速度较低,响应时间较长,且输出的高、低电平与常用的数字电路 TTL 器件的高、低电平不兼容,一般需加设限幅电路才能驱动 TTL 电路,因此给使用带来不便。但采用专用的集成电压比较器则可以克服上述缺点。目前市场上已有多种性能优良的集成电压比较器供选用,例如 LM311(输出与 TTL 及 CMOS 逻辑电路兼容)、MC14574(能与 CMOS 电路兼容),选用时可参阅有关专著和手册。

*6.5 压控振荡器

如果振荡器的输出频率可以用一个外加电压来控制,则可构成压控振荡器,它的振荡波形可以是正弦波、方波或三角波等。如果控制电压是直流,则频率的调节将十分方便。

1) 压控振荡器的工作原理

压控振荡器的原理见图 6.32(a),它包括积分电路 A_1、迟滞型电压比较电路 A_2 和模拟开关 S 等。开关位置的转换受 A_2 输出信号的控制。

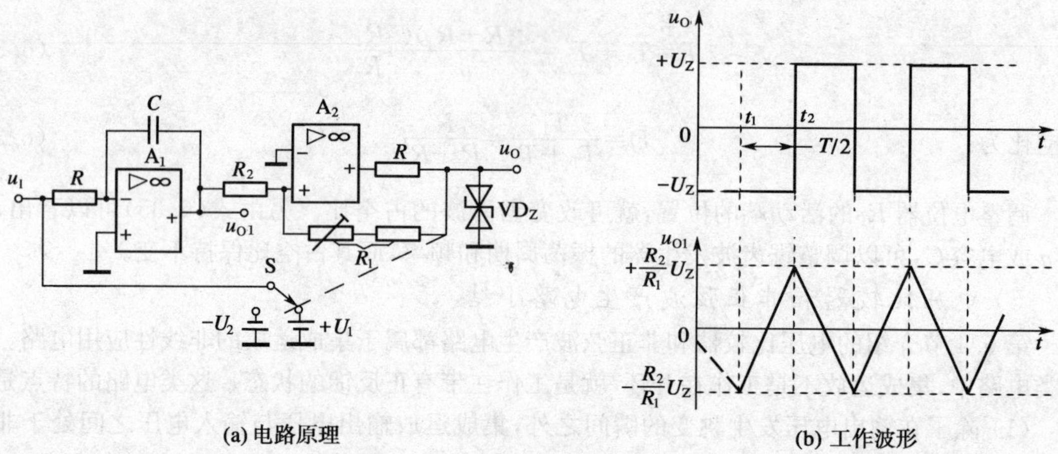

(a) 电路原理　　(b) 工作波形

图 6.32　一种压控振荡器

当比较电路 A_2 的输出 $u_O=+U_Z$ 时,S 接通 $+U_1$,使积分电路 A_1 的输入 u_I 为 $+U_1$。反之,当 $u_O=-U_Z$ 时,S 接通 $-U_2$,使 A_1 的 u_I 为 $-U_2$。

假定开始时比较电路 A_2 的 $u_O=-U_Z$。此时 A_1 的 $u_I=-U_2$,它经 R 使 C 充电,A_1 的输出 u_{O1} 向正方向线性上升。当 u_{O1} 上升到使 A_2 的 u_+ 过零(注意:$u_-=0$ V),即 $u_{O1}=U_ZR_2/R_1$ 时,u_O 跳变到 $+U_Z$,开关 S 换接 $+U_1$。同理,可类似地分析下面的过程。

对于积分电路 A_1,有

$$u_{O1}=-\frac{1}{RC}\int u_I\mathrm{d}t$$

设 $U_1=U_2=U$,每当 S 换接时,u_I 的变化为 $2U$,此时有:

$$\Delta u_{O1}=\frac{2U\Delta t}{RC}$$

$$\Delta t=\frac{RC}{2U}\Delta u_{O1} \tag{6.37}$$

由图 6.32(b)可见，当 $\Delta t=t_2-t_1=T/2$ 时，u_{O1} 从 $-U_Z R_2/R_1$ 线性上升到 $U_Z R_2/R_1$，变化量为 $2U_Z R_2/R_1$，故得：

$$\frac{T}{2}=t_2-t_1=\frac{RC}{2U}\times 2U_Z\frac{R_2}{R_1}=\frac{RC}{U}\frac{R_2}{R_1}U_Z \tag{6.38}$$

振荡频率为：

$$f_0=\frac{1}{T}=\frac{R_1 U}{2RCR_2 U_Z} \tag{6.39}$$

由式(6.39)可见，信号发生电路的振荡频率与输入控制电压 U 成正比。当改变 U 时，可获得振荡频率可变而幅值恒定的三角波和方波输出。由于电压可控制振荡频率，故这种电路称为压控振荡器。

2) 模拟开关的实现

一种实现模拟开关 S 的电路如图 6.33 所示。图中 u_I 为外加输入信号，A_3、A_4 是两个串接的反相输入比例运算电路，根据第 5.2.1 节的分析，它们的输出电压大小相等、极性(或相位)相反，即 $u_{O4}=-u_{O3}=u_I$。二极管 VD_3、VD_4 的导通和截止受图 6.32(a)中比较电路 A_2 输出信号的控制。忽略二极管正向导通压降，当比较电路 A_2 输出为高电平时，其值大于 u_{O4} ($=u_I$)，则 VD_4 导通，VD_3 截止，相当于图6.32(a)中 S 接 $+U_1$。反之，当 A_2 输出为低电平时，VD_3 导通，VD_4 截止，相当于开关 S 接 $-U_2$。

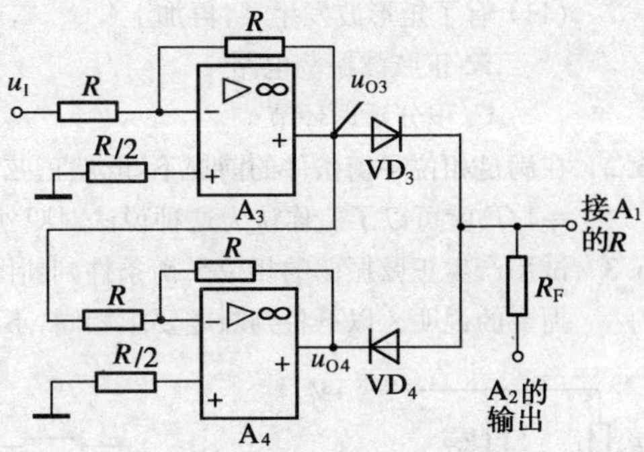

图 6.33　一种实现模拟开关的电路

习　题　6

6.1　单项选择题(将下列各小题正确选项前的字母填在题内的括号内，或者按照教师的要求练习)

(1) 正弦波发生器产生振荡的相位条件是 $\varphi_{AF}=\varphi_A+\varphi_F=$(　　)(式中 $n=0,1,2,\cdots$)

A. $2n\pi+\pi$　　B. $2n\pi$　　C. $2n\pi+3\pi$　　D. $n\pi+\frac{\pi}{2}$

(2) 下列哪一个电路(或网络或环节)不是正弦波振荡器的组成部分？(　　)

A. 放大电路　　B. 选频网络

C. 稳幅环节　　D. 限幅保护环节

(3) 对于 RC 桥式振荡器中的基本放大电路，其输出电压与输入电压之间的合适的相位移是(　　)。

A. 90°　　B. 180°　　C. 270°　　D. 360°

(4) 欲使正弦波振荡频率 f_0 在 60 Hz～100 kHz 范围内连续可调，应设计可调频的(　　)振荡器。

A. RC 桥式　　B. 电感三点式 LC　　C. 电容三点式 LC　　D. 晶振

(5) 当集成运放应用电路处于(　　)稳态工作时，可以运用“虚短路”的概念。

A. 负反馈　　B. 正反馈

C. 开环　　D. 不但开环而且带正反馈

(6) 已知超外差式收音机中的本振电路，它的振荡频率需要设计在1 MHz～5.2 MHz范围内可调，问应该选择的振荡器的类型是(　　)。

A. *RC*桥式振荡器　　B. *RC*移相式振荡器

C. 电感三点式振荡器(带有调频电容)　　D. 晶振(工作在$\omega_0=\omega_s$)

(7) 当信号频率等于石英晶体的串联谐振频率或并联谐振频率时，石英晶体呈(　　)。

A. 容性　　B. 阻性　　C. 感性　　D. 阻感性质

(8) 能将正弦波信号变换为方波信号的集成运放应用电路是(　　)。

A. 比例运算电路　　B. 积分运算电路

C. 微分运算电路　　D. 过零电压比较器

(9) 在如下由集成运放组成的应用电路中，运放处于线性区的电路是(　　)。

A. 二阶压控电压源低通滤波器　　B. 过零电压比较器

C. 迟滞型电压比较器　　D. 三角波发生电路

(10) 分析各种电压比较器的要点是：① 计算阈值电压U_{th}(或者U_{th1}、U_{th2})；② 抓住(　　)。

A. u_i使u_O发生跳变的临界条件　　B. "虚短路"的概念

C. 积分电路的充、放电延迟时间　　D. 电压传输特性

(11) 有了矩形波发生器，再加上(　　)，就可以组成三角波发生器或锯齿波发生器。

A. 正弦波振荡电路　　B. 压控振荡电路

C. 积分延迟环节　　D. 波形发生控制电路

6.2 在满足相位平衡条件的前提下，既然正弦波振荡器的幅值平衡条件为$AF=1$，如果F为已知，只要使$A=1/F$就可以了。你认为这种说法对吗？

6.3 试用产生正弦振荡的相位平衡条件判断图6.34中各电路能否产生振荡(要求在图上标出瞬时极性或作扼要的说明。以下各判断题要求相同，不再赘述)。

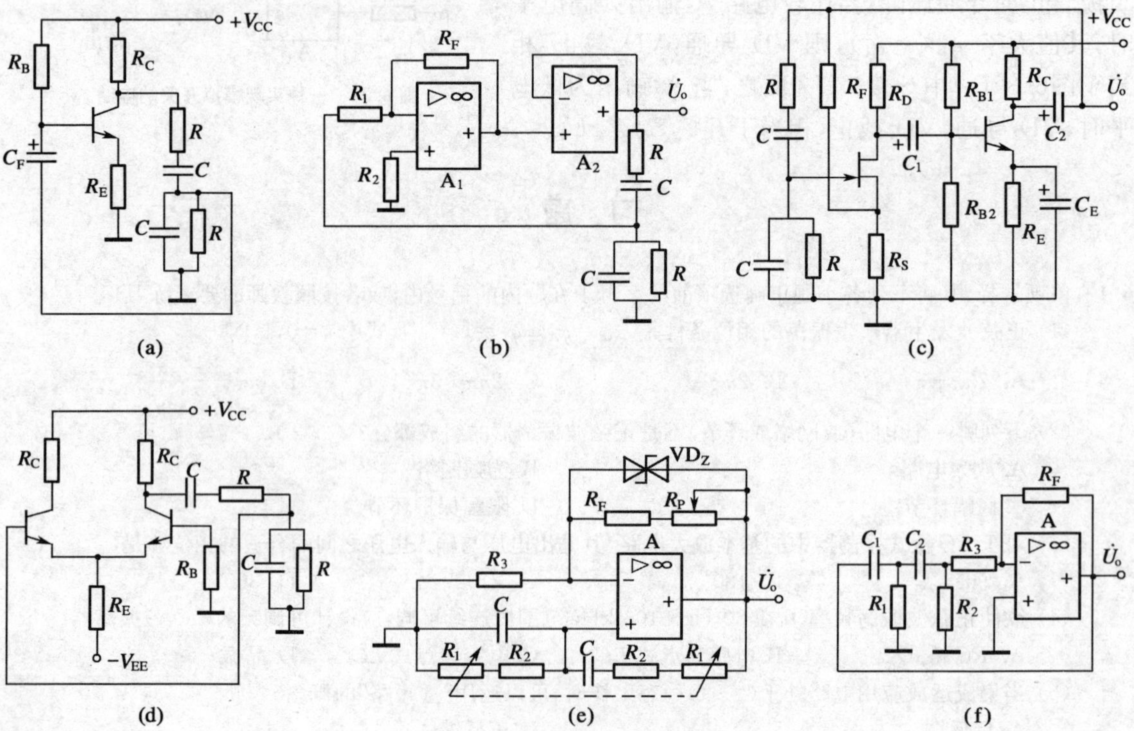

图6.34　题6.3图

6.4 分析图 6.35 中各电路是否满足产生正弦振荡的相位平衡条件。

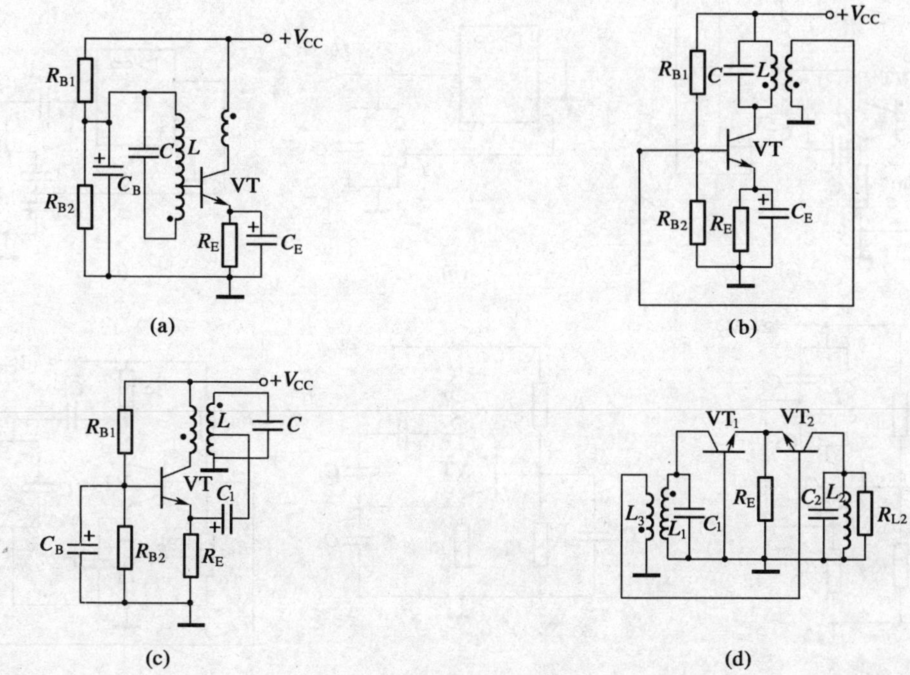

图 6.35 题 6.4 图

6.5 (1) 电路如图 6.34(c)所示。① 试问该电路能否产生正弦波振荡,若能,它是一种什么类型的正弦波振荡电路,图中 R_S 和 R_F 的值有何关系? 振荡频率 f_0 式为何? ② 为了稳幅,电路中哪个电阻可以采用热敏元件,其温度系数如何?

(2) 电路如图6.34(e)所示。① 试问电路中双向稳压管的作用是什么,可调电位器 R_P 呢?同轴电位器 R_1 的作用又是什么?② 试列写出振荡频率 f_0 的估算式。③ 设集成运放是理想器件,它的最大输出电压为±10 V,试问由于某种原因使 R_F 断开时,其输出电压的波形是什么(正弦波、近似为方波或停振)?输出电压的峰-峰值为多少(峰-峰值是波形图上正、负向幅值之差)?

6.6 图6.36是一种 RC 桥式正弦波振荡电路。指出选频网络和负反馈支路由哪些元器件组成,结型场效应管 VT 和 R_4、VD、C_1 的作用是什么。说明电路的稳幅过程。估算出振荡频率 f_0。设 $R_2+R_3=22.5$ kΩ,求稳幅振荡时 VT 的漏-源电阻 $R_{DS}=$?

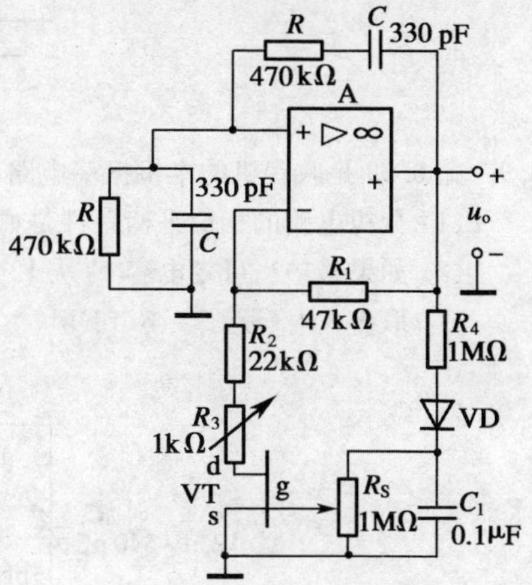

图6.36 题6.6图

6.7 判断图 6.37 中各电路能否产生正弦振荡,并指出可能振荡的电路属于何种类型。

6.8 电路如图 6.38 所示。试分析:

(1) 电路中有哪些级间反馈支路? 各起什么作用?

(2) 若 C_2 因虚焊造成开路,电路能否产生振荡? 如有振荡,输出波形是否为正弦波?

(3) 当 C_3 开路时,电路能否产生振荡?

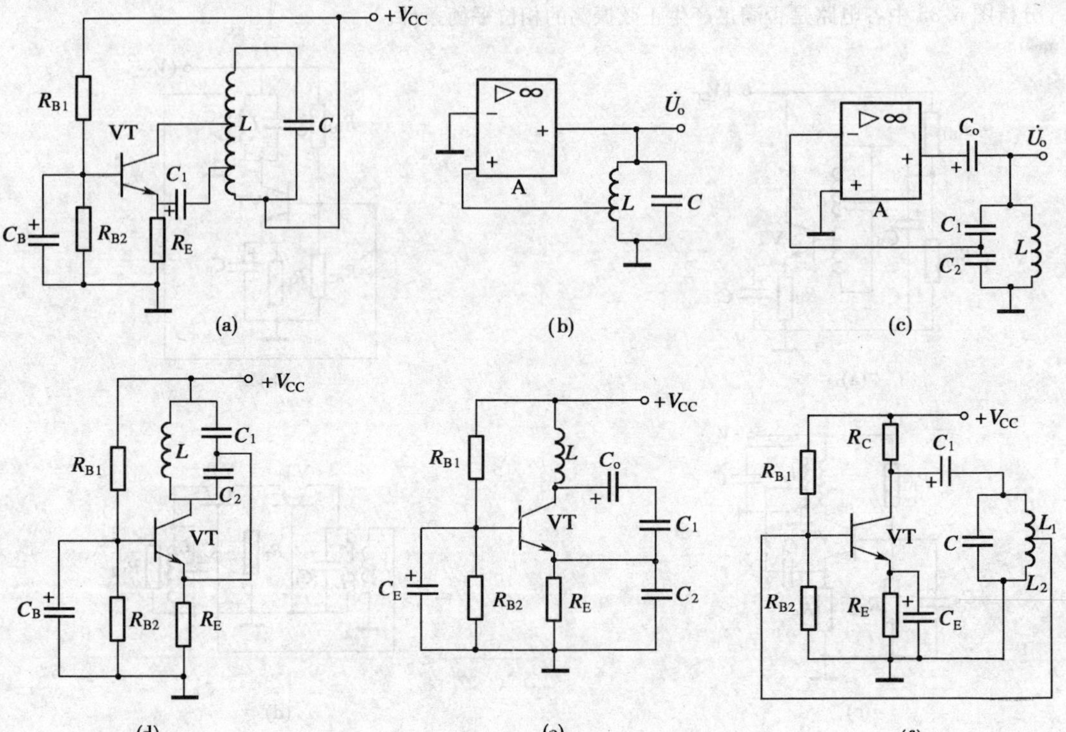

图 6.37　题 6.7 图

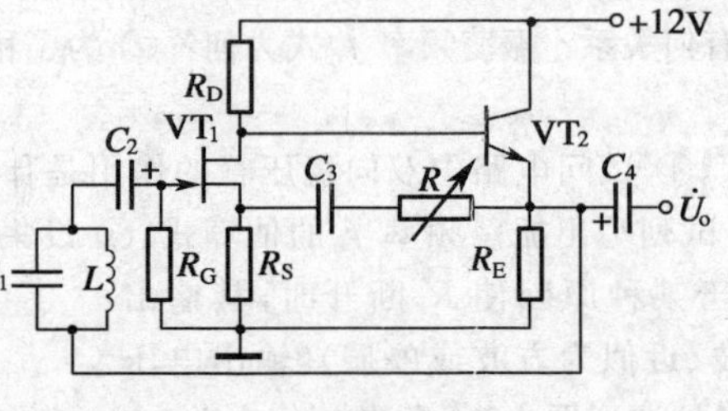

图 6.38　题 6.8 图

6.9　图 6.39 是收音机的本机振荡电路。

(1) 分析电路的相位平衡条件是如何满足的。

(2) 如果希望当可变电容 C_1 从 12 pF 变到 340 pF 时，振荡频率从 11.5 MHz 变到 8 MHz，求 C_3 的值应取多大？(设 C_4＝10 pF)

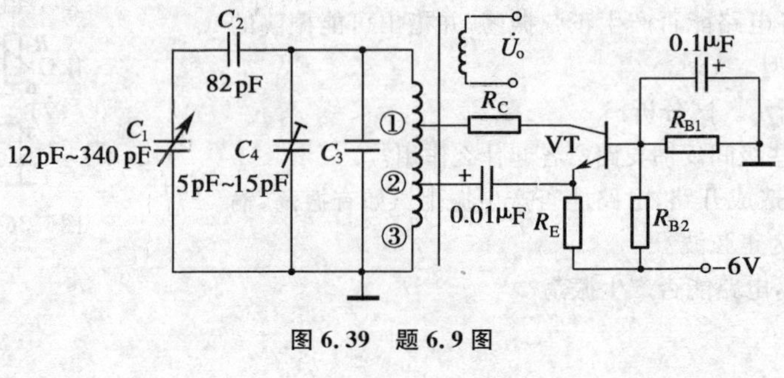

图 6.39　题 6.9 图

6.10 电路如图 6.40(a)、(b)所示，说出它们各属于何种类型的振荡电路，并分析其振荡频率 f_0 的估算式。设图 6.40(a)中石英晶体工作在频率 f_s 与 f_p 之间；图 6.40(b)中石英晶体工作在频率 f_s 处。

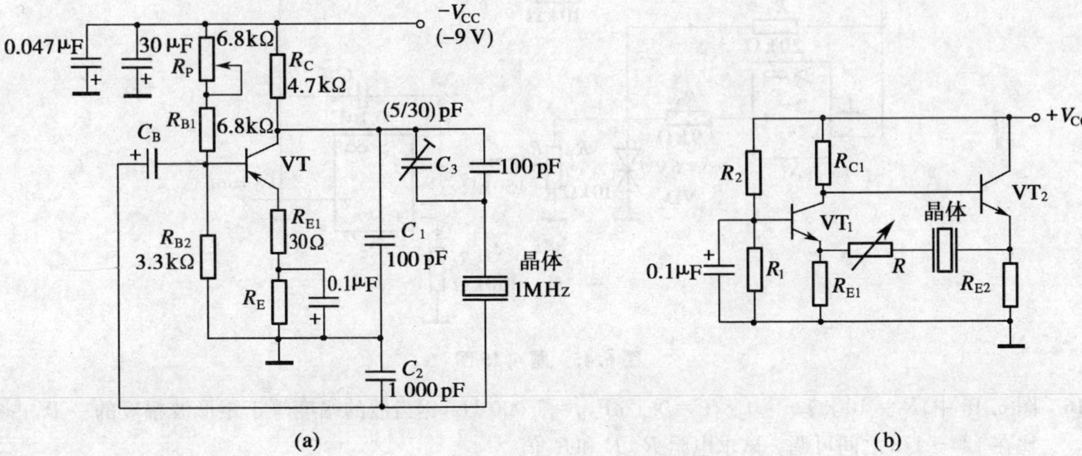

图 6.40 题 6.10 图

6.11 图 6.41 是一个集成电压比较器的图形符号，它的功能与用集成运放组成的电压比较器完全相同。设其最大输出电压为 ±13 V，输入信号是 $u_I = 5\sin\omega t$ (V)的低频信号。试按理想情况画出 U_R = +2.5 V、0 V、−2.5 V 时输出电压的波形。

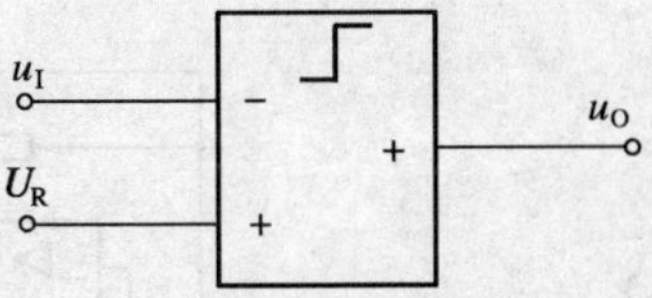

图 6.41 题 6.11 图

6.12 图 6.42 是理想集成运放电路，VD_Z 的稳压值 U_Z 为 6 V，VD 的正向压降可略去不计。试求比较电路的阈值电压，并画出它的电压传输特性。

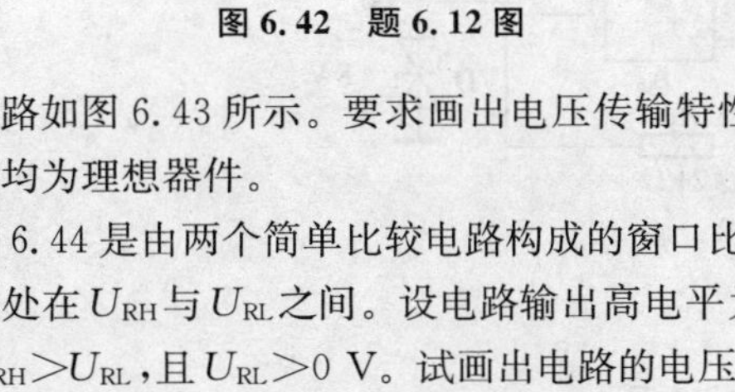

图 6.42 题 6.12 图

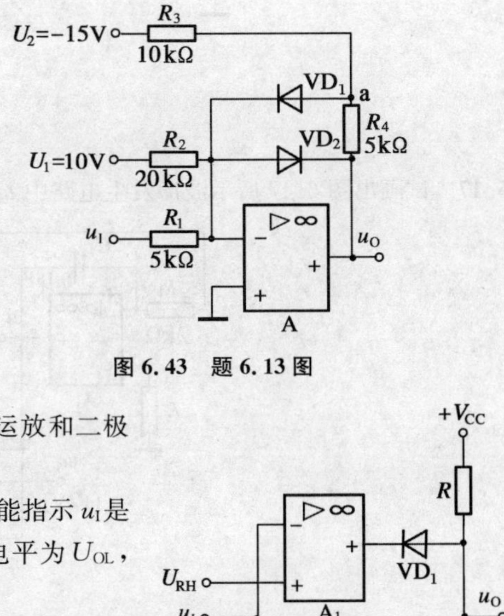

图 6.43 题 6.13 图

6.13 电路如图 6.43 所示。要求画出电压传输特性。设集成运放和二极管均为理想器件。

6.14 图 6.44 是由两个简单比较电路构成的窗口比较电路，它能指示 u_I 是否处在 U_{RH} 与 U_{RL} 之间。设电路输出高电平为 U_{OH}，低电平为 U_{OL}，$U_{RH} > U_{RL}$，且 $U_{RL} > 0$ V。试画出电路的电压传输特性。

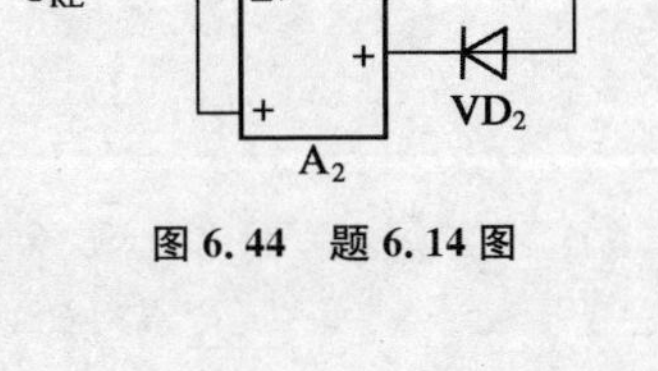

图 6.44 题 6.14 图

6.15 方波和三角波发生电路如图 6.45 所示。

(1) 求出调节 R_P 时所能获得的 f_{max}。

(2) 画出 u_{O1} 和 u_O 的波形，标明峰-峰值。如果 A_1 的反相端改接 U_R，方波和三角波的波形有何变化？

(3) 要求三角波和方波的峰-峰值相同，R_1 应为多大？

(4) 不改变三角波原来的幅值而要使 $f=10f_{max}$，电路元件的参数应如何调整？

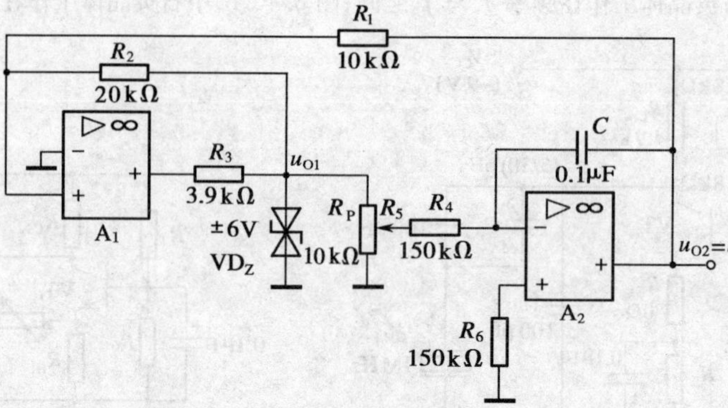

图 6.45　题 6.15 图

6.16　图 6.46 中，$R_1=10\ k\Omega$，$n=0.8$，$C=0.1\ \mu F$，$f=1\ 000\ Hz$，锯齿波的幅度等于矩形波幅度的一半，占空比在 1/4～1/8 之间可调。试求电阻 R'、R 和 R_2 值。

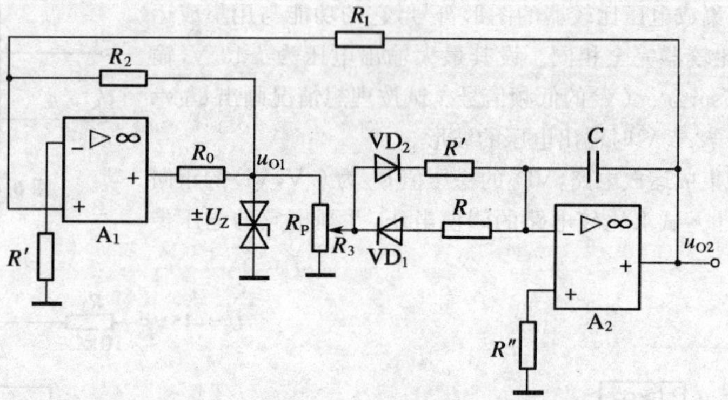

图 6.46　题 6.16 图

6.17　试画出图 6.47 所示波形发生电路中 u_{O1}、u_{O2}、u_{O3} 的波形图。

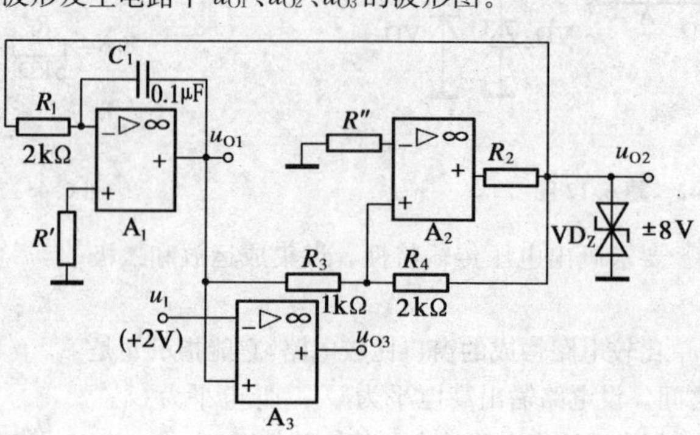

图 6.47　题 6.17 图

7 功率放大电路

引言 第2.1.1节曾经提及，一个放大电路中一般包含有多个电压放大级和一个功率放大级。电压放大级的任务是把微弱的信号加以放大，以推动功放输出级。前者通常工作在小信号状态下，后者则输出足够大的功率，驱动一定大小的负载，如收音机中扬声器的音圈、电动机控制绕组、继电器、计算机监视器或电视机扫描偏转线圈等。这类主要用于向负载装置提供功率的电路称为功率放大电路，简称功放电路，俗称功放输出级。前面所讨论的放大电路主要用于增大电压或电流幅度，因而相应的称为电压或电流放大电路。但无论是哪一种放大电路，在负载上都同时存在着输出电压、电流和功率，上述名称上的不同仅仅是强调输出量的不同而已。

第7章以分析功放电路的输出功率、效率和非线性失真之间的矛盾为主线，逐步提出解决矛盾的措施。在电路方面，以互补对称推挽功放电路为重点，进行了较详细的分析和计算，并介绍了集成功率放大器的实例。章末对功率器件的散热问题、功率BJT和VMOS管也进行了介绍。

7.1 概述

1）特点和要求

一个实用的功放电路，要求它能为负载提供足够大的功率。因此，与第2章讨论的小信号电压放大电路有所不同，功放电路主要考虑的是如何获取最大的、不失真的交流输出功率。而功率是电压和电流的乘积，故一个功放电路不仅要有足够大的输出电压幅度，而且还要有足够大的输出电流幅度，只有这样，才能获得足够大的输出功率。总之，功放电路应具有以下几个方面的特点和要求：

(1) 要有尽可能大的输出功率。通常用最大不失真输出功率 P_{oM} 表示，它是指输出电压和电流波形不失真或失真程度在允许范围内的最大输出功率。

$$P_{oM}=U_{oM}I_{oM} \tag{7.1}$$

式中：U_{oM}——最大输出电压有效值；

I_{oM}——最大输出电流有效值。

(2) 效率要高。功放电路主要把直流电源供给的直流电能转换成交流电能输送给负载。由于电路消耗的功率大，所以必须考虑功率转换的效率。效率 η 定义为：

$$\eta=\frac{P_o}{P_{VCC}}\times 100\% \tag{7.2}$$

式中：P_o为功放电路的交流输出功率（$P_o=U_oI_o$）；P_{VCC}为直流电源提供给电路的平均功率，它的定义是：

$$P_{VCC}=V_{CC}\bar{i}_C \tag{7.3}$$

式中：V_{CC}——直流电源电压；

$\bar{i}_C$——1 个周期内电源供给的电流平均值。

(3) 非线性失真要小。由于功率管处于大信号工作状态，所以由晶体管特性的非线性引起的非线性失真不可避免。因此，将非线性失真限制在允许的范围内，是设计功放电路必须考虑的问题之一。

此外，由于功率管工作在接近于极限运用的状态，因此，一方面，在选择功率管时必须考虑使它的工作状态不超过其极限参数 I_{CM}、P_{CM} 和 $U_{(BR)CEO}$；另一方面，在设计功放电路时，散热问题及过载保护问题不能忽视。因此，常对功率管加上一定面积的散热片和过流保护环节。

由于 BJT 处于大信号工况，故只能采用图解法或最大值估算法分析功放电路，第 2 章讨论的微变等效电路法在此将不适用。

2) 功放电路按照 BJT 工作状态的分类

功放电路通常是根据功率管静态工作点 Q 的选择不同进行分类的。当 Q 点的选择使 BJT 在信号的整个周期内都有电流流过(即 $I_{CQ} \geqslant I_{cm}$，式中 I_{cm} 是功率管集电极信号电流的幅值)，功率管导通角 $\theta = 360°$ 时，称为甲类工作状态。第 2 章讨论的电压放大电路都属于甲类电路。当功率管的静态偏流为 0 mA(即 $I_{CQ} = 0$ mA)，BJT 只在信号的半个周期内导通，另一半周期截止，功率管导通角 θ 等于 180°时，这种工作状态称为乙类。如果选择的 Q 点使 I_{CQ} 较小，在信号作用下静态电流 I_{CQ} 小于 I_{cm}，功率管在信号的一个周期内有一段时间不导通，即导通角在 $180° < \theta < 360°$ 时，则称甲乙类状态。

提高功放电路效率的根本途径是减小功率管的功耗。方法之一是减少功率管的导通角 θ，增加其在一个信号周期内的截止时间，从而减少管子所消耗的平均功率，因此在有些功放电路中，功率管工作在丙类状态①，即导通角 θ 小于 180°；方法之二是设置功率管于开关状态，也称为丁类状态②，此时功率器件仅仅在饱和导通时消耗功率，且由于管压降很小，所以无论电流是大是小，功率管的瞬时功率都不大，因而管子的平均功率也就不大，电路的效率有所提高。但是，应当指出，当功放电路中的功率管工作在丙类状态或丁类状态时，集电极电流将严重失真，因此功放电路中必须采取措施以消除失真，如采用谐振功率放大电路，从而使负载获得基本不失真的信号功率。

第 7.2 节及后续小节将主要讨论由 BJT 组成的甲类、乙类和甲乙类功放电路，因为以上 3 类功放电路工程中用得较多。现将 BJT 的工作状态主要分类及各自的特点列于表中。

表　BJT 的工作状态分类表

电路形式	特　点	集电极电流 i_C 的波形	Q 点的位置	状态类别
图 7.1(a)	管子的导通时间为 1 个周期($\theta = 360°$)	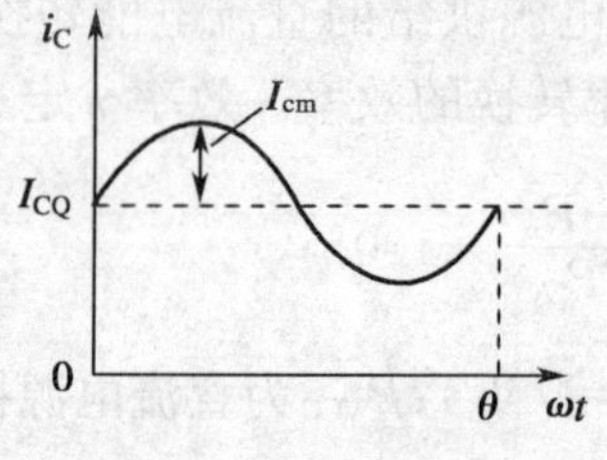	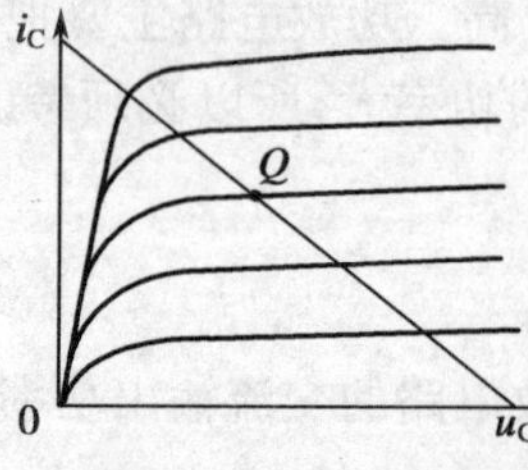	甲　类

①② 关于丙类或丁类谐振功率放大电路可参阅文献[5]第 2 章。

续表

电路形式	特　点	集电极电流 i_C 的波形	Q 点的位置	状态类别
图 7.2(a)	管子的导通时间只有半个周期(θ=180°)	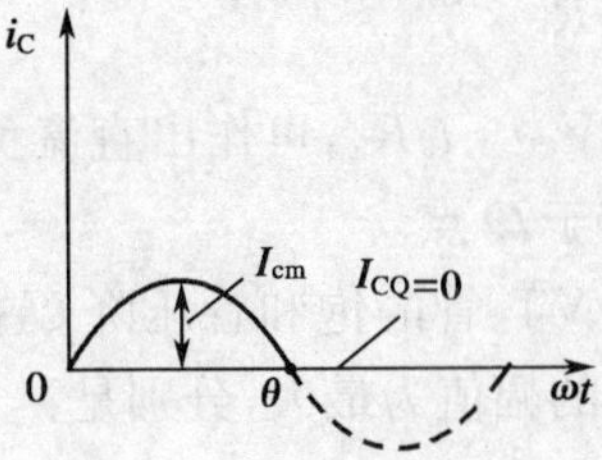	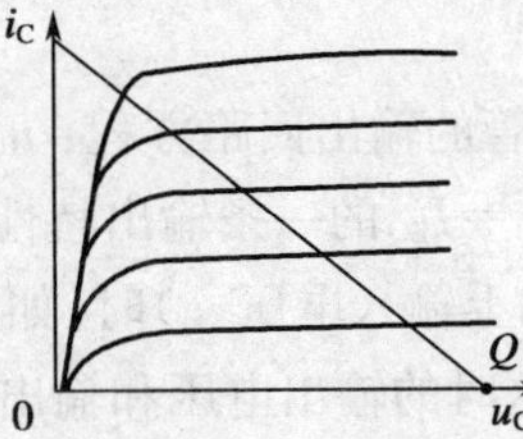	乙类
图 7.5(b)	管子的导通时间大于半个周期，小于 1 个周期(180°<θ<360°)	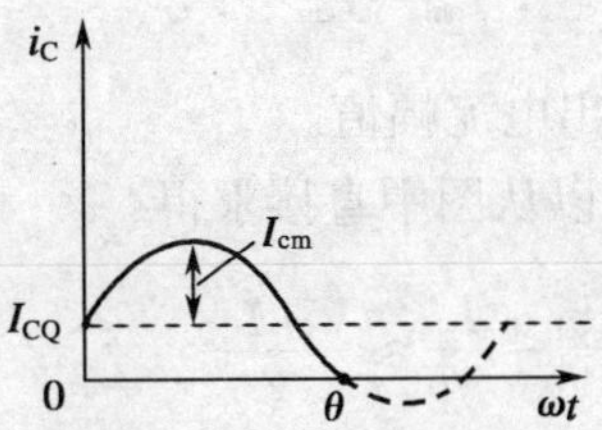	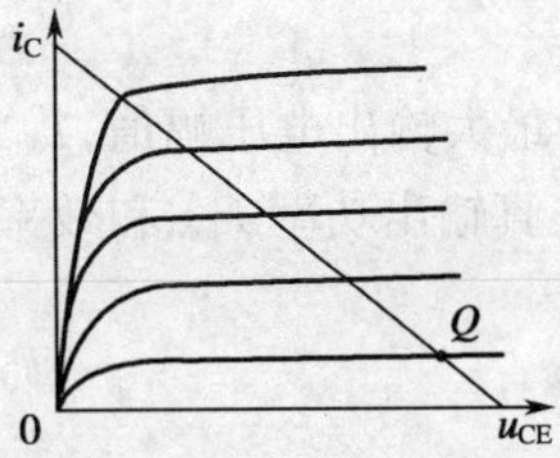	甲乙类

7.2 单管甲类功率放大电路

第 2 章中已经讨论过，射极输出器虽无电压放大作用，但有电流和功率放大能力。同时，它的交流输出电阻小，带负载能力强。因此，在输出功率要求较小时，可以采用单管射极输出器作为功放输出级，如图 7.1(a)所示。它是在图 2.23(a)射极输出器的基础上，采用正、负电源供电，并增加一个 VT_1 管作为前置级(或称驱动级)构成的，图中 VT_1 管的偏置电路未画出。

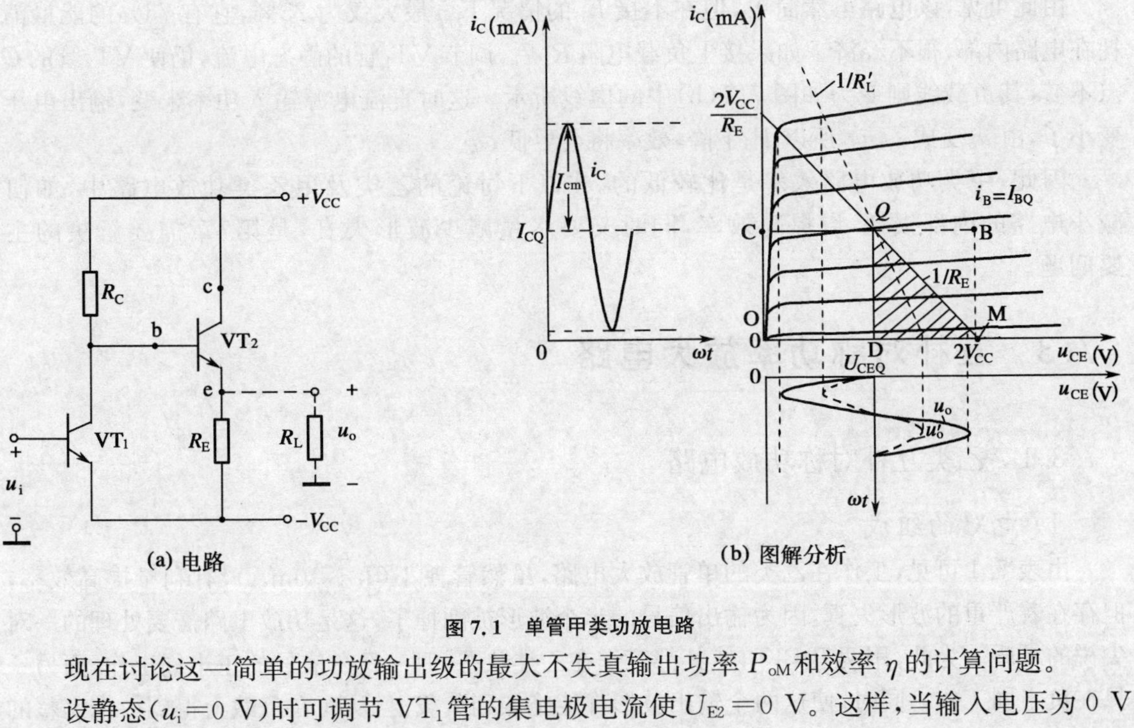

(a) 电路　　(b) 图解分析

图 7.1　单管甲类功放电路

现在讨论这一简单的功放输出级的最大不失真输出功率 P_{oM} 和效率 η 的计算问题。

设静态(u_i=0 V)时可调节 VT_1 管的集电极电流使 U_{E2}=0 V。这样，当输入电压为 0 V

时,输出电压 u_o亦为 0 V。在未接负载电阻 R_L的情况下,VT_2管的静态参数值为:

$$I_{CQ}\approx\frac{V_{CC}}{R_E},\ U_{CEQ}=V_{CC}$$

根据 VT_2管的输出回路方程:$u_{CE}=2V_{CC}-i_C R_E$,可作出直流负载线,如图 7.1(b)中的实线所示,它与 $i_B=I_{BQ}$的一条输出特性相交于 Q 点。

动态(即加上输入电压 u_i)时,如忽略 VT_2管的饱和管压降 U_{CES},则输出电压的动态范围近似为 $2V_{CC}$,这时的输出电压和输出电流的幅值为最大,分别是:

$$U_{omM}\approx V_{CC},\ I_{om}=I_{cm}\approx I_{CQ}$$

式中:U_{omM}为最大输出电压幅值;I_{om}为输出电流幅值。

最大不失真输出功率 P_{oM}和效率 η 可以从图中直接求得:

$$P_{oM}=\frac{U_{omM}}{\sqrt{2}}\ \frac{I_{cm}}{\sqrt{2}}\approx\frac{V_{CC}I_{CQ}}{2} \tag{7.4}$$

两个直流电源提供的功率为:

$$P_{VCC}=2V_{CC}I_{CQ} \tag{7.5}$$

从图 7.1(b)可知,最大输出功率是三角形 DMQ 的面积,正、负电源提供的功率是矩形 OMBC 的面积,故最大的效率是:

$$\eta_M=\frac{P_{oM}}{P_{VCC}}\times 100\%=\frac{1}{4}\times 100\%=25\% \tag{7.6}$$

由此可见,该电路虽然简单,但在不接 R_L的情况下 η 最大仅为 25%,它有 75%的能量消耗在电路内部,很不经济。如果接上负载电阻 R_L后,调节 VT_1管的静态电流,仍使 VT_2管的 Q 点不变,其负载线则变为如图 7.1(b)中的虚线所示。这时直流电源输入功率未变,输出电压变小了,由 u_o变成了 u_o',所以 P_o下降,效率将会更低。

因此,甲类功放电路效率是比较低的。在以下讨论的乙类及甲乙类功放电路中,如何减小电路的内部损耗,以提高效率,同时又要尽量减少波形失真,是第7章需要解决的主要问题。

7.3 互补对称功率放大电路

7.3.1 乙类互补对称功放电路

1) 电路的组成

由表 7.1 可见,工作在乙类的单管放大电路,虽然管耗小($I_{CQ}=0$mA),有利于提高效率,但存在着严重的波形失真,因为输出信号的半个波形被削掉了,这是功放电路需要处理的一对尖锐的矛盾。为此,用两只 BJT,使其都工作在乙类状态,但一只在信号的正半周工作,而另一只在负半周工作。同时,使这两个输出波形都能施加到负载上,从而在负载上得到一个完整的信号波形。这样，就能解决提高效率与减小输出波形失真的矛盾。两只 BJT 的这种工作方式称为互补推挽方式。

怎样实现上述构思呢？现在来研究一下图 7.2(a)所示的互补对称推挽电路。VT_1 和 VT_2 管分别是异型的 NPN 管和 PNP 管，两管特性对称，它们的基极和发射极分别连接在一起，正弦信号电压从基极输入，从发射极输出，R_L 是共同的负载电阻。此电路可以看成是图 7.2(b)、(c)两个射极输出器对接而成的。考虑到 BJT 只有在 J_e 结处于正偏时才导通，因此当输入信号 U_i 处于正半周时，VT_1 导通，VT_2 截止，有电流 i_{C1} 流过 R_L；当信号处于负半周时，VT_1 截止，VT_2 导通，有电流 i_{C2} 流过 R_L。这样，图 7.2(a)的电路就实现了推挽工作状态：在静态时两管均处于截止状态，而在有信号作用时，VT_1 和 VT_2 在信号的两个半周期内轮流导通，在负载 R_L 上产生了一个完整的正弦波形。又因为 VT_1 和 VT_2 是两个性能对称的异型管，互相弥补对方之不足，所以图 7.2(a)的电路亦称为乙类互补对称推挽功放电路，简称乙类互补对称电路。应该说明的是，推挽指两管轮流导通的工作状态，它可以用不同的方案实现，从而形成各种功放电路①，而互补对称指电路中采用了两只性能对称的异型管。

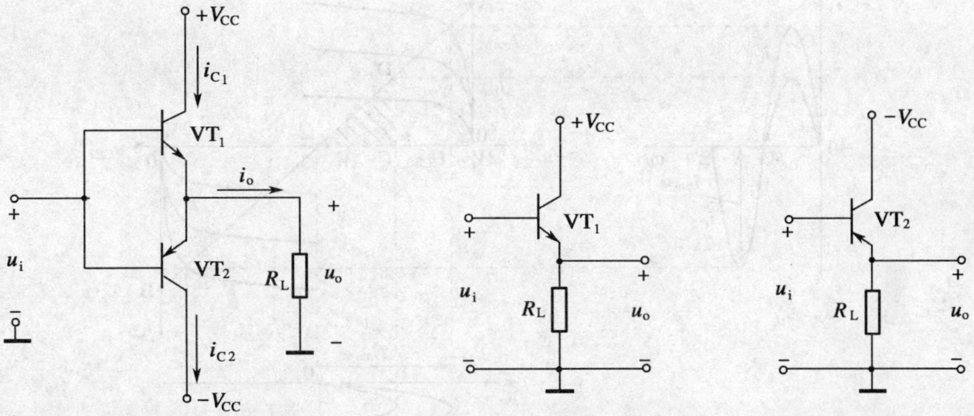

(a) 乙类互补对称推挽电路　　(b) NPN 管射极输出器　　(c) PNP 管射极输出器

图 7.2　两个射极输出器组成的乙类互补对称功放电路

2) 分析计算

(1) 互补对称电路的组合特性

在图 7.2(a)所示的乙类互补对称电路中，BJT VT_1 和 VT_2 的工作状态和输出电压、输出电流的波形及其性能指标可用图解法，在两管的组合特性上进行分析计算。在绘制组合特性时，应注意以下几点：

① 组合特性的横轴上同时标注 u_{CE1} 和 $-u_{CE2}$ 值。因为两管异型，故 u_{CE1} 与 u_{CE2} 极性相反，同时二者应符合关系：$U_{CE1Q}+(-U_{CE2Q})=2V_{CC}$。因此，在图 7.3 的横轴上按相反的方向分别

① 为了实现两管推挽工作，可以采用的方案有 4 个：一是用两个特性相同的同型管，单电源供电，并利用输入和输出变压器的绕组倒相，组成变压器耦合推挽功放电路；二是用两个特性相同的同型管，单电源供电，利用输出端的一个大电容代替另一个电源，并在功放级前面设置倒相级，组成采用倒相级的推挽功放电路；三是用两个特性对称的异型管和双电源供电，这就是图 7.2(a)所示的互补对称电路，常称为 OCL 互补对称电路，OCL 是 Output Capacitor - less(无输出端大电容)的缩写；四是用两个特性对称的异型管，单电源供电，输出端用大电容代替另一个电源，这就是 OTL 互补对称电路，OTL 是 Output Transformer - less(无输出变压器)的缩写，见第 7.4.3 节。

标注 u_{CE1} 和 $-u_{CE2}$ 值，而且 $u_{CE1}=0$、V_{CC} 和 $2V_{CC}$ 的点分别与 $-u_{CE2}=2V_{CC}$、V_{CC} 和坐标原点重合。

② 两条纵轴的正方向相反。因为两管的电流 i_{C1} 和 i_{C2} 流向相反(以 NPN 型管的电流流向为准)，所以组合特性的两条纵坐标轴的正方向恰好相反。

③ 两管的 Q 点在横轴上重合。因为静态时 $U_{OQ}=0$ V，$U_{CE1Q}=+V_{CC}$，$-U_{CE2Q}=+V_{CC}$，$I_{CQ1}=I_{CQ2}\approx 0$ mA，所以两管的静态工作点 Q 在横轴上重合。

④ 画出组合特性上的负载线。由于两管的 Q 点重合，又有相同的负载电阻，所以组合特性上的负载线为经过 Q 点、斜率为 $-1/R_L$ 的一条直线，如图 7.3 中直线 AB 所示。

由组合特性可以画出在正弦输入电压 u_i 作用下输出电压和电流的波形图。在正弦输入信号的正半周，VT_1 管导通，$i_o=i_{C1}$，处在正半周。此时，VT_1 管的 u_{CE1} 减小，其交流分量 u_{ce1} 处于负半周，而交流输出电压 u_o 处在正半周(注意：VT_1 管接成共集电路，对交流分量，$u_{ce1}+u_o=0$，即 $u_o=-u_{ce1}$)。输入信号负半周的情况亦可类似地分析。结果，输出电流 i_o 和输出电压 u_o 具有完整的正弦信号波形。

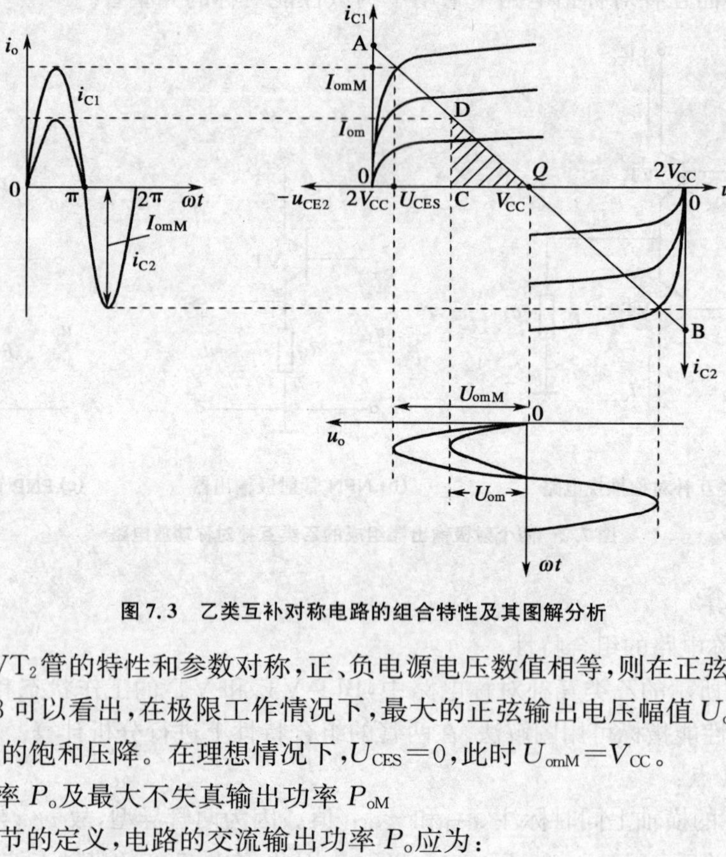

图 7.3　乙类互补对称电路的组合特性及其图解分析

如果 VT_1、VT_2 管的特性和参数对称，正、负电源电压数值相等，则在正弦输入信号幅值足够大时，由图 7.3 可以看出，在极限工作情况下，最大的正弦输出电压幅值 $U_{omM}=V_{CC}-U_{CES}$，其中 U_{CES} 是管子的饱和压降。在理想情况下，$U_{CES}=0$，此时 $U_{omM}=V_{CC}$。

(2) 输出功率 P_o 及最大不失真输出功率 P_{oM}

根据第 7.1 节的定义，电路的交流输出功率 P_o 应为：

$$P_o=U_oI_o \tag{7.7}$$

式中：U_o 和 I_o 分别为正弦输出电压和电流的有效值。

假设图 7.3 中的电压、电流波形基本不失真，则

$$P_o=U_oI_o=\frac{U_{om}I_{om}}{2}=\frac{U_{om}^2}{2R_L} \tag{7.8}$$

由式(7.8)可见，输出功率 P_o 恰好等于图 7.3 中三角形 CDQ 的面积，此三角形称为功率三角形。

当正弦输入信号幅度足够大、功率管处于极限运用状态时，$U_{omM}=V_{CC}-U_{CES}$，$I_{omM}=U_{omM}/R_L$。如果输出信号基本不失真，此时的输出功率就是最大不失真的输出功率。根据式(7.1)有：

$$P_{oM}=\frac{U_{omM}}{\sqrt{2}}\frac{I_{omM}}{\sqrt{2}}=\frac{U_{omM}^2}{2R_L}=\frac{(V_{CC}-U_{CES})^2}{2R_L} \tag{7.9}$$

在理想情况下，$U_{CES}=0$，$U_{omM}=V_{CC}$，$I_{omM}=V_{CC}/R_L$。此时，理想的最大输出功率为：

$$P'_{oM}=\frac{V_{CC}^2}{2R_L} \tag{7.10}$$

应当指出，式(7.8)～式(7.10)虽是针对乙类功放电路(它是为进行理论分析而简化的电路)导出的，但这些公式同样适用于实际的互补功放电路，包括下面将介绍的实用的甲乙类功放电路。在用这些公式求 P_o 和 P_{oM} 时，关键在于求出式中的 U_{om} 和 U_{omM}。在下面以及章末习题中将要运用这些公式。

(3) 直流电源提供的平均功率 P_{VCC}

根据式(7.3)，直流电源提供的平均功率为：

$$P_{VCC}=\frac{1}{2\pi}\int_0^{2\pi}V_{CC}i_C\,d(\omega t)$$

式中：i_C 为流过直流电源的电流。

在图 7.2(a)所示的电路中，通过电源 $+V_{CC}$ 的电流为 i_{C1}。从图 7.3 可以看出：

$$i_{C1}=\begin{cases}I_{om}\sin\omega t & (0\leqslant\omega t\leqslant\pi)\\ 0 & (\pi\leqslant\omega t\leqslant 2\pi)\end{cases}$$

所以，电源 $+V_{CC}$ 提供的平均功率为：

$$P_{VCC+}=\frac{1}{2\pi}\int_0^{\pi}V_{CC}I_{om}\sin\omega t\,d(\omega t)=\frac{V_{CC}I_{om}}{\pi}=\frac{V_{CC}U_{om}}{\pi R_L}$$

由于 VT_1 和 VT_2 管对称，故电源 $-V_{CC}$ 提供的平均功率 P_{VCC-} 应与 P_{VCC+} 相等。因此，两个电源提供的总平均功率为：

$$P_{VCC}=\frac{2V_{CC}I_{om}}{\pi}=\frac{2V_{CC}U_{om}}{\pi R_L} \tag{7.11}$$

由式(7.11)可见，电源提供的功率 P_{VCC} 与 I_{om} 有关，而 I_{om} 又与正弦输入电压幅值有关。所以，P_{VCC} 也与正弦输入电压的幅值有关。

(4) 效率

根据式(7.2)，功放电路的效率是交流输出功率与直流电源提供的平均功率之比，即

$$\eta=\frac{P_o}{P_{VCC}}\times 100\%$$

将式(7.8)和式(7.11)代入上式,得

$$\eta=\frac{\frac{U_{om}I_{om}}{2}}{\frac{2V_{CC}I_{om}}{\pi}}\times 100\%=\frac{\pi U_{om}}{4V_{CC}}\times 100\% \tag{7.12}$$

再次指出,功放电路的效率与 U_{om} 成正比,因而也与正弦输入电压的幅值有关。

在理想情况下,最大的输出电压幅值 $U_{omM}=V_{CC}$。因此,图 7.2(a)所示的互补功放电路的最大效率可达:

$$\eta_M=\frac{\pi}{4}\times 100\%=78.5\%$$

实际功放电路的效率都低于这一数值。

3) 晶体管的功率损耗及其与输出功率的关系

经过以上分析,读者自然会提出这样的一个问题:在互补功放电路的输出功率为最大时,BJT 的功率损耗——管耗 P_V 是否也刚好达到最大,即最大管耗 P_{VM} 是否发生在输出电压 $U_{om}=U_{omM}=V_{CC}$ 时?要回答这一问题,必须分析最大不失真输出功率与最大管耗的关系。在图 7.2(a)所示的电路中,VT_1 的管耗为:

$$P_{V1}=\frac{1}{2\pi}\int_0^{2\pi}u_{CE1}i_{C1}\,d(\omega t)=\frac{1}{2\pi}\int_0^{\pi}(V_{CC}-u_o)\frac{u_o}{R_L}d(\omega t)$$

式中:$u_{CE1}=V_{CC}-u_o$,$i_{C1}=u_o/R_L$。

设 $u_o=U_{om}\sin\omega t$,则

$$P_{V1}=\frac{1}{2\pi}\int_0^{\pi}(V_{CC}-U_{om}\sin\omega t)\frac{U_{om}\sin\omega t}{R_L}d(\omega t)=\frac{1}{R_L}\left(\frac{V_{CC}U_{om}}{\pi}-\frac{U_{om}^2}{4}\right) \tag{7.13}$$

两管的管耗为:

$$P_V=\frac{2}{R_L}\left(\frac{V_{CC}U_{om}}{\pi}-\frac{U_{om}^2}{4}\right) \tag{7.14}$$

将式(7.8)和式(7.11)代入式(7.14),可得:

$$P_V=P_{VCC}-P_o \tag{7.15}$$

式(7.15)的物理意义非常清楚:直流电源提供的平均功率 P_{VCC},一部分转换为交流输出功率 P_o,其余的就是管耗 P_V。

当输入信号幅值不同时,功放电路输出电压 u_o 的幅值 U_{om} 也不相同。由式(7.13)求单管管耗 P_{V1} 对 U_{om} 的导数,得

$$\frac{dP_{V1}}{dU_{om}}=\frac{1}{R_L}\left(\frac{V_{CC}}{\pi}-\frac{U_{om}}{2}\right)$$

令上式等于 0,得

$$U_{om}=\frac{2V_{CC}}{\pi}\approx\frac{2}{\pi}U_{omM} \tag{7.16}$$

式(7.16)说明了:当输出电压幅值 $U_{om} \approx 2U_{omM}/\pi$ 时,管耗最大;而在输出电压幅值为最大,即 $U_{om}=U_{omM}$时,管耗反而不是最大。这点须予以注意。

把式(7.16)代入式(7.13),得出单管的最大管耗为:

$$P_{V1M}=\frac{1}{\pi^2}\frac{V_{CC}^2}{R_L} \tag{7.17}$$

将式(7.17)与式(7.10)作比较,得到单管最大管耗与理想情况下最大输出功率的关系为:

$$P_{V1M}=\frac{2}{\pi^2}P'_{oM}\approx 0.2P'_{oM} \tag{7.18}$$

因而两管的最大管耗与理想情况下最大输出功率的关系为:

$$P_{VM}\approx 0.4P_{oM}' \tag{7.19}$$

根据式(7.8)、式(7.11)、式(7.13),可画出 P_o、P_{VCC}、P_{V1}与 U_{om}的关系曲线,如图 7.4 所示。

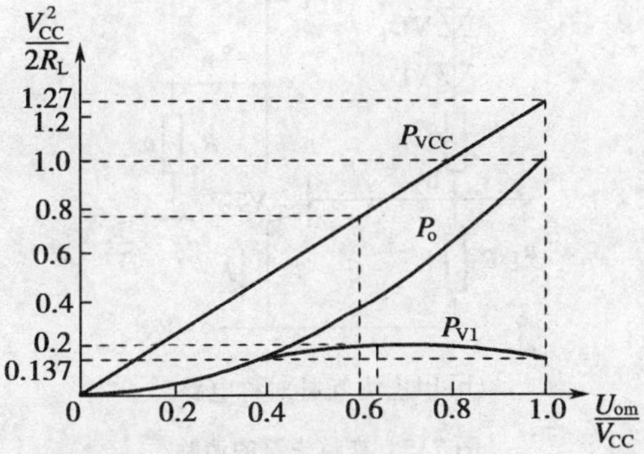

图 7.4 乙类互补对称电路 P_O、P_{VCC}和 P_{V1}随 U_{om}/V_{CC}的变化关系

式(7.11)~式(7.19)同样适用于计算其他的功放电路。在下面的例题和第 7.4 节中,将针对实用的功放电路,说明如何计算其性能指标(P_{oM}、η、P_{V1}和 P_{VCC}等)。

7.3.2 甲乙类互补对称功放电路

1) 交越失真及其消除

前面用两个射极输出器组成的乙类互补对称功放电路只是理想的情况。实际上,这种电路的输出波形还有由各种原因引起的失真。除了因两只 BJT 性能不对称和管子输出特性的非线性引起的失真外,还有一个引起失真的原因,那就是管子输入特性的非线性。

为了便于分析,把图 7.2(a)的电路重画于图 7.5(a)。根据第 1 章所学知识,当 BJT 的 J_e结的正偏电压小于阈值电压 U_{th}(硅管是 0.5 V,锗管是 0.1 V)时,管子几乎没有基极电流。因为在图 7.5(a)的电路中两管都工作在乙类状态,U_{BEQ}和 I_{BQ}均为 0,所以每当输入电压 u_i过零前后(即两管交替工作前后),有一段时间两管的 i_B、i_C和输出端的 $i_o[=i_{C1}-i_{C2}=\beta(i_{B1}-i_{B2})]$、$u_o=i_oR_L$均为 0 V。这样,即使输入信号 u_i是正弦波,输出电流 i_o和电压 u_o也会有失真,见图 7.5(a)中i_o和 u_o的波形。由于此失真发生在两管交替导通前后,所以称为"交越失真"。

究其原因,交越失真源自于 BJT 输入特性的非线性和两管工作在乙类状态。因此,为了减小或消除交越失真,应该为图 7.5(a)中的两管加上不大的静态偏置电压,使管子工作到甲乙类状态。

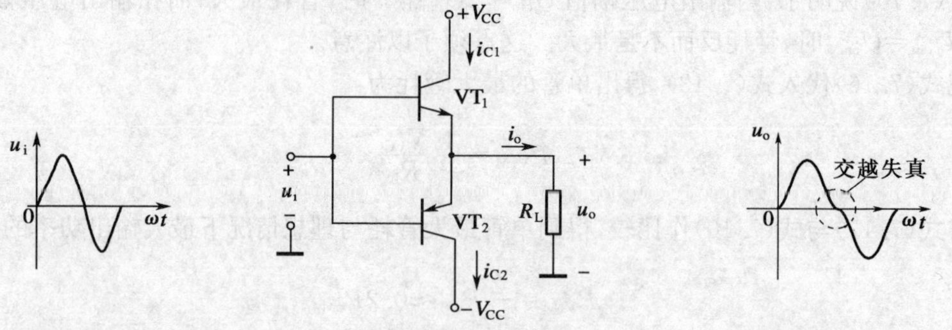

(a) 乙类互补对称电路

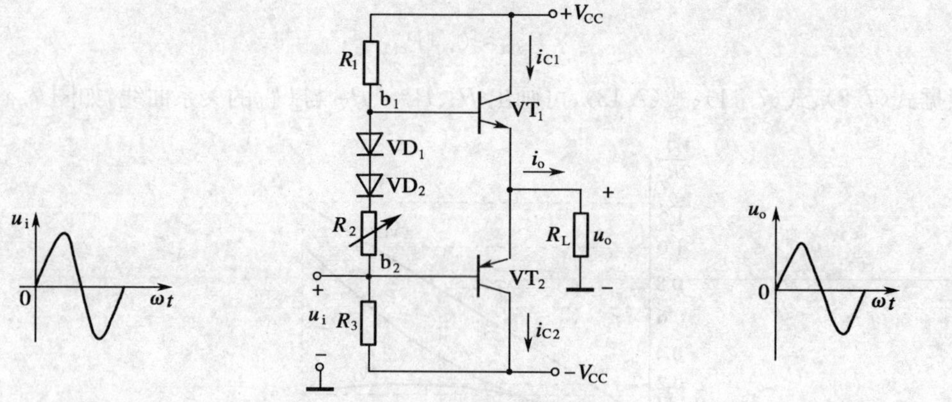

(b) 甲乙类互补对称电路

图 7.5　交越失真的消除

2) 甲乙类互补对称功放电路

在此类功放电路中,为两管设置不大的静态偏压可以有不同的方案。例如:一是在两管的基极之间加不大的直流电压;二是由前级管子集电极电阻的一部分供给直流压降,为了使两管基极对交流等电位,可在上述电阻两端并联旁路电容;三是在两管基极之间加二极管或接成二极管的 BJT 和用于调整静态的电位器;四是在两管之间加设“U_{BE}扩大电路”。

图 7.5(b)是一个甲乙类互补对称功放电路,其中包含 VD_1、VD_2 和 R_2 的支路用于给两管加上不大的静态偏置。在工程上,静态偏置应设置得使电路工作在甲乙类且接近乙类的状态,这样既解决了交越失真问题,又可减小损耗,提高效率。应该指出,由于图 7.5(b)上下两半电路对称,两管微小的静态电流相等,因而在静态时负载电阻 R_L 中没有电流流通,两管发射极的静态电位 $U_{EQ}=0$ V,也就是静态输出电压 $U_o=0$ V。

甲乙类互补对称功放电路的分析计算和乙类电路基本相同,下面举一个例子。

【例 7.1】　甲乙类功放电路如图 7.5(b)所示,已知 $\pm V_{CC}=\pm 15$ V,$R_L=4\ \Omega$,功率管的饱和压降 $U_{CES}=3$ V。试解答:

(1) 求电路的最大不失真输出功率 P_{oM}、效率 η 以及单管管耗 P_{V1}。

(2) 若功率管的极限参数为:$P_{CM}=10$ W,$I_{CM}=5$ A,$U_{(BR)CEO}=40$ V,校验功率管的工作是否安全。

解　(1) 利用式(7.9),得

$$P_{oM}=\frac{(V_{CC}-U_{CES})^2}{2R_L}=\frac{(15\ V-3\ V)^2}{2\times4\ \Omega}=18\ W$$

利用式(7.13)和式(7.12)，得

$$P_{V1}=\frac{1}{R_L}\left(\frac{V_{CC}U_{om}}{\pi}-\frac{U_{om}^2}{4}\right)\approx5.33\ W$$

$$\eta=\frac{\pi U_{om}}{4V_{CC}}\times100\%=\frac{12\pi}{60}\times100\%=62.8\%$$

(2) 校验功率管安全与否。为此，计算功率管最大的工作电压和电流。输出电流幅值为：

$$I_{omM}=\frac{V_{CC}}{R_L}=\frac{15\ V}{4\ \Omega}=3.75\ A$$

功率管最高工作电压为：

$$U_{omM}=2V_{CC}=30\ V$$

由式(7.18)得单管最大管耗：

$$P_{V1M}\approx0.2P_{oM}'=0.2\times\frac{(15\ V)^2}{2\times4\ \Omega}=5.625\ W$$

由计算获得：$I_{omM}=3.75\ A<I_{CM}=5\ A$，$U_{omM}=30\ V<U_{(BR)CEO}=40\ V$，$P_{V1M}=5.625\ W<P_{CM}=10\ W$，故功率管是安全的。

7.3.3　功放电路中功率管的选择

例 7.1 验证了互补对称功放电路中功率管的工作安全问题。反过来，在设计互补对称功放电路时，BJT 的选择必须满足下列条件：

(1) BJT 的集电极最大耗散功率 $P_{CM}\geqslant0.2P_{oM}'$。如果功率管工作时的实际最大管耗超过了手册上规定的 P_{CM}，将导致结温升高，从而损坏器件。

(2) BJT 的反向击穿电压 $|U_{(BR)CEO}|>2V_{CC}$。只有这样，才不致使功率管反向击穿。

(3) BJT 的集电极最大电流 $I_{CM}>V_{CC}/R_L$。

7.4　实际的功率放大电路

7.4.1　OCL 准互补功放电路

实际的功放电路除输出级[见图 7.5(b)]以外，还应包括输入级和驱动级。图 7.6 是一种实用的 OCL 准互补功放电路。该电路的输出级采用复合管结构(曾在第 2.6.2 节中讨论过)，其中 VT_4 和 VT_5 这两个 NPN 管复合后仍为 NPN 管，PNP 管 VT_6 和 NPN 管 VT_7 复合成 PNP 管。在此，输出级功率管 VT_5 和 VT_7 采用了同材料、同类型(NPN 型)的 BJT。将这种输出级的组成方式称为“准互补”，以区别于用同材料、不同类型 BJT 的互补功放电路。准互补功放电路的优点是易于挑选性能对称的同类型的 BJT 作为输出级的功率管。

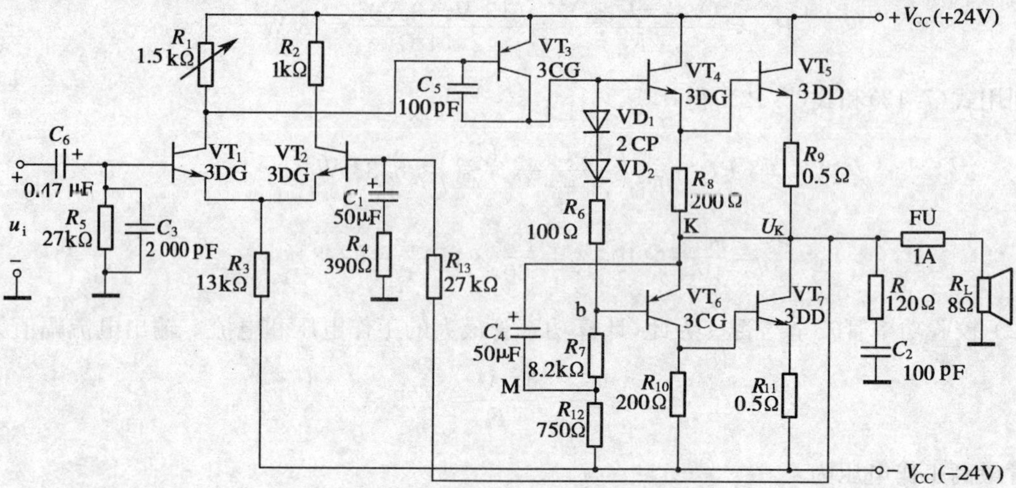

图 7.6　OCL 准互补功率放大电路

图 7.6 的电路的组成框图如图 7.7 所示。下面结合图 7.7,分析电路各部分的功能、工作原理和性能指标。

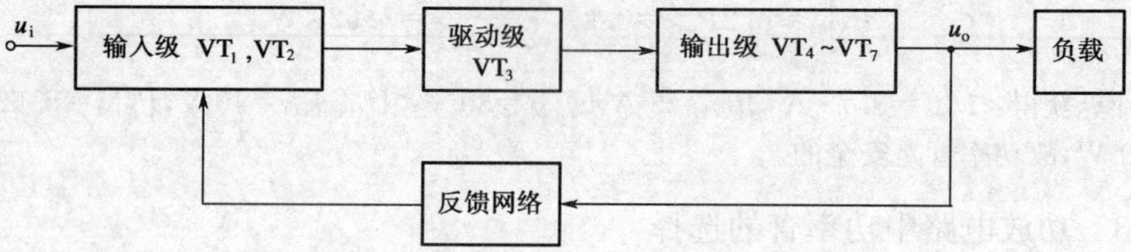

图 7.7　OCL 准互补功放电路的原理框图

1) 输入级

输入级是由 VT_1 和 VT_2 管组成的长尾式差动放大电路,它有效地抑制了零点漂移,并且可以通过共模负反馈使静态中点电位 U_K 稳定在 0 V,防止因 U_K 偏离 0 V 而损坏扬声器。R_5、C_3 用于抑制干扰和噪声。

2) 驱动级

驱动级是由 VT_3 管组成的共射放大电路。采用 PNP 管 VT_3,是为了与输入级的 NPN 管在电位上实现配合,便于静态时中点电位 U_K 调到 0 V。VT_1 管集电极的可调电位器 R_1 是 VT_3 的偏置电阻。静态时中点电位 $U_K \approx U_{EB6} + I_{C3}(R_7 + R_{12}) - V_{CC}$。当 R_7 和 R_{12} 阻值确定后,只要适当调整 R_1 值,进而改变 I_{C3},就可使 $U_K = 0$ V。电容器 C_5 起相位补偿作用,以消除多级负反馈电路中的自激振荡(见第 4.6.2 节)。VT_3 的集电极电流中的交流分量在电阻器 R_7 上的压降,就是输出级的输入电压(大电容 C_4 对交流信号相当于短路)。

3) 输出级

输出级由 VT_4~VT_7 管组成。上述驱动级中 VT_3 管的静态电流在 VD_1、VD_2 和 R_6 上的压降,将 VT_4~VT_7 管偏置在甲乙类状态。当正弦输入信号加入后,在它的正半周期内,VT_4 和 VT_5 管导通,而 VT_6 和 VT_7 管截止。在理想的情况下,正向输出电压的最大值为 V_{CC}。在输入信号的负半周内,VT_6 和 VT_7 管导通,但 VT_4 和 VT_5 管截止,负向输出电压的最大值也是 V_{CC}。电阻器 R_8 和 R_{10} 的作用是使 VT_4 和 VT_6 管的穿透电流分流,不使它们全部流入 VT_5 和 VT_7 管而进一步放大，以提高复合管的温度稳定性。由 R_9 和 R_{11} 引入的电流串联负反馈，稳定 VT_5 和 VT_7 管的射极电流并改善输出波形。电容器 C_4 称为“自举电容”，其作用将在下面说明。输出端的电阻器 R 和电容器 C_2 组成容性负载，抵消扬声器的部分感性负载，以防止在信号突变时，扬声器上呈现较高的瞬时电压而导致损坏。

4）自举电容的作用

第 2.4.2 节曾提及自举式射极输出器。该电路利用一个大电容抬高自身的交流电位，消除了偏置电路对射极输出器输入电阻的不良影响。在此，自举电容 C_4 的作用是使最大输出电压幅值接近于 V_{CC}。为了说明 C_4 的这一作用，将图 7.6 中的驱动级和输出级用图 7.8(a)所示的简化电路来表示。图中略去了偏置电路，并将上、下两组复合管分别用等效 NPN 管 VT_A 和 PNP 管 VT_B 代替。VT_A 和 VT_B 分别组成共集放大电路，其电压增益接近于 1，则且略小于 1。如果要求两管处于极限运用状态，使负载电阻 R_L 上的最大输出电压幅值接近于 V_{CC}，则驱动级就必须为 VT_A、VT_B 两管提供幅值接近于 V_{CC} 的驱动电压。然而当不接 C_4 时，能否做到这一点呢？

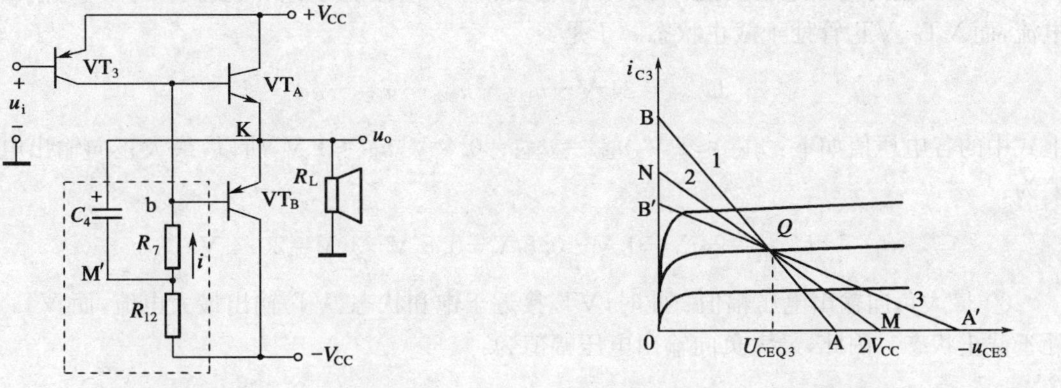

(a) 简化电路　　(b) 图解分析

图 7.8　OCL 准互补功放电路中自举电容的作用

当 C_4 断开时，VT_3 的集电极直流负载电阻为：R_7+R_{12}，交流负载电阻是 R_7+R_{12} 与 VT_A（或 VT_B）管组成的共集放大电路的输入电阻（从 VT_A 或 VT_B 的 b 极到地之间的电阻）的并联。显然，此时的交流负载电阻值小于直流负载电阻值。在 VT_3 管的输出特性上作交、直流负载线，见图 7.8(b)中的直线 1、2。可见，VT_3 管的最大输出电压幅值受到截止失真的限制（取决于点 Q 至点 A 的距离），其值恒小于 V_{CC}。换言之，在驱动级 VT_3 管的交流输出电压的正半周内，驱动幅度不够。解决这一问题的方法之一，就是采用自举电路。包含 C_4、R_{12} 的支路所以称为自举电路，是因为在 C_4 的电容量相当大时，M 点的电位会随 K 点电位的升高而自动升高。

由图7.8(a)可见，接入 C_4 后，驱动级的直流负载电阻仍为：R_7+R_{12}，但交流负载电阻却变化了。因为电容器 C_4 的电容量较大，对交流信号视为短路，所以可以认为 M′点和 K 点的交流电位近似相等。同时，b 点的交流电位也与 K 点近似相等。结果 R_7 两端的交流电压接近于0 V，流过 R_7 的交流电流 i 约为0 mA。这样，R_7 等效地视为开路，而 R_{12} 通过 C_4（已交流短路）与 R_L 并联。因为 R_L 很小（8 Ω），所以驱动级的交流负载电阻就变为 VT_A（或 VT_B）组成的共集放大电路的输入电阻，其值一般大于 R_7+R_{12}。此时，VT_3 管的交流负载线如图7.8(b)中直线3所示。可见，驱动级提供的最大驱动电压幅值不再受截止失真的限制，而只受饱和失真的限制，其值接近于 V_{CC}，故输出级的最大不失真输出电压幅值亦接近于 V_{CC}。

5) 电路性能指标的估算

(1) 电压增益

根据图7.6的电路，用瞬时极性法分析可知，电阻 R_{13}、R_4 和电容 C_1 引入了电压串联负反馈。在深度负反馈的条件下，该电路的闭环电压增益为：

$$\dot{A}_{uf} \approx 1 + \frac{R_{13}}{R_4} \approx 70$$

(2) 最大不失真输出功率

前面曾提到过，求 P_{oM} 的关键是求出式(7.9)中的 U_{omM}。而图7.6功放电路的关键是求出最大的正向和负向输出电压幅值。

① 最大正向输出电压幅值：在图7.6中，此时 VT_3 接近于饱和状态，VT_4、VT_5 输出最大电流，而 VT_6、VT_7 管处于截止状态。于是：

$$U_{omM} = 24\ V - u_{EC3} - u_{BE4} - u_{BE5} - u_{R9}$$

上式中的各电压值如下：$u_{EC3} \approx 1\ V$，$u_{BE4} = u_{BE5} = 0.8\ V$，$u_{R9} \approx 1\ V$，所以，最大正向输出电压幅值为：

$$U_{omM} = 24\ V - 1\ V - 0.8\ V - 0.8\ V - 1\ V = 20.4\ V$$

② 最大负向输出电压幅值：此时，VT_6 接近于饱和状态，VT_7 输出最大电流，而 VT_4、VT_5 处于截止状态。因此，最大负向输出电压幅值为：

$$U_{omM} = 24\ V - u_{EC6} - u_{BE7} - u_{R11} = 24\ V - 2\ V - 0.8\ V - 1\ V = 20.2\ V$$

上述最大正、负向输出电压幅值不等，为了使输出电压波形不失真，最大输出电压幅值只能取两值中的较小者，将 $U_{omM} = 20.2V$ 代入式(7.9)，得到最大不失真的输出功率为：

$$P_{oM} = \frac{U_{omM}^2}{2R_L} \approx 25.5\ W$$

③ 效率：将 $U_{omM} = 20.2\ V$ 代入式(7.12)，得

$$\eta = \frac{\pi}{4}\frac{U_{omM}}{V_{CC}} \times 100\% = \frac{\pi}{4}\frac{20.2}{24} \times 100\% \approx 66.1\%$$

上述估算结果表明，实际的互补功放电路的效率低于78.5%。

以上分析了OCL准互补功放电路，它是一种比较复杂的模拟电子电路。在此，建议读者对于读图方法引起注意。为了看懂一个较复杂的电子电路图，首先要对信号从输入端到输出端的传输过程有一个大致的了解。然后，根据电路的各个部分在信号传输过程中的作用，将电路划分为几个单元电路(例如图7.7表示的OCL电路的组成框图)，并分析各个单元电路的功能，包括各主要元器件的作用。最后，将各单元电路连成一个整体，弄清整个电路的工作原理，并估算电路的整体性能指标，例如 $\dot{A}_u$、R_i、R_o、f_{BW}、P_{oM}、η 等。作为阅读电子电路图的初步训练，读者

可选做章后习题7.8,该题电路亦为一种较复杂的功放电路。

7.4.2　采用集成运放的OCL准互补功放电路

图7.9是采用集成运放驱动的OCL准互补功放电路,图中二极管VD_1～VD_3的支路是输出级的偏置电路,它使输出级工作在甲乙类且接近于乙类状态,既克服交越失真,又提高电路的效率。另外,通过R_3、R_1、C_2引入了整体交流电压串联负反馈,以稳定闭环电压增益,并减小非线性失真。具体分析计算详见例7.3。

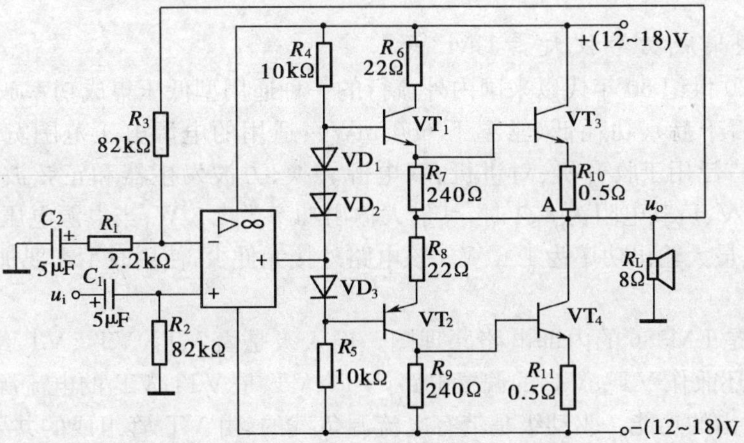

图7.9　用集成运放驱动的OCL准互补功放电路

7.4.3　单电源供电的OTL功放电路

除了上述OCL功放电路以外,在某些只能用单个电源供电的场合,采用如图7.10所示的OTL功放电路。它与OCL功放的根本区别在于输出端接有大容量的电容器C_2。就该电路的直流通路而言,只要两管特性相同,K点电位便为$V_{CC}/2$,因为一接通电源,C_2上的直流电压就被充电至$V_{CC}/2$。而就交流通路而言,C_2可视为短路。只要选择时间常数R_LC_2比正弦输入信号的最长周期大得多,那么用一个大电容C_2和一个电源$+V_{CC}$,就可以代替正、负电源的作用。于是VT_4管的电源电压就是V_{CC}与$V_{CC}/2$之差,即等于$V_{CC}/2$,VT_5管的电源电压就是C_2上的直流电压$V_{CC}/2$。可见,OTL电路的供电情况与OCL电路

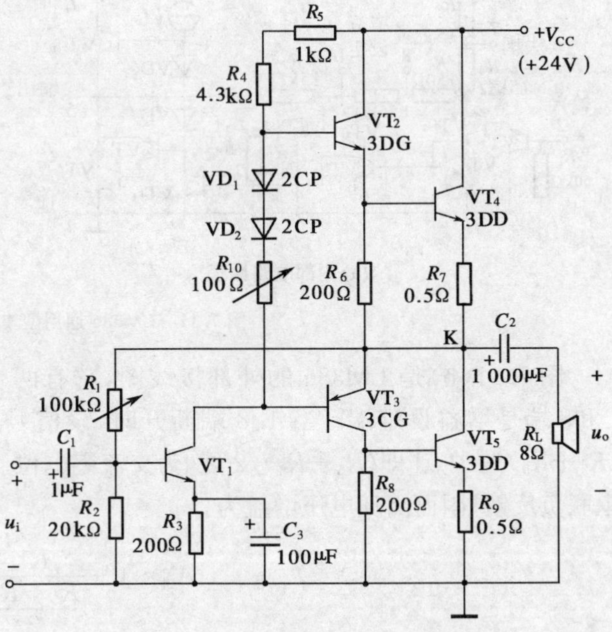

图7.10　单电源供电的OTL功放电路

是类似的,只是在 OTL 电路中,每一输出管的直流电源电压为 $V_{CC}/2$。OTL 电路的工作原理与 OCL 电路完全相同,在此不再赘述。但应当指出,在运用式(7.8)～式(7.19)计算 OTL 电路的性能指标时,应该用 $V_{CC}/2$ 代替诸式中的 V_{CC}。

7.4.4 集成功率放大器

随着线性集成电路的发展,集成功率放大器的应用已日益广泛。目前,国内外厂家已生产出多种型号的集成功率放大器。现以其中两种典型的芯片为例,介绍它们的工作原理及其应用电路。

1) 通用型集成功率放大器 LM386

LM386 是 20 世纪 80 年代以来国内外流行的一种通用型低压集成功率放大器,其特点是频响宽(可达数百千赫)、功耗低(常温下 660 mW)、适用的电源电压范围宽(额定电压范围 4～16 V),因而广泛用于收音机、对讲机、双电源转换、方波发生器和正弦波振荡器等场合。当电源电压为 9 V、负载电阻为 8 Ω 时,其最大输出功率为 1.3 W;当电源电压为 16 V、负载电阻为 16 Ω 时,其最大输出功率为 1.6 W。该电路外接元件少,使用时不需要加散热片,调整起来也比较方便。

图 7.11(a)是 LM386 的内部电路原理图。输入级是由 VT_1、VT_2、VT_3 组成的差动放大电路,VT_1、VT_4 还兼作 VT_2、VT_3 的偏置电路,VT_5、VT_6 是 VT_2、VT_3 的电流源负载,并实现双端输出转单端输出的功能。驱动级是带有电流源负载的、由 VT_7 管组成的共射放大电路。输出级是由 VT_8、VT_9 和 VT_{10} 管组成的准互补功放电路,其中 VT_8、VT_9 组成互补 PNP 型复合管,VD_1、VD_2 为输出级提供小偏压。

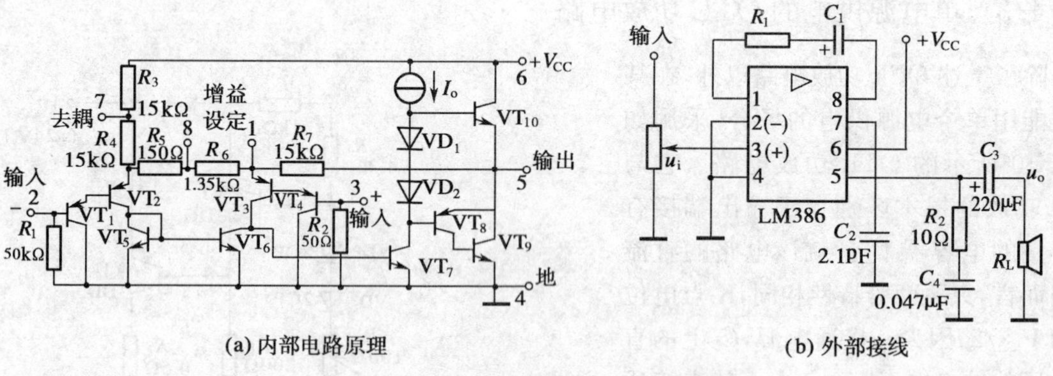

图 7.11 LM386 通用型集成功率放大器

图 7.11(b)是 LM386 的外部接线图,它有两个输入端,其中 2 是反相端,3 是同相端。1 和8 端是增益设定端。当 1、8 端断开时,设信号从 3 端输入,则对于差模信号来说,电阻 (R_5+R_6) 的中点[即 $(R_5+R_6)/2$ 处]为交流零电位。该电路经 R_7 引入的交流反馈组态为电压串联负反馈,因而闭环电压增益为:

$$\dot{A}_{uf} \approx 1+\frac{R_7}{\dfrac{R_5+R_6}{2}}=21$$

当 1 与 8 端之间外接 10 μF 电容时,电路的闭环电压增益为:

$$\dot{A}_{uf}\approx1+\frac{R_7}{\frac{R_5}{2}}=201$$

如果 1、8 端之间接入 0.68 Ω 电阻与 10 μF 电容的串联电路，则电路的闭环增益约为 51。图 7.11(b)中的电容 C_2 是防止电路产生自激而设置的，R_2 和 C_4 的作用与图 7.6 中的 R 和 C_2 的作用相同，C_3 的作用与图 7.10 中 C_2 的作用一样。

2）专用型集成功率放大器 XG4140

如图 7.12(a)所示，XG4140 型集成功率放大器是一种专用型集成音响器件，它具有静态电流小、效率高、失真小和电源电压范围宽等优点。XG4140 由以下 4 部分组成。

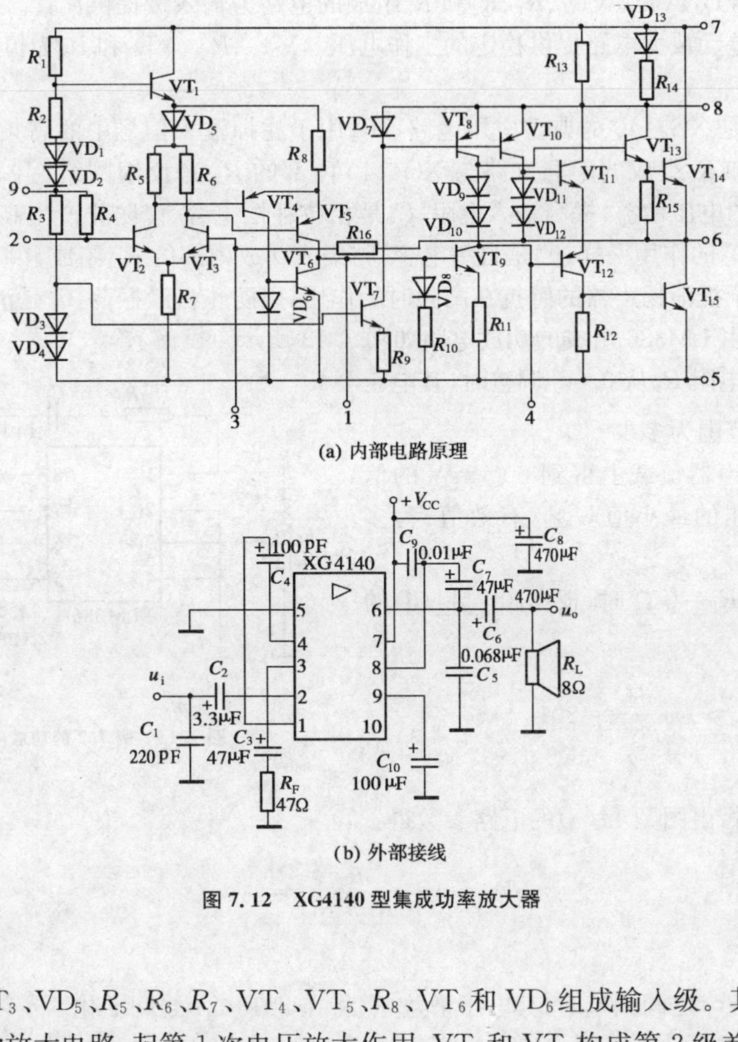

(a) 内部电路原理

(b) 外部接线

图 7.12　XG4140 型集成功率放大器

(1) 输入级

由 VT_2、VT_3、VD_5、R_5、R_6、R_7、VT_4、VT_5、R_8、VT_6 和 VD_6 组成输入级。其中 VT_2 和 VT_3 构成第 1 级差动放大电路，起第 1 次电压放大作用；VT_4 和 VT_5 构成第 2 级差动放大电路，起第 2 次电压放大作用。采用这种 NPN 型和 PNP 型互补的两级差动放大电路的优点是：抑制共模信号的能力强，零点漂移小；第 1 级差动放大电路为双端输出方式，既可减少零点漂移，又可提高差模电压增益；第 2 级差动放大电路采用 VD_6 和 VT_6 镜像电流源作有源负载，VD_6 和 VT_6 管不但实现了双端输出变为单端输出，而且又进行了电平移动。

(2) 驱动级

驱动级是一个具有温度补偿的共射放大电路，由 VT_8、VT_9、VD_8、VD_9、VD_{10}、R_{10} 和 R_{11} 组成。VD_7、VT_8 镜像电流源为 VT_9 的有源负载，VD_8 和 R_{10} 为 VT_9 的基极偏置电路，VD_8 具有温度补偿作用。

(3) 输出级

输出级是由复合管组成的准互补功放电路。其中 VT_{13} 和 VT_{14} 组成 NPN 型复合管，VT_8 通过 VD_9、VD_{10} 为它提供合适的偏置电压；VT_{12} 和 VT_{15} 复合成 PNP 管，VT_{10}、VT_{11}、VD_{11} 和 VD_{12} 为它提供偏压。

(4) 偏置电路

VT_1、VD_1、VD_2、VD_3、VD_4、R_1、R_2 和 R_3 组成的电路为输入级提供偏置。VT_1 是射极输出方式，它为两级差动放大电路提供稳定的工作电压。VT_7、R_{13}、VD_7 和 R_9 为恒流源 VT_8、VT_{10} 提供基极偏置。

图 7.12(b)是 XG4140 的典型应用电路。C_1 用于滤掉输入信号中的高频噪声；C_2 是输入端耦合电容；C_3 和 R_F 组成的串联支路与 XG4140 内部的 R_{16} 是反馈网络，引入电压串联负反馈，以稳定电路的电压增益，提高输入电阻；C_4 是相位补偿电容，以防止产生高频自激；C_6 的作用与图 7.10 中 C_2 的作用一样；C_7 是自举电容，与集成功放内部的 R_{13} 组成自举电路；C_8 是电源滤波电容；C_5 用于抵消扬声器的感抗在高频时的作用，以防止自激振荡；C_9 是消振电容。

【例 7.2】 由 LM386 组成的功放电路如图 7.13 所示。试解答：

(1) 当可变电阻 R_P 从 0→∞ 调整时，其电压增益 $\dot{A}_{uf}$ 的变化范围为多少？

(2) 为使扬声器负载上得到 600 mW 的信号功率，输入电压的最小值 U_{imin}(有效值)为多少毫伏？

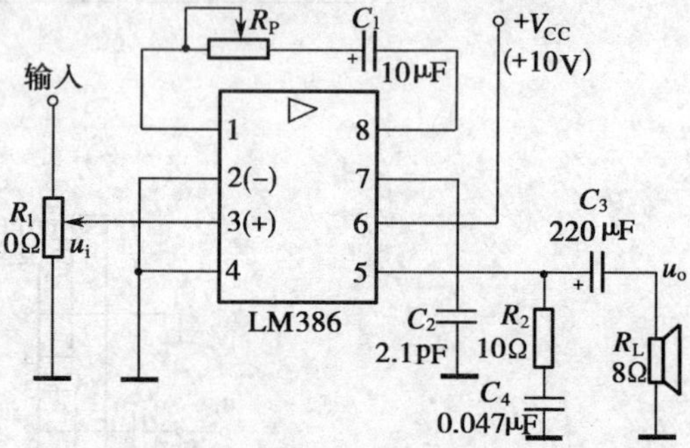

图 7.13　例 7.2 的功放电路接线

解　(1) 当 $R_P=0\ \Omega$ 时，根据图 7.11(a)的电路参数有：

$$\dot{A}_{uf}\approx 1+\frac{R_7}{\frac{R_5}{2}}=201$$

当 $R_P=\infty$ 时，由图 7.11(a)的电路参数得：

$$\dot{A}_{uf}\approx 1+\frac{R_7}{\frac{R_5+R_6}{2}}=21$$

可见，当 R_P 在 0～∞ 之间调节时，其电压增益 $\dot{A}_{uf}$ 将在 201～21 之间变化。

(2) 根据式(7.8)，$P_o=U_{om}^2/(2R_L)$，所以输出电压幅值为：

$$U_{om}=\sqrt{2P_oR_L}=\sqrt{2\times 600\times 10^{-3}\times 8\ \text{V}}\approx 3.1\ \text{V}$$

当功放电路的电压增益为最大值 201 时，所需的输入电压为最小，即

$$U_{\text{imin}}=\frac{\frac{U_{\text{om}}}{\sqrt{2}}}{\dot{A}_{\text{uf}}}=\frac{3.1\text{ V}}{\sqrt{2}\times 201}\approx 11\text{ mV}$$

【例 7.3】 功放电路如图7.9所示。设$\pm V_{CC}=\pm 15$ V，集成运放的最大输出电压$U_{oM}\approx 12$ V。

(1) 忽略功率管J_e结压降和R_{10}、R_{11}上的电压损失，估算最大不失真输出功率P_{oM}和效率η。

(2) 分析电路中下列各组元器件的作用：① VD_1、VD_2、VD_3；② R_7、R_9；③ R_{10}、R_{11}；④ C_2。

(3) 估算$U_i=100$ mV(有效值)时，U_o(有效值)为多少伏？

解 (1) 因集成运放的最大输出电压$U_{oM}\approx 12$ V，故负载电阻R_L上的最大输出电压幅值$U_{omM}\approx 12$ V，由式(7.9)得最大的不失真输出功率为：

$$P_{oM}=\frac{U_{omM}^2}{2R_L}=\frac{12^2}{2\times 8}=9\text{ W}$$

利用式(7.12)，计算出效率：

$$\eta=\frac{\pi}{4}\ \frac{U_{omM}}{V_{CC}}\times 100\%=\frac{12\pi}{60}\times 100\%=62.8\%$$

若计及管耗及R_{10}、R_{11}的功耗，效率会低一些。

(2) 有关元器件的主要作用如下：

① $VD_1 \sim VD_3$支路是输出级的偏置电路，它使输出级功率管工作在甲乙类且接近于乙类状态，以克服交越失真，并提高效率。

② 电阻R_7、R_9的作用是分流VT_1和VT_2管的反向穿透电流，不让它们全部流入VT_3和VT_4管，以提高复合管的温度稳定性。

③ R_{10}、R_{11}引入电流串联负反馈，以稳定VT_3和VT_4管的射极电流，并改善输出波形。

④ C_2与R_1、R_3一起，引入整体电压串联负反馈，以稳定电压增益、减小非线性失真和抑制干扰及噪声。这里，R_1串联C_2接地，使得电路对输出电压中的直流分量全部进行反馈取样，因而使电路抑制零点漂移的能力显著增强。

(3) 电路的闭环电压增益为：

$$\dot{A}_{uf}\approx 1+\frac{R_3}{R_1}\approx 38.3$$

故输入电压$U_i=100$ mV时，输出电压的有效值为：

$$U_o=A_{uf}U_i=38.3\times 100\text{ mV}=3.83\text{ V}。$$

*7.5　功率器件

7.5.1　功率 BJT

典型的功率 BJT 的外形如图 7.14 所示。为了使热传导达到理想状况，通常功率 BJT 有一个大面积的集电结J_c，它的集电极衬底与金属外壳保持良好的接触。

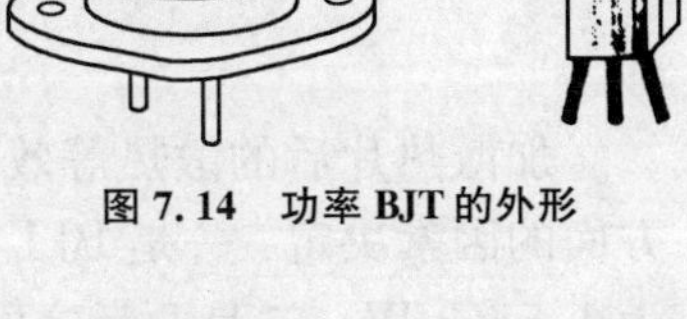

图 7.14　功率 BJT 的外形

1) 功率 BJT 的散热

在功放电路中,功率 BJT 在负载输送功率的同时,管子本身也要消耗一部分功率。管子消耗的功率直接表现在使管子的结温升高。当结温升高到一定程度(锗管一般约为 90 ℃,硅管约为 150 ℃)以后,就会使功率 BJT 损坏,因而输出功率受到管子允许的最大集电极功耗的限制。值得注意的是,器件允许的功耗与管子的散热情况有着密切的关系。如果采取适当的散热措施,就有可能充分发挥功率器件的潜力,增加功率管的输出功率。反之,就会使 BJT 由于结温升高而被损坏。所以,研究功率 BJT 的散热问题是一个重要的问题。

(1) 表征散热能力的重要参数——热阻

热的传导路径称为热路,阻碍热传导的阻力称为热阻。真空不易传热,即热阻大;金属的传热性能好,即热阻小。利用热阻这一概念,能够帮助理解功率 BJT 的散热过程。

在功率 BJT 中,管子上的电压降绝大部分都降落在 J_c结上,它与流过 J_c结的电流造成集电极功率损耗,使管子产生热量。这一热量要散发到外部空间去,同样受到阻力,这就是热阻。BJT 热阻的单位通常为℃/W(或℃/mW),它的物理意义是每瓦(或每毫瓦)集电极耗散功率,使 BJT 温度升高的度数(例如手册上标出:3AD6 的热阻为 2 ℃/W,即表示集电极损耗功率每增加 1 W,结温升高 2 ℃)。显然,BJT 的热阻小,就表明管子的散热能力强,在环境温度相同的条件下,允许的集电极功耗 P_{CM}就大;反之,P_{CM}就小。必须注意,通常手册中给出的最大允许集电极耗散功率 P_{CM}是在环境温度为 25 ℃时测量的数值。

(2) 功率 BJT 的散热等效热路

在功率 BJT 中,集电极损耗的功率是产生热量的源泉,它使结温升高到 T_j,并沿着管壳把热量散发到环境温度为 T_a的空间。功率 BJT 依靠本身外壳散热的效果较差,仍以 3AD6 为例,不加散热装置时,允许的功耗 P_{CM}仅为 1 W,如果加上 120 mm×120 mm×4 mm 的散热板时,则允许的 P_{CM}可增至 10 W,所以为了提高 J_c结允许的功耗 P_{CM},通常要加散热装置,如图 7.15所示。

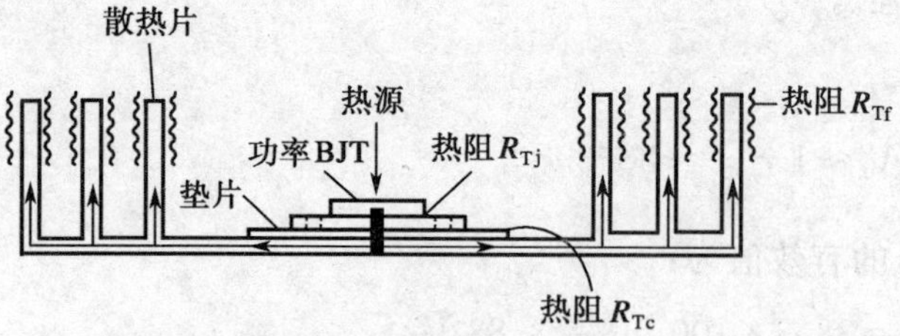

(a) 功率 BJT 装在散热片上

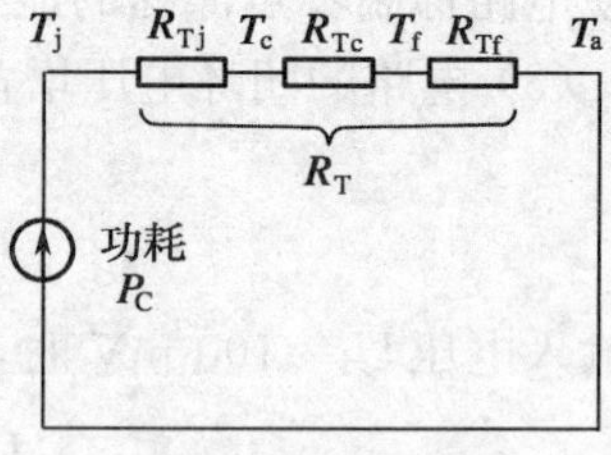

(b) 散热等效电路

图 7.15　功率 BJT 装在散热片上的散热情况

功率 BJT 装上散热片后,由于管壳很小,热量主要通过散热片传送。设 J_c结到管壳的热阻为 R_{Tj},管壳与散热片之间的热阻为 R_{Tc},散热片与周围空气的热阻为 R_{Tf},则总的热阻可近似表示为:

$$R_T \approx R_{Tj} + R_{Tc} + R_{Tf} \tag{7.20}$$

加散热片后的散热等效热路如图 7.15(b)所示。R_{Tj}一般可由手册中查到。R_{Tc}主要由两方面的因素决定:一是 BJT 与散热片之间是否垫绝缘层(如 0.5 mm 厚的绝缘垫片,其热阻约为 1.5 ℃/W);二是两者之间的接触面积和紧固程度。一般 R_{Tc}在 0.1 ℃/W～3 ℃/W 之间。

R_{Tf}取决于散热片的形式、材料和面积(注意,散热片的面积按一面计算)。

(3) 功率BJT的散热计算

功率BJT的最大允许耗散功率P_{CM}决定于总的热阻R_T、最高允许结温T_j和环境温度T_a。它们之间的关系为:

$$T_j - T_a = R_T P_{CM} \tag{7.21}$$

式(7.21)说明,在一定的温升下,总热阻R_T小,也就是散热能力强,功率BJT允许的耗散功率P_{CM}就大;另一方面,在一定的T_j和R_T的条件下,环境温度T_a越低,允许的P_{CM}也就越大。利用式(7.21)可以计算小功率管在不同环境温度下允许的P_{CM}值;也可以计算大功率BJT在一定的环境温度和散热片面积下,功率管允许的集电极耗散功率P_{CM},或在给定的P_{CM}情况下求散热片的面积,或在其他条件给定后分析各处的温度情况。

【例7.4】 设一功率BJT的J_c结到管壳的热阻$R_{Tj}=4$ ℃/W,散热片与周围空气间的热阻$R_{Tf}=5$ ℃/W,在管壳与散热片间,利用一片0.2 mm厚的云母垫片进行装配,因此在管壳与散热片间引入的热阻为$R_{Tc}=1$ ℃/W[如图7.15(a)所示]。如果在$U_{CE}=10$ V时,流过功率BJT的平均电流$I_C=1$ A,试求当环境温度$T_a=25$ ℃时,BJT的J_c结温T_j、管壳温度T_c和散热片温度T_f。设BJT J_e结的功耗可忽略。

解 (1) BJT的功耗:如果忽略输入功率$i_B u_{BE}$,则BJT消耗的功率为:

$$P_C = U_{CE} I_C = 10\ \text{V} \times 1\ \text{A} = 10\ \text{W}$$

(2) 求T_j、T_c和T_f:BJT的结温T_j为:

$$\begin{aligned} T_j &= T_a + P_C(R_{Tj} + R_{Tc} + R_{Tf}) \\ &= 25\ ℃ + 10\ \text{W}(4\ ℃/\text{W} + 1\ ℃/\text{W} + 5\ ℃/\text{W}) \\ &= 25\ ℃ + 100\ ℃ = 125\ ℃ \end{aligned}$$

BJT的管壳温度T_c为:

$$T_c = T_a + P_C(R_{Tc} + R_{Tf}) = 25\ ℃ + 10\ \text{W}(1\ ℃/\text{W} + 5\ ℃/\text{W}) = 85\ ℃$$

散热片的温度T_f为:

$$T_f = T_a + P_C R_{Tf} = 25\ ℃ + 10\ \text{W} \times 5\ ℃/\text{W} = 75\ ℃。$$

2) 功率BJT的二次击穿

前面讨论了功率BJT的散热问题。在实际工作中,常发现功率BJT的功耗并未超过允许的P_{CM}值,管壳也并不烫手,但功率BJT却突然失效或者性能显著下降。这种损坏的原因,不少是由于二次击穿所造成的。那么什么是二次击穿呢?它产生的原因又是什么呢?应当如何防止呢?这些问题很值得研讨。

(1) 二次击穿现象

二次击穿现象可以用图7.16(a)来说明。当集电极电压u_{CE}逐渐增加时,首先出现一次击穿现象,如图7.16(a)中的AB段所示,这种击穿就是正常的雪崩击穿。当这种击穿出现时,只要适当限制功率BJT的电流(或功耗),且进入击穿的时间不长,功率BJT并不会损坏。所以一次击穿(雪崩击穿)具有可逆性。但一次击穿出现后,如果继续增大i_C到某一数值,BJT

的工作状态将以毫秒级甚至微秒级的速度移向低压大电流区，见图 7.16(a)的 BC 段，BC 段相当于二次击穿。由于二次击穿点随 i_B 的不同而改变，所以通常把这些点连起来称为二次击穿临界曲线，如图 7.16(b)所示。

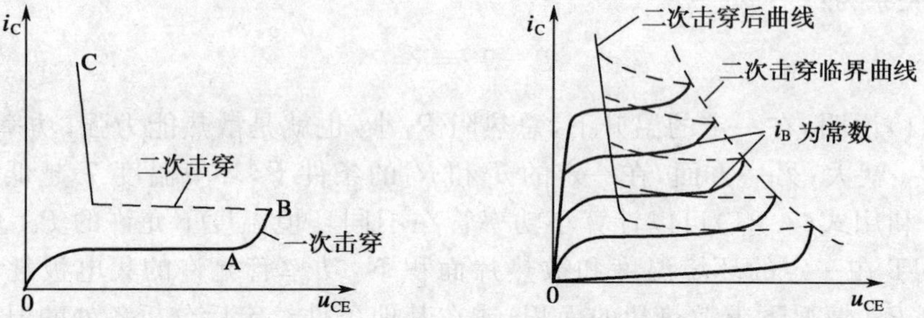

(a) 二次击穿现象　　(b) 二次击穿临界特性曲线

图 7.16　BJT 的二次击穿现象

(2) 二次击穿的产生原因

产生二次击穿的原因至今尚不完全清楚。一般说来，二次击穿是一种与电流、电压、功率和结温都有关系的效应。它的物理过程多数认为是由于流过 BJT 结面的电流不均匀，造成结面局部高温(称为热斑)，因而产生热击穿所致。这与 BJT 的制造工艺有关。

(3) 功率 BJT 的安全工作区

BJT 的二次击穿特性对功率管，特别是外延型功率管，在运用性能的恶化和损坏方面起着重要的影响。为了保证功率管安全工作，必须考虑二次击穿的因素。因此，功率管的安全工作区不仅受集电极允许的最大电流 I_{CM}、集电极允许的最大电压 $U_{(BR)CEO}$ 和集电极允许的最大功耗 P_{CM} 所限制，而且还受二次击穿临界曲线的限制，其安全工作区如图 7.17 虚线内所示。显然，考虑了二次击穿以后，功率 BJT 的安全工作范围变小了。

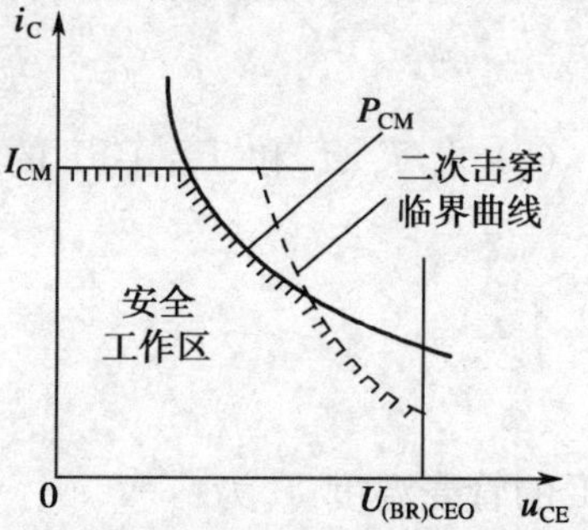

图 7.17　由 I_{CM}、P_{CM}、$U_{(BR)CEO}$ 和二次击穿临界曲线限制的安全工作区

3) 提高功率 BJT 可靠性的主要途径

提高功率 BJT 可靠性的主要途径是使用时降低额定值。从可靠性和节约的角度来看，推荐使用以下几种方法来降低额定值：

(1) 在最坏的条件下(包括冲击电压在内)，工作电压不应超过极限值的 80%；

(2) 在最坏的条件下(包括冲击电流在内)，工作电流不应超过极限值的 80%；

(3) 在最坏的条件下(包括冲击功耗在内)，工作功耗不应超过器件最大工作环境温度下的最大允许功耗的 50%；

(4) 工作时，器件的结温不应超过器件允许的最大结温的 70%～80%。

对于开关电路中使用的功率器件，其工作电压、功耗、电流和结温(包括波动值在内)都不应超过极限值。考虑到降低额定值使用能提高可靠性，这就要考虑平均损耗。

4) 保证器件正常运行的保护措施

例如，为了防止由于感性负载而使管子产生过压或过流，可在负载两端并联二极管(或二极管和电容)；此外，也可对 BJT 加以保护，保护的方法很多，例如可以用稳压值 U_Z 适当的稳压管并联在功率管的 c、e 两端，以吸收瞬时的过电压，等等。

7.5.2 功率 MOSFET

第 1 章讨论了小功率 MOSFET，这里介绍的是功率 VMOSFET①。VMOSFET 的结构剖面图如图 7.18 所示。它以 N^+ 型衬底做漏极，在其上生长一层 N^- 型外延层，然后在外延层上掺杂形成一个 P 型层和一个 N^+ 型层源极区，最后利用光刻方法沿垂直方向刻出一个 V 形槽，并在 V 形槽表面生长一层 SiO_2 绝缘层并覆盖一层金属铝，形成栅极。当栅极加正电压时，靠近栅极 V 形槽下面的 P 型半导体将形成一个 N 型反型层导电沟道(图中未画出)。可见，自由电子沿导电沟道由源极到漏极的运动是纵向的，它与第 1 章介绍的载流子横向从源极流向漏极的小功率 MOSFET 不同。因此，这种器件被取名为 VMOS 管。

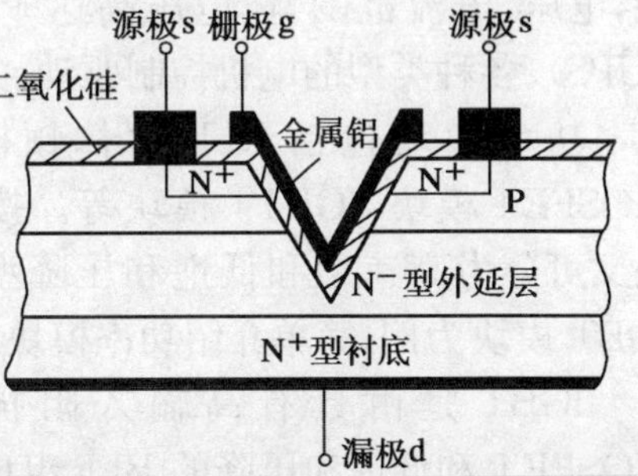

图 7.18 VMOSFET 结构剖面

由图 7.18 可见，VMOS 管的漏区面积大，有利于利用散热片散去器件内部耗散的功率。沟道长度(当栅极加正电压时在 V 形槽下 P 型层部分形成)可以做得很短(例如 1.5 μm)，且沟道间又呈并联关系(根据需要可并联多个)，故允许流过的电流 I_D 很大。此外，利用现代半导体工艺技术，使它靠近栅极形成一个低浓度的 N^- 外延层，当漏极与栅极间的反向电压形成耗尽区时，这一耗尽区主要出现在 N^- 外延区，N^- 区的正离子密度低，电场强度低，因而有较高的击穿电压。这些都有利于 VMOS 制成大功率器件。目前制成的 VMOS 产品，耐压能力达 1 000 V 以上，最大的连续电流值高达 200 A。

与 BJT 相比，VMOS 器件有许多优点：

(1) 与 MOS 器件一样属于电压控制电流器件，输入电阻极高，因此所需驱动电流极小，功率增益高。

(2) 由图 7.19 所示 VMOS 2N6657 的输出特性可判断出，其转移特性在 $i_D \geq 0.4$ A 时，g_m 为常数。

(3) 因为漏-源电阻的温度系数为正，当器件温度上升时，电流受到限制，所以 VMOS 管不可能有热击穿，因而也不会出现二次击穿，温度稳定性较高。

(4) 因无少子存储问题，加上极间电容小，VMOS 管的开关速度快，工作频率高，可用于高频电路(其特征频率 $f_T \approx 600$ MHz)或开关式稳压电源等场合。

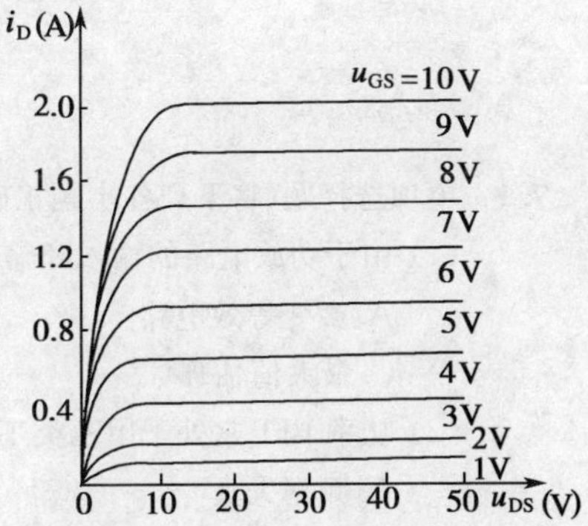

图 7.19 2N6657 的输出特性

VMOS 器件还有其他的一些优点，例如，导通电阻 $r_{DS(ON)} \approx 3\ \Omega$。目前在 VMOSFET 的基础上又已研制出双扩散 VMOSFET，或称 DMOS 器件②，这是半导体技术新的发展方向之一。

① VMOSFET 是 V-groove MOSFET(V 形槽 MOS 场效应晶体管)的缩写。

② DMOSFET 是 Double Diffused MOSFET(双扩散 MOS 场效应晶体管)的缩写。

7.5.3　功率模块

此处所讨论的功率模块是指由若干BJT、MOSFET或BiFET组合而成的功率部件。这种功率模块近年来发展很快,成为半导体器件的一支生力军。它的突出特点是:大电流、低功耗,电压、电流范围宽,电压高达1 200 V,电流高达400 A。现在已广泛用于不间断电源(UPS)、各种类型的电机控制驱动、大功率开关、医疗设备、换能器和音频功放等。

功率模块包括BJT达林顿模块、功率MOSFET模块、IGBT① 模块等。按速度和功耗又可分为高速型和低饱和压降型。这里以IGBT模块为例,简单介绍功率模块的结构等。

IGBT是由具有高输入阻抗、高速的MOSFET和低饱和压降的BJT组成。图7.20是这种IGBT结构的简化等效电路和图形符号。

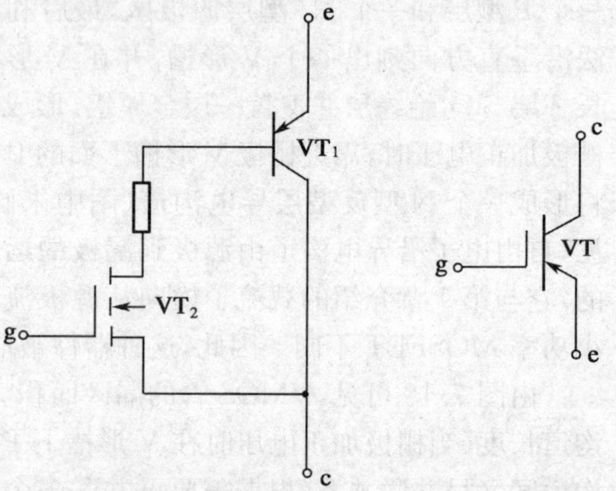

(a) 等效电路　　(b) 图形

图7.20　IGBT的等效电路及图形符号

图7.20(a)中VT_2为增强型MOS管,工作时,首先在施加栅极电压之后形成导电沟道,出现PNP管VT_1的基极电流,IGBT导电;当FET沟道消失后,基极电流切断,IGBT截止。

功率模块将许多独立的大功率BJT、MOSFET等集合在一起封装在一个外壳中,其电极与散热片相隔离,型号不同,电路多样化,便于应用。

习　题　7

7.1　单项选择题(将下列各小题正确选项前的字母填在题中的括号内。此题可安排到章末或复习时练习)

(1) 由于功放电路的输入和输出信号幅度都较大,所以常用(　　)法进行分析计算。

A. 微变等效电路　　B. 图解分析

C. 最大值估算　　D. 交流通道

(2) 功率BJT常处于甲乙类工作状态而不处于乙类状态,这是因乙类状态会引起功放电路的(　　)。

A. 频率失真　　B. 非线性失真

C. 交越失真　　D. 截止失真

(3) 在功放电路中,直流电源提供的平均功率P_{VCC}一部分转换为交流输出功率P_o,其余的就是管耗P_V。这说明了功率放大的实质是(　　)。

A. 以小的P_V换取大的P_o　　B. 电压和电流放大

C. 互补功放作用　　D. 电压跟随作用

(4) 互补对称功放电路的交流输出功率足够大,是由于其(　　)。

A. 静态工作点设置在横轴上　　B. 输出电压高且输出电流大

C. 输出电压变化幅度大且输出电流变化幅度大　　D. 直流电源电压较高

① IGBT是Insulated-gate Bipolar Transistor(绝缘栅双极晶体管)的缩写。

(5) 为使互补对称功放电路具有尽可能大的交流输出功率，一般要在功放输出级前加设(　　)。

A. 保护环节　　B. 前置功放级　　C. 前置输入级　　D. 电流放大级

(6) 通常采用二极管小偏置电路或(　　)对功放输出级进行静态偏置。

A. 固定偏压电路　　B. 射极偏置电路

C. 自偏压电路　　D. U_{BE}扩大电路

(7) 互补对称功放电路的效率主要与(　　)有关。

A. 输出的最大功率　　B. 电路的工作状态

C. 电源供给的直流功率　　D. OTL 或 OCL 的电路形式

(8) 在甲乙类功放输出级中，功率 BJT 的管耗最大值发生在(　　)时。

A. 输出功率最大　　B. 输出电压为 0 V

C. 输出信号尽可能大　　D. U_{om}约为V_{CC}的 0.637 倍

(9) 在实际的功放电路中，引入整体交流负反馈的目的是(　　)。

A. 增大交流输出功率　　B. 稳定 Q 点

C. 改善诸方面的交流性能　　D. 减小交越失真

(10) 为了保证器件的安全运行，可从功率管的散热、(　　)和保护措施等方面来考虑功率 BJT 的使用问题。

A. 防止二次击穿　　B. 稳定 Q 点

C. 改善交流性能　　D. 提高反向击穿电压

(11) 在实际的功放电路中，功率管的耗散功率与它工作时的(　　)和环境温度有关。

A. 最大不失真的交流输出功率　　B. 散热条件

C. 直流电源电压的高低　　D. 过载保护条件

(12) 在集成功率放大器日益发展并获得广泛应用的同时，大功率器件也在迅速发展，主要有达林顿管、功率 VMOSFET 和(　　)等。

A. 功率模块　　B. BiCMOS 器件　　C. 耗尽型 MOSFET　　D. 晶闸管

7.2 功放电路常按 BJT 的工作状态分成哪几类？各类的特点是什么？为什么说单管甲类功放电路在工程中没有多大的实用价值？

7.3 电路如图 7.21 所示。在正弦电压 u_i 作用下，VT_1 和 VT_2 管交替导电各半个周期。如果忽略管子导通时的 J_e 结压降，试求 U_i(有效值)为 10 V 时，电路的输出功率、管耗、电源提供的功率和效率。

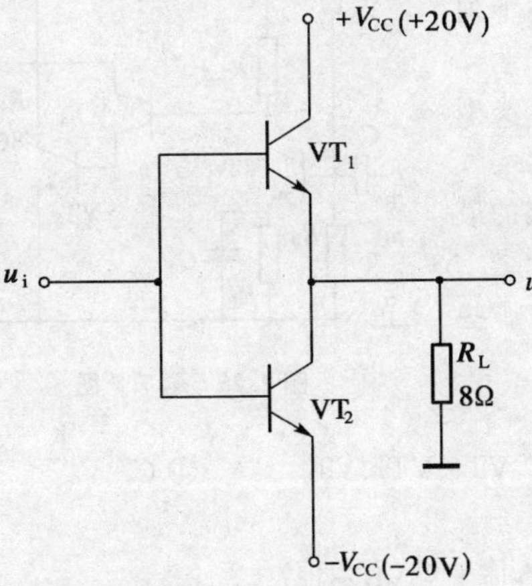

图 7.21　题 7.3 图

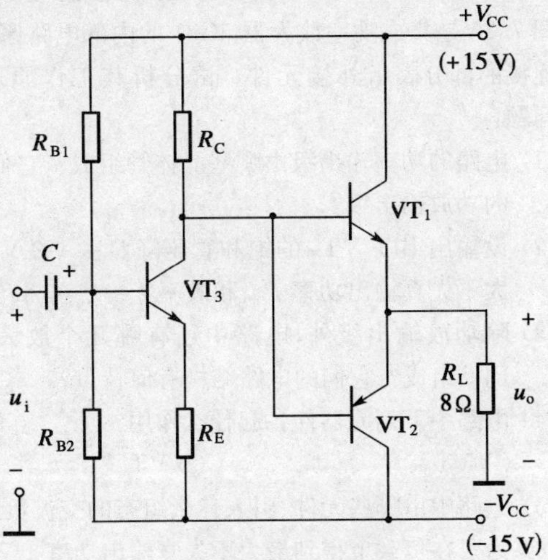

图 7.22　题 7.4 图

7.4 电路如图 7.22 所示，输入为正弦交流信号。试计算理想情况下负载上的最大不失真交流输出功率。VT_1、VT_2是有散热片的功率管，最大耗散功率为 30 W。当集电极电流的幅值为$(2/\pi)(V_{CC}/R_L)$时，管耗最大。如果电路向两个并联的 8 Ω 负载供电，为了使电路能安全工作，试求电源电压应为多大?

7.5 电路如图 7.23 所示。设功率管导通时的 J_e 结压降及静态损耗均可忽略不计。

(1) 若正弦输入信号的有效值为 10 V，求电路的输出功率、效率及单管管耗。

(2) 试确定对功率管 VT_1、VT_2 极限参数 I_{CM}、P_{CM} 和 $U_{(BR)CEO}$ 的要求。

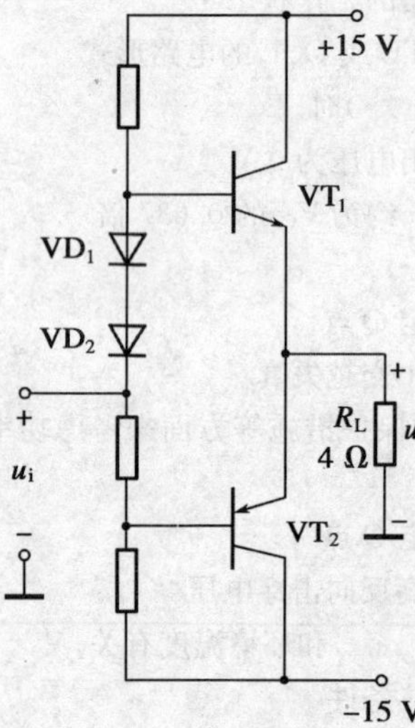

图 7.23　题 7.5 图

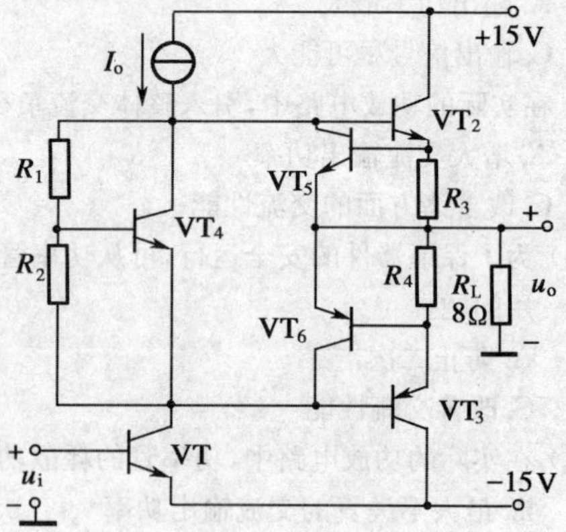

图 7.24　题 7.6 图

7.6 某集成电路输出级如图 7.24 所示。

(1) 为了克服交越失真，采用了由 R_1、R_2、VT_4 构成的"U_{BE}倍增电路"，试分析其工作原理。

(2) 为了对输出级进行过载保护，接有 VT_5、R_3 和 VT_6、R_4，试说明保护电路的工作原理。设 $R_3=R_4$，VT_2、VT_3对称，VT_5与 VT_6也对称。

7.7 在图 7.25 的电路中，为了获得最大不失真的输出功率，正、负电源电压值应选多大? 此时输出功率 P_{oM} 和效率 η 各为多大? (功率管选用 3DD51A，其极限参数可查阅参考文献[11])。

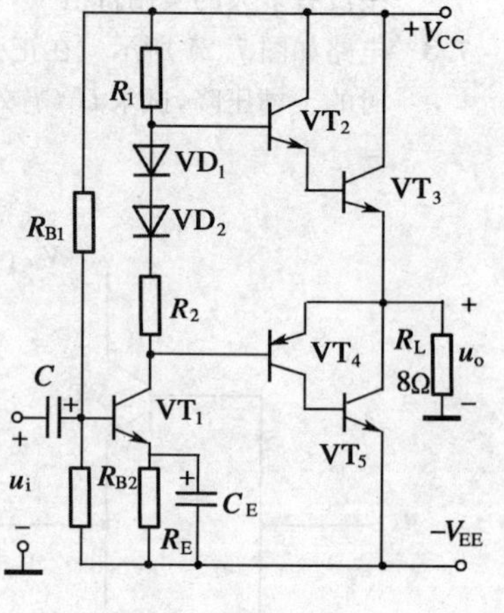

图 7.25　题 7.7 图

7.8 图 7.26 是集成功率放大器 5G31 的内部电路原理图，其中虚线连接的部分表示外接元件。试分析其工作原理，并解答下列问题:

(1) 电路的功率输出级由哪些晶体管组成? 它们组成什么类型的功放输出级?

(2) 设输出 BJT VT_{10} 的饱和管压降 $U_{CES}=2$ V，估算电路的最大不失真输出功率 P_{oM} 和效率 η。

(3) 除功放输出级外，电路中还有哪几个放大级? 各由哪些 BJT 组成? 它们的电路结构有何特点?

(4) 电路中下列元器件各起什么作用?

① VT_3　　② VT_4　　③ VT_6、VT_7、VT_8　　④ C_4

(5) 电路中由哪些元件、引入什么组态的交流负反馈?

(6) 为了在负载上得到最大不失真输出功率 1 W，应加输入信号 U_i(有效值)=?

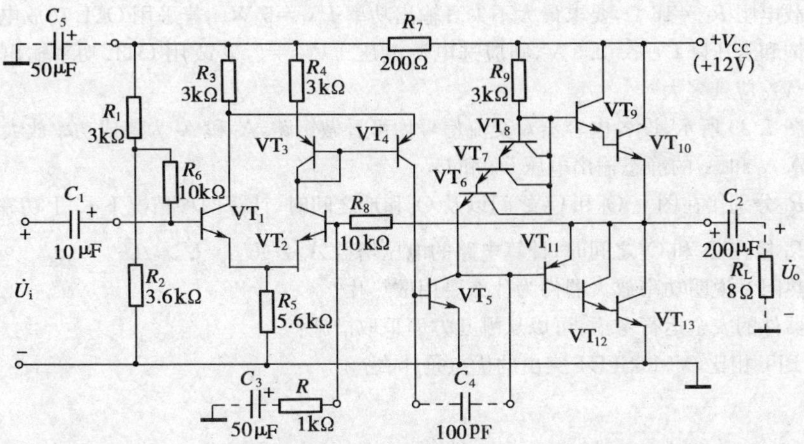

图 7.26　题 7.8 图

7.9　某扩大机的简化电路如图 7.27 所示，试解答下列问题：

(1) 若集成运放输出电压幅度足够大，并设 VT_2、VT_3 管的饱和压降 $U_{CES}=1$ V，是否有可能在输出端得到 4 W 的交流输出功率？

(2) 为提高整机的输入电阻，并使功放电路的性能得到改善，应如何通过 R_3 引入反馈？请在图中画出连接线。

(3) 如果在 $U_i=70$ mV 时，要求 $U_o=5.6$ V，试确定反馈网络的元件值。

*(4) 试选择功放管 VT_1、VT_2 的极限参数。

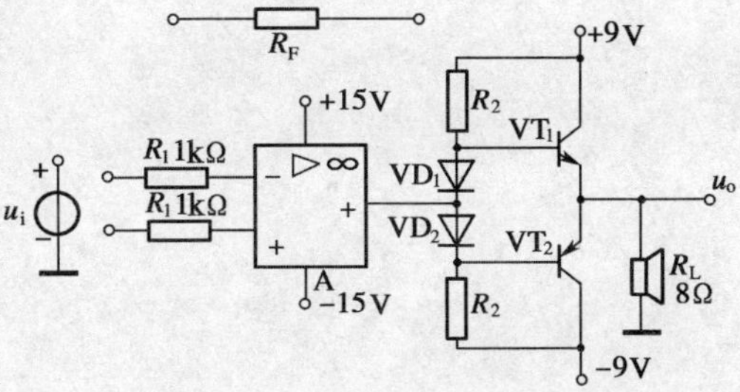

图 7.27　题 7.9 图

7.10　分析图 7.28 所示电路的工作原理，并回答下列问题：

(1) 静态时电容器 C_2 两端的电压应为多大？应调节哪个电阻才能实现这一点。

(2) 估算电路的最大不失真输出功率 P_{oM} 及效率 η。设 VT_1、VT_2 管的饱和压降 $U_{CES}=1$ V。

(3) 设 $R_1=1.2$ kΩ，BJT 的 $\beta=50$，$P_{CM}=200$ mW。如果电阻 R_2 或者二极管断开，试问晶体管是否安全？（设 VT_1、VT_2 均为硅管，$U_{BE}=0.7$ V）。

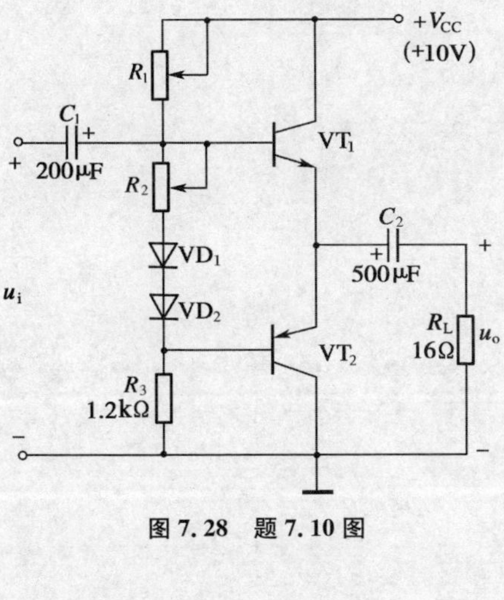

图 7.28　题 7.10 图

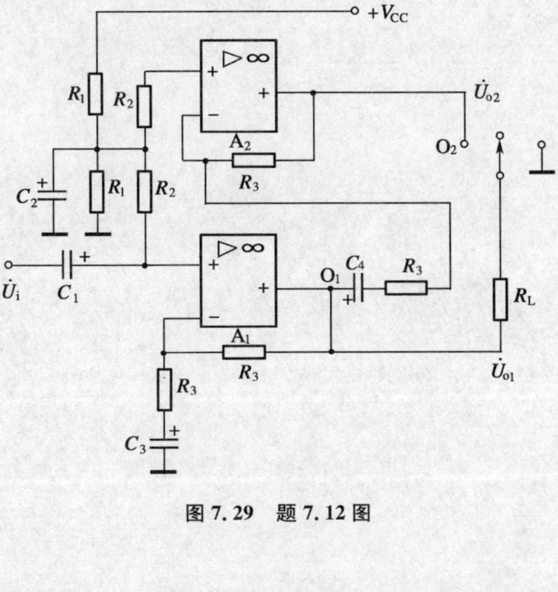

图 7.29　题 7.12 图

7.11 已知负载电阻 $R_L=16\ \Omega$,要求最大不失真输出功率 $P_{oM}=5$ W。若采用 OCL 功放电路,设输出级晶体管的饱和管压降 $U_{CES}=2.3$ V,则应选电源电压 $\pm V_{CC}=$? 若改用 OTL 功率输出级,其他条件不变,则 $+V_{CC}$ 应选多大?

7.12 电路如图 7.29 所示,设各电容器对交流信号均可看做短路,A_1 和 A_2 为集成功率放大器。

(1) 计算 A_1 和 A_2 的静态输出电压 U_{o1} 和 U_{o2}。

(2) 当 R_L 分别接在图上 O_1 和 O_2 之间以及 O_1 和地之间时,计算两种情况下 R_L 上功率之比。

(3) 当 R_L 接在 O_1 和 O_2 之间时,计算电路的电压增益 $\dot{A}_u=(\dot{U}_{o1}-\dot{U}_{o2})/\dot{U}_i$。

7.13 什么叫热阻?说明功率放大器件为什么要用散热片?

7.14 从功率器件的安全运行考虑,可以从哪几方面采取措施?

***7.15** 与功率 BJT 相比,VMOSFET 突出的优点是什么?

8 直流稳压电源

引言 在电子电路中通常都需要直流稳压电源供电，例如前面讨论的各种放大电路均用到单电源或双电源提供稳定的直流电压，又如各种科研装置都需要直流稳压电源向负载供电。因此，直流稳压电源是电气电子装置中必不可少的供电设备之一。小功率的直流稳压电源由电源变压器、整流、滤波和稳压电路等4部分组成，它用于电子电路中。当负载要求功率较大、效率较高时，通常采用开关稳压电源。

第8章首先讨论小功率整流、滤波和稳压电路，然后介绍三端集成稳压器和串联式开关稳压电源，最后简介了直流变换型稳压电源。

8.1 概述

直流稳压电源的基本功能是为电子电路提供稳定且合适的电能。根据供电系统所提供的电能形式和电子电路对电能的要求，电源可分为多种形式。第8章所介绍的是小功率直流稳压电源，它以公共供电网为能量来源（即供电网是220 V、50 Hz的交流市电），输出电压等级较低、功率较小的直流电压，一般在±3～±24 V、200 W以下。图8.1给出了直流稳压电源的基本结构及其各部分的波形图。由图可见，直流稳压电源包含如下几个部分。

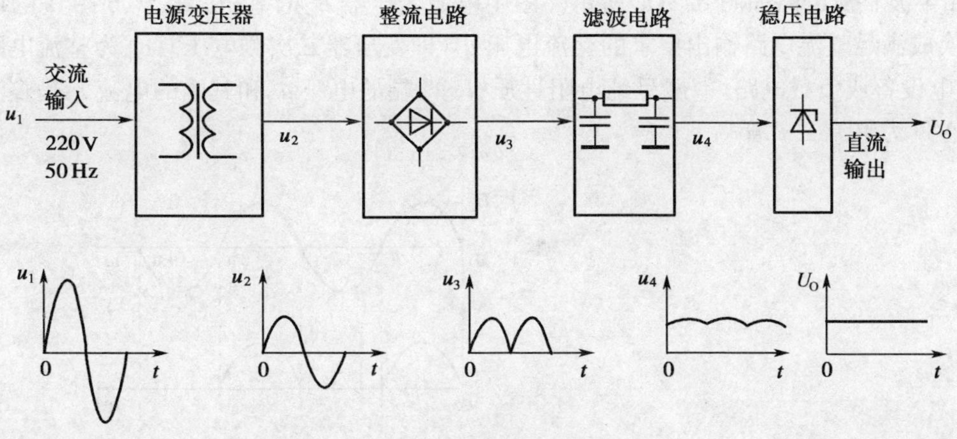

图8.1 直流电源的原理框图

(1) 电源变压器：采用降压变压器，其作用是将220 V的交流市电变换为符合要求的输出电压u_2。

(2) 整流电路：利用二极管的单向导电性，将正弦交流电压u_2变换为单方向（直流）的脉动电压u_3。u_3仍为周期性的变化电压，含有直流成分和各种频率的交流成分。

(3) 滤波电路：利用电容、电感等储能元件的频率特性，滤除直流脉动电压中的交流成分，使输出电压u_4变为比较平滑的直流电压。

(4) 稳压电路：滤波后的电压仍然有一定大小的波动，同时受输入电网电压波动或负载变化的影响较大。因此，加设稳压电路可使直流输出电压 U_O 保持稳定，以尽量不受上述因素的影响。

下面分别讨论各部分的组成、工作原理及其性能。

8.2　整流电路

8.2.1　整流电路的技术指标

1) 整流电路的性能指标

(1) 输出电压平均值 $U_{O(AV)}$：反映整流电路将交流电压转换成直流电压的能力。从信号频谱上看，输出电压平均值 $U_{O(AV)}$ 即为直流成分的大小。

(2) 脉动系数 S：说明整流电路输出电压中交流成分的大小，用来衡量整流电路输出电压的平滑程度，定义为整流后输出电压的基波分量幅值 U_{o1m} 与平均值 $U_{O(AV)}$ 之比。

2) 选择整流二极管时所需的参数

(1) $I_{D(AV)}$：流过二极管的正向平均电流值。

(2) U_{RM}：二极管所能承受的最大反向电压。

8.2.2　单相半波整流电路

1) 电路工作原理

单相半波整流电路如图 8.2(a)所示。图中电源变压器 T 把单相 220 V、50 Hz 的市电电压 u_1 变换成满足整流电路输出要求的交流电压 u_2（即变压器二次侧电压）；R_L 为整流电路的负载，即用电设备或负载电路，一般呈纯电阻性质；R_L 两端的电压 u_O 和其中的电流 i_O 是整流电路输出量；VD 为整流二极管。

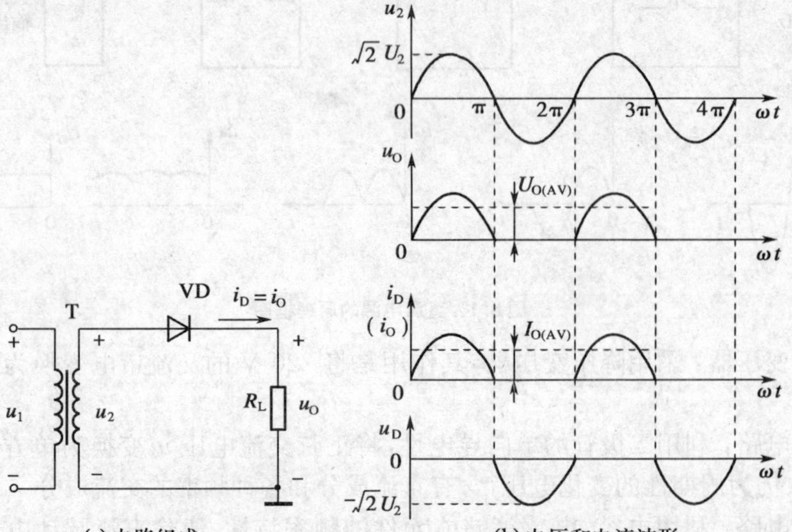

(a) 电路组成　　(b) 电压和电流波形

图 8.2　单相半波整流电路

设变压器输出电压为正弦信号，见图 8.2(b)中 u_2 的波形。由于二极管具有单向导电性，故在 u_2 正半周期间，二极管 VD 正偏导通，u_2 通过 VD 加在 R_L 上，有负载电流 i_O 流过 R_L，$i_O=i_D$。当 u_2 较大时，VD 采用理想模型，此时 u_O 波形与 u_2 的波形完全相同，如图 8.2(b)中 u_O 和 i_D 波形中 0～π 部分。而在 u_2 负半周期间，二极管反偏截止，u_2 完全加在 VD 两端，R_L 两端没有电压，$u_O=$V，$i_O=0$ A，如图 8.2(b)中 u_O 与 i_D 波形的 π～2π 部分。显然，R_L 上只有半个周期内有电流和电压，故称为半波整流电路。

2）单相半波整流电路的参数分析

(1) 输出电压平均值 $U_{O(AV)}$

因为 $U_{O(AV)}$ 是输出电压 u_O 在一个周期内的平均值，故将图8.2(b)中的电压 u_O 用傅里叶级数分解，得

$$u_O=\sqrt{2}U_2\left(\frac{1}{\pi}+\frac{1}{2}\sin\omega t-\frac{2}{3\pi}\cos 2\omega t+\cdots\right) \tag{8.1}$$

式中：U_2 为变压器二次侧电压 u_2 的有效值。

由式(8.1)可见，平均值就是其中的直流分量，即式(8.1)中的第 1 项的电压值为 $U_{O(AV)}$，故

$$U_{O(AV)}=\frac{\sqrt{2}}{\pi}U_2\approx 0.45U_2 \tag{8.2}$$

据式(8.2)知，单相半波整流电路输出电压的平均值(直流分量)仅约为变压器输出电压有效值 U_2 的 45%。如果 R_L 较小，再考虑变压器二次侧绕组和二极管上的电压损失，则 $U_{O(AV)}$ 还要小。可见，半波整流电路的转换效率较低。

(2) 输出电压的脉动系数 S

S 的定义为：

$$S=\frac{U_{olm}}{U_{O(AV)}} \tag{8.3}$$

式中：U_{olm} 为输出电压的基波分量，即式(8.1)中的第 2 项，其幅值为：

$$U_{olm}=\frac{\sqrt{2}}{2}U_2 \tag{8.4}$$

将式(8.2)和式(8.4)代入式(8.3)，得

$$S=\frac{\frac{\sqrt{2}U_2}{2}}{\frac{\sqrt{2}U_2}{\pi}}=\frac{\pi}{2}\approx 1.57 \tag{8.5}$$

式(8.5)表明，半波整流电路输出电压 u_O 的脉动很大，其基波峰值比平均值约大 57%。

(3) 整流二极管的平均电流 $I_{D(AV)}$

由图 8.2(a)可知，流过整流二极管的电流即为负载电流，故

$$I_{D(AV)}=I_{O(AV)}=\frac{U_{O(AV)}}{R_L}\approx\frac{0.45U_2}{R_L} \tag{8.6}$$

(4) 整流二极管承受的最大反向电压 U_{RM}

由图 8.2(b)可知,单相半波整流电路中,当 u_2 处于负半周时,电路中 i_O 和 u_O 均为零。此时,二极管承受的反向电压就是 u_2,其最大值为 u_2 的峰值,即

$$U_{RM}=\sqrt{2}U_2 \tag{8.7}$$

选择整流二极管时,应满足 $I_F>I_{D(AV)}$,$U_R>U_{RM}$。

单相半波整流电路的特点是:结构简单,所用二极管较少,但电路的工作效率低,输出电压的平均值小,脉动较大。一般只用于对直流电源要求不高的场合。

8.2.3　单相桥式整流电路

1) 电路工作原理

桥式整流利用二极管接成桥式电路,在正弦交流电压 u_2 正负半周都有电流从同一方向流过负载,从而在负载 R_L 上获得如图 8.3(f)中 u_O 的波形,这种方式称为全波整流。单相桥式整流电路的结构如图 8.3(a)所示,它用 4 个二极管组成了桥式电路。

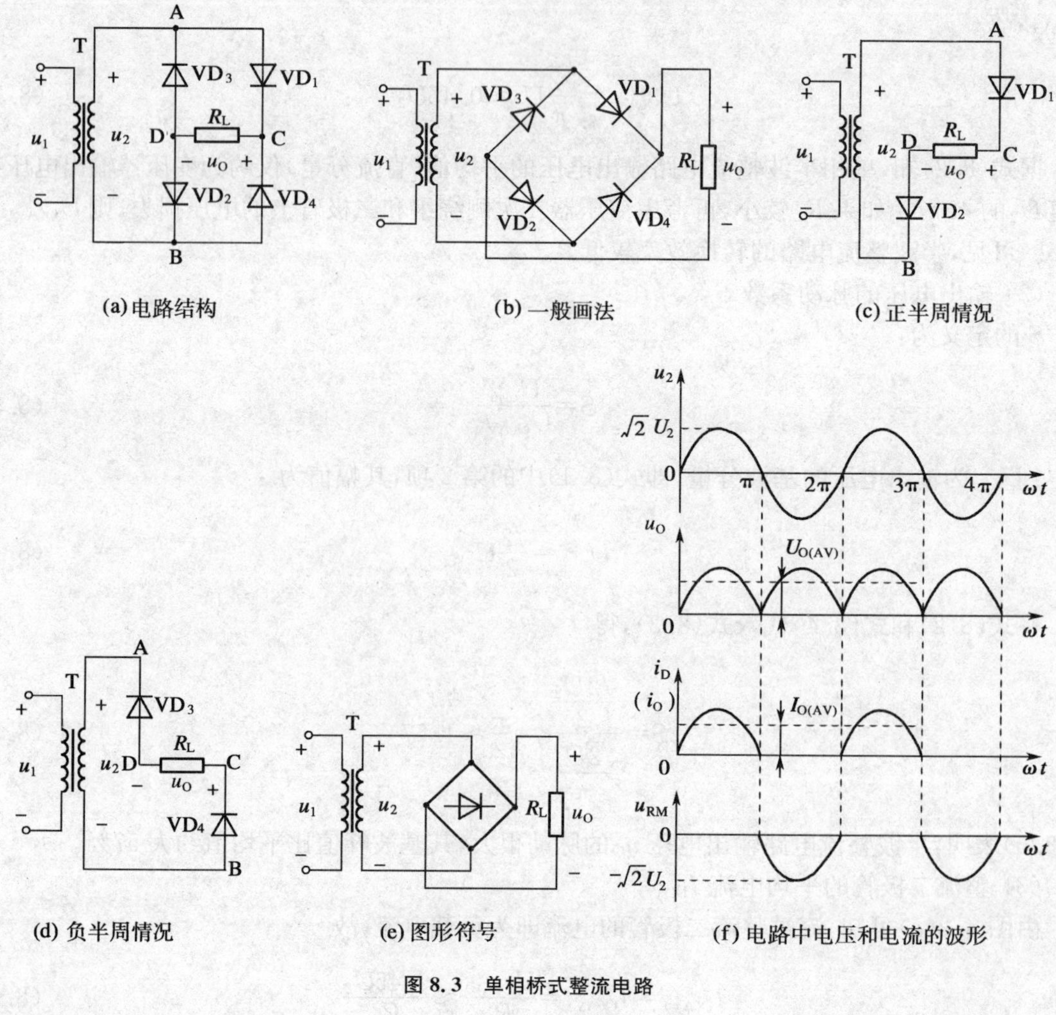

(a) 电路结构　(b) 一般画法　(c) 正半周情况

(d) 负半周情况　(e) 图形符号　(f) 电路中电压和电流的波形

图 8.3　单相桥式整流电路

当u_2为正半周时，图 8.3(a)中 A 点电位高于 B 点，VD_3、VD_4反偏截止，u_2通过VD_1和VD_2加在负载电阻R_L上，见图 8.3(c)。此时，将有电流由 C 点从右向左流过负载电阻R_L。电流通路可表示如下：

$$A\rightarrow VD_1\rightarrow C\rightarrow R_L\rightarrow D\rightarrow VD_2\rightarrow B$$

当u_2为负半周时，B 点电位高于 A 点，VD_1、VD_2反偏截止，u_2通过VD_3和VD_4加在负载电阻R_L上，见图 8.3(d)。可见，此时同样有电流由 C 点自右而左流入负载电阻R_L。电流通路表示如下：

$$B\rightarrow VD_4\rightarrow C\rightarrow R_L\rightarrow D\rightarrow VD_3\rightarrow A$$

按照这样的电路连接方式，即实现了在u_2的一个周期内都有同一个方向的电流流过R_L，达到了全波整流的目的。单相桥式整流电路一般画成如图 8.3(b)所示的形式，也可用图 8.3(e)所示符号来表示。

图 8.3(f)给出了桥式整流电路中各点的电压波形，R_L两端电压u_O在 $0\sim\pi$ 期间由VD_1、VD_2提供，在 $\pi\sim2\pi$ 期间则由VD_3、VD_4提供，这样在u_2的一个周期内，u_O出现了两个波峰：在 $0\sim\pi$ 期间VD_3、VD_4反偏，它们承受与u_2相同的反偏电压，而在 $\pi\sim2\pi$ 期间则由VD_1、VD_2承受与u_2相同的反偏电压。

2) 单相桥式整流电路的分析

(1) 输出电压平均值$U_{O(AV)}$

图 8.3(f)中的u_O的波形经过傅里叶级数分解，得

$$u_O=\sqrt{2}U_2\left(\frac{2}{\pi}-\frac{4}{3\pi}\cos 2\omega t-\frac{4}{15\pi}\cos 4\omega t-\cdots\right) \tag{8.8}$$

其中直流分量就是$U_{O(AV)}$，即

$$U_{O(AV)}=\frac{2\sqrt{2}}{\pi}U_2\approx0.9U_2 \tag{8.9}$$

与式(8.2)相比，桥式整流电路的输出电压平均值是半波整流电路输出电压平均值的两倍。

(2) 脉动系数S

由定义可得：

$$S=\frac{\dfrac{4\sqrt{2}U_2}{3\pi}}{\dfrac{2\sqrt{2}U_2}{\pi}}=\frac{2}{3}\approx0.67 \tag{8.10}$$

与式(8.5)比较可见，全波整流电路的脉动系数大大优于半波整流电路。

(3) 整流二极管承受的最大反向电压U_{RM}

从图 8.3(f)中U_{RM}的波形可知，在u_2的正半周时，VD_3、VD_4所承受的最大反向电压就是变压器二次侧电压的最大值，即

$$U_{RM}=\sqrt{2}U_2 \tag{8.11}$$

同理,在 u_2 的负半周,VD_1、VD_2 也承受同样大小的反向电压。

通过以上分析可知,与半波整流电路相比,若 u_2 相同,桥式整流电路的输出电压平均值提高了 1 倍;若 I_O 相同,每个整流二极管流过的平均电流减少了一半;同时,脉动系数也下降了许多;每个二极管承受的反向峰值电压二者相同。

桥式整流电路比半波整流电路增加了 3 只二极管,但二极管价格低,多用 3 只管子也不会带来很大的代价,因此桥式整流电路应用广泛。除了上述两种整流电路外,还可利用两个二极管和具有中心抽头的电源变压器组成全波整流电路,见习题 8.2,读者可分析其原理,并与前面的两种电路进行比较。

【例 8.1】 已知交流电源电压 $U_1=220\ \text{V}$,负载电阻 $R_L=50\ \Omega$,采用单相桥式整流电路供电,要求输出电压 $U_O=24\ \text{V}$。试问:

(1) 如何选用整流二极管;

(2) 求电源变压器的变比与容量。

解 (1) 负载电流的大小为:

$$I_O=\frac{U_O}{R_L}=\frac{24\ \text{V}}{50\ \Omega}=480\ \text{mA}$$

二极管的平均电流为:

$$I_D=\frac{I_O}{2}=240\ \text{mA}$$

变压器的二次侧电压有效值为:

$$U_2=\frac{U_O}{0.9}=\frac{24\ \text{V}}{0.9}\approx 26.7\ \text{V}$$

考虑到变压器二次侧绕组及管子的压降,变压器二次侧电压大约需提高 10%,即

$$U_2=26.6\ \text{V}\times 1.1\approx 29.3\ \text{V}$$

二极管最大反向电压为:

$$U_{RM}=\sqrt{2}U_2=\sqrt{2}\times 29.3\ \text{V}\approx 41.4\ \text{V}$$

因此,可选用型号为 2CZ54C 的二极管,它的最大整流电流为 500 mA,反向工作峰值电压为 100 V。

(2) 变压器的变比为:

$$n=\frac{220\ \text{V}}{29.3\ \text{V}}\approx 7.5$$

变压器二次侧电流有效值为:

$$I_2=\frac{I_O}{0.9}=\frac{480\ \text{mA}}{0.9}\approx 533.3\ \text{mA}\approx 0.53\ \text{A}$$

电源变压器容量为:

$$U_2 I_2 = 29.3\ \text{V} \times 0.53\ \text{A} \approx 15.53\ \text{V} \cdot \text{A}$$

如果考虑小功率电源变压器的效率为 $\eta = 0.8$，则

$$U_1 I_1 = \frac{15.53\ \text{V} \cdot \text{A}}{0.8} \approx 19.4\ \text{V} \cdot \text{A}。$$

8.3　滤波电路

虽然整流电路将双向变化的交流电转换为单方向变化的直流电，但其输出电压中仍含有较大的脉动成分，主要是 50 Hz 或 100 Hz 的脉动分量。在电子设备所使用的直流电源中，这种电压脉动会引起严重的干扰。为此，整流后的电压须经过滤波电路，保留其中的直流成分，滤掉脉动成分，使输出电压接近于理想的直流电压。常用的滤波电路有电容滤波、电感滤波、π 型滤波和有源滤波电路等。

8.3.1　电容滤波电路

图 8.4(a)给出的电容滤波电路是一种最基本的滤波电路。电路中在负载电阻 R_L 上并联了大容量的滤波电容 C，电容器两端电压 u_C 即为输出电压 u_O。

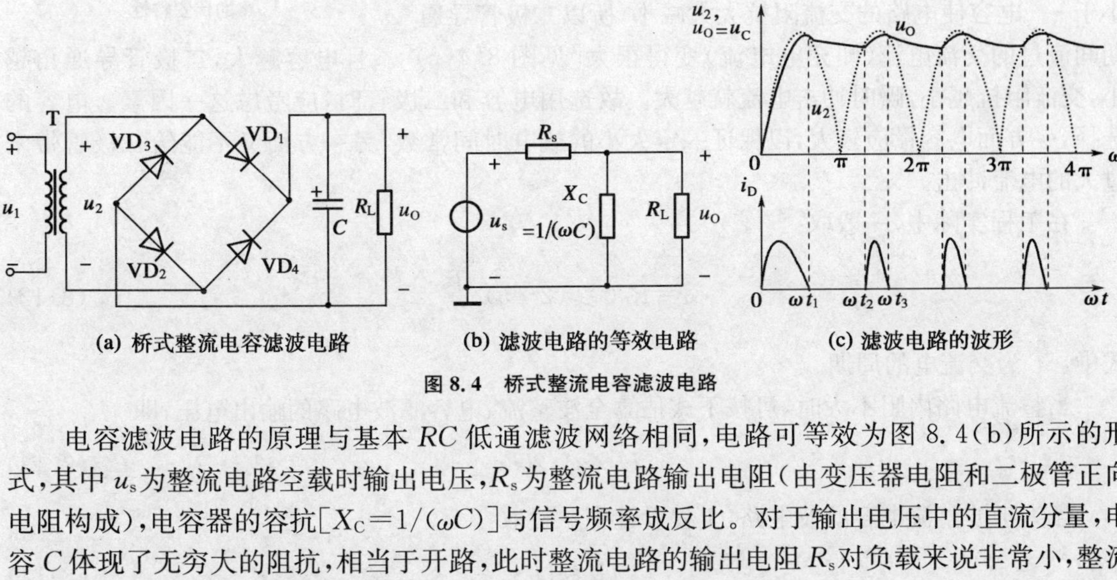

(a) 桥式整流电容滤波电路　　(b) 滤波电路的等效电路　　(c) 滤波电路的波形

图 8.4　桥式整流电容滤波电路

电容滤波电路的原理与基本 RC 低通滤波网络相同，电路可等效为图 8.4(b)所示的形式，其中 u_s 为整流电路空载时输出电压，R_s 为整流电路输出电阻（由变压器电阻和二极管正向电阻构成），电容器的容抗[$X_C = 1/(\omega C)$]与信号频率成反比。对于输出电压中的直流分量，电容 C 体现了无穷大的阻抗，相当于开路，此时整流电路的输出电阻 R_s 对负载来说非常小，整流输出电压几乎完全加在负载电阻上。而对于输出电压中的交流成分——基波及更高次谐波，只要 C 的电容量足够大，其 X_C 可以很小，相当于短路，u_s 则大部分加在整流电路内阻上。这样，在负载电阻 R_L 上只保留了输出电压的直流成分，从而滤掉了交流成分。

电容的滤波作用也可以通过它的充放电过程进行说明。对于无滤波环节的桥式整流电路来说，其输出电压波形如图 8.4(c)中虚线所示。当接入滤波电容 C 后，设 C 两端初始电压为 0 V，且在 $\omega t = 0$ 时接入交流电源。当 $\omega t > 0$ 时，u_2 由 0 V 开始上升，二极管 VD_1、VD_2 导通向负载供电，同时对电容器 C 充电。由于整流电路内阻很小，电容器充电电压随输入电压 u_2 的上升而上升。在 t_1 时刻（$\omega t_1 = \pi/2$），u_2 和 u_C 达到最大值。当 $\omega t_2 > \pi/2$ 时，u_2 下降，当 $u_2 - u_C \leqslant$

U_{on}时，二极管 VD_1、VD_2 截止，电容电压 u_C则开始放电。由于二极管的单向导电性，电容只能通过负载电阻放电，而负载电阻相对较大，放电的时间常数较大，放电速度慢，因此 u_C的下降比 u_2的下降要慢得多。当到达 u_2负半周的 t_2时，再次达到 $u_2-u_C>U_{on}$，二极管 VD_3、VD_4导通，再次对电容充电并对 R_L供电。到达 t_3时，C 又充电达到最大值。此后，二极管 VD_3、VD_4截止，u_C向 R_L 放电。以后每半个周期如此循环下去，负载 R_L 上的电压 $u_O=u_C$ 的波形如图 8.4(c)中实线所示。由于放电时间常数($\tau=R_LC$)通常远大于充电时间常数($\tau>R_sC$)，所以 $u_C=u_O$的脉动情况比不接电容 C 以前有明显的改善，且输出电压的直流分量 u_O也提高了。

显然，R_LC 越大，放电越慢，输出电压 u_O的脉动越小，其直流分量 U_O也就越大。当 $R_LC\to\infty$(负载开路)时，$u_C=u_O$将被充电到 u_2的最大值后不再放电，则 u_C保持不变。此时，$U_O=\sqrt{2}U_2\approx1.4U_2$。当 $R_LC\to0$(即不接电容 C)时，图8.4(a)就是一个不带滤波电路的桥式整流电路。此时，$U_O\approx0.9U_2$。负载电阻的减小降低了滤波电容的放电时间常数，增大的负载电流使电容放电时间加快，一方面引起电压脉动加大，另一方面使输出电压平均值降低。输出电压平均值与输出电流之间的关系称为电路的伏安特性，典型的伏安特性见图 8.5。

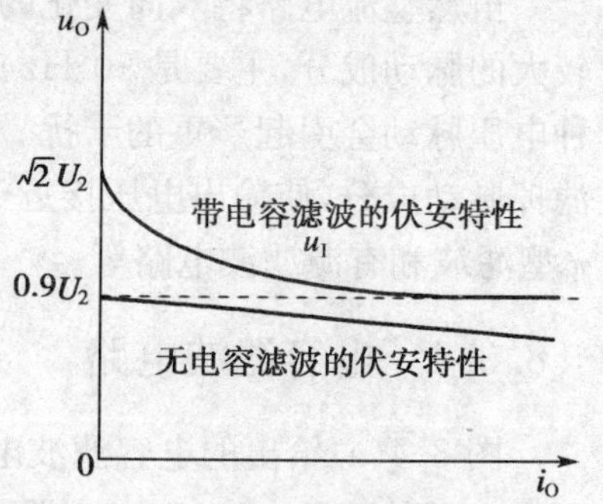

图 8.5　桥式整流电容滤波电路的伏安特性

此外，接入滤波电容后，二极管导通时间变短，导通角小于 π。电容使电路的交流阻抗大大减小，所以二极管导通期间流过的交流电流(即充电电流)变得很大[见图 8.4(c)]。且电容越大，二极管导通角越小，交流阻抗越小，瞬时冲击电流就越大。故选用电容和二极管时，应考虑这一因素。电容的选择，一方面电容量应较大，以保证一定大小的放电时间常数，另一方面又不能给二极管带来过大的电流冲击。

在工程实际中，一般取：

$$\tau=R_LC\geqslant(2\sim5)\ \frac{T}{2} \tag{8.12}$$

式中：T 为交流电的周期。

当整流电路内阻不大时，可按下式估算全波整流、电容滤波电路的输出电压，即

$$U_O\approx1.2U_2 \tag{8.13}$$

若为半波整流电容滤波电路，工程设计中一般取：

$$U_O\approx U_2 \tag{8.14}$$

二极管选型时，平均电流 I_D一般为实际通过二极管的平均电流的2倍左右。最大反向电压 U_{RM}须根据整流电路的类型确定。在桥式整流电容滤波电路中，从波形图容易看出，二极管的 U_{RM}为截止半周所承受的电压，即 $U_{RM}>\sqrt{2}U_2$。而在半波整流电容滤波电路中，当负载开路时，负半周二极管截止时电容两端电压保持为 u_2，二极管上承受的最大电压则为两倍的 u_2峰值，即$2\sqrt{2}U_2$，因此选用二极管时，二极管的 $U_{RM}>2\sqrt{2}U_2$。

滤波电容一般采用有极性电容(如电解电容器)，数值取几十微法到几千微法，视负载电流的大小而定，其耐压应大于输出电压的最大值，一般取输出电压最大值的 1.5 倍左右。

电容滤波电路简单，输出电压中的直流分量U_O较高，脉动较小。但是伏安特性差，且有电流冲击。因此，电容滤波电路一般用于要求输出电压较高、负载电流较小并且变化也较小的场合。

【例 8.2】 单相桥式整流电容滤波电路如图 8.4(a)所示。已知交流电源频率 $f=50$ Hz，负载电阻 $R_L=200\ \Omega$，要求直流输出电压 $U_O=30$ V，试选择整流二极管和滤波电容器。

解 (1) 选择整流二极管：流过二极管的电流为：

$$I_D=\frac{1}{2}I_O=\frac{1}{2}\times\frac{U_O}{R_L}=\frac{1}{2}\times\frac{30\ \text{V}}{200\ \Omega}=0.075\ \text{A}=75\ \text{mA}$$

因桥式整流电容滤波电路的 $U_O\approx1.2U_2$，故变压器二次侧电压有效值为：

$$U_2\approx\frac{U_O}{1.2}=\frac{30\ \text{V}}{1.2}=25\ \text{V}$$

二极管承受的最高反向电压为：

$$U_{RM}=\sqrt{2}U_2=\sqrt{2}\times25\ \text{V}\approx35.4\ \text{V}$$

因此可选用二极管 2CZ52B，其最大整流电流为 100 mA，反向工作电压为 50 V。

(2) 选择滤波电容：根据式(8.12)，取 $R_LC=5T/2$，则

$$R_LC=5\times\frac{\frac{1}{50}}{2}=0.05\ \text{s}$$

已知 $R_L=200\ \Omega$，所以：

$$C=\frac{0.05\ \text{s}}{R_L}=\frac{0.05\ \text{s}}{200\ \Omega}=250\times10^{-6}\ \text{F}=250\ \mu\text{F}$$

故选用 $C=500\ \mu$F、耐压为 50 V 的电解电容器①。

*8.3.2 电感电容滤波电路

为了减小电容滤波电路对整流二极管的瞬时冲击电流，可在滤波电容之前串联一个功率较大的电感线圈 L，组成电感电容滤波电路，见图 8.6。当通过电感线圈的电流发生变化时，线圈中产生的自感电动势会阻碍电流的变化，因而有效地限制流过整流二极管的瞬时电流，同时也使负载电压的脉动大为降低。频率越高，电感越大，滤波效果就越好。

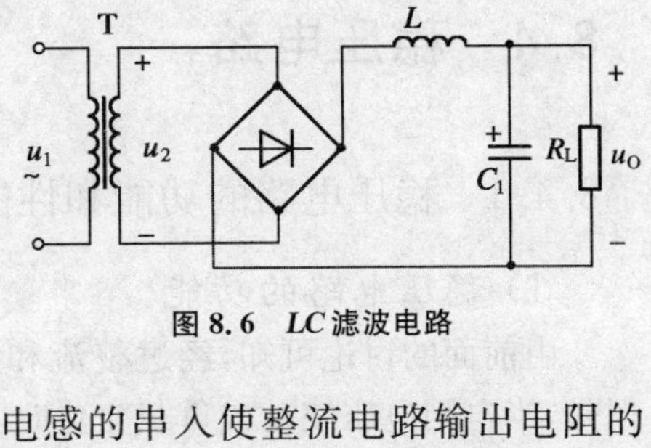

图 8.6　*LC* 滤波电路

与前面电容滤波电路相似，LC 滤波电路的原理也可以这样来理解：如图 8.4(b)所示的等效电路，对于经过整流后的直流脉动电压 u_2 中所含有的高频交流分量，电感的串入使整流电路输出电阻的高频阻抗升高，同时，电容使负载的交流阻抗降低，如此进一步使信号中的交流成分加在整

① 铝电解电容器的标称容量($10^n\mu$F)有：1.0，1.5，2.2，3.3，4.7，6.8 等多种；耐压等级(单位：V)分为 1.6，4，6.3，10，16，25，32*，40，50，63，100，125*，160，250，300*，400，450*，500，630，1 000 等多种。

流电路的内阻和电感上了。而对于其中的直流分量,电感的低频电阻很小,所以,整流后电压的直流分量大部分降落在R_L上。这样,便可以在输出端的负载上得到较为平坦的直流输出电压。

LC滤波电路适用于电流较大、要求输出电压脉动很小的电路,尤其是高频应用场合。在某些电流较大、负载变化较大、对输出电压的脉动程度要求不太高的场合(例如晶闸管电路的直流电源),也可以将电容除去,只用电感构成单纯的电感滤波电路。

*8.3.3 π形滤波电路

如果要求输出电压的脉动更小,可采用$LC-\pi$形滤波或$RC-\pi$形滤波电路,如图8.7和图8.8所示。

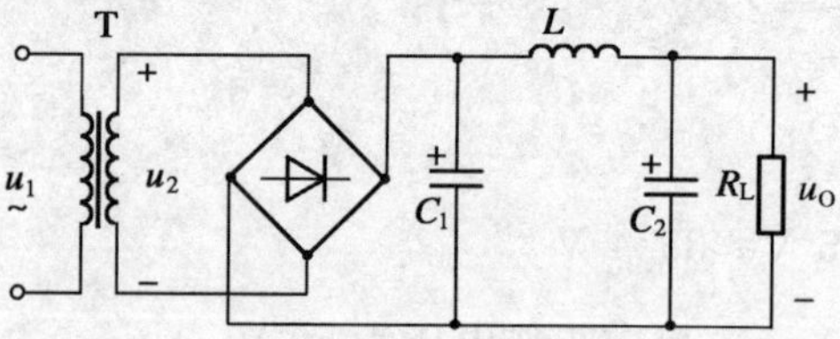

图8.7 LC.π形滤波电路

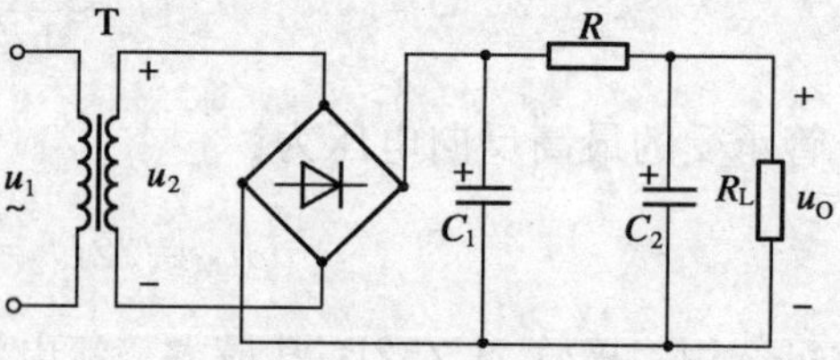

图8.8 RC.π形滤波电路

$LC-\pi$形滤波电路即在LC滤波电路的前面并联一个滤波电容C_1。这样,滤波效果比LC滤波电路更好,但C_1的充电对整流二极管的冲击电流较大。电路的基本原理可按前述相同的方法进行分析。

电感线圈体积大且笨重,成本较高,所以在负载电流很小的场合也可用电阻R代替π形滤波电路中的电感线圈,构成$RC-\pi$形滤波电路。它的原理没有大的变化,同样利用R和C对整流后电压中交直流分量的不同分压作用来实现滤波。电阻R与电容C_2及R_L配合以后,使交流分量较多地降在电阻R两端(因为电容C_2的交流阻抗很小),而较少地降落在负载R_L上,从而起到滤波作用。R越大,C_2越大,交流滤除效果就越好。但是,电阻R对交直流电压分量均有同样的电压降作用,R太大,将使直流压降增大。所以这种滤波电路中的R取得不大,它只适用于负载电流较小而又要求输出电压脉动较小的场合。

8.4 稳压电路

8.4.1 稳压电路的功能和性能指标

1) 稳压电路的功能

由前面的讨论可知,经过整流和滤波环节后交流电压已经变成了脉动较小的直流电压。但是,当电网电压波动或负载变化时,整流滤波电路的输出电压会随之变化。为了得到更加稳定、可靠的直流电源,需要在整流滤波环节的后面加接稳压电路,从而使直流电源的输出电压尽可能不受交流电网电压波动和负载变化的影响。

2) 稳压电路的性能指标

稳压电路的性能通常用以下指标来衡量:

(1) 稳压系数 S_r

S_r 反映了电网电压的波动对直流输出电压的影响，通常定义为负载和环境温度不变时，直流输出电压 U_O 的相对变化量与稳压电路输入电压 U_I 的相对变化量之比，即

$$S_r=\left.\frac{\frac{\Delta U_O}{U_O}}{\frac{\Delta U_I}{U_I}}\right|_{R_L=常数,T=常数} \tag{8.15}$$

式中：U_I——经过整流滤波后的直流电压，它是不稳定的。

工程实际中把电网电压波动为±10%时，输出电压的相对变化量作为性能指标，称为电压调整率。

(2) 输出电阻 R_O

R_O 反映了负载的变化对输出电压的影响，定义为在输入电压 U_I 和环境温度不变时，输出电压的变化量与输出电流的变化量之比的绝对值，即

$$R_O=\left.\left|\frac{\Delta U_O}{\Delta I_O}\right|\right|_{R_L=常数,T=常数} \tag{8.16}$$

工程中通常把负载电流由 0 A 变到额定值时输出电压的相对变化量定义为电流调整率。

(3) 最大纹波电压

它是指稳压电路输出端的交流分量(通常频率为 100 Hz)，用有效值或幅值表示。

8.4.2 硅稳压管稳压电路

第 1 章曾经介绍过硅稳压管的工作原理和特性。利用稳压管可以组成最简单的稳压电路，见图 8.9(a)①，图 8.9(b)是硅稳压管的特性曲线。下面分析稳压管稳压电路的基本原理、性能及限流电阻的选择。

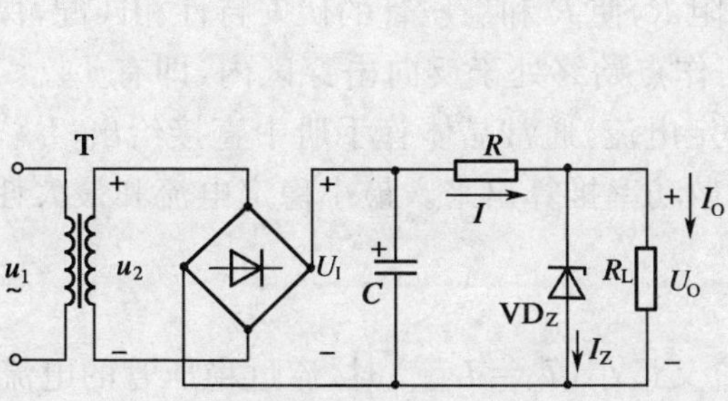

(a) 稳定电路

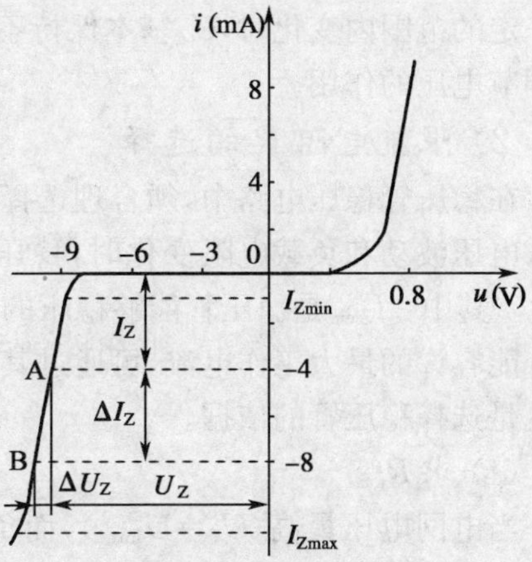

(b) 稳压管的伏安特性

图 8.9 稳压管稳压电路

① 由于图 8.9(a)所示电路中硅稳压管 VD_Z 与负载电阻 R_L 并联，故称这一电路为并联型稳压电路。

1）稳压管稳压电路的工作原理

图 8.9(a)中整流滤波后的直流电压是稳压电路的输入电压 U_I，稳压管的稳定电压 U_Z 即为稳压电路的输出电压 U_O，R 是限流电阻。

据图 8.9(a)可知，负载上的输出电压为：

$$U_O = U_Z = U_I - IR \tag{8.17}$$

引起稳压电路输出电压波动的原因是输入电压的波动和负载的变化。现分别从这两个方面来分析电路的稳压情况。

(1) 负载变化

设输入电压 U_I 保持不变，当负载电阻 R_L 减小使 I_O 增大时，电流 I 增大，进而引起电阻 R 上的压降升高，使输出电压 U_O 下降。由稳压管的伏安特性[见图 8.9(b)]可知，当稳压管两端电压略有下降时，电流 I_Z 急剧减小。于是，由 I_Z 的减小来补偿 I_O 的增大，最终使 I 基本保持不变(因为 $I = I_O + I_Z$)，因而输出电压 U_O 也将保持不变。上述稳压过程可表示如下：

$$R_L\downarrow \to I_O\uparrow \to I\uparrow \to U_O\downarrow \to I_Z\downarrow \to I\downarrow \to U_O\uparrow$$

(2) 输入电压波动

设负载电阻 R_L 保持不变，输入电压 U_I 升高时，输出电压 U_O 也将随之增大。根据稳压管的伏安特性，I_Z 将急剧增加，使得流过限流电阻 R 上的电流 I 急剧增加，R 上的压降亦增大，由此抵消了 U_I 的增加，从而使输出电压 U_O 基本维持不变。上述稳压过程可简要表示如下：

$$U_I\uparrow \to U_O\uparrow \to I_Z\uparrow \to I\uparrow \to U_R\uparrow \to U_O\downarrow$$

由此看来，稳压管稳压电路使输出电压保持稳定，是基于稳压管的非线性伏安特性：电流在一定的范围内变化时，U_Z 基本保持不变。为使稳压管电流合适，必须接入限流电阻 R，R 起了调节电压的作用。

2）限流电阻 R 的选择

在稳压管稳压电路中，须合理选择限流电阻 R，使 R 和稳压管的伏安特性相匹配，保证在输入电压波动和负载电阻变化时，稳压管的工作点始终处于反向击穿区内，即有 $I_{Zmin} \leqslant I_Z \leqslant I_{Zmax}$。其中：$I_{Zmin}$ 是稳压管能够稳压的最小稳定电流，通常晶体管手册中直接给出；I_{Zmax} 是稳压管能容许的最大工作电流，可通过其最大耗散功率推算出来。最小稳定电流和最大耗散功率也是选择稳压管的依据。

(1) 求 R_{min}

当电网电压最高($U_I = U_{Imax}$)，而负载电流又最小($I_O = I_{Omin}$)时，流过稳压管的电流 I_Z 最大。此时，I_Z 不应超过允许的最大工作电流值 I_{Zmax}。故有：

$$\frac{U_{Imax} - U_Z}{R} - I_{Omin} < I_{Zmax}$$

由此可决定出 R 的最小值为：

$$R > \frac{U_{\mathrm{Imax}} - U_{\mathrm{Z}}}{I_{\mathrm{Zmax}} + I_{\mathrm{Omin}}} = R_{\min} \tag{8.18}$$

(2) 求 $R_{\max}$

当电网电压最低($U_{\mathrm{I}} = U_{\mathrm{Imin}}$)，而负载电流又最大($I_{\mathrm{O}} = I_{\mathrm{Omax}}$)时，流过稳压管的电流 I_{Z} 最小。此时，I_{Z}不应低于允许的最小值 I_{Zmin}。

$$\frac{U_{\mathrm{Imin}} - U_{\mathrm{Z}}}{R} - I_{\mathrm{Omax}} > I_{\mathrm{Zmin}}$$

由此可以决定 R 的最大值为：

$$R < \frac{U_{\mathrm{Imin}} - U_{\mathrm{Z}}}{I_{\mathrm{Zmin}} + I_{\mathrm{Omax}}} = R_{\max} \tag{8.19}$$

因此，选择限流电阻 R 必须满足以下不等式：

$$R_{\min} < R < R_{\max} \tag{8.20}$$

如果在已知条件下，经过计算得到的 R 值不能满足上式，则说明实际工作条件已超出稳压管的工作范围，必须限制 U_{I}和 R_{L}的变化，或另选稳压管。

【例 8.3】 在图 8.9(a)的电路中，设稳压管的 $U_{\mathrm{Z}} = 6\ \mathrm{V}$，$I_{\mathrm{Zmax}} = 40\ \mathrm{mA}$，$I_{\mathrm{Zmin}} = 5\ \mathrm{mA}$，$U_{\mathrm{Imax}} = 15\ \mathrm{V}$，$U_{\mathrm{Imin}} = 12\ \mathrm{V}$，$R_{\mathrm{Lmax}} = 600\ \Omega$，$R_{\mathrm{Lmin}} = 300\ \Omega$，试选择限流电阻的大小。

解

$$I_{\mathrm{Omin}} = \frac{U_{\mathrm{Z}}}{R_{\mathrm{Lmax}}} = \frac{6\ \mathrm{V}}{600\ \Omega} = 0.01\ \mathrm{A} = 10\ \mathrm{mA}$$

$$I_{\mathrm{Omax}} = \frac{U_{\mathrm{Z}}}{R_{\mathrm{Lmin}}} = \frac{6\ \mathrm{V}}{300\ \Omega} = 0.02\ \mathrm{A} = 20\ \mathrm{mA}$$

根据式(8.18)得：

$$R > R_{\min} = \left(\frac{15-6}{0.04+0.01}\right)\Omega = 180\ \Omega$$

根据式(8.19)有：

$$R < R_{\max} = \left(\frac{12-6}{0.005+0.02}\right)\Omega = 240\ \Omega$$

因此，根据式(8.20)，取 $R = 200\ \Omega$，此电阻为标称阻值。

硅稳压管稳压电路结构简单，在输出电压不需调节、负载电流比较小的情况下可取得较好的稳压效果。但这种稳压电路输出电压由稳压管的型号决定，不可随意调节，对电网电压和负载电流的变化的适应能力有限。因此，在实际电子设备的直流电源中并不常用。但是，硅稳压管稳压电路是其他各种形式稳压电路的基础。

工程实际中常采用的稳压电路有多种形式，主要包括串联型稳压电源和并联型稳压电源，前者应用更为广泛。它们的区别在于调整晶体管(以下简称调整管)与负载电阻是串联还是并联。串联型稳压电源根据起调节作用的晶体管的工作状态又可分为两种：当调整管工作在线性放大状态时，称为线性串联型稳压电源；而当调整管工作在开关状态时，称为开关式串联型稳压电源。

8.4.3　线性串联型稳压电源

1) 电路的组成

图8.10所示为线性串联型稳压电源的基本结构。它由基准电压、比较放大、采样电路和调整元件等基本环节组成。

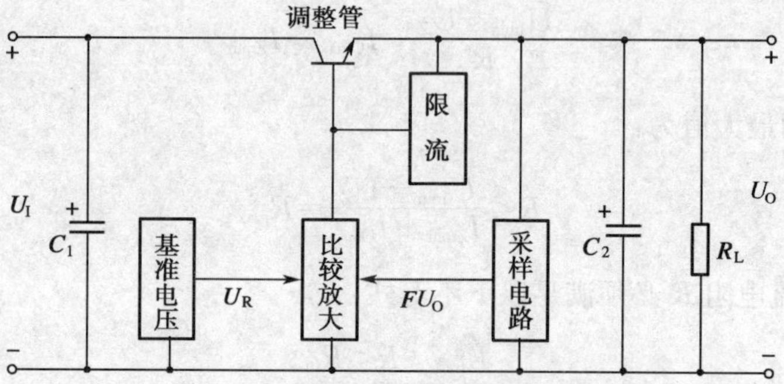

图8.10　线性串联型稳压电路的框图

在线性串联型稳压电源中,核心部分是比较放大环节。通常,比较放大环节由单管放大电路、长尾式差动放大电路或者集成运放等构成[分别见图8.11(a)、(b)、(c)]。比较放大器的输出端接调整管 VT_1 的基极,调整管 VT_1 用单个 BJT、复合管或若干个 BJT 并联构成,接成共集电极组态,以便向负载提供较大的输出电流。采样电路的作用是取出输出电压的一部分,送往比较放大部分与基准电压进行比较。当电源的输出电压偏离所需的稳压值时,偏差信号经比较放大器放大后送到调整管的输入端。调整管最后起到调节输出电压的作用。基准电压是衡量电源输出电压是否稳定的标准,要求严格保持恒定,不受输入电压、负载电流和温度等因素的影响。

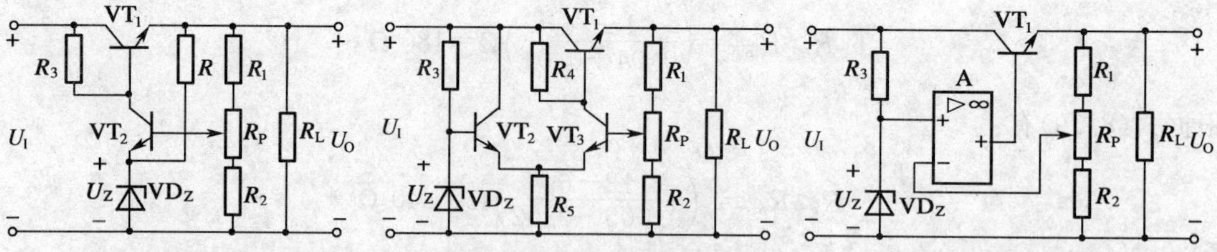

(a) 单管放大电路　(b) 长尾式差动放大电路　(c) 集成运放

图8.11　线性串联型稳压电源中的比较放大环节

2) 稳压原理

此处仅以图8.11(a)的电路为例,说明线性串联稳压电源的工作原理。首先将图8.11(a)的电路改画成图8.12的形式。由此不难看出,线性串联型稳压电源实质上是一种带负反馈的直接耦合放大电路。第1级是 VT_2 构成的共射极直流放大电路,第2级是 VT_1 管组成的射极跟随器,两级之间采用直接耦合。R_1、R_P 和 R_2 组成的电阻网络把输出电压 U_O 的一部分反馈到 VT_2 管的输入回路(b极),反馈量为 U_f,U_f 在输入回路中与稳压管 VD_Z 的稳压值 U_Z 串联比较,所以这一回路中引入的是直流负反馈。

当输入电压U_I升高或负载电流I_O下降引起输出电压U_O高于设定值时，U_f与U_Z比较结果是使VT_2管的基极电位升高，集电极电位下降。VT_1管接成射极跟随器，所以输出电压U_O也随之下降，趋近于设定值。这一稳压过程可表示如下：

$$U_I\uparrow\ (\text{或}\ I_O\downarrow) \rightarrow U_O\uparrow \rightarrow U_f\uparrow \xrightarrow{U_Z\ \text{一定}} U_{B2}\uparrow \rightarrow U_{C2}\downarrow \rightarrow U_{B1}\downarrow \rightarrow U_O\downarrow$$

同理，当U_I下降或I_O上升使U_O下降时，经过这一反馈系统产生相反方向的调节，从而使输出电压基本维持不变。

线性串联型稳压电路是一种典型的恒值电压调节系统，它运用了引入深度负反馈来稳定输出电压的原理。

3）输出电压的确定及其调节范围

根据第 4. 3. 1 节所学知识，要使输出电压维持恒定，反馈深度(1＋AF)就要尽可能地大，即放大电路的增益A一定时，反馈系数F应越大越好。因此，在满足深度负反馈的条件下，图 8. 12 电路中稳压管的稳定电压和反馈系数分别为：

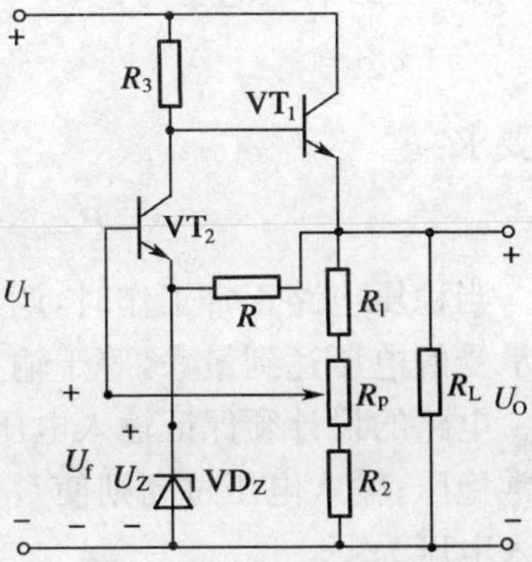

图 8. 12 线性串联型稳压电源的分析

$$U_Z \approx U_f$$

$$F_u=\frac{U_f}{U_O}=\frac{R_{P2}+R_2}{R_1+R_P+R_2}$$

因此有：

$$U_O\approx\frac{U_Z}{F_u}=U_Z\frac{R_1+R_P+R_2}{R_{P2}+R_2} \tag{8.21}$$

由式(8.21)可知，稳压电路的输出电压取决于基准电压U_Z和采样电阻值。根据负反馈原理，当R_P的滑动点在最下端，即$R_{P2}=0\ \Omega$时，输出电压为：

$$U_O=U_{Omax}=U_Z\frac{R_1+R_P+R_2}{R_2} \tag{8.22}$$

当R_P的滑动点在最上端，即$R_{P2}=R_P$时，输出电压为：

$$U_O=U_{Omin}=U_Z\frac{R_1+R_P+R_2}{R_P+R_2} \tag{8.23}$$

4）调整管及输入电压的选择

在串联型稳压电路中，调整管承担了全部负载电流和相当的管压降，因此管子的功耗较大，须采用大功率 BJT。为了保证调整管安全地工作，必须对管子的各项极限参数进行讨论，其中包括集电极最大允许电流I_{CM}和集电极最大允许耗散功率P_{CM}、反向击穿电压$U_{(BR)CEO}$。

流过调整管集电极的电流包括负载电流和反馈采样电阻上的电流，因此要求I_{CM}必须大于最大负载电流I_{Omax}和采样电流I_R之和，即

$$I_{CM}>I_{Cmax}=I_{Omax}+I_R \tag{8.24}$$

调整管耗散功率为：

$$P_C=U_{CE}I_C=(U_I-U_O)I_C \tag{8.25}$$

当输入的电网电压最大且负载电流最大时，调整管功耗达到最大，即

$$P_{Cmax}=U_{CEmax}I_{Cmax}=(U_{Imax}-U_{Omin})(I_{Omax}+I_R) \tag{8.26}$$

选择调整管时须限定电网电压的变化范围，对于电网波动10%的桥式整流电容滤波电路，稳压电路输入电压为：

$$U_{Imax}=1.1\times1.2U_2 \tag{8.27}$$

则要求：

$$P_{CM}\geqslant(1.1\times1.2U_2-U_{Omin})(I_{Omax}+I_R) \tag{8.28}$$

当稳压电路正常工作时，调整管的U_{CE}约为几伏。但当负载发生短路时，调整管c-e极之间承受的电压达到最大，等于输入电压的峰值。因此，要求管子的击穿电压必须大于该电压。

电路的设计须保证输入电压处于合适的范围，输入电压过低会使调整管U_{CE}太小，而不能正常稳压；输入电压过高则使U_{CE}过大，又增大了调整管的管耗。通常选择$U_{CE}=(3\sim8)$V，则输入电压为：

$$U_I=U_{Omax}+(3\sim8)\text{V} \tag{8.29}$$

对于桥式整流电容滤波电路，由其滤波输出电压U_I与变压器二次侧电压U_2的关系可得：

$$U_2=1.1\times\frac{U_I}{1.2} \tag{8.30}$$

式中：系数1.1是考虑电网有10%的波动。

5）线性串联型稳压电源的改进

图8.12只说明了稳压电路的基本工作原理，工程实际中所使用的稳压电源须在此基础上引入一些改进措施，才能获得更好的稳压性能。因此，一种改进型线性串联型稳压电源见图8.13，图中改进措施包括：

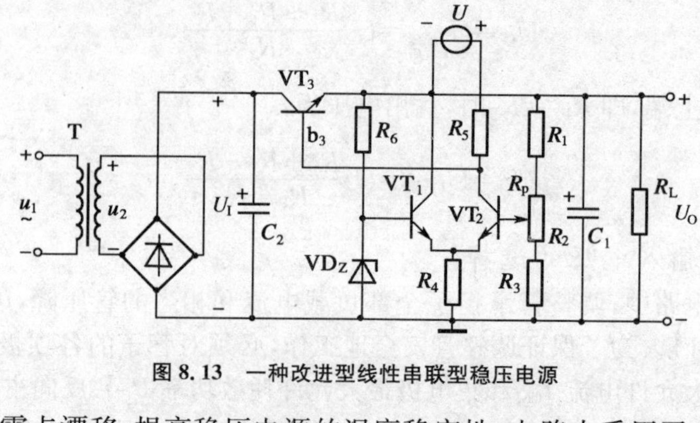

图8.13　一种改进型线性串联型稳压电源

(1) 为了抑制零点漂移，提高稳压电源的温度稳定性，电路中采用了由VT_1、VT_2这两个BJT组成的差动放大电路作为比较放大环节。

(2) 在一般的串联型稳压电源中，VT_3的基极是通过电阻 R_S 接至输入电压 U_I。这样，U_I的变化经过电阻直接传送到调整管的基极，对输出电压会产生影响。故利用辅助电源控制调整管 VT_3的基极 b_3，可以有效地减小 U_I波动对输出电压的影响，同时提高了放大电路增益的稳定性。另一方面，可适当增大比较放大电路的负载电阻，以增大放大电路的增益，进而为提高电路的稳压系数 S 提供了可能。

(3) 图 8.13 中稳压管 VD_Z的供电电源改接到输出端，从而增加了基准电压 U_Z的稳定性，改善了稳压电路的稳压性能。

除此之外，为了提高稳压电路的性能，还可以采取其他的一些措施，如用恒流源代替比较放大级的集电极电阻、采用动态电阻和温度系数均较小的稳压管 VD_Z、提高采样环节的反馈系数 F_u等。

*8.4.4　稳压电路的保护措施

在串联型稳压电路中，调整管承担了全部的负载电流。当电路过载或输出端短路时，调整管会因电流过大，导致管耗剧增而损坏。因此，稳压电路中必须对调整管例行保护。保护电路的功能是当稳压电路正常工作时，保护电路不工作，一旦电路发生过载或短路故障时，保护电路立即动作，限制输出电流的大小或使输出电流下降为0 A，以达到保护调整管的目的。

1）限流式保护电路

典型的限流式保护电路如图 8.14(a)所示。保护电路由电阻 R 和 BJT VT_1组成。R 对输出电流 I_O进行检测，其压降 U_R即为 VT_1的 J_e结正偏电压。图 8.14(b)为带有限流保护的稳压电路的伏安特性。在正常情况下，$I_O<I_{OM}$，U_R较小，不足以使 VT_1导通，因而 VT_1管截止，保护电路对稳压电路没有影响。当 $I_O>I_{OM}$时，I_O使 U_R增大到足以使 VT_1导通，此时流过 VT_1管的电流 I_{C1}增大，进而使调整管的基极电流减小($I_B=I-I_{C1}$)，从而使 VT_2的集电极电流减小，限制了输出电流 I_O的增大。I_O越大，VT_1管导通程度越大，对 VT_2管基极电流的分流作用也就越强。

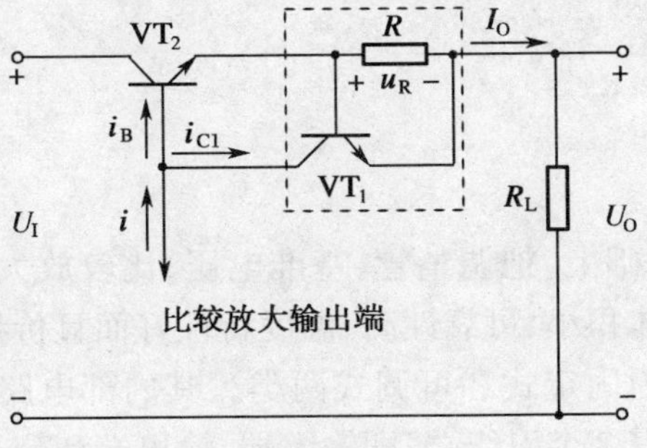

(a) 电路

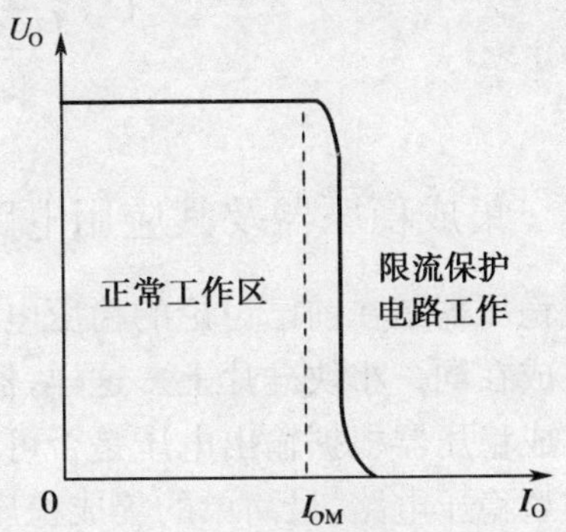

(b) 伏安特性

图 8.14　限流式保护电路

限流式保护电路起作用时，限制了输出电流，但输出电压的急剧下降使输入电压几乎完全降落在调整管上，造成管耗仍然很大，当 $U_O=0$ V 时管耗达到最大($P_{CE}=U_I I_{OM}$)。为此，VT_1的最大耗散功率须根据 $U_I I_{OM}$估算。

2) 截流式保护电路

图 8.15(a)给出了截流式保护电路的基本原理,R_1、R_2、R 和 BJT VT_2组成了保护电路。其伏安特性如图 8.15(b)所示,属于“折返式”限流特性,即这种保护电路一旦动作,在输出电压 U_O下降的同时使输出电流 $I_O(=I_{OS})$也下降到接近于 0 A。下面说明此电路的工作原理。

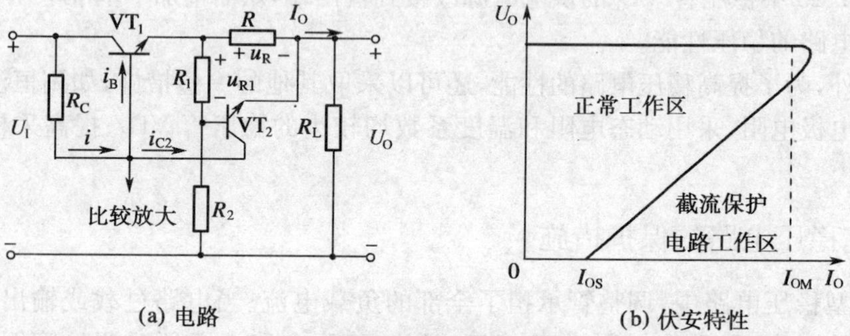

图 8.15 截流式保护电路

与限流式保护相似,R 对输出电流 I_O进行检测,但 VT_2 管 J_e结的正偏电压为:

$$U_{BE2}=U_R-U_{R1}=I_OR-U_{R1} \tag{8.31}$$

当稳压电路正常工作时,$I_O<I_{OM}$,$U_R<U_{R1}$,VT_2 管截止,保护电路对稳压电路没有影响。当 $I_O>I_{OM}$时,$U_R>U_{R1}$,$U_{BE2}>U_{BE(on)}$,VT_2 管导通,保护电路启动。此时由于 I_{C2} 的分流作用使 VT_1 管的基极电流 I_B减小,从而使得输出电流 I_O减小,输出电压 U_O下降。

与限流式保护电路不同,U_O下降使电阻 R_1上的压降 U_{R1}也下降,VT_2 管的 U_{BE2} 进一步增大,该管的导通程度加深,I_{C2} 的增大使 VT_1 管的基极电流被更多地分流,I_O和 U_O进一步减小,显然这是一个正反馈过程,最终将导致 VT_1 管完全截止。此时 U_O接近于 0 V,I_O减小到 I_{OS}。这一过程可描述如下:

$$\begin{array}{l} U_O\downarrow \rightarrow U_{R1}\downarrow \rightarrow I_{C2}\uparrow \rightarrow \\ U_O\downarrow\downarrow \leftarrow I_O\downarrow \leftarrow I_B\downarrow \leftarrow \end{array}$$

8.4.5 集成稳压器及其应用电路

集成稳压器是在前已讨论的稳压电路的基础上,把调整管、基准电压、比较放大器和保护电路等集成在同一小块硅片上。这样,器件的体积小、可靠性高、温度特性好而且价格低、使用方便。集成稳压器根据输出电压是否可调,分为固定式和可调式两类。其内部电路大多采用线性串联型稳压电路,最简单的集成稳压器只需 3 个引线端,即输入端、输出端和公共端,因此亦称三端集成稳压器。现以固定输出式集成稳压器 7800 系列和 7900 系列芯片作简要介绍。

1) 固定式三端集成稳压器的外形、型号及主要参数

典型的固定式三端集成稳压器有 78(正稳压)和 79(负稳压)两个系列,输出电压有 5 V、6 V、9 V、12 V、15 V、18 V 和 24 V。目前常见的有最大输出电流 I_{OM}为 100 mA 的 78 L××(79 L××)系列,I_{OM}为 500 mA 的 78 M××(79 M××)系列,I_{OM}为 1.5 A 的 78××(79×

×)系列。型号中 78 表示输出为正电压,79 表示输出为负电压,最后两位数表示输出电压值,例如 7806 表示输出电压为+6 V,7912 表示输出电压为−12 V。

三端集成稳压器的外形图及图形符号如图 8.16 所示。根据三端集成稳压器型号的不同,可以确定稳压器的输出电压和输出电流等参数。其他的主要参数如下。

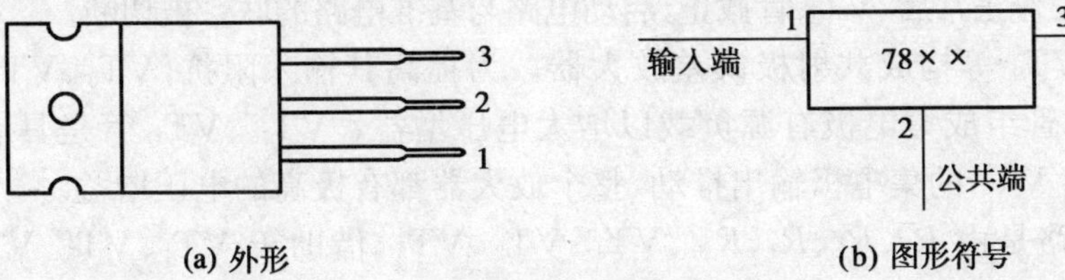

图 8.16 三端集成稳压器

(1) 容许输入电压的最大值 U_{IM} 和最小电压差(U_I-U_O):与分立元件的串联型稳压电路相同,调整管 c-e 极之间必须具有一定大小的电压降,以保证稳压器正常工作,一般取 $|U_I-U_O|<2\ V\sim3\ V$。

(2) 容许最大功耗 P_{CM}:根据流过的电流和电位差可以确定功耗,选型时须保证器件具有足够大的容许最大功耗 P_{CM},以免过热而损坏。

(3) 电压调整率 S_r 和输出电阻 R_O:与前面的定义相似,有

$$S_r=\frac{\dfrac{\Delta U_O}{U_O}}{\Delta U_I},\ R_O=\left|\frac{\Delta U_O}{\Delta I_O}\right|$$

2) 固定式三端稳压器内部电路

图 8.17 是 7800 系列三端集成稳压器的内部组成电路。

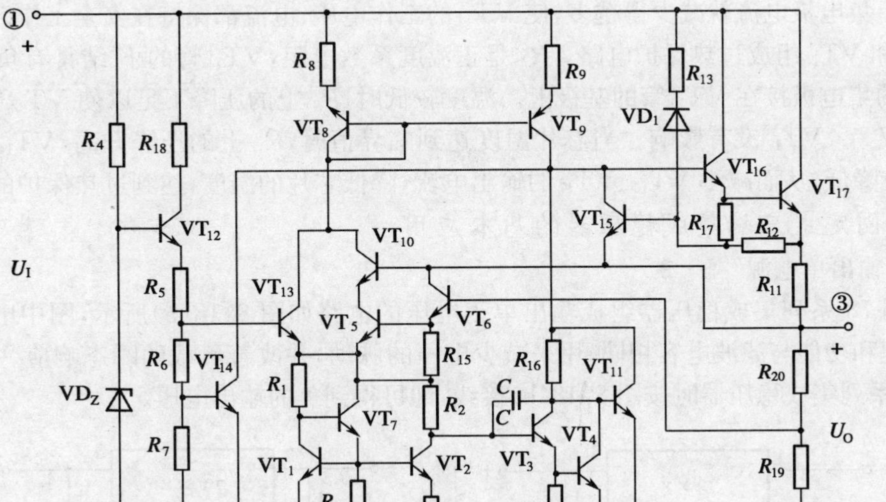

图 8.17 7800 系列三端稳压器的内部组成电路

下面说明其工作原理。

电阻 R_4、R_5、R_6、稳压管 VD_Z、BJT VT_{12}、VT_{13} 组成启动电路。当电源接通时，输入电压 U_I 使电阻 R_4 和稳压管 VD_Z 支路流过电流，VD_Z 两端产生 7 V 的稳定电压，VT_{12} 管导通，有约 1 mA 的恒定电流流过电阻 R_5、R_6、R_7。这时有电流注入 VT_{13} 管，使 VT_{13} 管导通，从而有电流通过 VT_1、VT_7、R_1 支路。VT_{13} 的集电极电流流过 VT_9、VT_8 构成的镜像电流源，使启动电路正常工作。在整个电路工作正常后，VT_{13} 管截止，启动电路与基准电路的联系被切断。

VT_3、VT_4 和 VT_9 等构成共射极误差放大器。为提高其输入阻抗，VT_3、VT_4 接成复合管，利用 VT_8、VT_9 管组成集电极有源负载以增大电压增益。VT_{16}、VT_{17} 管是具有很高输入阻抗的调整器件，由 VT_4 的集电极输出推动，整个放大器都有极高的电压增益。

基准电压源电路是由 R_1、R_2、R_3、R_{10}、VT_1、VT_2、VT_3，借助于 VT_4、VT_5、VT_6、VT_7 和 R_{15} 组成的，它属于带隙式基准电压源电路。

输出电压通过 R_{19} 和 R_{20} 进行取样，并与基准电压比较后送入误差放大器 VT_3、VT_4 的基极。由于 VT_3、VT_4 本身的 U_{BE} 是基准电压的组成部分，所以误差放大器的工作状态受温度影响不大，工作稳定性很好。假设由于负载变化引起输出电压增加，电阻 R_{19}、R_{20} 的取样电压随之增加，反馈到误差放大器 VT_3 基极使其电位提高，从而 VT_3、VT_4 集电极电流增大，集电极电位下降，调整管基极电位下降，输出管压差变大，输出电压降低，抵消原来输出电压增大的变化，使输出电压保持稳定。

R_{11}、R_{12} 和 VT_{15} 实现了过流保护功能，R_{11} 串联在调整管 VT_{16}、VT_{17} 的发射极和输出端之间。当输出电流超过额定值，即 R_{11}、R_{12} 上的电压降超过 0.7 V 时，VT_{15} 管导通，使 VT_{16} 管基极电位降低，减少电流注入，从而限制了输出电流。

R_{13}、VD_1、R_{12} 和 VT_1 管组成了调整管安全工作区保护电路。在容许的工作电流下，VT_{17} 管的 U_{BE} 限制在约 0.7 V，超过这一范围时，R_{13}、VD_1 支路将有电流通过，其中一部分注入 VT_{17} 管的基极使其工作，限制 VT_{17} 的输出电流。VT_{17} 管 U_{CE} 越大，VT_{15} 管基极注入电流就越大。VT_{17} 集电极电流就减少得越多，使 VT_{17} 的工作电压、电流都保持在安全工作区内。

R_7 和 VT_{14} 组成过热保护电路。R_7 是正温度系数电阻，VT_{14} 管的 J_e 结具有负温度系数。VT_{14} 管的集电极接在 VT_{16} 管的基极上。温度较低时，R_7 上的压降不足以使 VT_{14} 管导通。对调整管 VT_{16}、VT_{17} 没有影响。当芯片温度达到临界值时，R_7 上的压降升高，VT_{14} 管导通，集电极电位降低，从而减小 VT_{16}、VT_{17} 的输出电流，降低芯片的温度，达到过热保护的目的。

3) 固定式三端集成稳压器的基本应用

(1) 输出单电源

采用 78 系列集成稳压器组成输出单正电压的电路如图 8.18(a)所示，图中电容器 C_1 和 C_2 的原理和功能与滤波电容相同，用来减少电压的脉动，并改善负载的瞬态响应。与此相似，采用 79 系列集成稳压器时按图 8.18(b)接线，即可得到负的输出电压。

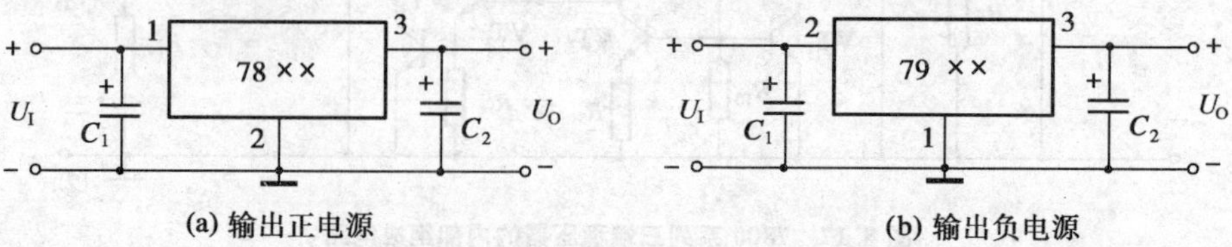

图 8.18 78/79 系列集成稳压器的基本接法

(2) 输出正负电压

选用 78 系列和 79 系列集成稳压器，按图 8.19 接线可同时获得正负双电源。

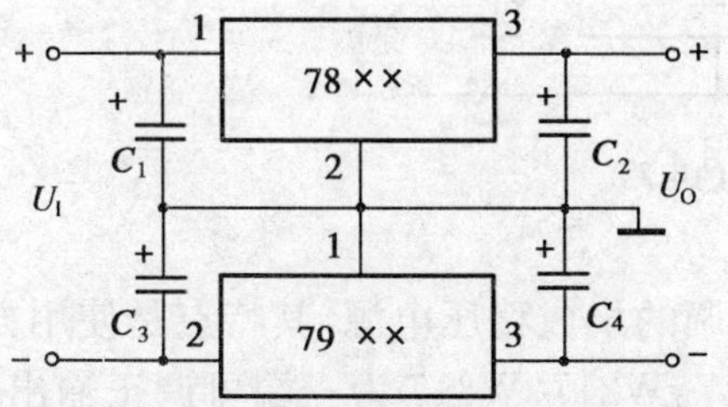

图 8.19　具有正、负两路输出电压的电路接法

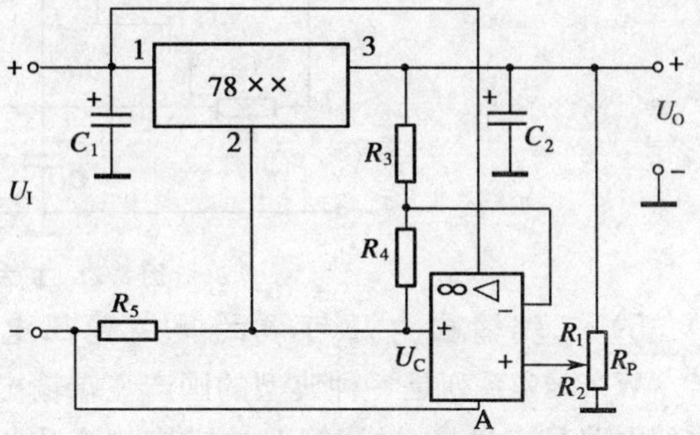

图 8.20　扩大输出电压的电路

4）三端集成稳压器的扩展用法

(1) 扩大输出电压的接法

78 系列集成稳压器的最大输出电压为 24 V，采用图 8.20 所示的电路可获得更大的输出电压。

图 8.20 中的电路是一个简单的集成运放构成的负反馈电路，利用第 5 章对集成运放线性应用电路的分析方法，可求出集成运放输出电压 U_C 的表达式：

$$U_C=\frac{U_O R_2}{R_1+R_2}\left(1+\frac{R_4}{R_3}\right)-\frac{R_4}{R_3}U_O \tag{8.32}$$

式中：

$$U_C=-U_{78}+U_O \tag{8.33}$$

U_{78} 为 78 系列集成稳压器的输出电压值。

将式(8.33)代入式(8.32)中，可得：

$$U_O=U_{78}\left(\frac{R_3}{R_3+R_4}\right)\left(1+\frac{R_2}{R_1}\right) \tag{8.34}$$

可见，图 8.20 所示的电路利用集成运放电路，通过改变电位器滑动端的位置，达到了扩大输出电压并使之可调的目的。

(2) 扩大输出电流的接法

78 系列和 79 系列集成稳压器的最大输出电流为 1.5 A。在需要输出电流更大的场合，可采用图 8.21 电路。图中，VT_1 是外接的功率管，起扩大输出电流的作用。VT_2 管与电阻 R 组成功率管保护电路。I_{O78} 表示 78 系列集成稳压器的输出电流，扩大后的输出电流为：

$$I_O=I_{C1}+I_{O78} \tag{8.35}$$

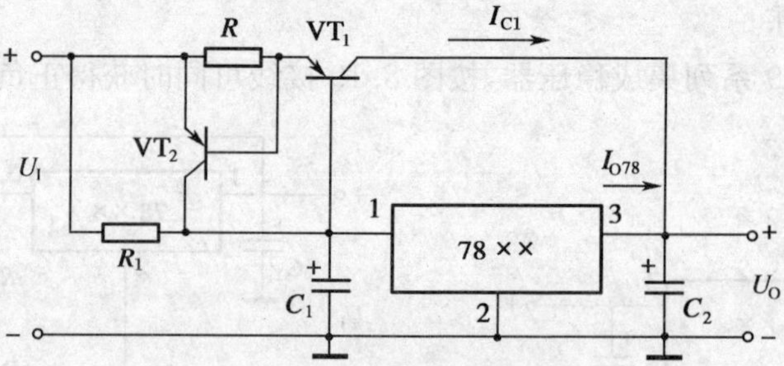

图 8.21　扩大输出电流的电路

5）三端输出电压可调的集成稳压电源

W××7 系列是一种典型的国产三端输出电压可调的集成稳压电源，其特点是使用方便，内部电路具有过热、过流等保护措施。该系列中 W117、W217、W317 为三端可调正输出电压集成稳压器，外部引脚定义为：1 为调整端，2 为输出端，3 为输入端。W137、W237、W337 为三端可调负输出电压集成稳压器，外部引脚定义为：1 为输出端，2 为输入端，3 为调整端。典型应用电路如图 8.22 所示。

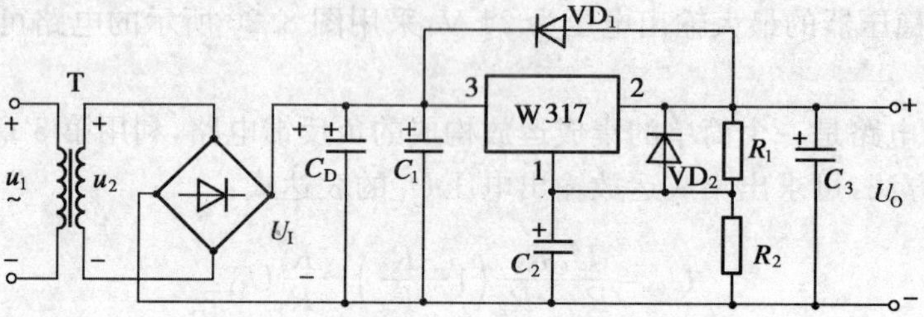

图 8.22　三端可调集成稳压器 W317 的接法

W317 的输出端 2 与调整端 1 之间的电压为 1.25 V 的基准电压，R_1和 R_2共同决定输出电压，即

$$U_O = U_{R1} + U_{R2} \tag{8.36}$$

W317 的第 1 脚流进的电流 I_1约等于 0 A，则

$$\frac{U_{R2}}{U_{R1}} = \frac{R_2}{R_1}$$

所以可得：

$$U_O = U_{R1} + U_{R2} = U_{R1}\left(1 + \frac{R_2}{R_1}\right)$$

式中：$U_{R1} = 1.25$ V。因此

$$U_O = 1.25\left(1 + \frac{R_2}{R_1}\right) \quad (\mathrm{V}) \tag{8.37}$$

可见，改变 R_1、R_2的分压比即可改变输出电压。若 R_2选取 6.8 kΩ 电位器，即可实现输出电压1.25～37 V连续可调。

在图 8.22 中，C_1、C_3、C_D为滤波电容，C_2用来消除电阻 R_2两端的纹波电压。由于 R_2上的电压是输出电压的一部分，故输出端纹波明显减小。R_2的阻值越大，输出电压越高，抑制纹波的效果越好。VD_1、VD_2为稳压器的保护二极管。

关于三端集成稳压器的引脚排列和性能参数，读者可查阅附录E：电源专用集成电路。

8.4.6 串联开关式稳压电源

1）问题的提出

虽然上述线性串联型稳压电路结构简单，输出纹波小，稳压性能好，但调整管工作在线性放大区，并与负载串联，流过较大的负载电流。同时，由于输入电压和负载电流的波动以及纹波电压的存在，故调整管两端的电压U_{CE}不能太小。因此，调整管的集电极功耗$P_C=U_{CE}I_O$相当大，稳压电源的效率较低。为此，将调整管改为开关工作方式，它主要工作在饱和导通和截止两种状态。当管子饱和导通时稳压电源输出电流，但调整管管压降U_{CES}很小；而当管子截止时，调整管电流I_{CEO}很小。这样，调整管在任一开关状态下的管耗都非常小，只有在发生状态变化时的瞬间功耗较大。因此，稳压电源的效率可提高到80%～90%。

2）工作原理

一种开关式串联型稳压电源的设计方案见图8.23(a)。图中U_I是整流滤波后的输入电压。它的调整管VT同样串联在负载电流通路内，VT的基极由电压比较器控制，比较器输出的两个电压状态分别对应于VT饱和或截止两种状态，即VT工作在开关状态。利用u_B控制VT的通断，把u_E变换成断续的矩形波电压，再经过LC滤波器，输出平滑的直流电压U_O。为保证输出电压稳定，电路采用R_1、R_2对输出电压进行采样，并与基准电压U_R进行比较，从而控制电压比较器输出高低电平的时间长短。显然，此系统是一个闭环控制系统。

电路的工作过程为：当u_B为高电平时，VT饱和导通，U_I经过VT对电容C充电，同时向R_L供电，此时VT的饱和管压降很小，$u_E \approx U_I$；当u_B为低电平时，VT截止，C开始向R_L放电，同时L的自感电动势所产生的电流通过续流二极管VD和R_L释放，u_E为VD两端的电压。这样，利用LC电路的滤波和VD的续流作用，能使电路输出较为平滑的u_O，图8.23(b)画出了i_L、u_E和u_O的波形。其中t_{on}是调整管的导通时间，t_{off}是它的截止时间，$T=t_{on}+t_{off}$是开关周期。显然t_{on}持续越长，输出电压u_O越高。电路中波形见图8.23(b)。

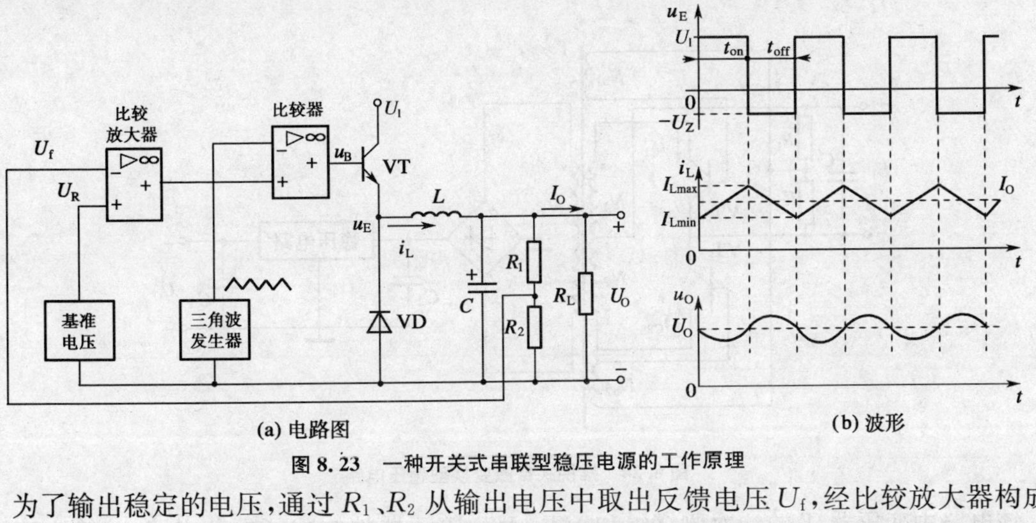

图8.23 一种开关式串联型稳压电源的工作原理

为了输出稳定的电压，通过R_1、R_2从输出电压中取出反馈电压U_f，经比较放大器构成负反馈闭环系统。若输出电压由于某一原因下降，则通过反馈环节使t_{on}时间变长。假设正常情况下U_O为设定值U_{OS}，令$U_f=U_R$，比较放大电路输出电压为0 V，比较器输出矩形波的占空比$D=50\%$。若U_I增大使$U_O>U_{OS}$，则$U_f>U_R$，比较放大电路输出为负，通过比较器，使矩形波u_B的占空比小于50%，占空比下降则使电容C的充电时间变短，放电时间变长，输出电压平均值U_O下降，从而恢复到U_{OS}。同理，当U_I减小使$U_O<U_{OS}$时，$U_f<U_R$，比较放大电路输出为正，通过比较器使U_B的占空比大于50%，从而使U_O上升到设定值U_{OS}。

略去L不大的直流电压降，电路的输出电压平均值与u_E的平均值是相同的，则u_O的平均值为一个开关周期的导通时间和截止时间内的u_E的平均值：

$$U_O=\frac{t_{on}}{T}(U_I-U_{CES})+(-U_Z)\frac{t_{off}}{T}=\approx U_I\frac{t_{on}}{T}=DU_I \tag{8.38}$$

式中：U_Z为硅稳压管的稳定电压；D为矩形波u_E的占空比。

当U_I一定时，调节D即可实现对输出电压U_O的调节。

开关式串联型稳压电源的最佳开关频率f_T的范围为10 kHz～100 kHz。提高f_T，可使滤波元件L和C之值减小，稳压电源的尺寸、重量和成本都降低，但同时会使调整管的功耗增大，效率降低。

*8.5　直流变换型电源

与前面介绍的直流稳压电源不同，直流变换型电源的输入是直流电压，其任务是将不同的输入电压转换成另一合适的直流电压输出。在某些电子电路应用中没有交流电压输入，例如电池供电系统，这时就需要直流变换型电源。

直流变换型电源也是一种开关型稳压电源，主要包括直流变换器、整流、滤波和稳压电路等。它的电路形式很多，有单管、推挽和桥式等变换器；按激励方式不同可分为自激式和它激式两种。其中自激式电源的振荡频率及输出电压幅度受负载的影响较大，只适用于小功率电源，而大功率稳压电源则大多采用它激式。图8.24给出了一款推挽式自激变换型稳压电路，下面以此为例进行简要介绍。

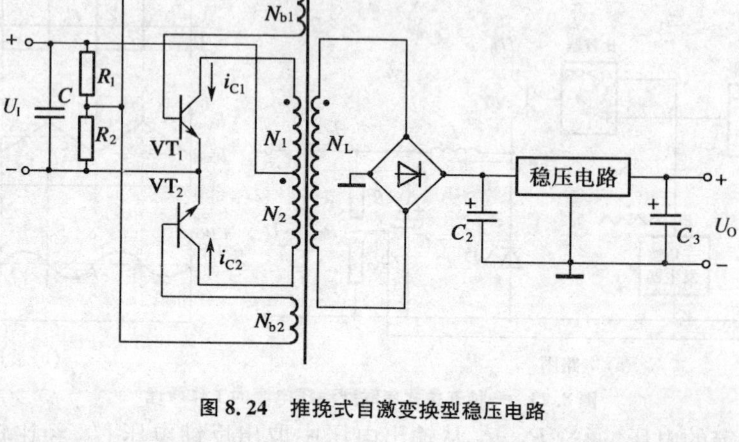

图8.24　推挽式自激变换型稳压电路

该电路中变压器T的一次侧绕组和VT_1、VT_2等元器件构成了振荡电路，将输入直流电压变换成高频方波。变压器的二次侧绕组耦合振荡输出方波，再经过桥式整流、电容滤波和稳压电路得到稳定的直流输出电压 U_O。

基本工作原理如下：当接通输入电压 U_I 后，分压器 R_1、R_2 使变换器启动。R_2 上的正电压同时加到 VT_1、VT_2 这两个 BJT 的基极，由于电路存在微小的不对称，两管导通程度不同。假设 VT_1 导通较强，则它的集电极电流 i_{C1} 就较大，i_{C1} 流过 N_1 绕组就使变压器磁化，并在所有的绕组上产生感应电势。其中，绕组 N_{b1} 感应的电势使 u_{BE1} 增大，因而 VT_1 导通更强；而绕组 N_{b2} 的感应电势则使 u_{BE2} 减小，使 VT_2 导电更弱。经过这样一个正反馈过程，VT_1 迅速饱和导通，而 VT_2 迅速截止。这时几乎全部电源电压都加到一次侧绕组 N_1 的两端。因此，N_1 中的激磁电流与变压器铁芯内的磁通近似线性地增加。当铁心磁通趋近饱和值时，磁通的变化接近于 0(或很小)，变压器所有绕组上的感应电势亦将接近于 0 V。N_{b1} 两端的感应电压等于 0 V，VT_1 的基极电流 i_{B1} 开始减小，i_{C1} 也开始减小，因而所有绕组上的感应电势均反极性，铁心内的磁通脱离饱和，形成一个相反的正反馈过程，使 VT_1 迅速由饱和转变为截止，而 VT_2 迅速由截止转变为饱和。此后，N_2 的电流 i_{C2} 近似线性地增加，使铁心反向饱和，电路再次翻转。如此周而复始，产生了振荡。

图 8.25 画出了振荡电路各电压、电流的波形，为了便于理解，图中也画出了铁心磁通 Φ 的波形，Φ_S 为饱和值。由图可见，直流输入电压变换成为矩形波电压（u_{CE1}、u_{CE2} 和 u_L）。其中直流变换器输出的矩形波电压 u_L 再经整流、滤波和稳压电路得到直流电压 U_O。如果忽略 BJT 的饱和导通管压降和变压器绕组的电阻压降，则截止的 BJT 两端的反向峰值电压等于电源电压 U_I 加上一半的一次侧绕组（N_1 或 N_2）的感应电势。若 VT_1 导通，则 VT_1 的集电极电流 i_{C1} 在变压器的每个一次侧绕组的感应电势为 U_I-U_{CES1}。因此，截止管 VT_2 所承受的电压是 $U_I+(U_I-U_{CES1})\approx 2U_I$，即图 8.25 中管子截止时的 U_{CE2}。变换器输出的矩形波电压 u_L 取决于变压器的变比 $n=N_1/N_L$，它的频率约为几千赫兹。

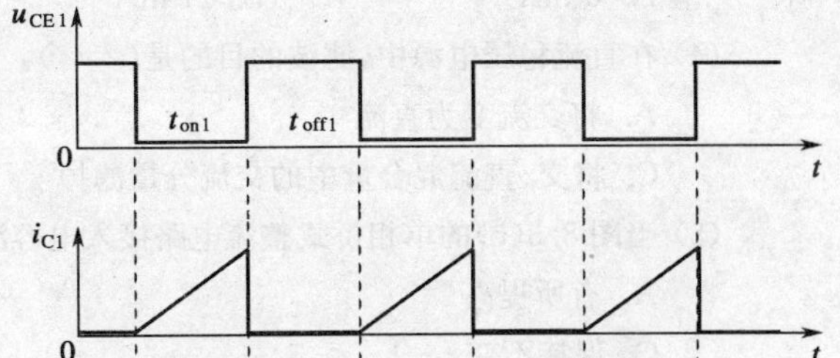

图 8.25 变换器各部分电压、电流波形

直流变换型电源中的 BJT 工作在开关状态，管耗小，故它具有体积小、重量轻和效率高等优点，因此应用日益广泛。除此之外，变换型开关稳压电源可以将不稳定的直流高压变换成稳定的直流低压或将直流低压变换成直流高压甚至极性倒换。目前应用较多的有脉冲宽度调制(PWM)式、脉冲频率调制(PFM)式和脉宽脉频混合调制式等类型。

随着集成电路工艺水平的提高，现已将整流、滤波和稳压等功能全部集成在一起，外加环氧树脂实体封装,利用其外壳散热制作成功能一体化的稳压电源。它的品种较多,有线性的、开关式的、大功率直流变换器、小功率调压型和专用型等10多种类型的直流稳压电源。另外,其电压和功率等级有几百种之多,使用十分方便。其产品介绍可参阅有关文献和手册。

习 题 8

8.1 单项选择题(将下列各小题正确选项前的字母填在题中的括号内)

(1) 在直流稳压电源中把正弦交变电压转换为直流电压的环节是(　　)。

A. 电源变压器　　B. 稳压电路　　C. 整流电路　　D. 滤波电路

(2) 在图8.3(b)所示的单相桥式整流电路中,若有一只整流二极管接反,则(　　)。

A. 输出电压约为 $2U_D$　　B. 变为半波整流电路

C. 变压器二次侧绕组烧毁　　D. 整流管将会因电流过大而烧坏

(3) 在图8.9(a)所示的电路中,若变压器二次侧输出电压的幅值为10 V,稳压二极管稳定电压为6 V,限流电阻 $R=100\ \Omega$,则流过限流电阻 R 的最大电流约为(　　)。

A. 6 mA　　B. 11 mA　　C. 20 mA　　D. 40 mA

(4) 在直流稳压电源中,滤波的目的是(　　)。

A. 将交流变为直流　　B. 将高频变为低频

C. 将交、直流混合量中的交流分量滤掉　　D. 获得稳定的直流电压

(5) 当图8.3(b)的单相桥式整流电路接入电容滤波器后,输出电压平均值将会(　　)。

A. 有所提高　　B. 降低

C. 保持不变　　D. 出现不确定的现象

(6) 在图8.9(a)所示的电路中,若限流电阻 R 短路,则(　　)。

A. U_O 将升高　　B. 变为半波整流电路

C. 稳压管将过压击穿　　D. 稳压管将过流损坏

(7) 直流稳压电源中的滤波电路应选用(　　)滤波电路。

A. 低通　　B. 高通　　C. 带通　　D. 带阻

(8) 当开关串联型稳压电路因负载电阻变小而使输出电压降低时,其中的调整管将会(　　)。

A. 饱和导通时间变长　　B. 饱和导通时间变短　　C. 带来 I_{CE} 变大　　D. 使得 I_{CE} 变小

(9) 对于串联型稳压电源,其中的限流式保护电路在(　　)时调整管的管耗最大。

A. $I_O=I_{OM}$　　B. U_O 下降为0 V

C. $I_O=I_{OM}$、U_O 较大　　D. $I_O<I_{OM}$ 保护电路不起作用

(10) 固定式三端集成稳压器78L06的输出电压、输出电流依次为(　　)。

A. 5 V、100 mA　　B. 6 V、100 mA　　C. 6 V、600 mA　　D. 5 V、600 mA

(11) 在移动式电子设备中,多采用由(　　)组成的DC/DC变换器,供电给该电子设备。

A. 集成开关稳压器　　B. 三端集成稳压器

C. 串联开关式稳压电源　　D. 线性串联型稳压电源

(12) 中、大功率稳压电源一般采用脉宽调制(PWM)集成的控制芯片,再外接(　　)的开关稳压电路。

A. 小功率调整管　　B. 集成功率放大器

C. 功率MOSFET　　D. 大功率开关调整管

8.2 图 8.26 所示电路被称为变压器带中心抽头的全波整流电路。试说明其工作原理，计算 $U_{O(AV)}/U_2$、U_{RM}/U_2、$I_{D(AV)}/I_{O(AV)}$ 和 S，并列表比较单相半波、全波和桥式 3 种整流电路的这 4 个性能参数。

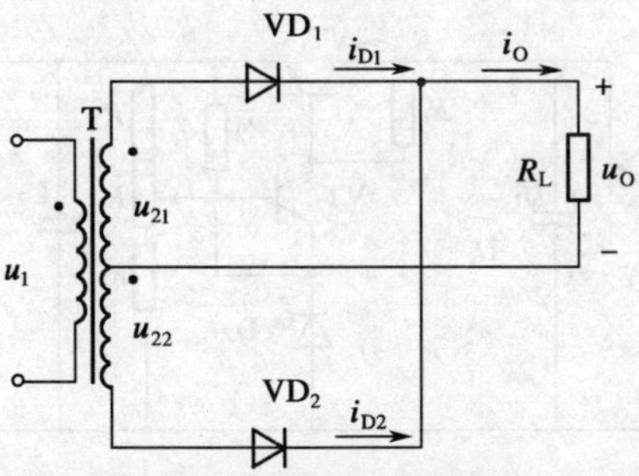

图 8.26 题 8.2 的电路

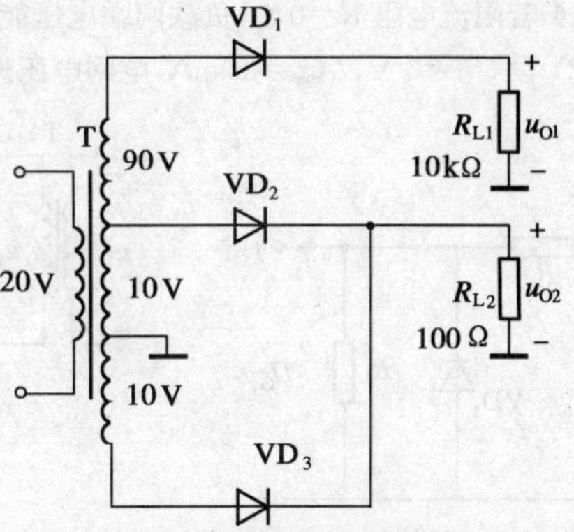

图 8.27 题 8.3 的电路

8.3 图 8.27 所示电路能输出两种电压。试求：

(1) 负载电路 R_{L1}、R_{L2} 两端电压 U_{O1}、U_{O2}。

(2) 二极管 VD_1、VD_2、VD_3 的平均电流和所承受的最高反向电压。

8.4 图 8.28 所示为单相桥式整流电路，已知 $U_2=20$ V。试求二极管的平均电流 $I_{D(AV)}$、最大反向电压 U_{RM} 和输出电压平均值 $U_{O(AV)}$。如果有一只二极管极性接反，将会出现什么现象？

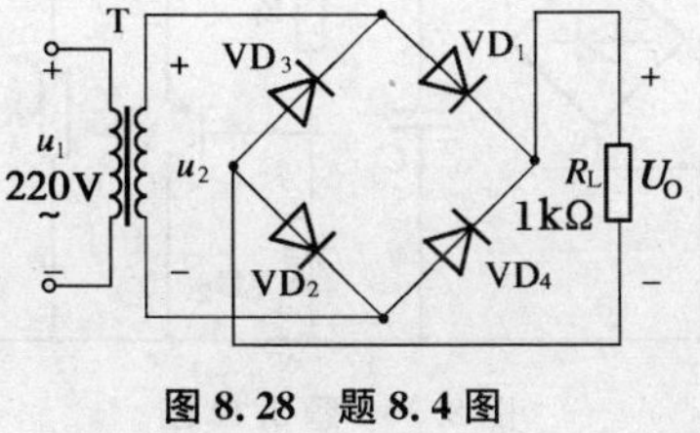

图 8.28 题 8.4 图

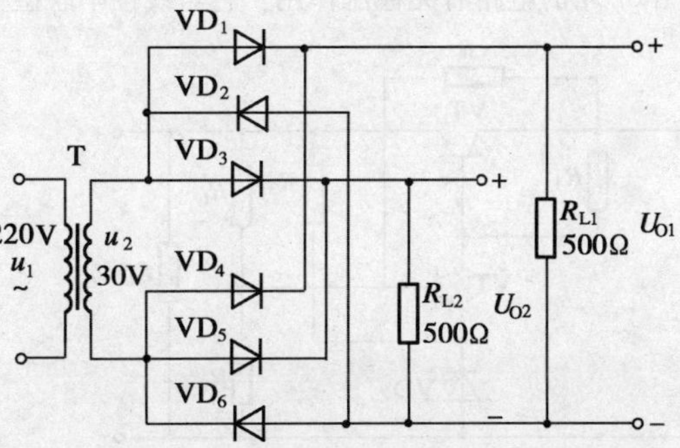

图 8.29 题 8.5 图

8.5 分析图 8.29 所示整流电路的结构特点，计算输出电压 u_{O1} 和 u_{O2} 的平均值及流过每个二极管的平均电流。

8.6 在图 8.4(a)所示的单相桥式整流、电容滤波电路中，已知 $R_L=40\ \Omega$，$C=100\ \mu F$，$U_2=20$ V，用直流电压表测量 R_L 两端的电压时，出现了下述 4 种情况。试说明哪些是正常的，哪些是不正常的，并指出其中的原因。

(1) $U_O=28$ V；　(2) $U_O=18$ V；　(3) $U_O=24$ V；　(4) $U_O=9$ V

8.7 在图 8.8 所示的 $RC-\pi$ 型滤波电路中，已知交流电压 $U_2=6$ V。求当负载为 $U_O=6$ V、$I_O=100$ mA 时的滤波电阻 R。

***8.8** 图 8.30 电路为二倍压整流电路。当要求在一定大小的变压器二次侧电压 U_2 下，获得高出它两倍(或多倍)的直流输出电压 U_O 时，往往采用二倍压(或多倍压)整流电路。设二极管具有理想特性，试分析电路的工作原理，估算 C_1、C_2 上的稳态电压，并注明它们的极性。

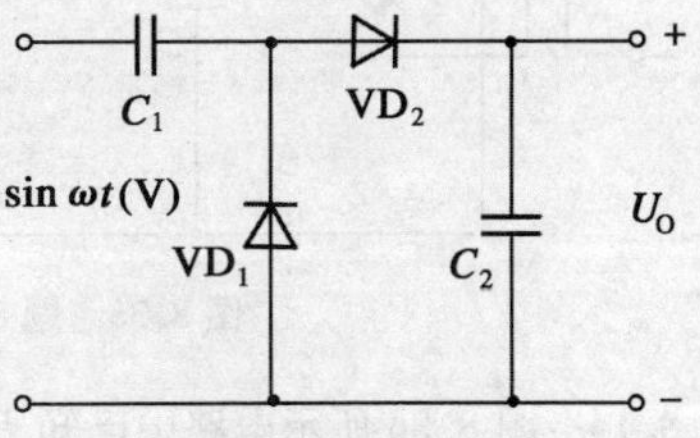

图 8.30 题 8.8 图

8.9　在图8.31中，设稳压管的$U_Z=5$ V～6.5 V，$I_Z=10$ mA，$I_{Zmax}=38$ mA。U_I来自单相桥式整流、电容滤波电路，电源变压器的$U_2=15$ V。

(1) 若限流电阻$R=0$ Ω，负载两端电压能不能稳定？为什么？

(2) 设$U_O=6$ V，$I_{Omax}=5$ mA，电网电压波动10%，问R应选多大？

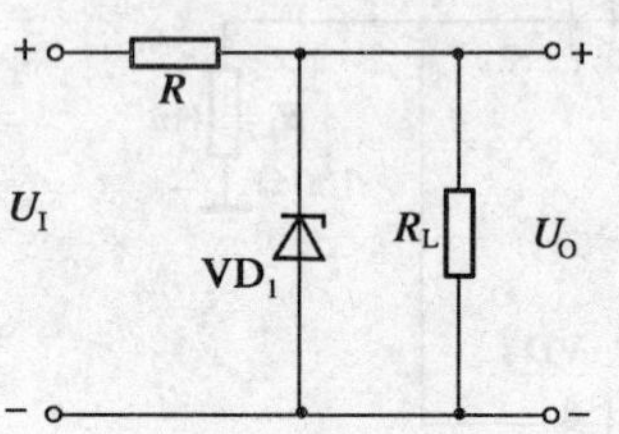

图8.31　题8.9图

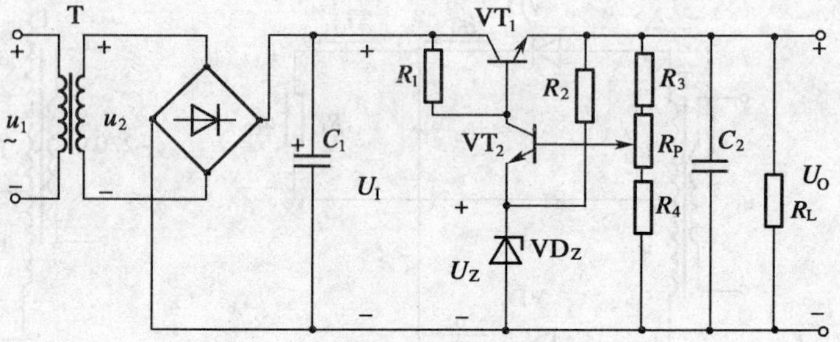

图8.32　题8.10图

8.10　图8.32所示为线性串联型稳压电路：

(1) 若$U_I=24$ V，估算$U_2=$？

(2) 若$U_I=24$ V，$U_Z=5.3$ V，$U_{BE}=0.7$ V，$U_{CES1}=2$ V，$R_3=R_4=R_P=300$ Ω，试计算U_O的可调范围。

(3) 若$R_3=600$ Ω，当调R_P时，U_O最大电压值为多少？

8.11　分析图8.33中电阻R的作用。

8.12　图8.34的电路有无稳压作用？它与线性串联型稳压电路比较，各有什么优缺点？

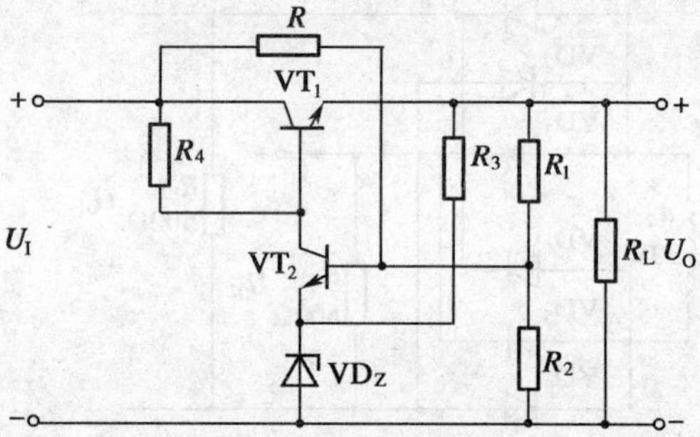

图8.33　题8.11图

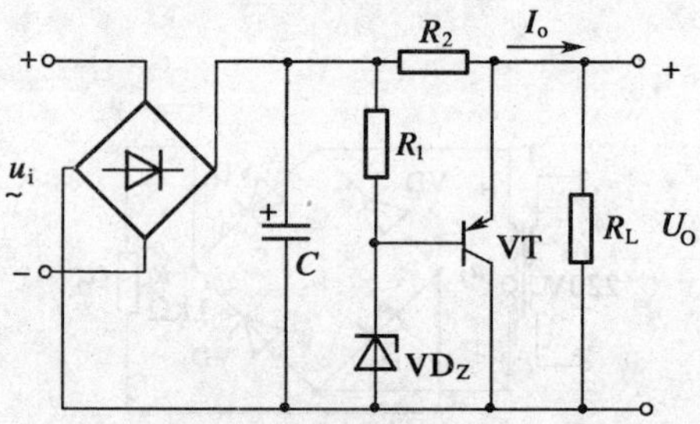

图8.34　题8.12图

8.13　利用三端集成稳压器7812可以接成图8.35所示的扩展输出电压的可调电路。试求电路的输出电压调节范围。已知$R_1=R_2=3$ kΩ，$R_P=6$ kΩ。

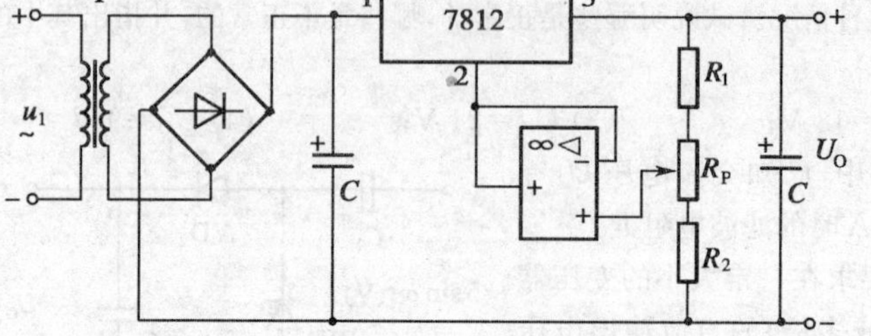

图8.35　题8.13图

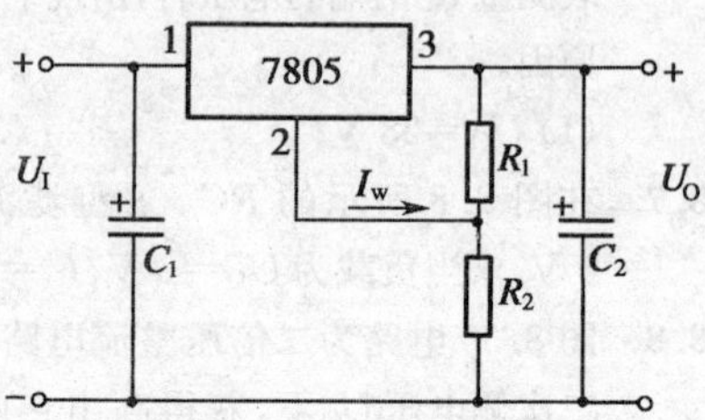

图8.36　题8.14图

8.14　图8.36所示电路中已知$I_W=9$ mA，$R_1=100$ Ω，$R_2=100$ Ω，求电路的输出电压U_O。

8.15　写出图 8.37 电路中 I_O 的表达式，已知 $I_W=5$ mA，$R_1=100\ \Omega$，求当负载电阻在 40 Ω～80 Ω 之间变化时的电流值 I_O，以及输出电压 U_O 的变化范围。

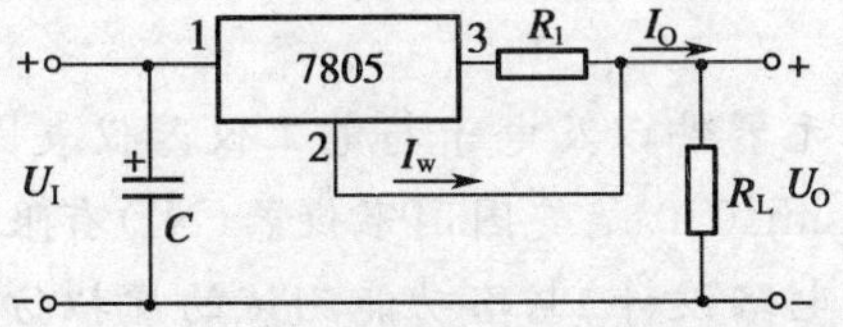

图 8.37　题 8.15 图

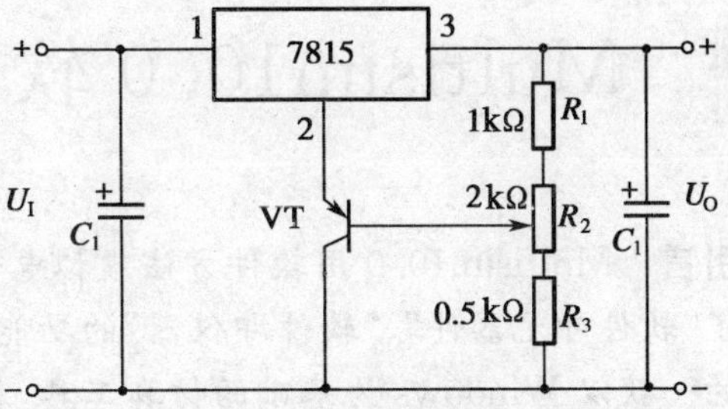

图 8.38　题 8.16 图

8.16　电路如图 8.38 所示。计算输出电压 U_O 的可调范围。

8.17　根据图 8.39 所示的串联型稳压电路，试解答：

(1) 标出集成运放的同相输入端和反相输入端。

(2) 当稳压管的 $U_Z=6$ V，输入电压 $U_I=10$ V 时，试估算输出电压 U_O 的调节范围。

8.18　在下面几种情况下，分别可选什么型号的集成稳压器？

(1) $U_O=+12$ V，R_L 的最小值约为 15 Ω。

(2) $U_O=+6$ V，最大负载电流为 300 mA。

(3) $U_O=-15$ V，输出电流范围是 10～80 mA。

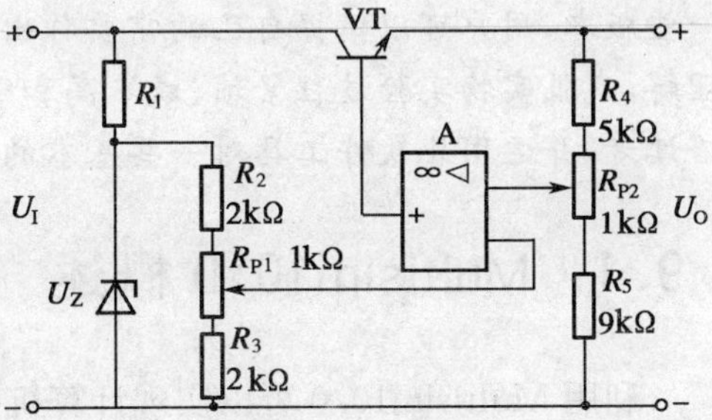

图 8.39　题 8.17 图

9 Multisim10.0 软件工具及其仿真应用

引言 Multisim10.0 用软件方法虚拟电子与电工元器件以及电子与电工仪器仪表，从而实现了“软件即元器件”、“软件即仪器”的功能。Multisim10.0 是美国国家仪器(NI)有限公司推出的一款以 Windows 为基础的仿真工具，属于原理电路设计、电路功能测试的虚拟仿真软件。它适用于板级模拟/数字电路板的设计工作，包括电路原理图的图形输入和电路硬件描述语言的输入方式，具有强大的仿真分析能力。为了适应不同的应用场合，Multisim10 推出了一些版本，用户可以根据自己的需要作出选择。为了加深对前面 8 章基本模拟电路的认识和理解，克服实物实验过程繁琐、成本高和效率低等问题，第 9 章将 Multisim10.0 软件工具介绍给读者，并运用此软件工具对一些基本的模拟电路进行验证。

9.1 Multisim10.0 概述

利用 Multisim10.0 可以实现计算机仿真设计与虚拟实验。与传统的电子电路设计与实验方法相比，该款软件工具有如下的特点：设计与实验可以同步进行，边设计边实验，且修改调试方便；设计和实验所用的元器件及测量仪器仪表齐全，可以完成各种类型的电路设计与实验；得以方便地对电路参数进行测试和分析；可以直接打印出输出实验数据、测试参数、曲线和电路原理图；实验中不消耗实际的元器件，实验所需元器件的种类和数量不受限制，实验成本低、速度快、效率高；最为可贵的是设计并实验成功的电路可直接在产品中使用。

使用 Multisim10.0 可交互式地搭建电路原理图，使用者无需懂得深化的 SPICE 技术，即可很快地完成从理论到原理图的捕获与仿真，再进入原型设计和测试。如此完整的综合设计流程，致使用户可利用工业标准 SPICE 模拟器模仿电路元器件的行为。

Multisim10.0 电路原理图输入、仿真和分析结合在一起，界面友好，便于设计。Multisim10.0 版本推出了很多专业设计特性，主要是高级仿真工具、增强的元件库和扩展的用户模块。其专业设计特性囊括：

- 所见即所得的设计环境；
- 互动式的仿真界面；
- 元件库包括 1 200 多个新元器件和 500 多个新 SPICE 模块，这些都来自于如美国模拟器件公司(Analog Devices)、凌力尔特公司(Linear Technology)和德州仪器(Texas Instruments)等业内领先厂商，其中包含 100 多个开关模式的电源模块；
- 动态显示元件(如 LED、7 段显示器等)；
- 汇聚帮助(Convergence Assistant)功能能够自动调节 SPICE 参数，纠正仿真错误；
- 数据的可视化分析功能，包括一个新的电流探针仪器和用于不同测量用途的静态探点以及对 BSIM4 参数的支持；
- 具有 3D 效果的仿真电路。

9.2　Multisim10 主界面及其工具栏

9.2.1　主界面

Multisim10.0 的主界面如图 9.1 所示，主要由菜单栏、工具栏、缩放栏、设计栏、仿真栏、工程栏、元件栏、仪器栏、电路图编辑窗口等部分组成。菜单栏提供了文件操作、调整显示方式、放置元件、仿真等功能，其操作与 Windows 相类似；工具栏提供了主菜单中常用操作的快捷方式；设计工具箱包括 3 个标签：层级电路标签、原理图可视设置标签和项目查看标签；电路工作区用来输入电路原理图；仪器栏提供了 20 种左右的常用仪表。同时 Multisim10.0 还提供了 18 种分析方法，用于分析电子电路的多种电气性能。

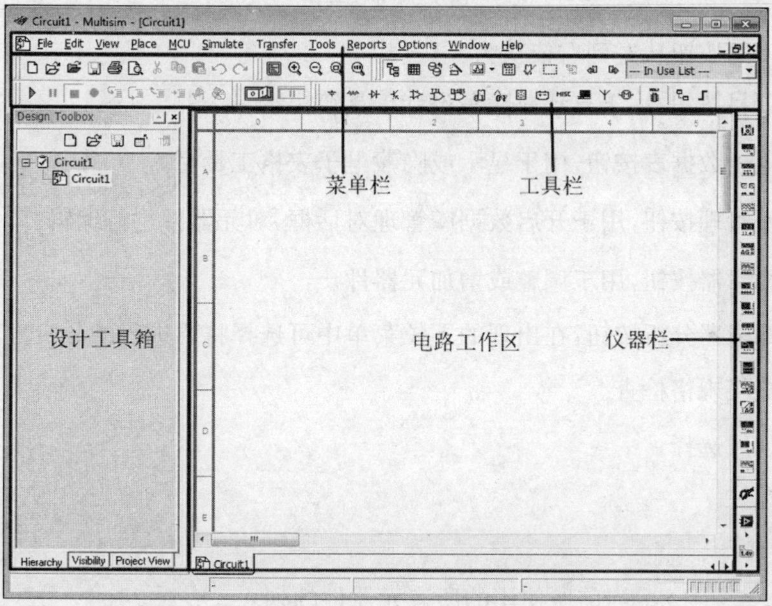

图 9.1　Multisim10.0 主界面

9.2.2　工具栏简介

1）菜单栏

菜单栏中的分类汇集了此款软件工具的所有功能和命令，包含了 12 个菜单，分别为文件(File)菜单、编辑(Edit)菜单、视图(View)菜单、放置(Place)菜单、MCU 菜单、仿真(Simulate)菜单、文件输出(Transfer)菜单、工具(Tools)菜单、报告(Reports)菜单、选项(Options)菜单、窗口(Windows)菜单和帮助(Help)菜单。

2）标准工具栏

标准工具栏如图 9.2 所示，主要提供一些常用的文件操作功能，按钮从左至右的功能依次为：新建文件、打开文件、打开设计实例、文件保存、打印电路、打印预览、剪切、复制、粘贴、撤销和恢复按钮。

图 9.2 标准工具栏

3) 视图工具栏

视图工具栏按钮从左到右的功能依次为:全屏显示、放大、缩小、对指定区域放大以及在工作空间一次显示整个电路。

4) 主工具栏

主工具栏见图 9.3,它集中了 Multisim10.0 的核心操作功能,使得电路设计更为便捷。

图 9.3 主工具栏

该工具栏中的按钮从左到右依次为:

:层次项目按钮,用于显示或隐藏设计工具箱。

:层次电子数据表按钮,用于显示或隐藏电子表格工具栏。

:数据库管理按钮,用于开启数据库管理对话框,对元器件进行编辑。

:元件编辑器按钮,用于调整或增加元器件。

:图形编辑器分析按钮,在出现的下拉菜单中可选择将要进行的分析方法。

:用于电气规格检查。

:工作区域选择。

:反向标注。

:正向标注。

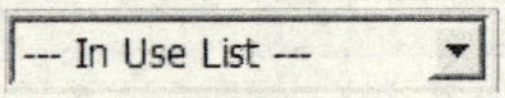

:当前所使用的所有元器件的列表。

5) 仿真开关

用于控制仿真过程的开关有两个:仿真启动/停止开关以及仿真暂停开关。

6) 元件工具栏

Multisim10.0 的元件工具栏包括 16 种元件分类库,如图 9.4 所示。每一元件库放置同一类型的元件。此外,元件工具栏还包括放置层次电路和总线命令。因此,元件工具栏从左到右的模块分别为:电源库、基本元件库、二极管库、晶体管库、模拟器件库、TTL 器件库、CMOS 元件库、杂合类数字元件库、混合元件库、功率元件库、杂合类元件库、高级外围元件库、RF(射频)元件库、机电类元件库、微处理模块元件库、层次化模块和总线模块。其中,层次化模块将已有的电路作为一个子模块加到当前的电路中。

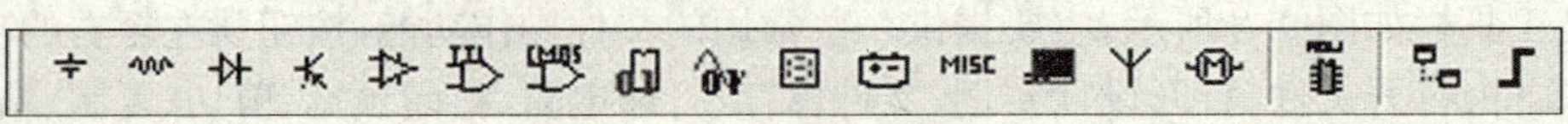

图 9.4 元件工具栏

7）仪器工具栏

仪器工具栏包含各种对电路工作状态进行测试的仪器仪表及探针，如图 9.5 所示。Multisim10.0 的仪器工具栏从左到右分别为：数字万用表、函数信号发生器、瓦特表、双通道示波器、4 通道示波器、波特图仪、频率计、字信号发生器、逻辑分析仪、伏安特性分析仪、失真分析仪、频谱分析仪、网络分析仪、安捷伦函数发生器、安捷伦示波器、泰克示波器、测量探针、Lab VIEW 虚拟仪器和电流探针。

图 9.5 仪器工具栏

8）设计工具箱

设计工具箱用来管理原理图的不同的组成元素。设计工具箱由 3 个不同的选项卡组成，分别为层次化（Hierarchy）选项卡、可视化（Visibility）选项卡和工程视图（Project View）选项卡。各选项卡的功能为：

● “层次化”选项卡：该选项卡包括了所设计的个层化电路，页面上方的 5 个按钮从左到右为：新建原理图、打开原理图、保存、关闭当前电路图和（对当前电路、层次化电路和多页电路）重命名；

● “可视化”选项卡：由用户决定工作空间的当前选项卡面显示哪些层；

● “工程视图”选项卡：显示所建立的工程，包括原理图、PCB、仿真文件等。

9）电路工作区

在电路工作区中可以进行电路的编制绘制、仿真分析、波形显示和数据显示等操作。如果用户有特殊的标注需要，还可以在电路工作区内添加说明文字及标题框等内容。

10）电子表格视窗

在电子表格视窗可方便查看和修改设计参数，包括 4 张选项卡。

● Results 选项卡：该选项卡面可以显示电路元件的查找结果和 ERC 校验结果，但要使 ERC 校验结果显示在该页面上，需要运行 ERC 校验，选择将结果显示在 Result Pane 上。

● Nets 选项卡：显示当前电路中所有网点的相关信息，部分参数可以自定义修改。该选项卡上方有 9 个按钮，它们的功能分别为：找到并选择指定网点；将当前列表以文本格式保存到指定位置；将当前列表以 CSV（Comma Separate Values）格式保存到指定位置；将当前列表以 Excel 电子表格的形式保存到指定位置；按照已选栏数据升序排列数据；或按已选栏数据降序排列数据；打印已选表项中的数据；复制已选表项中的数据到剪切板；显示当前设计所有页面中的网点（包括所有子电路、层次化电路模块和多页电路）。

● Components 选项卡：显示当前电路中所有元件的相关信息，部分参数可自定义修改。该选项卡上方有 10 个按钮，它们的功能分别是：找到并选择指定元件；将当前列表以文本格式保存到指定位置；将当前列以 CSV（Comma Separate Values）格式保存到指定位置；将当前列表以 Excel 电子表格的形式保存到指定位置；按已选栏数据的升序排列数据；按已选栏数据的降序排列数据；打印已选表项中的数据；复制已选表项中的数据到剪切板；显示当前设计所有页面中的元件（包括所有子电路、层次化电路模块及多页电路）；替换已选元件。

● PCB Layers 选项卡：显示 PCB 层的相关信息，其页面按钮和上述 10 个按钮相同。

11）状态栏

状态栏用于显示有关当前操作及鼠标所指条目的相关信息。

9.3　Multisim10.0 常用仪器仪表使用

1）数字万用表(Multimeter)

Multisim10.0 提供的数字万用表外观和操作与实际的万用表相似,可以测电流(A)、电压(V)、电阻(Ω)和分贝数(dB),直流信号或交流信号都可以测量。数字万用表有正极、负极两个引线端,见图 9.6。

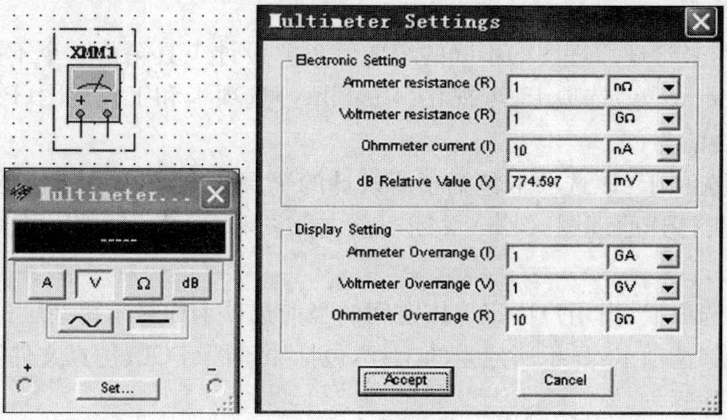

图 9.6　数字万用表

2）函数发生器(Function Generator)

Multisim10.0 提供的函数发生器如图 9.7 所示,它可以产生正弦波、三角波和矩形波信号,信号频率可在1 Hz 到999 MHz 的范围内调整。信号的幅值及占空比等参数亦可根据需要进行调节。函数信号发生器有 3 个引线端:负极、正极和公共端。

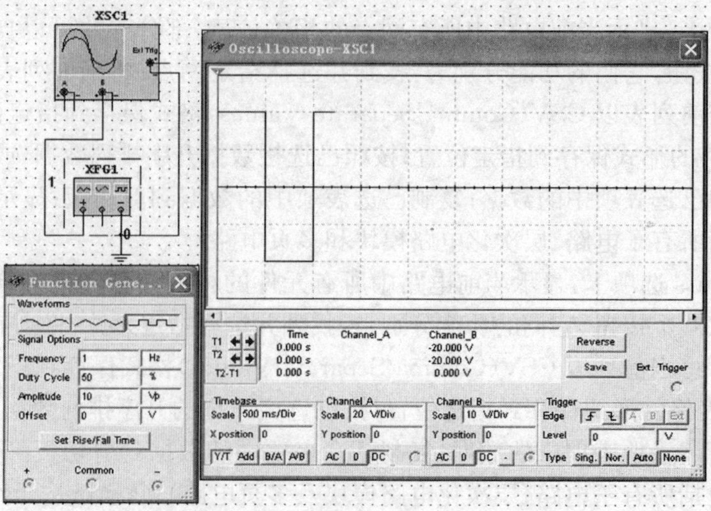

图 9.7　函数发生器

3) 双通道示波器(Oscilloscope)

Multisim10.0 提供的双通道示波器与实际示波器的外观和基本操作基本相同。该双通道示波器可以观测一路或两路信号波形的形状,分析被测周期信号的幅值和频率,时间基准可在秒(s)直至纳秒(ns)的范围内调节。该双通道示波器(见图 9.8)的图标有 4 个连接点:A 通道输入、B 通道输入、外触发端 T 和接地端 G。

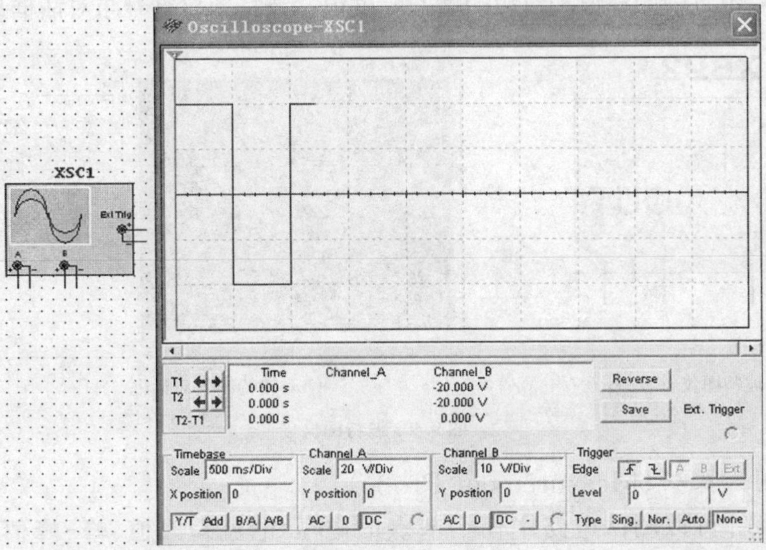

图 9.8 双通道示波器

该双通道示波器的控制面板分为以下 4 个部分:

(1) Time base(时间基准)

Scale(量程):设置显示波形时的 X 轴时间基准;

X position(X 轴位置):设置 X 轴的起始位置。

显示方式设有 4 种:Y/T 方式指的是 X 轴显示时间,Y 轴显示电压值;Add 方式指的是 X 轴显示时间,Y 轴显示 A 通道和 B 通道电压之和;A/B 或 B/A 方式是指 X 轴和 Y 轴都显示所测的电压值。

(2) Channel A(通道 A)

Scale(量程):通道 A 的 Y 轴电压刻度设置。

Y position(Y 轴位置):设置 Y 轴的起始点位置,起始点为 0 表明 Y 轴和 X 轴重合,起始点为正值表明 Y 轴原点位置向上移,否则为向下移。

触发耦合方式:AC(交流耦合)、0(0 耦合)或 DC(直流耦合),其中交流耦合只显示交流分量,直流耦合显示直流分量和交流分量之和,而 0 耦合在 Y 轴设置的原点处显示一条直线。

(3) Channel B(通道 B)

通道 B 的 Y 轴量程、起始点和耦合方式等项内容的设置,与通道 A 的相同。

(4) Trigger(触发)

触发方式主要用来设置 X 轴的触发信号、触发电平和触发边沿等。具体描述如下:

Edge(边沿):选择边沿触发方式,如上升沿或下降沿触发方式。

Level(电平):设置触发信号的电平,使触发信号在某一电平时启动扫描。

Type:设置触发方式:Auto,自动触发方式;Single,单脉冲触发方式;Ext 为外触发;Nor 为一般脉冲触发。

4) 波特图仪(Bode Plotter)

波特图仪式用于测量电路,特别是作为测量滤波电路频率特性的仪器,包括幅频特性和相频特性。Multisim10.0 可以调节频率特性曲线的水平和垂直方向上的位置(I)以及分辨率(F),并观测任意位置的频率值和对应的增益幅度值。波特图仪符号与对话框见图 9.9。

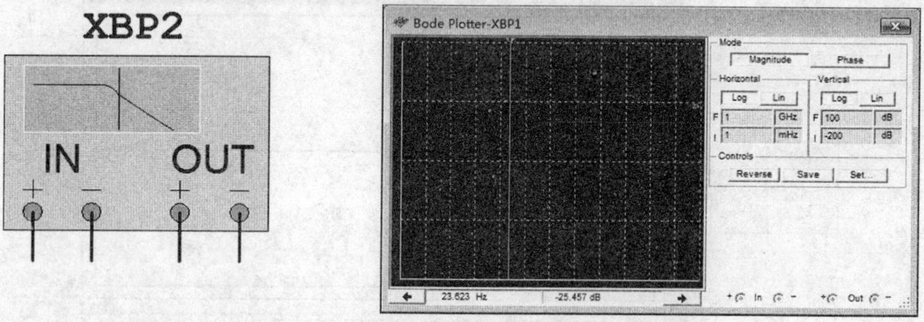

(a) 波特图仪符号　　(b) 波特图仪对话框

图 9.9　波特图仪

5) 电压测试探针(Measurement Probe)

电压测试探针可以测试电路中任一节点的电压/电流瞬时值、峰-峰值(p-p)、有效值(rms)、平均值(dc)和信号频率。如果默认则同时显示电压、电流信号。测试探针有两种用法:一种是静态测试,即在仿真前选取探针放置在相应的导线上,然后运行仿真程序,电压和电流测试值会以文本形式显示在工作区;另一种是动态测试,即在仿真运行以后,将探针接触相应的导线,则电压测试值会直接以文本形式显示于工作区。例如,某次探针测试结果见图 9.10 所显示。在电压探针测试的过程中,建议使用峰-峰值计算,因为 V(rms)不等于交流分量的有效值,而是交流分量和直流分量叠加的结果。

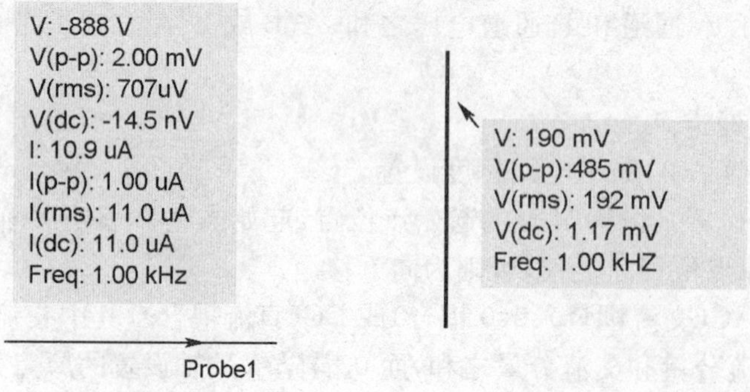

(a) 静态测试　　(b) 动态测试

图 9.10　某次电压探针的测试结果显示

9.4 Multisim10.0 基本操作

9.4.1 原理图建立步骤

建立原理图的操作步骤为：放置元器件和仪器→连线→电路仿真与分析。

9.4.2 元器件放置

Multisim10.0 的元器件存放在 3 个数据库中：Master Database 是厂商提供的元器件库，也是默认使用的元器件库；Corporate Database 是用户自行向各厂商索取的元器件库；User Database 则是用户自己建立的元器件库。Master Database 元器件库有 17 个：信电源、基本器件、二极管、三极管、模拟器件、TTL 器件、CMOS 器件、MCU 模块、高级外设、复杂数字器件、混合模数器件、指示器、电源用器件、杂用器件、机电器件和梯形图器件，如图 9.11 所示。

点击图 9.4 菜单栏中的 Place 中 component（或用快捷键：Ctrl＋W）或者直接点击窗口中的 component 控件，选择所需元器件放置于电路工作区，即可完成元器件放置。如图 9.12 所示。

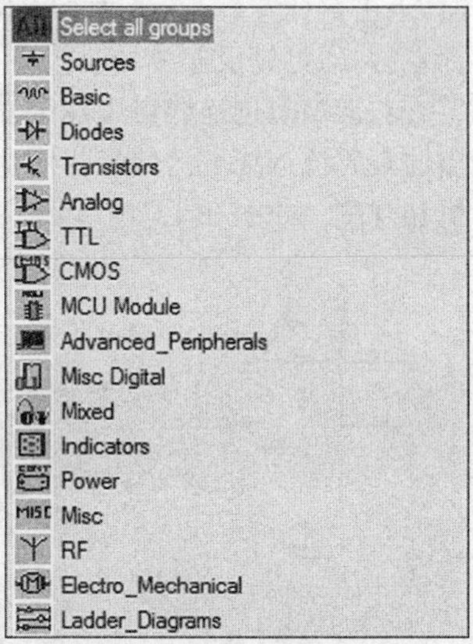

图 9.11 Group 列表窗口

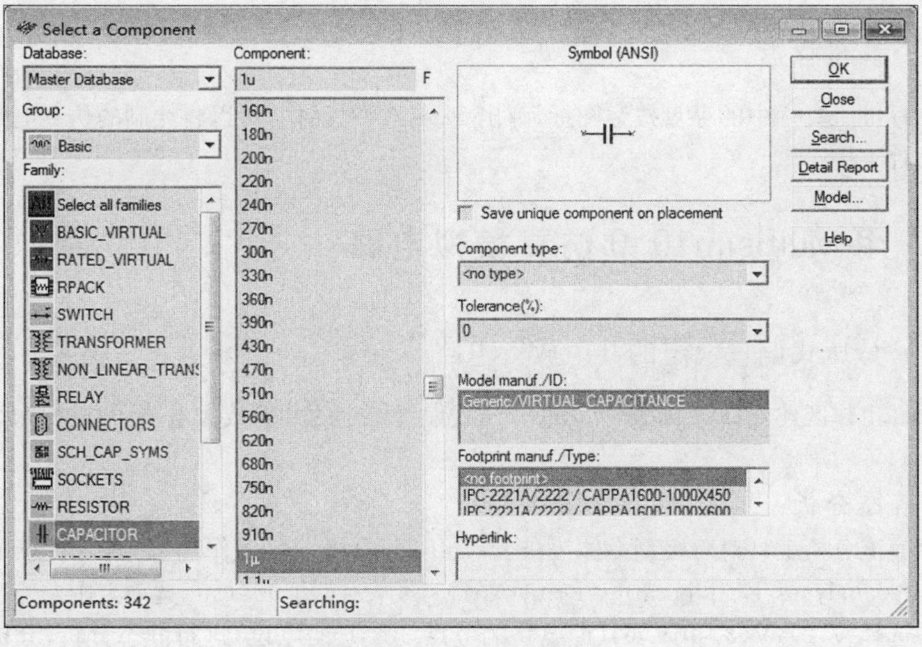

图 9.12 元器件库列表窗图

9.4.3　连线操作

放置元件完成后,需要通过连线将电路各部分连接起来。注意:鼠标箭头接近引脚或接线柱时会自动变成"✦"形状,点击鼠标左键,然后将"✦"对准目标引脚,再点击鼠标左键,Multisim10.0 不仅会自动完成连接,而且能自行连成合适形状。如图 9.13(a)所示。

如果改变连线某一端的连接点,可以先将鼠标箭头接近该连接点,待其自动变成"✦"形状时,点击鼠标左键,连线就会断开,且光标变成"✦";然后将"✦"对准新的目标引脚,再点击鼠标左键,即可完成连线的改接。如图 9.13(b)所示。

右键点击选连线可以实现对连线进行删除并改变颜色的操作。将连线设置为某种颜色,当仿真时该连线上的信号将用这种颜色显示,有利于从纷乱的信号中找到所需的信号进行分析和观测。如图 9.13(c)所示。

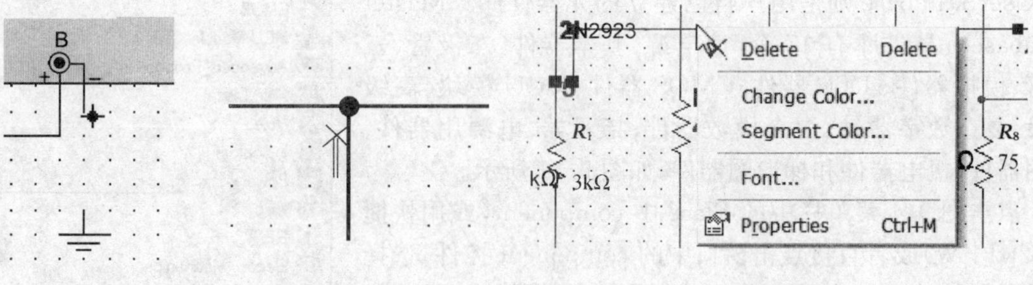

(a) 连线　　(b) 更改连接　　(c) 改变连线颜色

图 9.13　连线操作

9.4.4　文件存盘

单击标准工具栏中的存盘按钮图标,弹出 Save As 对话框,可以将绘制的仿真电路图存入指定的文件夹中。

9.5　用 Multisim10.0 仿真模拟电路

9.5.1　分压式偏置稳定的共射放大电路

在软件工作区建立如图 9.14 所示的分压式偏置稳定的共射放大电路,并进行如下的性能分析。

1) 静态分析

使用直流分析工具对双极型晶体三极管(BJT)的电极 c、b、e 作静态分析:在菜单栏中选择 simulate/analyses/DC Operating Point Analysis,从对话框 Output 选项卡中左侧窗口给出的变量中选择 V(2)、V(3)和 V(6)(即电路的节点 2、3、6 的电位)进行静态分析,分析结果如图 9.15 所示。静态分析也可以使用虚拟仪器或者使用电压探针。相对来说,使用虚拟仪器比较直观;使用探针分析对单个节点来说,信息比较丰富;而使用分析工具,便于观察整体电路的工作参数。

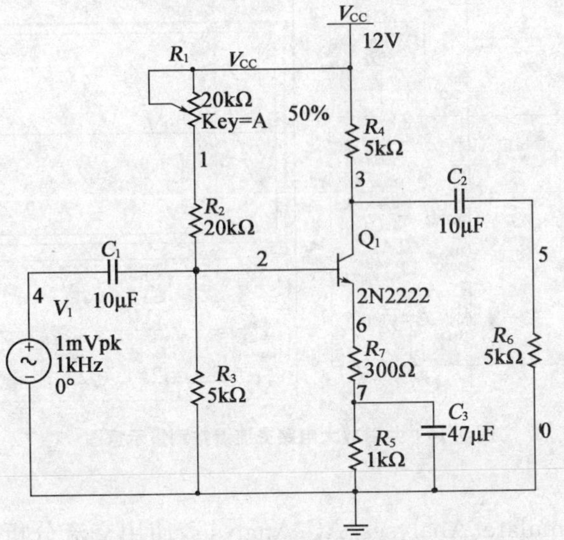

图 9.14 分压式偏置稳定的共射放大电路

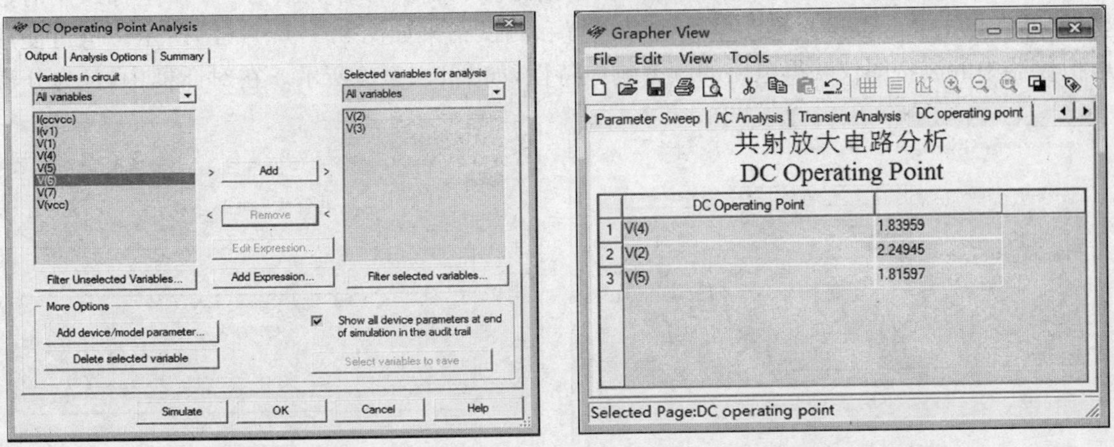

(a) 静态分析对话框　　　　(b) 静态分析结果

图 9.15 分压式偏置稳定共射放大电路的静态分析

2) 动态分析

(1) 电压增益和输入电阻

在信号源输出端和电路输出端(节点 3 和节点 6)分别放置两个电压探针,根据图 9.16 探针所测结果 $U_{i(p\text{-}p)}=2$ mV,$U_{o(p\text{-}p)}=14.9$ mV,$I_{i(p\text{-}p)}=505$ nA,计算得:$A_{ud}=-7.45$,$R_i\approx 3\ 960\ \Omega$。对该电路的动态测量也可用虚拟万用表来完成。因为交流参数应当在输出电压不失真的情况下测得,所以示波器在测量中起监视波形失真与否的作用。使用示波器窗口的光标亦可测量波形幅值和时间值。

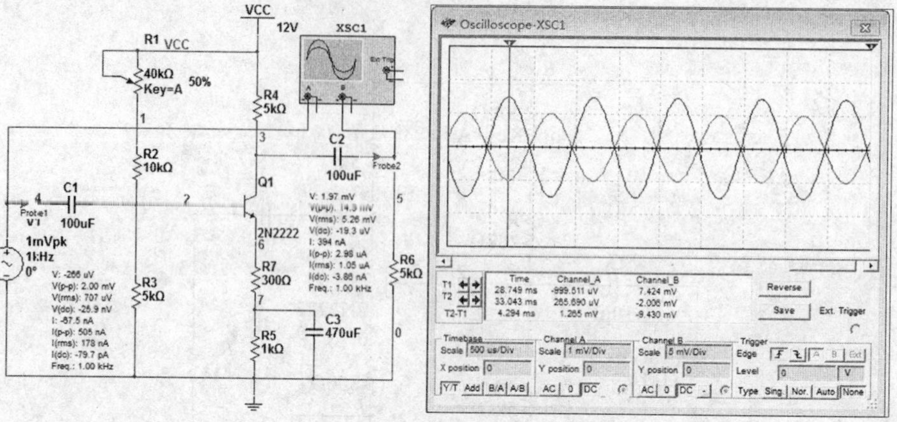

图 9.16　共射放大电路交流参数测量示意图

(2) 频率特性

选择菜单栏中的 Simulate/Analyses/AC Analysis，使用交流分析(AC Analysis)工具分析该放大电路的频率特性。先在对话框中设置参数：起始频率为 1 Hz，终止频率为 10 GHz，扫描方式采用 10 倍频程(即横坐标刻度为 10 的指数)，仿真计算点数为 10，横坐标采用对数坐标，然后点击 simulate 按钮。整个仿真设置和测试结果如图 9.17(a)、(b)所示。也可使用虚拟仪器中的波特图仪获得电路的频率响应特性，如图 9.17(c)所示。在对话框中，F 为分辨

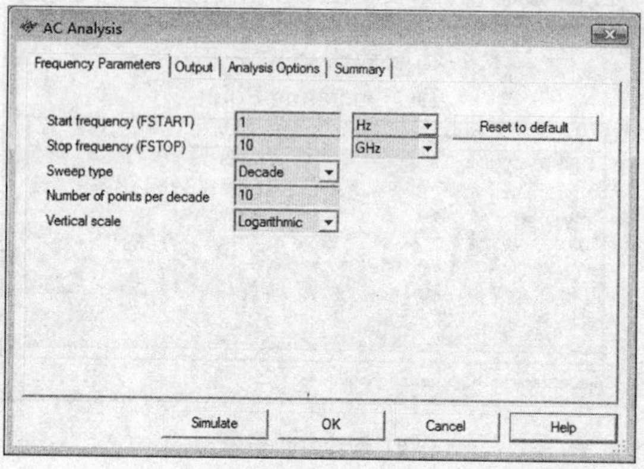

(a) AC 分析工具对话框

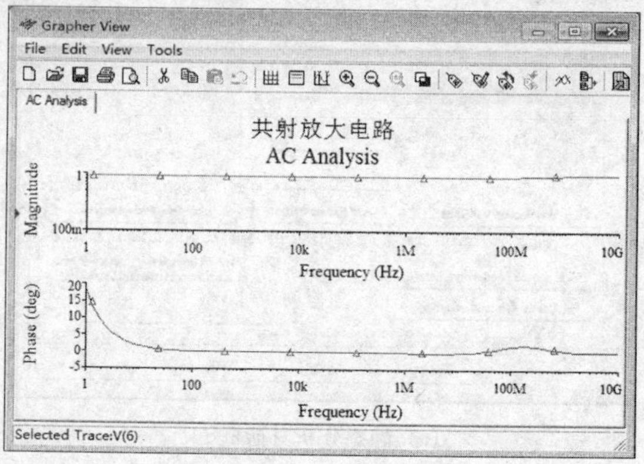

(b) AC 分析结果

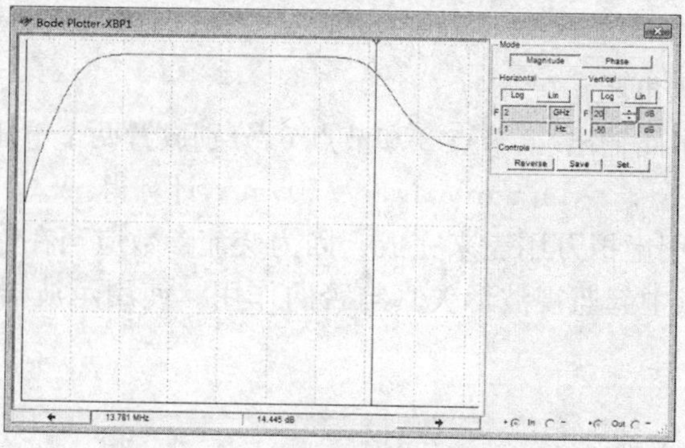

(c) 波特图仪输出结果

图 9.17　AC 分析工具分析放大电路的频率特性

率，I 为位移，可以将显示结果调节到易于观察的形状和位置，移动窗口的光标，观察各点的频率和增益，得到下限截止频率 f_L 约 14 Hz，上限截止频率 f_H 约 14 MHz。相比而言，AC 分析更加便于观察电路的整体频率特性，但是频响细节难以观察；而波特图仪显示的结果容易调节，方便于得出通频带，但是幅频特性和相频特性只能交替显示，因而两者结合使用比较理想。

(3) 瞬态特性

用交流瞬态分析工具(Transient analysis)分析瞬态特性，可以获得放大电路各点电压波形。选择菜单栏中的 Simulate/Analyses/Transient analysis。示例使用 1 kHz 信号，观察其一个周期的波形即可，在 Analysis Parameters 选项卡中将开始和结束时间分别设为 0 ms 和 1 ms，其他参数选默认值即可。先在 output 选项卡中选择待分析节点，再点击 simulate 按钮，显示的波形是交流电压和直流电压的叠加。为了观察方便，宜选择无直流分量的节点进行观察。所设置和测出的结果如图 9.18 所示。其实，瞬态特性分析也可以用示波器观测，用示波器便于调节所观测波形，而用瞬态分析工具并不需要在电路中连线。

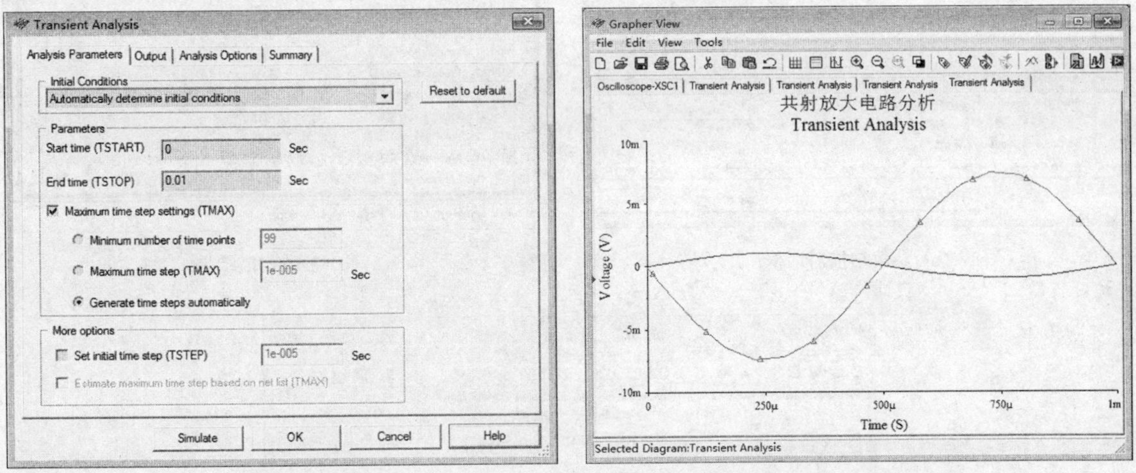

(a) 瞬态分析对话框　　(b) 瞬态分析结果

图 9.18　瞬态分析状况

(4) 选择元件参数

在电路设计中，元件参数选取是比较困难的一项工作。但在 Multisim10.0 中可以使用参数扫描分析工具(Parameter Sweep Analysis)提供有效的帮助。现以图 9.19 电路中的电位器取值为例来进行说明。

首先选择菜单栏中的 Simulate/Analyses/Parameter Sweep Analysis，在 Analysis Parameter 选项卡中设置参数：器件类型为 Resistor，参数为 Resistance，器件选 r1，扫描类型选 Linear，Start 为 0 Ω，Stop 为 40 kΩ，选择 11 个点(间隔为 4 kΩ)，然后在 More Options 区中选择分析类型：DC Operating Point，接着在 output 选项卡中选择变量类型为 All Variables，从中选择变量 V(2)、V(3)、V(6)(节点 2、3、6 电位)，最后点击 Simulate 按钮进行静态扫描。经过上述操作，此电位器取值扫描设置和分析结果，如图 9.19(a)、(b)所示。

观察电位器不同取值对应于输出电压的变化情况，从而获得电位器参数选取对输出电压动态范围的影响。为了使参数区分度明显，将输入信号峰值电压增大到 500 mV。

Analysis Parameter 选项卡中变量和扫描参数与静态分析设置基本相同；More Options

区中选择 Transient Analysis，在 0～40 kΩ 之间选择 21 个点，在 output 选项卡中选择变量 V(5)(节点 5 电位值)；点击 Simulate 按钮，即完成操作。瞬态分析结果如图 9.19(c)所示。

从图中较难获得 r1 的最优取值，在分析结果窗口控件中点击“凹”按钮，从获得的文本框中查到，r1 取值为 10 kΩ 时，正负峰值分别为 3.236 0 V 和－3.187 8 V，此时失真最小。因而此 r1 的取值能产生最大输出电压不失真的动态范围。可见在 10 kΩ 左右使用相同方法再次进行扫描，便可得到更为准确的电阻值。

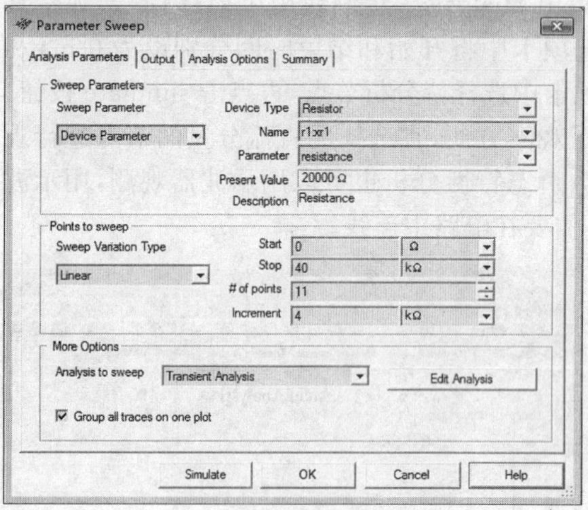

(a) 参数扫描对话框

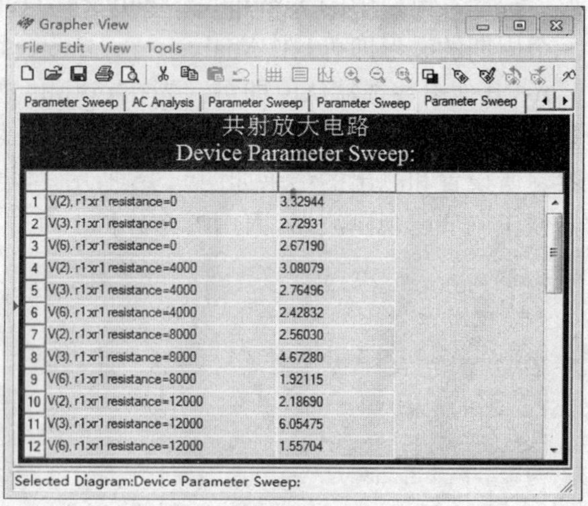

(b) 参数扫描结果

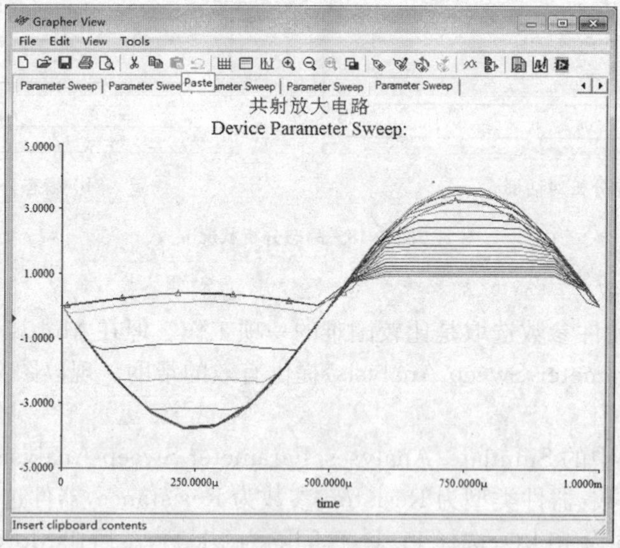

(c) 瞬态分析结果

图 9.19　参数扫描状况

9.5.2　射极耦合差动放大电路

在软件中创建射极耦合差动放大电路，见图 9.20。采用差模输入方式，即两个输入端信号源相位相差 180°。分析该电路的交、直流性能，并讨论参数对共模抑制比的影响。

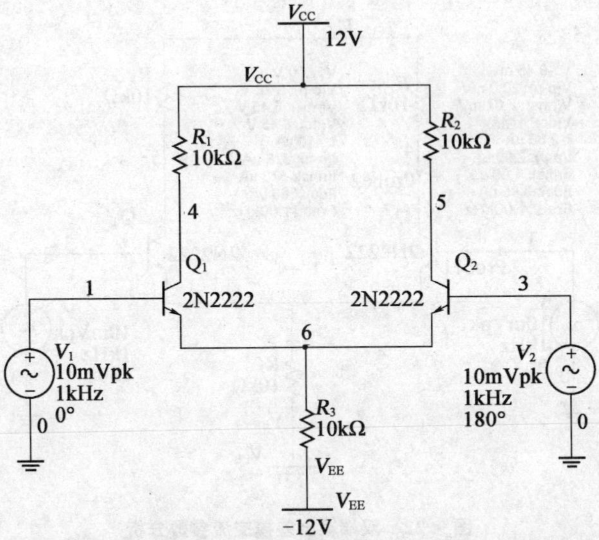

图 9.20 射极耦合差动放大电路

(1) 静态分析

在菜单栏中选择 Simulate/analyses/DC Operating Point Analysis，选择节点 1、3、4、5、6 的电压和信号源以及流过 V_{EE} 的电流进行分析。分析结果如图 9.21 所示。

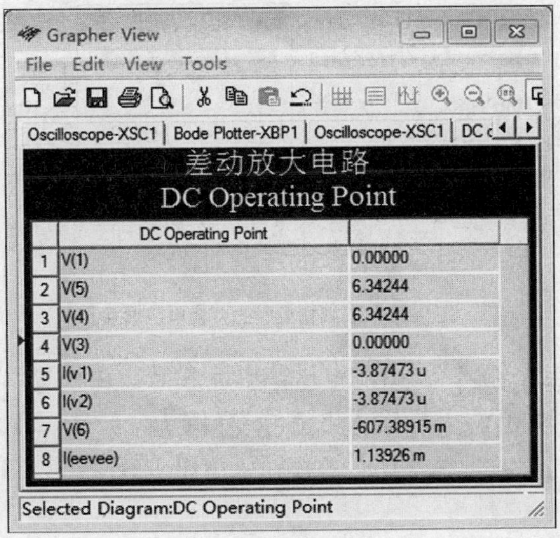

图 9.21 差动放大电路静态分析结果

2）动态分析

(1) 双端输出

① 差模电压增益和输入电阻

双端输出差模交流参数分析及共模电压增益，如图 9.22 和图 9.23 所示。

设两个信号源大小相等、相位相反，遂获得差模输入电压信号。将电路负载设置为空载，

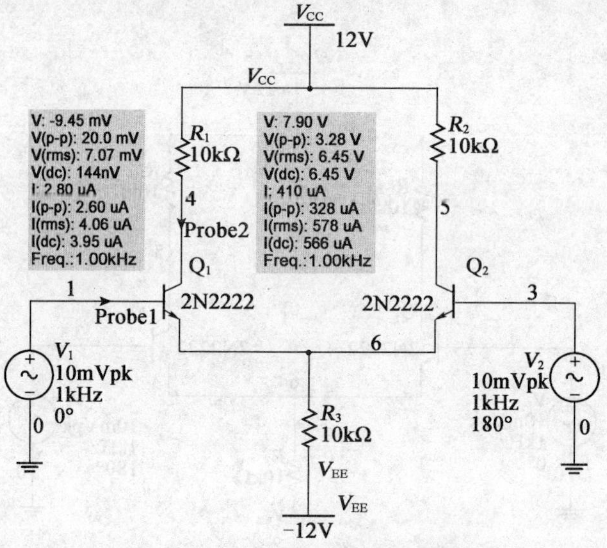

图 9.22　双端输出差模交流参数分析

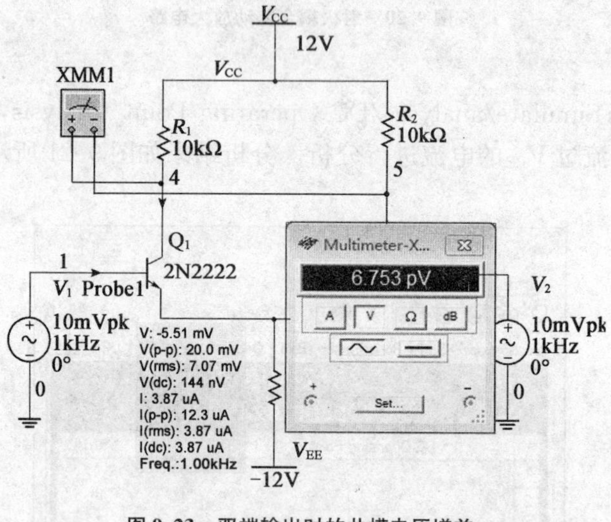

图 9.23　双端输出时的共模电压增益

使用探针测试得到左半电路输入、输出端电压和电流参数。由图 9.23 可见：左半电路差模输入电压峰-峰值 $U_{id(p\text{-}p)}=20$ mV，差模输入电流峰-峰值 $I_{id(p\text{-}p)}=2.6\ \mu$A，差模输出电压峰值约为 1.64 V。据此可得 $A_{ud}=A_{ud1}=-164$，差模输入电阻 $R_{id}=2R_{id1}=15.4$ kΩ。

② 共模电压增益

两个信号源相位和大小设为相同，即得共模输入电压。用探针得到共模输入电压值，用万用表测得共模输出电压值，根据图 9.23，可见共模输入电压 $U_{ic}=7.07$ mV，$U_{oc}=6.753$ pV，则 $A_{uc}\approx 9.6\times 10^{-10}$。

③ 共模抑制比

$$K_{CMR}=20\lg\left|\frac{A_{ud}}{A_{uc}}\right|\approx 225\ \text{dB}$$

采用参数扫描的分析方法，发现增大射极电阻 R_3 会引起共模抑制比抬高，但是变化不是很明显。具体分析 R_3 大小对共模抑制比 K_{CMR} 的影响，可参见下文。

（2）单端输出

① 差模电压增益

如果差放电路为差模输入，集电极 c_1 输出，空载，则由图 9.24 可见：$U_{id(p-p)}=2\times20$ mV=40 mV，$U_{od(p-p)}=3.28$ V，得 $A_{ud}=82$。差模输入电阻与双端输出时相同，不再赘述。

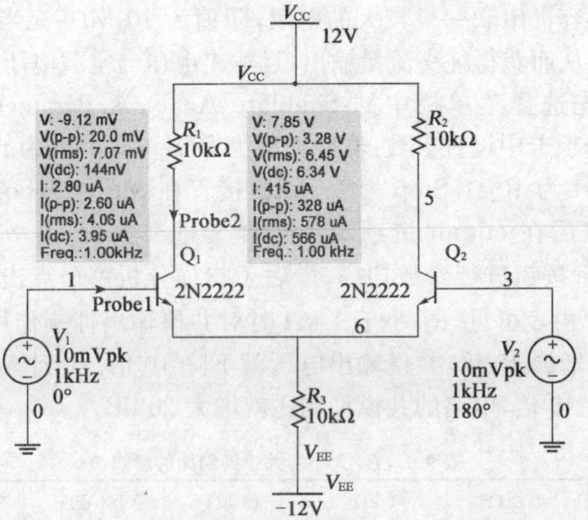

图 9.24　单端输出差放电路的交流参数分析

② 共模电压增益

若电路为共模输入，集电极 c_1 输出，空载。由图 9.25 可见：$U_{ic(p-p)}=20$ mV，$U_{oc(p-p)}=9.83$ mV，得 $A_{uc}\approx0.49$。

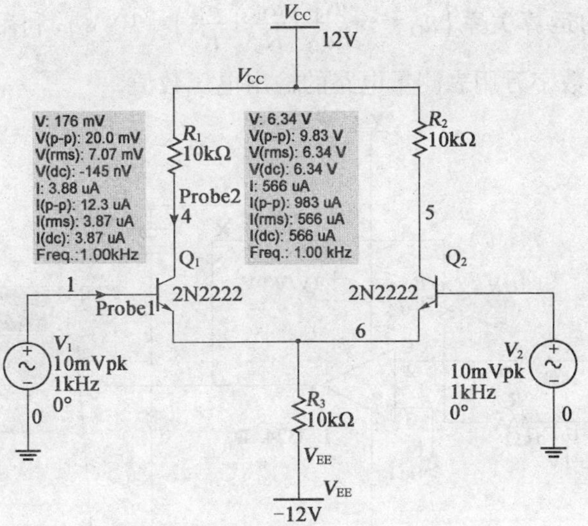

图 9.25　单端输出时的共模电压增益

③ 共模抑制比

$$K_{CMR}=20\lg\left|\frac{A_{ud}}{A_{uc}}\right|\approx 59\ \text{dB}$$

④ 射极电阻 R_3 大小对共模抑制比的影响

采用参数扫描,分析在共模输入电压不变的条件下,射极电阻 R_3 取值对输出电压大小的影响。由于参数扫描分析的电压变量是节点交流电压分量与直流电压分量的叠加,所以交流电压分量远小于直流电压分量,很难从分析结果中获得交流分量的数值。故在输出端串联一只大容量电容器,此电容再串联一只较大的电阻,阻值为 10 MΩ,充当负载,只有这样才能得到输出端节点的编号,从而获得纯交流量输出,且输出电压与空载电压基本相同。

具体操作为:首先选择菜单栏中的 Simulate/Analyses/Parameter Sweep Analysis,在 Analysis Parameter 选项卡中设置参数:器件类型为 Resistor,参数为 resistance,器件选 r3,扫描类型选 Decade,Start 为 10 Ω,Stop 为 10 MΩ;接着在 More Options 区中选择分析类型:Transient Analysis;然后在 output 选项卡中选择变量类型为 all variables,从中选择变量 V(2),再点击 Simulate 按钮进行参数扫描;最后于扫描分析窗口点击"凹"按钮,所得到的分析结果整理成表 9.1。由表可见,R_3 小于 1 kΩ 时对共模输出抑制作用并不明显;但 R_3 大于 10 kΩ 时,电阻几乎每增加 10 倍,共模输出电压就下降 10 倍。由于输入电压信号没有改变,所以意味着 R_3 每升高 10 倍,电路的共模抑制比就增大 20 dB。

表 9.1　R_3 大小对共模抑制比的影响

R_3	10 Ω	100 Ω	1 kΩ	10 kΩ	100 kΩ	1 MΩ	10 MΩ
V(2)幅度	9.16 mV	9.68 mV	9.82 mV	4.86 mV	488 μV	47.60 μV	4.91 μV

9.5.3　集成运放线性应用电路(乘法运算电路)

在软件工作区搭建如图 9.26 所示的集成运放构成的乘法电路。为了验证其输出电压与输入电压 u_{I1}、u_{I2}、u_{I3} 的运算关系 $\left(u_O=-\dfrac{R_3}{ku_{I3}}\left(\dfrac{u_{I1}}{R_1}+\dfrac{u_{I2}}{R_2}\right)=10\ \text{V}\right)$,利用 Multisim10.0 软件工具建立仿真电路,并用数字万用表测量电路的输出电压数值。

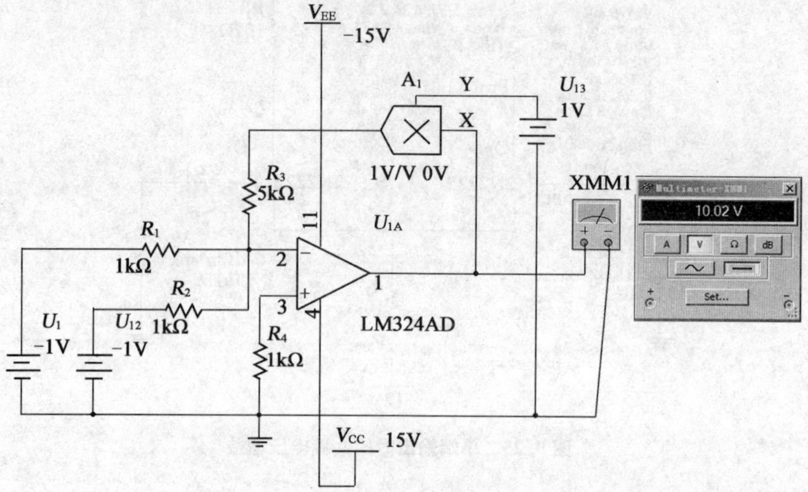

图 9.26　一种集成运放构成的乘法电路

在该电路的仿真过程中，输入电压均采用虚拟直流电压源，选用集成运放 LM324 及虚拟模拟乘法器，其参数 k 设置为 1。输入电压 u_{I1}、u_{I2}、u_{I3} 分别采用 −1 V、−1 V、1 V 的虚拟直流电压源。电阻 R_1、R_2、R_3、R_4 分别设置为 1 kΩ、1 kΩ、5 kΩ、1 kΩ。

用数字万用表测出输出电压 u_O 约为 10 V，相应于教材第 5 章理论推导的 u_O 与 u_{I1}、u_{I2}、u_{I3} 运算关系式的计算结果。

9.5.4　用 Multisim10.0 模拟正弦波振荡器

电容三点式改进型正弦波振荡器（克拉泼电路），如图 9.27 所示。

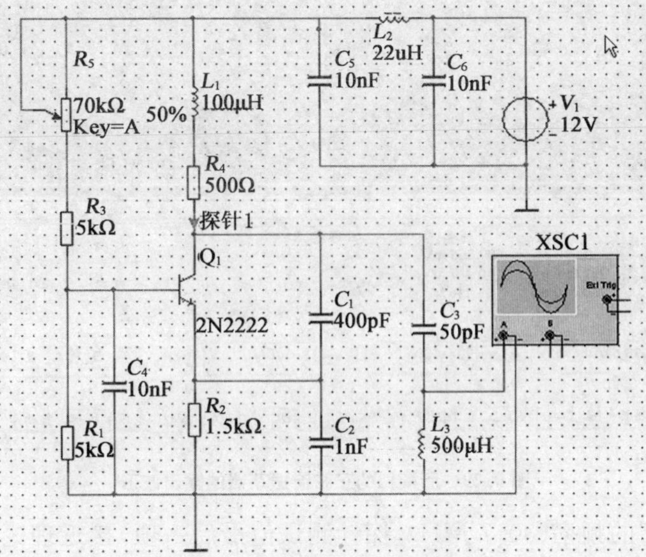

图 9.27　一种正弦波振荡电路

该电路振荡频率的理论计算值为：$f_0=\dfrac{1}{2\pi\sqrt{LC'}}=32\ \text{MHz}$，其中 $C'=\dfrac{C_1C_2C_3}{C_1C_2+C_1C_3+C_2C_3}$。在 Multisim10.0 软件工作区绘出仿真电路，并用探针和示波器测试电路。与普通电容三点式电路相比，该电路的优点是减小了晶体管的极间电容，使振荡频率稳定度明显提高了，并且频率调节方便；缺点接入可变电容后，使晶体管的输出端和回路耦合减弱，放大电路的电压增益减小，从而使该振荡电路输出的幅度减小。

运用 Multisim10.0 软件工具模拟该正弦波振荡器电路。经过仿真测试，探针 1 的参数测试值如图 9.28 所示。

V: 20.6V
V(峰-峰): 13.1V
V(有效值): 12.4V
V(直流): 11.0V
I: -1.52mA
I(峰-峰): 3.81mA
I(有效值): 3.47mA
I(直流): 2.20mA
频率: 30.7MHz

图 9.28　探针 1 测试的参数值

该电路的振荡波形显示在图 9.29 中。由此图可见，该正弦波振荡器的输出波形确为较理想的正弦波形。调试中应注意，C_3 不能太小，否则可能导致停振。

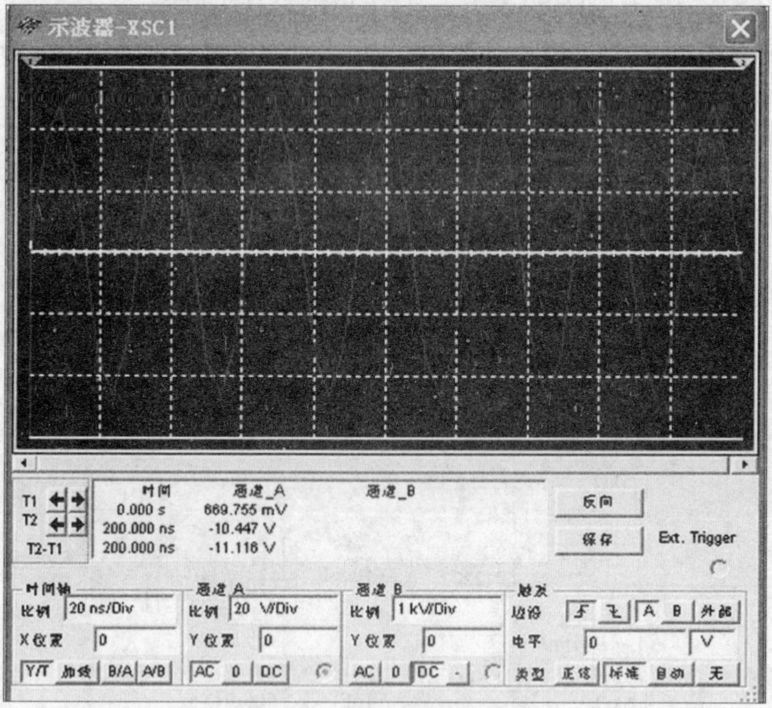

图 9.29　所模拟的正弦波振荡器的输出波形

该正弦波振荡器的频率(30.7 MHz，探针测试值最后一项)接近理论计算值 32 MHz，误差原因是该电路采用实际器件，器件性能参数与理想情况有一定的差异。

附　录

附录 A　半导体器件型号命名方法

（根据国家标准 GB 249－89）

A.1　型号的组成

半导体器件的型号由 5 个部分组成：

第 1 部分　第 2 部分　第 3 部分　第 4 部分　第 5 部分

- 第 5 部分：用字母表示规格号
- 第 4 部分：用阿拉伯数字表示序号
- 第 3 部分：用字母表示器件的类别
- 第 2 部分：用字母表示器件的材料和极性
- 第 1 部分：用阿拉伯数字表示器件的电极数目

A.2　型号组成部分的符号及其意义

半导体器件型号组成部分的符号及其意义如表 A.1 所示。

表 A.1　型号组成部分的符号及其意义

第 1 部分		第 2 部分		第 3 部分				第 4 部分	第 5 部分
用数字表示器件的电极数目		用字母表示器件的材料和极性		用字母表示器件的类别				用数字表示序号	用字母表示规格号
符号	意义	符号	意义	符号	意义	符号	意义		
2	二极管	A	N 型，锗材料	P	小信号管	D	低频大功率管		
		B	P 型，锗材料	V	混频检波管		（f_a<3 MHz，		
		C	N 型，硅材料	W	稳压管		P_C≥1 W）		~
		D	P 型，硅材料	C	参量管	A	高频大功率管		
3	三极管	A	PNP 型，锗材料	Z	整流管		（f_a≥3 MHz，		
		B	NPN 型，锗材料	L	整流堆		P_C≥1 W）		
		C	PNP 型，硅材料	S	隧道管	T	闸流管		
		D	NPN 型，硅材料	K	开关管		（可控整流器）		
		E	化合物材料	X	低频小功率管	Y	体效应器件		
					（f_a<3 MHz，	B	雪崩管		
					P_C<1 W）	J	阶跃恢复管		
				G	高频小功率管	CS	场效应器件		
					（f_a≥3 MHz，	BT	半导体特殊器件		
					P_C<1 W）	FH	复合管		
						PIN	PIN 管		
						GJ	激光二极管		

附录 B　国产半导体集成电路型号命名方法

(根据国家标准 GB 3430－82)

本方法适用于半导体集成电路系列和品种的国家标准所生产的半导体集成电路(以下简称器件)。

B.1　器件型号的组成

器件的型号由 5 个部分组成。这 5 个组成部分的符号及其意义如表 B.1 所示。

表 B.1　半导体集成电路型号组成部分的符号及其意义

第0部分		第1部分		第2部分	第3部分		第4部分	
用字母表示器件符合国家标准		用字母表示器件的类型		用阿拉伯数字表示器件的系列和品种代号	用字母表示器件的工作温度范围		用字母表示器件的封装	
符号	意义	符号	意义		符号	意义	符号	意义
C	中国制造	T	TTL		C	0℃～70℃	W	陶瓷扁平
		H	HTL		E	－40℃～85℃	B	塑料扁平
		E	ECL		R	－55℃～85℃	F	全密封扁平
		C	CMOS		M	－55℃～125℃	D	陶瓷直插
		F	线性放大器		⋮	⋮	J	黑陶瓷直插
		D	音响、电视电路				K	金属菱形
		W	稳压器				T	金属圆形
		J	接口电路(含比较器)				⋮	⋮
		B	非线性电路					
		M	存储器					
		μ	微处理器					
		⋮	⋮					

B.2　器件型号示例

附例 1: 通用型集成运算放大器

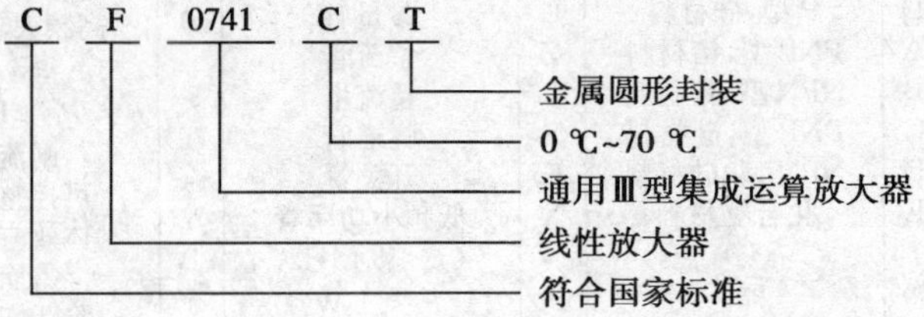

附例 2：肖特基 TTL 双 4 输入与非门

C T 74S20 E D

- D：多层陶瓷双列直插式封装（第 4 部分）
- E：-40 ℃~+85 ℃（第 3 部分）
- 74S20：肖特基系列双 4 输入与非门（第 2 部分）
- T：TTL 电路（第 1 部分）
- C：符合国家标准（第 0 部分）

附例 3：CMOS 8 选 1 数据选择器(三态输出)

C C 4514 M F

- F：全密封多层陶瓷扁平封装（第 4 部分）
- M：-55 ℃~+125 ℃（第 3 部分）
- 4514：4 线 -16 线译码器（第 2 部分）
- C：CMOS 电路（第 1 部分）
- C：符合国家标准（第 0 部分）

附例 4：CMOS 二—十进制同步加法计数器

C C 4520 B C

- C：陶瓷双列直插封装（第 4 部分）
- B：规格号（第 3 部分）
- 4520：二—十进制同步加法计数器（第 2 部分）
- C：CMOS 电路（第 1 部分）
- C：符合国家标准（第 0 部分）

附录C　常用运算放大器国内外型号对照表

表C.1为常用运算放大器国内外型号对照表。

表C.1　通用运算放大器国内外型号对照表

型号	公司	型号	公司	型号	公司	型号	公司
CF741	中国	LM307	美 NSC	CF108	中国	CF101	中国
LM741	美 NSC	Am107	美 AMD	CF308	中国	CF301	中国
MC1741	美 MOT	Am307	美 AMD	LM108	美 NSC	LM101	美 NSC
μPC741	日本 NEC	CA107	美 RCA	LM308	美 NSC	LM301	美 NSC
μPC151	日本 NEC	CA307	美 RCA	Am108	美 AMD	Am101	美 AMD
SG741	意 SGS	CF107	中国	Am308	美 AMD	Am301	美 AMD
HA17741	日本日立	CF307	中国	μA108	美 FC	CA101	美 RCA
Am741	美 AMD	LM107	美 NSC	μA308	美 FC	CA301	美 RCA
AN1741	日本松下	CF747	中国	CA108	美 RCA	μA101	美 FC
CA741	美 RCA	LM747	美 NSC	CA308	美 RCA	μA301	美 FC
μA741	美 FC	MC747	美 MOT	CF1458	中国	CF158	中国
CF709	中国	HA17747	日本日立	LM1458	美 NSC	CP358	中国
LM709	美 NSC	Am747	美 AMD	MC1458	美 MOT	LM158	美 NSC
MC1709	美 MOT	CA747	美 RCA	CA1458	美 RCA	LM358	美 NSC
μA709	美 FC	CF715	中国	μPC1458	日本 NEC	CA158	美 RCA
CA709	美 RCA	μA715	美 FC	LM1558	美 NSC	CA358	美 RCA
CF714	中国	Am715	美 AMD	MC1558	美 MOT	μPC158	日本日立
μA714	美 FC	HA17715	日本日立	CA1558	美 RCA	μPC358	日本日立
OP—07	美 PMI	CF124	中国	CF4741	中国	LM2904	美 NSC
CF3078	中国	CF324	中国	CM4741	美 MOT	CF118	中国
CA3078	美 RCA	LM124	美 NSC	HA4741	美 HARRIS	CF318	中国
CF725	中国	LM324	美 NSC	μPC4741	日本 NEC	LM118	美 NSC
μA725	美 FC	CA124	美 RCA	LM2902	美 NSC	LM318	美 NSC
Am725	美 AMD	CA324	美 RCA	μA124	美 FC	Am118	美 AMD
				μA324	美 FC	Am318	美 AMD

附录 D　模拟集成乘法器电路及其主要参数

以应用最广泛的国产 CB1595/1495 型单片模拟集成乘法器为例，介绍其内部和外围电路，以及主要参数。

D.1　CB1595 电路图

图 D.1 示出 CB1595 的内部电路，图 D.2 为外引线功能排列图，图 D.3 为外围电路配置图，表 D.1 为外接元件一览表。

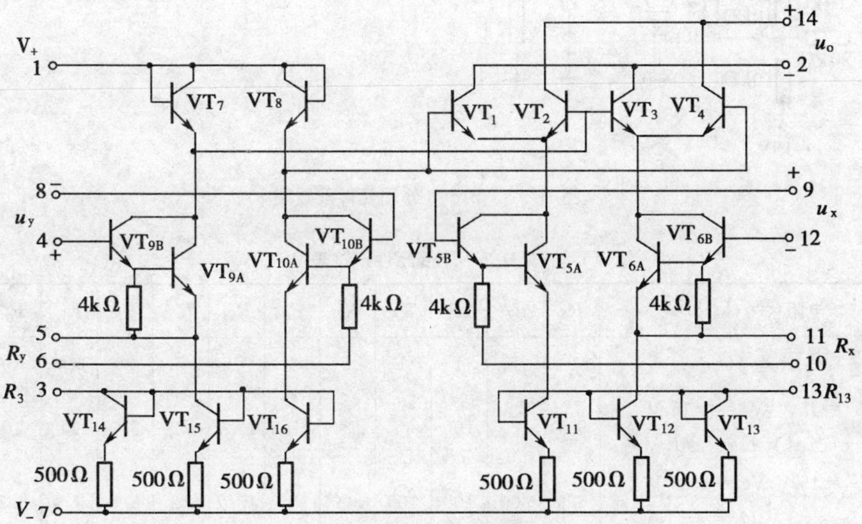

图 D.1　模拟乘法器 CB1595 的内部电路

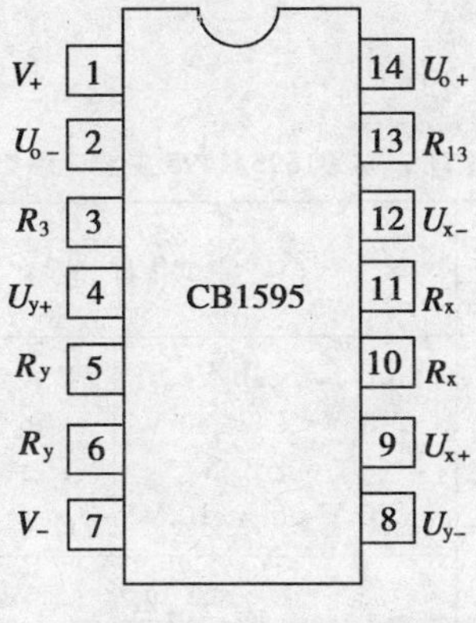

图 D.2　CB1595 外引线功能排列图

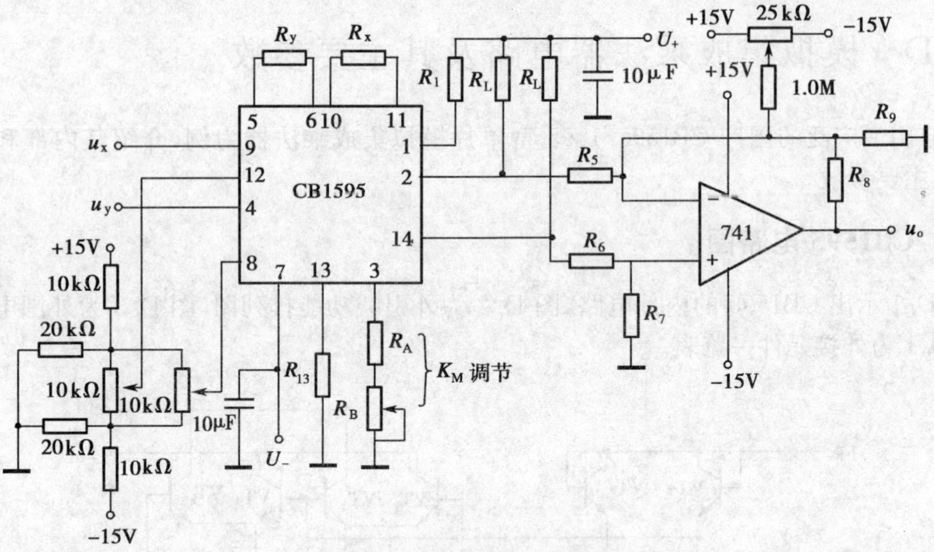

图 D.3　CB1595 外围元件配置图

表 D.1　外接元件一览表

电阻代号(kΩ)	R_1	R_5	R_6	R_7	R_8	R_9	R_{13}	R_A	R_B	R_L	R_x	R_y
公差/%	5	1	1	1	1	1	1	5	20	0.5	5	5
$V_+=32$ V, $V_-=-15$ V $U_x=\pm10$ V, $U_y=\pm10$ V	9.1	121	100	11	121	15	13.7	12	5.0	11	15	15
$V_+=15$ V, $V_-=-15$ V $U_x=\pm5$ V, $U_y=\pm5$ V	3.0	300	100	100	300	∞	13.7	12	5.0	3.4	8.2	8.2

D.2　主要参数

CB1595/1495 的主要参数见表 D.2。

表 D.2　CB1595/1495 主要电参数

参数名称	符　号	测试条件		典型值		单位
				CB1495	CB1595	
线性度 (满量程输出误差百分数)	E_{Rx}	$U_y=\pm10$ V	$T_A=25$℃	±1.0	±0.5	%
		-10 V$<U_x<10$ V	全温		±0.75	
	E_{Ry}	$U_x=\pm10$ V	$T_A=25$℃	±1.5	±2.0	
		-10 V$<U_y<10$ V	全温		±3.0	
标度系数(可调整)	K_M	$K_M=\dfrac{2R_C}{I_3R_xR_y}$		0.1	0.1	
输入电阻(单端)	R_{id}	$f=20$ Hz		20	35	MΩ
差模输出电阻	R_{od}	$f=20$ Hz		300	300	kΩ

续表 D.2

参数名称	符号	测试条件	典型值		单位
			CB1495	CB1595	
输入偏置电流	$I_{IB}(x)$	$I_{IB}(x)=\frac{I_9+I_{12}}{2}$	2.0	2.0	μA
	$I_{IB}(y)$	$I_{IB}(y)=\frac{I_4+I_8}{2}$	2.0	2.0	μA
输入失调电流	$I_{IO}(x)$	$\lvert I_9-I_{12}\rvert$			μA
	$I_{IO}(y)$	$\lvert I_4-I_8\rvert$			μA
输入失调电流温度系数	αI_{IO}		2.02	2.0	nA/℃
输出失调电流	I_{∞}	$\lvert I_{12}-I_2\rvert$	2.0	10	μA
输出失调电流温度系数	αI_{∞}		1.0	1.0	nA/℃
频带宽度	BW	-3.0 dB $R_L=11$ kΩ	3.0	3.0	MHz
跨导带宽	BW_T	-3.0 dB $R_C=11$ kΩ	80	80	MHz
共模电压范围	U_{ICR}		±12	±13	V
共模增益	A_{UC}		−50	−60	dB
差模输出电压幅度	U_{OPP}		±14	±14	V
共模输出电压幅度	U_{OC}		21	21	V
电源电压抑止比	K_{SUR+}		5.0	5.0	mV/V
	K_{SUR-}		10	10	
电源电流	I_S	I_7	6	6	mA
静态功耗	P_D		135	135	mW

附录E　电源专用集成电路

电源专用集成电路大体分为3类：集成稳压器、基准电压源和高效率电源变换器。

三端集成稳压器具有体积小、精度高、使用方便、多功能保护、输出电流可扩展等特点，按其输出电压情况可分为固定式与可调式两种。它们广泛用于各种仪器、仪表和电子电路中。

(1) 三端固定输出稳压块性能介绍

常见的三端固定输出稳压块有正电压输出的78系列和负电压输出的79系列。该稳压块内部设有过流、过热和调整管安全工作区保护电路，以防过载而损坏。用它组成稳压电源只需很少的外围元件，电路非常简单，且安全、可靠。

(2) 三端固定输出稳压电路型号说明

该系列稳压块型号中的78或79后面的数字代表该稳压块的输出电压值(单位为V)。78或79的前面还有一些英文字母，通常是生产厂家(公司)的代号，其对实际使用没什么影响。78系列或79系列按其最大输出电流可分为78 L××、78 M××、78××或79 L××、79 M××、79××等3个分系列，最大输出电流分别对应为100 mA、500 mA、1.5 A。该系列稳压电路封装形式如图E.1、图E.2所示，引脚排列如表E.1所示。主要参数分别见表E.2～表E.4。

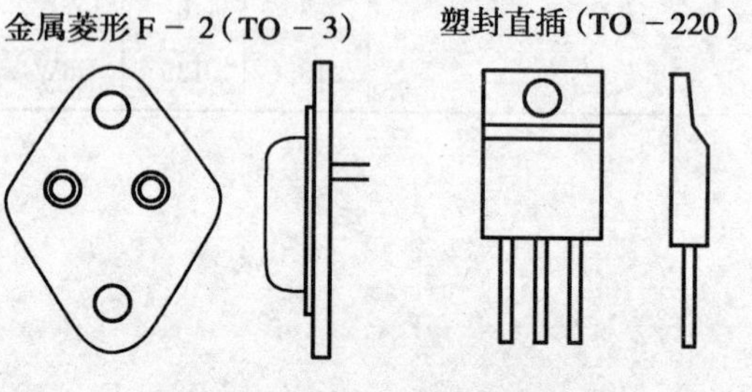

图E.1　W78、W79、W78M、W79M系列集成稳压电路的外形图

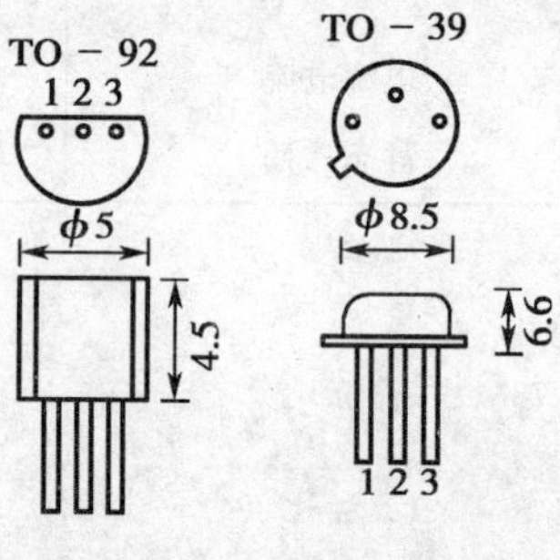

图E.2　W78L、W79L系列集成稳压电路的外形图

表E.1　W78、W79系列集成稳压电路的引脚排列

型　号	TO-3或TO-39封装			TO-220或TO-92封装		
	输入端	公共端	输出端	输入端	公共端	输出端
W78××、W78M××	1	3	2	1	2	3
W78L××	1	3	2	3	2	1
W79/79M/79 L××	3	1	2	2	1	3

表 E.2　W78××、W79××系列三端集成稳压电路参数

型　号	输出电压 U_O (V)	电压调整率 S_V (V^{-1})	电流调整率 S_I (mV) (5 mA≤I_O≤1.5 A)	噪声电压 U_N (μV)	最小压差 U_I-U_O (V)	输出电阻 R_O (MΩ)	峰值电流 I_{OM} (A)	输出温度漂移 S_T (mV/℃)
W7805	5	0.007 6	40	10	2	17	2.2	1.0
W7806	6	0.008 6	43	10	2	17	2.2	1.0
W7808	8	0.01	45	10	2	18	2.2	
W7809	9	0.009 8	50	10	2	18	2.2	1.2
W7810	10	0.009 6	50	10	2	18	2.2	
W7812	12	0.008	52	10	2	18	2.2	1.2
W7815	15	0.006 6	52	10	2	19	2.2	1.5
W7818	18	0.01	55	10	2	19	2.2	1.8
W7824	24	0.011	60	10	2	20	2.2	2.4
W7905	−5	0.007 6	11	40	−2	16		1.0
W7906	−6	0.008 6	13	45	−2	20		1.0
W7908	−8	0.01	26	45	−2	22		
W7909	−9	0.009 1	30	52	−2	26		1.2
W7912	−12	0.006 9	46	75	−2	33		1.2
W7915	−15	0.007 3	68	90	−2	40		1.5
W7918	−18	0.01	110	110	−2	46		1.8
W7924	−24	0.011	150	170	−2	60		2.4

表 E.3　W78M××、W79M××系列三端集成稳压电路参数

型　号	输出电压 U_O (V)	电压调整率 S_V (V^{-1})	电流调整率 S_I (mV) (5 mA≤I_O≤1.5 A)	噪声电压 U_N (μV)	最小压差 U_I-U_O (V)	输出电阻 R_O (MΩ)	峰值电流 I_{OM} (A)	输出温度漂移 S_T (mV/℃)
W78M05	5	0.003 2	20	40	2	40	0.7	1.0
W78M06	6	0.004 8	20	45	2	50	0.7	1.0
W78M08	8	0.005 1	25	52	2	60	0.7	
W78M09	9	0.006 1	25	65	2	70	0.7	1.2
W78M10	10	0.005 1	25	70	2		0.7	
W78M12	12	0.004 3	25	75	2	100	0.7	1.2
W78M15	15	0.005 3	25	90	2	120	0.7	1.5
W78M18	18	0.004 6	30	100	2	140	0.7	1.8
W78M24	24	0.003 7	30	170	2	200	0.7	2.4
W79M05	−5	0.007 6	7.5	25	−2	40	0.65	1.0
W79M06	−6	0.008 3	13	45	−2	50	0.65	1.0
W79M08	−8	0.006 8	90	59	−2	60	0.65	
W79M09	−9	0.006 8	65	250	−2	70	0.65	1.2
W79M12	−12	0.004 8	65	300	−2	100	0.65	1.2
W79M15	−15	0.003 2	65	375	−2	120	0.65	1.5
W79M18	−18	0.008 8	68	400	−2	140	0.65	1.8
W79M24	−24	0.009 1	90	400	−2	200	0.65	2.4

表 E.4　W78L××、W79L××系列三端集成稳压电路参数

型　号	输出电压 U_O (V)	电压调整率 S_V (V^{-1})	电流调整率 S_I (mV) (5 mA≤I_O≤1.5 A)	噪声电压 U_N (μV)	最小压差 U_I-U_O (V)	输出电阻 R_O (MΩ)	峰值电流 I_{OM} (A)	输出温度漂移 S_T (mV/℃)
W78L05	5	0.084	11	40	1.7	85		1.0
W78L06	6	0.005 3	13	50	1.7	100		1.0
W78L09	9	0.006 1	100	60	1.7	150		1.2
W78L10	10	0.006 7	110	65	1.7			1.2
W78L12	12	0.008	120	80	1.7	200		
W78L15	15	0.006 6	125	90	1.7	250		1.5
W78L18	18	0.02	130	150	1.7	300	1.8	
W78L24	24	0.02	140	200	1.7	400	2.4	
W79L05	−5		60	40	−1.7	85	1.0	
W79L06	−6		70	60	−1.7	100	1.0	
W79L09	−9		100	80	−1.7	150	1.2	
W79L12	−12		100	80	−1.7	200	1.2	
W79L15	−15		150	90	−1.7	250	1.5	
W79L18	−18		170	150	−1.7	300	1.8	
W79L24	−24		200	200	−1.7	400	2.4	

附录 F　密勒定理及其证明

设有一个任意的包含 N 个独立节点的网络，如图 F. 1(a)所示。若 N 个节点电压用 $\dot{U}_1$，$\dot{U}_2$，…，$\dot{U}_N$ 表示，当取节点 N 为共同端时，则令 $\dot{U}_N=0$ V。假设在节点 1 和节点 2 之间接有阻抗 $\boldsymbol{Z}$，并设两节点电压 $\dot{U}_1$、$\dot{U}_2$ 的电压传输比为：

$$\dot{A}_u=\frac{\dot{U}_2}{\dot{U}_1} \tag{F. 1}$$

则将阻抗 Z 分别转移到节点 1 与节点 N、节点 2 与节点 N 之间的等效阻抗 Z_1、Z_2 分别由下式决定：

$$Z_1=\frac{Z}{1-\dot{A}_u} \tag{F. 2}$$

和

$$Z_2=\frac{Z\dot{A}_u}{\dot{A}_u-1} \tag{F. 3}$$

如图 F. 1(b)所示。

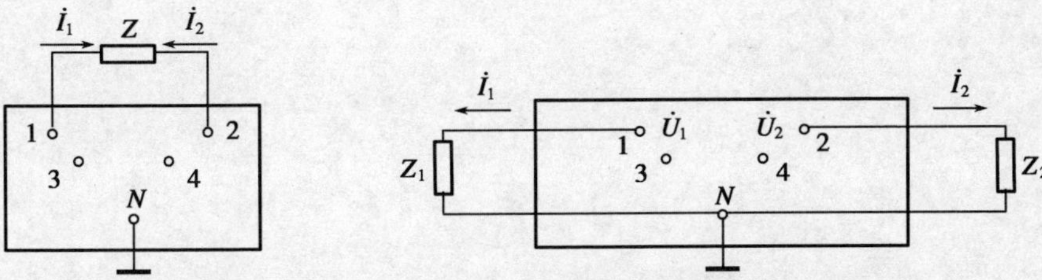

(a) 有 N 个节点的网络　　(b) 经过密勒变换后的网络

图 F. 1　密勒定理及其证明

证明：欲证定理成立，只需证明图 F. 1(a)与 F. 1(b)等效即可。

在图 F. 1(a)中，电流 $\dot{I}_1$ 是由节点 1 出发通过阻抗 Z 的，由图 F. 1(a)可得到：

$$\dot{I}_1=\frac{\dot{U}_1-\dot{U}_2}{Z}=\frac{\dot{U}_1(1-\dot{A}_u)}{Z}=\frac{\dot{U}_1}{\dfrac{Z}{1-\dot{A}_u}}=\frac{\dot{U}_1}{Z_1}$$

式中：

$$Z_1=\frac{Z}{1-\dot{A}_u}$$

说明图 F. 1(a)中原来的电流 $\dot{I}_1$ 等于由节点 1 出发，通过 Z_1 到达节点 N 的电流，如图 F. 1(b)左端所示。

同理，可得到原来由节点 2 出发通过 Z 的电流 $\dot{I}_2$，等于由节点 2 出发通过 Z_2 到达节点 N

的电流,如图 F.1(b)右端所示。因为:

$$\dot{I}_2=\frac{\dot{U}_2-\dot{U}_1}{Z}=\frac{\dot{U}_2\left(1-\frac{1}{\dot{A}_u}\right)}{Z}=\frac{\dot{U}_2}{\dfrac{Z}{1-\left(\dfrac{1}{\dot{A}_u}\right)}}=\frac{\dot{U}_2}{Z_2}$$

式中:

$$Z_2=\frac{Z}{1-\dfrac{1}{\dot{A}_u}}=\frac{Z\dot{A}_u}{\dot{A}_u-1}$$

由以上分析可知,当电压传输比由式(F.1)定义,而 Z_1、Z_2分别由式(F.2)及式(F.3)确定时,图 F.1(a)与 F.1(b)等效。证毕。

必须指出的是:应用密勒定理进行分析计算或简化电路时,其 $\dot{A}_u$ 的值应当能用某一方法求出。但当 $\dot{A}_u$ 值很大,以致经密勒变换后的阻抗(如 Z_2)可以认为与 $\dot{A}_u$ 值无关时,允许进行近似处理。

附录G 常用ADC和DAC芯片简介

常用的模数转换器(ADC)和数模转换器(DAC)芯片分别如表G.1和表G.2所示。

表G.1 常用的集成ADC芯片

型号	位数	电路类型	主要参数	备注
ADC0804	8	CMOS 逐次逼近型	单电源供电	1路8位二进制码输出
ADC0809	8	CMOS 逐次逼近型	时钟频率=1.26 MHz 转换时间=100 μs 转换误差≤±1 LSB 内含8路模拟开关,以便进行8路模数转换	8路8位二进制码LSTTL电平输出,28脚封装
ADC0816	8	CMOS 逐次逼近型	$+V_{DD}$=+5 V(典型) 转换时间=90 μs~114 μs 时钟频率=10 kHz~1 200 kHz (典型640 kHz)	16路8位二进制码,40脚封装
AD571	10	CMOS 双积分式	$+V_{DD(+)}$=+5 V $-V_{DD(-)}$=−15 V 转换误差≤±(1/2)LSB	
AD7552	12位+ 1个符号位	CMOS 双积分式	时钟频率=250 kHz 转换时间=160 ms 转换误差≤±1LSB	二进制补码输出
ADC ICL7106/7107 ADC ICL7126/7127	$3\frac{1}{2}$	CMOS 双积分式	$+V_{DD}$=+15 V(7106/26) $+V_{DD(+)}$=+6 V $-V_{DD(-)}$=−9 V (7107/27) 内有时钟(时钟可外接,亦可外接晶体或RC元件自激产生) 建议时钟频率40 kHz、50 kHz、100 kHz、200 kHz 线性度±0.2%±1个字	3位半7段译码输出,7106/26驱动LCD,7107/27驱动LED,40脚封装
MC14433 (CC14433)	$3\frac{1}{2}$	CMOS 双积分式	$+V_{DD}$=+5V(典型) $-V_{EE}$=−5 V 线性度±0.05%±1个字 时钟频率=30 kHz~300 kHz	BCD码输出,24脚封装

表 G.2　常见的集成 DAC 芯片

型　号	位　数	电路类型	主要参数	备　注
DAC0808	8	双极型，权电流型	$+V_{CC}=+4.5$ V～+18 V(典型+5 V) $-V_{EE}=-4.5$ V～−18 V(典型−15V) $+U_{REF}=+18$ V(最大) 输出电压=−10 V～+18 V	需外接运放和$+U_{REF}$
DAC0832	8	CMOS，倒T形	$V_{DD}=5$ V～15 V(最佳+15 V) $U_{REF}=-10$ V～+15 V 电流建立时间=1 μs $I_o\leqslant 10$ mA 线性度<0.2% 8位微机兼容，有输入锁存功能	需外接运放和$+U_{REF}$
MC1408 MC3408L	8	CMOS，并行转换	$+V_{DD}=+5$ V $-V_{EE}=-12$ V $+U_{REF}=+5$ V 电流输出。 引脚同 ADC0808	需外接运放和$+U_{REF}$
AD7520 AD7530 AD7533	10	CMOS，倒T形($R=10$ kΩ)	$+V_{DD}=+5$ V～+15 V $U_{REF}=-10$ V～+10 V 输入为10位单极性二进制码 可单极性输出，亦可双极性输出	需外接运放和$+U_{REF}$
MAX515	10	CMOS，倒T形	单电源$+V_{DD}=+5$ V 内含运放	串行输入
DAC1200 ⋮ DAC1203 DAC1210	12	CMOS，倒T形	可以电流输出(0 mA～2 mA) 亦可以电压输出(单极性或双极性) 内含运放和U_{REF}(亦可外接U_{REF}) 与微机兼容，有输入锁存功能	不必外接其他元件

附录 H 电阻器型号、名称和标称系列

H.1 电阻器型号名称对照

附表 H.1 为电阻器型号、名称对照表。

表 H.1 电阻器型号名称对照表

型 号	名 称	型 号	名 称
RT	碳膜电阻器	RJ	金属膜电阻器
RTL	测量用碳膜电阻器	RJJ	精密金属膜电阻器
RTX	小型碳膜电阻器	RS	实心电阻器
RTCP	超高频碳膜电阻器	RR	热敏电阻器
RTZ	高阻碳膜电阻器	RXY	玻釉线绕电阻器
RU	硅碳膜电阻器	RXJ	精密线绕电阻器
RY	氧化膜电阻器	RH	合成膜电阻器

H.2 电阻器标称系列及其误差

附表 H.2 为电阻器标称系列及其误差表。

表 H.2 电阻器标称系列及其误差表

标称值系列	电阻器标称值	误 差
E24	1.0 1.1 1.2 1.3 1.5 1.6 1.8 2.0 2.2 2.4 2.7 3.0 3.3 3.6 3.9 4.3 4.7 5.1 5.6 6.2 6.8 7.5 8.2 9.1	±5%
E12	1.0 1.2 1.5 1.8 2.2 2.7 3.3 3.9 4.7 5.6 6.8 8.2	±10%
E6	1.0 1.5 2.2 3.3 4.7 6.8	±20%

H.3 选取电路参数时的注意点

(1) 电阻器的标称值应符合表 H.2 所列数值之一或表列数值再乘以 10^n（n 为整数）。

(2) 计算和设计选取电路参数时，要有工程实际的观点。计算出电阻器的数值后，应就近选靠标称系列挡级。

参 考 文 献

[1] 华中科技大学电子技术教研组编，康华光主编. 电子技术基础模拟部分·第6版. 北京：高等教育出版社，2013

[2] 吴德馨，钱鹤，叶甜春等. 现代微电子技术. 北京：化学工业出版社，2002

[3] 甘学温，黄如，刘晓彦等. 纳米CMOS器件. 北京：科学出版社，2004

[4] (美)Burns S G，Bond P R. 电子电路原理(下册). 第2版. 黄汝激译. 北京：机械工业出版社，2001

[5] 谢嘉奎主编. 电子线路线性部分. 第4版. 北京：高等教育出版社，1999

[6] 王远主编. 模拟电子技术基础. 第3版. 北京：机械工业出版社，2007

[7] 清华大学电子学教研组编，童诗白，华成英主编. 模拟电子技术基础(第4版). 北京：高等教育出版社，2006

[8] 成立主编. 袁爱平，唐平，李彦旭参编. 电子技术. 北京：北京理工大学出版社，2000

[9] 成立，王振宇主编. 数字电子技术. 第2版. 北京：机械工业出版社，2008

[10] 杨建宁主编. 电子技术. 北京：科学出版社，2005

[11] 陈汝全主编. 电子技术常用器件应用手册. 第2版. 北京：机械工业出版社，2000

[12] 成立. 基于不同放大电路结构及元件参数关系的分析方法. 固体电子学研究与进展，1998，18(2)：152～158

[13] 成立. 基于受控源置换的放大电路动态分析方法. 电工技术杂志，1998，(3)：11～15

[14] 成立. 基于BiCMOS技术设计的CS/VR电路. 固体电子学研究与进展，1998，18(4)：373～378

[15] 成立. 多级电压串联负反馈电路R_1及R_f的优选式. 半导体杂志，1998，23(4)：22～25

[16] 成立. 一种准确求解负反馈放大电路的简便方法. 电子工程师，1999，(8)：12～14，18

[17] 成立，李彦旭. 用于模拟电子电路输出级的限流保护新技术. 电子工艺技术，2002，23(3)：112～114，117

[18] 成立，张荣标，李彦旭等. 一种高速低耗全摆幅BiCMOS集成施密特触发器. 固体电子学研究与进展，2003，23(2)：210～213，235

[19] 成立，王振宇，高平等. VLSI电路可测性设计技术及其应用综述. 半导体技术，2004，29(5)：20～24，34

[20] 成立，李春明，王振宇等. IC产业链中的新技术应用与产业发展对策. 半导体技术，2004，29(6)：57～63

[21] 成立，李春明，王振宇等. 纳米CMOS器件中超浅结离子掺杂新技术. 半导体技术，2004，29(9)：30～34，44

[22]　成立，李春明，高平等. 三种改进结构型 BiCMOS 逻辑单元的研究. 固体电子学研究与进展，2004，24(4). 486～492
[23]　成立，王振宇，景亮. SOC 设计：IC 产业链设计史上的重大革命. 半导体技术，2004，29(12)：8～12
[24]　成立，王振宇，武小红等. 深亚微米/纳米 CMOS 器件离子蚀刻新技术. 半导体技术，2005，30(1)：35～40
[25]　成立，王振宇，祝俊等. 圆片级芯片尺寸封装技术及其应用综述. 半导体技术，2005，30(2)：38～43
[26]　杨建宁，成立. 基于神经网络的模拟 IC 测试分类研究. 半导体技术，2005，30(3)：41～44，40
[27]　成立，赵倩，王振宇等. 限散射角电子束光刻技术及其应用前景. 半导体技术，2005，30(6)：18～22
[28]　成立，王振宇，朱漪云等. 制备纳米级 ULSI 的极紫外光刻技术. 半导体技术，2005，30(9)：18～22
[29]　成立，王振宇，张兵等. 几种 CMOS VLSI 的低功耗 BIST 技术. 半导体技术，2005，30(10)：35～39